民用飞机配电系统

Electric Power Distribution System of Civil Aircrafts

万　波　编著

航空工业出版社

北　京

内 容 提 要

由于集成了功率半导体技术、计算机技术和现代通信技术，配电系统在现代民用飞机上扮演着越来越重要的角色。本书从民用飞机的电源系统讲起，全面讲述了民用飞机一次配电系统、二次配电系统、通信总线的应用，以及配电系统状态显示与数据加载方面的内容。

本书可以作为民用航空的从业者和高校相关领域的师生参考用书。

图书在版编目（CIP）数据

民用飞机配电系统 / 万波编著. -- 北京：航空工业出版社，2023. 11

ISBN 978-7-5165-3512-7

Ⅰ. ①民… Ⅱ. ①万… Ⅲ. ①民用飞机 – 配电系统 Ⅳ. ①V271

中国国家版本馆 CIP 数据核字（2023）第 197943 号

民用飞机配电系统

Minyong Feiji Peidian Xitong

航空工业出版社出版发行

（北京市朝阳区京顺路5号曙光大厦C座四层 100028）

发行部电话：010-85672666 010-85672683

北京富泰印刷有限责任公司印刷 全国各地新华书店经售

2023年11月第1版 2023年11月第1次印刷

开本：787 × 1092 1/16 字数：764千字

印张：29.75 定价：180.00元

前　言

提到飞机配电系统，人们首先想到的是断路器或固态功率控制器（SSPC）。然而，民用飞机配电系统的内涵却要丰富得多，提供负载供电切换和线路保护功能只是其中很小的一部分。民用飞机配电系统不但要处理功率分配，还要提供数字反馈，通过航电全双工交换式以太网络（AFDX）网关，与航电系统实现数字集成。在AFDX物理总线的基础上，又内嵌了ARINC661和ARINC615A这两层软件协议，用于驾驶舱的状态监控和数据加载。因为要处理图形，适航审定需要准备的生命周期数据的工作量随之大幅提升。同样出于适航审定的考虑，配电系统的关键部件采用设计外协的方式已经基本行不通了，因为也许部件可以买到，但与之相伴随的数据却难以通过购买的方式获得。这就要求供应商具备全面的技术储备，方能提供系统解决方案。

本书用5个章节来解释为何民用飞机配电系统的技术门槛如此之高，放眼全球，具备系统集成能力的企业屈指可数。

本书前三章系统地介绍了飞机电源系统的主要元件、发电机控制器（GCU）和汇流条功率控制器（BPCU）的作用与功能、电源系统的工作模式、功率开关的互锁逻辑与控制逻辑、触发器的性能指标、负载管理、BPCU的保护功能、配电盘箱的数据采集、SSPC提出的背景及工作原理、电磁干扰（EMI）防护设计，以及远程配电单元（RPDU）的安装方式等内容。

本书的后面两章是关于通信总线、数据显示和数据加载方面的，也就是纯数字电路部分的内容。配电系统属于飞机电源系统，它从发电系统获取功率源，先通过一次配电装置将其分配到汇流条，再从汇流条通过二次配电装置分配给终端电气负载。这是配电系统的功率流，与之并行的，还有数字流，包括下行的配电指令和上行的配电状态。下行的配电指令一般来自各个终端系统，在需要时会通过总线发送该系统负载的接通或断开指令给配电系统执行，以给对应的负载供电或断电。而上行的配电状态是当前负载的电压、电流、接通/断开等信息。这些信息会反馈给终端系统，同时也会以图形化的形式在驾驶舱显示，为飞行机组提供配电系统的工作状态信息。在维护模式下，配电系统还预留了数据加载接口，可以对系统进行软件在线升级，也可以对SSPC通道的电流规格、默认状态等进行重新配置。

配电系统常用的通信总线有控制器局域网络（CAN）、时间触发协议（TTP）和AFDX。这三种总线中，CAN总线带宽最低，但它最大的好处是技术成熟且成本低，几乎所有的处理器都自带CAN控制器。后来工业界又提出了适用于航空应用的CAN总线标准ARINC825，将其应用领域从汽车扩展到飞机。在配电系统设备之间进行数据交换的场合，对带宽要求不高，CAN总线是合适的选择。TTP总线的出现，一方面提高了总线带宽，另一方面也提升了通信服务质量。在 TTP 架构下，通信数据可以在规定的时间范围内抵达接收方，网络数据没有冲突，数据流量也是规整的。但在涉及更改时，需要重新配置整个网络。AFDX 是以太网的航空版本，总线带宽可达 100Mbit/s，由于采用了流量整形策略，有效地避免了数据在经过交换机时产生的额外延时和抖动，是目前业界通用的配电与航电网络数据交换的骨干总线。

配电系统的状态显示是另一个重要的专业课题，其目的是给驾驶舱提供一个图形化的人机交互界面，在维护模式下，通过鼠标和键盘操作向配电系统发送控制指令，并将配电系统的反馈状态在界面上实时刷新。为规范图形显示界面和人机交互的通信规则，航空工业界提出了 ARINC661 规范，它定义了常用的图形控件（线条、矩形、按钮、滚动条等）及其行为方式、光标和控件的管理，以及显控界面和应用程序之间交互的通信协议。

数据加载除了实现软件的在线更新外，还可以对配电系统的电流规格、通道默认状态等进行在线定制。这项功能对于配电系统而言尤为重要，因为在民用飞机投入航线运营后，负载还有可能更改，比如，因不同的舱位设置而导致的负载变更等。数据加载功能可以支持在不改变硬件安装的情况下，对 SSPC 的通道设置进行重新配置。与数据加载相关的行业标准是 ARINC615A 和 ARINC665。其中，ARINC615A 定义了数据加载器的物理特性、加载协议、加载操作，以及加载过程中的消息传递；而 ARINC665 则定义了加载文件的内容与格式，包括目标硬件的 ID、软件加载部件的 PN、软件加载结构、文件命名、文件内容与格式，以及可加载软件的传输介质。协议格式示例在本书附录有补充说明。

国产大飞机投产非一朝一夕之功，它有赖于无数工程师多年持续不断的努力。希望借助本书的叙述，读者能在脑海里建立一幅清晰的民用飞机配电系统的图景，并能学以致用，将书本的理论知识与工程实践紧密结合，为国产大飞机事业添砖加瓦。

最后，衷心感谢上海航空电器有限公司、上海市闵行区人力资源和社会保障局，以及中航出版传媒有限责任公司的同事们对本书出版工作的支持，也期盼热心的读者对本书的疏漏之处提出宝贵的意见。

万　波

2023 年 4 月 30 日

目　录

1 航空电源系统概览[①]

民用飞机的电源系统可以分为发电和配电两个部分。其中，发电系统负责电能的产生，它将其他形式的能转换为电能；而配电系统则负责电能的分配，它将发电系统产生的电能分配给飞机的电力“用户”，即分布在飞机各处的终端电气负载。

发电系统有各种功率源及其对应的控制器，其中功率源包括：与飞机主发动机同轴相连，将机械能转换为电能的发电机；从辅助动力装置（APU）获取机械能再转换为电能的 APU 发电机；将化学能转换为电能的蓄电池；在紧急情况下从冲压空气涡轮（RAT）获取机械能再转换为电能的 RAT 发电机；还有在飞机处于地面，发动机关机的情况下，将民用电网的电能转换为飞机可用电能的外部电源，有时候这些外部电源也可以用柴油发电机来代替。

发电系统的控制器有两个主要功能：一是用于调节功率源的出力，使得电源的输出电能质量在合理的范围；二是在检测到电源的各种异常情况时，如过载、电压异常、频率异常等，对电源实施保护，实现故障隔离。此外，当发电机有能量双向流动功能时，控制器还会作为起动发动机期间的驱动器，以输出必要的起动力矩。对发电机控制器感兴趣的读者可以参考拙著《航空变频启动发电机的控制器（GCU）设计》。

在电能分配方面，又可以分为两个层级，即一次配电和二次配电。其中，一次配电系统将发电系统的电能分配到汇流条；而二次配电系统，则从一次配电汇流条获取电力，将电能分配给飞机的终端负载。其中，还会涉及二次电源转换（电源转换设备），如不同交流电压等级的转换，以及交流和直流电源之间的双向转换等。

与飞机电源系统相关联的课题还有多电飞机（MEA）和全电飞机（AEA）。传统飞机的能源结构分为一次能源和二次能源，一次能源来自发动机，它燃烧飞机燃油，带动发动机旋转，将化学能转换为机械能，产生推动飞机前进的推力。与此同时，它还可以在旋转过程中，带动液压泵旋转，产生液压能；带动发电机旋转，产生电能；用燃烧的高温气体加热空气，产生气源能。

液压能主要用于飞机飞行姿态的控制，比如操纵飞机尾部的方向舵、升降舵，位于机翼的襟翼、缝翼、扰流片，还有起落架的收放等控制；而电能主要用于为飞机的电子电气设备提供能源；气源能主要用于机翼的防除冰操作，还有飞机客舱的环境控制。

这些来自发动机的液压能、电能和气源能统称为飞机的二次能源。

所谓多电技术，就是将二次能源中的液压能和气源能用电能取代。比如液压能的产生不再是通过发动机，而是通过电能驱动电动液压泵产生；原本用于机翼防除冰和客舱环境控制的气源能，也转而用电能来取代，即采用电能加热电阻丝的方法来给机翼防除冰，用电动机带动压缩机来调节客舱的温度和压力。

---

① 本章的内容引自拙著《航空变频启动发电机的控制器（GCU）设计》，章节的内容仅作了细节方面的调整，如新增的钛酸锂电池的内容，其余内容均相同。

多电技术将飞机的二次能源归一化为电能，可以降低液压和气源管路的重量[①]、体积、开销以及维修成本，提高能源利用效率，优化飞机全生命周期成本。但随着用电量的提升，要求飞机具有大容量的发电机和大功率电动机，由于这些技术上的限制，现役飞机中，只有波音 787 飞机采用了多电技术。

多电飞机将飞机的二次能源用电能来取代，而全电飞机则是将飞机的一次能源，即飞机的推进也用电能来实现。飞机推力的产生不是通过与发动机同轴相连的涵道风扇或螺旋桨，而是通过用电能驱动电机，带动风扇或螺旋桨旋转而产生推力。

全电飞机电能的产生有多种形式，可以是蓄电池燃料电池，也可以是传统的发动机涡轮。前者以静止的方式将化学能转换为电能，而后者则通过燃烧燃油带动发动机涡轮旋转，再驱动同轴相连的发电机发电，将机械能转换成电能。

由于产生飞机推力所需的功率相比二次能源要大一个数量级，因此全电飞机上所需的发电机和电动机的容量和功率相比多电飞机也要大一个数量级。在现役大型民用飞机上，容量和功率如此巨大的电机尚没有成熟的工程应用经验，因此全电技术的应用范围目前仅局限于小型的短途支线飞机。

无论是全电飞机、多电飞机抑或是传统的飞机，其电源系统的结构都是类似的，都分为电能的产生（发电）和电能的分配（配电）这两个部分。所不同的是，传统飞机电源系统容量小；多电飞机电源系统容量相比传统飞机有了大幅增加，同时增加了“消费”这些新增容量的大功率电机；全电飞机在多电飞机的基础上，电源系统容量又增加了一个数量级，同时也产生了对大功率推进电机的需求。

由于多电和全电技术的特殊性，在二次能源和一次能源用电能取代后，替代的这部分能量，大多会用单独的发电和配电通道，与传统电网分开来。因此，在采用多电和全电技术后，原有的配电架构并不会因此而发生改变。

民用飞机的电能分配是本书探讨的主题，为便于读者理解，本章会先介绍民用飞机电源系统的背景知识，后续的章节会逐步介绍电能分配的各个环节，其中包括一次配电、二次配电、通信总线、配电系统状态显示与数据加载等内容。在讲述这些技术背景的同时，还会在必要的地方关联到多电飞机和全电飞机技术。

1.1 飞机的电源系统

传统飞机的电源系统由发电机、电源转换设备和配电设备组成，它们共同构成一个瀑布形的垂直架构，相互协同以完成对电力最终用户，即电气负载的供电，如图 1-1 所示。

在图 1-1 中，电源系统分为左通道和右通道，每个通道有各自的发电机、电源转换设备、交流汇流条、直流汇流条和配电设备。正常情况下，左右通道是独立运行的，即左交流（Left AC）汇流条和右交流（Right AC）汇流条之间的交流联结接触器（ATC）是断开的，左直流（Left DC）汇流条和右直流（Right DC）汇流条之间的直流联结接触器（DTC）也是断开的。

左通道的发电机功率准备就绪（Power Ready）后，会接通左发电机接触器（LGC），

① 本书中“重量”为“质量（mass）”概念，其法定计量单位为千克（kg）。

为左交流汇流条供电。左交流汇流条再作为左变压整流单元（LTRU）的功率输入源，LTRU 将 115V AC 转换为 28V DC，为左直流汇流条供电。

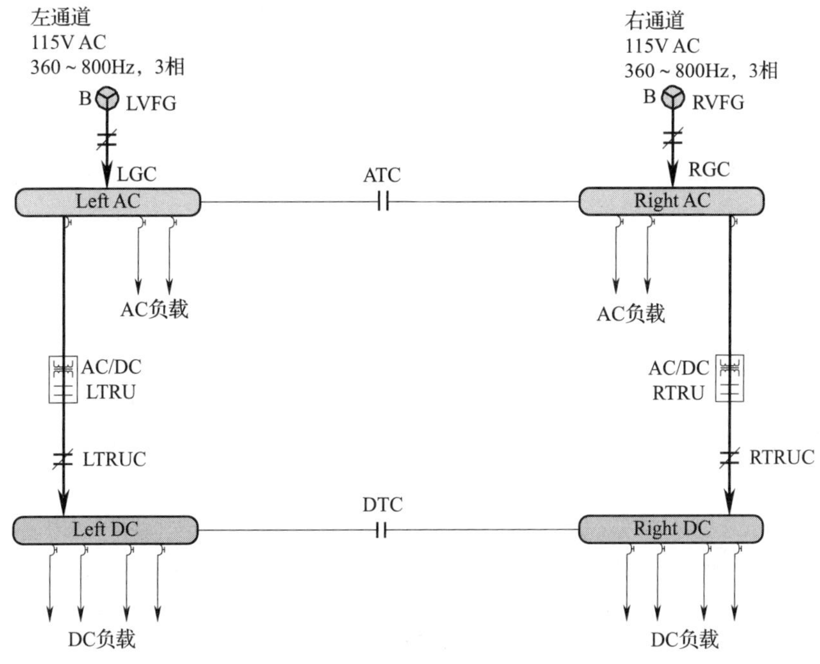

图 1-1 简化的飞机电源系统

电源系统的终端用户，即各个电气负载，根据自身的供电电压等级，分别从左交流汇流条和左直流汇流条取电。汇流条和终端负载之间设置了配电设备，即断路器（CB）。在正常情况下，这些 CB 为负载提供供电通路；在异常情况下，即发生过载或短路时，CB 会切断至负载的通路，对电源系统实施保护，以免故障扩散到整个电源系统。随着技术的日益进步，这些传统的机电式 CB 已经为固态功率控制器（SSPC）所取代。SSPC 可以通过通信总线对负载实施远程通断控制，并在线读取负载的状态，实现对负载的闭环控制与智能控制。

在电源系统出现故障时，比如左发电机故障时，控制 LGC 的左发电机控制器 LGCU 会断开 LGC。断开 LGC 后的左交流汇流条会失电，电网需要重新配置，功率需要重新分配。这时汇流条功率控制器（BPCU）会闭合 ATC，由右侧的发电机为左交流汇流条供电。这时，右发电机会同时为左、右交流汇流条供电。在单个发电机的容量不能同时支撑两个汇流条的功率需求时，BPCU 会根据飞机负载的安全性等级预先卸载一部分负载，实现电源和负载的供需平衡。

同样的道理，若 LTRU 故障，则 BPCU 会检测右侧 TRU 的状态，若右侧 TRU 正常，则 BPCU 会闭合 DTC，之后断开左变压整流单元接触器（LTRUC），这样，左直流汇流条就可以继续从右 TRU 获取功率输入。同样地，在这种情况下，BPCU 会根据右 TRU 的容量和两个直流汇流条上负载的功率需求，决定是否需要预先卸载部分负载，以维持直流电源和负载的供需平衡。

交流汇流条在切换的过程中，会不可避免地出现供电中断。这是由于两个功率源，左发电机和右发电机不能并联运行（因为二者频率不同，相位也不同，不具备并联运行条件）。在汇流条切换功率输入源时，必须先切断汇流条电源，再合上待接入功率源的接触器。比如，当左发电机故障时，LGCU 会先断开 LGC，之后再由 BPCU 合上 ATC，所以 Left AC 汇流条在 LGC 断开、ATC 闭合的这段时间内处于断电状态（通常持续几十毫秒）。

交流汇流条在功率源切换期间会断电，直流汇流条的切换却可以实现不间断供电。比如，在左变频发电机（LVFG）退出运行之前，BPCU 会先合上 DTC（因为直流源可以直接并联），之后再断开 LGC，这样，在 LTRU 失去 Left AC 汇流条的功率输入，无法为 Left DC 汇流条提供 28V DC 输入时，Left DC 汇流条可以通过 DTC 从 Right DC 汇流条获取电力。因此，在主交流源进行切换时，Left DC 汇流条一直是有电的，不会出现供电中断（当然，前提是右变压整流单元（RTRU）的容量足以支撑两个直流汇流条的负载需求）。

从功率源到汇流条的电能分配过程叫作一次配电（Primary Power Distribution），从汇流条到终端电气负载的电能分配过程叫作二次配电（Secondary Power Distribution）。

一次配电主要通过接通或断开主电源的接触器来实现电源到汇流条的功率分配，如 LGC 接通、ATC 断开时，由 LVFG 为 Left AC 汇流条供电；当断开 LGC，接通右发电机接触器（RGC）和 ATC 时，则改由右变频发电机（RVFG）为 Left AC 汇流条供电。

二次配电通过断路器（CB）来实现从汇流条到终端电气负载的电能分配。一般根据实际负载的功率需求，比如额定电流值，来设定 CB 的保护定额。比如，负载的稳态电流为 3A，则可以选择 5A 的 CB 来保护从汇流条到终端电气负载之间的这段线缆，避免线缆因过载发热进而烧灼引起飞机火灾。普通负载用 1 个 CB 单路供电即能满足需要，对于影响飞行安全的重要负载，通常需要两路甚至 3 路余度供电，这时，同一路负载需要配备 2～3 个 CB。这些用于余度设计的 CB 通常挂接在不同汇流条上，以免汇流条单点故障引起共模故障。

图 1-1 是简化版的飞机电源系统，实际飞机的电源系统要比这复杂得多，如图 1-2 所示的是常见的单通道飞机电源系统架构，与简化版的电源系统相比，它增加了以下几个部分的内容：

（1）在功率输入源方面，除了左右 115V AC 发电机之外，还有地面电源、辅助电源 APU，以及应急电源 RAT。其中，地面电源在飞机处于地面状态时，通过连接到飞机地面电源插座的地面线缆为飞机供电；辅助电源 APU 在地面电源从飞机插座拔出之后，飞机主电源（左右发电机）启动之前启用，同时也可以在故障情况下，比如发电机故障时，补充飞机电源功率的缺额；应急电源 RAT 在紧急情况下启动，比如左右两个发电机和 APU 发电机均故障时，RAT 会被释放，借助飞机惯性产生的迎面气流带动 RAT 发电机发电，为飞机应急着陆提供必要的电能。

（2）与功率输入源相对应，在新增功率源接入飞机电网之前，都设置了分断点（即电源出口的接触器），以方便各个不同功率源之间的切换和故障隔离，如左外部电源继电器（LEPR）和辅助动力装置发电机接触器（AGC）。

（3）左右汇流条之间也增加了分断点左交流联结继电器（LACTR）、右交流联结继电器（RACTR），以免相邻的两个功率源之间并联运行（如左发电机与地面电源的并联、地面电源与辅助电源的并联、辅助电源和右发电机的并联）。

（4）增加了交流重要（AC Essential）汇流条，以满足在应急情况下的交流重要负载的用电需求。同时增加了相应的开关 RAT 发电机出口接触器（RGLC）和接触器左交流重要联结继电器（LACETR）和右交流重要联结继电器（RACETR）。

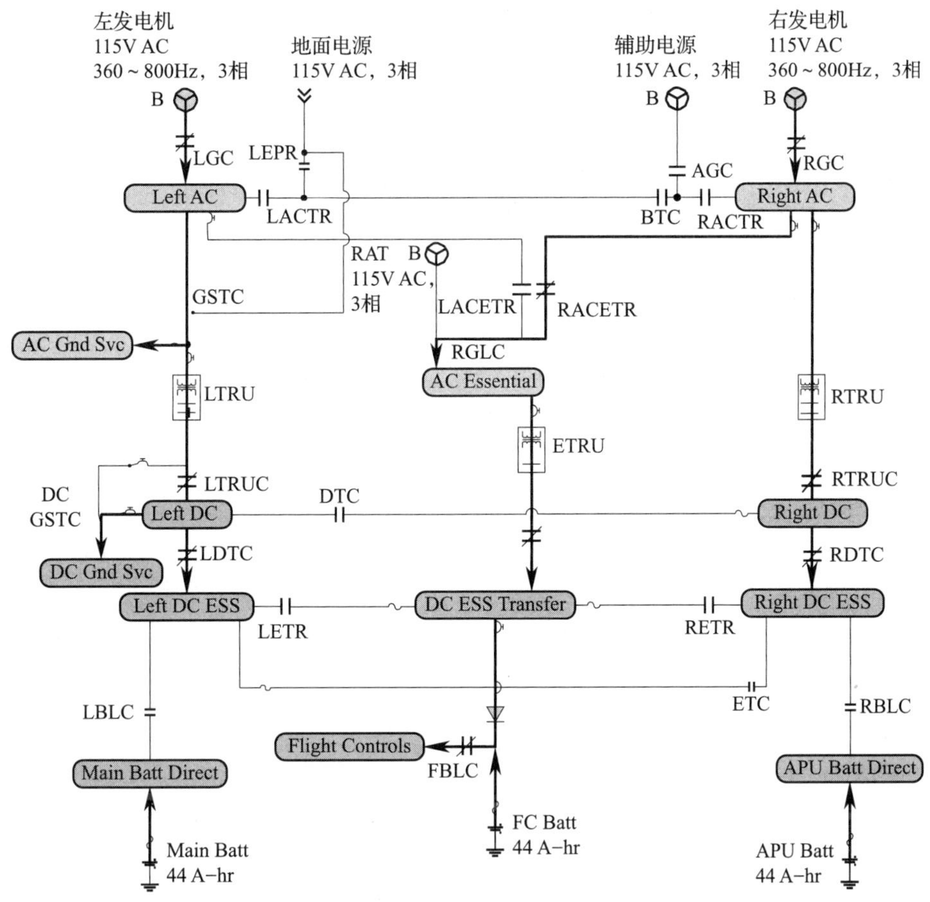

图 1-2 实际飞机的电源系统

（5）由于交流汇流条增加到 3 个，从交流到直流的转换装置，即 TRU 也相应地由先前的两个增加到 3 个，即新增了重要变压整流器（ETRU）。

（6）增加了地面服务汇流条，包括交流地面服务（AC Gnd Svc）汇流条和直流地面服务（DC Gnd Svc）汇流条。当飞机处于地面时，这两个汇流条从地面电源获取电力，为地勤人员提供清洁（如吸尘器插座）、照明等用电。

（7）增加了 3 个直流重要汇流条：Left DC ESS、DC ESS Transfer 和 Right DC ESS，为机上的重要直流负载供电。同时也增加了这三个汇流条之间的分断接触器左重要联结继电器（LETR）、右重要联结继电器（RETR）和重要联结接触器（ETC）。

（8）增加了 3 个蓄电池及对应的汇流条，分别是主蓄电池、飞控（FC）蓄电池和 APU 蓄电池。其中飞控蓄电池是飞控系统的应急电源，APU 蓄电池除了在应急情况下使用外，还可以在地面状态下用于启动 APU。同时也增加了蓄电池的分断接触器 LBLC、RBLC 和 FBLC。

在系统配置了多个功率源后，同一个汇流条可以有多个功率输入来源，接触器切换逻辑的排列组合更多，一次配电的构型也更复杂。但二次配电的架构可以基本不变，只要负载不变，则对应的 CB 数量就维持不变。一次配电的汇流条网络组成一个准环形结构，同一个汇流条可以通过电网的重新配置，从多个功率输入源获取电力。而二次配电则呈辐射状结构，在一个汇流条上挂接多个 CB，再从 CB 输出端引出线缆到各个终端负载，汇流条与负载之间呈一对多的辐射状架构。

负责一次配电接触器转换逻辑的装置叫汇流条功率控制器（BPCU）。发电机、地面电源、辅助电源、应急电源，以及蓄电池，这些将其他形式能源转换为电能的装置称为一次电源（Primary Power Source），而实现不同电压等级或交直流相互转换的装置则称为二次电源（Secondary Power Source），比如变压整流器（TRU）就是一种二次电源，它将 115V AC 转换成 28V DC。

图 1–2 是比较典型的单通道飞机电源系统架构图，根据实际需要，不同机型对电源系统有不同的定制化需求，比如 AC Essential 汇流条除了有三相配置外，有的机型还有单相交流汇流条。通常，单相交流汇流条从 AC Essential 汇流条取电，当后者失电时，可以从 DC ESS Transfer 汇流条经由单相逆变器取电。

图 1–2 中未示出单相交流汇流条，也没有示出蓄电池的充电回路。还有 APU 的启动回路，为便于读者清晰地理解电源系统主架构，在图中也省略了。

现代飞机（如波音 787 和 A350）为了减小线损，把发电机的出口电压抬高到 230V AC，在传输同等功率时，由于电压升高一倍，则电流可以减少一半，从而降低了导线上的压降和损耗。更小的电流意味着可以选用更细的导线，有利于减轻飞机的重量。

如图 1–3 所示，波音 787 电源系统的发电机采用了 230V AC 供电体制。这里 230V AC 是名义值，汇流条调节点（POR）处的实际电压为 235V AC，以补偿线路上的压降。在波音 787 电源系统中，共配备了 6 台发电机，其中 4 台变频启动发电机（VFSG）L1、L2、R1 和 R2 分别安装在左右两台发动机上，另外两台发电机 APU 启动发电机（ASG）L 和 R 安装在 APU 上。这 6 台发电机根据需要将功率汇集到 4 条 235V AC 汇流条上，再给飞机上的 235V AC 负载，以及 TRU、ATU 和 ATRU 等二次电源供电。

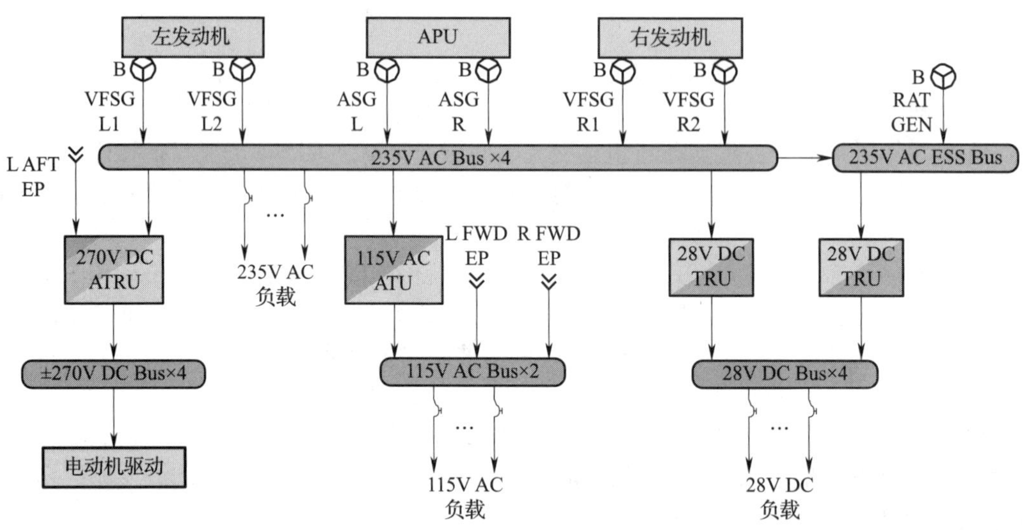

图 1–3 波音 787 电源系统

TRU、ATU 和 ATRU 都属于前述的二次电源的范畴，其中 TRU 实现了 235V AC 到 28V DC 的电源转换，ATU 实现了 235V AC 到 115V AC 的转换，而自耦变压整流器（ATRU）则实现了从 235V AC 到 ±270V DC 的电源转换。

波音 787 的 115V AC 和 28V DC 供电体制与传统飞机无异，270V DC 和 235V AC 属于新增的电压等级。±270V DC 的负载主要是电动机驱动，用于驱动空调压缩机等电机类负载，235V AC 的负载主要是电防冰系统。

波音 787 是典型的多电飞机，所谓多电飞机（MEA）是指将传统的由液压、气源驱动的系统改为由电能驱动的系统，因为“电”用得比传统飞机“多”了，所以叫多电飞机。

在波音 787 飞机上，“多电”主要体现在以下几个方面：

（1）用电防冰取代传统飞机的引气防冰。这里引气防冰指的是从发动机提取热空气来暖化机翼，以防水汽在此凝结进而固化成冰的防冰方式；而电防冰则是通过加热分布在机翼上的电阻丝，将机翼表面的温度维持在结冰点以上的防冰方式。电防冰需要吸取大量的电能，需要几十到 100kW 的功率，波音 787 将电防冰负载直接挂接在 235V AC 汇流条上，因为电压等级抬高了，可以减小电流和馈线损耗。

（2）用电环控取代引气环控。传统飞机是从发动机提取热空气，通过热交换器和压力调节阀来调节客舱空气的温度和压力。波音 787 取消了客舱引气系统（仅保留了发动机前沿引气防冰系统），改用电动空气压缩机来调节客舱温度和压力。空气压缩机由飞机上的共用马达启动控制器（CMSC）来控制，输入电压为 ±270V DC。

（3）用电启动代替引气启动。传统飞机的主发动机起动过程是先启动 APU，APU 正常运行后，可以为主发动机提供引气，再用这部分引气来起动主发动机。波音 787 采用的是电启动的方式，通过齿轮箱连接到发动机轴上的两台发电机是双用途的，既可以作为发电机，也可以作为电动机，所以称之为启动发电机（Starter Generator）。在发动机起动之前，它从电网（由 CMSC 输出）吸收电能，为主发动机提供起动转矩，带动主发动机转动。在主发动机起动至怠速，可以自持运行之后，启动发电机再切换到发电机运行模式，向飞机电网输出电能。

以上是飞机电网的基本构型，其组成的基本元件分别是：一次电源、二次电源和配电装置。下述各节会分别介绍这几类元件。

1.2 飞机电源系统的主要元件

1.2.1 一次电源

一次电源是飞机电源系统的直接功率来源，按照其产生的途径可以分为主发电机、地面电源、辅助电源和应急电源，按照其电压形式又可分为直流电源和交流电源。前面列出的 4 种电源都属于交流电源，一次直流电源中比较典型的代表是蓄电池。

1.2.1.1 航空发电机及其演变过程

一般而言，如果系统的工作频率高，发电机和变压器的铜材、钢材用料就少，可以有效地降低重量和成本。不足的是电气设备和线路感抗增大，容抗减小，损耗增加，输电效率降低。

航空工业界有一句名言“要为减少每一克重量而奋斗”。所以减小体积、减轻重量就要求航空发电机采用高频率，但要降低损耗又必须采用低频率。经测算，在 115V/400Hz 的条件下，设备的功率重量比最大，因此 400Hz 的标称工作频率一直沿用至今。

大多数现役飞机（A320 系列、波音 747 等）都采用了整体驱动发电机（IDG）。IDG 包括液压机械恒速传动装置（CSD）和一个由滑油冷却的无刷交流发电机装置组成的组件。IDG 还包括一个永磁发电机（PMG），用于给主发电机提供励磁电源。

IDG 由发动机附件齿轮箱转动，因为发动机速度是变化的，齿轮箱速度也是变化的，从而 IDG 得到的是变化的输入速度。IDG 通过 CSD 内部的机械和液压部件将可变的输入速度转换成恒定转速，驱动其内部交流发电机，输出恒定的 115V/400Hz 的三相交流电（见图 1–4 中的 IDG）。

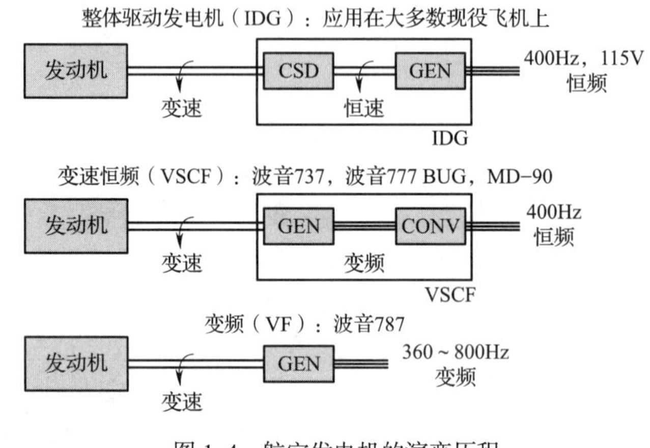

图 1–4　航空发电机的演变历程

IDG 结构复杂，工作时发热量极大，主要通过滑油循环以及空气 / 滑油热交换和燃油 / 滑油热交换的方式进行冷却，如果 IDG 冷却系统失效将严重影响其工作。

鉴于 IDG 的上述缺陷，波音 737、777BUG 和 MD–90 飞机都采用了变速恒频（VSCF）发电机。与整体驱动发电机（IDG）相比，变速恒频发电机取消了恒速传动装置（CSD），简化了飞机发动机传动结构，取而代之的是一个频率变换器（CONV），它将发电机发出的交流电转换成 400Hz 恒频输出（见图 1–4 的 VSCF 发电机）。

频率变换器增加了发电系统的失效模式，考虑到大多数交流负载对频率的变化并不敏感，在新一代飞机，如波音 787 上，则直接采用了变频（VF）发电机，频率变换器也取消了，进一步简化了发电机的结构。变频发电机输出的频率范围是 360 ~ 800Hz（见图 1–4 的 VF 发电机）。这种简洁的结构进一步提高了发电机的可靠性。

除了结构上的简化外，如前所述，波音 787 的 VF 发电机还兼具起动发动机的功能，也就是所说的启动发电机（Starter Generator）。在发动机起动期间，作为启动机（即电动机）工作；在发动机正常起动后，再切换为发电机工作模式。

1.2.1.2　地面电源

通常情况下，在发动机正常运行时，飞机会用发电机发电。但是在地面，当发动机停车时，则由机场提供的 115V/400Hz 地面电源为飞机供电。飞机地面电源，又叫外部电源，通常采用模块化设计，称为地面电源单元（GPU），每个单元额定功率为 90kVA。这些单元可在飞机处于机库或停机坪时帮助起动发动机，执行维护或提供一般机载动力。

根据地面电源的外在形式，可以将其分为固定式地面电源和移动式地面电源。

固定式地面电源如图 1–5 所示，通过永久安装的电源设备为停放的飞机提供所需的 115V/400Hz 电源。它通过变频器将 50Hz 工频电源转换成 400Hz 航空用电源，其转换方式可以是集中式的，也可以是分布式的。集中式的电源转换变频器数量少、功率大，它先将民用工业用电转换为 115V/400Hz，再分配到一个个飞机泊位。而分布式电源转换变频器是靠近飞机泊位布置的，数量多，但每个变频器的功率相对较小。

集中式电源转换变频器易于建造，成本低，但也有比较显著的缺点，比如各个功率引出点之间的负荷平衡不容易控制，从电源变换中心到飞机泊位存在电压降等。机场可以根据实际情况，选择合适的电源转换方式。

在没有固定式地面电源的地方，可以部署移动式地面电源，如图 1–6 所示。这些电源通常采用柴油发电机发电，其位置是可以移动的。

图 1–5 固定式地面电源（两台 90kVA 分布式固定地面电源）

图 1–6 移动式地面电源

每台 GPU 的额定功率为 90kVA，飞机对外部电源功率的需求量视具体飞机而定，通常的情况是：

（1）单通道飞机：1 × 90kVA。

（2）宽体飞机：2 × 90kVA。

（3）A380 飞机：4 × 90kVA。

（4）在大型机场中有两种常见方法向飞机输送 115V/400Hz 地面电源：一种是通过安装在廊桥底部的电缆卷盘供电，另一种是通过停机坪掩埋坑系统来供电。

图 1–7 安装在廊桥底部的电缆卷盘

安装在廊桥底部的电缆卷盘如图 1–7 所示，可以通过电气控制来释放 115V/400Hz 电缆，以连接到飞机地面电源插座。操作完成后，卷盘设备可以把电缆重新绕到电缆盘上。

停机坪掩埋坑系统通常内置 115V/400Hz 电缆，抬起坑上的盖子后，可以操作这些电缆。为便于线缆操作，有些系统还提供了弹出式坑盖。除了方便电缆操作外，该系统在设计时还需要考虑能够承受在其上行驶飞机的机械负荷。

连接到飞机的地面电源插座也是标准的模块化设计，如图 1–8 所示，它共有 6 根插针，其中下面一排粗针是 A、B、C 三相电源，上面一排最左边的粗针是 N 线，右边的两根细针是 Pin E 和 Pin F。在插头侧，E 针脚和 F 针脚是短接的，这两根针用于检测地面电源插头是否有效地插入到飞机插座。具体实现方法是通过 BPCU 在 E 针脚施加一个电压（比如 28V DC），如果插头已经插到位，则在 F 针脚能够检测到 28V DC 电压。若确能检测到电压，则表明外部电源插头已经有效地插入到插座。

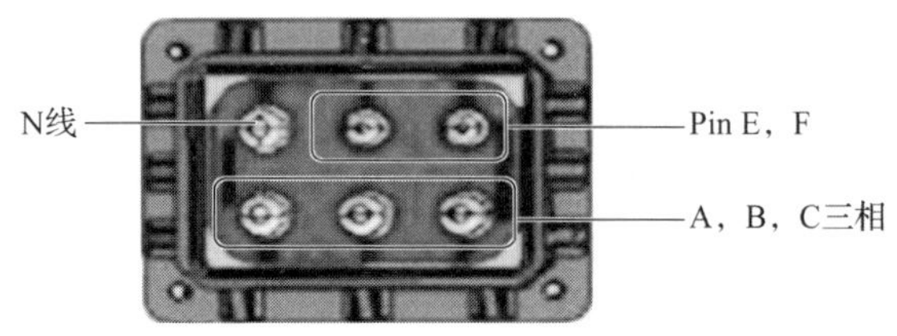

图 1–8　飞机地面电源插座

1.2.1.3　APU 及辅助电源

大多数商用飞机尾部都配备了辅助动力装置（APU），如图 1–9 所示，它可以向飞机提供电力和压缩空气。在飞机进行维护或准备起动主发动机以执行飞行任务之前，这些能源的提供都是必要的。飞机在飞行时，电力、气源、液压和空气调节所需的能源都来自安装在发动机上的发电机、引气管路和泵。但在地面运行期间，为降低机场噪声和节省燃油，很少会起动发动机。此时为了维护和测试、飞行前座舱与客舱准备及空调系统都需要用电，APU 可以部分解决此时的用电需求。

辅助电源启用的时机是飞机处于地面，地面电源插头被拔出，飞机被推出停机位后。此时，飞机的电源系统由辅助电源供电，直至主发动机起动，主发电机投入正常运营。因此，在一段航程里，辅助电源启用的时间比较短暂。除了用于填补外部电源失电到主发动机起动这段时间的功率缺额外，辅助电源还可以作为故障情况下的备用电源。比如，当主发电机故障，飞机电源容量不够时，驾驶员可以启用辅助电源来弥补功率的缺额。

飞机的辅助动力装置通常是一个小型喷气发动机，位于机身尾部后机舱舱壁后面。该发动机驱动发电机、气源系统，为飞机重要系统提供足够的电源、压缩空气。这些发动机通常从飞机的主油箱中提取燃料，并具有独立的电启动系统。

图 1–9　辅助动力装置安装在飞机尾部

在飞机的主发动机正常运行并提供所需的动力后，APU 即停止工作，但它可以在飞行中的任何阶段启动，以在需要时提供应急电源和液压动力。APU 在飞机尾锥有排气口，经后侧舱门登机的乘客，会听到从飞机尾部 APU 排气口发出的喷气噪声。

APU 的功能简图如图 1-10 所示，外部空气从空气进口进入离心压缩机后分两路输出：一路输往右侧给燃烧室供氧，与燃油混合燃烧后从尾气排出口排出；一路输往左侧，给飞机的引气系统提供高温高压的压缩空气。在飞机处于地面时，APU 发电机与燃烧室的两极轴向涡轮（two-stage axial turbine）连接，在涡轮旋转的带动下发电。

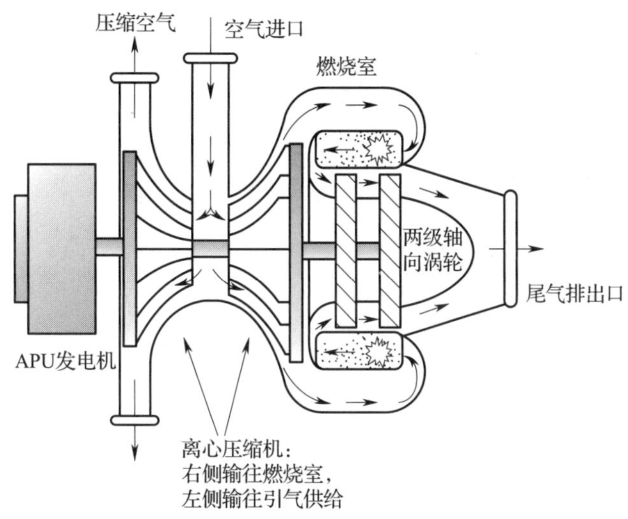

图 1-10 辅助动力装置的功能简图

辅助动力装置的另外一个用途是起动发动机。小飞机的发动机可以使用电动机来带动发动机的初始旋转（直到涡轮机接管并且发动机“自我维持”或“自持燃烧”为止）。但是，大型飞机（如宽体飞机）上的发动机太重，难以通过电动机提供发动机初始旋转所需的力矩（或者所需的电动机又大又重，以至于效率不高），因此可以使用 APU 产生的压缩空气来起动发动机。

简而言之，APU 可以看作是低配版的发动机。它可以发电，在主电源和外部电源停运时可以作为飞机的辅助电源；也可以产生压缩空气，在主发动机起动前为客舱环控提供必要的高温高压空气，而这部分空气还可以用来起动发动机。

1.2.1.4 应急电源 RAT

冲压空气涡轮机（RAT）是一个附带液压泵和发电机的应急能源系统。它在飞机惯性飞行时从迎面气流获取能量来带动发电机和液压泵转动，其工作原理基本上类似于风车。RAT 通常位于飞机的机身处，有时也位于机翼下方，如图 1-11 所示。RAT 在正常飞行期间被收起在密闭舱内，仅在紧急情况下才打开舱门，让其在重力作用下弹出舱外并开始工作。

RAT 是飞机动力系统的重要组成部分，其使用场景极为罕见，即飞机发动机失效并且辅助动力装置（APU）也失效时，才启用 RAT。在这种情况下，RAT 从飞机的机翼或机身（具体取决于安装位置）上释放出来，在迎面气流的冲击下旋转，驱动液压泵和发电机，为飞机重要系统提供液压能和电能。

在 RAT 启用到正常输出电能期间，飞机电源系统由机上蓄电池（通常容量为 40A · h）供电，但一般只能支撑 20min 左右。RAT 启用后，可以延长应急供电的时间。但 RAT 输

图 1-11　安装在机翼下方的 RAT，其工作原理类似风车

出功率低，通常为 30 ~ 50kVA。在其运行期间，许多电气设备将被卸载，例如，乘客娱乐系统、咖啡机，以及大多数座舱仪表；只有重要的系统（例如，导航、对飞行至关重要的仪表和通信设备）和飞行控制系统才能从该系统获取电力。

通常在液压系统故障或一次电源（发电机、APU）失效的情况下，它会自动激活或通过飞行员操控面板上的带保护盖的按钮激活。如图 1-12 所示是驾驶舱操控面板上的 RAT 手动启动按钮（RAT MAN ON），为防止飞行员误操作，按钮上有红色保护盖。

图 1-12　驾驶舱操控面板上的 RAT 手动启动按钮，带红色保护盖

值得注意的是，RAT 除了用于发电，还可以作为备份液压源。A320 有三套独立液压系统，分别为绿色、黄色和蓝色。其中蓝色液压系统正常情况下由电动液压泵驱动，RAT 作为其备份功率源，可以输出 2500lbf/in^{2}① 的压力。

启用 RAT 的最著名事件是美国全美航空的 1549 次航班。2009 年 1 月 15 日，执飞该航班的空中客车 A320 飞机从纽约拉瓜迪亚机场起飞后不久，两台发动机都因为一群鸟的撞击而失去了动力。飞机上还有 APU，可在飞行中支撑大部分系统的运行，此外还有备

① 1lbf/in^2（磅力每平方英寸）≈ 6.895kPa（千帕）。

用蓄电池，可以提供直流电源。考虑到蓄电池储存能量有限，飞行员同时激活了 APU 和 RAT，控制飞机成功降落在纽约的哈德逊河上，被称为“哈德逊奇迹”。

1.2.1.5 蓄电池

在前一节已经提到，蓄电池在紧急情况下，RAT 启用之前，可以作为直流应急电源。此外蓄电池还可以在飞机处于“冷态”时，用以启动 APU（对应的蓄电池又被称作 APU 蓄电池）。

航空用蓄电池通常有铅酸（Lead Acid）电池、镍镉（Ni–Cd）电池和锂离子（Li–ion）电池。铅酸电池是最传统的技术，能量密度较低，但能够承受大电流，成本也比较低。镍镉电池在 20 世纪 80 年代以后被大量采用，其使用寿命长，但自放电率高，且铬有毒，这些缺点都限制了其使用范围。

相比这两种电池，锂离子电池性能更好，有更高的能量密度，没有记忆效应，在现代飞机如波音 787 和 A350 上都安装了这种电池。

大多数小型私人飞机使用铅酸电池，而大多数商用飞机使用镍镉电池。但是，面向新技术的铅酸电池也在推陈出新，如阀控式铅酸（VRLA）电池，如图 1–13 所示，在现代航空应用中仍然有一席之地。

图 1–13 阀控式铅酸电池

老式的铅酸电池是注液铅酸电池（也称为溢流式电池或湿式电池），它与已完全充电并干燥的电极（极板）组装在一起，在投入使用前，电池中会添加电解液，电池的寿命从添加电解液开始计算。航空用铅酸蓄电池由 6 个或 12 个串联的铅酸电池单元组成。6 个单元电池串联的开路电压约为 12V，而 12 个单元电池串联的开路电压约为 24V。开路电压是电池未连接到负载时的电压。当电池充满电时，正极板上产生的氧气会从电池中逸出，负极板上的水电解产生的氢气也从电池中逸出，导致电池放气和水分流失。因此，被电解液浸没的电池需要定期补充水。

VRLA 电池与注液铅酸电池构造不同，它将所有电解质都封闭在玻璃垫隔板中，不含游离电解质，所以有时也称为密封电池。VRLA 电池的电化学反应与注液电池相同，不同之处在于 VRLA 电池中有氧气复合机理。这类电池有时可以替代镍镉电池。

当 VRLA 电池充电时，氧气在硫酸参与下与负极板上的铅化学结合，形成硫酸铅和水。这种氧气复合抑制了负极板上氢的产生，因此充电过程中没有失水。虽然自放电反应可能会损失少量水，但这种损失很小，因此不用刻意补充水。VRLA 电池单元有一个泄压安全阀，如果电池过度充电，该安全阀会打开排气。

如图 1–14 所示，镍镉电池由金属外壳封闭而成，通常是不锈钢、涂塑钢、喷漆钢或钛，其中包含多个电池单元，这些电池单元串联连接以获得 12V 或 24V 的电压。电池内部有通风系统，可以使过充状态下产生的气体逸出，并在正常运行期间提供冷却功能。

安装在飞机上的镍镉电池是典型的排气型电池。排气单元具有排气阀或低压释放阀，当过快充电或快速放电时，该阀会释放所有产生的氧气和氢气。装有镍镉电池的飞机通常具有电池管理系统（BMS），用于监视电池的状态，一般由电池充电器来监视下述工况：

（1）过热状况。

（2）低温条件（低于 –40℃）。

（3）电池单元失衡。

（4）开路。

（5）短路。

如果 BMS 检测到电池故障，它将关闭输出并向 BPCU 发送故障信号。

在 15 ~ 30℃的环境温度范围内，镍镉电池能够以额定容量输出，超出该温度范围会导致容量降低。镍镉电池具有通风系统以控制电池的温度，在高温（超过 70℃）下过度充电会导致热失控，因此需要不断监测电池温度，以确保运行安全。热失控会导致镍镉电池燃烧，在恒压源充电的情况下甚至引起电池爆炸，使用时要尤其注意。

锂离子电池由基本锂离子单元并联（增加电流）、串联（增加电压）或二者组合而成。如图 1–15 所示，锂离子电池的两个电极通过隔膜彼此隔离，常用的隔膜有微孔聚合物膜。在两个电极之间交换的是锂离子，而不是电子。锂离子电池的基本设计与二十多年前索尼集团初次商业化时的设计基本相同，但在电极材料、电解质和隔膜材料等方面都有改进。

图 1–14　镍镉电池的安装

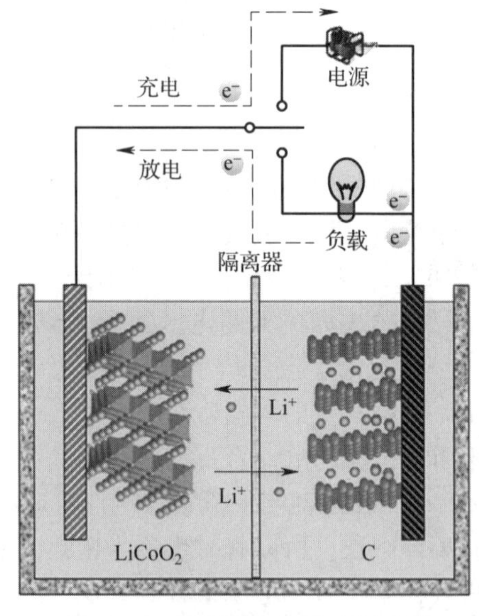

图 1–15　锂离子电池的工作原理

商业电池通常在放电状态组装，放电后的阴极材料（如 $LiCoO_2$、$LiFePO_4$）和阳极材料（如碳）很稳定，有利于实现商业化。在充电过程中，加在两个电极之间的电压迫使电子在阴极释放，从外部移到阳极，同时锂离子也向同一方向移动，在内部通过电解质从阴极转移到阳极，这样，外部能量以化学能的方式存储在电池中；相反的过程发生在放电过程，此时，电子从阳极通过外部负载移动到阴极，与此同时锂离子也在电解质中从阳极移动到阴极。

表 1–1 比较了三种常用蓄电池在能量密度、充放电次数以及记忆效应方面的优劣。其中电池记忆效应（BME）是指如果电池充电、放电不彻底，容易在电池内留下痕迹，降低电池容量的现象，好像电池记住了用户日常的充、放电幅度和模式，时间久了，就很难改变这种模式，不能再做大幅度的充电或放电，从而就降低了电池的容量。只有镍镉电池会有这种现象，铅酸电池和锂离子电池是没有记忆效应的。

表 1–1　常用蓄电池的主要特征

特征	VRLA	Ni–Cd	Li–ion
能量密度 /（W·h/L）	70	105	200
充放电次数	250	1500	3000
记忆效应	无	有	无

尽管在性能指标上锂离子电池具有较大优势，但安全问题是制约锂离子电池推广的一大障碍。2013 年 1 月 7 日，日本航空的一架波音 787 飞机发生了锂离子电池起火的事故，同年 1 月 16 日，全日航空的一架波音 787 客机起飞后不久，也发生了起火事故。这两起事故导致当时采用锂离子电池的波音 787 飞机全部停飞，而此时该型飞机的累计飞行时间仅为 52000h。

经调查，这两起事故的主要原因是锂离子电池发生了热失控。事故中锂离子电池释放了大量热量，导致多只电池烧毁，并有大量可燃性气体放出。发生事故的电池组由 8 只额定容量 75A·h 的单体锂离子电池组成，电池组工作电压为 32V。当热失控发生时，电池组电压从 32V 降至 29V。事后的事故调查中发现有锂离子电池短路，这可能是引发电池热失控的主要原因。

为了解决热失控的问题，波音公司全面改进了锂离子电池的设计，如图 1–16 所示。新的设计在电池单元之间以及电池盒之间增加了绝缘层，以增强电隔离；内部线束采用耐热耐磨套管，以降低因导线破损而导致的短路风险；电池单元用电气绝缘胶带包裹，在电池单元之间以及电池单元与电池盒外部增加了隔热绝缘的垫片；在电池盒底部增加了排水孔，以避免水汽凝结而积水；此外，还采用了电池监控单元将输出电压容差控制在比较窄的范围。

这些措施，都有效地降低了锂离子电池的起火风险，近几年来，很少听到波音 787 锂离子电池起火的报道。

波音 787 飞机采用的是容易起火的钴酸锂电池，为提高锂电池的安全性，业界正在探索采用钛酸锂电池的可行性。钛酸锂电池的负极材料是钛酸锂，正极使用的是锰酸锂。这种电池最大的特点是负极材料钛酸锂属于尖晶石结构，充放电体积变化非常小，属零应变

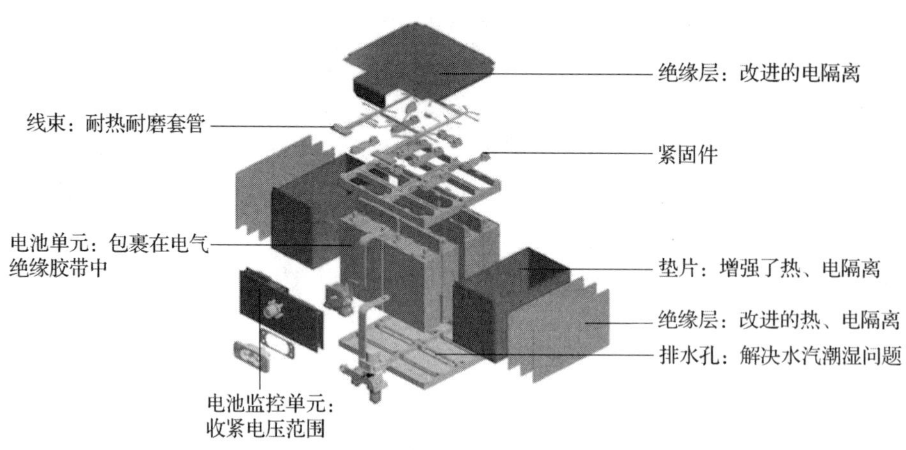

图 1–16　波音公司为解决锂离子电池热失控问题而做的改进设计

材料，同时钛酸锂属于惰性材料范畴，其主要成分是二氧化钛和碳酸锂，二氧化钛是一种稳定的金属氧化物，具有很强的惰性。其优点是充放电过程中无金属锂析出，不会产生锂枝晶，实验室针刺、挤压、短路及过充等试验均不起火、不爆炸、无热失控。钛酸锂能够在短路状况下抑制瞬时短路电流及发热，并允许小电流放电。

虽然钛酸锂电池在安全性方面要优于钴酸锂，但能量密度偏低，相同体积下（标准的 18650 单元电池，即直径 18mm、长度 65mm 的电池），1 节钴酸锂单元电池的电压是 3.9V，而钛酸锂只有 1.3V，前者能量密度是后者的 3 倍。因此，钛酸锂电池在民用飞机上的应用前景，还有待进一步观察。

1.2.2　二次电源

飞机二次电源是将主电源电能变换为另一种形式或规格电能的装置，这种变换可以满足不同用电设备的需要，常见的二次电源有变压整流器（TRU）、自耦变压器（ATU）和自耦变压整流器（ATRU）。

1.2.2.1　变压整流器（TRU）

TRU 用于实现从交流到直流的电能变换，它是静止的变流装置，与传统的电机式变流机相比，它具有很多优点，比如没有旋转和活动部件，没有换向火花，工作无噪声，等等，此外，在功率密度、效率和可靠性方面，也有较大的优势，因此在现代飞机上得到了广泛的应用。

TRU 的输出电压为 28V DC，输入电压随飞机一次电源的电压等级而定。在 C919 飞机上，其输入电压是 115V AC；而在波音 787 上，其输入电压随着发电机电压等级的提高而增加到 235V AC。C919 上布置了 3 台 TRU，每台额定输出电流为 350A；波音 787 上布置了 4 台，每台额定电流为 240A。

如图 1–17 所示是 6 脉冲 TRU 的工作原理图，外部三相输入接到 TRU 的 Y/Y 变压器，实现原副边的电压隔离，后者再输入给三相全波整流器，将交流电整成直流给负载供电。

根据理论分析（见参考文献［7］），输出电压 $\boldsymbol{V}_{\rm d}$ 每个交流周期将含有彼此相距 $\pi/3$ 的 6 个脉动波头。6 脉冲 TRU 因此而得名，如图 1–18 所示。

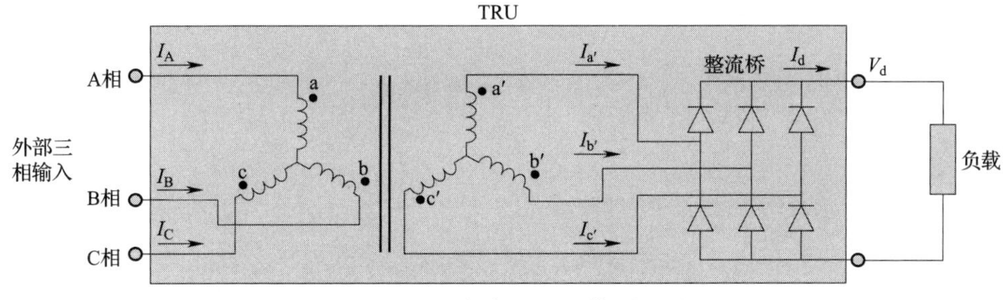

图 1–17 6 脉冲 TRU 工作原理图

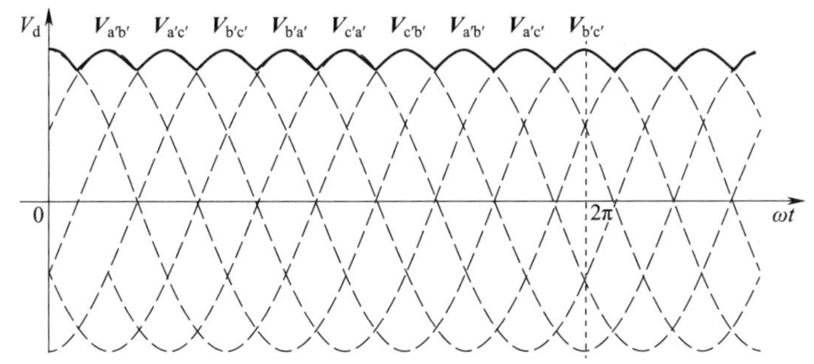

图 1–18 6 脉冲 TRU 的输出电压波形

变压器副边每相绕组在一个交流周期中仅导通 2/3 个周期，其中 1/3 周期为正向导通，另外 1/3 周期为负向导通。对变压器输出相电流进行傅里叶变换，可以发现，其中含有 $6k\pm1$ 次谐波，k 为正整数，每次谐波有效值与基波有效值的比值是谐波次数的倒数。由此可以计算，6 脉冲输入电流的总谐波畸变（THD）畸变率为 31.08%。

早在 20 世纪 70 年代初期，在大功率可控硅发展成熟之际，人们就已经发现了可控硅整流器在将交流电转换为直流电的同时，产生了大量的谐波电流，这些谐波电流注入到飞机电网中，会对其他的负载产生负面影响。为此，人们一直在寻求一种解决方法，希望去除整流器产生的谐波电流。其中有两种可行的解决方案：一种方法是采用 LC 型的无源滤波器；另一种方法是采用多脉冲整流技术，通过叠加的方法消除特定次的谐波。LC 无源滤波器会增加额外的体积、重量，所以常用多脉冲叠加的方法来消除谐波，如常用的 12 脉冲整流器就可以有效地消除 5、7 次输入电流谐波。

如图 1–19 所示是 12 脉冲 TRU 的原理图，与 6 脉冲 TRU 相比，它在变压器的副边增加了一个△形绕组及对应的三相全波整流桥。新增的△形绕组与原有的 Y 形绕组在相位上相差 30° 角，匝比是$\sqrt{3}:1$，以确保两个绕组的输出线电压相同。

图 1–20 是对应的变压器输出绕组的电压向量图，它表示的是输出绕组线电压之间的相位关系，比如 $\boldsymbol{V}_{a''c''}$ 超前 $\boldsymbol{V}_{a'c'}$ 30° 角，而 $\boldsymbol{V}_{a'c'}$ 又超前 $\boldsymbol{V}_{b''c''}$ 30° 角，以此类推，变压器输出端的两个绕组形成了彼此相差 30° 的 12 个相量。

假设两个整流桥输出不并联，而是独立工作，则它们的输出电压各包含 6 次脉动，如图 1–18 所示，每个脉动彼此互差 $\pi/3$ 电角度。现在将这两个整流桥并联起来，虽然每个整流桥都有 6 个波头，但这 6 个波头所形成的包络线并不重合，整流桥 1 超前整流桥 2，相位差为 30°。这样，在二者并联时，两个电压包络线相互叠加，就有了 12 个波头，同时脉动的幅度也减小了一半。

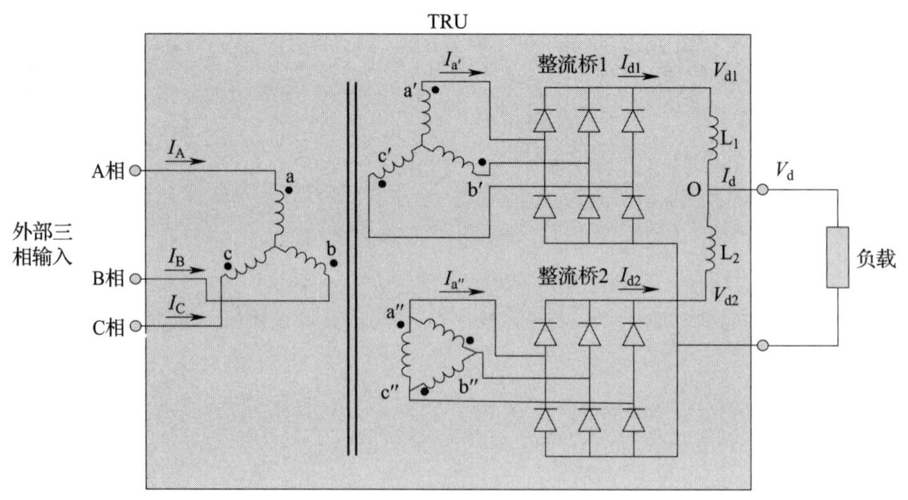

图 1–19　12 脉冲 TRU 原理图

如图 1–21 所示，$\boldsymbol{V}_{d1}$ 和 $\boldsymbol{V}_{d2}$ 的输出脉动各包含 6 个波头，而 $\boldsymbol{V}_{d1}$ 比 $\boldsymbol{V}_{d2}$ 超前 30°，二者相互叠加形成的输出电压就有了 12 个波头，而脉动的幅度也变为原来的一半。12 脉冲 TRU 消除了原有的 6 次谐波，只含有 12 次及以上次谐波，且幅度大为降低，这就是 12 脉冲 TRU 所带来的好处。

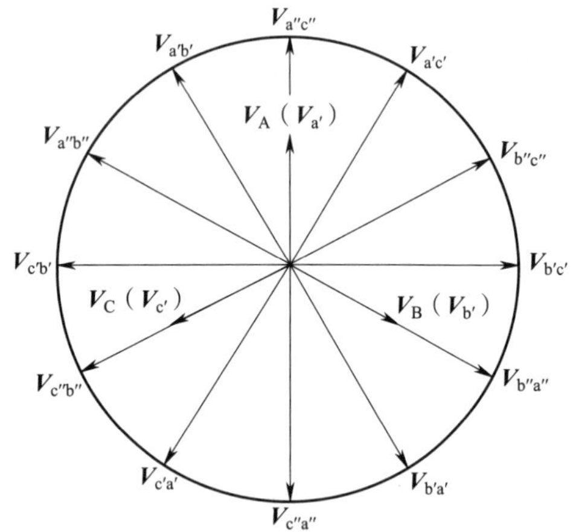

图 1–20　12 脉冲 TRU 电压向量图

在两个整流桥并联输出之前，还增加了直流电抗器，如图 1–19 所示的 L_1 和 L_2，其作用是平衡两个整流桥的电流输出，使得两个整流桥均分输出电流。在不加直流电抗器的情况下，两个整流桥输出波形有 30° 相位差，导致输出电压交替达到最大值。比如，整流桥 2 的 AC

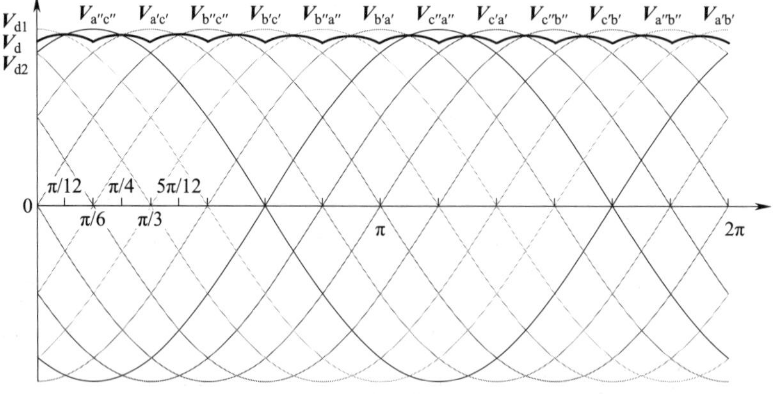

图 1–21　12 脉冲 TRU 输出电压脉动

线电压 $V_{a''c''}$ 在 π/12 处达到最大值，持续时间为 π/12，在 π/4 处整流桥 1 的 AC 线电压 $V_{a'c'}$ 达到最大值，持续时间也为 π/12。两个整流桥输出电压交替达到峰值的后果是，每次只有一个整流桥工作。比如，在整流桥 2 的电压 $V_{a''c''}$ 达到峰值时，整流桥 1 的二极管被反向截止，此时，只有整流桥 2 给负载供电。同样地，在 π/4 到 5π/12 的时间区间，仅有整流桥 1 为负载供电。两个整流桥不能同时输出，因而在设计时，必得加大桥臂二极管的容量，从而增加体积、重量和成本。

直流电抗器的作用就是吸收两个整流桥的电压差，避免了瞬时电压高的那个整流桥的电压直接施加在另一个整流桥的二极管反向端而导致其反向截止。两个整流桥尽管在每个瞬间输出电压不同，但可以同时导通，同时为负载供电。因此，每个整流桥的额定容量可以设计成额定负载电流的 1/2，有效地降低了体积、重量和成本。

为进一步降低谐波量，还可以采用 18 脉冲，甚至 24 脉冲的 TRU。但随着变压器输出绕组的增加，TRU 的设计复杂度也会相应提高，这会带来额外的体积和重量开销，因此，飞机上通常采用 12 脉冲和 18 脉冲的 TRU。

多脉冲 TRU 自身没有输出电压调节作用，所以其输出电压受负载和电源电压的影响较大。

1.2.2.2　自耦变压器（ATU）

早期飞机如 A320 和波音 737 上，电源的供电体制为 115V AC，即发电机出口汇流条的电压为 115V AC，不需要额外的 AC 到 AC 的电源转换装置。为降低导线重量，自波音 787 起，航空工业界将发电机的输出电压由 115V AC 提高到 235V AC（名义值为 230V AC），在传输相同功率时，电流可以减小一半，从而有效地降低了导线线径，达到了减重的目的。

由于传统的 115V AC 负载依然存在，因此需要电源转换装置，先将 235V AC 降压到 115V AC，再为这些传统负载供电。ATU 可以提供 235V AC 和 115V AC 汇流条之间的双向电源转换。

波音 787 采用了两台 150kVA 的自耦变压器（见图 1–22），分别位于 P500 和 P600 配电盘箱中，用来给位于 P300 和 P400 配电盘箱中的 115V AC 汇流条供电。在地面电源工作期间，ATU 还可以逆向工作，将 115V AC/400Hz 地面电源转换成 235V AC，为发动机起动（或 APU 启动）提供功率输入。

选用 ATU 的主要好处是可以减重，如图 1–23 所示，其中图（a）是传统的双绕组变压器，它有原边 AX 和副边 ax 两个绕组。原边的 a′点和 a 点处电位相等，将 a′和 a 点直接相连，同时省却独立的 ax 绕组，即变成了图（b）。图（b）的物理实现如图（c）所示，直接在原边的 a′处引出一个抽头，就形成了副边 ax 绕组，这部分绕组与原边绕组 AX 是共用的。被省却的副边独立绕组，除了可以降低绕组导线重量外，还可以减小磁芯的尺寸，从而进一步减轻了重量。

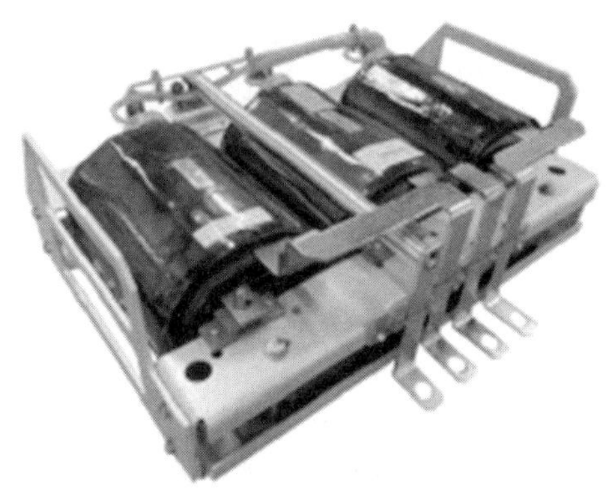

图 1–22　波音 787 上的自耦变压器（ATU）

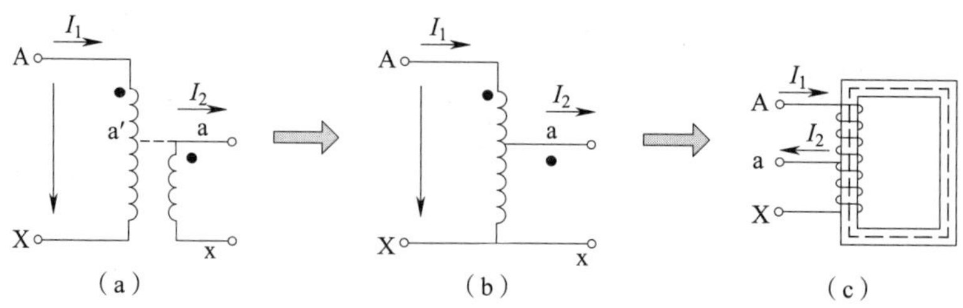

图 1-23　自耦变压器可以节省副边绕组，并降低副边绕组的线径

同时，由于副边 ax 电流 I_2 与原边 AX 电流 I_1 相反，所以在绕组 ax 段，电流会小于 I_1，这部分绕组导线的线径也可以降低，对减重也有贡献。

ATU 的主要缺点是原、副边不隔离，有电气上的直接联系，当原边经受雷击等过压脉冲时，会直接传递到副边。因此，在设计飞机电源系统时，要考虑这些因素的影响。

此外，出于飞行安全的考虑，ATU 还应留有设计余量，ATU 应能承受由于次级馈线故障引起的短路电流而无任何损坏，直到故障被相应的保护装置清除。ATU 应有相应的故障检测和故障隔离措施，来防止 ATU 故障和相关负载馈线中的故障。

1.2.2.3　自耦变压整流器（ATRU）

TRU 主要用在需要隔离的场合，在负载功率较大时，为减小整流器的体积，美国学者 Derek Paice 提出了采用自耦式变压器代替隔离式变压器的方法，这一思路体现在他的关于多脉冲整流的经典著作 *Power Electronic Converter Harmonics: Multipulse Methods for Clean Power* 一书中（见参考文献［23］）。

ATRU 将 235V AC 变换成 ±270V DC，给多电飞机的高压直流负载提供电力（供给液压电动泵、氮气生成系统、环控压缩机，以及发动机起动等负载装置使用）。在波音 787 上，共采用了 4 台 ATRU，每台功率为 150kVA。

波音 787 的二次电源就采用了多脉冲 TRU 及多脉冲 ATRU。

如图 1-24 所示是常见的 12 脉冲 ATRU 的结构图，图中自耦变压器取代了传统的隔离变压器，减小了变压器的等效容量。自耦变压器产生的两组三相电压分别给两组整流桥供电，整流桥输出再通过直流电抗器向负载供电。每组整流桥同时导通且独立工作，共同向负载供电，传输一半的负载能量。

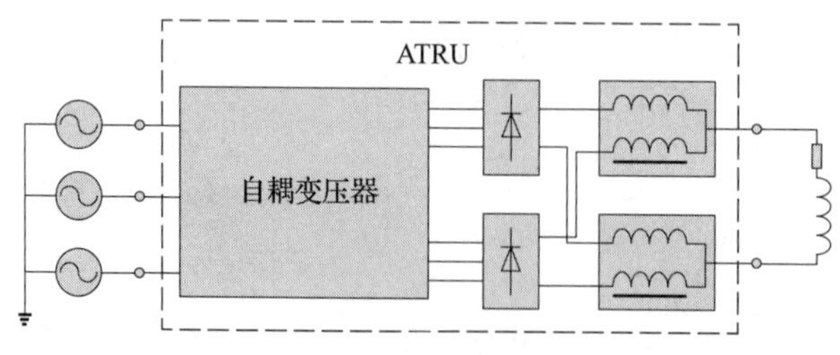

图 1-24　12 脉冲自耦变压整流器的结构图

与 TRU 类似，自耦变压器要生成两组相位互差 30° 的输出绕组，分别为后级的两路整流桥提供输入电流，由于自耦变压器原副边不隔离，因此副边绕组直接从原边绕组引出。

如图 1–25 所示给出了原边接成△形，副边接成 T 形的自耦变压器绕组设计。其中 a、b、c 是原边的 3 个绕组，接成△形，a′，b′和 c′是副边的第一个绕组，a″，b″和 c″是副边的第二个绕组。绕组 a′ a″ 与绕组 bc 是平行的，在物理上它们绕制在同一个铁芯柱上。a′ a″ 的中点连接到原边的 a 点，a′ a″ 与 a 点形式上像 T 字，T 形接法由此得名。图中的黑色圆点表示的是绕组同名端，可以看出 a′和 a″ 的相位是相反的，二者互差 180°。

如图 1–26 所示是与△ –T 形接法对应的向量图，在设计绕组时，要精确计算 aa′绕组与 ab 绕组的匝数，使得 $\boldsymbol{V}_{a}$ 与 $\boldsymbol{V}_{a'}$ 之间的夹角为 15°（由三角函数关系可知，ab 绕组与 aa′绕组的匝比为 1∶0.233）。当两个副边绕组匝数相等时，$\boldsymbol{V}_{a}$ 与 $\boldsymbol{V}_{a''}$ 之间的夹角也为 15°。从而 $\boldsymbol{V}_{a''}$ 与 $\boldsymbol{V}_{a'}$ 之间的夹角为 30°，刚好满足设计预期。

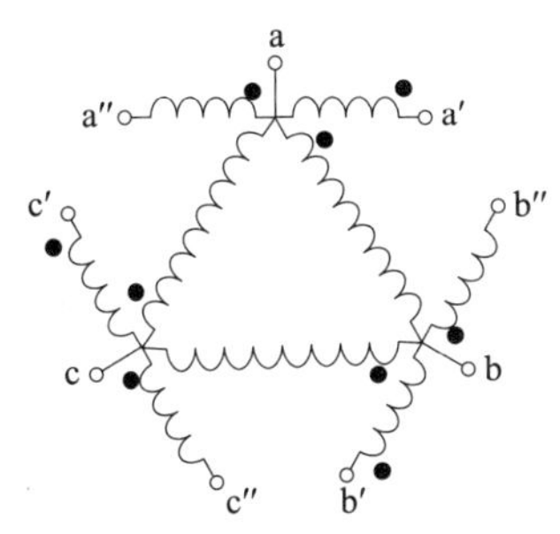

图 1–25　12 脉冲 ATRU 的绕组设计

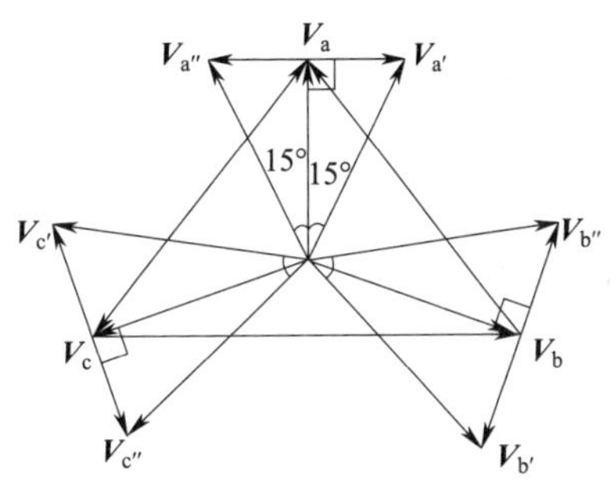

图 1–26　12 脉冲 ATRU 的电压向量图

如图 1–27 所示是实际的变压器绕制方法，其中 ab、bc、ca 相绕组各占一个磁芯柱，彼此首尾相连，构成△形接法。副边的两个绕组 a′a 和 aa″ 绕制在原边 bc 相所在的铁芯柱上，由于 a 点位于两个绕组的中点，且绕制方向相同，因而电压向量 a′ a 和向量 a″a 方向相反，与图 1–26 所示的电压向量图一致。

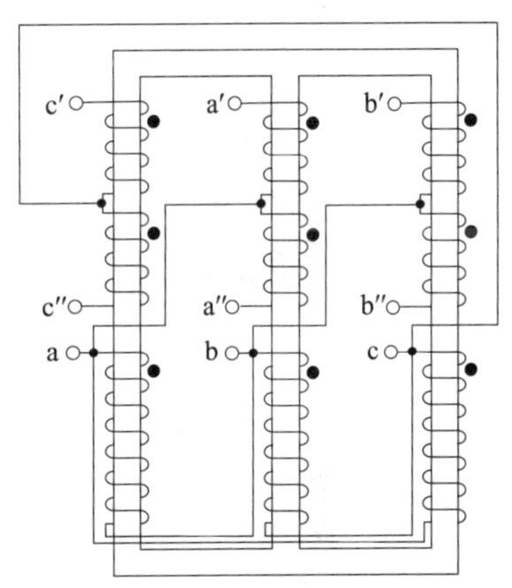

图 1–27　12 脉冲 ATRU 的变压器绕组的绕制方法

同样地，副边的 b′ b 和 bb″ 绕制在原边 ca 相所在的铁芯柱上，b 点位于这两个绕组的中点位置；副边的 c′ c 和 cc″ 绕制在原边 ab 相所在的铁芯柱上，c 点位于这两个绕组的中点位置。

在这种变压器绕制方法下，ATRU 的输出电压脉动为 12 个波头，与 TRU 相同，但同功率条件下，ATRU 的体积和重量会大幅下降。文献［7］指出，TRU 的变压器容量为输出功率的 1.03 倍，而 ATRU 的变压器容量仅为输出功率的 18.34%。

1.2.3　配电装置

一次电源和二次电源分别用于电能的产生和转换，而配电装置则用于电能的分配，它将一次、二次电源的电能分配到终端电气负载。航空电源系统是辐射状的架构，配电装置从一个配电汇流条获取电力，向多个负载供电。

在正常情况下，这些配电装置是一个负载切换开关。当开关接通时，负载获得电力输入；当开关断开时，负载断电。在异常情况下，如线路发生过载或短路时，配电装置可以切断负载，避免导线过热引起火灾，同时也可以实现故障隔离，避免故障传播到整个电网，导致大面积停电事故。

传统的配电方式是使用机电式的断路器，随着电力电子技术的发展，基于功率 MOS 管的固态配电方式得到了越来越广泛的应用。

1.2.3.1 传统配电方式

断路器是指能够接通、承载和断开正常回路条件下的电流，并能在规定的时间内断开异常回路条件下电流的开关装置。

断路器按其使用范围分为高压断路器与低压断路器，高、低压界线划分比较模糊，一般将 3kV 以上的称为高压电器。在航空领域，电压达到 270V DC 的就被称为高压直流电器。如图 1–28 所示是一个航空用断路器的示例图，顶部按钮上的数字“15”表示的是断路器的额定电流为 15A。

如图 1–29 所示，断路器一般由主触头、电磁脱扣器、热脱扣器、连杆、外壳等构成。当主触头闭合后（通常是通过按下手动按钮闭合主触头），与主触点相连的锁链与搭钩接触，把主触头固定在闭合位置。相应地，与主触头连接的弹簧因为行程被拉长而受到张力。

图 1–28　航空断路器示例图（15A 额定电流）

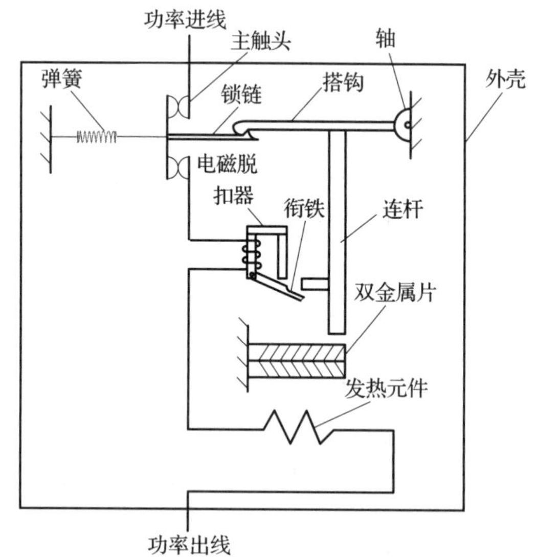

图 1–29　航空断路器的构成

断路器有两种脱扣机制，即电磁脱扣和热脱扣。当电磁脱扣器动作时，衔铁被吸合，进而推动连杆向上移动，搭钩顺时针绕轴旋转，脱开锁链，主触点在弹簧的张力下分开。热脱扣利用的是双金属片受热的原理，在触点闭合后，功率进线和功率出线有电流流过，串在电流回路的发热元件给上端的双金属片加热（有的断路器在设计时将发热元件和双金属片合二为一，即双金属片串联在主回路中），后者受热弯曲，推动连杆动作，使主触点脱扣。

电磁脱扣作用于大电流短路（10～12 倍）的情形，此时电流产生的磁场克服衔铁重量，带动连杆使主触点脱扣，开关瞬间跳闸。

热脱扣在过载的情形下启用。当过载发生时，电流变大，发热元件发热量加剧，如图 1–30 所示。因为双金属片 A 和 B 有着不同的热膨胀系数，如果这个过载电流时间持续足够长，双金属片变形到一定程度后，其对应的水平位移 x 就会触动断路器脱扣机构，推动机构动作，将负载切断。

断路器跳闸保护的时间取决于过载程度的大小，过载电流越大，断路器跳闸时间越短，反之亦然。这就是通常说的反时限保护（Reverse Time Protection，RTP）。

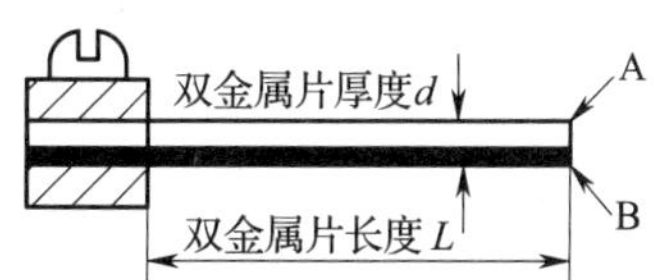

图 1–30 断路器的双金属片在过载条件下弯曲

断路器数据手册上一般会标过载保护的反时限曲线，如图 1–31 所示，保护曲线与环境温度密切相关，低温时（–54℃）保护得慢，高温时（+121℃）保护得快。由于断路器是机电装置，保护时间不是一条精确的曲线，而是存在一个公差带，如图 1–31 所示为 25℃条件下的保护公差带。

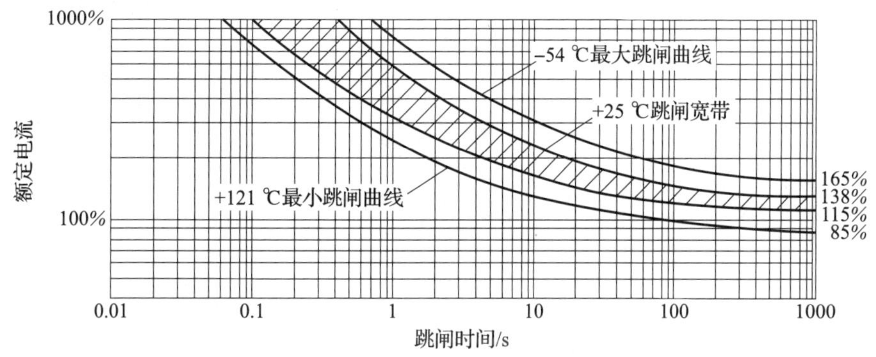

图 1–31 断路器数据手册上的跳闸保护曲线

保护曲线虽然直观，但不利于查找具体的保护数值，作为补充，断路器数据手册上还会以表格的形式列出典型的保护值，包括各个温度下的最小跳闸百分数、最大跳闸百分数，以及 200%、500% 和 1000% 过载条件下的保护时间区间。如图 1–32 所示，在 25℃条件下，500% 过载（5 倍过载）的保护时间为 0.40 ~ 1.60s，与图 1–31 中曲线上的值是对应的。

温度	最小终极跳闸	最大终极跳闸	跳闸时间 /s		
			200%	500%	1000%
25℃	115%	138%	4 ~ 6	0.40 ~ 1.60	0.10 ~ 0.40
–54℃	115%	165%	7 ~ 35	0.60 ~ 3.00	0.15 ~ 0.70
121℃	85%	145%	2 ~ 13	0.25 ~ 1.00	0.06 ~ 0.25
其他情况，请联系我们。					

图 1–32 断路器数据手册上的跳闸典型值

为便于维护管理，飞机上的断路器一般成组布置，即将若干个断路器集中在一起，封装在同一个结构腔体中，这种包含多个断路器的集成配电装置又叫断路器板。如图 1–33 所示是航空用直流断路器板的示例，它一般位于驾驶舱，驾驶员和地勤人员可以很方便地对它进行操作。该断路器板可以容纳 30 个断路器，分 6 排布置，每排 5 个。图中共安装了 25 个断路器，余下的 5 个作为预留，给将来扩展用，用堵盖封住。每个断路器上端都刻有相应的字符，以标识对应的负载名称。前面已经提到过，断路器按钮上的字符表示的是断路器的额定电流，比如“1”表示额定电流为 1A，“3”表示额定电流为 3A，“7$\frac{1}{2}$”表示额定电流为 7.5A。

图 1–33　航空用直流断路器板

断路器顶端的按钮按下去时，负载处于接通状态，弹出来时，负载处于断开状态。当出现短路或过载情况时，断路器会实施保护，脱扣跳闸，顶端的按钮会弹出来，负载被断开。通常情况下，断路器板上的断路器都处于接通状态，即汇流条一上电就给负载供电，只有在出现过载或短路时，断路器才断开。因此，可以通过巡视断路器板上按钮的状态来判断是否发生了跳闸，断路器顶端按钮处于按下状态表明负载回路正常，若按钮处于弹出状态，则表明负载回路出现过异常，断路器发生了保护跳闸。

除了通过人工巡视，即目视检查的方式来判断断路器的状态外，还可以在断路器板内部增加数字电路，实时检测断路器的开通、关断状态，并通过总线发送给外部系统。在这种情况下，通常需要选择带辅助触点的断路器。由于辅助触点和主触点有机械联动，所以可以通过检测辅助触点的状态来判断断路器主触点的状态。由于辅助触点和主触点物理隔离，没有电的直接联系，新增的检测回路不会干扰到主回路的运行，从设计的角度看，也是非常安全的。

断路器需要手动按下才能接通，因此具有不能远程控制的缺点。为克服这一缺点，可以将断路器和继电器 /接触器串联。断路器处于常闭，即一直接通状态，而负载的接通 / 断开状态由继电器 / 接触器的控制端实现。

继电器的英文名称是 Relay，接触器的英文名称是 Contactor，二者都是机电式装置，不同之处在于电流的大小，主回路电流小的叫继电器，电流大的叫接触器。这个电流的大小没有明确的规定，一般以 15A 为界。

继电器 / 接触器的基本工作原理是用电磁线圈控制机械触点的接通和断开。当电磁线圈通电时，产生的电磁力带动机械触点闭合，主电路接通，负载供电；当电磁线圈断电时，电磁线圈电磁力消失，机械触点在反力弹簧的拉力下分开，主电路断开，负载断电。

继电器 / 接触器的线圈可以通过线缆引出，在远程施加控制，从而实现了负载的远程配电，如图 1–34 所示。

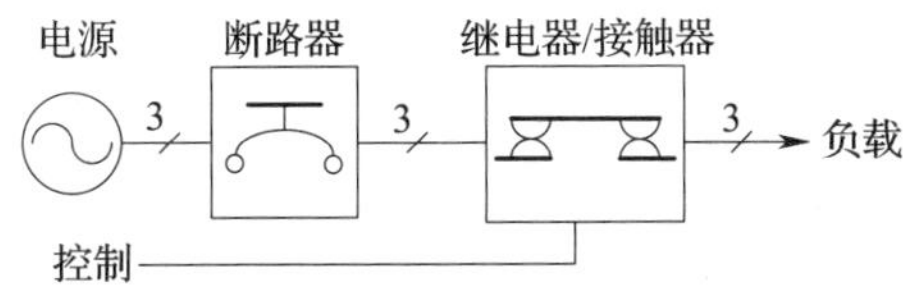

图 1-34 用断路器和接触器串联的方式实现负载的远程控制

实现负载远程配电的另一种方法是采用遥控断路器（RCCB），RCCB 综合了断路器和接触器的功能，如图 1-35 所示，它也有外接的控制端，通过对控制端的供电、断电控制来实现负载的接通和断开控制。

RCCB 的主回路采用的是机械触点，其控制方式为电磁线圈的通电和断电，是典型的机电式装置。若将 RCCB 的机械触点用功率金属氧化物半导体场效应晶体管（MOSFET）代替，通过控制 MOSFET 栅极驱动电压来实现通道的开通或关断，RCCB 就变成了 SSPC。

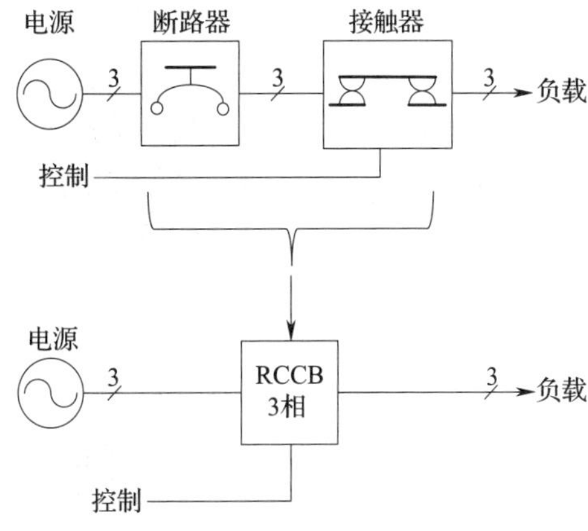

图 1-35 用 RCCB 代替断路器和接触器的串联

1.2.3.2 固态配电方式

固态功率控制器（SSPC）是集继电器的转换功能和断路器的电路保护功能于一体的智能开关设备。与断路器相比，它具有无触点、无电弧、无噪声、响应快、电磁干扰小、寿命长、可靠性高，以及便于计算机远程控制等优点，因而在现代飞机上得到了越来越广泛的应用。

SSPC 的基本工作原理如图 1-36 所示，其核心元件是一个固态开关，通常由功率 MOSFET 来实现。SSPC 内部有一个控制 / 采样电路，来控制功率 MOSFET 的开通和关断，同时监控 SSPC 的工作状态（通道的开通 / 关断状态、通道电压、负载电流等）。

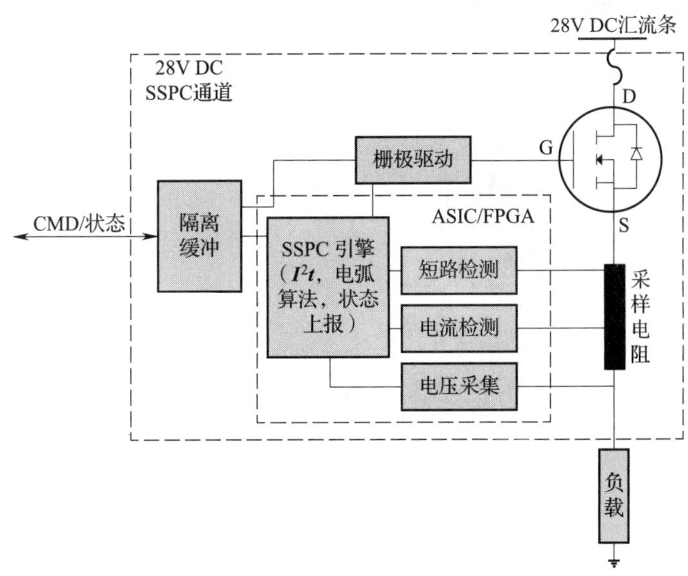

图 1-36 28V DC SSPC 工作原理

在正常情况下，SSPC从外部（通常是总线）接收远程的负载接通/断开指令（CMD），由驱动电路将其转换成相应的MOS栅极驱动信号，用于接通/断开负载。它实时采集通道的电流、电压等信息，并将这些状态信息发送到外部（总线上），供其他系统使用。

SSPC的数字控制部分通常用ASIC或FPGA实现，通过高度集成的方法来缩小体积，其内部包含SSPC引擎、短路检测、电流检测和电压采集。短路检测和电流检测的信息都来源于串联在主功率回路中的采样电阻。其中，短路检测用于判断负载电流是否超过SSPC的功率承载极限（通常为12倍额定电流），当电流超过设定的阈值后，会触发SSPC引擎中的MOS关断逻辑，给栅极驱动回路发送MOS关断信号，断开负载。电流检测模块实时获取负载电流信息，经SSPC引擎处理后上报给外部系统。SSPC引擎中的I^2t算法和电弧检测算法的信息均来源于电流检测功能模块，当电流超过额定值，处于过载状态时，SSPC引擎会触发I^2t积分运算，在达到热量阈值后发送MOS关断信号给栅极驱动模块。若电流检测模块的输出电流含有电弧特征信息，SSPC引擎会触发电弧检测算法，在电弧故障确诊后，向栅极驱动模块发送关断信号。SSPC引擎还通过电压采集模块反馈的通道输出电压来判断通道的实际开通/关断状态，并将通道电流、电压等信息整体打包为SSPC通道状态信息，反馈给外部系统。

出于安全设计考虑，每个SSPC通道与外部均有隔离缓冲，此外，在主功率回路上，还串联有保险丝，若SSPC引擎失效，或MOS处于常通故障时，保险丝还可以作为过载和短路故障的后备保护。

与断路器板类似，多个断路器可以成组布置，做成断路器板，多个SSPC也可以布置在同一块PCB板上，构成一块SSPC板卡。如图1–37所示，一块SSPC板卡上有n个彼此相互隔离的SSPC通道，每个SSPC通道就相当于断路器板上的一个断路器（CB）。每个通道都与一个主控处理器μP相连，接收μP发送过来的控制命令，并向μP反馈通道的状态信息。μP将板上的n个SSPC通道的状态信息汇总，通过供电与通信模块发送到外部总线上。同时，它也从外部总线获取整块板卡的SSPC通道控制命令，并将其分发到各个SSPC通道，用于控制每个SSPC通道的接通/关断。

SSPC板卡上的这n个通道复用外部的同一路汇流条输入，根据SSPC通道的开通/关断指令，将汇流条的电能分配给相应的负载。

板卡上的供电转换与通信模块用于板卡工作电源的转换和通信总线物理层的信号生成。飞机上给SSPC板卡提供的工作电压为28V DC，而板卡上的μP和SSPC通道上的ASIC/FPGA都需要3.3V/1.8V DC等数字电压，因此板卡上需要布置电路将28V DC转换成3.3V/1.8V DC等数字电压。通信物理层实现板卡与外部总线的电气信号互联，将μP输出的0/1逻辑信号转换成电气上的高低电平，并通过总线发送到接收方。

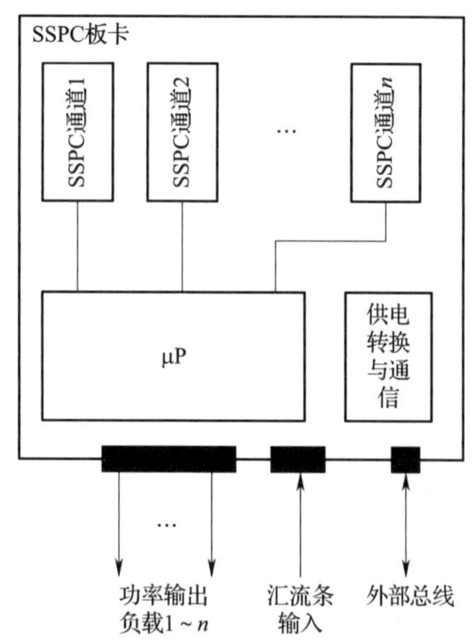

图1–37　一块SSPC板卡上布置多个SSPC通道

多块 SSPC 板卡可以成组布置，组成一个 RPDU，如图 1–38 所示，同一个 RPDU 复用同一路功率输入，其前端由断路器保护，该断路器的规格与 RPDU 所连负载的功率需求相匹配，通常为 50A。

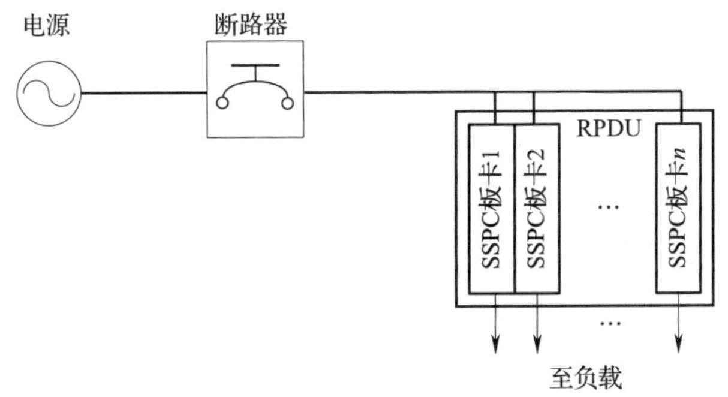

图 1–38 多块 SSPC 板卡组成一个 RPDU，复用同一个功率输入

1.3 飞机电源系统的控制器 GCU 与 BPCU

飞机电源系统的控制器主要有发电机控制器（GCU）和汇流条功率控制器（BPCU），前者主要负责发电机输出电压调节和故障保护，而后者主要负责不同工作模式下的功率转换以及故障条件下的电网重构和负载管理。

1.3.1 发电机控制器（GCU）

每台航空发电机都会配备相应的 GCU，用于调节发电机输出端的电压，并在异常情况下对发电机实施保护。

如图 1–39 所示，GCU 实时检测电压调节点（POR）处的电压，通过调节发电机的励磁来保证 POR 处的电压水平维持在设定范围内。正常情况下，POR 处的电压、频率都有一个限定范围，当 GCU 检测到电压、频率超限，或是输出馈线发生过载故障时，GCU 会对发电机实施保护，断开发电机控制断路器（GCB，有人称之为接触器，因为断路器的通断由控制接触器线圈实现），并禁能 GCU 的电压调节功能。

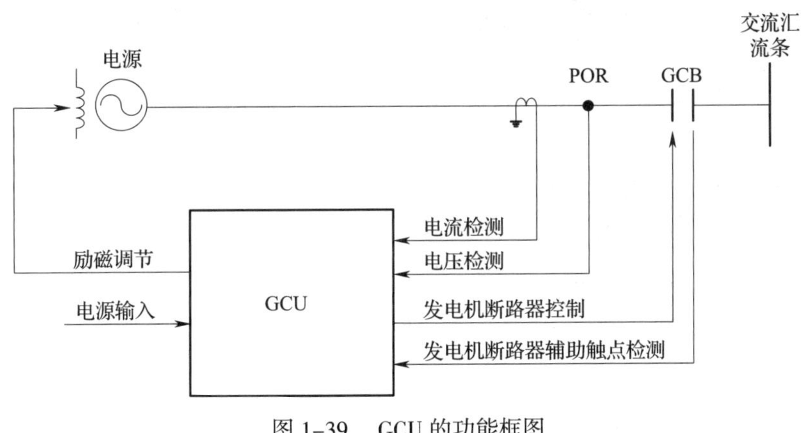

图 1–39 GCU 的功能框图

1.3.1.1 GCU 的保护功能

根据 DO–160G《机载设备环境条件和试验程序》的要求，115V AC 的电压和频率要符合规定的范围。DO–160G 的 16.5.1.1 节给出的最大、最小电压频率范围如表 1–2 所示。其中 A 表示 115V AC 交流电压，CF 表示恒频电源，即正常工作频率在 390 ~ 400Hz 区间；NF 表示窄变频电源，正常频率范围在 360 ~ 650Hz 区间；WF 表示宽变频电源，正常的频率范围在 360 ~ 800Hz 区间。

表 1–2　DO–160G 对 115V AC 电压和频率范围的规定

电源类别			A（CF）	A（NF）	A（WF）
最大	电压有效值 /V	最高相	122	122	122
		三相平均	120.5	120.5	120.5
	频率 /Hz	正常	410	650	800
		应急	440	650	800
最小	电压有效值 /V	最高相	100	100	100
		三相平均	101.5	101.5	101.5
	频率 /Hz	正常	390	360	360
		应急	360	360	360

当电源品质超出表 1–2 的规定，即发电机的电压、频率过高或过低，GCU 要启动相应的保护功能，断开 GCB，并禁能电压调节功能。

除了电压频率超限保护外，GCU 还有其他类型的保护，这些保护与发电机的构造有关。在介绍这些保护之前，先要对航空发电机的原理有所了解。

如图 1–40 所示，航空变频发电机（VFG）由永磁发电机（PMG）、主励磁机、二极管整流器和主发电机 4 部分组成。其中永磁发电机（PMG）的转子由永磁体构成磁极，

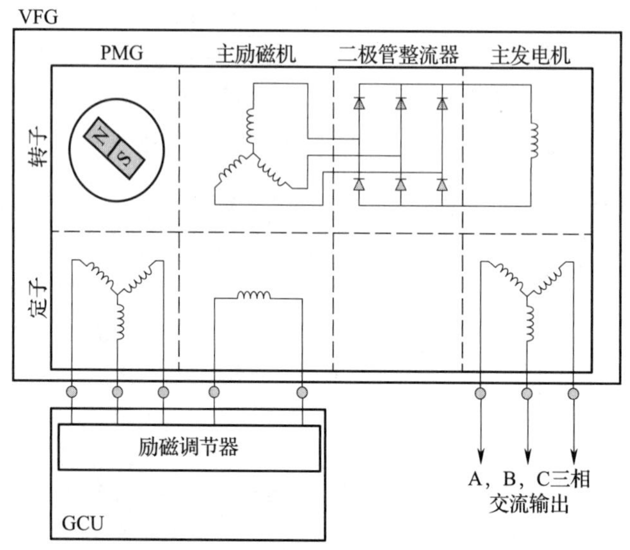

图 1–40　航空变频发电机（VFG）的组成

PMG 转子与主励磁机和主发电机的转子同轴相连，当 VFG 由发动机带动旋转时，PMG 的定子会输出三相交流电。PMG 输出的三相交流电输入给 GCU 的励磁调节器，由后者给主励磁机的定子提供励磁电流。主励磁机也是一台发电机，与普通的发电机不同，主励磁机的励磁绕组位于定子上，三相交流输出位于转子上，所以是转枢式发电机。在 VFG 转动时，主励磁机的转子输出三相交流电，经后级的二极管整流器整流后变成直流，给主发电机的励磁线圈供电。主发电机的励磁线圈通电后建立气隙磁场，在转子带动下，气隙磁场切割定子绕组而产生感应电动势，从而输出三相交流电。当主发电机定子三相交流电满足电压、频率等电能质量要求时，GCB 在 GCU 的控制下闭合，向对应的汇流条供电。

PMG 的永磁磁极、主励磁机的交流三相绕组、二极管整流器和主发电机的励磁线圈都位于转子上，是发电机的转动部分；而 PMG 的三相输出、主励磁机的励磁线圈和主发电机的三相输出绕组，都位于定子上，是发电机的静止部分。

VFG 设计成 PMG、主励磁机与二极管整流器和主发电机这种“三体式”结构，主要是出于以下考虑：

（1）VFG 要输出电能，需要给励磁线圈供电。PMG 是比较理想的励磁功率源，因为 PMG 本身不需要额外的励磁，其磁场由永磁体直接产生。只要 VFG 转动，就可以输出电能。

（2）PMG 的磁源由永磁铁提供，其磁场不易调节，因此，输出电压近似与 VFG 的转速成正比。而主发电机需要在不同的转速下维持输出端电压恒定，在 VFG 转速高时，要减小励磁电流，在转速低时，要增大励磁电流。因此，PMG 的输出电压必须经过调节后，才能输出给励磁机。解决这一问题的方法是在 PMG 输出与主发电机励磁线圈之间串入励磁调节器，将 PMG 输出的不可控电压转换成所需的可调励磁电压。励磁调节是 GCU 的主要功能之一。

（3）由于 GCU 是静止的，而 VFG 主发电机的励磁线圈是旋转的，因此，GCU 的励磁电压不能直接输出给励磁线圈，中间要再经过一级转换，将静止的 GCU 励磁调节输出电压转换成旋转的，再给旋转的 VFG 主发电机励磁线圈供电。这种转换由主励磁机实现。前已述及，主励磁机是转枢式的，它将定子侧的直流电压转换成电枢转子的三相交流输出，后者经过二极管整流器后，作为 VFG 主发电机励磁线圈的直流输入电压。

基于以上的原因，现役飞机的 VFG 都采用了 PMG- 主励磁机 + 二极管整流器 - 主发电机这种“三体式”结构，以实现励磁的无刷调节。

VFG 各组成环节的电流承载部分都要配置相应的保护，除了前面提到的输出电压和频率保护外，还有以下几种保护：

（1）励磁磁场驱动保护：当 GCU 检测到无法为发电机提供励磁电流时，启用该保护。

（2）直流分量保护：正常情况下，交流发电机的输出为对称三相正弦波，没有直流分量。当检测到的直流分量大于阈值（比如 50A 时，具体值与发电机功率相关），启用该保护。

（3）相序保护：正常情况下，交流三相的相序为 A—B—C，当相序不为 A—B—C 时，启用该保护。

（4）电流差动保护：正常情况下，发电机内部电流互感器检测到的相电流应与输出馈线上检测到的电流相等。当二者之差超过阈值有效值（比如 30A）时，启用该保护。

（5）旋转整流器故障保护：发电机的转子上有旋转整流器，它将励磁机转子感应的三相交流电整成直流，给主发电机提供直流励磁。若检测到旋转整流器故障，则启用该保护。

（6）GCU 内部故障：GCU 内部有 BIT（Build-in Test，自检测）电路，当检测到 GCU 内部故障后，则会启用该故障保护。

此外，还有频率保护、发电机过载保护等。

所有上述故障都有相应的延时确认，比如过压保护的进入条件是检测到的最高相电压大于阈值，且持续时间也要达到阈值（比如 50ms）。故障延时确认的目的是抑制干扰，增强保护电路的鲁棒性。

1.3.1.2 过压保护单元（OPU）

与传统的恒频发电机相比，VFG 更容易输出过电压，因为此时发电机的前端没有恒转速的装置。当发动机转速快速变化时，会引起发电机频率的快速变化，进而也影响到 VFG 输出电压的快速变化。

此外，短路故障切除瞬间也会导致输出过压。因此，作为一般的 VFG 都有配套的过压保护单元（OPU），在 GCU 电压调节功能的基础上，再另外增加一个 OPU，以作为备份保护。

当发电机频率由 400Hz 变化到 800Hz 时，假设励磁电流不变，由于发电机输出电压与转子转速成正比，因此，当发电机频率加倍，也就是转速加倍时，输出电压也会加倍。

当发电机转速加倍时，由于 PMG、励磁机和主发电机同轴相连，所以此时 PMG 和励磁机的转速也加倍了。PMG 转速加倍导致其输出电压也加倍，若 GCU 来不及调节输出电压，则 GCU 输出的励磁电压会加倍。从而励磁机的励磁电流也加倍，在线性假设情况下，即励磁机的励磁磁场也加倍。由于励磁机输出电压跟励磁磁场成正比，跟转速成正比。在励磁磁场和转速均加倍的情况下，励磁机的输出电压会增加为原来的 4 倍。这增加为原来 4 倍的电压作用到主发电机转子，导致励磁电流增加为原来的 4 倍，同样在磁路线性的假设下，主发电机的气隙磁场也会增加为原来的 4 倍。再叠加上转速的倍增因素，VFG 总的输出电压将增加为原来的 8 倍。这么高的电压变化，将超出机上绝大部分用电设备的耐压和绝缘设计要求，会导致设备永久损坏。

当然，在励磁机输出电压大幅增加的情况下，磁路的线性假设不再成立，所以发电机转速加倍，并不会导致输出电压增加 8 倍之多。即便如此，其增幅也是相当可观的。

发电机输出过电压会损坏用电设备，也会损坏发电机自身的绝缘。出于飞行安全的考虑，一般会在 GCU 自带过压保护的基础上，再串联一个独立的过压保护单元（OPU），以确保在出现发电机输出过压时，GCB 能够断开，同时禁能励磁调节器输出。

如图 1-41 所示给出了 GCU 与 OPU 之间的配合关系，二者都有过压检测功能，励磁调节模块的输出开关 K3 处于常通状态，即在缺省状态下为 VFG 提供励磁输出。在一切正常，即 VFG 输出电压、频率在规定范围，满足电能质量要求时，GCU 和 OPU 的过压检测模块都会发出控制指令，闭合开关 K1 和 K2。在 K1 和 K2 闭合后，发电机断路器的电磁线圈获得 28V DC 功率输入，吸合主触点至闭合状态，AC Bus 上电。

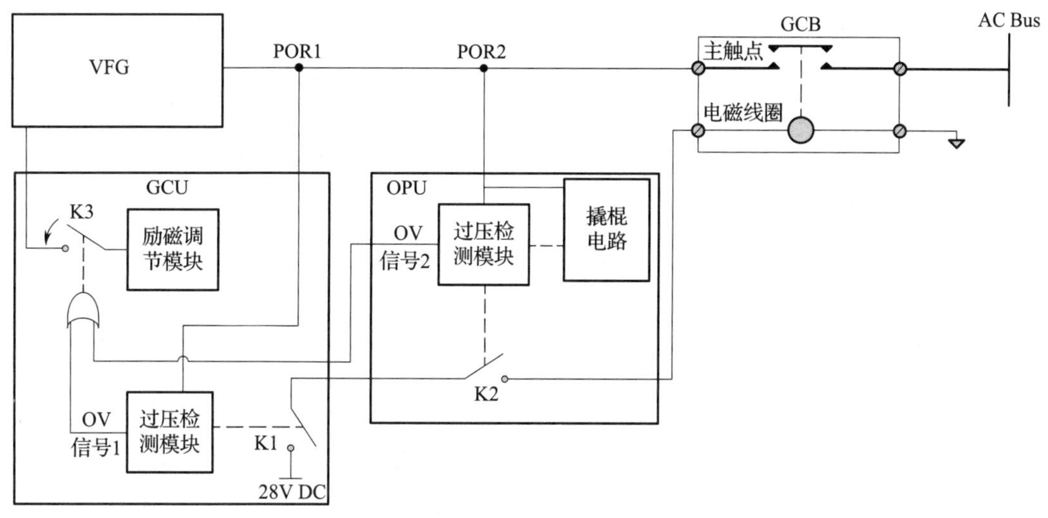

图 1-41 GCU 与 OPU 之间的配合关系

GCU 的电压调节点为 POR1，OPU 的电压调节点为 POR2，二者并不重合，确保了两个模块检测回路的独立性。当 GCU 检测到过压条件时，它会发出 K1 开关的跳闸指令，在 K1 开关断开后，GCB 的电磁线圈失电，GCB 的主触点在反力弹簧的作用下断开，AC Bus 失电，从而避免了高电压对汇流条上所连负载的冲击。与此同时，GCU 会发出励磁调节模块的输出开关 K3 的跳闸指令（通过置位 OV 信号 1），给 VFG 灭磁，避免了过电压对 VFG 绝缘的损伤。

若过压条件出现时，GCU 没有检测到（比如 GCU 故障），OPU 会检测到该过压条件，发出开关 K2 的跳闸指令。在 K2 开关跳闸后，GCB 控制线圈失电，GCB 的主触点在反力弹簧的作用下断开。与此同时，OPU 会向 GCU 发送 OV 信号 2 置位信号，由于 OV 信号 1 和 OV 信号 2 之间是或逻辑，所以，只要任意信号置位，都会导致励磁调节输出开关断开，VFG 灭磁。

GCU 和 OPU 的相互配合确保了在任意单点过压保护失效的情况下，AC Bus 能从 VFG 断开，同时对 VFG 进行灭磁。

在 OPU 内部，还有撬棍电路，它的作用是在检测到过压条件并持续一定时间后，直接将 A、B、C 三相短路，以达到快速抑制 POR 处电压升高的目的。

1.3.2 汇流条功率控制器（BPCU）

汇流条功率控制器（BPCU）通过控制电源网络接触器的接通和断开状态来实现电源功率沿着既定通道传输的目的。

如图 1-42 所示是单通道飞机电源系统在双发电机运行时的功率走向。当两台发电机都正常运行时，左发电机（LVFG）给 Left AC 汇流条及对应的 Left DC 汇流条和 Left DC ESS 汇流条供电，对应的接触器 LGC、LTRUC 和 LDTC 处于闭合状态，GSTC 开关打在左边，从 Left AC 汇流条取电。两个地面服务汇流条 AC Gnd Svc 和 DC Gnd Svc 分别从 Left AC 汇流条和 LTRU 取电。同样地，右发电机（RVFG）给 Right AC 汇流条及对应的 Right DC 汇流条和 Right DC ESS 汇流条供电，相应的接触器 RGC、RTRUC、RDTC 处于闭合状态。

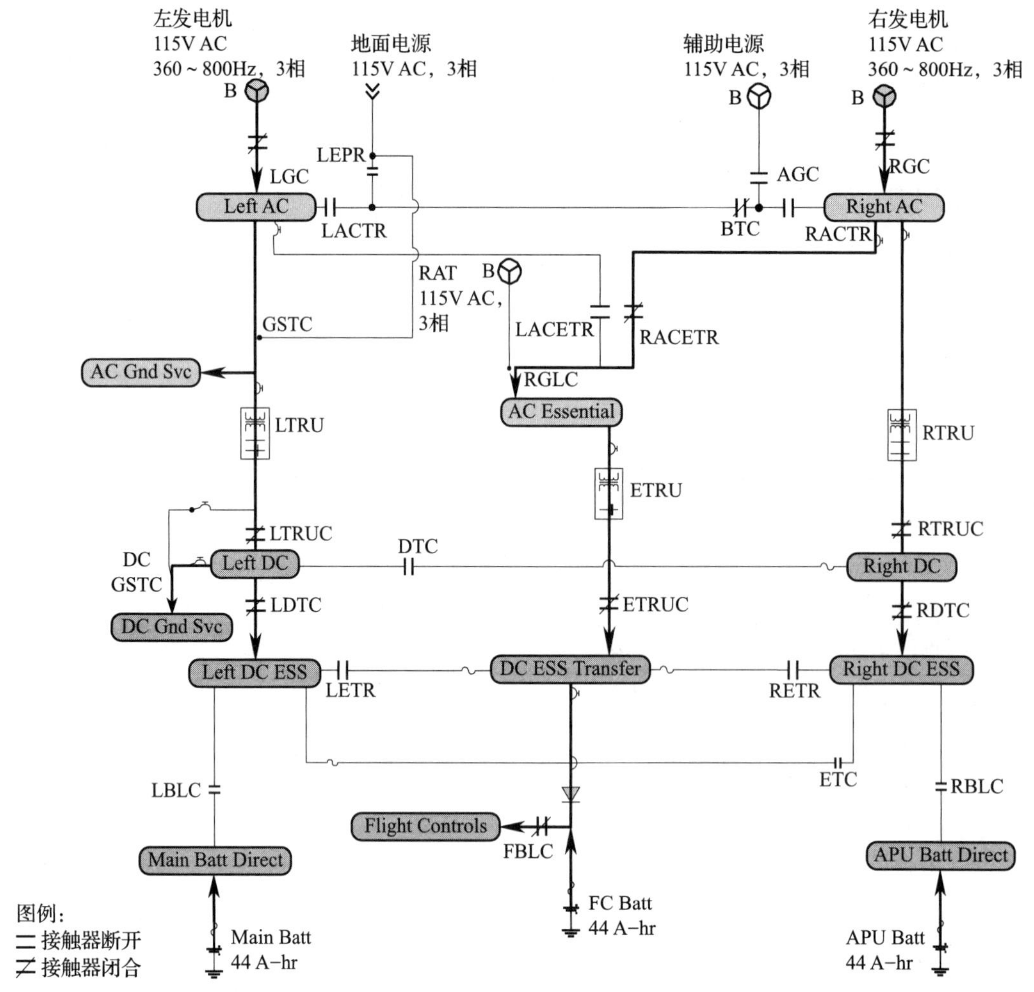

图 1–42　双发正常运行时的功率走向

AC Essential 汇流条从 Right AC 汇流条取电，RGLC 开关打向右侧，RACETR 接触器闭合，LACETR 接触器断开。在 ETRU 正常运行时，ETRUC 闭合，DC ESS Transfer 汇流条从 ETRU 取电。

由于两个交流源 LVFG 和 RVFG 频率不同，所以不能并联运行。在双发电机运行模式下，左右联结接触器 LACTR 和 RACTR 都处于断开状态，与外部电源和 APU 相关的接触器 LEPR 和 AGC 也处于断开状态。唯一的例外是 BTC，它处于闭合状态。因为与它相邻的四个接触器 LACTR、RACTR、LEPR 和 AGC 均断开，此时闭合 BTC 不会导致 LVFG 和 RVFG 的并联。同时，当需要在不同功率源之间转换时，BTC 预先闭合，可以减少接触器转换的次数，缩短功率转换时间。

如图 1–43 所示是右发电机故障时的功率走向。此时，由于左发电机正常，因此左侧的接触器状态保持不变，LGC、LTRUC 和 LDTC 均处于闭合状态。右发电机故障后，RGC 断开，Right AC 汇流条改由左发电机供电，因此三个联结接触器 LACTR、BTC 和 RACTR 均处于闭合状态。AC Essential 汇流条仍旧从 Right AC 汇流条取电。右发电机故障仅影响交流侧相关的接触器状态，对直流侧汇流条相关的接触器 ETRUC、RTRUC 和 RDTC 均无影响，仍旧处于闭合状态。

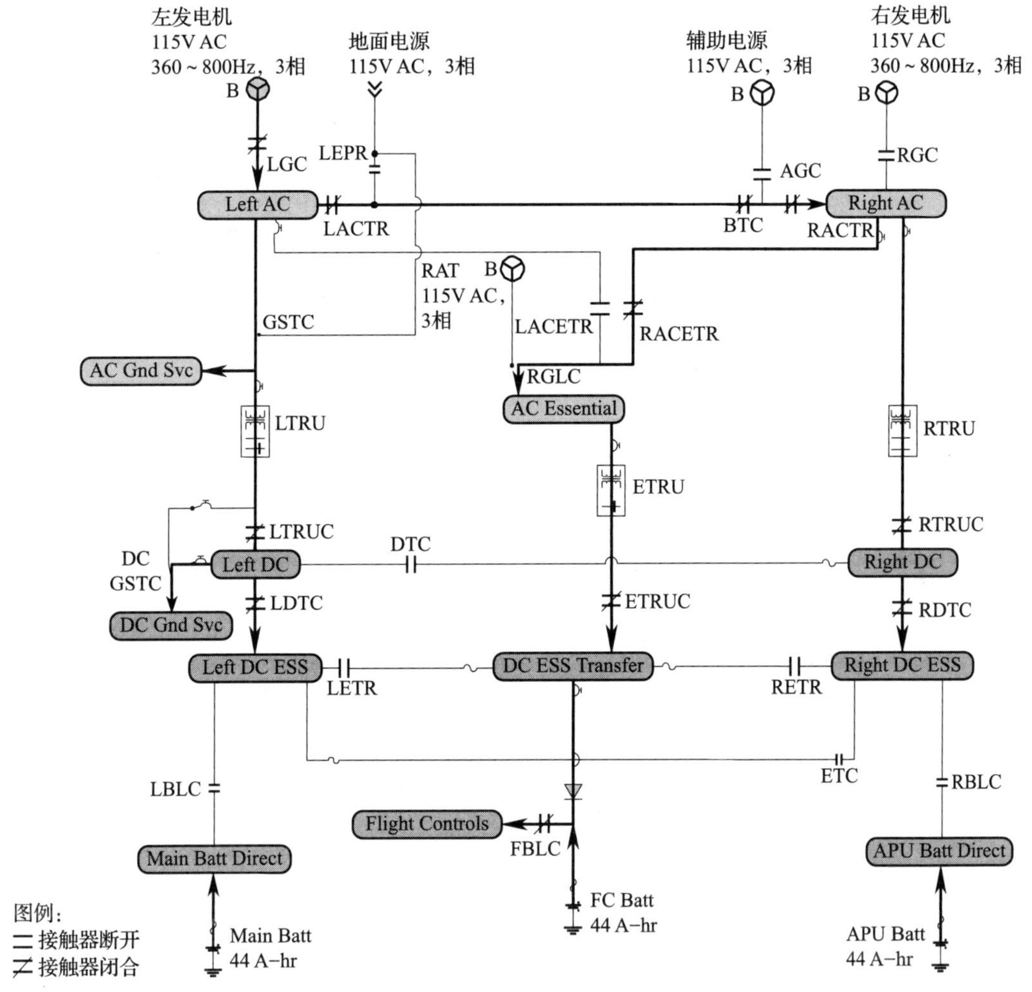

图 1-43　右发电机故障时的功率走向

由于右发电机故障后，整个电源功率容量减半，虽然在电网重构后，所有汇流条均能得到电源输入，但电源容量的减少势必导致电能的供需不平衡。在这种情况下，需要卸载部分不重要的电气负载，比如厨房、机载娱乐负载等，以优先满足重要负载的用电需求。

交流源因为彼此工作频率不同，因而不能并联运行。直流源只要电压相同，相互之间可以直接并联。但飞机上的左右两侧直流汇流条在正常运行期间也是彼此不并联的，如图 1-42 所示，左右直流联结接触器 DTC，重要汇流条联结接触器 LETR、RETR 以及 ETC 均处于断开状态。这样做的目的是方便故障隔离，当一个汇流条故障，比如 Left DC 汇流条短路时，不会影响到 Right DC 汇流条，导致其断电。

在故障情况下，如 TRU 故障时，对应的直流汇流条失去了功率输入，这时，需要闭合相应的联结接触器，从邻近的汇流条获取电力。如图 1-44 所示，在 LTRU 故障后，LTRUC 和 LDTC 均断开，Left DC 汇流条和 Left DC ESS 汇流条失电。这时，联结接触器 DTC 会闭合，使得 Left DC 汇流条可以从 Right DC 汇流条取电。同样地，LETR 会闭合，使得 Left DC ESS 汇流条可以从 DC ESS Transfer 汇流条取电。

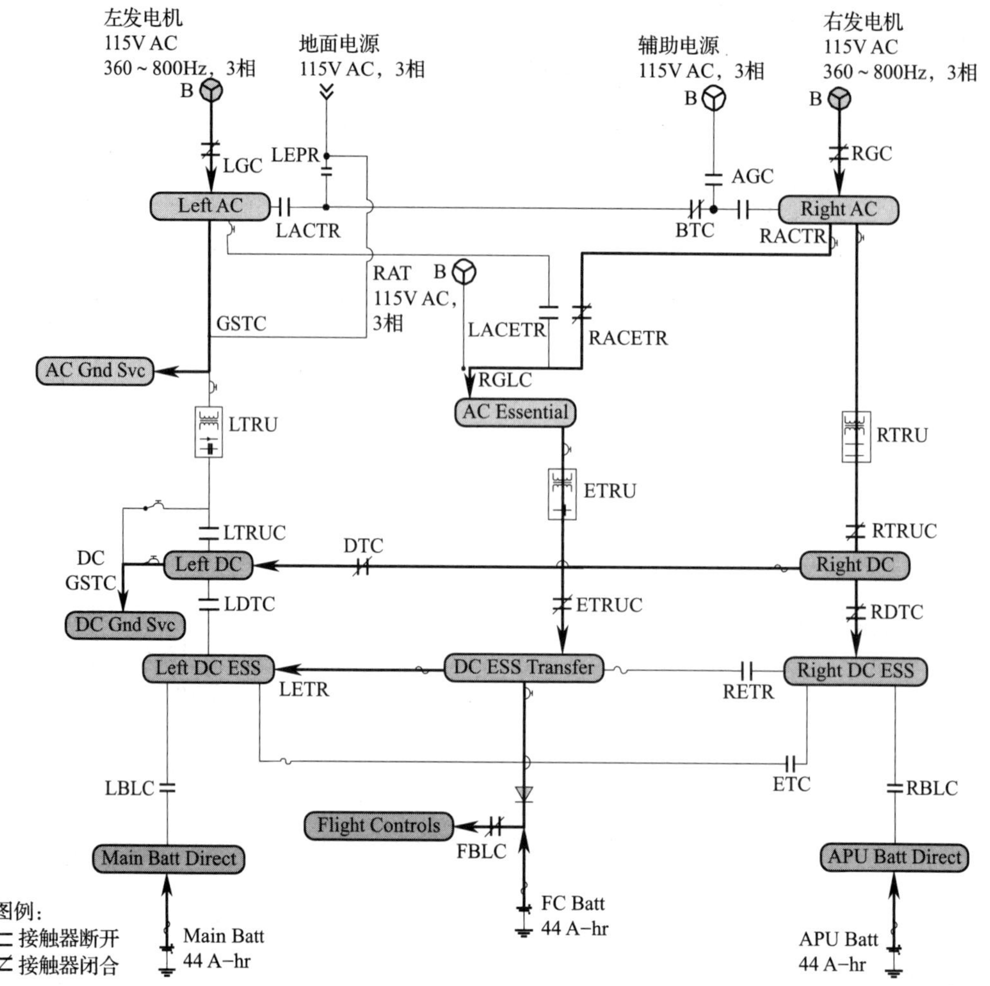

图 1–44　LTRU 故障时的功率走向

这里只列举了双发电机供电和单发电机供电两种工作模式，飞机运行过程中所经历的电源系统工作模式要比这两种多得多，比如 APU 供电、地面电源供电、双发电机失效 RAT 启用等。这不同的工作模式也对应有不同的接触器断开、接通的组合。理论上来讲，假如电源系统共有 n 个接触器，则最多会有 2^n 种可能的电源系统组合模式。只是在某种情况下，电源系统自身设置了互锁逻辑，比如 LGC 与 LACTR 的互锁，即 LGC 和 LACTR 的接通、断开逻辑总是互斥的，这样就减少了整个电源系统的开关组合数量。

即便如此，要完整地模拟飞机的各种工作模式，还是要借助 Matlab 等仿真工具，穷举所有可能的工作场景，并判断这些场景是否会带来安全性问题（比如在这种模式下，是否会出现交流源的并联）。BPCU 控制逻辑仿真是一项工作量巨大而又意义重大的工作，它对电源系统的安全工作至关重要。

在功率源转换期间，要遵守一个原则，即最大限度地保证对负载的供电。比如在右发电机退出运行，由左发电机给 Right AC 汇流条供电的功率源转换期间，要尽可能保证直流侧负载不断电。为实现这一目的，BPCU 和 GCU 在控制接触器通断状态时，要遵守一定的时序约束。

如图 1-45 所示给出了右发电机退出运行时的接触器转换顺序，在 RGCU 接到 RGC 断开指令后，会先将 RGC 的断开请求发送给 BPCU。BPCU 在收到这一请求后，会先并联 TRU，实现 DC 侧不间断供电。具体做法是闭合 DTC、LETR、RETR 和 ETC 这几个接触器，这样，即使 Right AC 汇流条失电，位于右侧的每个直流汇流条依然可以从邻近的直流汇流条获取电力，挂接在这些汇流条上的负载不会断电。

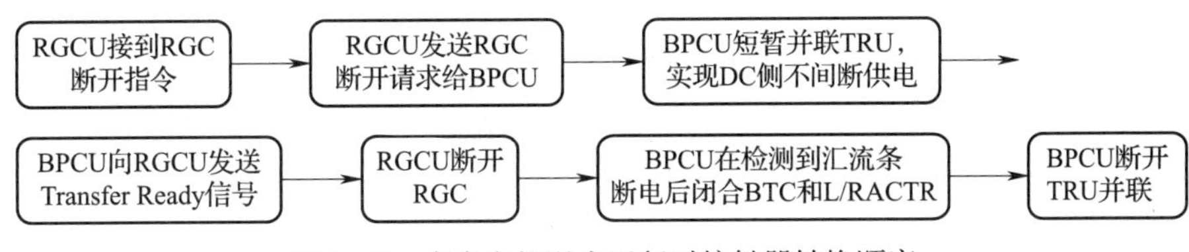

图 1-45　右发电机退出运行时接触器转换顺序

在完成 TRU 的并联操作后，BPCU 向 RGCU 发送 Transfer Ready 信号，通知 RGCU 可以断开 RGC。在 RGCU 断开 RGC 后，Right AC 汇流条断电。BPCU 检测到 Right AC 汇流条断电后，再闭合 L/RACTR 和 BTC（若之前已闭合，则省却相应的动作时间），由 Left AC 汇流条给 Right AC 汇流条供电。之后 BPCU 再断开 TRU 的并联，至此，右侧功率源由 RVFG 转换到 LVFG 的过程完成。

1.4　GCU 的类型

GCU 的类型与发电机相对应，除了变频发电机的 GCU 外，还有以下两种 GCU：

（1）变频启动发电机的 GCU。

（2）高压直流 270V DC 发电机的 GCU。

另外，还需要注意的是，这里所讲的发电机控制器 GCU 是广义的，除了调节励磁和发电机保护这些基本的功能外，共用发动机起动控制器 CMSC 也可算作发电机控制器一类。它在发动机起动期间，给发电机定子提供所需的驱动电流，以提供发动机起动所需的起动转矩。虽然 CMSC 的功率要比 GCU 大，但其控制对象仍旧是发动机，只是在物理上用两个 LRU 来实现对发电机的控制。

此外，前述的发电机过压保护单元（OPU）也属于广义 GCU 的范畴，它的控制对象也是发电机。

1.4.1　变频启动发电机的 GCU

变频启动发电机（VFSG）有两个用途：在发动机正常运行期间，它作为发电机运行，GCU 实时检测 POR 处的电压，通过控制励磁调节器的输出电压来维持 POR 处的电压恒定，这种模式称为发电模式；而在发动机起动期间，它作为电动机运行，从电网（通过 CMSC 的调节）吸收电能，将其转换成力矩输出，用以提供主发动机起动所需的转矩，这种模式称为启动模式。

在发电模式下，GCU 提供直流励磁，而在启动模式下，GCU 需要提供交流励磁，因为发动机在起动前处于静止状态，VFSG 也是静止的，若在励磁机上通直流电，能量无法传递到转子，VFSG 的主发电机部分无法获得励磁电流，不能作为电动机运行（此处为同步电动机）。

如图 1–46 所示给出了 VFSG 在启动模式下的工作原理。这里，VFSG 只画出了励磁机定子、励磁机转子及二极管整流器，还有主发电机定子，没有画出 PMG 转子和定子。这是因为启动前主发动机处于静止状态，PMG 在静止状态下不能输出电能，不能给 GCU 供电。

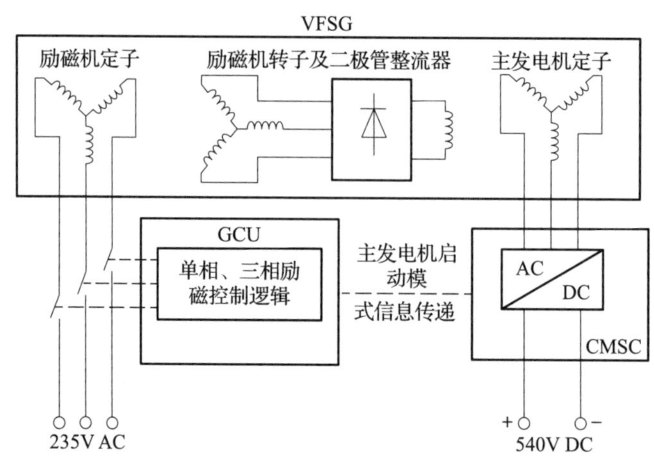

图 1–46　VFSG 在启动模式下的工作原理

因此，PMG 不参与发动机的起动过程，此时励磁机需要从外部获得 235V 交流功率源。在发动机处于静止状态时，发电机也是静止的。此时，GCU 会控制 235V AC 作为三相输入给励磁机，即励磁机工作在三相交流励磁状态下。235V AC 三相交流输入形成一个在空间旋转的励磁磁场，该旋转磁场切割励磁机电枢绕组，在励磁机转子产生三相交流电。三相交流电经过二极管整流器后输入给主发电机的励磁线圈，为其提供励磁电流。

主发电机的定子需要外接三相交流输入，为提供最大起动转矩，三相交流输入电流的幅值和相位需要根据 VFSG 的位置、速度信息进行调节。这种调节工作通常由飞机上的共用发动机起动控制器（CMSC）来完成就，它将外部的 540V DC（±270V DC）逆变成三相交流电，为 VFSG 提供功率输入。

如图 1–47 所示给出了 VFSG 在启动模式下所需的定子电流向量图，当三相电流 $\boldsymbol{I}_a$、$\boldsymbol{I}_b$ 和 $\boldsymbol{I}_c$ 合成电流位于 q 轴，即与 d 轴垂直时，能够提供最大转矩。为此，CMSC 要实时采集转子位置信息，调节 $\boldsymbol{I}_a$、$\boldsymbol{I}_b$ 和 $\boldsymbol{I}_c$ 的位置和相位，使得三者的合成方向始终位于 q 轴。

CSMC 除了要生成对齐 q 轴的合成电流外，还要确保定子三相合成电流的旋转方向与励磁机定子合成磁势的旋转方向相反，这样，在发动机起动过程中，随着发动机转速的提高，励磁机定子三相合成磁势与励磁机转子的相对运动转速也会逐步提高，从而励磁机转子三相输出电压也会逐步升高，主发电机的励磁

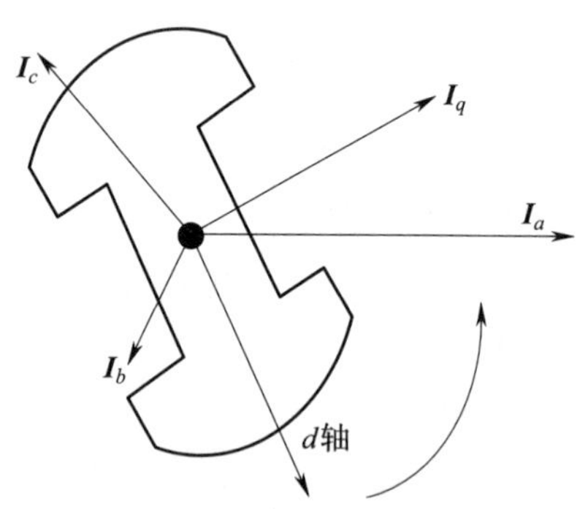

图 1–47　VFSG 在启动模式下所需的定子电流向量图

电流会逐步增大。

在低速状态下，励磁机定子采用三相交流励磁，主发电机的励磁随着转速的提高而逐渐增大。此时作为电动机运行的发电机，在输出转矩一定的情况下，输出功率与转速成正比。在起动的后半程，当发动机的转速达到一定的阈值后（比如2300r/min），发电机的输出功率已经达到极限，此时，为进一步提高转速，需要减小励磁以降低输出转矩，让发电机工作在恒功率运行状态。这时，可以在定子电流中加入负的 d 轴分量，对主发电机转子进行弱磁。当转速进一步提高，达到4000r/min后，GCU会断开励磁机三相交流输入中的一相，励磁从三相交流励磁切换为两相交流励磁。此时，发电机仍然处于恒功率运行阶段，但此时的定子电流 d 轴分量为正值，即对主发电机转子磁场进行增磁。

当发动机起动到自持燃烧的转速后，GCU再切断全部三相交流励磁，转而为励磁机提供直流励磁，VFSG转为发电机运行模式。

1.4.2 高压270V DC发电机的GCU

270V DC发电机在结构上与启动模式下的VFSG类似，如图1–48所示，VFSG发出的变频三相交流电，经过AC—DC整流输出到 ±270V DC汇流条。GCU根据电压调节点（POR）处的反馈电压，调节VFSG的励磁电流，以维持POR处电压恒定。

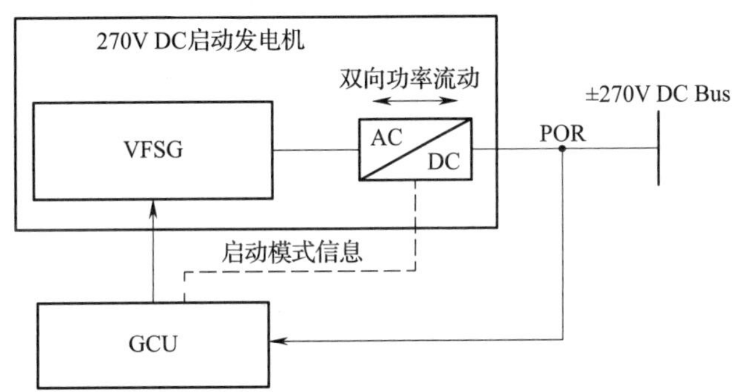

图1–48 270V DC发电机的GCU

当AC—DC变换设计成功率双向流动时，270V DC发电机还可以作为起动机用，这时，和VSFG一样，GCU要和AC—DC模块交换信息，根据发电机转子所处的位置，为VFSG提供交流励磁，以输出最大的启动转矩。

1.4.3 开关磁阻发电机的控制器

270V DC发电除了用交流电机外加三相全波整流的方法实现外，还可以采用开关磁阻发电机。

开关磁阻发电机的定子和转子皆为凸极结构，由硅钢片等导磁材料制成（见参考文献［43］)。发电机转子上没有线圈，为了获取转子的具体位置，转子上一般装有位置检测器，当然，也可以采用无位置传感器的方案，此时就不必装设位置传感器。定子上安装有线圈，径向相对的两个齿极线圈相串联构成一对磁极，称之为发电机的“一相”。为了满足不同的工程需要，开关磁阻发电机可以设计成一相、两相、三相和多相等不同的相数结构。随着相数的增多，发电机转矩脉动随之减小，发电机运行更加平稳，但发电机的制造成本会随之增加。目前较常采用的是三相 6/4 极和四相 8/6 极两种结构形式。

现以三相 6/4 极结构的开关磁阻发电机为例，说明发电机的运行原理，发电机的剖面结构及其单相电流分配转换控制电路如图 1–49 所示。图中只给出了 A 相绕组及其电流分配控制电路。

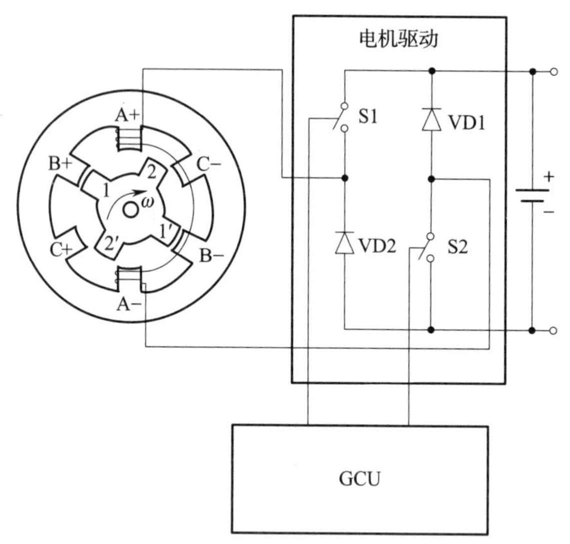

图 1–49　开关磁阻电机的工作原理

开关磁阻发电机的运行遵守磁阻最小原理。如果转子相轴线与定子电流产生的磁场轴线不重合，则在电磁力的作用下，转子会转向转子相轴线与磁场轴线重合的方向，此时电机为电动机运行方式。如果开关磁阻电机在发动机带动下，朝着与作用力相反的方向运行，则电机工作在续流发电状态。例如，当开关磁阻发电机转子在图 1–49 所示位置时，开关 S1 和 S2 闭合，A 相绕组通电，在相电流产生的电磁力的作用下，转子 2–2′ 极将朝逆时针方向转动。如果转子在原动机的作用下沿顺时针方向旋转，则原动机输入的机械力矩与作用在转子上的电磁力矩的方向相反。此时原动机输入的机械能转换为磁能，储存在 A 相线圈的磁场中。当开关 S1 和 S2 均断开时，A 相电流通过续流二极管 VD1 和 VD2，将储存在 A 相线圈的磁能以电流的形式转换为电能，输送到输出端，完成机械能—磁能—电能的转换过程。同理，按 A—B—C—A 的顺序，周期地给对应相励磁，即可驱动开关磁阻电机进行发电。当原动机的旋转方向改变时，只需将相绕组的励磁顺序改变为 C—B—A—C 即可。由此可见，开关磁阻发电机工作在发电模式时，转子旋转方向与一定的励磁相序相关联，与励磁电压的方向无关。

开关 S1 和 S2 的开通和关断控制由发电机控制器 GCU 控制，对发电机而言，GCU 控制的目的是维持 POR 处的电压恒定。开关磁阻发电机的可控制量分别有绕组两端的相电压、相电流、开通角，以及关断角等参数，针对以上变量的控制方式一般分为三种：角度位置控制、电流斩波控制和脉宽调制控制。

开关磁阻发电机的控制方法是另一个宏大的主题，已超出了本书讨论的范围。有兴趣的读者可以参考参考文献［43］。

1.5 本章小结

本章对民用飞机的电源系统进行了简要介绍，讲述了电源系统的主要元件，其中包括发电机、APU、地面电源、RAT 和蓄电池这些一次电源，还包括 TRU、ATU 和 ATRU 这些二次电源转换装置，以及常用的配电设备，包括断路器、继电器和接触器，还有基于固态的 SSPC。

电源系统有两个主要的控制器，一个是 GCU，另一个是 BPCU。前者用于调节发电机励磁，在电压、频率等超限时对发电机进行保护；后者用于将功率源接入对应的汇流条，并在电源故障时对电网进行重新配置，最大程度地满足负载供电需求。

GCU 根据发电机的不同，可分为变频启动发电机的 GCU、270V DC 直流发电机的 GCU，以及开关磁阻发电机的 GCU。

了解电源系统的架构、组成元件和控制器的功能原理，是理解配电系统的基础。为此，本书特地引用了拙著《航空变频启动发电机的控制器（GCU）设计》一书的第一章，以便读者能对飞机电源系统有一个初步的概念。

2 一次配电

一次配电（Primary Power Distribution）有时也叫作一级配电，它是飞机电能的初次分配，即将发电机的电能或其他功率源的电能分配到一次配电汇流条（Primary Power Bus，以下简称汇流条或母线，它是电源系统的一个功率汇集点），二次配电（Secondary Power Distribution）再从一次配电汇流条获取电力，将电能输送到终端的用电负载。

通常，每个汇流条都有多个潜在的功率源，功率源与汇流条之间通过功率开关（通常由接触器实现）隔开，汇流条功率控制器（BPCU）会根据电源系统当前所处的工作模式，通过接通或断开这些功率开关，来选择合适的功率源为汇流条供电。

正常情况下，每个汇流条在同一时间只接受一个功率源的输入，为避免不同功率源在开关的操作过程中同时向汇流条供电，除了正确设置 BPCU 对各个功率开关的控制逻辑外，还会在不同功率开关之间设置互锁逻辑，一个功率开关的接通会导致另一个功率开关的自动断开，以确保同一时间只有一个功率源给汇流条供电。

每个汇流条都有若干潜在的功率源，为了判别多个功率源同时在线的情况下，应将哪个功率源接入到电源系统，BPCU 会为每个汇流条的功率源分配优先级，确保在任何情况下，接入汇流条的都是当前可用的优先级最高的功率源。

功率源的切换有正常和异常两种情况。在正常情况下，飞机电源系统会经历从冷态（仅蓄电池供电），到启动 APU，再通过 APU 起动主发动机，进而切换到主发电机供电的一系列电源转换。而异常情况指的是飞机运行过程中，当功率源故障时而进行的切换，比如左发电机故障时，将左侧汇流条的功率源切换到右发电机的情形。

异常情况下的功率源切换会导致功率源的缺额，因而须要启用负载管理程序。负载管理程序一般驻留在 BPCU 中，BPCU 除了根据功率源优先级控制电源系统主功率开关的切换，在功率源有缺额的情况下进行负载管理外，还会实施故障保护和盘箱内的电压采集工作。

2.1 电源系统的工作模式

电源系统的工作模式分为正常情况下的工作模式和异常情况下的工作模式两种。在正常情况下，民用飞机在执行飞行任务时，起飞前要经历冷态、地面服务、地面工作、地面电源与 APU 同时工作、仅 APU 供电、发动机起动，及随后的电源切换到主发电机的过程。在飞机起飞升空，从预定航线到达目的机场，在着陆滑行后，又要经历从双发电机运行到 APU 供电、地面电源与 APU 同时工作、地面工作、地面服务，以及地面电源退出运行，飞机重新进入冷态这几个逆向的过程。在飞机任务繁忙时，可能在一个飞行任务结束后，电源系统不会进入冷态，而是从地面服务开始，重复上述循环。

异常情况下的工作模式指的是在电源系统的元件出现故障时，通过控制功率开关的切换，最大限度地保障汇流条继续供电，尤其是重要汇流条继续供电的工作模式。

2.1.1 正常情况下的工作模式

正常情况下的工作模式是可预计的，两个模式之间的切换也有明确的输入条件。下面的章节会分别描述各个模式的应用场景和进入条件，以及各个工作模式下主功率开关的工作状态。

2.1.1.1 冷态——仅蓄电池供电

冷态指的是飞机位于地面，发动机处于停车状态，外部电源退出运行，APU 和 RAT 未启动，飞控蓄电池开关断开，主蓄电池和 APU 蓄电池作为唯一工作电源的场景。

这时，只有主蓄电池（Main Batt Direct）汇流条和 APU 蓄电池（APU Batt Direct）汇流条处于带电状态，机上其余汇流条都处于断电状态，如图 2–1 所示。

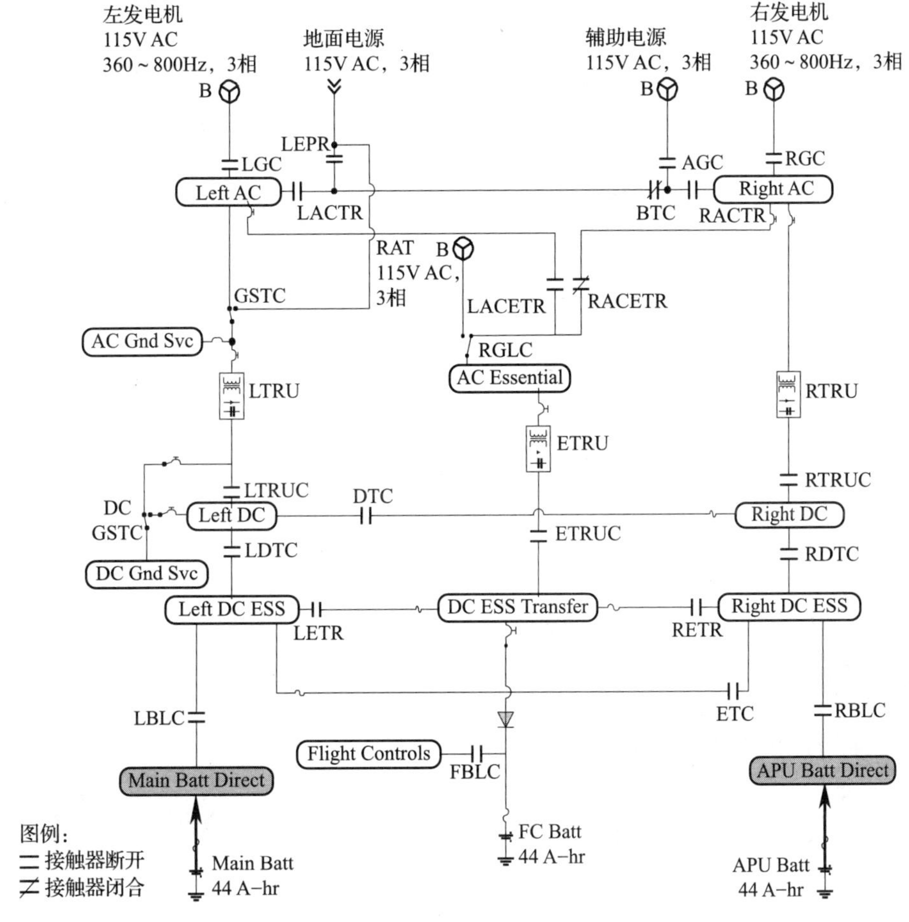

图 2–1 冷态——仅蓄电池供电情况下的功率走向

飞机在停机坪（如过夜修整）全机断电待机时，即处于这种工作模式。在这种工作模式下，电源系统的主功率接触器中，除了 RACETR 缺省处于接通状态（采用常闭触点）外，其余的接触器均处于断开状态。

在冷态，由于蓄电池与对应的汇流条（主蓄电池汇流条和 APU 蓄电池汇流条）之间没有断开开关，只有一个保险丝相连，因此只要蓄电池有电，这两个汇流条都是有电的。

连接在两个蓄电池汇流条上的负载，通常是一些在冷态有工作要求的设备，比如BPCU。为了将飞机从冷态转换到地面服务、地面工作以及其他对应的工作模式，BPCU 首先需要上电。

因此，BPCU 有多路供电，在双发电机正常运行时，由正常汇流条和重要汇流条提供电源，在地面工作和地面服务时，由蓄电池供电。为避免在飞机处于冷态时，BPCU 等连接到蓄电池汇流条上的负载将蓄电池储存的能量耗光，一般还会为 BPCU 的蓄电池电源输入设置辅助的开关，确保在冷态时，BPCU 等与飞机电源系统启动相关的负载也处于断电状态。

在介绍地面服务模式时，会介绍 BPCU 的供电方式。BPCU 至少有 3 个供电余度：

（1）主蓄电池（Main Batt Direct）汇流条。

（2）直流重要转换（DC ESS Transfer）汇流条。

（3）直流地面服务（DC Gnd Svc）汇流条。

这三路供电在设备输入端会做选择，通常用或二极管进行仲裁，电压高者胜出，为负载供电。由于蓄电池电压通常为 24V（在采用锂电池后可以为 28V 或更高），所以，只要地面服务汇流条和直流重要转换汇流条有电，主蓄电池汇流条就会停止为 BPCU 供电。

2.1.1.2 仅地面电源供电——地面服务模式

仅地面电源供电——地面服务模式指的是飞机在乘客登机前，给地勤人员进行地面服务操作提供必要供电的工作模式。

民用飞机会设置两个地面服务汇流条，一个直流，一个交流，上面会挂接在地面服务模式下的常用负载。

常见的交流地面服务负载有吸尘器插座，功率在 1.5kW 左右，常见的直流地面服务负载包括客舱、盥洗室的照明等负载。这些用电设备可以满足地勤人员进行客舱清洁等工作的用电需求。

通常，在客舱乘务员面板上有地面服务进入条件的按压开关和对应的指示灯，如图 2-2 所示。客舱乘务员面板在客舱门附近，其中“GROUND SERVICE”是一个瞬动按压开关，按压该开关后，BPCU 会将电源系统设置为地面服务模式，同时点亮“GROUND SERVICE”按钮上的指示灯。GSTC 开关打向右边，DC GSTC 开关打向左边，两个地面服务汇流条（AC Gnd Svc 和 DC Gnd Svc）从地面电源获取电力。与此同时，“GROUND SERVICE ON”指示灯也会点亮，指示地面服务模式已经开启。

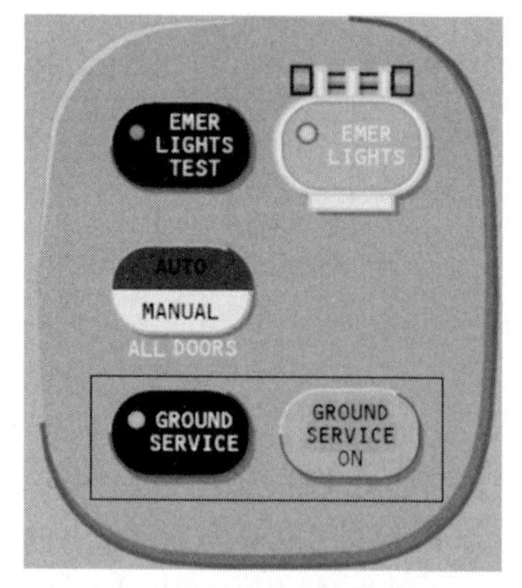

图 2-2　乘务员面板上的地面服务按钮及指示灯

在下述任意条件满足时，“GROUND SERVICE ON”指示灯会熄灭：

（1）再次按压“GROUND SERVICE”瞬动按压开关。

（2）在驾驶舱控制面板上选择“External Power”开关，进入仅地面电源供电——地面工作模式。

（3）任意发电功率源接入电网，包括左右发电机、

APU 发电机或 RAT 发电机。

地面服务模式下的功率走向如图 2-3 所示，在这种工作模式下，只有 4 个汇流条是有电的，即两个地面服务汇流条和两个蓄电池汇流条。

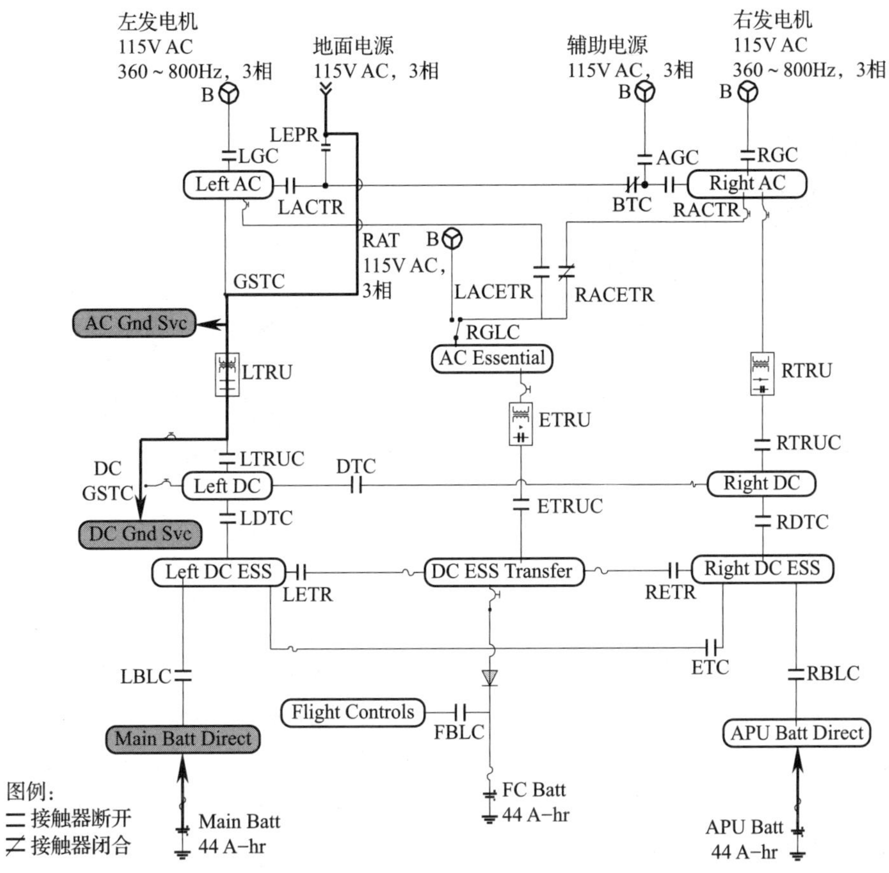

图 2-3　地面服务模式下的功率走向

电源系统的主功率开关，除了缺省处于闭合状态的 RACETR 外，其余的主功率开关均处于断开状态。

2.1.1.3　仅地面电源供电——地面工作模式

在驾驶舱操控面板上，有一个地面电源（外部电源）启动开关（EXT PWR），如图 2-4 所示。当外部电源接入机上的地面电源插座后，BPCU 会检测外部电源的电能质量，当电压和频率满足要求时，BPCU 会驱动点亮 EXT PWR 上的“AVAIL”指示灯，表明外部电源已经准备就绪。这时，按下 EXT PWR 按压开关，BPCU 会闭合 LEPR 接触器，将外部电源接入飞机电网。在 LEPR 开关成功闭合后，BPCU 会驱动 EXT PWR 上的“ON”指示灯点亮。

图 2-4　位于驾驶舱操控面板上的地面电源启动开关

地面电源插座位于飞机外部，在飞机位于地面时，由地勤人员操作，将地面电源插头插入插座，如图 2-5 所示。

飞机的地面电源插座是一个标准接口，我国也有相应的标准定义（GB/T13536—2018 飞机地面供电连接器）。标准的 115V/400Hz 地面供电连接器一共有 6 根针，如图 2-6 所示，上面一排的 3 根针分别对应 A、B、C 三相输入，下面一排的最右边的针脚是 N 线，左边的两根针是 Pin E 和 Pin F，它们用于判断地面电源插头是否有效地插入了插座。

图 2-5　将地面电源插头插入位于飞机外部的插座

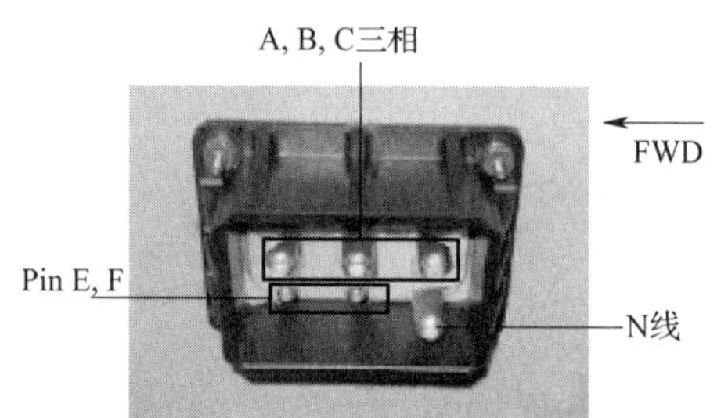

图 2-6　飞机地面电源插座接口定义

Pin E 和 Pin F 这两根针相对于 A、B、C 三相和 N 线要短一些，在插头侧，Pin E 和 Pin F 是短接的。BPCU 会在 Pin E 针脚上施加 28V DC 的电压，并同时在 Pin F 上检测是否有 28V DC 存在。如果有，则表明此时外部电源插头已经有效地插入到插座。

在插头有效插入插座后，BPCU 会检测地面电源的电能质量，在电能质量满足要求后，点亮位于驾驶舱的 EXT PWR 上的“AVAIL”指示灯，提示地勤人员，外部电源已经准备就绪，可以接入飞机电网。

如图 2-7 所示，当外部电源准备就绪，地勤人员按下 EXT PWR 按压开关后，BPCU 会闭合 LEPR 接触器，同时闭合 LACTR、BTC 和 RACTR 接触器，并将 GSTC 开关打向左边。在这一系列开关操作后，下述 4 个交流汇流条会上电：

（1）左交流（Left AC）汇流条。

（2）右交流（Right AC）汇流条。

（3）交流重要（AC Essential）汇流条。

（4）交流地面服务（AC Gnd Svc）汇流条。

在 BPCU 检测到 Left AC、Right AC 和 AC Essential 汇流条有电后，会顺序闭合直流侧的接触器 LTRUC、LDTC、ETRUC、RTRUC，以及 RDTC。在经历上述的开关操作后，下述 5 个汇流条会上电：

（1）左直流（Left DC）汇流条。

（2）左直流重要（Left DC ESS）汇流条。

（3）直流重要转换（DC ESS Transfer）汇流条。

（4）右直流（Right DC）汇流条。

（5）右直流重要（Right DC ESS）汇流条。

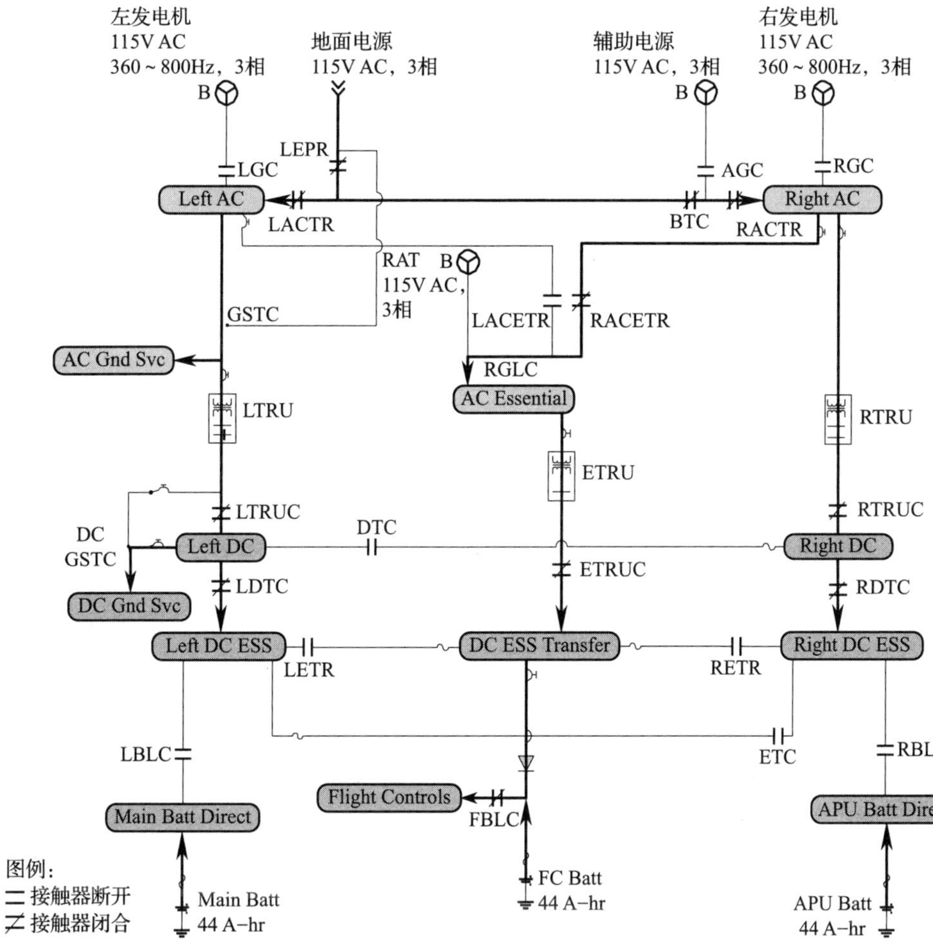

图 2-7 地面工作模式下的功率走向

在检测到 Left DC 汇流条带电后，BPCU 会将 DC GSTC 开关打向右侧，DC Gnd Svc 汇流条会从 Left DC 汇流条取电。同时，飞控蓄电池开关 FBLC 也会闭合，Flight Controls 汇流条会上电。

在进入仅地面电源供电——地面工作模式后，飞机上客舱照明、机载娱乐、厨房、客舱再循环风扇等负载均已开启，可以进行登机前准备，以及乘客登机等操作。在上述操作完成后，飞机即将起飞前，会启动 APU，进而起动主发动机。在启动 APU 后，APU 发电机功率传输准备就绪后，BPCU 会控制机上电源系统进入“地面电源 +APU 供电”的工作模式。

2.1.1.4 地面电源 +APU 供电

在乘客登机结束，飞机即将推出廊桥准备起飞之前，驾驶员会启动 APU，进而起动发动机，进行起动前的最后准备工作。如图 2-8 所示，在驾驶舱有 APU 启动开关，驾驶舱可以通过操作这个转动开关来启动 APU。

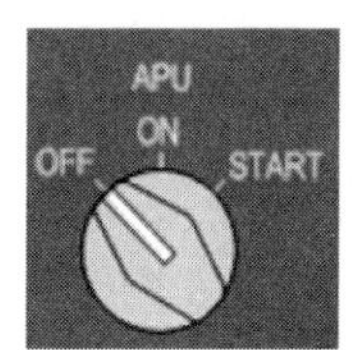

图 2-8 驾驶舱内的 APU 启动开关

在 APU 启动结束后，APU 发电机准备就绪后，BPCU 会根据汇流条功率源的优先级顺序（见 2.1.3 节汇流条功率源优先级），进行一次功率源转换，即将 Right AC 汇流条的功率源从地面电源切换到 ASG（APU 发电机）。飞机电源系统进入“地面电源 +APU 供电”的工作模式，如图 2–9 所示。

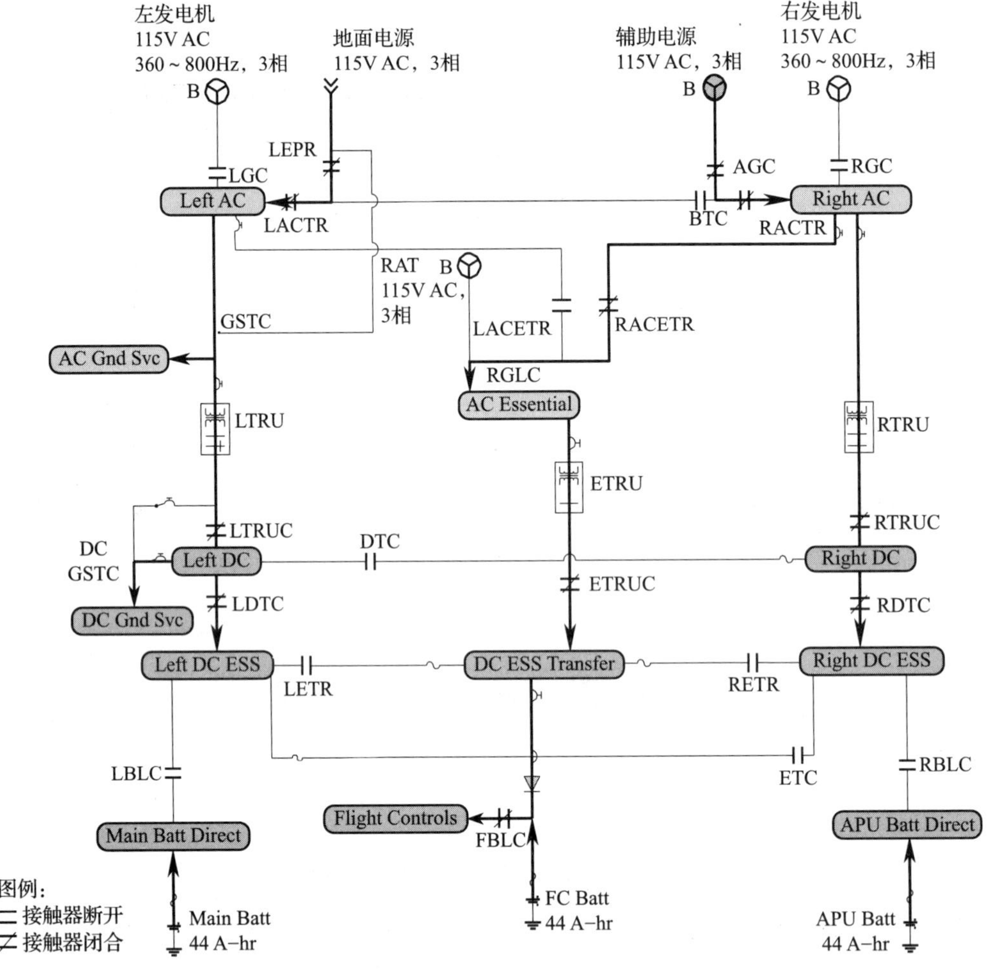

图 2–9 地面电源与 APU 组合供电情况下的功率走向

这时，BPCU 会断开 BTC，接通 AGC，从而将 Right AC 汇流条的功率源由地面电源切换到辅助电源（ASG）。

2.1.1.5 仅 APU 供电

在 APU 启动成功，飞机电源系统切换到“地面电源 +APU 供电”的模式后，电源系统的工作状态会显示在驾驶舱多功能显示器（MFD）的电源系统简图页中。

在飞机即将从廊桥推出之前，电源系统需要退出地面电源的使用。这时，驾驶员会再次按下 EXT PWR 按压开关，向 BPCU 发出地面电源退出运行的指令。BPCU 在接收到 EXT PWR 退出运行的信号指示后，会进行一次电源转换，即将原来由地面电源供电的 Left AC 汇流条切换为辅助电源（ASG）供电，如图 2–10 所示。

为实现这种功率源的转换，BPCU 需要先断开 LEPR，再接通 BTC。由于交流源不能并联，所以 BPCU 要先断开 LEPR，让地面电源退出电源系统，再接通 BTC 开关，使 Left

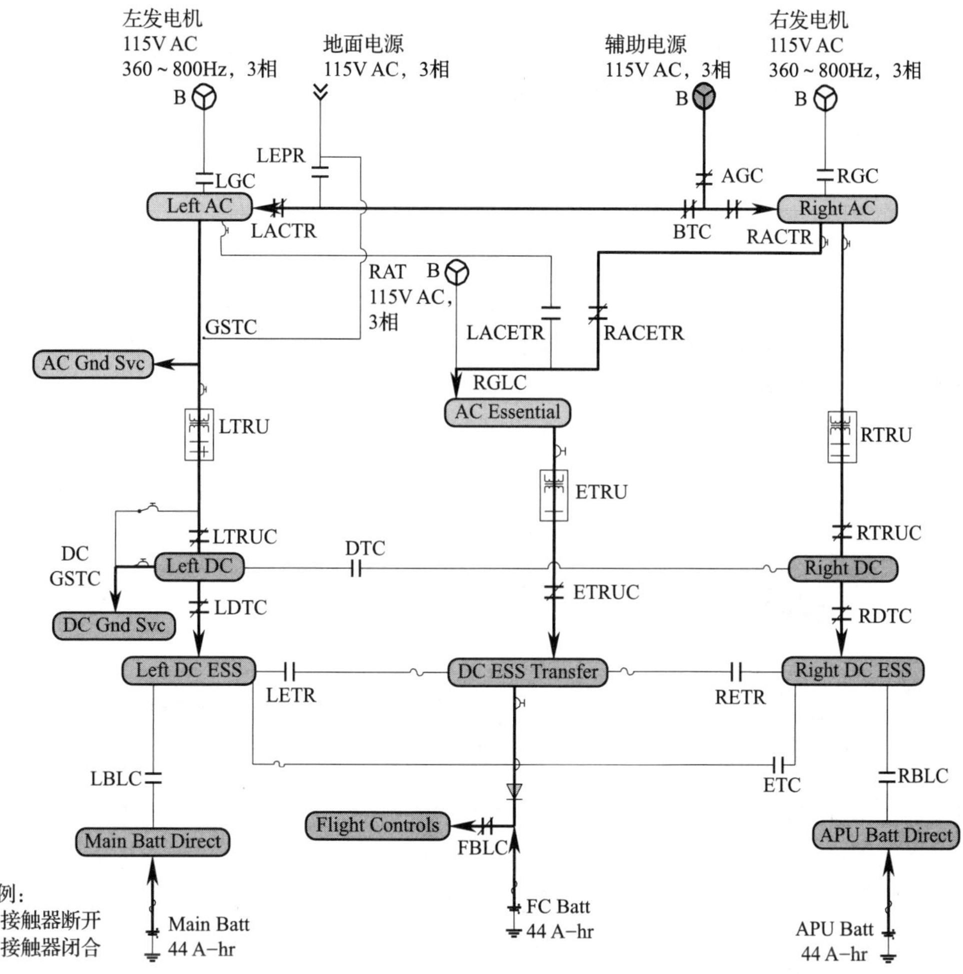

图 2-10 仅 APU 供电情况下的功率走向

AC 汇流条重新上电。在断开 LEPR 和接通 BTC 的间隙，Left AC 汇流条会短暂掉电，即有短时的供电中断。标准规定的断电时间不应超过 50ms。

在两个功率源之间转换时，为了使重要直流汇流条的供电不中断，需要遵循一定的转换时序，即直流侧要“先通后断”。在 Left AC 汇流条断电之前，BPCU 需要先闭合 LETR，将 LTRU 和 ETRU 并联，之后再断开 LEPR。断开 LEPR 后，Left AC 汇流条掉电，BPCU 会断开 LTRUC 和 LDTC。由于先前已经闭合了 LETR，所以 Left DC ESS 汇流条可以从 DC ESS Transfer 汇流条获取电力，在 Left AC 汇流条掉电后，Left DC ESS 汇流条不会掉电。

之后，在 BTC 接触器闭合，Left AC 汇流条重新上电后，BPCU 会先闭合 LTRUC 和 LDTC，即再次将 LTRU 和 ETRU 并联运行，之后再断开 LETR 接触器。这时，由于 LTRUC 和 LDTC 已经闭合，Left DC ESS 汇流条可以从 LTRU 获取功率输入。

这种直流侧“先通后断”的策略保证了直流重要汇流条在交流源供电转换期间的不间断供电。

同样地，在从“仅地面电源供电——地面工作模式”转换到“地面电源 +APU 供电工作模式”时，直流侧也要遵循“先通后断”的原则，以保证直流重要汇流条的不间断供电。

事实上，在正常情况下，进行功率源的转换时，接触器的接通、断开都要满足一定的时序要求，以实现重要直流汇流条的不间断供电。

2.1.1.6 左发电机 +APU 供电

在 LEPR 开关断开，地面电源退出运行后，BPCU 会点亮位于飞机外部的地面电源指示灯“未使用”，如图 2–11 所示。地勤人员在观察到该灯点亮后，即可以拔出地面电源插头。

之后，飞机在地面拖车的推动下，将飞机推到滑行道，飞行员可以在这个阶段起动发动机。在驾驶舱有两个发动机控制开关（见图 2–12），飞行员可以操作这两个旋钮，用 APU 的引气起动发动机。

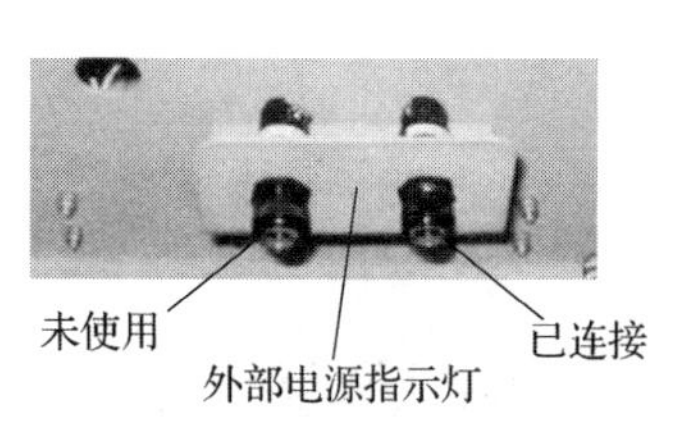

图 2–11　位于地面电源插座下方的地面电源工作情况指示灯

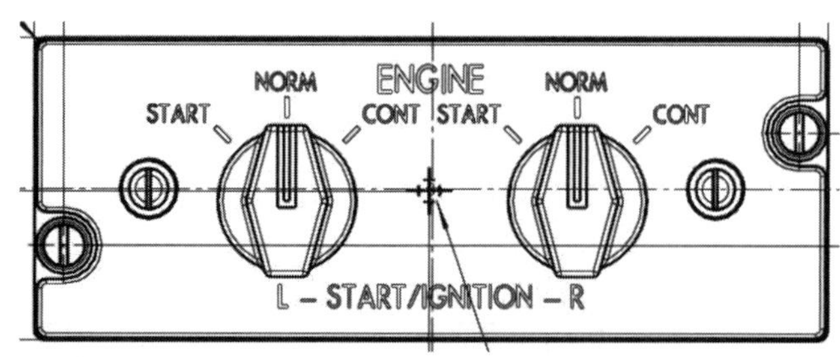

图 2–12　位于驾驶舱的发动机起动开关

当发动机起动到怠速，与之同轴相连的发电机输出的电能质量（电压和频率在规定的容差范围）达到要求时，BPCU 会启动新一轮电源转换，即将左、右交流汇流条的功率输入转换到对应的发电机。如果左发动机起动完成，则将 Left AC 汇流条的功率输入转换为左发电机；如果右发动机起动完成，则将 Right AC 汇流条的功率输入转换为右发电机。

这期间，存在着“左发电机 +APU 供电”和“右发电机 +APU 供电”的过渡工作状态。在双发动机起动完成后，电源系统过渡到最终的左发电机右发电机同时供电的工作模式。

图 2–13 是左发电机与 APU 组合供电情况下的功率走向，这时，LACTR 和 LEPR 处于断开状态，LGC 处于接通状态。在 Left AC 汇流条的功率源转换期间，为实现 Left DC ESS 汇流条的不间断供电，接触器的接通断开要遵循“先通后断”的原则，即要先闭合 LETR，再断开 LACTR、LTRUC 和 LDTC，之后再接通 LGC。在 LGC 接通，BPCU 检测到 Left AC 汇流条重新上电后，BPCU 再重新闭合 LTRUC 和 LDTC，之后再断开 LETR，解除 LTRUC 和 ETRUC 的并联。

上述接触器的操作顺序能够保证 Left DC ESS 汇流条的不间断供电。

需要注意的是，一般发电机出口的接触器 LGC 和 RGC 是由对应的 GCU 控制，而不是由 BPCU 控制的。因此，为了实现电网主功率开关的“先通后断”的时序，GCU 和 BPCU 之间需要有信号交联。在左发动机起动正常，左发电机输出的电能质量满足既定要求时，GCU 会向 BPCU 发送功率准备就绪“POWER READY”信号，BPCU 在检测到“POWER READY”信号后，会断开 LACTR。在检测到 LACTR 已经处于断开状态后，BPCU 再向 GCU 回复功率转换就绪“POWER TRANSFER READY”信号。GCU 在收到“POWER TRANSFER READY”信号后，会接通 LGC。

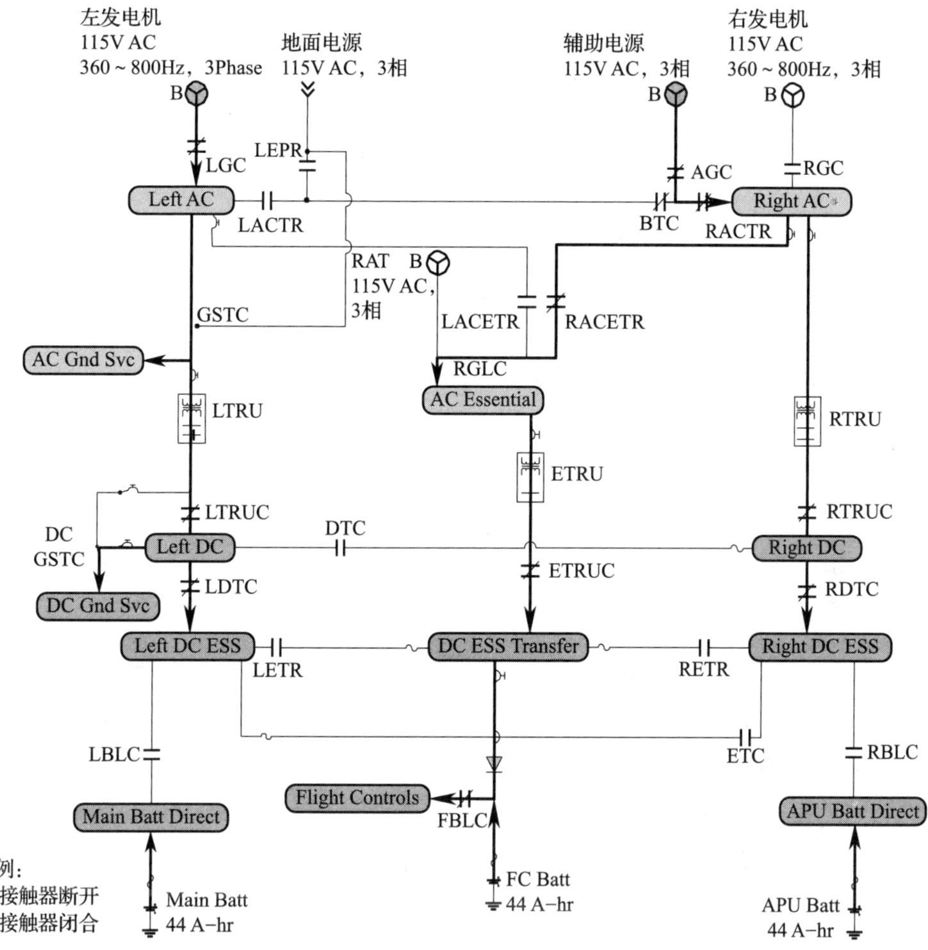

图 2-13　左发电机与 APU 组合供电情况下的功率走向

LGC 接通后，Left AC 汇流条会重新上电，BPCU 会检测 Left AC 汇流条的带电状态，在确认上电后，再闭合 LTRUC 和 LDTC。在 BPCU 检测到 LTRUC 和 LDTC 的闭合状态后，再断开 LETR 接触器，至此，功率转换过程才全部完成。

由于供电转换有时间限制，通常的规定是总的转换时间不超过 50ms，GCU 和 BPCU 之间往返的信号也有较强的实时性要求，不能有太长的延时。为满足这种强实时的要求，“POWER READY” 和 “POWER TRANSFER READY” 信号通常用硬线交联，即用离散信号来指示状态变化。

2.1.1.7　右发电机 +APU 供电

若发动机起动的顺序是先右发动机再左发动机，则在右发动机成功起动，转速升高至怠速后，BPCU 检测到右发电机输出的电能质量合格后，电源的供电模式会由 “仅 APU 供电” 转换到 “右发电机 +APU 供电” 的工作模式。

这时，辅助电源给 Left AC 汇流条供电，右发电机给 Right AC 汇流条供电。LGC 处于断开状态，AGC、BTC 和 LACTR 处于接通状态，而 RGC 则处于闭合状态，如图 2-14 所示。

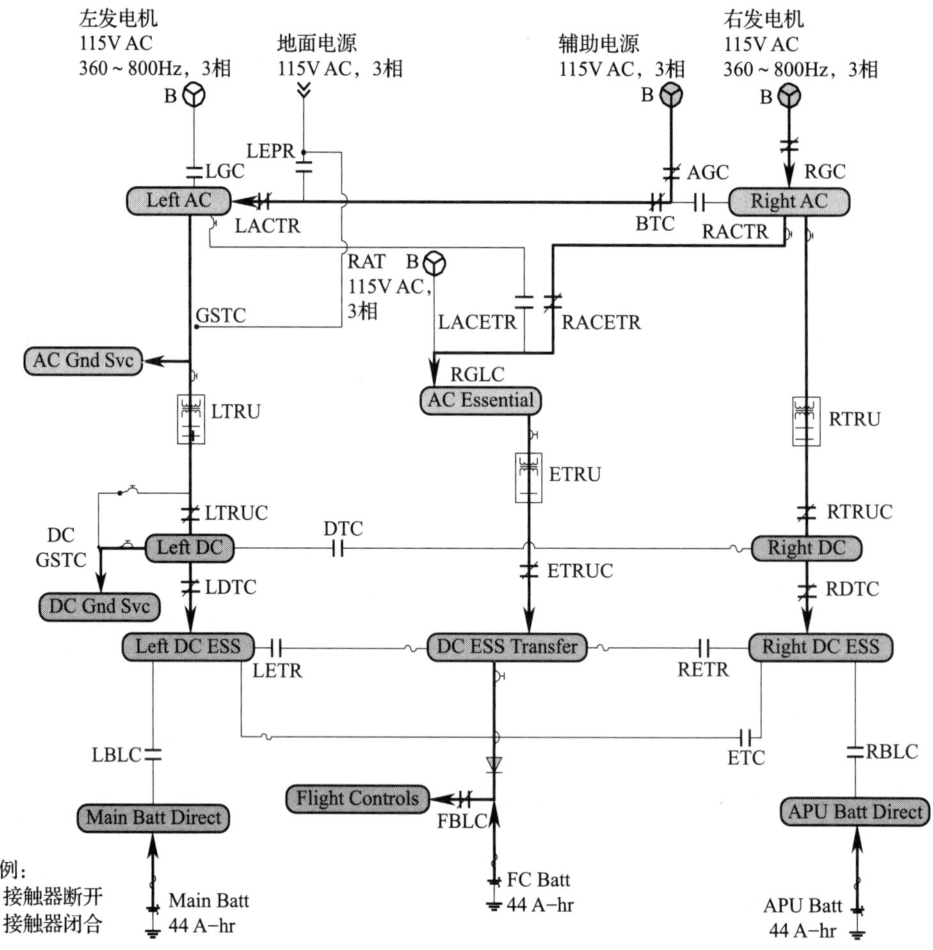

图 2–14　右发电机与 APU 组合供电情况下的功率走向

2.1.1.8　左发电机和右发电机同时供电

在双发动机均投入运行后，飞机电源系统最终会转换到左发电机和右发电机同时供电的工作模式。左发电机和右发电机同时供电的前一个状态可能是“左发电机 +APU 供电”，也可能是“右发电机 +APU 供电”。

在双发电机同时供电后，两个接触器 LACTR 和 RACTR 均处于断开状态。值得注意的是，此时 BTC 接触器处于接通状态，这种控制逻辑的设计主要是考虑在供电转换时减少接触器操作的次数。

当在空中出现发电机故障，比如左发电机故障时，BPCU 会自动将 Left AC 汇流条的功率源切换到右发电机，此时，只需要闭合 LACTR 和 RACTR 这两个接触器，不用闭合 3 个（因为 BTC 已经事先闭合），从而缩短了汇流条功率源转换的时间，也就是缩短了汇流条断电的时间，如图 2–15 所示。

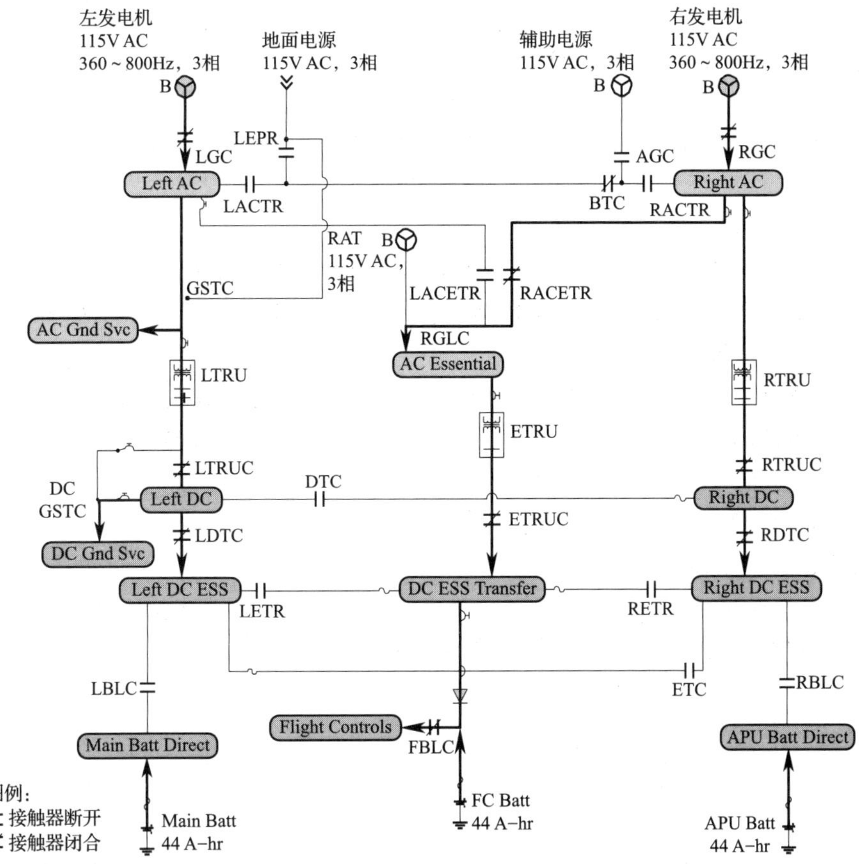

图 2-15　左发电机右发电机同时供电情况下的功率走向

2.1.2　异常情况下的工作模式

异常情况指的是电源系统的元件出现故障时，BPCU 在切除故障设备进行故障隔离后，对电网进行重构后的工作模式。

2.1.2.1　在空中单左发电机供电

在飞机的驾驶舱，有左右发电机的控制开关，如图 2-16 所示的左发电机控制开关，它包含两个开关，一个开关是用于控制 LVFG 与飞机电网连接的 L GEN，另一个开关是用于控制 LVFG 与左发动机手动脱开的 L DRIVE。

L GEN 控制开关与左发动机灭火开关（见图 2-17）互锁。当左发动机灭火开关处于断开位置时，若 L GEN 开关处于常通位置，则电源系统根据预设的逻辑自动运行（在 BPCU

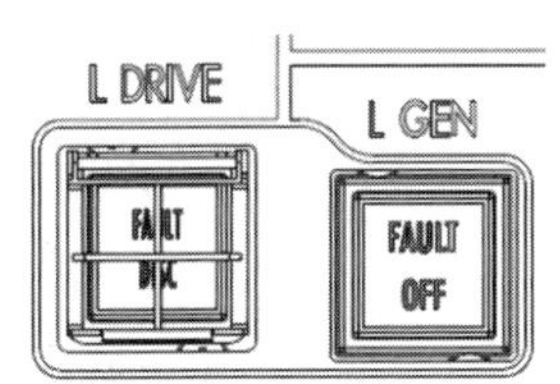

图 2-16　位于驾驶舱控制面板上的左发电机控制开关

图 2-17　位于驾驶舱控制面板上的左发动机灭火开关

的控制下运行）；当 L GEN 开关处于断开位置时，LGC 接触器断开，LVFG 与飞机电网脱开。当左发动机灭火开关处于接通状态时，无论 L GEN 开关处于什么位置，由于灭火开关与 L GEN 的互锁逻辑，LGC 接触器均会断开。

正常情况下，L GEN 上的“FAULT”和“OFF”指示灯均不亮；当 L VFG 过载或内部故障时，“FAULT”指示灯点亮；当 L GEN 开关断开时，“OFF”指示灯点亮，同时“FAULT”指示灯熄灭。

L DRIVE 控制开关上也有两个指示灯“FAULT”和“DISC”。当 L DRIVE 开关处于常通位置时，电源系统在 BPCU 的控制下自动运行；当 L DRIVE 开关处于断开位置时，L VFG 与左发动机脱开。

正常情况下，L DRIVE 上的“FAULT”和“DISC”指示灯均不亮。若 LVFG 的油温高于限值或者油压低于限值时，“FAULT”指示灯点亮；当 L DRIVE 开关断开时，“DISC”指示灯点亮，同时“FAULT”指示灯熄灭。

L DRIVE 控制开关按下后，发电机会与发动机脱机，为避免飞行员误操作，这个开关上增加了红色十字保护盖。

如图 2–18 所示给出了在空中，当右发电机故障时，由左发电机为全机电源系统供电的情形。右发电机故障有下述三种可能的情形：

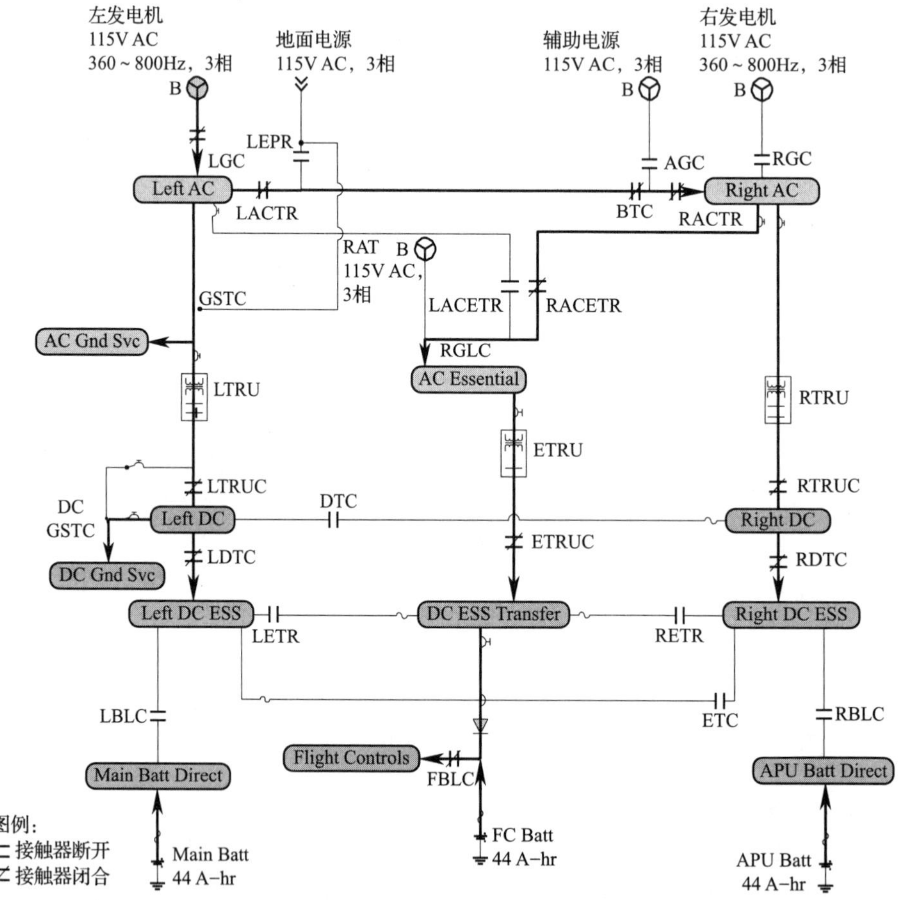

图 2–18　在空中单左发电机供电情况下的功率走向

（1）右发电机故障：比如发电机油温高于限值或者油压低于限值，这时，位于驾驶舱操控面板上的 R DRIVE 控制开关上的“FAULT”指示灯会点亮，并给出告警提示。飞行员注意到故障情况后，会手动按下 R DRIVE 按钮，使发电机与发动机脱开，右发电机在缺少机械能输入的情况下转速逐渐下降到 0，不能继续维持 POR 处的电能质量，GCU 会断开 RGC 开关，从而让 R VFG 退出电网运行。

（2）右发电机的 GCU 检测到过载条件，断开了 RGC 开关。这时，驾驶舱 R GEN 控制开关上的“FAULT”指示灯会被点亮。此时，由于 RGC 开关断开，R VFG 退出飞机电网，BPCU 会将 Right AC 汇流条的功率源自动切换到 L VFG。

（3）右发动机故障：右发动机空中停车，或飞行员按下了右发动机灭火开关，RGC 断开，从而将 RVFG 从飞机电网断开。这时，BPCU 也会将 Right AC 汇流条的功率源自动切换到 LVFG。

在单左发电机供电模式下，LVFG 除了给 Left AC 汇流条供电外，还会经由 LACTR、BTC 和 RACTR 接触器向 Right AC 汇流条供电。

在单左发电机供电模式下，所有的汇流条都是有电的。但由于单台发电机的输出功率有限，可能会有部分非重要负载被卸载。为弥补此时飞机电网的功率缺额，飞行员会尝试启动 APU。若 APU 能正常启动，则在 APU 发电机功率准备就绪后，BPCU 会将单左发电机供电模式转换到“左发电机 +APU 供电”的模式。此时飞机电网的工作模式与正常情况下的“左发电机 +APU 供电”模式相同。

2.1.2.2　在空中单右发电机供电

类似地，若在空中，左发电机故障退出运行后，BPCU 会自动将电网切换到单右发电机供电模式，如图 2–19 所示。

与左发电机类似，右发电机也不能带动全机的所有负载，所以 BPCU 会启动卸载逻辑。飞行员会尝试启动 APU，在 APU 成功启动，APU 发电机功率准备就绪后，BPCU 会将飞机电网切换到“右发电机 +APU 供电”的工作模式。

无论是“左发电机 +APU 供电”还是“右发电机 +APU 供电”，飞机电网的输出能力较之单发电机供电都有显著提高，这时，BPCU 会启动负载恢复逻辑，即先前被卸载的负载会重新恢复供电。

本书第 2.4 节会详细讨论负载管理相关的内容，其中不同构型下的负载管理就是针对单发电机供电等功率源容量不足的情形而设置的。

2.1.2.3　在空中双发电机失效时启用 APU 和 RAT

在第 1 章曾讲述了“哈德逊奇迹”的故事，航班在起飞不久遭遇鸟撞，两台发动机失效，后来飞行员同时启用了 APU 和 RAT，成功挽救了机上的所有乘客。

APU 是一台发动机，它可以提供引气，也可以发电。通常 APU 的正常启动有一定的高度限制，且有最大工作高度限制。比如波音 737–800 飞机的 APU 使用高度有下述限制：

（1）APU 的启动高度不要超过 25000ft①（7620m）。

（2）最大工作高度不要超过 41000ft（12496.8m）。

（3）APU 输出引气的最大高度为 17000ft（5181.6m）。

① 1ft（英尺）= 0.3048m（米）。

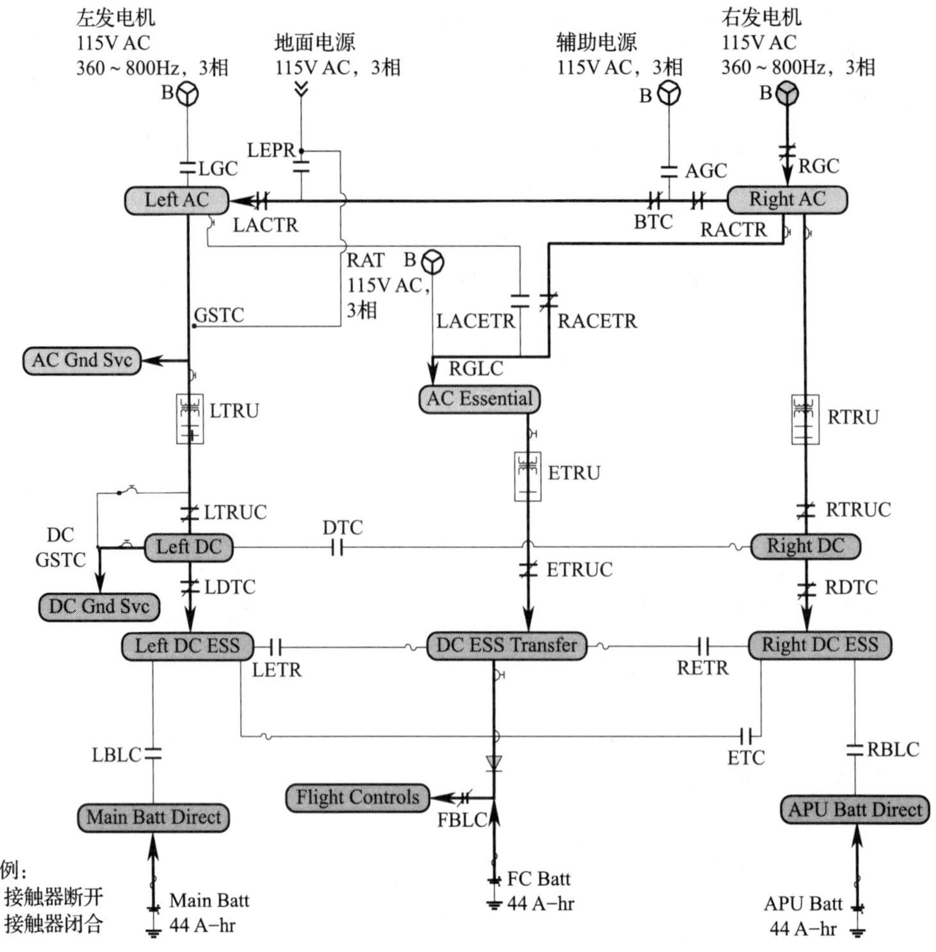

图 2-19　在空中单右发电机供电情况下的功率走向

（4）APU 同时输出引气和电力的最大高度为 10000ft（3048m）。

APU 的启动有两种方式，一种是通过 RTRU 启动，另一种是通过 APU 蓄电池启动。RTRU 启动是默认的启动方式。

如图 2-20 和图 2-22 所示，分别画出了主蓄电池和 APU 蓄电池在机上的充电回路，以及通过 RTRU 和 APU 蓄电池启动 APU 时的功率走向。

通常，飞机在起飞前，主蓄电池（Main Batt）和 APU 蓄电池（APU Batt）会充满电，在飞机上，也有会蓄电池充电器连接到蓄电池上，给蓄电池涓流充电，以补充蓄电池在待机时的漏电损失。

Main Batt 的充电器功率输入来自 Left AC 汇流条，而 APU Batt 的充电器功率输入则来自 Right AC 汇流条。

当 RTRU 工作正常时，APU 的启动功率会从 RTRU 走。BPCU 在检测到 APU 启动信号后，会同时检测 RTRU 的状态，如果工作正常，就会闭合 TSC 开关，用以启动 APU。此时，APU 启动时的功率走向为从 Right AC 汇流条，到 RTRU，经过 TSC 到达启动功率单元（Start Power Unit，SPU），再在启动发电机控制单元（Starter Generator Control Unit，SGCU）的控制下启动 APU。

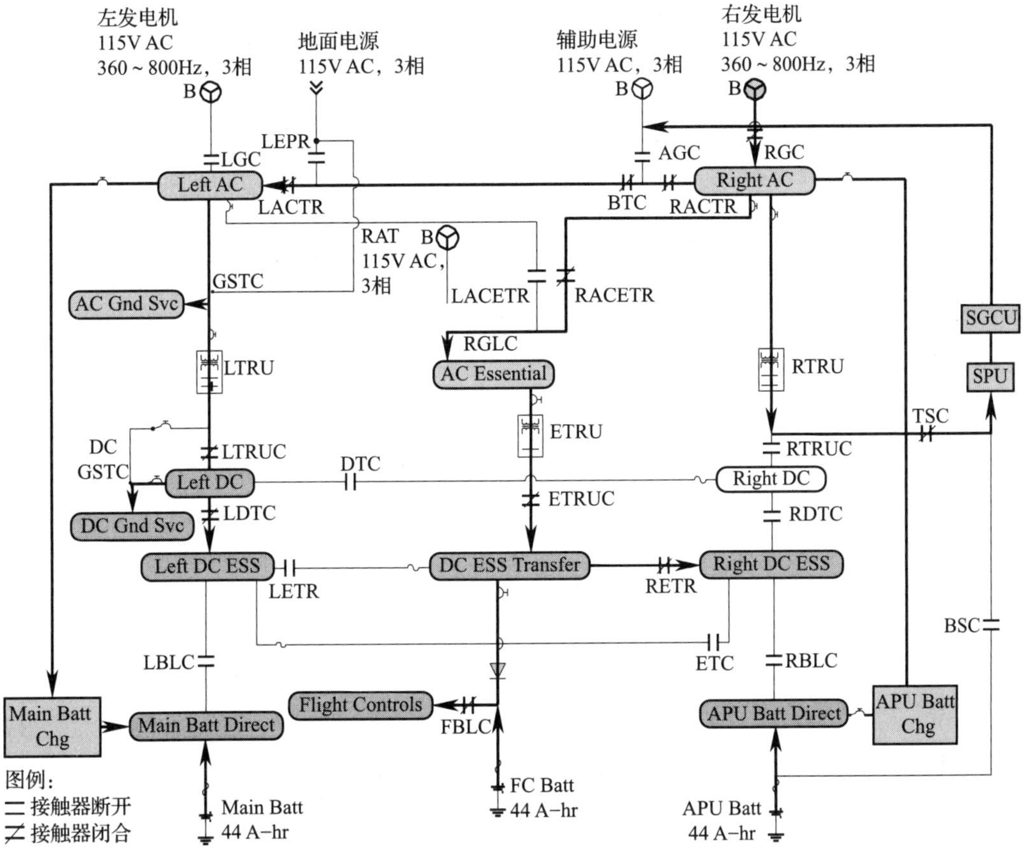

图 2-20 在空中通过 RTRU 启动 APU

注意，在用 RTRU 启动 APU 时，RBPCU 会先断开 RTRUC 和 RDTC，以免 RTRU 过载。为避免 Right DC ESS 汇流条在 APU 启动期间断电，RBPCU 会先闭合 RETR，之后再断开 RTRUC 和 RDTC。

这里，SPU 的作用是将 28V DC 转换成高压直流（HVDC），比如 ±270V DC，而 SGCU 则是一个发动机驱动器，它将 HVDC 逆变成交流电，用以启动 APU。

若在接收到 APU 启动信号后（通过按压位于驾驶舱的 APU 发电机控制开关，见图 2-21），BPCU 检测到 RTRU 故障，或者 Right AC 汇流条掉电，则 BPCU 会采用 APU 蓄电池来启动 APU。在这种情况下，BPCU 会断开 TSC，闭合 BSC 接触器，而对应的 APU 启动功率走向为：从 APU 蓄电池出发，经过 BSC 到达 SPU，SPU 将蓄电池的 24V DC（或 28V DC）升压至 HVDC（如 ±270V DC），再输入给 SGCU，将其逆变成交流电，用于启动 APU。如图 2-22 所示。

图 2-21 位于驾驶舱的 APU 发电机控制开关

飞机驾驶舱的控制开关 APU GEN 主要用于控制 APU 启动发电机（ASG）的励磁和 ASG 与飞机电网的连接。当 APU GEN 处于常通位置时，由 ASG 的 GCU 自动控制 ASG 的运行，由 BPCU 控制 AGC 的通断。当 APU GEN 处于断开位置时，ASG 的 GCU 将对 ASG 灭磁，BPCU 将断开 AGC。

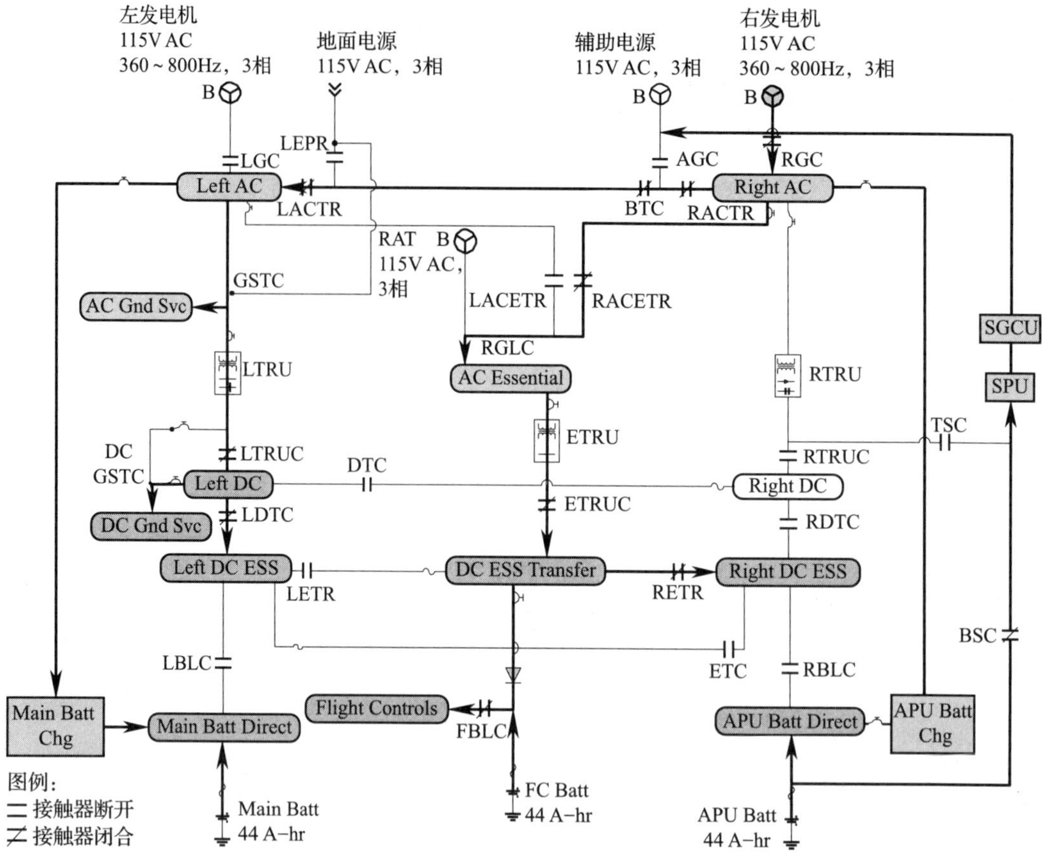

图 2-22　在空中通过 APU 蓄电池启动 APU

在正常情况下，“FAULT”和“OFF”指示灯均不亮，当 ASG 过载或内部故障时，“FAULT”指示灯点亮；当 APU GEN 开关断开时，“OFF”指示灯点亮，同时“FAULT”指示灯熄灭。

在空中，当下述情况发生时，RAT 会自动释放：

（1）液压动力故障。

（2）双发电机失效。

在 RAT 没有自动释放时，飞行员还可以通过操作驾驶舱内的控制开关手动释放 RAT。如图 2-23 所示，驾驶舱的操控面板上，有 RAT 手动释放和复位控制开关。其中 RAT MANUAL 控制开关有红色十字保护盖，平时禁止操作，在紧急情况下，飞行员可以打开保护盖，手动释放 RAT。正常情况下，RAT MANUAL 上的“ON”指示灯不亮；当 RAT 被释放后，“ON”指示灯点亮。

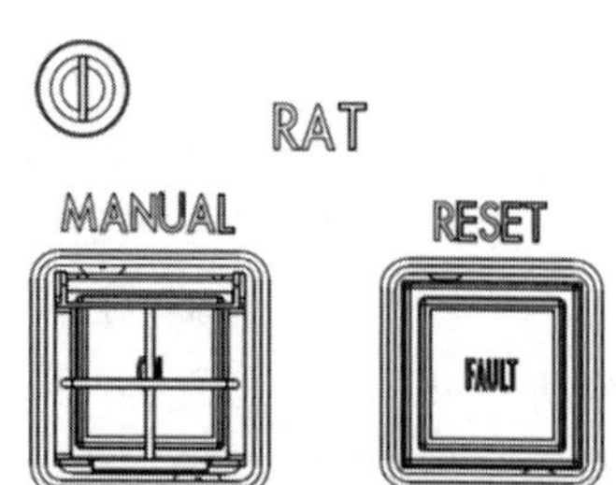

图 2-23　驾驶舱内的 RAT 手动释放和复位控制开关

RAT RESET 控制开关主要用于 RAT 故障后的复位操作。当 RAT 发电机接触器 RGLC 因过载而保护跳闸后，RAT RESET 上的“FAULT”指示灯会点亮，这时，飞行员可以尝试按下“RAT RESET”按钮对 RGLC 进行复位。若此时故障消除，则“FAULT”指示灯熄灭，RGLC 闭合，

RAT 发电机重新接入电网。

在空中，双发电机失效后同时启用 APU 和 RAT 的功率走向如图 2-24 所示，这时，飞机上所有的汇流条都是有电的。与仅 APU 供电模式不同的是，AC Essential 汇流条的功率源由 Right AC 汇流条改成了 RAT，即此时 RGLC 的开关打向了左边。

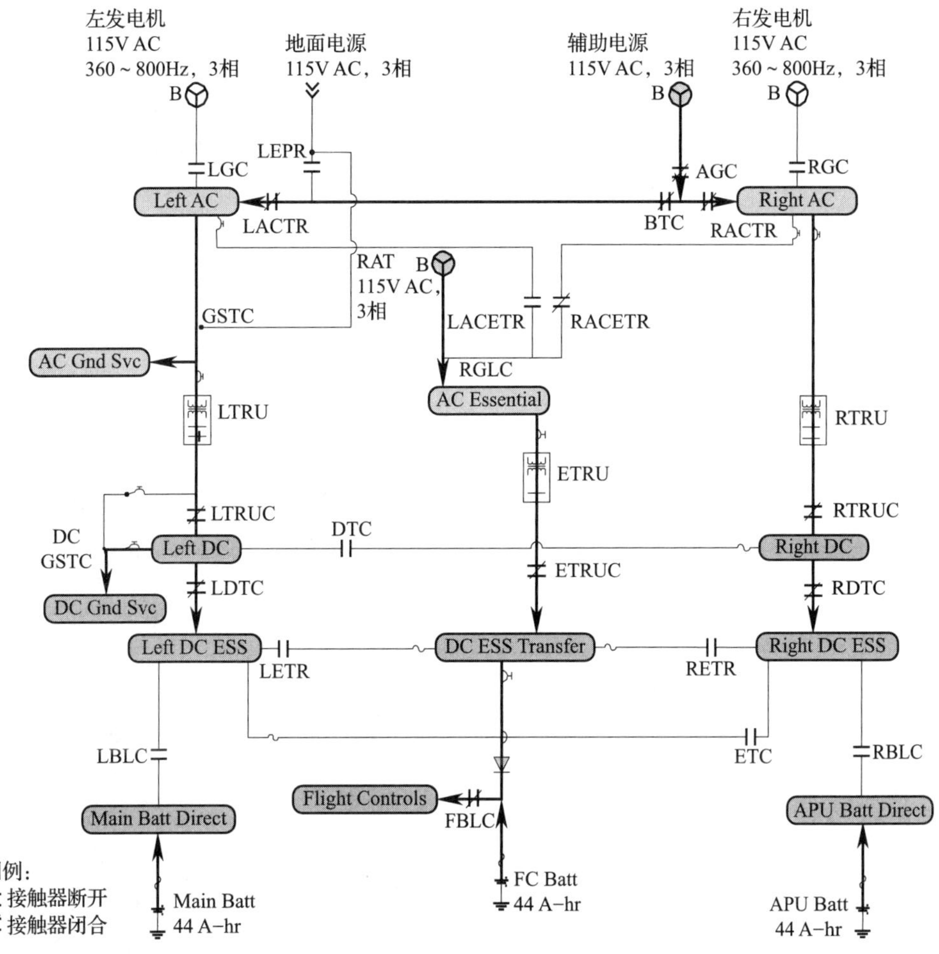

图 2-24　在空中双发电机失效时同时启用 APU 和 RAT 供电时的功率走向

若空中双发电机失效后，APU 未能启用（比如升限太高），则电源系统将进入仅 RAT 工作模式。在 RAT 作为唯一交流源的情况下，又可以分为空速满足要求和空速不满足要求两种情形。

RAT 在空速大于 100kn（185.2km/h）时满足释放条件，在空速大于 140kn（259.28km/h）时，RAT 才可以输出满足电源品质要求的电能。

2.1.2.4 在空中双发电机失效仅 RAT 可用（空速满足要求）

在空速满足要求，RAT 发电机输出的电能质量满足要求后，RAT 成了电源系统的唯一交流源，它为 AC Essential 汇流条供电，并通过 ETRU 转换成直流，为 DC ESS Transfer 汇流条，Flight Controls 汇流条供电。BPCU 此时会闭合 L ETR、RETR 和 ETC，这样，Left DC ESS 汇流条，Right DC ESS 汇流条也能获得电源输入，如图 2-25 所示。

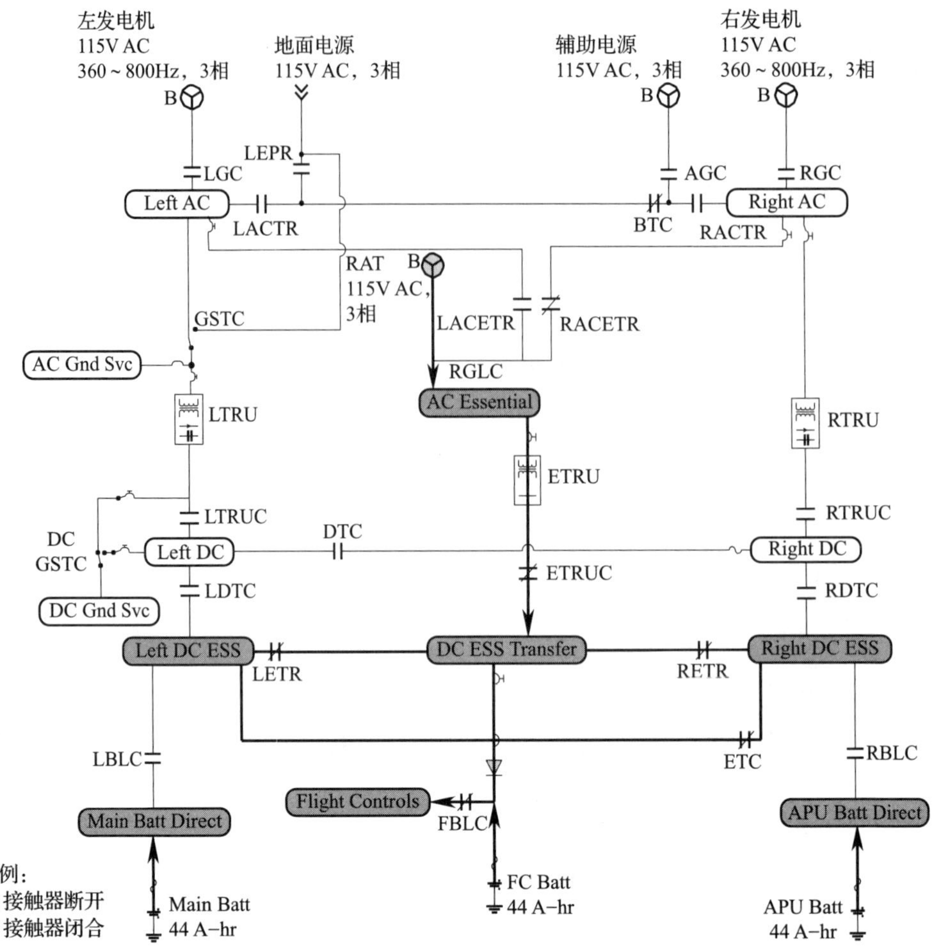

图 2–25 在空中双发电机失效仅 RAT 可用（空速满足要求）情况下的功率走向

此时，两个蓄电池汇流条是有电的，但 LBLC 和 RBLC 处于断开状态。飞机上的下述汇流条均处于断电状态：

（1）左右交流汇流条：Left AC 和 Right AC。

（2）左右直流汇流条：Left DC 和 Right DC。

（3）交、直流地面服务汇流条：AC Gnd Svc 和 DC Gnd Svc。

若空速不能满足要求，即飞行速度小于 140kn，则 RAT 输出的电能不能满足要求，此时，经过 ETRU 转换的直流 28V DC 也不能满足电能质量的要求，此时 BPCU 或飞行机组会断开 ETRU 的输出接触器 ETRUC，将 ESS AC 汇流条和 ESS DC 汇流条分开运行。

2.1.2.5 在空中双发电机失效仅 RAT 可用（空速不满足要求）

如图 2–26 所示，在驾驶舱有 ETRU 控制开关，可以断开 ETRU 与直流重要转换汇流条的连接。

当ETRU处于常通位置时，ETRUC处于自动控制模式，即ETRUC的接通与断开受BPCU的控制。若ETRU控制开关断开，则ETRUC接触器被锁定在断开的状态。

图 2-26　位于驾驶舱的 ETRU 控制开关

在正常情况下，“FAULT”和“OFF”指示灯均不点亮。当ETRU过载或内部故障时，“FAULT”指示灯点亮；当ETRU控制开关断开时，“OFF”指示灯点亮，同时“FAULT”指示灯熄灭。

在飞机空速不能满足要求，即小于140kn时，RAT输出电压低，ETRU输出的直流电电压也不能满足电能质量的要求。这时，BPCU会检测到ETRU故障，从而点亮“FAULT”指示灯，同时断开ETRUC开关。此时，飞行员可以选择断开ETRU控制开关，这时ETRUC将被锁定在不能接通的状态。

在BPCU断开ETRUC后，BPCU会同时闭合LBLC和RBLC以及LETR、RETR和ETC，以保证Left DC ESS、DC ESS Transfer和Right DC ESS 3个汇流条的供电，如图2-27所示。此时，AC Essential汇流条仍然由RAT供电。

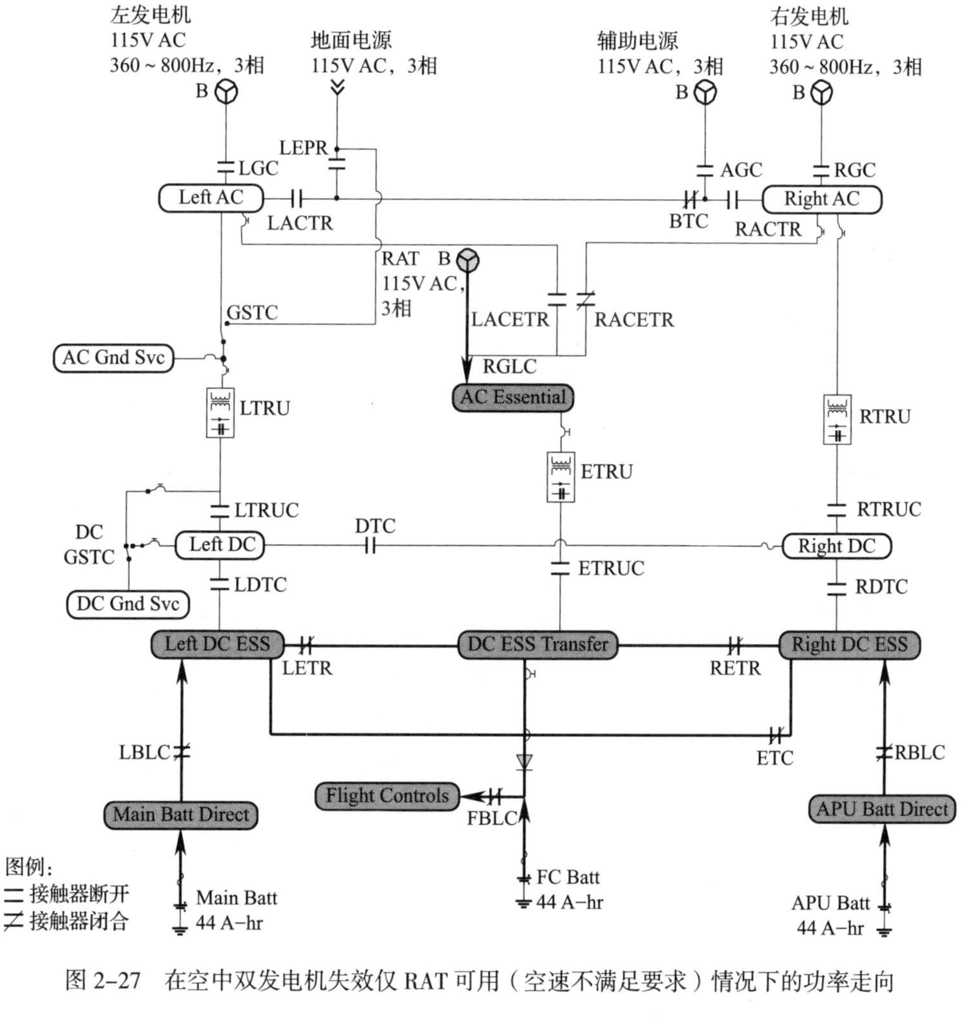

左发电机
115V AC
360 ~ 800Hz，3相

地面电源
115V AC，3相

辅助电源
115V AC，3相

右发电机
115V AC
360 ~ 800Hz，3相

LEPR　LGC　AGC　RGC
Left AC　LACTR　BTC　RACTR　Right AC
RAT　115V AC，3相
GSTC　LACETR　RACETR
AC Gnd Svc　RGLC　AC Essential
LTRU　ETRU　RTRU
LTRUC　RTRUC
DC GSTC　Left DC　DTC　ETRUC　Right DC
DC Gnd Svc　LDTC　RDTC
Left DC ESS　LETR　DC ESS Transfer　RETR　Right DC ESS
LBLC　ETC　RBLC
Main Batt Direct　Flight Controls　FBLC　APU Batt Direct
Main Batt 44 A-hr　FC Batt 44 A-hr　APU Batt 44 A-hr

图例：
⊥ 接触器断开
⊥ 接触器闭合

图 2-27　在空中双发电机失效仅 RAT 可用（空速不满足要求）情况下的功率走向

2.1.2.6 空中仅蓄电池供电

在空中双发电机失效，RAT释放之前，飞机电源系统进入仅蓄电池供电模式。这时，BPCU会闭合LBLC和RBLC以及LETR、RETR和ETC，以保证3个重要直流汇流条（Left DC ESS、DC ESS Transfer和Right DC ESS）的供电，如图2–28所示。

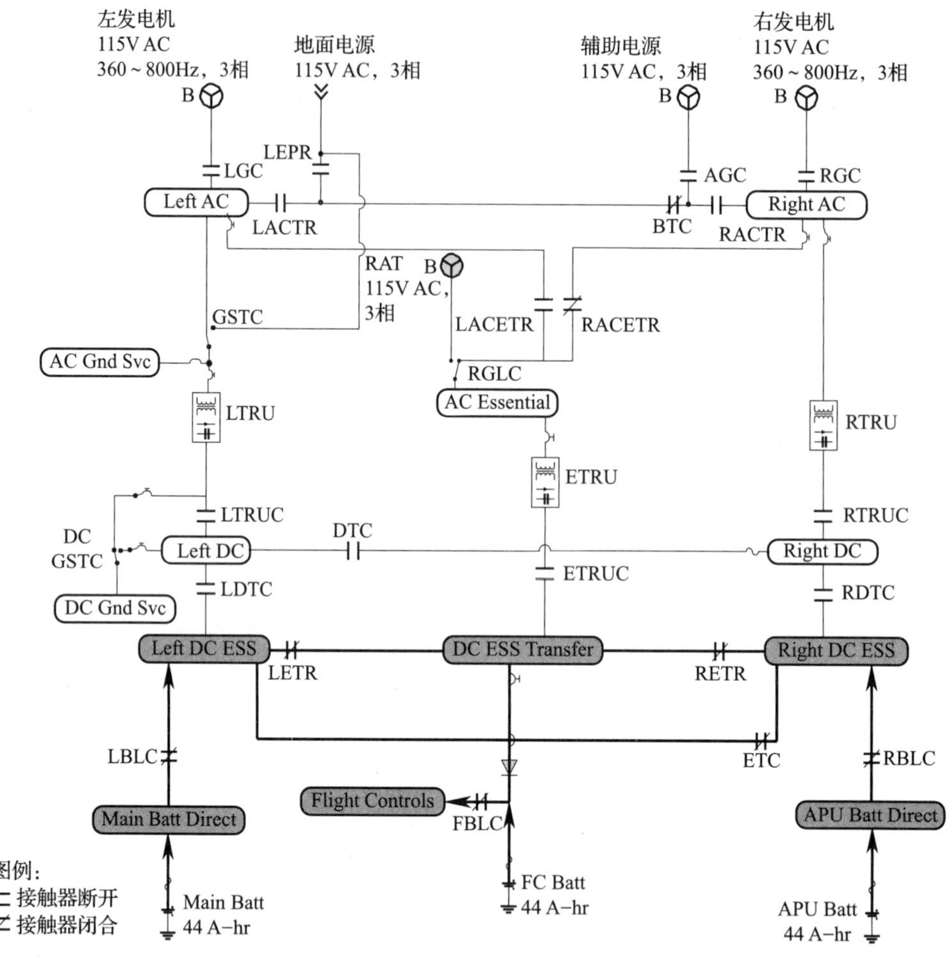

图2–28 在空中仅蓄电池供电情况下的功率走向

由于此时没有交流源，所以AC Essential汇流条也处于断电状态。

为保证在仅蓄电池供电模式下对某些重要交流负载（通常是功率不大的单相交流负载）的继续供电，有的飞机还会设置一个单相重要交流汇流条（AC 1P ESS）和单相逆变器，逆变器跨接在Left DC ESS汇流条和AC 1P ESS汇流条之间，如图2–29所示。

在正常情况下，该单相汇流条从AC Essential汇流条获取电力。当Left AC汇流条、Right AC汇流条和AC Essential汇流条均没电时，AC 1P ESS汇流条会从Left DC ESS汇流条获得功率输入。

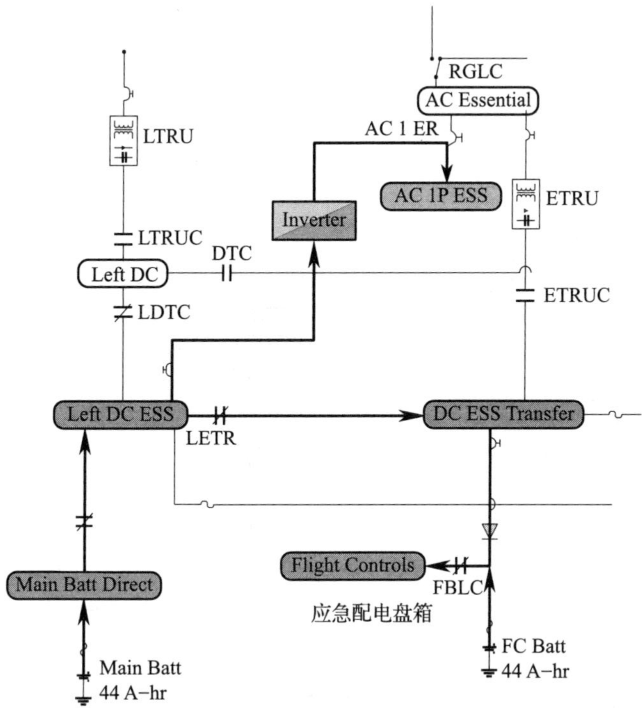

图 2–29 有些电源系统中有紧急情况下需要供电的单相逆变器

2.1.2.7 LTRU 失效

TRU 有以下四种失效模式：

（1）TRU 超温故障。

（2）TRU 输出过载。

（3）TRU 输出电压超出正常范围。

（4）TRU 风扇故障。

TRU 内部没有数字电路，只有模拟电路，上述四种失效模式均由 BPCU 检测。在检测到上述故障后，BPCU 会断开 TRU 输出接触器，实施故障隔离。

如图 2–30 所示是 LTRU 失效情况下的功率走向，此时，飞机上所有的汇流条都是带电的。在检测到 LTRU 故障后，BPCU 会断开 LTRUC 和 LDTC，同时闭合 DTC、LETR，使得 Left DC 汇流条可以从 Right DC 汇流条获取功率输入，而 Left DC ESS 汇流条可以从 DC ESS Transfer 汇流条获取功率输入。

之后 BPCU 会将 DC GSTC 的开关打向右边，使得 DC Gnd Svc 汇流条可以从 Left DC 汇流条获取功率输入。

经过上述功率开关的操作后，全机所有的汇流条都有了功率输入。这时，BPCU 还会断开 RACETR，闭合 LACETR，将 AC Essential 汇流条的功率输入源由 Right AC 汇流条改为 Left AC 汇流条。这样做的好处是可以平衡 Left AC 汇流条和 Right AC 汇流条的功率负荷，在 LTRU 故障后，Left AC 汇流条的负荷减少（约 10kW），而 Right AC 汇流条的负荷增加（因为 Left DC 汇流条通过 DTC 连接到 Right DC 汇流条，即 RTRU 上），此时将 AC Essential 汇流条连接到 Left AC 汇流条，可以平摊部分 Right AC 汇流条的负荷。

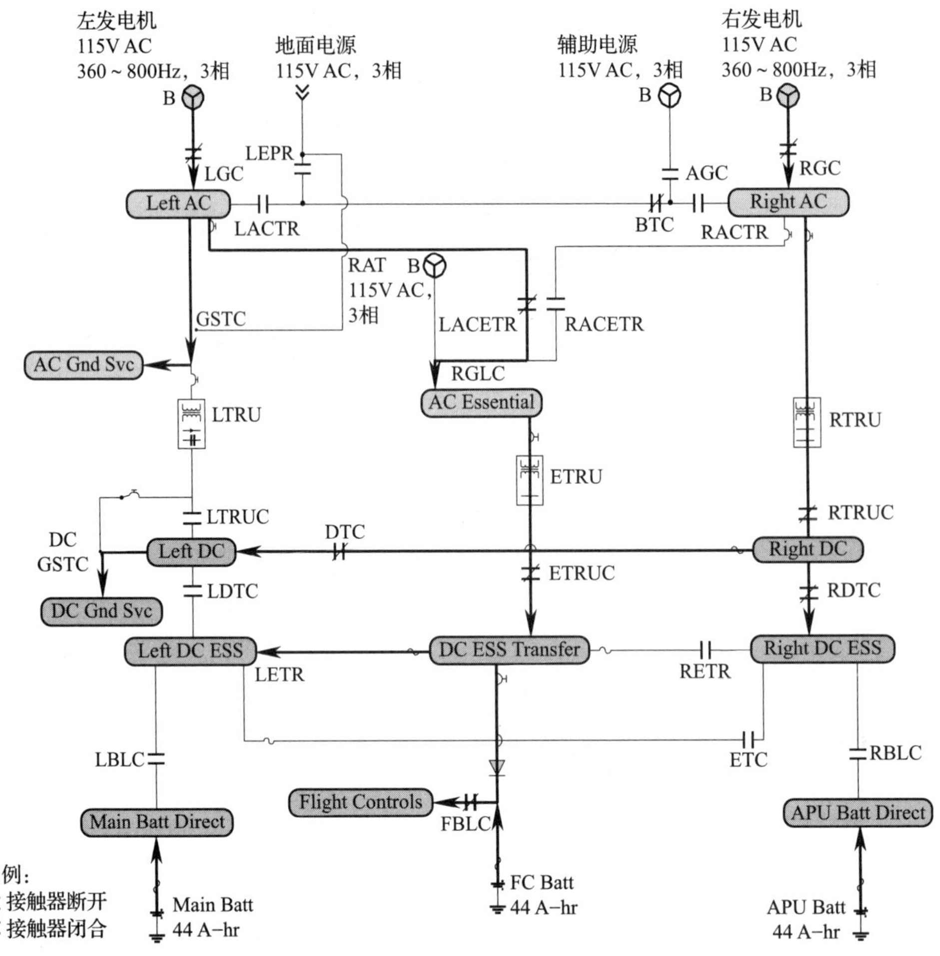

图 2–30 LTRU 失效情况下的功率走向

在这种电源系统构型下，虽然所有的汇流条都处于带电状态，但由于 ETRU 和 RTRU 比正常情况多带了一个汇流条的负载（分别为 Left DC ESS 汇流条和 Left DC 汇流条上的负载），而 ETRU 和 RTRU 各自的输出能力有上限（通常为 10kW），为避免这两个 TRU 过载，可能要预先卸载部分负载。

此外，如果 LTRU 的故障模式为风扇故障，则此时 LTRU 可以在半载的情况下（输出 5kW）继续运行。在这种情况下，可能 BPCU 不一定会断开 LTRUC 和 LDTC，而是通过卸载 Left DC 汇流条上的负载，如果能保证 LTRU 的半载运行，则不用断开 LTRUC 和 LDTC。

故障情况下的卸载属于负载管理的内容，这部分内容将在第 2.4 节详细讨论。

2.1.2.8 RTRU 失效

如图 2–31 所示，在 RTRU 失效的情况下，BPCU 会断开 RTRUC 和 RDTC 接触器，同时闭合 DTC 和 RETR，将 Right DC 汇流条和 Right DC ESS 汇流条的功率源分别设置为 Left DC 汇流条和 Left DC ESS 汇流条。

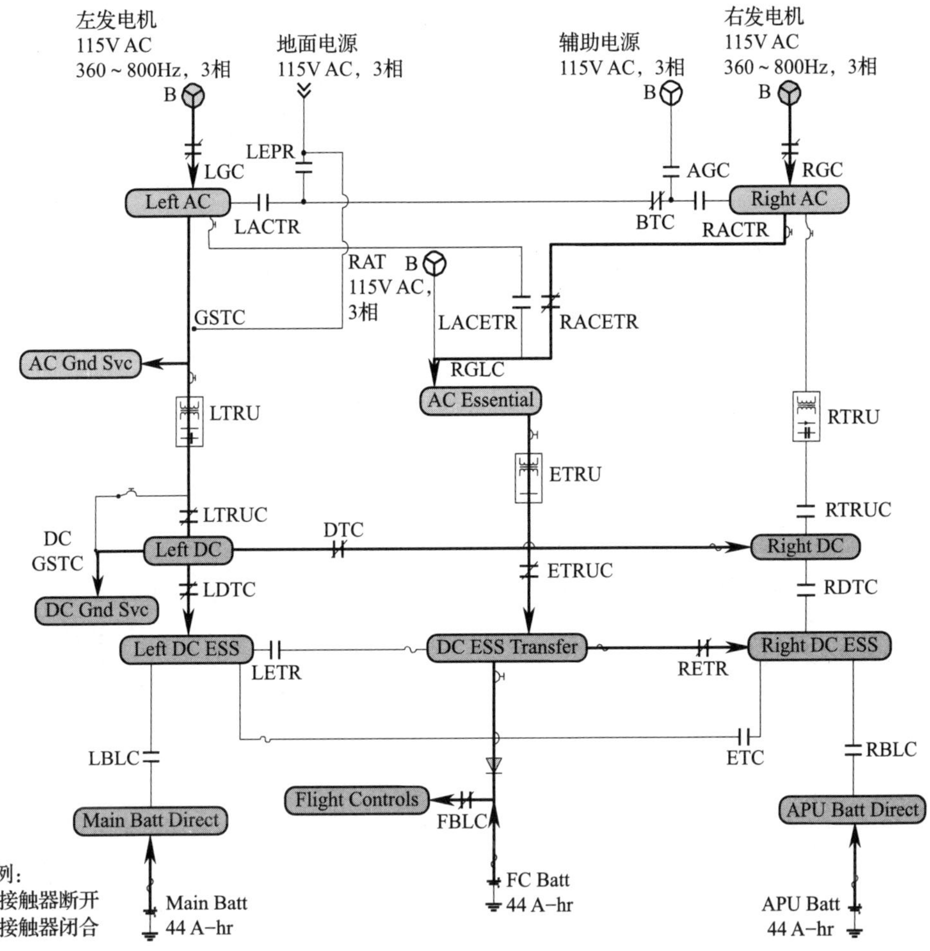

图 2–31 RTRU 失效情况下的功率走向

由于 RTRU 失效，相应的 Right AC 汇流条上的负载会减少约 10kW，此时，AC Essential 汇流条的功率源会设置为 Right AC 汇流条（通过闭合 RACETR），以平衡左右发电机的负载。

类似地，由于 LTRU 和 ETRU 此时多带了 Right DC 汇流条和 Right DC ESS 汇流条上的负载，可能会导致这两个 TRU 过载。为避免这种情况，BPCU 会卸载部分非重要负载。

若 RTRU 的故障模式表现为风扇故障，则 BPCU 不一定会断开 RTRUC 和 RDTC，而是通过卸载 Right DC 汇流条上的负载，来实现 RTRU 的半载运行。

负载管理的内容会在本书第 2.4 节详述。

2.1.2.9 ETRU 失效

如图 2–32 所示，在 ETRU 失效时，BPCU 会断开 ETRUC 进行故障隔离，这时 DC ESS Transfer 汇流条缺少功率输入，根据 DC ESS Transfer 汇流条的优先级，BPCU 会闭合 RETR，将 Right DC ESS 汇流条作为 DC ESS Transfer 汇流条的功率输入。

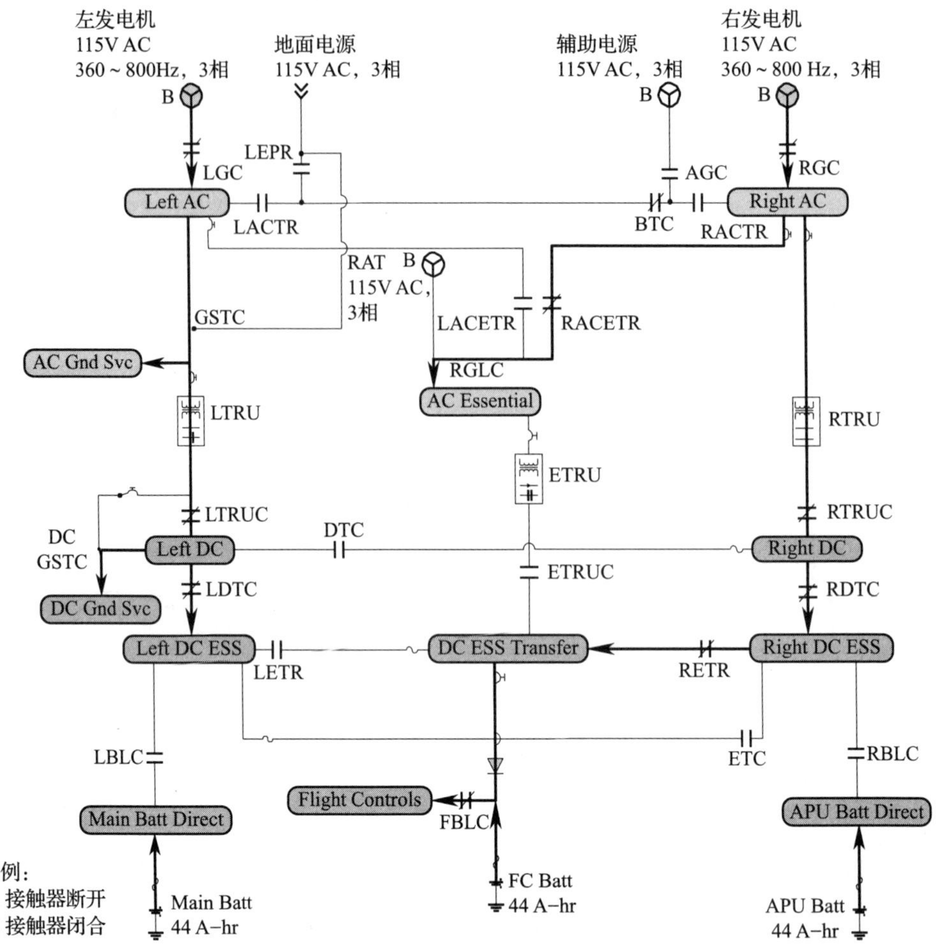

图 2−32　ETRU 失效情况下的功率走向

2.1.2.10　仅 LTRU 供电

如图 2−33 所示，若三个 TRU 中的两个失效，则此时不再要求电源系统中的所有汇流条都带电。飞机电源系统的设计原则为“单点故障假设”，即任何单点故障不允许造成灾难性的后果。

当出现两个 TRU 失效时，“单点故障假设”不再适用，此时允许部分汇流条断电。在 ETRU 和 RTRU 失效，即只有 LTRU 正常工作时，BPCU 会断开 ETRUC、RTRUC 和 RDTC，同时闭合 LETR、RETR 和 ETC，保证 DC ESS Transfer 汇流条和 Right DC ESS 汇流条的供电，但 Right DC 汇流条会断电。

由于 LTRU 上多挂接了 DC ESS Transfer 和 Right DC ESS 这两个汇流条，为保证 LTRU 不过载，DC Gnd Svc 汇流条和 Left DC 汇流条上的部分负载会卸载。

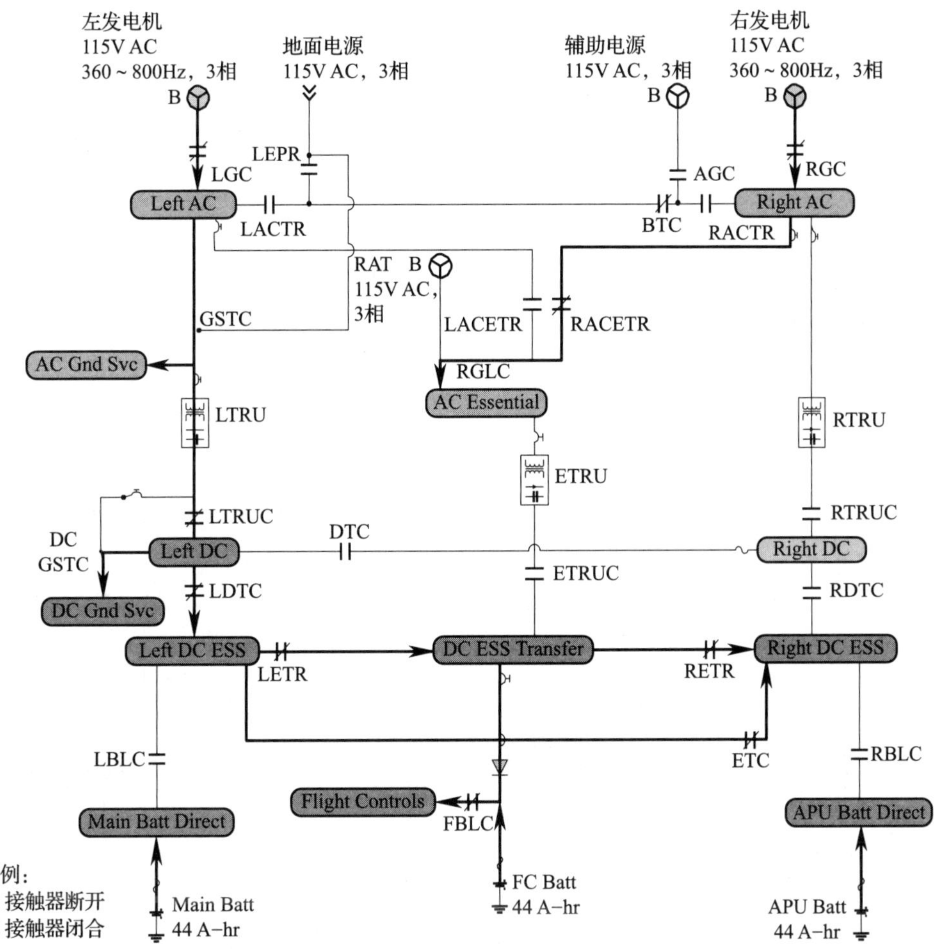

图 2–33　直流侧仅 LTRU 供电情况下的功率走向

2.1.2.11　仅 RTRU 供电

仅 LTRU 供电时，电源系统有一个汇流条掉电；而仅 RTRU 供电时，电源系统会有两个汇流条掉电，分别是 Left DC 和 DC Gnd Svc 汇流条，如图 2–34 所示。

三个重要直流汇流条 Left DC ESS、DC ESS Transfer 和 Right DC ESS 也通过闭合 LETR、RETR 和 ETC 而接成环形，共同由 RTRU 供电。

由于 RTRU 的输出功率只有 10kW，现在多了两个重要直流汇流条的负载（分别是 Left DC ESS 和 DC ESS Transfer），为保证 RTRU 不过载，BPCU 会启动卸载程序（负载管理程序）。

另外，由于 LTRU 故障，Left AC 汇流条负载减轻，为了平衡 Left AC 汇流条和 Right AC 汇流条的负荷，BPCU 会将 AC Essential 汇流条的功率输入设置为 Left AC 汇流条，这时，RACETR 会断开，而 LACETR 会闭合。

在 2.1.3 节中会讲述各个汇流条的功率源优先级顺序，对于 AC Essential 汇流条，其优先级顺序分别是 RAT、Right AC 汇流条和 Left AC 汇流条。正常情况下，只要 Right AC 汇流条有电，则 AC Essential 汇流条就从 Right AC 汇流条取电。但这里有一个例外，就是在

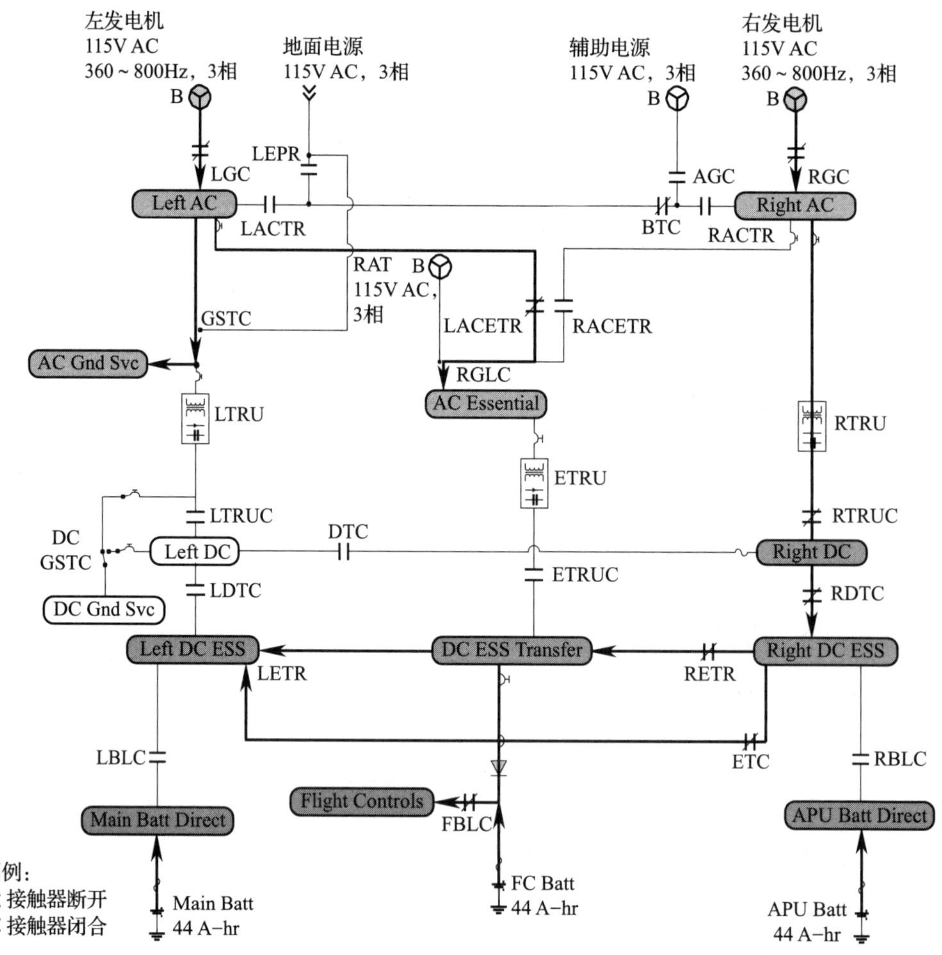

图 2–34　直流侧仅 RTRU 供电情况下的功率走向

故障情况下，特指在 LTRU 故障的情况下，这时，当 Right AC 汇流条和 Left AC 两个汇流条同时有电时，为平衡两个汇流条的功率负荷，BPCU 会将 AC Essential 汇流条的功率输入设置为 Left AC 汇流条。

2.1.2.12　仅 ETRU 供电

如图 2–35 所示，在仅 ETRU 供电模式下，下述三个汇流条会失去功率输入：

（1）Left DC。

（2）Right DC。

（3）DC Gnd Svc。

根据汇流条的优先级，AC Essential 汇流条的功率输入为 Right AC 汇流条，ETRU 再从 AC Essential 汇流条取电，向下述三个重要汇流条供电：

（1）DC ESS Transfer。

（2）Left DC ESS。

（3）Right DC ESS。

与其他的双 TRU 失效情形类似，在 LTRU 和 RTRU 均失效时，这三个重要汇流条接成环状，共同从 ETRU 获取功率输入。这时，LETR、RETR 和 ETC 三个开关都是闭合的。

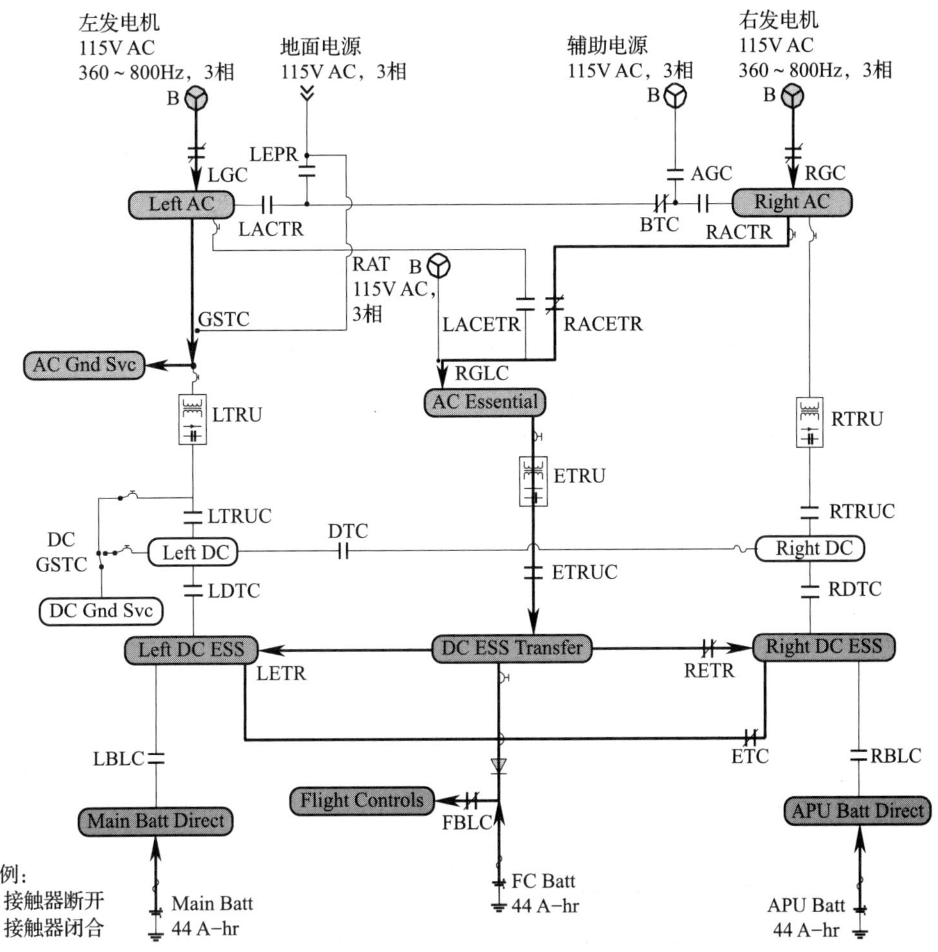

图 2-35　直流侧仅 ETRU 供电情况下的功率走向

在双 TRU 失效时，由于还有一个 TRU 工作，所以蓄电池不向重要汇流条供电，即接触器 LBLC 和 RBLC 都处于断开状态。

在空中，飞控蓄电池汇流条也一直处于带电状态，即 FBLC 处于接通状态。

2.1.3　汇流条功率源优先级

无论是正常工作模式还是异常工作模式，每个汇流条都涉及功率源的选择问题，当多个功率源同时存在时，BPCU 会根据预设的功率源优先级，选用当前处于活动状态的功率源中，优先级最高的那个作为汇流条的功率输入。

表 2-1 中列出了 4 个交流汇流条的功率源优先级，而表 2-2 则列出了 9 个直流汇流条的功率源优先级。

对于 Left AC 汇流条，有 4 个潜在的功率源，分别是：

（1）左发电机 LVFG。

（2）地面电源 EXT PWR。

（3）辅助发电机 ASG。

（4）右发电机 RVFG。

表 2-1　交流汇流条功率源优先级

汇流条	功率输入			
	优先级 1（高）	优先级 2	优先级 3	优先级 4（低）
Left AC Bus	LVFG	EXT PWR	ASG	RVFG
Right AC Bus	RVFG	ASG	EXT PWR	LVFG
AC Gnd Svc Bus	Left AC Bus	EXT PWR		
AC Essential Bus	RAT	Right AC Bus	Left AC Bus	

表 2-2　直流汇流条功率源优先级

汇流条	功率输入					
	优先级 1（高）	优先级 2	优先级 3	优先级 4	优先级 5	优先级 6（低）
Left DC Bus	LTRU	RTRU				
Right DC Bus	RTRU	LTRU				
Left DC ESS Bus	LTRU	ETRU	RTRU	Main Batt; APU Batt	Main Batt	APU Batt
Right DC ESS Bus	RTRU	ETRU	LTRU	Main Batt; APU Batt	Main Batt	APU Batt
DC ESS Transfer Bus	ETRU	RTRU	LTRU	Main Batt; APU Batt	Main Batt	APU Batt
Main Batt Direct Bus	Left AC Bus	Main Batt				
APU Batt Direct Bus	Right AC Bus	APU Batt				
Flight Controls Batt Bus	DC ESS Transfer Bus	FC Batt				
DC Gnd Svc Bus	Left DC Bus	LTRU				

这 4 个功率源优先级按照与 Left AC 汇流条的距离由近及远排序，距离近的优先级高，反之则低。

对于 Right AC 汇流条，其 4 个潜在功率源与 Left AC 汇流条是一样的，其优先级也按照与 Right AC 汇流条的距离由近及远排序，RVFG 与 Right AC 汇流条距离最近，因而优先级最高；反之，LVFG 与 Right AC 汇流条距离最远，因而优先级最低，以此类推。

对于 AC Gnd Svc 汇流条，其功率源优先级顺序为：

（1）Left AC 汇流条。

（2）EXT PWR。

也就是说，只要 Left AC 汇流条有电，则 AC Gnd Svc 汇流条就从 Left AC 汇流条获取功率输入。只有在地面服务模式下，Left AC 汇流条不上电的情况下，AC Gnd Svc 汇流条才从地面电源 EXT PWR 取电。

AC Essential 汇流条的缺省功率输入为 RAT，但在飞机上，RAT 一般不启用，因此

AC Essential 汇流条在正常情况下都从 Right AC 汇流条取电。当 LTRU 故障，为平衡飞机 Left AC 汇流条和 Right AC 汇流条的负荷，BPCU 会将 AC Essential 汇流条的功率输入设置为 Left AC 汇流条，尽管此时 Right AC 汇流条的优先级更高。

Left DC 汇流条和 Right DC 汇流条的功率源是相同的，分别是 LTRU 和 RTRU，其优先级根据距离远近而设置。对于 Left DC 汇流条而言，LTRU 距离更近，因而优先级更高；对于 Right DC 汇流条，情况则正好相反。

三个重要直流汇流条，即 Left DC ESS 汇流条、Right DC ESS 汇流条和 DC ESS Transfer 汇流条的潜在功率源有 5 个，分别是：

（1）LTRU。

（2）RTRU。

（3）ETRU。

（4）Main Batt。

（5）APU Batt。

这 5 个功率源的优先级设置准则是“先 TRU 再蓄电池”，在有多个 TRU 的情况下，也依据距离远近的原则。比如，对于 Left DC ESS 汇流条，3 个 TRU 的功率优先级顺序分别为 LTRU、ETRU 和 RTRU；对于 Right DC ESS 汇流条，3 个 TRU 的功率优先级顺序正好相反；对于 DC ESS Transfer 汇流条，则第一优先级为 ETRU，其次为 RTRU 和 LTRU。

当 3 个 TRU 均故障时，则两个蓄电池都投入运行，LBLC 和 RBLC 均接通，LETR、RETR 和 ETC 也都接通，3 个重要汇流条构成环形，从两个蓄电池获取功率输入。

两个蓄电池汇流条（Main Batt Direct 和 APU Batt Direct）在正常情况下分别从 Left AC 汇流条和 Right AC 汇流条获取功率输入，用于蓄电池的涓流充电，以维持蓄电池的正常电压。当处于冷态，或在空中处于仅蓄电池供电的工作模式时，主蓄电池和 APU 蓄电池会为各自的汇流条供电。

飞控（Flight Controls）汇流条的缺省功率输入为 DC ESS Transfer 汇流条，其次为飞控蓄电池。

DC Gnd Svc 汇流条的缺省功率源为 Left DC 汇流条，其次为 LTRU。

2.2　功率开关的互锁逻辑

在前面描述正常工作模式和异常工作模式下的电网构型时，提到了开关的互斥和同步逻辑，比如，LTRUC 和 LDTC 的同开、同关控制逻辑，BSC 和 BTC 的接通、断开互斥控制逻辑，等等。这种同步或互斥的逻辑，除了在 BPCU 的控制逻辑中要体现外，在执行层面，也要施加相应的硬件保护，这种保护即为功率开关的互锁逻辑。

在介绍功率开关的互锁逻辑之前，首先需要解释配电盘箱的概念。在第 2.1 节中描述电源系统的各种工作模式时，提到了 BPCU 和 GCU 对主功率开关的控制。这里，没有区分是具体哪个 BPCU 和 GCU 所施加的控制。实际上，在飞机电源系统中，不止一个 BPCU，也不止一个 GCU。不同的 BPCU 和 GCU 有不同的控制对象，这与它们的安装位置有关。

BPCU 和 GCU 都安装在一次配电中心中，飞机电源系统根据功能冗余度、安全性等诸多考虑，一般将电源系统一次配电的主要功率元件分左、中、右 3 个配电盘箱布置。

2.2.1 配电盘箱的划分及控制器的被控对象

如图 2–36 所示给出了如何将飞机电源系统一次配电的主功率元件划分到 3 个配电盘箱中，其中左配电盘箱（LDP）中的主功率元件包括：

（1）两个交流汇流条：Left AC 和 AC Gnd Svc。

（2）4 个直流汇流条：Left DC、DC Gnd Svc、Left DC ESS，以及 Main Batt Direct。

（3）3 个交流接触器：LGC、LEPR 和 LACTR。

（4）5 个直流接触器：LTRUC、LDTC、DTC、LETR 和 LBLC。

（5）两个静变电源：LTRU 和主蓄电池充电器（Main Batt Chg）。

（6）两个功率选择开关：GSTC 和 DC GSTC。

（7）6 个断路器：AC Essential 汇流条输出断路器、主蓄电池充电器断路器、LTRU 输入断路器、两个 DC Gnd Svc 汇流条输入断路器、主蓄电池汇流条的输入断路器。

（8）1 个熔断器：Left DC ESS 汇流条和 Right DC ESS 汇流条之间的熔断器。

此外，还有若干电流互感器，没有在图中表示出来，本书第 2.5 节讲述配电盘箱差动保护的时候会作详细说明。

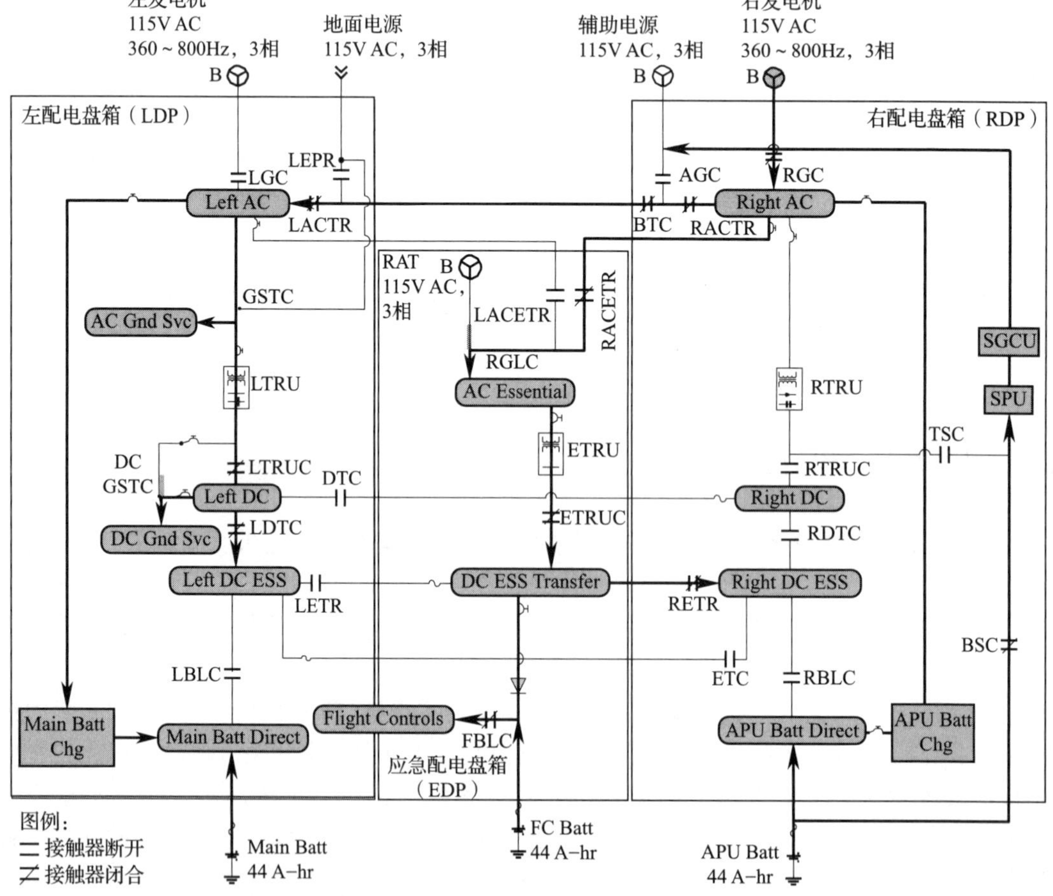

图 2–36　配电盘箱的划分（借用 APU 蓄电池启动 APU 的功率走向图）

除了上述主功率元件外，还有左侧的 BPCU（即 LBPCU）和左侧 GCU（即 LGCU）也位于左配电盘箱。

这里需要注意的是，左变频发电机（LVFG）和主蓄电池（Main Batt）并没有在左配电盘箱中，因为左配电盘箱位于飞机电子设备舱（Electronic Equipment Bay，EE Bay），位于飞机驾驶舱的下方，而左变频发电机（LVFG）则位于发动机短舱，在飞机外部。主蓄电池未安装在配电盘箱的原因主要是出于安全的考虑，如果将蓄电池装在配电盘箱内部，则蓄电池热失控后，会危及到盘箱内的其他主功率元件，导致连环故障。因此，飞机上一般将蓄电池单独安装。

类似地，可以归纳出右配电盘箱（RDP）的主功率元件和电子设备：

（1）1 个交流汇流条：Right AC。

（2）3 个直流汇流条：Right DC、Right DC ESS，以及 APU Batt Direct。

（3）4 个交流接触器：RGC、BTC、AGC 和 RACTR。

（4）5 个直流接触器：RTRUC、RDTC、ETC、RETR 和 RBLC。

（5）4 个静变电源：RTRU、APU 蓄电池充电器（APU Batt Chg）、与 APU 启动相关的 SPU 和 SGCU。

（6）4 个断路器：AC Essential 汇流条输出断路器、APU 蓄电池充电断路器、RTRU 输入断路器，以及 APU 蓄电池汇流条的输入断路器。

（7）1 个熔断器：Left DC 汇流条和 Right DC 汇流条之间的熔断器。

（8）1 个 BPCU：RBPCU。

（9）两个 GCU：RGCU 和 ASG GCU。

右配电盘箱内部也有若干电流互感器，在正常情况下用于监测汇流条各个支路的电流，在异常情况下用于配电盘箱的差动保护。图中未具体画出电流互感器的设置点。

APU 蓄电池也是单独安装，不在右配电盘箱里。

电源系统中余下的主功率元件安装在中配电盘箱，即应急配电盘箱中，其主要元件和电子设备包括：

（1）1 个交流汇流条：AC Essential。

（2）两个直流汇流条：DC ESS Transfer 和 Flight Controls。

（3）3 个接触器：LACETR、RACETR 和 ETRUC。

（4）1 个功率选择开关：RGLC。

（5）1 个静变电源：ETRU。

（6）3 个熔断器：DC ESS Transfer 汇流条和 Left DC ESS 汇流条之间的熔断器，DC ESS Transfer 汇流条和 Right DC ESS 汇流条之间的熔断器，还有 FC Batt 的输出熔断器。

（7）1 个 BPCU：应急电源控制器（Emergency Power Controller，EMPC）。

（8）1 个 GCU：RAT GCU。

应急配电盘箱（EDP）中的电流互感器也没有在图中画出，飞控蓄电池（FC Batt）也没有安装在应急配电盘箱中。

左配电盘箱、右配电盘箱和应急配电盘箱中共有 7 个控制器，分别是：

（1）3 个 BPCU：LBPCU、RBPCU 和 EMPC。

（2）4 个 GCU：LGCU、RGCU、RAT GCU 和 ASG GCU。

由于这 7 个控制器安装在不同的配电盘箱中，它们的控制对象也有区别。这 7 个控制器中，ASG GCU 只控制 APU 启动发电机，不控制配电盘箱中的功率开关。表 2–3 列出了这 6 个控制器的被控对象。控制器被控对象的设定遵从如下原则：

（1）发电机出口接触器由各自的 GCU 分别控制，比如 LGC 由 LGCU 控制，RGC 由 RGCU 控制，RGLC 由 RAT GCU 控制。但 AGC 是例外，它受 LBPCU 和 RBPCU 的双重控制，其中 RBPCU 是主控，LBPCU 是从控。

（2）除 LACTR 由 LGCU 控制外，其余的接触器都由对应配电盘箱里的 BPCU 控制。比如 GSTC 和 DC GSTC 装在左配电盘箱，则它们受 LBPCU 的控制；BTC 装在右配电盘箱，所以受 RBPCU 控制；LACETR 和 RACETR 装在应急配电盘箱，所以受 EMPC 的控制，以此类推。

（3）BPCU 的控制逻辑依赖于其他功率开关的输入，这时 BPCU 还会监控对应功率开关的状态，比如 LBPCU 会监控 LACTR 的状态，RBPCU 会监控 RGC 的状态。

（4）重要的功率开关有冗余度控制，即有主控和从控。比如 DTC 装在左配电盘箱，所以缺省情况下由 LBPCU 控制，即 LBPCU 是主控，当 LBPCU 失效时，由 RBPCU 作为备份控制；LETR 和 LBLC 装在左配电盘箱，LBPCU 是主控，而邻近的 EMPC 则是这两个功率开关的从控制器。

（5）BPCU 控制对象的就近原则也有例外，比如 RETR、ETC 和 RBLC 这 3 个接触器虽然装在右配电盘箱，但 EMPC 是它们的主控制器，而 RBPCU 是从控制器。

BPCU 和 GCU 的主控、从控和监控对象在互锁逻辑中也有体现。

表 2–3　控制器的被控对象

被控对象	控制器					
	LGCU	RGCU	LBPCU	RBPCU	RAT GCU	EMPC
LGC	√					
LEPR			√			
LACTR	√		√*			
GSTC			√			
LTRUC			√			
DC GSTC			√			
LDTC			√			
DTC			√	√*		
LETR			√			√*
LBLC			√			√*
LACETR						√
RACETR						√
RGLC					√	
ETRUC						√
FC BR						√
AGC			√*	√		
BTC			√*	√		

表 2-3（续）

被控对象	控制器					
	LGCU	RGCU	LBPCU	RBPCU	RAT GCU	EMPC
RACTR		√*		√		
RGC		√		√*		
RTRUC				√		
RDTC				√		
RETR				√*		√
ETC				√*		√
RBLC				√*		√
TSC				√		
BSC				√		
注：主控“√”； 从控“√*”。						

2.2.2 交流随动继电器

交流随动继电器是互锁控制逻辑中常用的元件，如图 2-37 所示，随动继电器的英文名称是 Slave Relay，它主要用于检测主交流汇流条是否有电。

交流随动继电器的电磁线圈的工作电压为 115V AC，而主触点则接在 28V DC 电源上。当主交流汇流条断电时，主触点断开，被控对象检测不到 28V DC。而当主交流汇流条上电后，随动继电器的线圈带电，主触点闭合，被控对象获得 28V DC 功率输入，从而“感知”到交流汇流条已带电。

继电器的主触点跟随主交流汇流条的带电状态，“随动继电器”因此而得名。

交流随动继电器根据需要还有若干辅助触点，以满足功能扩展的需要。

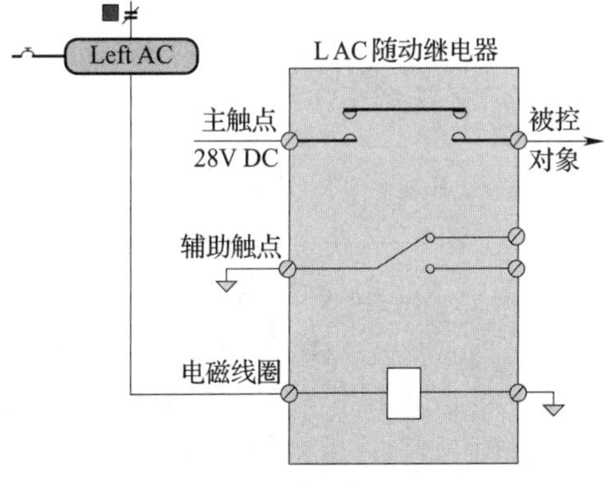

图 2-37 交流随动继电器

2.2.3 DTC 的互锁逻辑

DTC 互锁逻辑要达到以下目的：

（1）若 DTC 相应的 TRUC 是断开的，或者相关的交流随动继电器是断开的（没有交流电），DTC 驱动线圈接地回路被断开，相应的 DTC 被断开。

（2）互锁确保了 DC ESS 电源不能被相关的直流汇流条（即不会出现 Left/Right DC ESS 汇流条向 Left/Right DC 汇流条供电的情况）使用。当没有交流电源（TRU 没有上电）或者 TRUC 断开时，DTC 被断开。

（3）DTC 断开后，通过 ETRU 给 DC ESS Transfer Bus 供电，并经过相应的重要汇流条联结接触器（即 LETR 和 RETR），LDP 或 RDP 的 DC ESS Bus（即 Left DC ESS 汇流条和 Right DC ESS 汇流条）可以获得功率输入。

如图 2-38 所示给出了 LDTC 的互锁控制逻辑，该控制逻辑涉及 L AC 随动继电器（L AC Slave Relay）、LTRUC、LDTC，以及 LBPCU 四个元件。其中 LTRUC 和 LDTC 分别由 LBPCU 控制，其内部的控制逻辑 / 功率放大电路会分别输出 LTRUC 和 LTDC 的电磁线圈驱动，对应的工作电压为 28V DC。

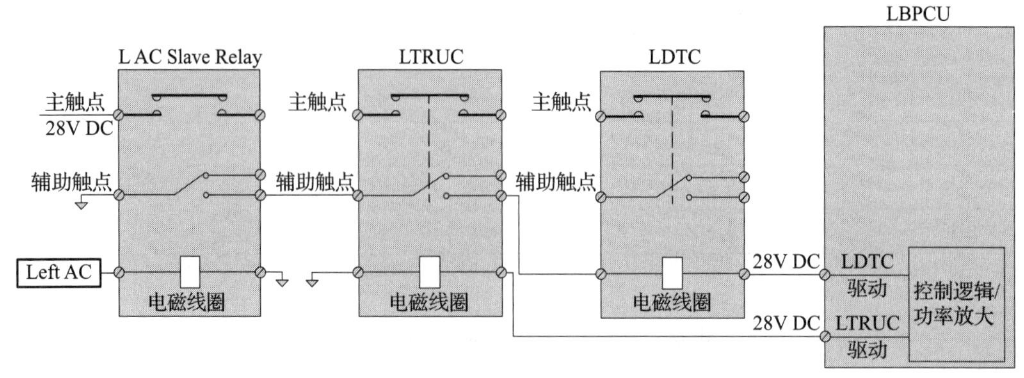

图 2-38 LDTC 的互锁逻辑

LTRUC 主触点的接通与断开受 LBPCU 的 LTRUC 驱动控制。当 LTRUC 驱动输出 28V DC 电压时，LTRUC 的电磁线圈带电，吸合主触点，LTRUC 处于接通状态；反之，则处于断开状态。

LDTC 主触点的接通、断开状态除了受 LBPCU 的 LDTC 驱动控制外，还与交流随动继电器和 LTRUC 的接通、断开状态有关。只有在下述三个条件同时满足时，LDTC 才能处于接通状态：

（1）LBPCU 的 LDTC 驱动输出 28V DC 电压。

（2）LTRUC 处于闭合状态。

（3）L AC Slave Relay 处于闭合状态。

当不满足上述任意条件时，LDTC 均会断开。比如：如果 LBPCU 的 LDTC 驱动输出为低电平，则 LDTC 的电磁线圈不带电，不能吸合 LDTC 的主触点；若 LTRUC 处于断开状态，由于 LDTC 的电磁线圈会经过 LTRUC 的常开辅助触点，在 LTRUC 断开时，其辅助触点也断开，LDTC 的电磁线圈不能与接地点形成电流回路，不能吸合 LDTC 主触点闭合；若 Left AC 汇流条掉电，则交流随动继电器会断开，LDTC 的电磁线圈同样会因不能与接地点形成电流回路而处于断开状态，从而其主触点也断开。

LDTC 的互锁逻辑保证了 LTRUC 断开后，LDTC 意外闭合而导致 Left DC 汇流条从 Left DC ESS 汇流条获取功率输入的可能性，飞机电源系统要保证功率不会从重要汇流条流向一般汇流条。

在 LDTC 断开后，LBPCU 会闭合 LETR 接触器，Left DC ESS 汇流条可以从 DC ESS Transfer 汇流条获取功率输入。

RDTC 也有和图 2-38 类似的互锁逻辑，这时的控制单元为 RBPCU，与互锁逻辑相关的其余三个元件分别是右交流随动继电器（R AC Slave Relay）、RTRUC 和 RDTC。

2.2.4　BLC 的互锁逻辑

如图 2–39 所示，在飞机驾驶舱有一个 MAIN BATT 控制开关（即主蓄电池控制开关），主要用于控制主蓄电池与 Left DC ESS 汇流条之间的连接。

图 2–39　位于驾驶舱操控面板上的主蓄电池控制开关

当主蓄电池控制开关处于常通位置时，系统处于自动控制模式；当断开主蓄电池开关时，LBLC 被锁定在不能接通的状态。

正常情况下，MAIN BATT 控制开关上的“FAULT”和“OFF”指示灯都不亮；当主蓄电池故障时，“FAULT”指示灯亮；当飞行员操作 MAIN BATT 控制开关使其断开时，“OFF”指示灯点亮。

如图 2–40 所示给出了 LBLC 的互锁逻辑。LBLC 由 LBPCU 和左交流随动继电器（L AC Slave Relay）共同控制。

当驾驶舱的 MAIN BATT 控制开关处于常通位置时，LBLC 受 LBPCU 的控制，当 LBPCU 输出 28V DC 电平时，LBLC 接通，反之则断开。

若 L AC Bus 掉电，且 EMPC 检测到应急模式，则直流应急继电器（L DC EMER Relay）主回路接通，EMPC 输出 28V DC 电平。此时，无论 LBPCU 是否有控制指令，LBLC 线圈都将上电。LBLC 的互锁确保了在应急模式下，LBLC 自动闭合，将主蓄电池连接到 Left DC ESS 汇流条上。

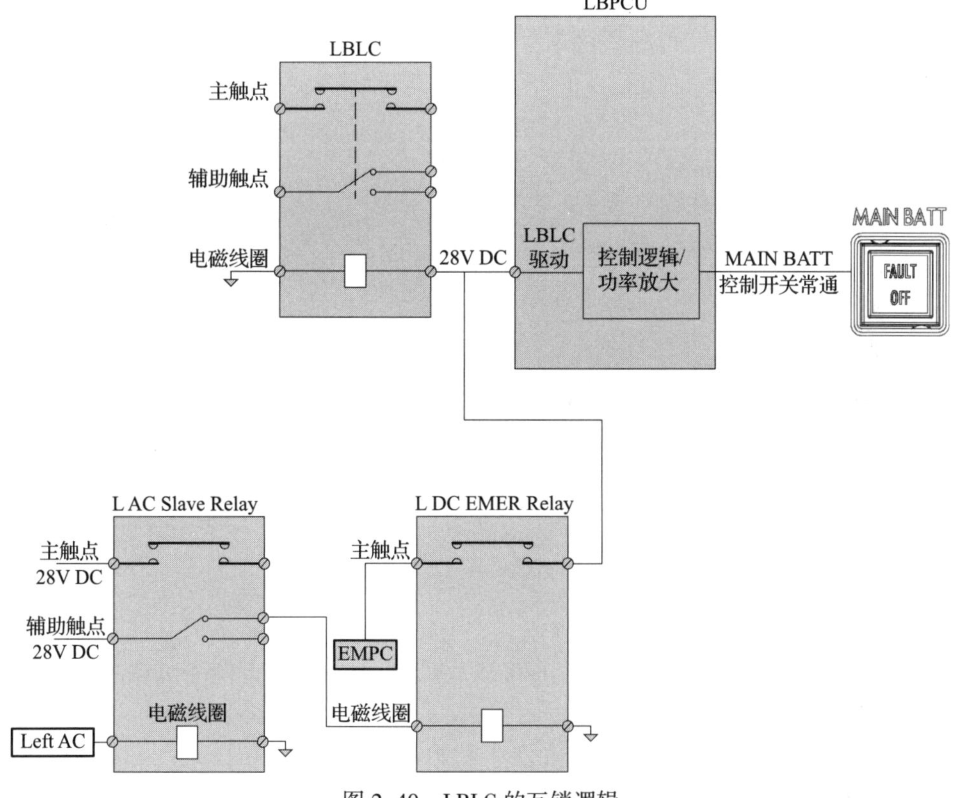

图 2–40　LBLC 的互锁逻辑

EMPC 负责检测应急模式的进入条件，下列两个条件任意一个满足即进入应急模式：

（1）LGC，RGC 和 AGC 均断开。

（2）Left AC 汇流条和 Right AC 汇流条均失电。

在应急模式为真后，EMPC 会输出 LBLC 的驱动信号，将其接通。

在驾驶舱还有 APU BATT 控制开关，用于控制 APU 蓄电池和 Right DC ESS 汇流条的连接，如图 2-41 所示。

当 APU BATT 控制开关处于常通位置时，系统处于自动控制模式；飞行员断开 APU BATT 控制开关时，RBLC 被锁定在不能接通的状态。

正常情况下，APU BATT 上的“FAULT”和“OFF”指示灯均不亮；当 APU 蓄电池故障时，“FAULT”指示灯点亮；当 APU BATT 控制开关断开时，“OFF”指示灯点亮。

图 2-41　位于驾驶舱操控面板上的 APU 蓄电池控制开关

与 LBLC 类似，可以画出与图 2-40 类似的 RBLC 的互锁逻辑图。RBLC 受 RBPCU 和 Right AC 汇流条状态的共同控制。在 EMPC 检测到应急模式时，会输出驱动信号，闭合 RBLC，将 APU 蓄电池连接到 Right DC ESS 汇流条上。

2.2.5　LACETR 和 RACETR 的互锁逻辑

LACETR 和 RACETR 的接通 / 断开逻辑是互斥的，RACETR 处于默认接通位置，在器件选择时，要选择常闭触点。如图 2-42 所示，RACETR 的主回路接在了转换开关的常闭触点上（NC 主触点）上，在电磁线圈未上电时，主回路即处于接通状态。

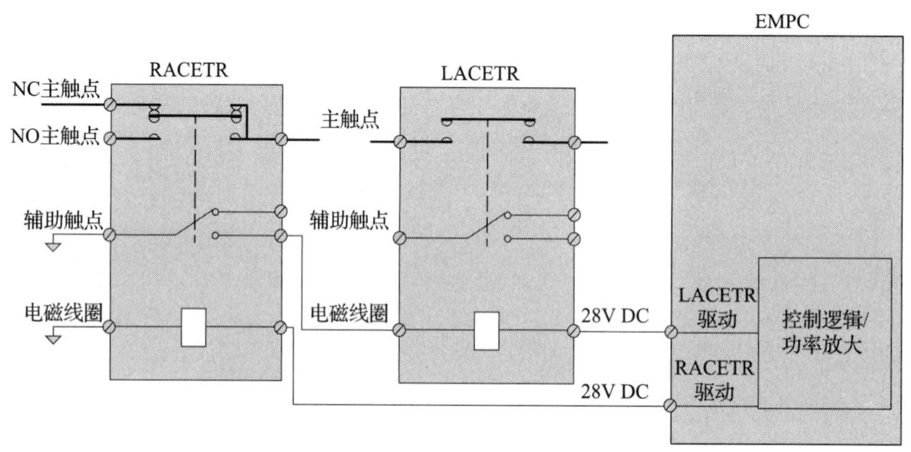

图 2-42　LACETR 和 RACETR 的互锁逻辑

LACETR 和 RACETR 均由 EMPC 控制，在 EMPC 没有输出驱动时，或者 EMPC 处于断电状态时，RACETR 的主触点处于接通状态，即 AC Essential 汇流条默认从 Right AC 汇流条获取功率输入。

LACETR 和 RACETR 的互锁逻辑确保了两个接触器不能同时导通，避免了 Left AC 汇流条和 Right AC 汇流条因这两个接触器的同时接通而导致的交流电源的非预期并联。

从图 2-42 可以看出，当 RACETR 接触器线圈没有驱动，即 RACETR 主回路处于接通状态时，由于 LACETR 的接触器线圈接在 RACETR 的常开辅助触点上，即使 EMPC 给出了 LACETR 驱动，LACETR 的主回路触点也不会闭合。

只有在 EMPC 同时输出 RACETR 和 LACETR 驱动时，即 RACETR 电磁线圈带电导致主触点断开时，LACETR 的线圈才能带电，主触点才能闭合。

2.2.6 APU 启动接触器的互锁逻辑

APU 启动有两种方式，一种是通过 RTRU 启动，一种是通过 APU 蓄电池启动。当通过 RTRU 启动时，要接通 TSC 断开 BSC；当通过 APU 蓄电池启动时，要断开 TSC 接通 BSC；当不需要启动 APU 时，TSC 和 BSC 均断开。

此外，在接通 TSC 时，还要确保 RTRUC 处于断开状态；在接通 BSC 时，也要确保 RBLC 处于断开状态。

如图 2-43 所示，来自 RBPCU 的 TSC 驱动经过 TSC 电磁线圈后，再分别经过 RTRUC 的常闭辅助触点和 BSC 的常闭辅助触点后接地。在 RTRUC 或 BSC 处于接通状态时，即使 RBPCU 输出 TSC 驱动，TSC 的主触点也不会闭合。在图 2-43 中，用粗实线画出了 TSC 电磁线圈的控制回路。

类似地，在图 2-43 中，还以粗实线画出了 BSC 电磁线圈的控制回路，它从 RBPCU 出发，经过 BSC 的电磁线圈，再经过 RBLC 的常闭辅助触点到达控制回路地。

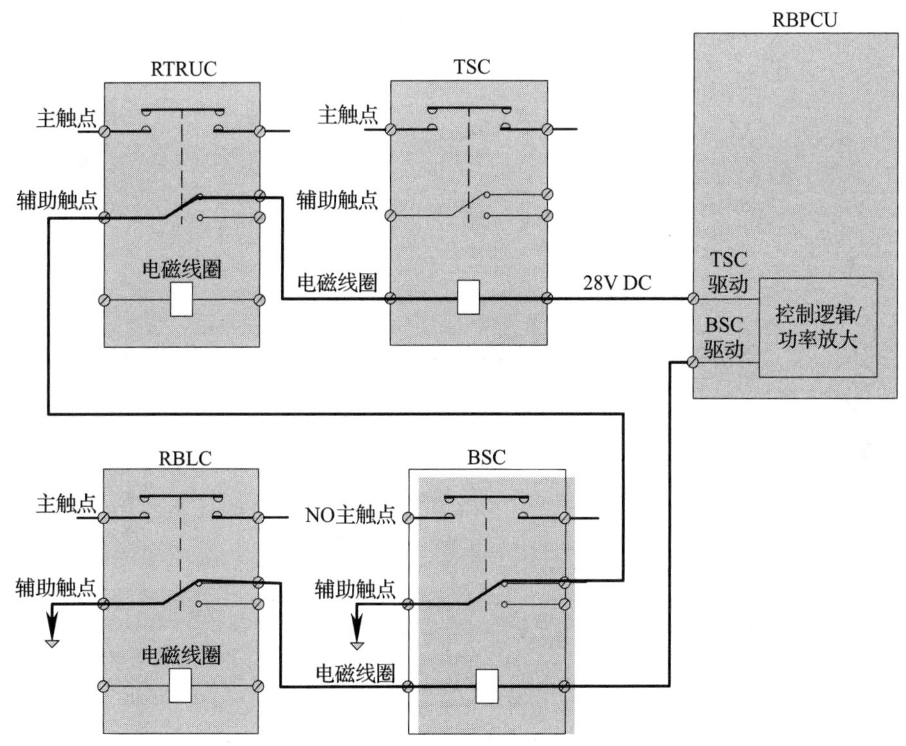

图 2-43 APU 启动接触器的互锁逻辑

2.2.7 主交流源防并联互锁逻辑

主交流源防并联的互锁逻辑要实现以下目标：

（1）若 LGC 断开，则 LACTR 可在 LBPCU 的控制下接通。

（2）若 LGC 接通，且 LEPR 和 BTC 均断开，则 LACTR 可在 LBPCU 控制下接通。

（3）若 LGC 接通，LEPR 断开，BTC 闭合，AGC 和 RGC 断开，则 LACTR 可在 LBPCU 控制下接通。

（4）若 RGC 断开，则 RACTR 可在 RBPCU 控制下接通。

（5）若 AGC 和 LEPR 同时断开，则 RACTR 可在 RBPCU 控制下接通。

（6）若 LEPR 或 AGC 断开，则 BTC 可在 LBPCU 或 RBPCU 控制下接通。

主交流源防并联的互锁逻辑如图 2-44 所示，由于这些互锁逻辑相对比较复杂，下面分情况来描述各个互锁逻辑的实现。

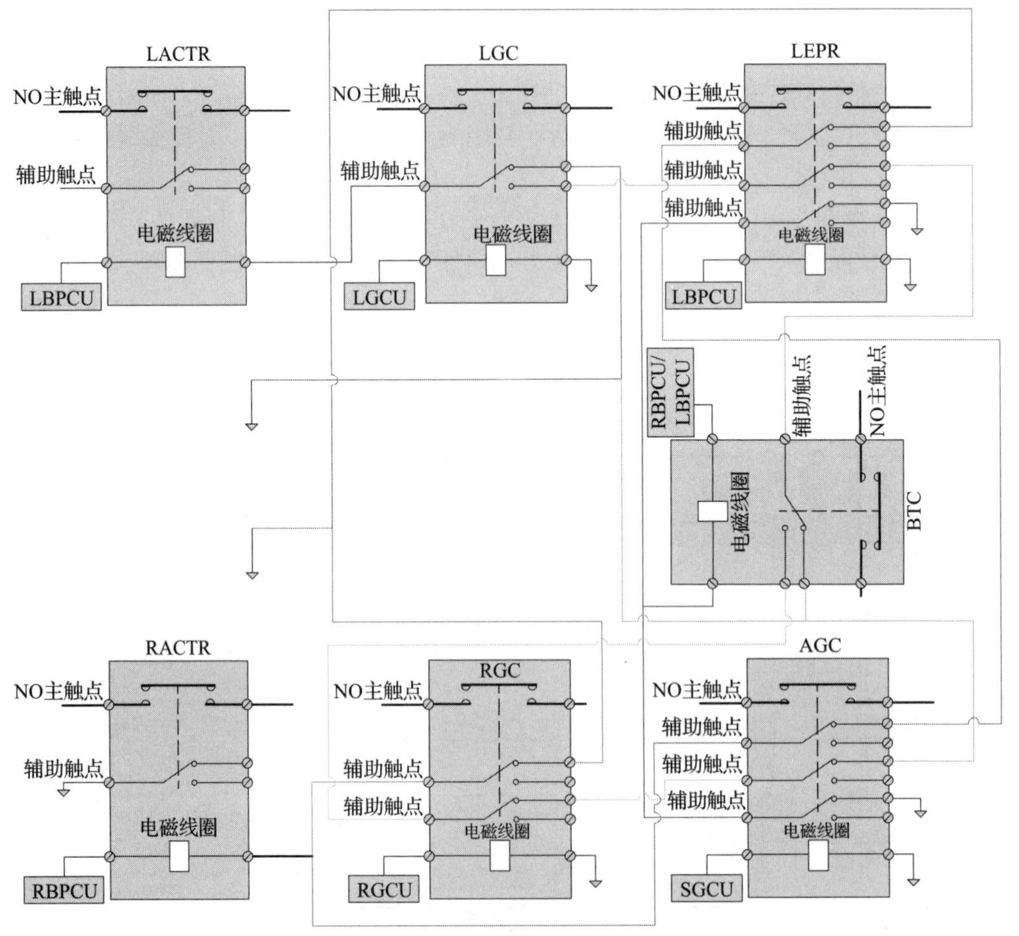

图 2-44 主交流源防并联互锁逻辑

如图 2-45 所示给出了在 LGC 断开的情况下，如何通过 LBPCU 控制 LACTR 的接通。此时，由于 LGC 断开，LACTR 的电磁线圈控制回路要经过 LGC 的常闭触点。在 LGC 断开的情况下，若 LBPCU 输出 LACTR 接通的驱动，即输出高电平，则 LACTR 的电磁线圈可以通过 LGC 的常闭辅助触点回流到接地点，从而形成回路，电磁线圈带电，将 LACTR 的主触点吸合，LACTR 的主回路因此而导通。

图 2–45 的粗实线画出了这种情况下电磁线圈的电流走向。需要注意的是，LACTR 的闭合有赖于 LBPCU 驱动的输出。如果 LGC 断开，LBPCU 没有输出 LACTR 接通的驱动，则尽管 LACTR 的电磁线圈可以找到接地回路，但由于此时回路没有电源，不会产生电磁力，因而 LACTR 也不会接通。

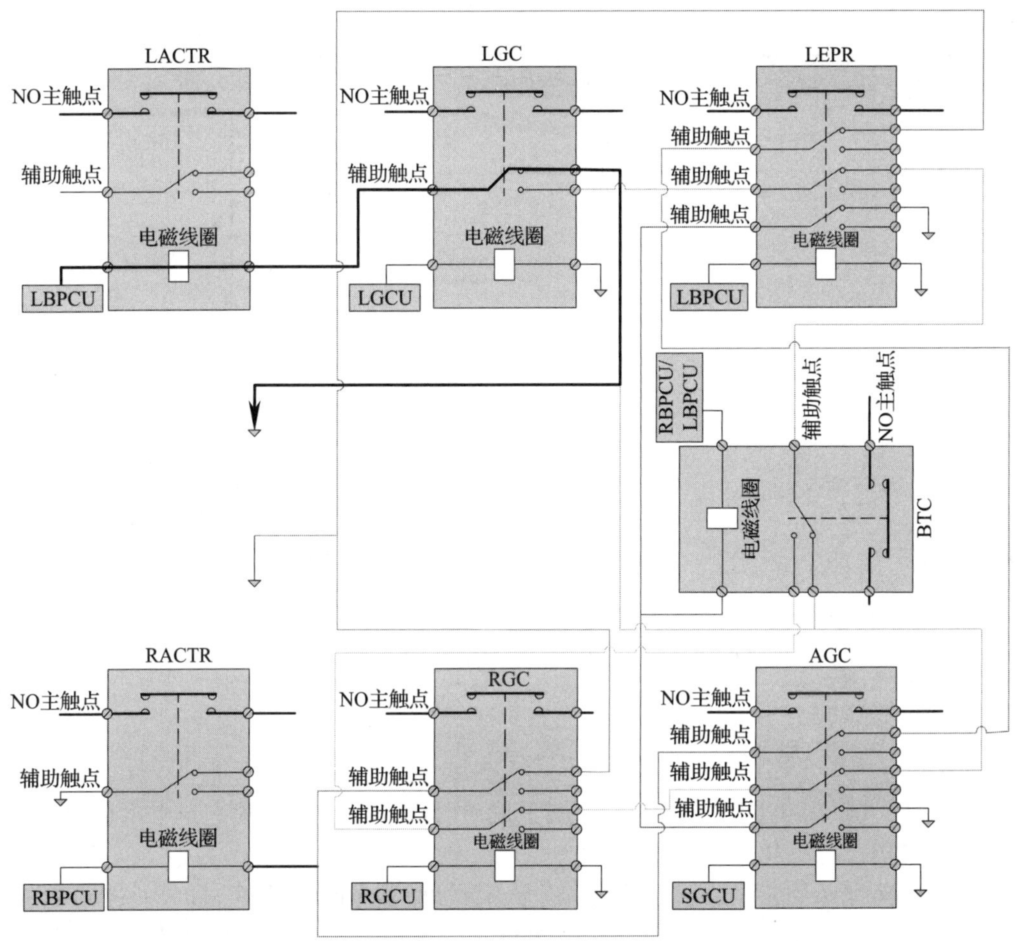

图 2–45　若 LGC 断开，则 LACTR 可在 LBPCU 的控制下接通

如图 2–46 所示给出了在 LGC 接通，LEPR 和 BTC 均断开的情况下，如何通过 LBPCU 的驱动使 LACTR 的主触点接通。

这时，LACTR 电磁线圈的电流回路是：从 LBPCU 出发，经过 LACTR 的电磁线圈，再经过 LGC 的常开辅助触点，进入 LEPR 的常闭辅助触点，再经过 BTC 的常闭辅助触点，回到控制回路地，从而构成控制回路。

在这种情况下，只要 LBPCU 输出 LACTR 主回路接通的驱动，即输出 28V DC 高电平，LACTR 的电磁线圈就能带电，吸合 LACTR 的主触点，接通 LACTR 的主回路。

这种互锁逻辑的前提是 LGC 接通，且 LEPR 和 BTC 断开。LGC 接通表明左发电机已经接入电网，而 LEPR 是控制地面电源的开关，BTC 是连接 APU 发电机或右发电机的联

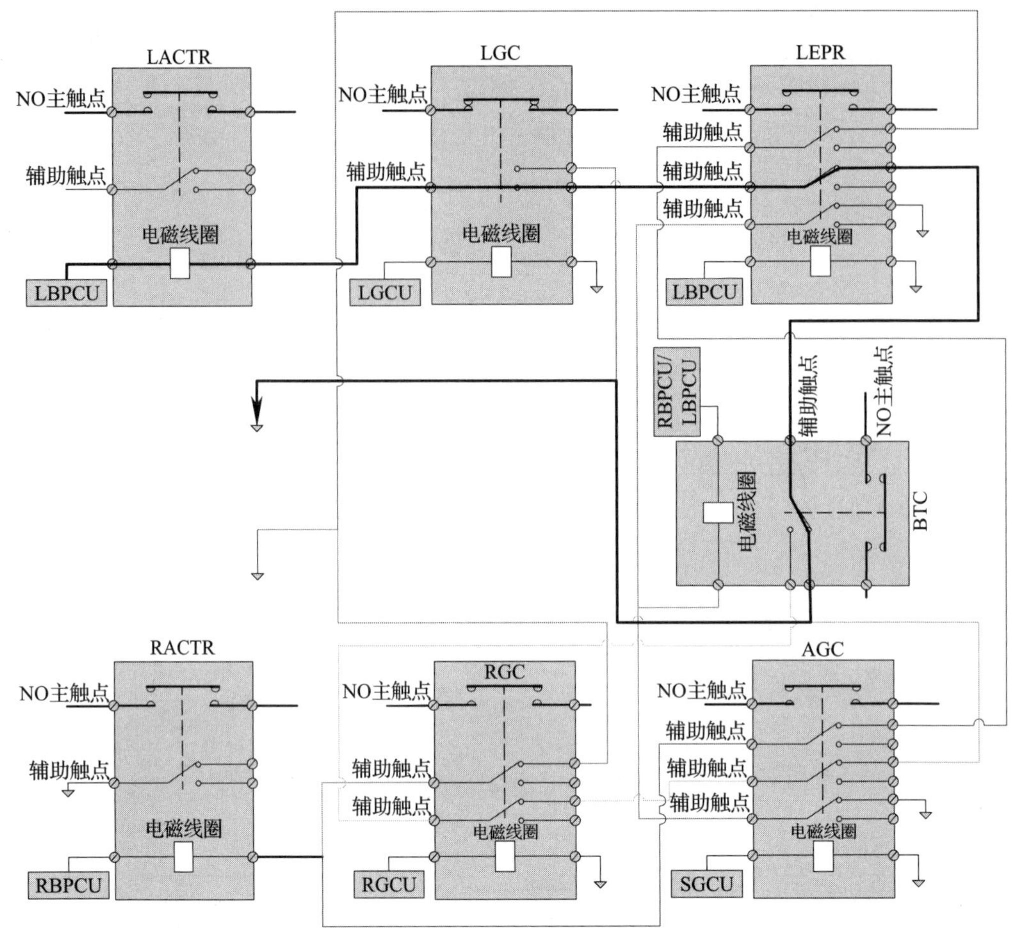

图 2-46　若 LGC 接通，且 LEPR 和 BTC 均断开，则 LACTR 可在 LBPCU 控制下接通

结接触器。在 LEPR 和 BTC 均断开的情况下接通 LACTR，可以避免左发电机与地面电源或 APU 发电机、右发电机的非预期并联。

如图 2-46 所示用粗实线示出了上述三个条件同时满足的情况下，如果通过 LBPCU 控制 LACTR 的电磁线圈上电，从而吸合 LACTR 的主触点，将 LACTR 主回路接通。

如图 2-47 所示给出了在 LGC 接通，LEPR 断开，BTC 接通，且 AGC 和 RGC 均断开的情况下，如何通过 LBPCU 控制 LACTR 主触点的接通。

在这种情况下，LACTR 电磁线圈的电流回路是：从 LBPCU 出发，经过 LACTR 的电磁线圈到达 LGC 的常开辅助触点，之后再经过 LEPR 的常闭辅助触点，到达 BTC 的常开辅助触点，再经过 RGC 和 AGC 的常闭辅助触点，到达控制回路地，形成电流回路。

这里需要注意两点：

（1）在 LGC 接通的情况下，LEPR 必须是断开的，这样才能闭合 LACTR，否则会出现左发电机与地面电源的非预期并联。

（2）在 LGC 接通时，如果 BTC 是闭合的，则只有在 RGC 和 AGC 同时断开的情况下，才能闭合 LACTR，否则，可能出现左发电机与 APU 发电机或右发电机的非预期并联。

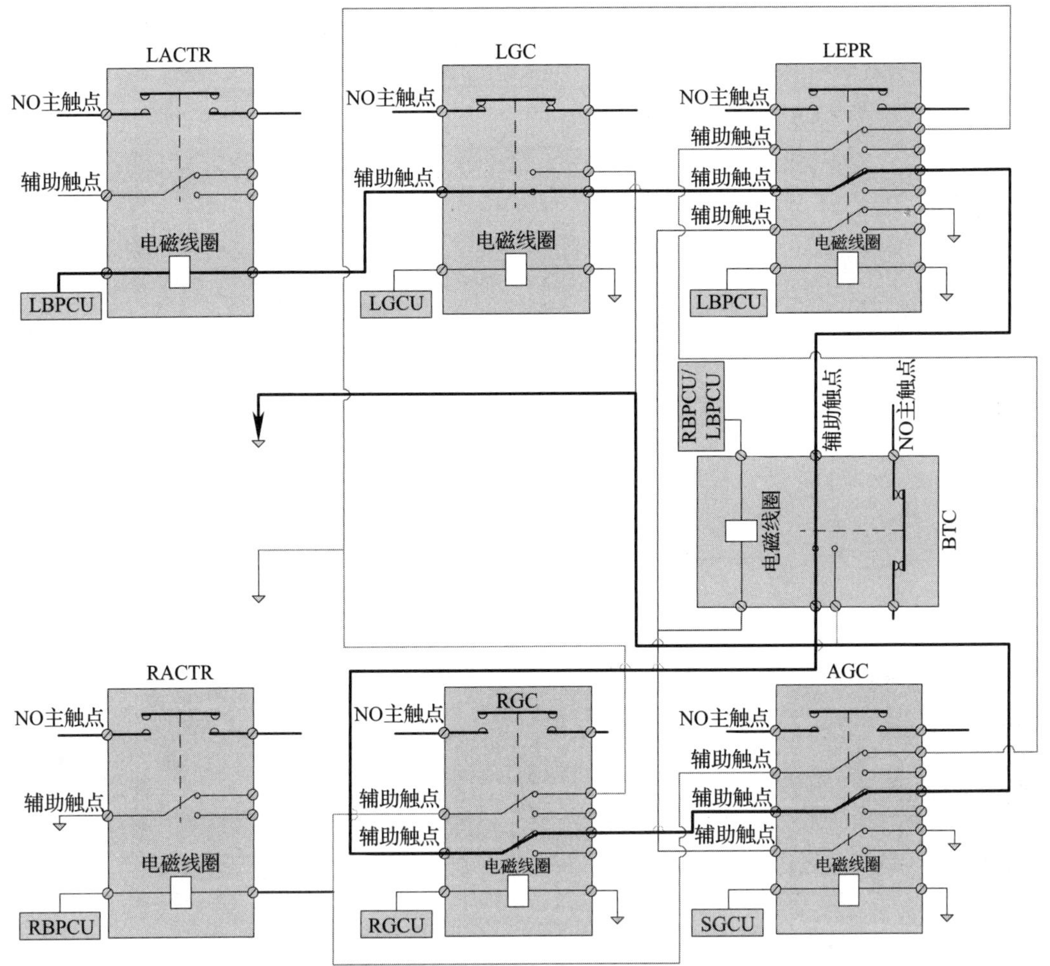

图 2-47　若 LGC 接通，LEPR 断开，BTC 闭合，AGC 和 RGC 断开，则 LACTR 可在 LBPCU 控制下接通

互锁的目的，就是为了确保不会出现交流源的非预期并联。

如图 2-47 用粗实线示出了在上述情况下，LBPCU 控制 LACTR 电磁线圈上电的电流回路。

同样的道理，这时要接通 LACTR，一定要首先输出 LBPCU 的 LACTR 电磁线圈驱动。否则，LACTR 依然处于断开状态。

如图 2-48 所示给出了在 RGC 断开的情况下，如何通过 RBPCU 控制 RACTR 的接通。

此时，由于 RGC 是断开的，则右发电机未接入电网，不会存在 RACTR 左侧电源与右发电机并联的情况。所以，只要 RBPCU 给出驱动输出，RACTR 是可以接通的。

这时，RACTR 电磁线圈的控制回路为：从 RBPCU 出发，经过 RACTR 的电磁线圈，到达 RGC 的常闭辅助触点，之后到达控制回路地。此时，只要 RBPCU 输出 LACTR 的接通驱动，即输出 28V DC，RACTR 的电磁线圈即带电，会吸合 RACTR 主触点，导致 RACTR 主回路接通。

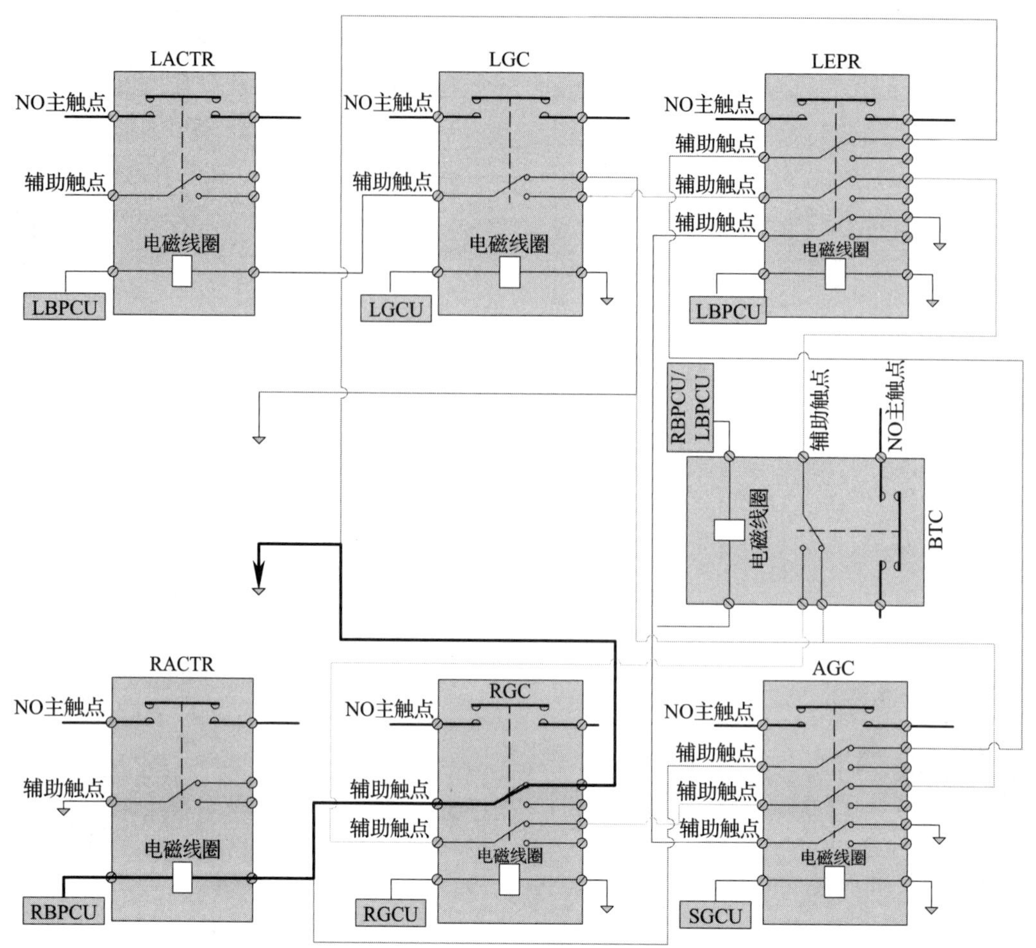

图 2-48　若 RGC 断开，则 RACTR 可在 RBPCU 控制下接通

图 2-48 以粗实线示出了 RACTR 控制线圈的电流回路。与前面的分析类似，RACTR 电磁线圈具备导通回路只是必要条件，要让电磁线圈的带电，还需要 RBPCU 输出高电平。

因此，互锁逻辑从某种意义上来说是“消极”的，它试图去避免某种情况的发生（在此处是为了避免交流源的非预期并联），而不是“积极”地去接通某个接触器。

如图 2-49 所示给出了在 AGC 和 LEPR 同时断开的情况下，如何通过 RBPCU 来控制 RACTR 的接通。

AGC 断开意味着 APU 发电机未接入电网，而 LEPR 断开则表明地面电源未接入电网。这时，可能与 RGC 产生非预期并联的只有左发电机。

从前述的分析可知，若左发电机已经接入电网，则 LACTR 必然已经断开。这时，即使接通 RACTR，也不会造成左发电机和右发电机的并联。

相反，若此时左发电机未接入电网，则表明此时 RACTR 左侧没有电源，所以接通 RACTR 也是安全的。

总之，只要 AGC 和 LEPR 均断开，则可以通过 RBPCU 控制 LACTR 的接通。

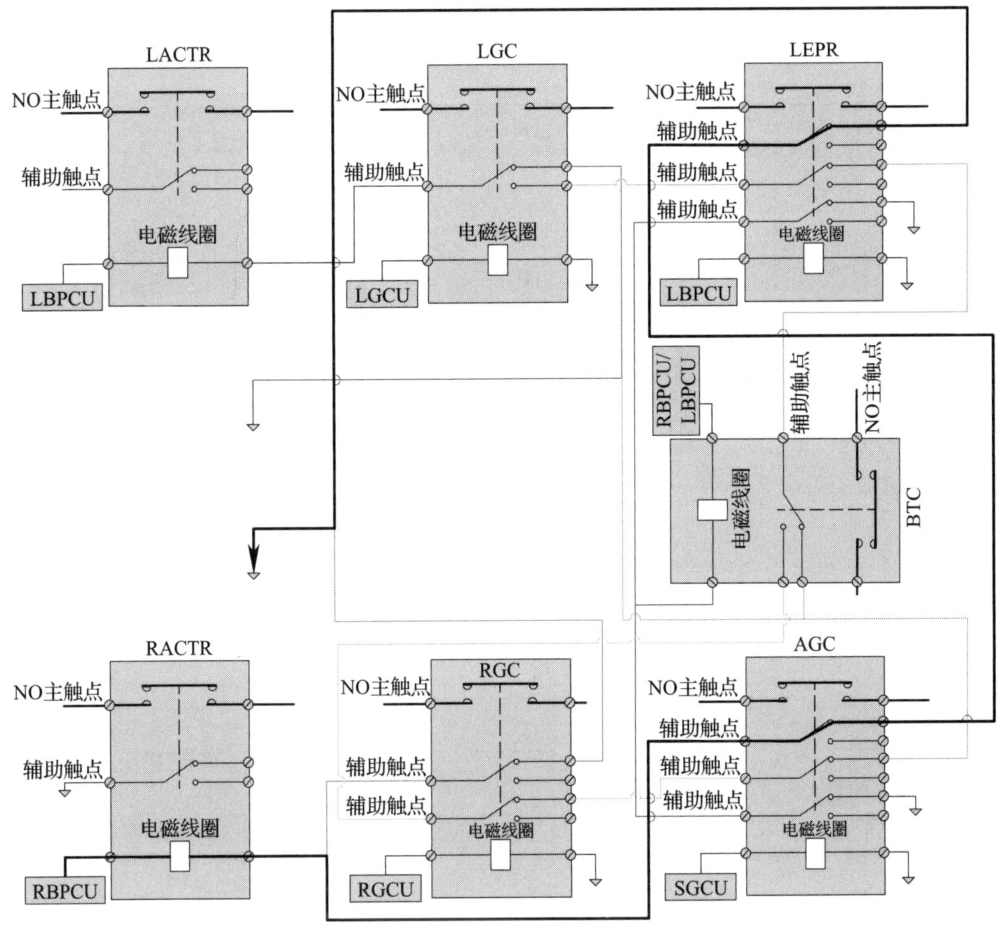

图 2-49 若 AGC 和 LEPR 同时断开，则 RACTR 可在 RBPCU 控制下接通

在这种情况下，RACTR 电磁线圈的控制回路为：从 RBPCU 出发，经过 RACTR 的电磁线圈，到达 AGC 的常闭辅助触点，再经过 LEPR 的常闭辅助触点后接地，从而构成完整的控制回路。

图 2-49 用粗实线示出了 AGC 和 LEPR 同时断开时，RBPCU 控制 RACTR 电磁线圈上电的控制回路。

同样的道理，AGC 和 LEPR 同时断开只是 RACTR 接通的必要条件，而非充分条件。要 RACTR 接通，还需要 RBPCU 输出电磁线圈的驱动。

如图 2-50 所示给出了 LEPR 或 AGC 断开的情况下，如何通过 LBPCU 或 RBPCU 控制 BTC 的接通。

从前面的分析可知：只要左发电机接入电网，则 LACTR 处于断开状态；而只要右发电机接入电网，则 RACTR 处于断开状态。

所以 BTC 的接通不会导致左右发电机的非预期并联，只可能导致地面电源和 APU 电源的非预期并联。

为避免 BTC 接通导致电源非预期并联，一定要保证 LEPR 和 AGC 中的一个处于断开状态。

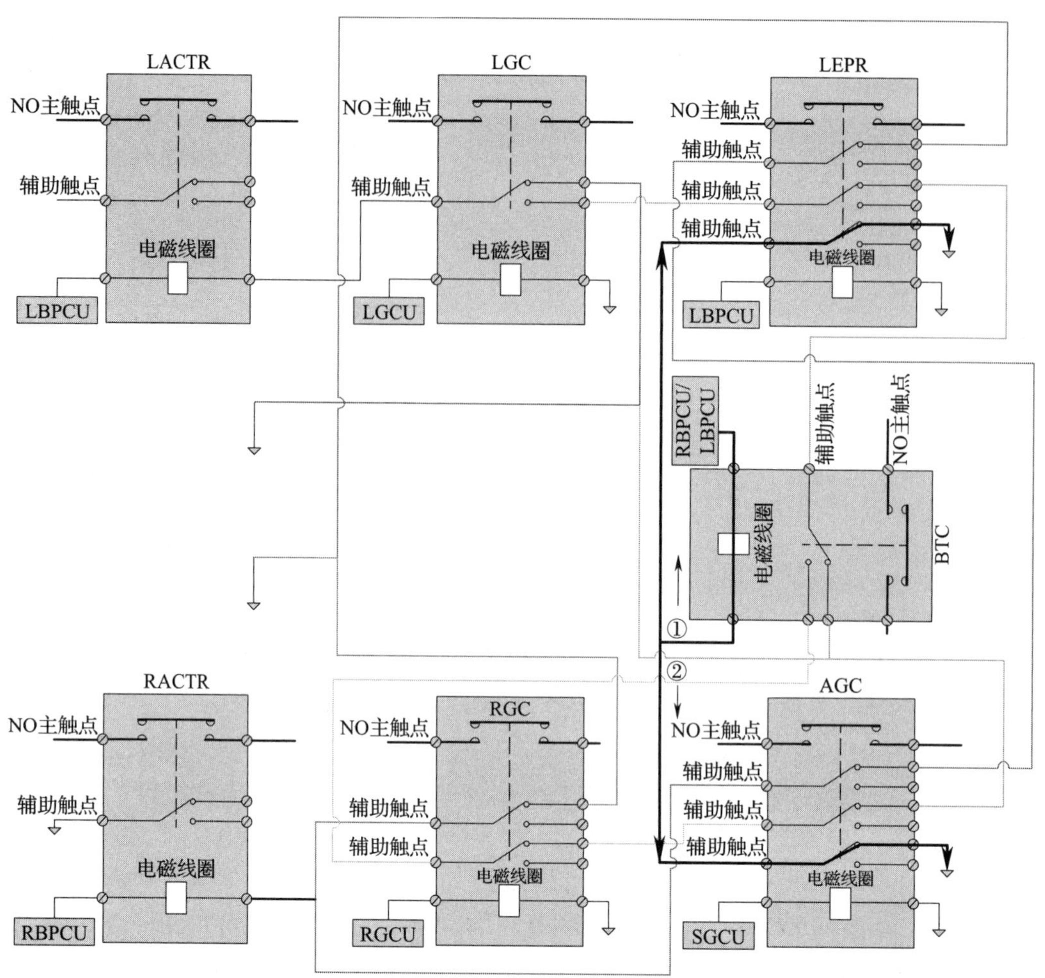

图 2–50　若 LEPR 或 AGC 断开，则 BTC 可在 LBPCU 或 RBPCU 的控制下接通

即在 LEPR 或 AGC 断开的情况下，BTC 是可以接通的。由 2.2.1 节可知，LBPCU 和 RBPCU 均可控制 BTC 的接通，其中 RBPCU 是主控，LBPCU 是从控。图 2–50 以粗实线示出了这种情况下 BTC 控制线圈的电流通路，共有 2 条：

（1）通路 1：从 LBPCU 或 RBPCU 出发，经过 BTC 的电磁线圈，到达 LEPR 的常闭辅助触点，接入控制回路地。

（2）通路 2：从 LBPCU 或 RBPCU 出发，经过 BTC 的电磁线圈，到达 AGC 的常闭辅助触点，接入控制回路地。

类似地，LEPR 或 AGC 断开只是 BTC 接通的必要条件，而非充分条件。BTC 要接通，还需要 LBPCU 或 RBPCU 给出电磁线圈的驱动。

2.2.8　LETR、RETR 和 ETC 互锁逻辑

LETR、RETR 和 ETC 的互锁逻辑适用于两种情形：

（1）若 LETR、RETR 和 ETC 相应的直流应急继电器是接通的，LETR 的电磁线圈连

接到主蓄电池汇流条，RETR 和 ETC 的电磁线圈连接到 APU 蓄电池汇流条，则 LETR、RETR 和 ETC 接通。ETC 的互锁逻辑确保了在应急模式下，RAT 电源可以通过 ETRU 将功率输送到 Left DC ESS 汇流条和 Right DC ESS 汇流条：

（2）若 LETR、RETR 和 ETC 对应的交流随动继电器是接通的，且 LTRUC/RTRUC 和 LDTC/RDTC 是断开的，LETR、RETR 和 ETC 的电磁线圈连接到 DC ESS Transfer 汇流条，LETR、RETR 和 ETC 接通。这种互锁逻辑确保了 DTC 被 BPCU 错误断开时，相应的 Left DC ESS 汇流条和 Right DC ESS 汇流条可经由 DC ESS Transfer 汇流条从 ETRU 获取功率输入。

LETR 的互锁逻辑如图 2-51 所示，驱动 LETR 电磁线圈的有 3 个功率源，分别是：

（1）LBPCU。

（2）DC ESS Transfer 汇流条。

（3）Main Batt Direct 汇流条。

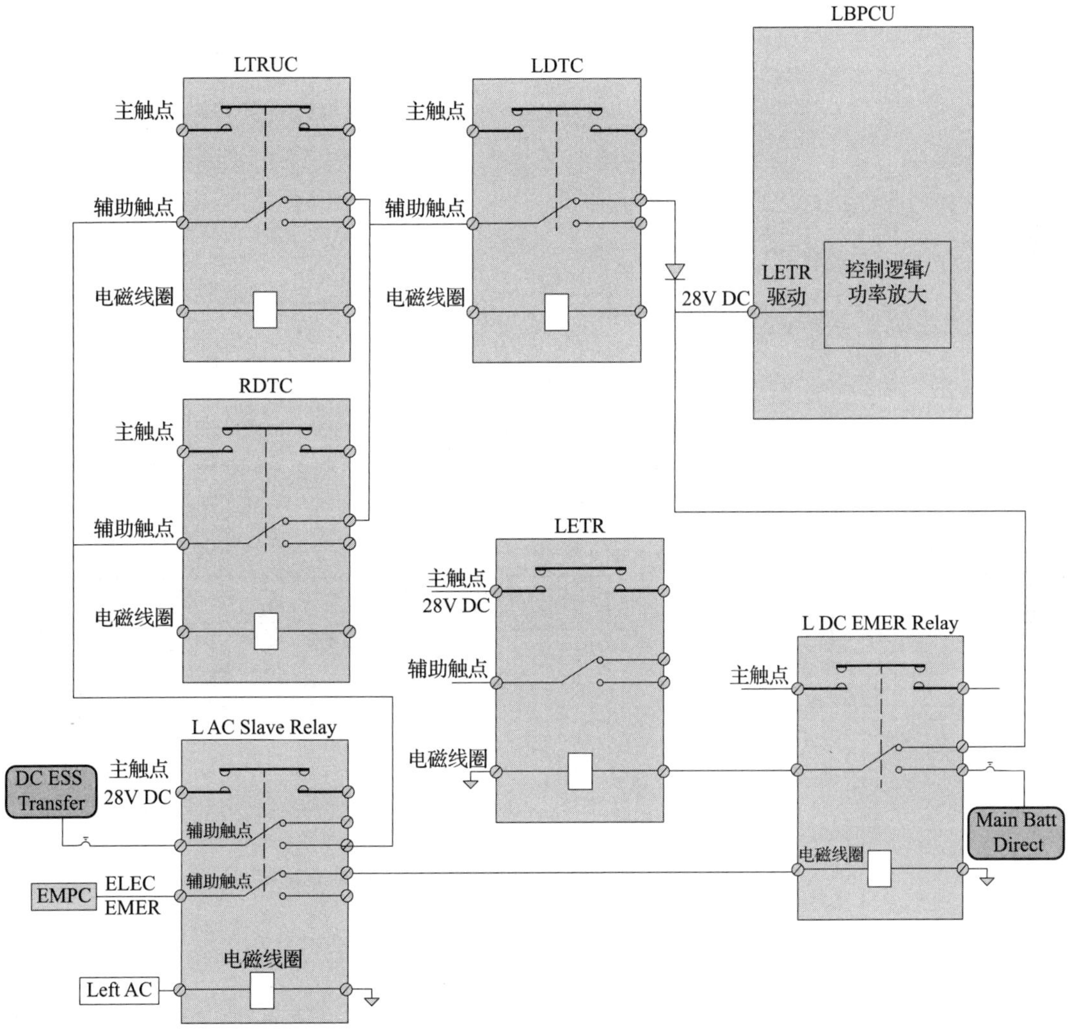

图 2-51　LETR 互锁逻辑

在非应急模式下，由 LBPCU 给出 LETR 电磁线圈的驱动，用以接通 LETR，如果 LTRUC 和 LDTC 同时断开，或者 LDTC 和 RDTC 同时断开，则可以通过互锁逻辑，在没有 LBPCU 输出 LETR 控制驱动的情况下，从 DC ESS Transfer 汇流条获取功率输入驱动 LETR 电磁线圈；在应急模式下，可由 EMPC 输出 L DC EMER Relay 的电磁线圈驱动，通过主蓄电池汇流条输出 LETR 电磁线圈的驱动。

如图 2-52 所示给出了在应急情况下，通过主蓄电池汇流条输出 LETR 电磁线圈驱动电压的功率走向。

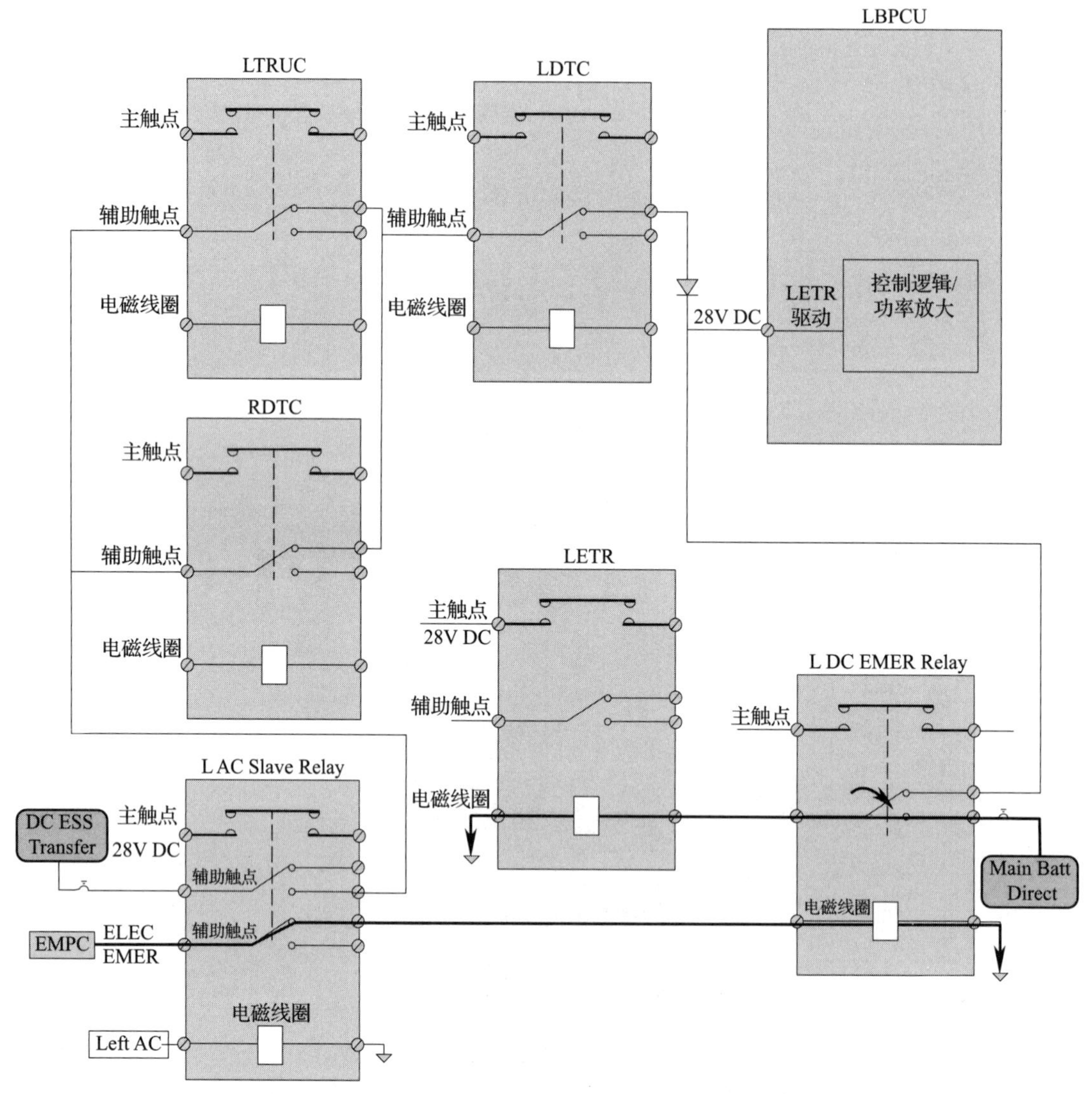

图 2-52 在应急情况下通过主蓄电池汇流条输出 LETR 电磁线圈驱动电压的功率走向

当 Left AC 汇流条掉电时，L AC Slave Relay 主触点和辅助触点均断开，EMPC 可以通过 L AC Slave Relay 的常开辅助触点驱动 L DC EMER Relay 的电磁线圈，主蓄电池（Main Batt Direct）汇流条所连接的 L DC EMER Relay 继电器的常开辅助触点闭合，可以输出 LETR 电磁线圈的驱动电压，将 LETR 主触点闭合。

在图 2-52 中，L DC EMER Relay 的电磁线圈驱动回路，以及 LETR 电磁线圈的驱动回路均以粗实线画出。在 Left AC 汇流条掉电，且 EMPC 检测到应急模式时，EMPC 会输出 ELEC EMER 驱动，经过 L AC Slave Relay 的常开辅助触点到达 L DC EMER Relay 的线圈，形成闭合回路。此时，L DC EMER Relay 在电磁力的作用下闭合，原来接在常开辅助触点上的 Main Batt Direct 汇流条获得了流向 LETR 电磁线圈的电流通路，从而产生电磁力，将 LETR 主触点闭合。

在应急模式下，由 EMPC 通过互锁逻辑直接驱动 LETR 接通。

如图 2-53 所示，在非应急模式下，即 Left AC 汇流条带电时，L AC Slave Relay 主触点和辅助触点均处于接通状态。此时，DC ESS Transfer 汇流条可以通过以下 3 个通路接通 LETR 的电磁线圈。

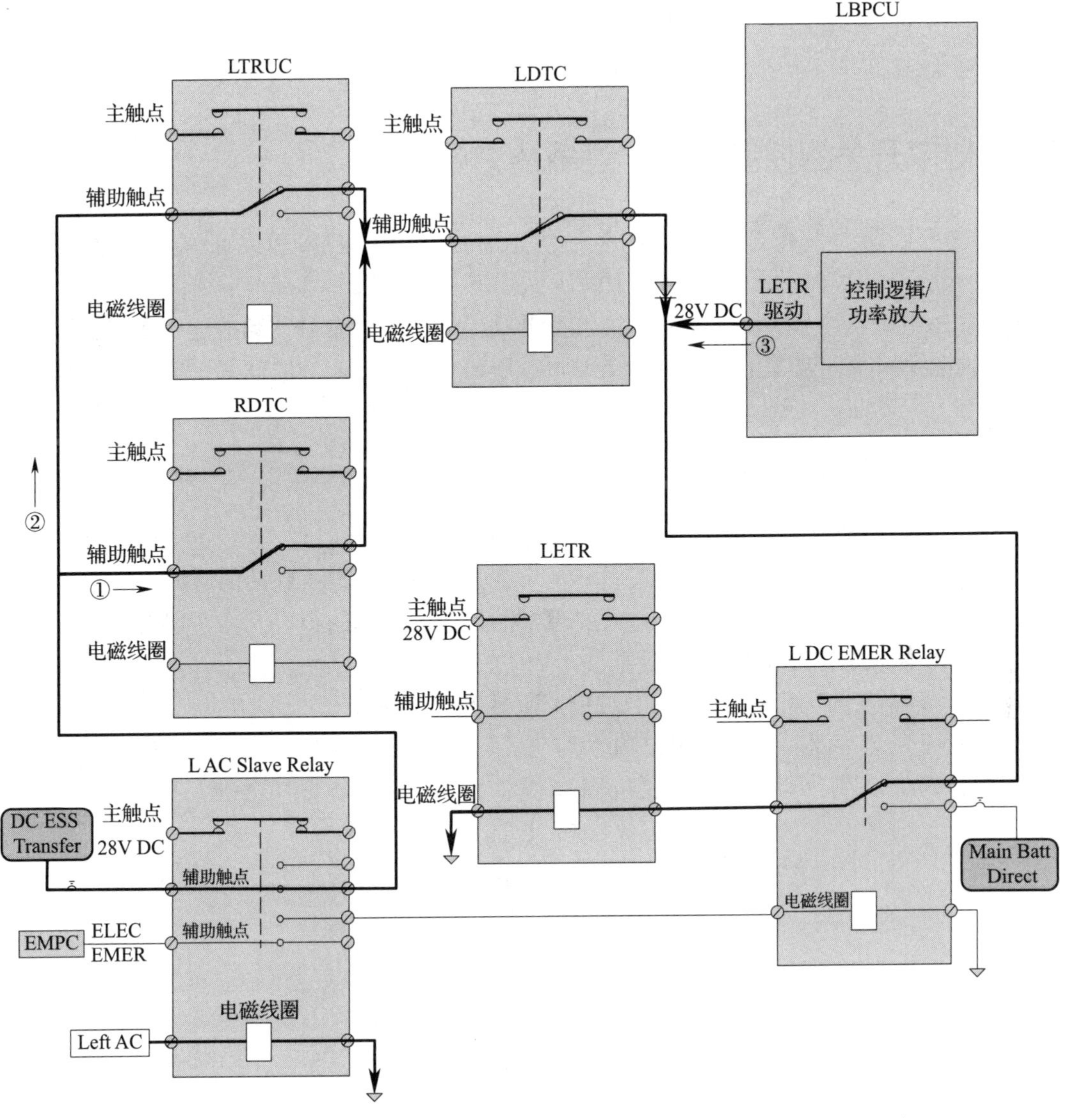

图 2-53　在 LTRU 故障或 L/RDTC 被误断开时，通过 DC ESS Transfer 汇流条输出 LETR 电磁线圈驱动

（1）从 L AC Slave Relay 的常开（此时已经闭合）辅助触点出发，经过 RTDC 的常闭辅助触点，到达 LDTC 的常闭辅助触点，再经过 L DC EMER Relay 的辅助触点，再经过 LETR 的电磁线圈接地，构成控制回路。

（2）从 L AC Slave Relay 的常开（此时已经闭合）辅助触点出发，经过 LTRUC 的常闭辅助触点，到达 LDTC 的常闭辅助触点，之后经过 L DC EMER Relay 的辅助触点，再经过 LETR 的电磁线圈接地，构成控制回路。

（3）从 LBPCU 出发，经过 L DC EMER Relay 的常闭辅助触点到达 LETR 的电磁线圈，构成控制回路。

非应急情况下的互锁逻辑适用以下两种情形：

（1）LTRU 故障：LBPCU 会断开 LTRUC 和 LDTC，这时，LETR 可以通过互锁逻辑接通，保证 L DC ESS 汇流条从 DC ESS Transfer 汇流条获取功率输入。

（2）LDTC 和 RDTC 同时被错误断开，此时，可以通过互锁逻辑闭合 LETR，保证了 L DC ESS 汇流条有持续的功率输入。

2.3 功率开关的控制逻辑与过载能力要求

本章节涉及一次配电最核心的控制算法，即主功率控制开关的控制逻辑。本书第 2.2.1 节提及的被控对象，即 26 个功率开关，其控制逻辑都将在本节描述。

电源系统的功率开关除了具备接通和断开功能外，还须要有一定的过载能力，即须要承受短时过载电流。功率开关须要承受的过载电流倍数与对应的时间关系曲线也会在本节加以阐述。

2.3.1 RS 触发器在控制逻辑中的应用

功率开关的控制逻辑驻留在不同的控制对象中，控制对象与被控对象的列表参见 2.2.1 节的表 2–3。本节只描述控制逻辑，不特地强调控制逻辑所驻留的对象。

要理解功率开关的控制逻辑，首先要理解的是控制逻辑的核心元件，即 RS 触发器。

2.3.1.1 RS 触发器的基本概念

RS 触发器的逻辑组成及符号如图 2–54 和图 2–55 所示，其中：

S 是 Set 的首字母，也就是置位端；

R 是 Reset 的首字母，也就是复位端；

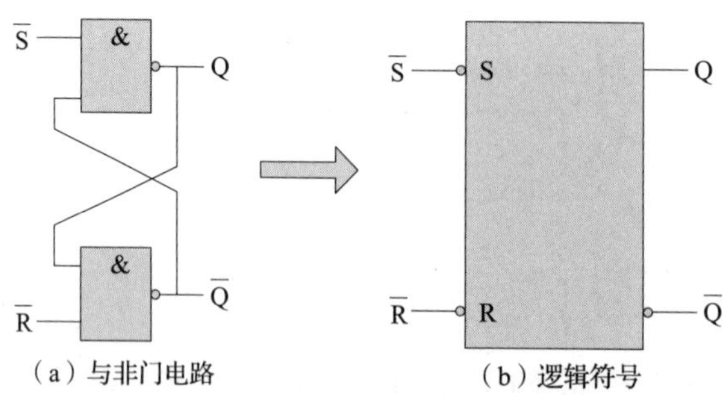

（a）与非门电路　　（b）逻辑符号

图 2–54　与非门 RS 触发器及其逻辑符号

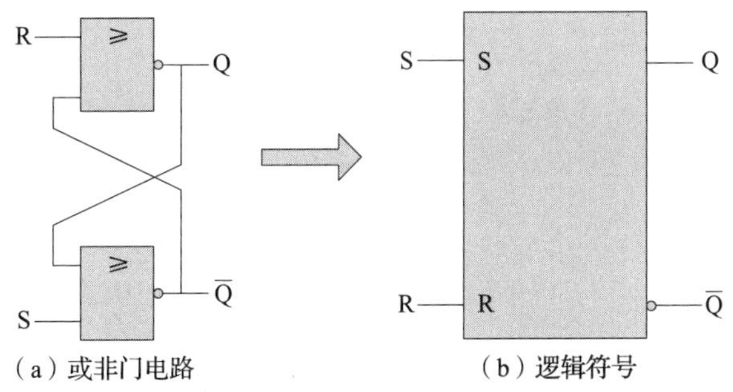

（a）或非门电路　　（b）逻辑符号

图 2-55　或非门 RS 触发器及其逻辑符号

Q 和 $\overline{Q}$ 为两个互补的输出端，把 Q=1，$\overline{Q}$=0 的状态称为触发器的“1”状态，把 Q=0，$\overline{Q}$=1 的状态称为触发器的“0”状态。

当 Q=0，$\overline{Q}$=0 或 Q=1，$\overline{Q}$=1 时，由于 Q 和 $\overline{Q}$ 不满足互补条件，所以称为触发器的“无效”状态，这种状态是在使用 RS 触发器时要极力避免的。

RS 触发器有两种逻辑实现方式。一种是用与非门实现，这时，输入端低电平有效，如图 2-54 所示，当 S 为低电平时置位，R 为低电平时复位；另一种是或非门的实现方式，输入端高电平有效，即 S 为高电平时置位，R 为高电平时复位，如图 2-55 所示。在图 2-54 和图 2-55 中有一个细节需要留意，即在与非门逻辑实现方式中，与 $\overline{S}$ 输入对应的与非门输出状态为 Q，与 $\overline{R}$ 输入对应的与非门输出状态为 $\overline{Q}$；而在或非门逻辑实现方式中，与 R 输入对应的或非门输出状态为 Q，而与 S 输入对应的或非门输出状态为 $\overline{Q}$。

本书在描述功率开关的控制逻辑时，都采用的是或非门电路实现方式，即高电平有效。

触发器属于时序逻辑电路，与组合逻辑电路不同，组合逻辑电路的输出状态只取决于同时刻的输入信号状态。基本 RS 触发器把输出信号引回到输入信号，形成一个反馈，从而使得输出信号的状态不但取决于同时刻输入信号的状态，也与输出之前的状态有关。

输出信号的状态是 Q（*N*+1）态，同时刻输入信号的状态是（S、R），前一时刻的输出状态是 Q（*N*）态。Q（*N*）态与输入信号（S、R）经过与非门（或非门）后，输出当前的状态 Q（*N*+1）。

RS 触发器的输出端有两个，即 Q 和 $\overline{Q}$，这两个逻辑状态是相反的。

用或非门实现的 R、S 触发器的逻辑表达式为

$$Q(N+1)=\overline{S+\overline{Q(N)}}=\overline{S}\cdot Q(N) \tag{2-1}$$

$$\overline{Q(N+1)}=\overline{R+Q(N)}=\overline{R}\cdot\overline{Q(N)} \tag{2-2}$$

由式（2-1）和式（2-2）可见，RS 触发器的输出是 R、S 输入端与前一时刻输出状态经过或非逻辑的结果。

RS 触发器共有两个输入端，对应 4 种逻辑状态，分别是复位、置位、保持和无效。如图 2-56 ~ 图 2-59 所示给出了高电平有效的 RS 触发器的 4 种逻辑状态的形成过程。

图 2-56 是高电平有效 RS 触发器的复位状态逻辑转换过程。在复位状态下，输入端 R 为 1，S 为 0，在这个输入组合的作用下，触发器的输出状态与初始状态有关。其中，图（a）是初始状态为“1”状态时的逻辑转换图，而图（b）则是初始状态为“0”状态时的逻辑转换图。

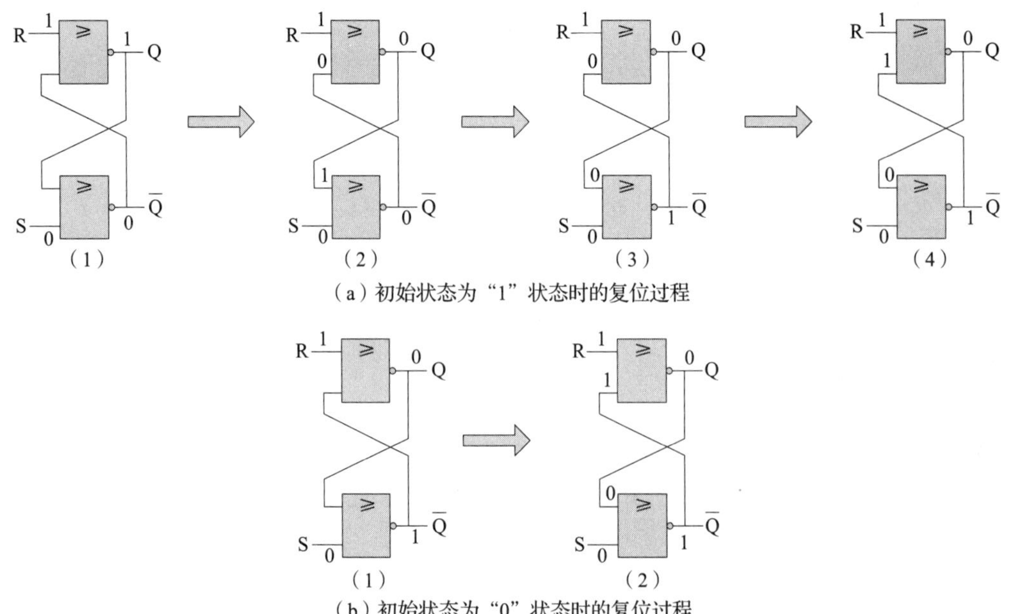

（a）初始状态为“1”状态时的复位过程

（b）初始状态为“0”状态时的复位过程

图 2–56　或非门 RS 触发器的复位状态

当初始状态为“1”时，R 端输入 1，S 端输入 0，对应状态（1）；这时，当前的输出状态 Q=1，$\overline{Q}$ =0 分别反馈到两个或非门的输入端，与当前的 R=1，S=0 共同作用在两个或非门上，导致输出状态转换为状态 Q=0，$\overline{Q}$ =0，即状态（2）；之后输出状态 Q=0，$\overline{Q}$ =0 反馈到输入端 R=1，S=0，再共同作用在两个或非门上，输出状态变成 Q=0，$\overline{Q}$ =1，即状态（3）；之后输出状态 Q=0，$\overline{Q}$ =1 再反馈到两个或非门的输入端，与 R=1，S=0 共同作用在两个或非门上，输出状态还是 Q=0，$\overline{Q}$ =1，即进入到稳定的输出状态，之后 RS 触发器就稳定在这个状态，即复位状态。

图 2–56（b）是初始状态为“0”状态时的复位过程，此时，初始状态 Q=0，$\overline{Q}$ =1，会分别反馈到两个或非门的输入端，与 R=1，S=0 共同作用在两个或非门上，使得输出稳定在 Q=0，$\overline{Q}$ =1 状态，之后，RS 触发器就会稳定在这一状态。

所以，无论 RS 触发器的初始状态如何，当输入端 R=1，S=0 时，触发器的输出都会稳定在 Q=0，$\overline{Q}$ =1 状态，即复位状态。

图 2–57 是高电平有效的 RS 触发器的置位状态。与复位状态类似，置位状态的输出也要考虑初始状态的情况。其中图（a）是初始输出为“1”时的置位过程，而图（b）则是初始输出为“0”时的置位过程。

当初始输出为“1”状态，即 Q=1，$\overline{Q}$ =0 时，输出状态会分别反馈到两个或非门的输入端，与 R=0，S=1 分别作用在两个或非门上，使得输出为 Q=1，$\overline{Q}$ =0，之后，输出状态就稳定在“1”状态，不再发生变化。

当初始输出为“0”状态，即 Q=0，$\overline{Q}$ =1 时，输出状态要经历一系列转换，最终才稳定下来。输出的“0”状态反馈到两个或非门的输入端，与 R=0，S=1 分别作用在两个或非门上，使得输出状态变为 Q=0，$\overline{Q}$ =0 的状态，即状态（2）；之后输出状态 Q=0，$\overline{Q}$ =0 再反馈到两个或非门的输入端，与 R=0，S=1 分别作用在两个或非门上，使得输出状态变

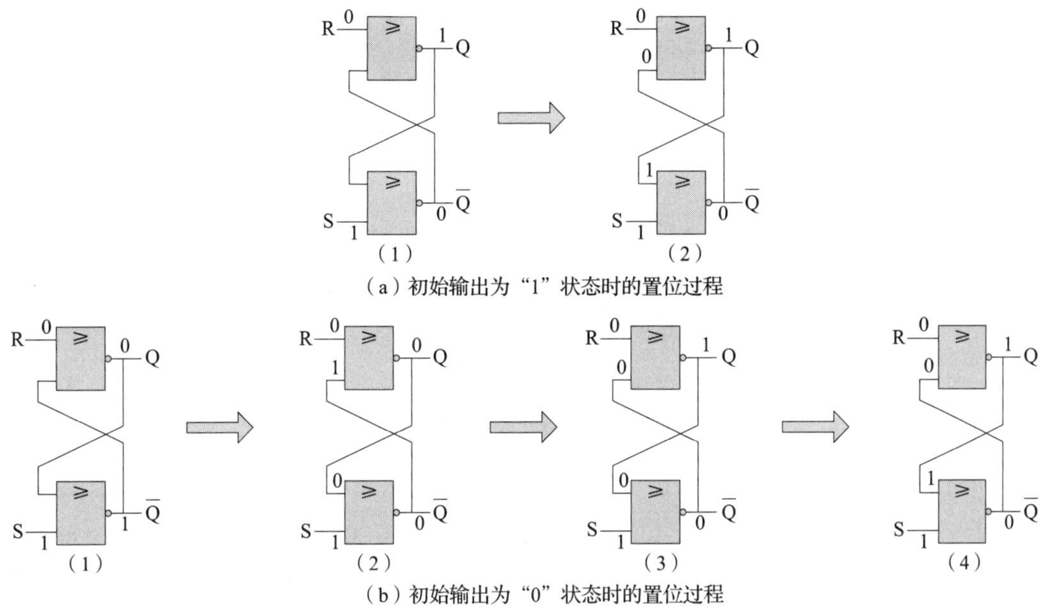

（a）初始输出为“1”状态时的置位过程

（b）初始输出为“0”状态时的置位过程

图 2–57 或非门 RS 触发器的置位状态

为 Q=1，$\overline{Q}$ =0 的状态，即状态（3）；之后，这个状态再反馈到或非门的输入端，此时，输出状态不再改变，即会稳定在 Q=1，$\overline{Q}$ =0 的状态。

因此当 RS 触发器的输入 R=0，S=1 时，无论触发器的初始状态是“1”状态，还是“0”状态，RS 触发器的输出都会稳定在 Q=1，$\overline{Q}$ =0 的状态，即置位状态。

要实现 RS 触发器的复位或置位，两个输入端 R 和 S 的逻辑状态必须相反；处于复位状态或置位状态的 RS 触发器，其输出端 Q 和 $\overline{Q}$ 的状态也是相反的。

如图 2–58 所示给出了高电平有效 RS 触发器的保持状态，其中，图（a）是初始输出为“1”状态的保持过程，而图（b）则是初始输出为“0”状态时的保持过程。

在图 2–58 中，由于 RS 触发器由或非门实现，当 RS 输入端均为 0，即或非门的一个输入为 0 时，等效于该输入不起作用，因此，RS 触发器的输出反馈会直接决定或非门的输出状态。这时，无论 RS 触发器的初始状态是“1”状态，还是“0”状态，触发器均保持在原有的输出状态。即当 RS 触发器输入为全 0 时，输出保持上一次的状态。

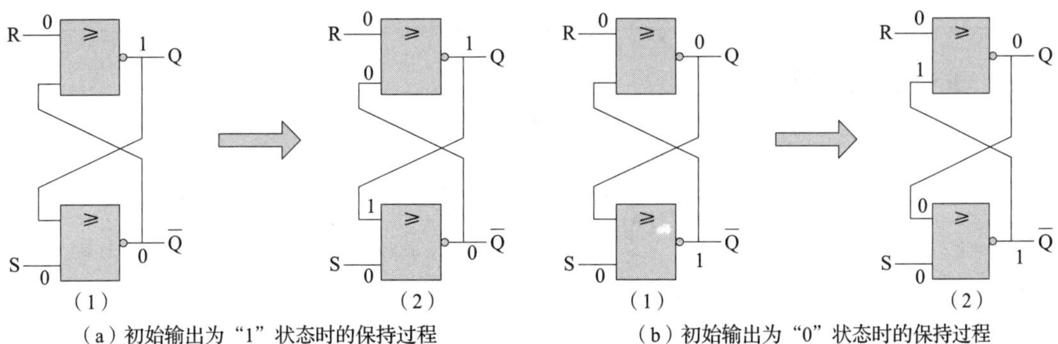

（a）初始输出为“1”状态时的保持过程

（b）初始输出为“0”状态时的保持过程

图 2–58 或非门 RS 触发器的保持状态

图 2–59 是高电平有效的 RS 触发器的无效状态，图（a）是初始输出为“1”状态时的无效状态形成过程，而图（b）则是初始输出为“0”状态时的无效状态形成过程。

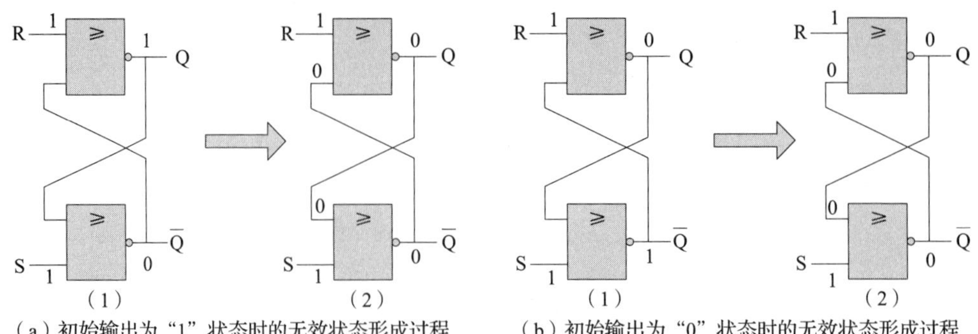

（a）初始输出为“1”状态时的无效状态形成过程　（b）初始输出为“0”状态时的无效状态形成过程

图 2–59　或非门 RS 触发器的无效状态

此时，由于 RS 输入端均为 1，对于或非门而言，当其中一个输入端为 1，则无论另一个输入端的状态是什么，输出恒为 0。因此，在 RS 均为 1 的作用下，Q=0，$\overline{Q}$ =0，之后，这两个 0 再分别反馈到或非门的另一个输入端。由于 0 对于或非门而言不起作用，所以输出还是维持 Q=0，$\overline{Q}$ =0 不变。

当 RS 输出端均为 1 时，虽然触发器的输出有稳定的状态（即 Q=0，$\overline{Q}$ =0），但这个稳定的状态却是无效的，因为该状态不满足 Q 和 $\overline{Q}$ 互补的条件。

所以，在设置功率开关的控制逻辑时，要注意不要出现 R 和 S 端同时输入为 1 的情况。为此，在逻辑设定时，会加入 R 和 S 强制互补的限定条件。

综合上述分析内容，如表 2–4 所示，RS 触发器的逻辑真值表有 4 种情况。RS 输入为“10”时，触发器复位；为“01”时，触发器置位；为“00”时，触发器保持上一次的输出状态不变；而当 RS 输入为“11”时，触发器的输出无效，这个状态是要极力避免的。

表 2–4　RS 触发器的逻辑真值表

R	S	逻辑功能
1	0	复位
0	1	置位
0	0	保持
1	1	无效

2.3.1.2　RS 触发器的优点

RS 触发器有两个输入端，要改变输出状态，需要同时改变 R 和 S 这两个输入端的状态，这是与组合逻辑电路的不同之处。

如图 2–60 所示，组合逻辑在输入信号出现干扰时，输出状态会随之被扰动。在图 2–60（a）中，当输入电平出现凹陷，即存在瞬时干扰时，该干扰会直接传导至输出端；而 RS 触发器则不同，在图 2–60（b）中，当 S 端电平出现凹陷，即存在瞬时低电平时，由于 R 端保持低电平不变，输出状态 Q 不会发生变化，而是保持置位状态。

因此，RS 触发器比纯粹的组合电路有更强的抗干扰能力。在航空应用中，机载设备不可避免地要经受各种电磁干扰，为提高电路的鲁棒性，多采用 RS 触发器代替纯粹的组合逻辑电路，来实现功率开关的控制逻辑。

采用 RS 触发器作为功率开关控制逻辑输出元件的另一个原因是 RS 触发器具备锁存功能，它在满足复位条件时输出“0”状态，此后如果复位条件撤销，RS 触发器可以维持输出的“0”状态不变，这也是与组合逻辑的不同之处。

（a）组合逻辑的干扰会直接传导至输出端

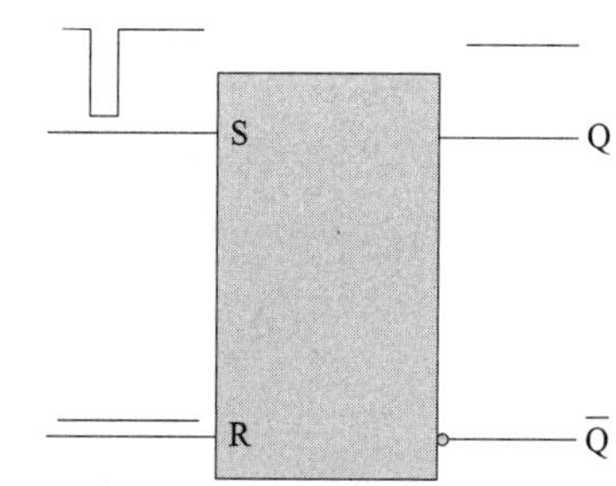

（b）RS触发器不会将输入端的干扰直接传导至输出端

图 2-60　RS 触发器能有效抑制来自输入端的干扰

如图 2-61 所示，RS 触发器的初始状态为“1”状态，即输出接触器接通的信号，在 t_1 时刻，GCU 检测到发电机过载，从而产生复位信号，即 R 端变为高电平，S 端变为低电平，RS 触发器的 Q 端出现从高到低的跳变。

当 Q 电平变低后，对应的控制接触器 GCB 断开，汇流条功率输入被切除，发电机输出电流变为 0，过载条件消失，这时 R 端重新变为低电平。

在 R 端变为低电平以后，由于 S 端还不具备置位条件（由于 GCU 在检测到过载后将 VR 调节禁能等原因），因此 R 端和 S 端同时为低电平，输出端 Q 保持上一次的状态。

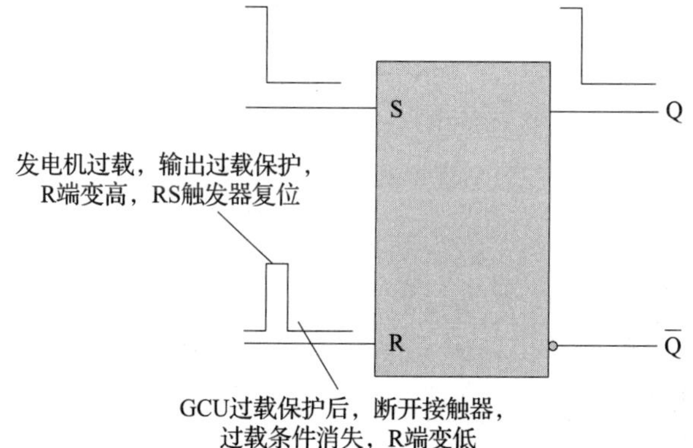

（a）R端检测到发电机过载条件，输出过载保护信号

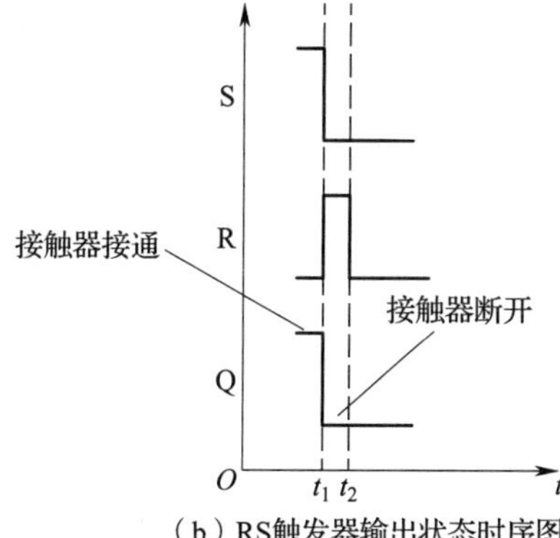

t_1时刻：检测到发电机过载条件，输出保护信号，即接触器断开信号，R变高，Q变低

t_2时刻：接触器在收到断开信号后触点完全分断，过载条件消失，R变低，但触发器依然输出保护信号，Q为低

（b）RS触发器输出状态时序图

图 2-61　RS 触发器的复位条件撤销后，Q 输出依然能维持在“0”状态

在宏观表现上，过载状态和接触器断开的指令（Q 为低电平）就被锁存了。这种锁存可以有效避免接触器被频繁地接通和断开。以图 2–61 为例，如果输出没有锁存，Q 的输出由纯粹组合逻辑来实现，则当检测到过载条件时，Q 变低，过载条件消失后，Q 立即变高。

如图 2–62（a）所示，当 Left AC 汇流条对地短路时，LGCU 会通过 LDPCT（左差动电流互感器）检测 LVFG 的过载状态，当满足过载条件时，LGCU 内部的组合逻辑会输出低电平，将 LGC 接触器断开。

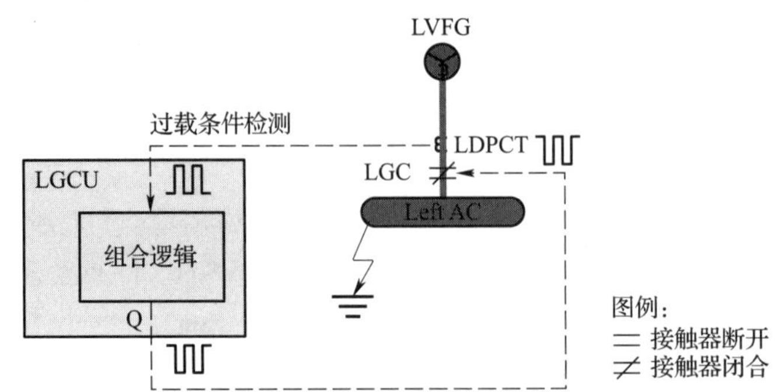

（a）过载检测条件用组合逻辑实现会导致被控接触器频繁通断

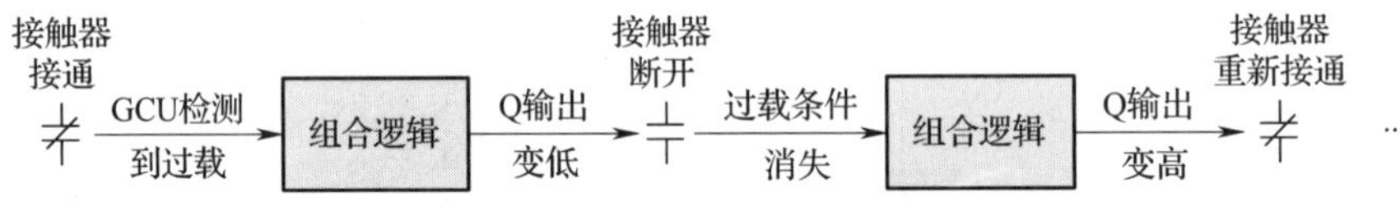

（b）组合逻辑导致被控接触器频繁通断的原因

图 2–62　用纯粹组合逻辑会因过载而导致输出继电器频繁开断

LGC 断开后，发生短路的 Left AC 汇流条与 LVFG 断开，LDPCT 电流为零，过载条件消失，LGCU 内部的组合逻辑会重新将 Q 变高，从而导致 LGC 重新接通。

由于此时 Left AC 汇流条的短路还存在，在 LGC 重新接通后，过载条件重现，LGCU 内部的组合逻辑再次关断 LGC，如此往复，如图 2–62（b）所示。

如果用 RS 触发器，由于过载状态可以锁存，所以，即使 LGC 断开，过载条件消失，也不会导致 LGC 频繁开断，不断导致过载的现象。

2.3.2　功率开关的控制逻辑

2.3.2.1　LGC/RGC 控制逻辑

LGC 的控制逻辑要分别实现置位和复位功能：

（1）置位：LVFG 电能质量合格，相序正确，且驾驶舱 L GEN 开关处于常通位置，则 LGC 接通。

（2）复位：若电压调节器禁能，或驾驶舱的 L GEN 开关处于断开位置，或 LVFG 触发保护跳闸，则 LGC 断开。

LGC 的控制逻辑如图 2–63 所示，LGCU 会首先检测 LVFG 的电能质量是否合格，其判断依据是电压和频率是否在规定的范围内，即

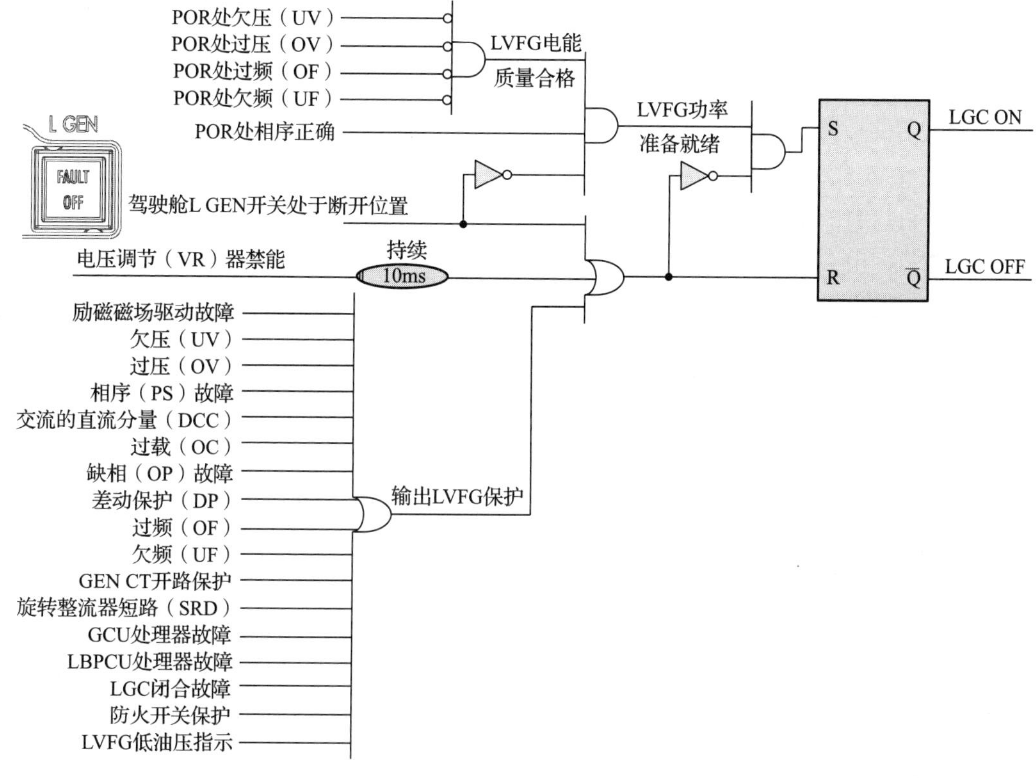

图 2-63 LGC 控制逻辑

（1）POR 处欠压（UV）条件为非（图 2-63 中 POR 处欠压输入处的小圆圈表示非，下同）。

（2）POR 处过压（OV）条件为非。

（3）POR 处过频（OF）条件为非。

（4）POR 处欠频（UF）条件为非。

上述 4 个条件同时满足，则表明 LVFG 电能质量合格。之后，LGC 再判断 LVFG 是否满足功率准备就绪条件，功率准备就绪需要同时满足以下 3 个条件：

（1）LVFG 电能质量合格。

（2）POR 处相序正确。

（3）驾驶舱 L GEN 控制开关处于常通位置。

在 LVFG 功率准备就绪逻辑为真后，如果电压调节器没有处于禁能状态，且没有发电机保护，则 LGCU 可以输出 LGC 置位状态，此时 RS 触发器的 LGC ON 为高电平，LGC OFF 为低电平。

只要下述 3 个条件中任一条件满足，则 LGCU 会输出 LGC 断开指令，即将 RS 触发器设置为复位状态：

（1）驾驶舱 L GEN 控制开关处于断开位置。

（2）LGCU 的电压调节（VR）器禁能，且持续时间超过 10ms。

（3）LGCU 输出 LVFG 保护。

当复位条件满足时，RS 触发器的 R 端设置为 1，R 输入端通过非门作用到 S 端之前的与门上，将 S 端设置为 0，此时 RS 触发器输出复位状态，LGC ON 为低电平，LGC OFF 为高电平。

LGCU 在下述条件下会输出 LVFG 保护：

（1）LGCU 励磁磁场驱动故障。

（2）LVFG 欠压（UV）。

（3）LVFG 过压（OV）。

（4）LVFG 相序（PS）故障。

（5）LVFG 交流的直流分量（DCC）超标。

（6）LVFG 过载（OC）。

（7）LVFG 缺相（OP）故障。

（8）LVFG 差动保护（DP）。

（9）LVFG 过频（OF）。

（10）LVFG 欠频（UF）。

（11）LVFG 的 GEN CT 开路保护。

（12）LVFG 的旋转整流器短路（SRD）故障。

（13）LGCU 处理器故障。

（14）LBPCU 处理器故障。

（15）LGC 闭合故障。

（16）防火开关保护。

（17）LVFG 低油压指示。

LGCU 输出的保护功能，如欠压、过压、交流的直流分量等，在本书第 1.3.1.1 节已有描述。这里需要特别提及的是 LBPCU 的故障也会导致 LGCU 输出保护将 RS 触发器输出置位。因为 LBPCU 负责左配电盘箱内交直流汇流条功率源的转换，当 LBPCU 处理器故障时，会导致汇流条功率源转换功能失败，因此，在这种情况下，不接入功率源是安全的做法。

此外，在检测到 LGC 闭合故障时，LGCU 也要将 RS 触发器输出置位。LGC 的闭合故障可以通过检测辅助触点的状态来判断，当发出接通指令，而辅助触点还处于断开状态，则判定为 LGC 闭合故障。

在 2.1.2.1 节中，讲述了防火开关与 LGC 互锁的逻辑。当防火开关按下时，LGC 会锁定在不能接通的状态。此外，在 LVFG 出现低油压告警后，LGCU 也会断开 LGC。

在 2.3.1.2 节中提到了过载发生后，RS 触发器对过载状态的锁存。这里的锁存是通过禁能 VR 来实现的。当 LGCU 检测到过载条件，还会同时禁能 VR。在 VR 禁能解除之前，RS 触发器就一直锁定在过载保护状态。

在图 2–63 中，RS 触发器的 S 端有个与门，与门有两个输入，分别是 R 端输入取反和置位条件。将 R 端取反后作为置位的必要条件，有效地避免了 R 和 S 同时为 1 的情况。

同样的逻辑也适用于 RGC。

2.3.2.2 LEPR 控制逻辑

LEPR 的接通与断开由 LBPCU 控制，同时被控制的还有驾驶舱 EXT PWR 控制开关上的“AVAIL”和“ON”指示灯。具体要实现的逻辑有：

（1）若 EP 电能质量合格，相序正确，EF 互锁成功，驾驶舱 EXT PWR 被按下，这几个条件同时满足时，则 LEPR 接通。

（2）若 EP 保护跳闸，则 LEPR 断开。

（3）EP 功率准备就绪后，若驾驶舱 EXT PWR 按钮未被按下，则点亮“AVAIL”指示灯。

（4）在“AVAIL”指示灯点亮后，按下驾驶舱 EXT PWR 按钮，则“AVAIL”指示灯熄灭，“ON”指示灯点亮。

EP 针脚的互锁确保了地面电源插头有效地插入了安装在飞机上的地面电源插座。地面电源插座共有 6 根针脚，除了 A、B、C 三相和 N 线外，还有针脚 E 和 F。在插头端，针脚 E 和 F 是短接的。而在插座端，BPCU 会在 E 针脚（Pin E）上施加一个电压（电压可以是交流也可以是直流），同时在 F 针脚（Pin F）上检测是否有电压。如图 2-64 所示，当插头有效插入插座后，由于插头侧 Pin E 和 Pin F 是短接的，所以插座侧的 Pin E 和 Pin F 也被短接。此时，BPCU 会在 Pin F 上检测到 Pin E 上所施加的电压，据此判断插头已有效插入，即满足 Pin E 和 Pin F 互锁的条件。

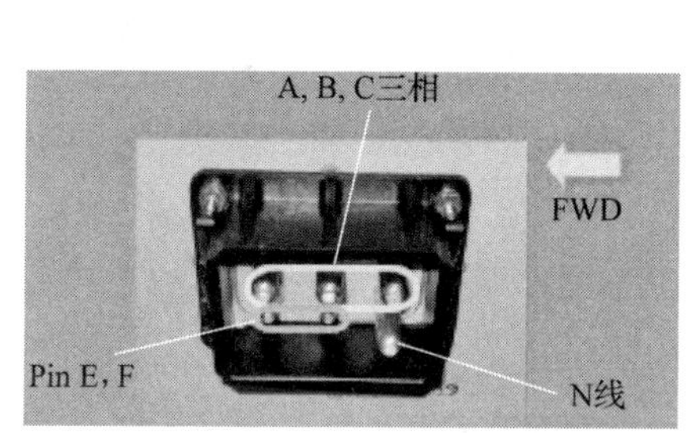

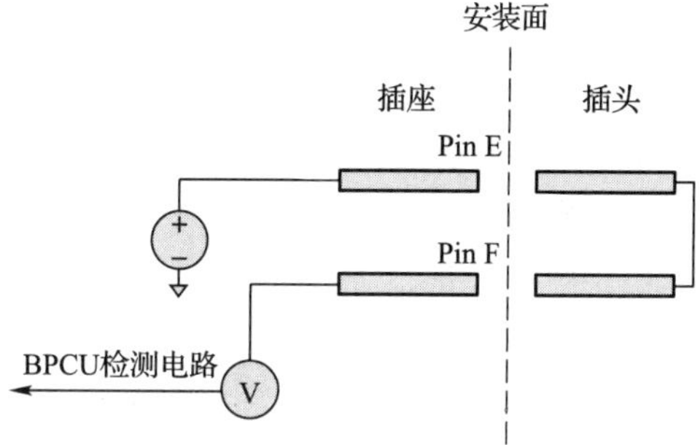

图 2-64　LBPCU 内置检测电路，用于检测地面电源插头是否有效插入

事实上，由于 Pin E 和 Pin F 的针脚长度比 A、B、C 和 N 针脚短，当 Pin E 和 Pin F 有效插入孔位，满足互锁条件时，A、B、C 和 N 针脚肯定已经可靠接触。

LEPR 的控制逻辑如图 2-65 所示，可以分为两个部分，一是 LEPR 接触器的接通和断开逻辑，二是驾驶舱 EXT PWR 控制开关上的“AVAIL”和“ON”这两个指示灯的点亮逻辑。无论是 LEPR 接触器的接通和断开逻辑，还是指示灯的点亮逻辑，都与驾驶舱控制开关 EXT PWR 的状态有关。

要接通 LEPR，首先要检测地面电源的电能质量，在下述 4 个条件同时满足时，才判定为 EP 电能质量合格：

（1）无 EP 欠压（UV）。

（2）无 EP 过压（OV）。

（3）无 EP 过频（OF）。

（4）无 EP 欠频（UF）。

除了电能质量合格外，EP 功率准备就绪还须要满足以下两个补充条件：

（1）EP 相序正确。

（2）EP 的 EF 针脚满足互锁条件。

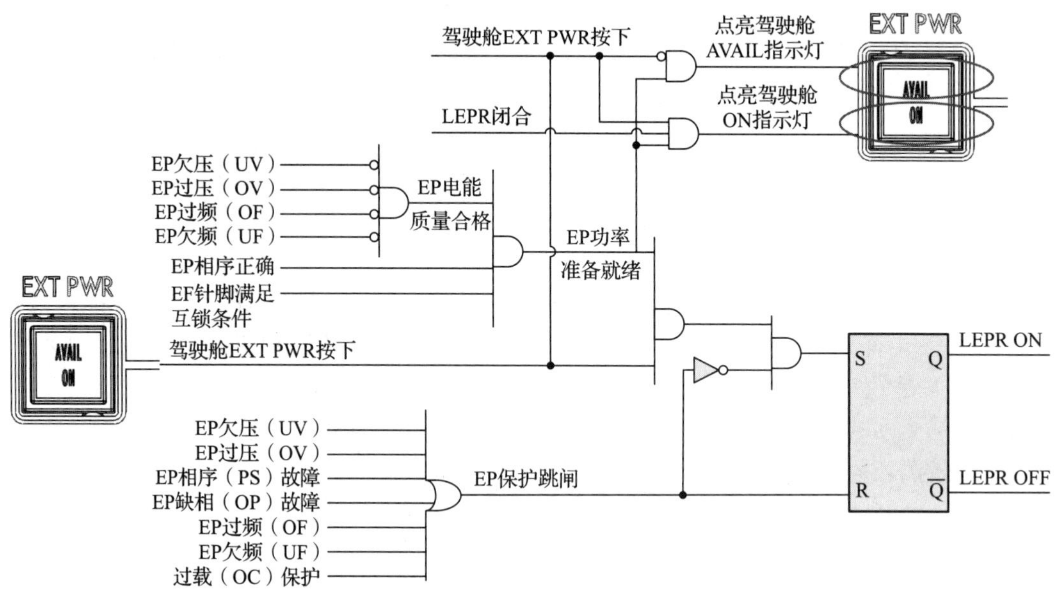

图 2-65　LEPR 控制逻辑

在 EP 功率准备就绪，且驾驶舱 EXT PWR 控制开关没有被按下时，LBPCU 会输出 EXT PWR 控制开关的“AVAIL”点亮信号。

若此时地勤人员按下了 EXT PWR 控制开关，则“AVAIL”指示灯熄灭，同时，在没有 EP 保护跳闸的情况下，RS 触发器会输出置位状态，即 LEPR ON 为高电平，LEPR OFF 为低电平。

在 LBPCU 检测到 LEPR 的辅助触点处于闭合状态后，会点亮驾驶舱 EXT PWR 控制开关上的“ON”指示灯。

在下述任一条件满足时，会触发 EP 跳闸保护：

（1）EP 欠压（UV）。

（2）EP 过压（OV）。

（3）EP 相序（PS）故障。

（4）EP 缺相（OP）故障。

（5）EP 过频（OF）。

（6）EP 欠频（UF）。

（7）过载（OC）保护。

上述各类保护跳闸条件的含义，可以参照本书 1.3.1.1 节中的解释。这里需要特别提及的是过频（OF）和欠频（UF）故障，地面电源 EXT PWR 的正常输出频率为 370～430Hz，比 LVFG 和 RVFG 范围窄（360～800Hz）。

在触发 EP 保护跳闸后，RS 触发器的 R 端电平变高。R 端同时经过一个非门输入给 S 输入前端的与门，导致 S 端电平变低，将 RS 触发器的输出设置为复位状态。这时，LEPR ON 电平变低，LEPR OFF 电平变高，LEPR 接触器被断开。

R 端与 S 输入前端的与门之间的反相器（非门）确保了 R 和 S 不可能同时为高电平（即不可能同时为 1）。

在 EP 发生保护跳闸后，由于驾驶舱 EXT PWR 控制开关还处于按下状态，即使电能质量重新检测为合格，驾驶舱内 EXT PWR 控制开关的“AVAIL”指示灯也不会被点亮。在排除跳闸故障后，松开 EXT PWR 控制开关，才能重新进入地面电源的启用流程。

EXT PWR 控制开关松开后，在检测到电能质量合格后，“AVAIL”指示灯会点亮，若相序和 EF 针脚满足互锁条件，且没有 EP 保护跳闸，则按下 EXT PWR 控制开关后，RS 触发器会重新置位，闭合 LEPR 接触器，同时熄灭“AVAIL”指示灯，点亮“ON”指示灯。

2.3.2.3 AGC 控制逻辑

如图 2-66 所示，AGC 的接通与关断决定了 APU GEN（或 ASG，即 APU 启动发电机）功率源的接入与退出，其控制逻辑要实现以下目标：

（1）若 ASG 电能质量合格，ASG 相序正确，且驾驶舱 APU GEN 开关处于常通位置，则 AGC 接通。

（2）若 ASG 保护跳闸，则 AGC 断开。

ASG 功率源接入的前提条件是电能质量合格，合格判据是同时满足下述 4 个条件：

（1）无 ASG 欠压（UV）。

（2）无 ASG 过压（OV）。

（3）无 ASG 过频（OF）。

（4）无 ASG 欠频（UF）。

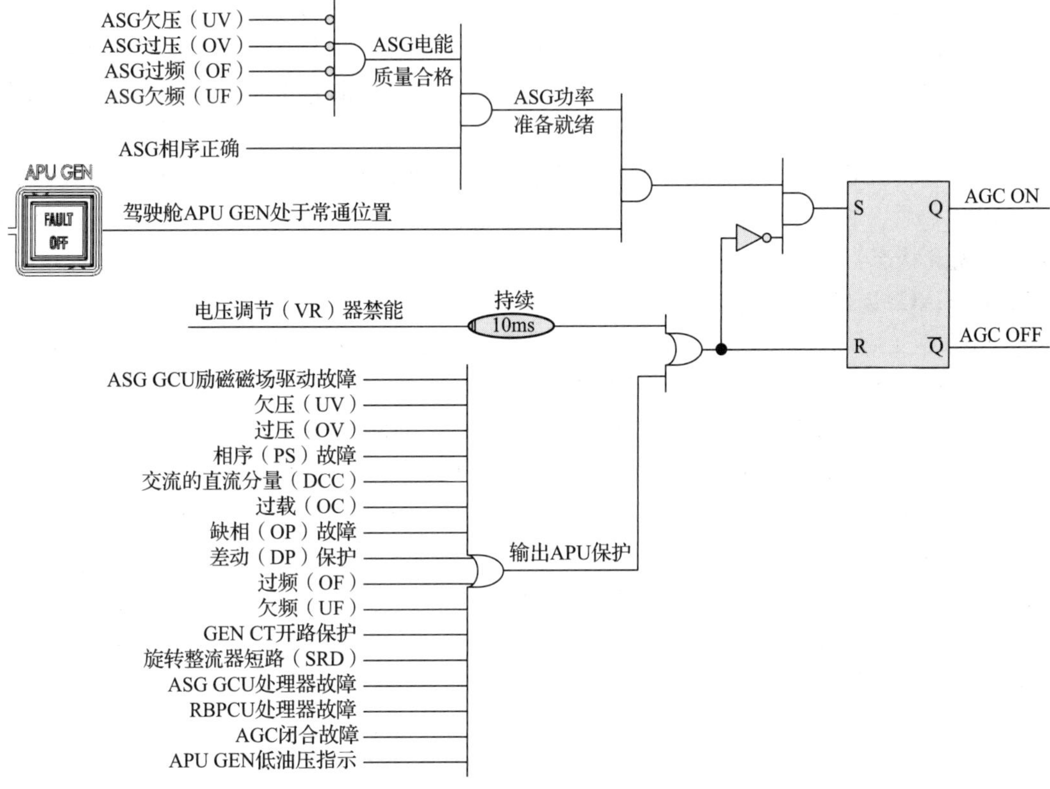

图 2-66　AGC 控制逻辑

在电能质量合格后，如果 ASG 的相序为 A—B—C，则满足 ASG 功率准备就绪条件。在功率准备就绪后，若驾驶舱 APU GEN 控制开关处于常通位置，且 VR 使能，无保护跳闸，则 RS 触发器满足置位条件，AGC ON 输出为高电平，AGC OFF 输出为低电平。

ASG 的保护跳闸在以下任一条件满足时发生：

（1）ASG GCU 励磁磁场驱动故障。

（2）输出欠压（UV）。

（3）输出过压（OV）。

（4）相序（PS）故障。

（5）交流的直流分量（DCC）超出范围。

（6）过载（OC）。

（7）缺相（OP）故障。

（8）发生差动（DP）保护。

（9）输出过频（OF）。

（10）输出欠频（UF）。

（11）GEN CT 开路保护。

（12）旋转整流器短路（SRD）故障。

（13）ASG GCU 处理器故障。

（14）RBPCU 处理器故障。

（15）AGC 闭合故障。

（16）APU GEN 低油压指示。

上述各类保护跳闸条件的含义，可以参照本书 1.3.1.1 节中的解释。这里需要特别提及的是过频（OF）和欠频（UF）故障，ASG 的正常输出频率为 360 ~ 440Hz，比 LVFG 和 RVFG 范围（360 ~ 800Hz）窄。

另外，在 RBPCU 处理器故障时，为避免 ASG 功率源接入右侧电网（AGC 与 RACTR 同时闭合）后，右侧功率不能正确被分配（控制 RTRUC、RDTC 等开关），此时 AGC 应锁定在断开状态。

2.3.2.4 LACTR 控制逻辑

LACTR 受 LGCU 的控制，LACTR 在下述任一条件满足时，可以设置为接通状态：

（1）若 LGC 处于断开状态，则 LACTR 接通。

（2）若 LGC 处于接通状态，LEPR 和 BTC 均断开，则 LACTR 接通。

（3）若 LGC 和 BTC 处于接通状态，LEPR、AGC 和 RGC 均处于断开状态，则 LACTR 接通。

在下述任一条件满足时，LACTR 应断开：

（1）LEPR 和 LGC 均处于接通状态，则 LACTR 断开。

（2）电流差动保护条件为真时，LACTR 断开。

LACTR 的控制逻辑如图 2-67 所示，上述逻辑实现的核心思想是为了避免交流功率源的并联，为此，LGCU 需要采集相关接触器的状态，如 AGC、RGC、BTC、LEPR 和 LGC 的状态，并根据这些状态的组合，判断是否有功率源并联的可能。

图 2-67 对这些逻辑组合进行了分类，分别是右侧无电源、没有来自右侧的电源和地面电源。

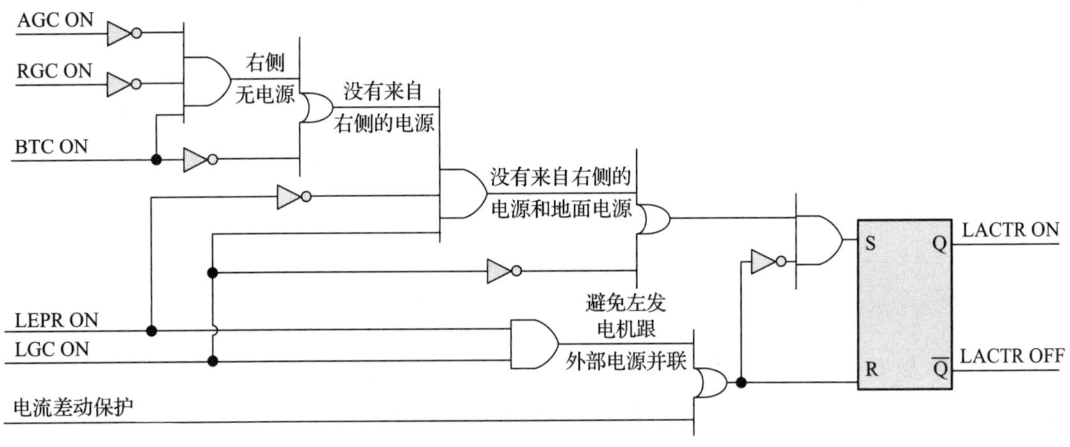

图 2–67 LACTR 控制逻辑

当下述条件均满足时，表明右侧没有电源：

（1）AGC 断开。

（2）RGC 断开。

（3）BTC 接通。

当下述两个条件中，有任一条件满足时，则表明右侧电源无法到达左侧，即此时没有来自右侧的电源：

（1）右侧无电源。

（2）BTC 断开。

在确保没有来自右侧的电源后，唯一可能导致与 LVFG 并联的功率源是地面电源，因此还要判断 LEPR 和 LGC 的状态。若 LGC 接通，则 LEPR 一定要处于断开状态，才能让 RS 触发器置位，输出 LACTR 接通指令；若 LGC 断开，则无论 LEPR 是否接通，都可以接通 LACTR。

LACTR 的断开逻辑有两个，只要其中任一条件满足都可以将 RS 触发器复位，输出 LACTR 断开指令：

（1）LEPR 和 LGC 同时闭合。

（2）左配电盘箱触发差动保护。

其中，左配电盘箱触发差动保护的逻辑在 2.5.1 节中描述，差动保护由 LBPCU 检测，它会将检测结果发送给 LGCU，用于控制 LACTR 的断开。

2.3.2.5 RACTR 控制逻辑

如图 2–68 所示，与 LACTR 类似，RACTR 的逻辑控制的核心思想是要避免交流源的并联。其中，RACTR 接通的逻辑为：

（1）若 RGC 断开，则 RACTR 接通。

（2）若 RGC 接通，且 AGC 和 LEPR 处于断开状态，则 RACTR 接通。

而 RACTR 的断开逻辑为：

（1）若 AGC 和 RGC 均接通，则 RACTR 断开。

（2）若 RBPCU 检测到电流差动保护，则 RACTR 断开。

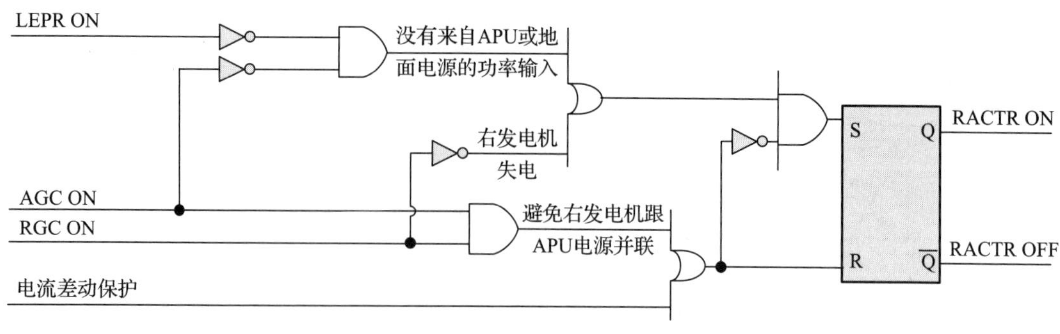

图 2-68 RACTR 控制逻辑

LACTR 由 LGCU 控制，LBPCU 只检测其状态，不控制其接通和断开；而 RACTR 则由 RBPCU 和 RGCU 双重控制，其中，RBPCU 是主控，RGCU 是从控。

当 LEPR 和 AGC 均处于断开状态时，表明没有来自 APU 或地面电源的功率源。此时，唯一不确定的是 LVFG 是否接入电网，分以下两种情况来讨论：

（1）LACTR 接通，根据 LACTR 的置位逻辑，此时要么 LGC 处于断开位置，要么左右侧的电源没有因 LACTR 接通而导致并联的风险，所以此时即使接通 RACTR，也不会有左右侧功率源的并联。

（2）LACTR 断开，此时，接通 RACTR 也不会导致 LVFG 与右侧电源的并联。

因此，只要 LEPR 和 AGC 均处于断开状态，则无论 LACTR 接通与否，接通 RACTR 不会导致 LVFG 与 RVFG 并联。

RACTR 的另一个接通条件是 RGC 断开，这一点与 LACTR 类似，只有 LGC 断开，则 LACTR 就可以接通。

RACTR 断开的条件有两个，在下述两个条件中，只要任一条件满足，则 RACTR 应处于断开状态。

（1）AGC 和 RGC 同时接通，此时如果再接通 RACTR，会导致 ASG 与 RVFG 的并联，所以 RACTR 必须断开。

（2）当发生电流差动保护时，RACTR 也需要断开，进行故障隔离。

此时的差动保护由安装在右配电盘箱的 RBPCU 检测并判别，具体的判别逻辑在 2.5.1 节中描述。

2.3.2.6 BTC 控制逻辑

BTC 功率开关受 LBPCU 和 RBPCU 的双重控制，其中 RBPCU 是主控，LBPCU 是从控。

BTC 功率开关主要是为了防止左侧功率源（LVFG 与 EXT PWR）与右侧功率源（ASG 和 RVFG）之间的非预期并联。当没有并联风险时，该开关缺省状态下是闭合的。

如图 2-69 所示，BTC 在下述条件均满足的情况下可以设置为接通状态：

（1）驾驶舱 NORM BUS TIE 开关处于常通位置。

（2）AGC 与 LEPR 中至少有一个开关处于断开位置。

BTC 在下述任一条件满足时应处于断开状态：

（1）AGC 与 LEPR ON 同时接通。

（2）RBPCU 检测到右配电盘箱内电流差动保护条件满足。

（3）驾驶舱 NORM BUS TIE 开关处于断开位置（被按下）。

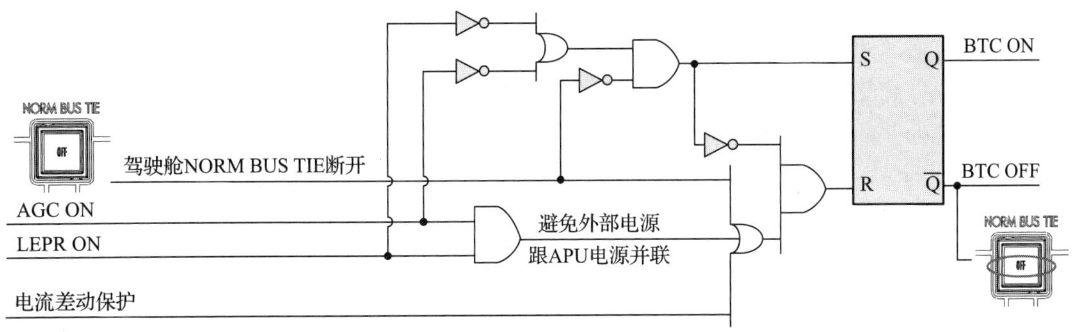

图 2-69 BTC 控制逻辑

这里需要特别提及的是位于驾驶舱 NORM BUS TIE 控制开关，当其处于常通位置时，BTC 开关受 RBPCU/LBPCU 控制。当 NORM BUS TIE 开关被按下，即对应的开关信号处于断开位置时，BTC 会被锁定在断开位置。

AGC 和 LEPR 中任意一个开关处于断开位置时，BTC 会接通，这样可以减少功率源转换期间开关的操作次数。比如，当 AGC 接通，LEPR 断开，而 LVFG 故障，Left AC 汇流条须要将功率源切换到 ASG 时，由于 BTC 已经接通，此时，只需接通 LACTR 这一个开关，Left AC 汇流条即可重新获得功率输入。

若驾驶舱的 NORM BUS TIE 开关被按下，则 BTC 被断开的同时，NORM BUS TIE 控制开关上的“OFF”指示灯也会被点亮。

2.3.2.7 LACETR/RACETR 控制逻辑

LACETR/RACETR 选用的是转换型的接触器，在缺省状态下，RACETR 接通，LACETR 断开。当 LTRU 失效（故障）时，L DC ESS 汇流条在闭合 LETR 后，从 ETRU 获取功率输入。ETRU 的功率来自 AC Essential 汇流条，后者缺省的功率输入为 Right AC 汇流条。为了在 LTRU 故障后，平衡 Left AC 和 Right AC 汇流条的功率负荷，此时将 LACETR 接通，RACETR 断开，即把 AC Essential 汇流条挂接到 Left AC 汇流条上。

在 LTRU 故障恢复后，为避免开关的频繁切换导致负载供电中断，LACETR 接触器保持接通位置。

LACETR 和 RACETR 的控制逻辑始终是互补的，即 LACETR 接通，则 RACETR 断开，反之亦然，如图 2-70 所示。

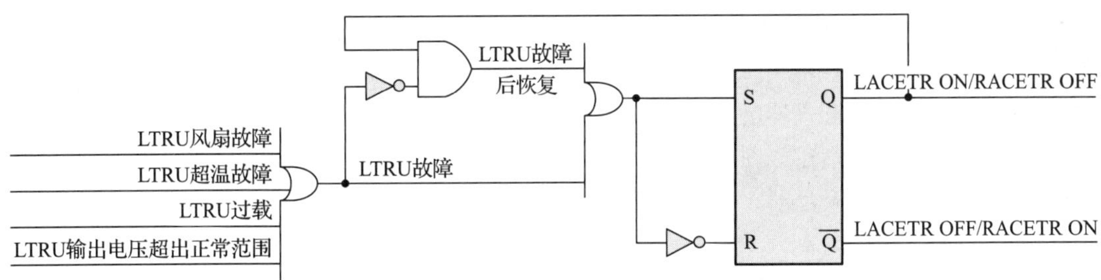

图 2-70 LACETR/RACETR 控制逻辑

在 LTRU 发生故障之前，LACETR 断开，RACETR 接通，通过检测 LACETR 的辅助触点，可以判断其接通和断开状态。当 LACETR 断开时，其状态会反馈给“LTRU 故障后恢复”判断逻辑（为 2 输入与门）的输入端，对应的输入为 0，则逻辑与门的输出也为 0，由于 LTRU 无故障，因此 RS 触发器不满足置位条件，会输出复位状态，LACETR 断开，RACETR 接通。

当 LTRU 故障后，RS 触发器 S 端前的或门置位，R 端在反相器的作用下输入变为 0，满足置位条件，LACETR 接通，RACETR 断开。

下述 4 种条件，有任一条件满足时，就判定为 LTRU 故障：

（1）LTRU 风扇故障。

（2）LTRU 超温故障。

（3）LTRU 过载。

（4）LTRU 输出电压超出正常范围。

在 LTRU 故障恢复后，比如过载条件消失（通过调用卸载逻辑），LACETR 应保持在接通状态。LTRU 故障条件为假（输出为 0），经过反相器作用在“LTRU 故障后恢复”与门上，由于此时反馈的 LACETR 辅助触点为接通，即为高电平，因此“LTRU 故障后恢复”与门输出为高，RS 触发器满足置位条件，LACETR 维持在接通状态不变。

2.3.2.8 ETRUC 控制逻辑

如图 2–71 所示，在下述三个条件同时满足时，ETRUC 应接通：

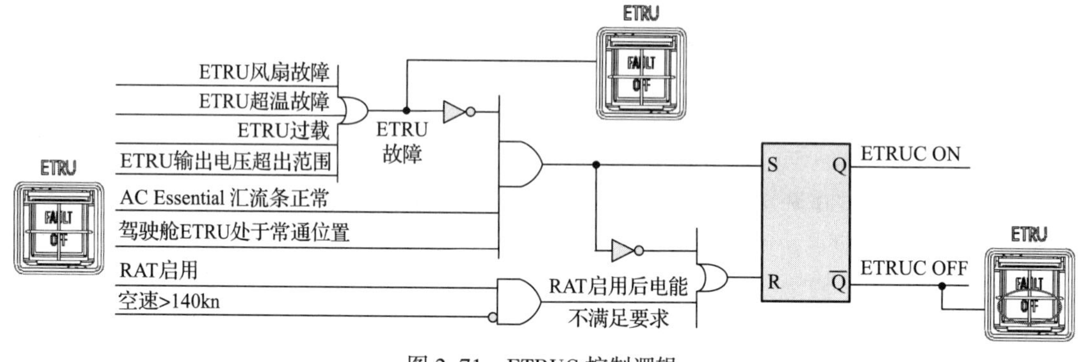

图 2–71　ETRUC 控制逻辑

（1）ETRU 正常。

（2）AC Essential 汇流条正常。

（3）驾驶舱 ETRU 控制开关处于常通位置。

这里需要特别提及的是驾驶舱内的 ETRU 控制开关，正常情况下，该控制开关处于常通位置，当 EMPC 检测到 ETRU 故障时，会点亮 ETRU 控制开关上的“FAULT”指示灯，如果此时按下 ETRU 控制开关，则 ETRU 控制开关断开，RS 触发器满足复位条件，会断开 ETRUC，即在 RS 触发器的 ETRUC ON 输出端置 0，ETRUC OFF 输出端置 1，同时点亮 ETRU 控制开关上的“OFF”指示灯。

在下述任一条件满足时，ETRUC 应断开：

（1）ETRU 故障。

（2）AC Essential 汇流条掉电。

（3）驾驶舱的 ETRU 控制开关处于断开位置。

（4）RAT 启用，且空速≤ 140kn，即 RAT 启用后输出的电能质量不能满足要求。

其中 AC Essential 汇流条掉电与否可以通过对应的交流随动继电器判断，当汇流条有电时，对应的交流随动继电器主触点会接通，反之会断开。

与 LTRU 故障类似，ETRU 的故障条件有 4 种，只要下述任一条件满足，则故障条件为真：

（1）ETRU 风扇故障。

（2）ETRU 超温故障。

（3）ETRU 过载。

（4）ETRU 输出电压超出范围。

2.3.2.9 L/RTRUC 与 L/RDTC 控制逻辑

如图 2–72 所示，LTRUC 和 LDTC 的控制逻辑是同开同关的，在下述两个条件同时满足时，LTRUC/LDTC 接通：

（1）LTRU 正常。

（2）Left AC 汇流条正常。

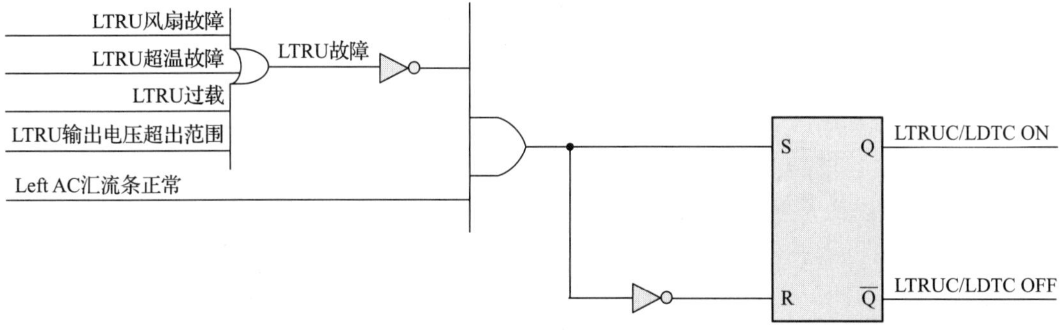

图 2–72　LTRUC/LDTC 控制逻辑

类似地，可以通过交流随动继电器检测 Left AC 汇流条是否正常。当下述任一条件满足时，LTRUC/LDTC 接触器会断开：

（1）LTRU 故障。

（2）Left AC 汇流条异常（掉电）。

如前所述，LTRU 的故障条件有 4 种，分别是风扇故障、超温故障、过载和输出电压超出范围。

如图 2–73 所示，在 RTRUC/RDTC 的控制逻辑中，除了 RTRU 是否故障和 Right AC 汇流条是否正常这两个条件外，还加入了 TSC 的状态判断。TSC 接通意味着电源系统在通过 RTRU 启动 APU，这时需要断开 RTRUC/RDTC。

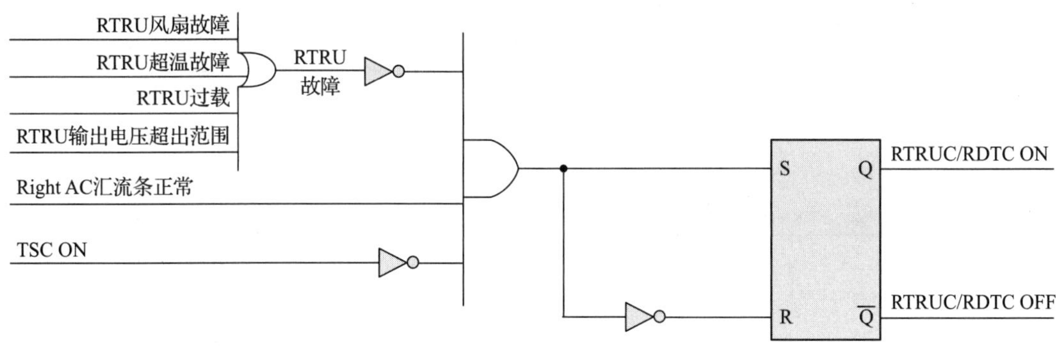

图 2–73　RTRUC/RDTC 控制逻辑

具体而言，RTRUC/RDTC 在下述三个条件同时满足时接通：

（1）RTRU 正常。

（2）Right AC 汇流条正常。

（3）TSC 处于断开状态。

而在下述任一条件满足时，RTRUC/RDTC 断开：

（1）RTRU 故障。

（2）Right AC 汇流条故障（掉电）。

（3）TSC 开关接通。

与 LTRU 类似，RTRU 的故障条件包括风扇故障、超温故障、过载和输出电压超范围这 4 种情况。Right AC 汇流条的正常与否可以通过对应的交流随动继电器来检测。

2.3.2.10　DTC 控制逻辑

DTC 控制开关受 LBPCU 和 RBPCU 的共同控制，其中 LBPCU 是主控制器，RBPCU 是从控制器。

DTC 用于连接 Left DC 汇流条和 Right DC 汇流条，在 LTRU 和 RTRU 任意一个发生故障时，DTC 接通，因 TRU 故障而掉电的汇流条可以从另一侧汇流条获取功率输入。在通过 RTRU 启动 APU 期间，由于 RTRUC 和 RDTC 均断开，Right DC 汇流条掉电，此时，通过闭合 DTC，可以从邻近的 Left DC 汇流条重新获得功率输入。

此外，在飞机驾驶舱还有 NORM BUS TIE 控制开关，在默认状态下，该开关处于常通位置，此时 DTC 受 BPCU 的自动控制。当该开关被按下时，DTC 被锁定在断开位置。BPCU 在输出 DTC 断开指令时，会同时点亮 NORM BUS TIE 控制开关上的“OFF”指示灯。

DTC 的控制逻辑如图 2-74 所示，在下述两个条件同时满足时，DTC 接通：

（1）驾驶舱 NORM BUS TIE 开关处于常通位置。

（2）下述三个条件有一个条件满足：

①仅 RTRU 故障。

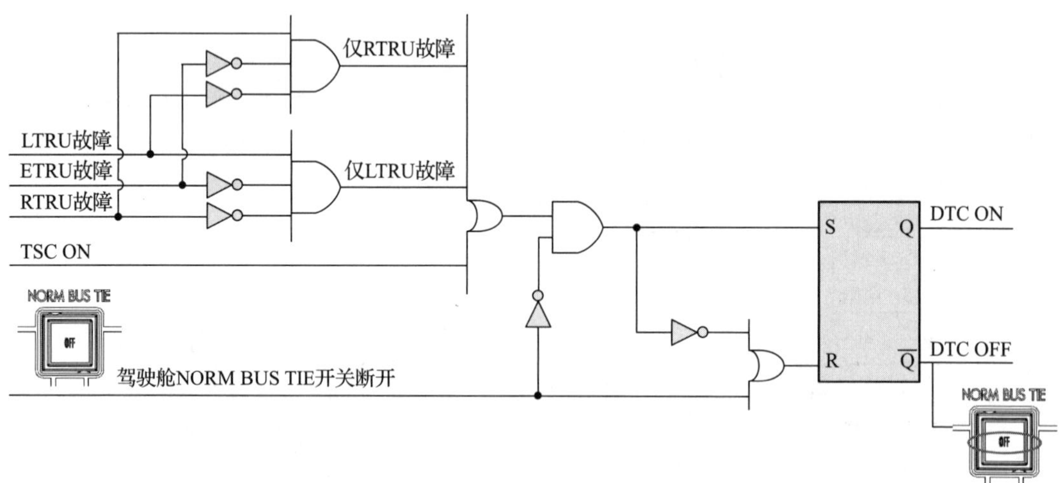

图 2-74　DTC 控制逻辑

②仅 LTRU 故障。

③ TSC 开关处于接通状态。

在下述任一条件满足时，DTC 断开：

（1）驾驶舱 NORM BUS TIE 开关处于断开位置（被按下）。

（2）下述所有条件均不满足：

①仅 RTRU 故障。

②仅 LTRU 故障。

③ TSC 开关处于接通状态。

2.3.2.11 LETR 控制逻辑

LETR 由 LBPCU 和 EMPC 共同控制，其中，LBPCU 是主控，EMPC 是从控。如图 2–75 所示，LETR 在下述任一条件满足时接通：

（1）应急供电（仅蓄电池）模式。

（2）LTRU 故障。

（3）RTRU 和 ETRU 故障。

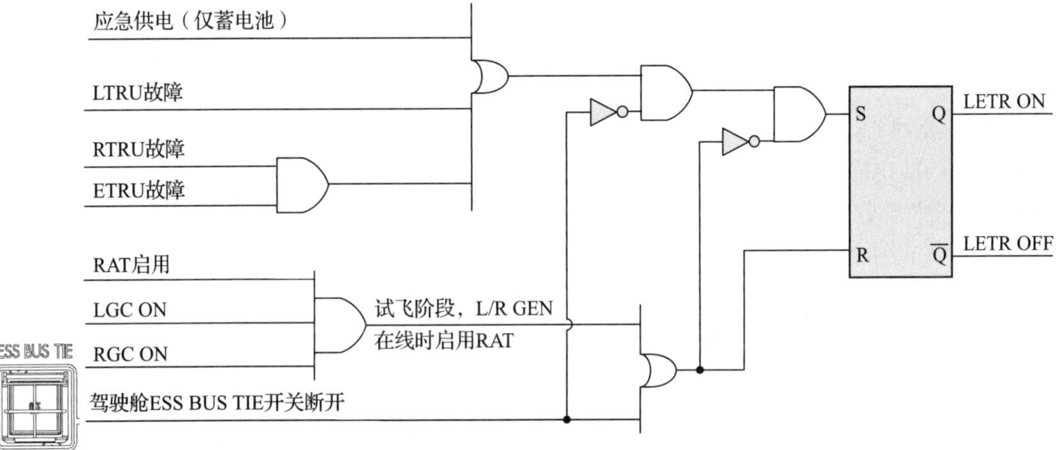

图 2–75 LETR 控制逻辑

其中，应急供电（仅蓄电池）模式指的是在空中，左右交流汇流条和应急交流汇流条均掉电的情况。如图 2–76 所示，在下述 4 个条件同时满足时，才能进入应急供电（仅蓄电池）模式：

（1）Left AC 汇流条掉电。

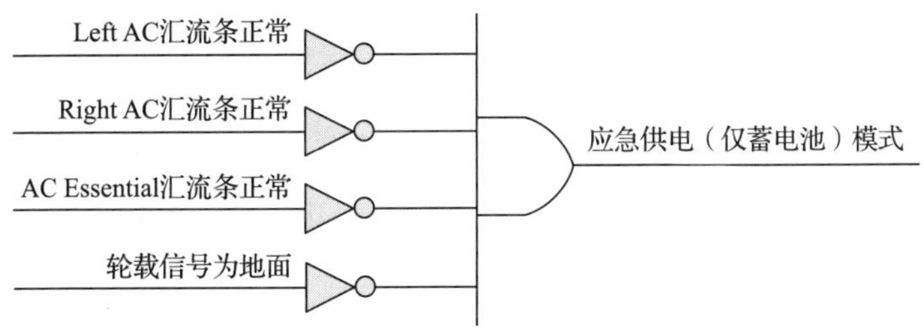

图 2–76 应急供电（仅蓄电池） 模式的判别

（2）Right AC 汇流条掉电。

（3）AC Essential 汇流条掉电。

（4）飞机处于空中（轮载信号为空中）。

LETR 有两种复位条件。一种是在试飞模式下启用 RAT，此时 LVFG 和 RVFG 均处于正常工作状态，即 LGC 和 RGC 均处于接通状态下启用 RAT；还有一种情况是驾驶舱 ESS BUS TIE 控制开关处于断开状态。

RAT 启用在飞机的生命周期中是比较罕见的，通常在双发电机失效的情况下才由飞行员通过驾驶舱的控制开关将 RAT 放下。在试飞过程中，出于对飞行员生命安全的考虑，一般不会设定双发电机失效的工作场景，但依然需要检测 RAT 的工作情况。因此，在试飞过程中，允许在双发电机正常的情况下释放 RAT。此时，LETR 要强制断开。

LETR 另一个被强制断开的逻辑是驾驶舱的 ESS BUS TIE 控制开关被按下，即 ESS BUS TIE 控制开关处于断开位置，此时与之相关的联结开关都要锁定在断开位置，包括 LETR、RETR、ETC。

由于有多个开关受 ESS BUS TIE 控制，所以 ESS BUS TIE 上的“OFF”指示灯不是通过检测 LETR 等开关的断开状态而点亮的，而是“自点亮”的。即当 ESS BUS TIE 开关被按下时，“OFF”指示灯会自动被点亮。为此，需要在 ESS BUS TIE 开关的电路设计上作特殊的考虑，“OFF”指示灯的 LED 一端连接 28V DC 电源，另一端连接到 ESS BUS TIE 控制开关的一组常开触点上，该常开触点接电源地。当开关没有被按下时，“OFF”指示灯的 LED 因为没有从 28V DC 到电源地的电流回路，不会被点亮；当 ESS BUS TIE 开关被按下时，连接 LED 的常开触点闭合，连接到电源地，LED 获得从 28V DC 到电源地的电流通路，从而被点亮。这种点亮方式称为“自点亮”。

如图 2-77 所示，ESS BUS TIE 开关（以及之前的 NORM BUS TIE 等开关）是一种常见的带灯按压开关（Push Button Annunciator，PBA）。当开关被按下时，可以通过特定的电路设置，将 PBA 上的 LED 指示灯点亮，实现 PBA 的“自点亮”。

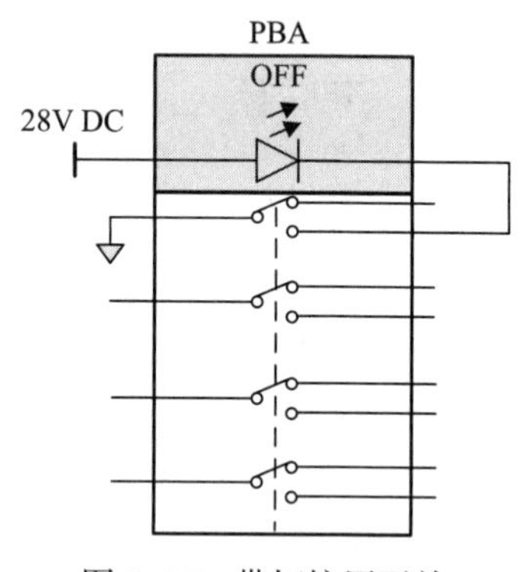

图 2-77　带灯按压开关（PBA）的自点亮方式

2.3.2.12　RETR 控制逻辑

如图 2-78 所示，RETR 受 RBPCU 和 EMPC 的双重控制，其中 EMPC 是主控制器，RBPCU 是从控制器。

RETR 在下述任一条件满足的情况下接通：

（1）应急供电（仅蓄电池）模式。

（2）RTRU 故障。

（3）LTRU 和 ETRU 故障。

其中，应急供电（仅蓄电池）模式的判别逻辑见图 2-76。与 LETR 类似，当需要在试飞阶段启用 RAT 时，RETR 要强制处于断开状态。

当驾驶舱的 ESS BUS TIE 控制开关被按下，即处于断开位置时，RETR 也要被断开。

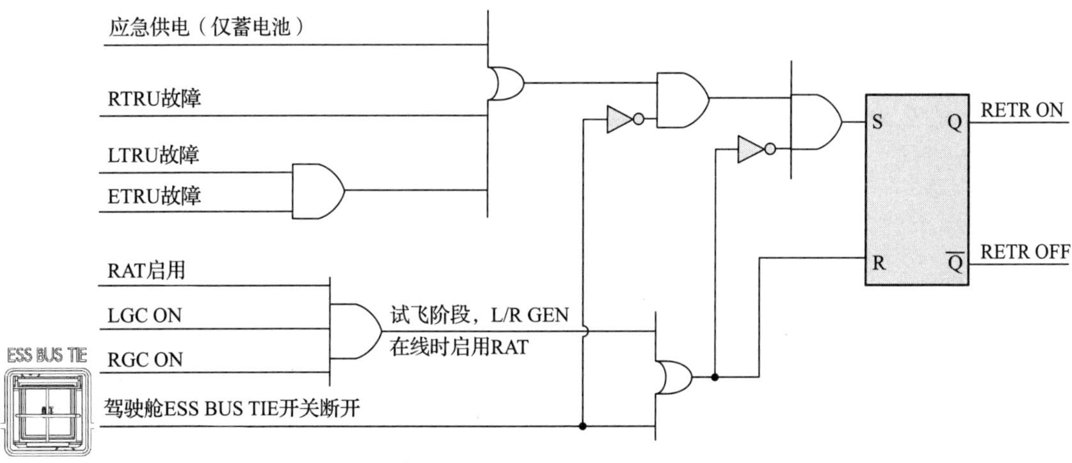

图 2-78　RETR 控制逻辑

2.3.2.13　ETC 控制逻辑

ETC 受 RBPCU 和 EMPC 的双重控制，其中 EMPC 是主控制器，RBPCU 是从控制器。如图 2-79 所示，在驾驶舱 ESS BUS TIE 的开关处于常通位置，且下列任一条件满足时，ETC 应设置为接通状态：

（1）应急供电（仅蓄电池）模式。

（2）超过两个 TRU 故障（对应图 2-79 中的任意两个 TRU 故障，或三个 TRU 同时故障）。

类似地，ETC 的断开条件也有两个：

（1）试飞模式下，LVFG 和 RVFG 同时工作时启用 RAT。

（2）驾驶舱 ESS BUS TIE 开关断开（被按下）。

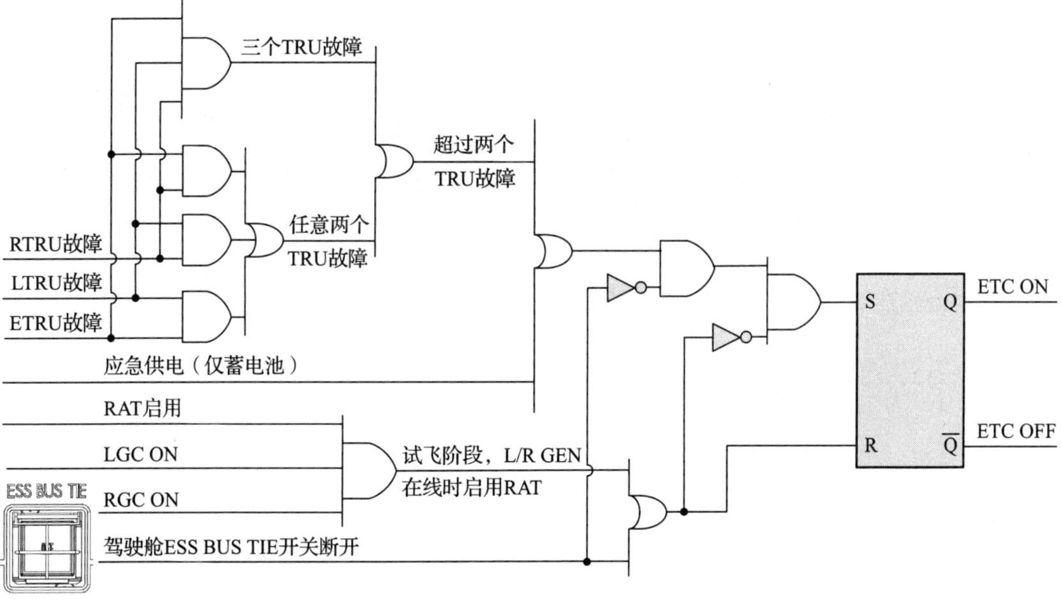

图 2-79　ETC 控制逻辑

2.3.2.14 FC BR 控制逻辑

FC BR 由 EMPC 控制，用于将飞控蓄电池连接到飞控（Flight Controls）汇流条，给飞控计算机供电。如图 2-80 所示，在地面电源供电——地面服务模式下，或者在飞机处于冷态情况下，FC BR 开关是断开的。此外，驾驶舱还有 MAIN BATT 控制开关和 APU BATT 控制开关，只要任一控制开关处于断开状态（被按下时），FC BR 也锁定在不能接通状态。

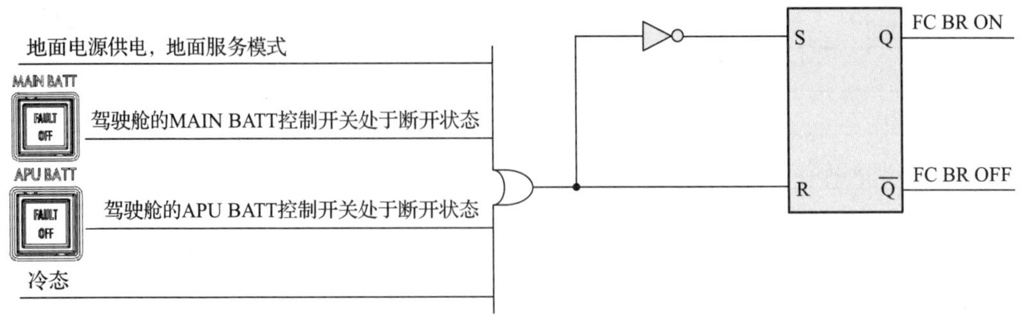

图 2-80 FC BR 控制逻辑

在其余的情况下，FC BR 都处于接通状态。

为避免 RS 触发器输入端出现同时为 1 的状态，RS 输入端加入了保证逻辑互补的反相器。

2.3.2.15 LBLC/RBLC 控制逻辑

前一节提到了 MAIN BATT 和 APU BATT 控制开关，位于驾驶舱操控面板上的 MAIN BATT 控制开关用于控制主蓄电池与 L DC ESS 汇流条的连接，以及飞控蓄电池与飞控汇流条的连接。当主蓄电池控制开关处于常通位置时（未按下），系统受 LBPCU 的自动控制；当主蓄电池控制开关断开时，LBLC 和 FC BR 被锁定在不能接通的状态。

正常情况下，MAIN BATT 控制开关上的“FAULT”和“OFF”指示灯都不亮；当 LBPCU 检测到主蓄电池故障时，“FAULT”指示灯点亮；当 MAIN BATT 控制开关断开时，“OFF”指示灯点亮。

MAIN BATT 控制开关上的“FAULT”指示灯由 LBPCU 负责检测并点亮，而“OFF”指示灯则受 PBA 按压的控制，采用的是“自点亮”的逻辑。

当驾驶舱 MAIN BATT 控制开关处于断开位置（被按下）时，LBLC 被锁定在断开位置。

如图 2-81 所示，在下述两个条件同时满足时，LBLC 接通：

（1）驾驶舱 MAIN BATT 控制开关处于常通位置。

（2）电源系统处于应急供电（仅蓄电池模式）。

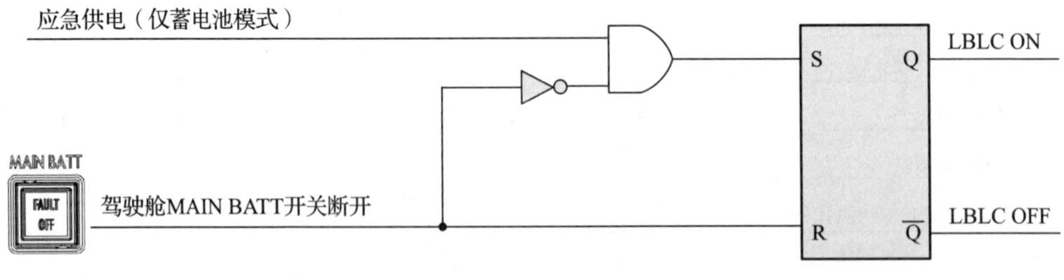

图 2-81 LBLC 控制逻辑

除了 MAIN BATT 控制开关外，驾驶舱操控面板上还有 APU BATT 控制开关。APU BATT 控制开关用于控制 APU 蓄电池和 R DC ESS 的连接，以及飞控蓄电池与飞控汇流条的连接。

当 APU BATT 控制开关处于常通位置（未被按下）时，系统受 BPCU 的自动控制；当 APU BATT 控制开关处于断开位置（被按下）时，RBLC 被锁定在断开位置。

正常情况下，APU BATT 控制开关上的“FAULT”和“OFF”指示灯都不亮；当 RBPCU 检测到 APU 蓄电池故障时，“FAULT”指示灯点亮；当 APU BATT 控制开关被按下时，“OFF”指示灯点亮。“OFF”指示灯采用的是自点亮逻辑。

如图 2-82 所示，当驾驶舱操控面板上的 APU BATT 控制开关断开（被按下）时，RBLC 断开；在下述两个条件同时满足时，RBLC 接通：

（1）驾驶舱 APU BATT 开关处于常通位置（未被按下）。

（2）电源系统处于应急供电（仅蓄电池）模式。

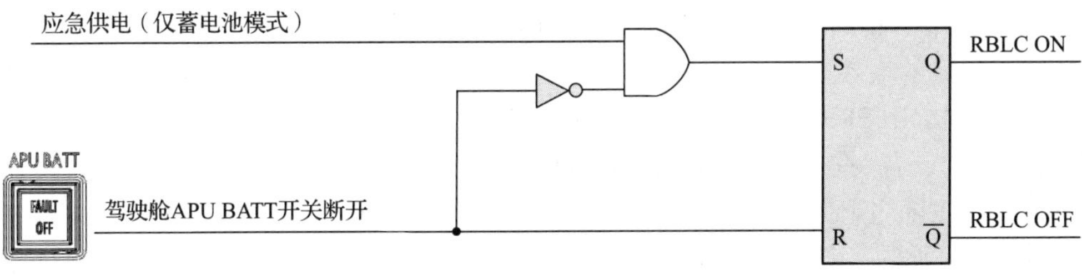

图 2-82　RBLC 控制逻辑

2.3.2.16　BSC/TSC 控制逻辑

BSC 和 TSC 开关均由 RBPCU 控制，两个开关的接通与断开逻辑取决于当前的 APU 启动模式，其中 TSC 的控制逻辑如图 2-83 所示：

（1）在 RTRU 支持的 APU 启动模式下，TSC 接通 /BSC 断开。

（2）其余：TSC 断开。

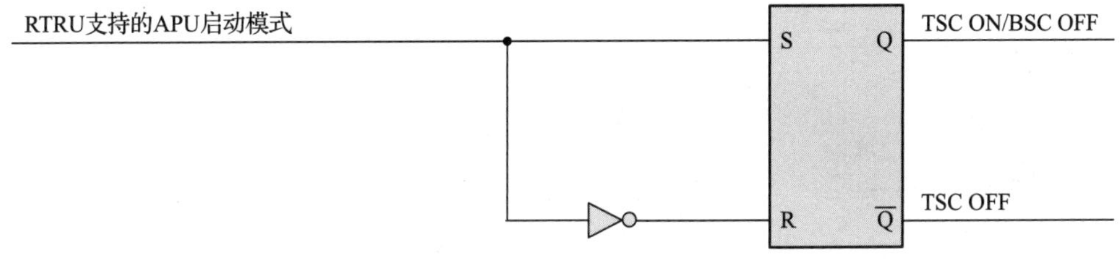

图 2-83　TSC 控制逻辑

这里需要注意的是 TSC 接通时，BSC 必须断开，但 TSC 断开时 BSC 未必接通，而是取决于当前的工作模式。如果不处于 APU 蓄电池支持的 APU 启动模式，则 BSC 也是断开的。

BSC 的控制逻辑如图 2-84 所示：

（1）在 APU 蓄电池支持的 APU 启动模式下，BSC 接通，TSC 断开。

（2）其余：BSC 断开。

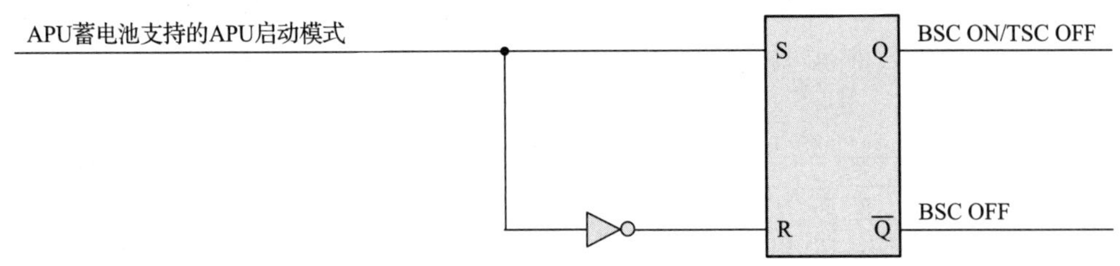

图 2-84　BSC 控制逻辑

与 TSC 的控制逻辑类似，当 BSC 接通时，TSC 必须断开，但 BSC 断开时，TSC 不一定接通。TSC 是否接通取决于当前是否处于 RTRU 支持的 APU 启动模式。

2.3.2.17　GSTC 控制逻辑

GSTC 开关用于控制地面服务汇流条的功率输入源，正常情况下，AC 地面服务汇流条从 Left AC 汇流条取电，在地面服务模式下，则从地面电源取电。

在 2.1.1.2 节中提到了位于客舱的乘务员面板，面板上的“GROUND SERVICE”按钮是地面服务模式的输入条件。它是一个瞬动的按压开关，当初次按下时，表示进入地面服务模式，“GROUND SERVICE”按钮上的指示灯，以及“GROUND SERVICE ON”指示灯会同时点亮。当再次按下“GROUND SERVICE”按钮时，表示退出地面服务模式，两个对应的指示灯也随之熄灭。

如图 2-85 所示，每次按下瞬动开关会向 LBPCU 发送一个脉冲信号，LBPCU 内部的 T 触发器（当 T 端置 1 时）会跟随输入脉冲周期的翻转，使得输出的地面服务模式在“TRUE”和“FALSE”之间切换。

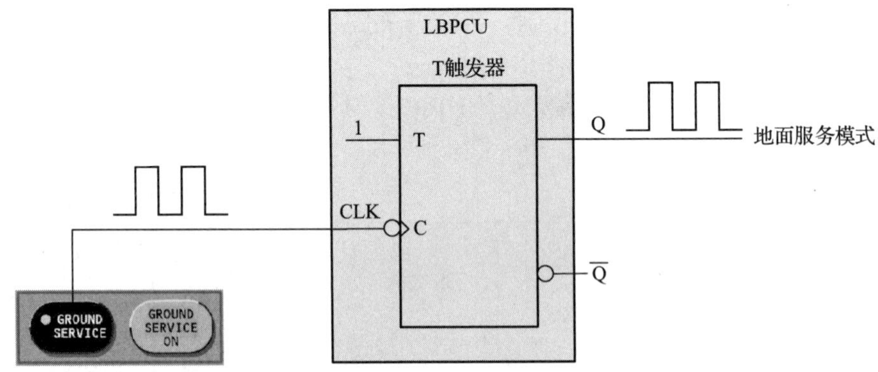

图 2-85　地面服务模式

GSTC 的控制逻辑如图 2-86 所示，在下述条件满足时，RS 触发器输出为 1，GSTC 从地面电源获取功率输入，同时“GROUND SERVICE”和“GROUND SERVICE ON”上的指示灯点亮：

（1）地面电源电能质量合格。

（2）地面电源相序正确。

（3）地面电源插座 E、F 针脚互锁成功。

（4）Left AC 汇流条失电。

（5）地面服务模式为真。

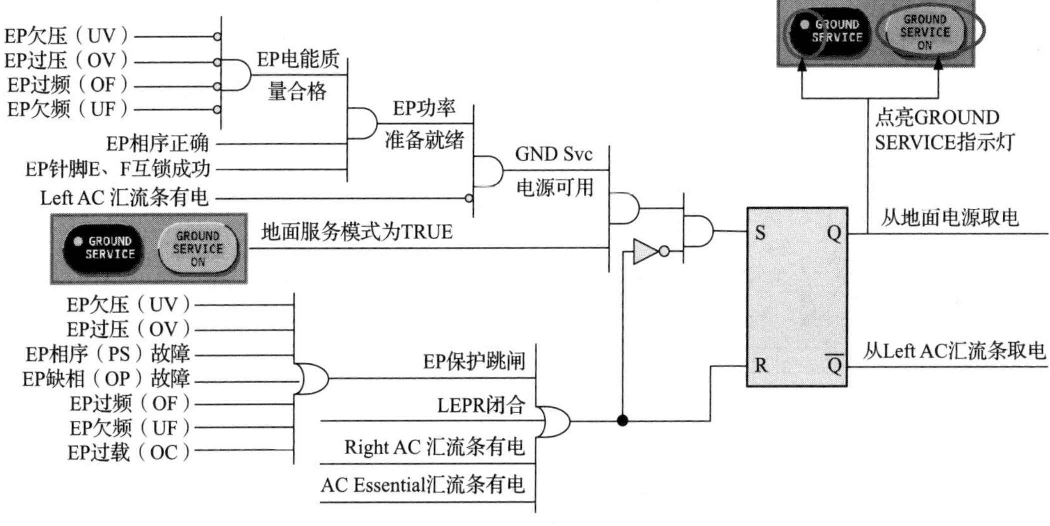

图 2-86　GSTC 控制逻辑

在下述任一条件满足时，GSTC 从 Left AC 汇流条获取功率输入，同时“GROUND SERVICE”和“GROUND SERVICE ON”上的指示灯熄灭：

（1）地面电源保护跳闸。

（2）LEPR 闭合。

（3）Left AC 汇流条上电。

（4）Right AC 汇流条上电。

（5）AC Essential 汇流条上电。

其中，地面电源保护跳闸的条件与 LEPR 控制逻辑中的描述一致，包括 EP 过压、欠压、过载、过频、欠频、相序故障和缺相故障这几种情况。

在图 2-86 中，“GROUND SERVICE”缺少“AVAIL”指示灯，也可以参照驾驶舱 EXT PWR 的设计，在控制开关上设置“AVAIL”和“ON”指示灯，用于指示地面电源的就绪状态。否则，如果按下“GROUND SERVICE”按钮，但地面电源未准备就绪（比如因为电能质量不合格），此时指示灯不会点亮。

2.3.2.18　DC GSTC 控制逻辑

与 GSTC 类似，DC GSTC 用于控制 DC 服务汇流体的功率源，在缺省的情况下，DC 服务汇流条从 Left DC 汇流条取电；当客舱服务面板上的“GROUND SERVICE”按钮按下，进入地面服务模式时，若地面服务条件满足，则 DC 服务汇流条从 LTRU 获取功率输入。

DC GSTC 的控制逻辑如图 2-87 所示，在下述条件满足时，RS 触发器输出为 1，DC GSTC 从 LTRU 获取功率输入，同时“GROUND SERVICE”和“GROUND SERVICE ON”上的指示灯点亮：

（1）地面电源电能质量合格。

（2）地面电源相序正确。

（3）地面电源插座 E、F 针脚互锁成功。

（4）Left AC 汇流条失电。

（5）地面服务模式为真。

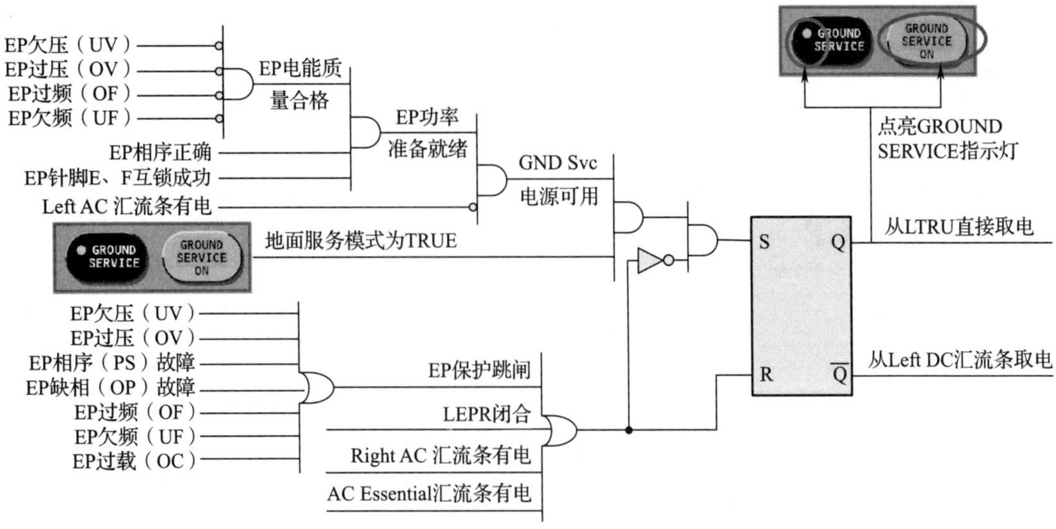

图 2-87　DC GSTC 控制逻辑

在下述任一条件满足时，DC GSTC 从 Left DC 汇流条获取功率输入，同时“GROUND SERVICE”和“GROUND SERVICE ON”上的指示灯熄灭：

（1）地面电源保护跳闸。

（2）LEPR 闭合。

（3）Left AC 汇流条上电。

（4）Right AC 汇流条上电。

（5）AC Essential 汇流条上电。

其中，地面电源保护跳闸的条件与 LEPR 控制逻辑中的描述一致，包括 EP 过压、欠压、过载、过频、欠频、相序故障和缺相故障这几种情况。

2.3.2.19　RGLC 控制逻辑

RGLC 用于控制 AC Essential 汇流条的功率输入。当 RAT 启用并正常运行时，AC Essential 由 RAT 发电机供电；反之，则由 Left AC 或 Right AC 汇流条供电。

如图 2-88 所示，在下述条件均满足的情况下，RAT 会自动释放：

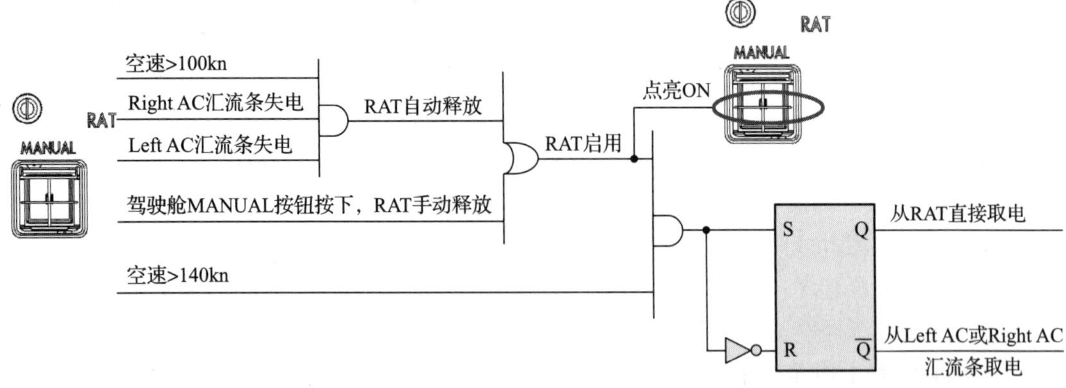

图 2-88　RGLC 控制逻辑

（1）空速大于 100kn（约 185.2km/h）。

（2）Right AC 汇流条失电。

（3）Left AC 汇流条失电。

RAT 除了自动释放外，还可以在驾驶舱通过控制 MANUAL 控制开关，将 RAT 手动释放。

无论是自动释放，还是手动释放，在 RAT 被释放后，驾驶舱 MANUAL 控制开关上的“ON”指示灯都会点亮。

RAT 启用并不意味着 AC Essential 的功率输入会切换到 RAT 发电机，因为只有在空速达到一定的数值，即在空速大于 140kn（约 259.28km/h）后，RAT 输出的电能质量才能满足要求，这时 RGLC 会将 AC Essential 汇流条的功率输入切换到 RAT 发电机。

2.3.3 功率开关的过载能力

DC 功率开关（L/RTRUC，L/RDTC，ETRUC 等）要与 TRU 的过载能力相匹配，在 TRU 过载期间，DC 功率开关不能损坏。

如图 2-89 所示，每个 DC 功率开关的额定电流设定为 400A，即在 400A 时要能持续工作。在 1000A 电流下，即 2.5 倍过载时，要能正常工作 12s；在 2500A 电流下，即 6.25 倍过载时，要能正常工作 1s；在 3500A 电流下，即 8.75 倍过载时，要能正常工作 0.5s。

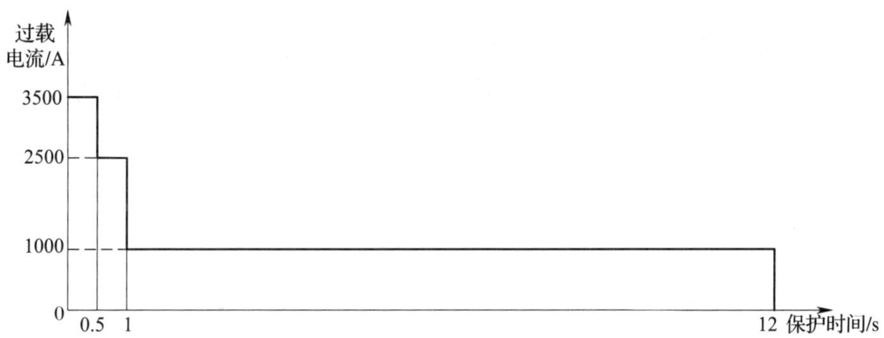

图 2-89 DC 功率开关的过载能力

一般的功率开关都有一定的过载能力，如图 2-90 所示是某型号 DC 接触器的部分技术指标。从图中可以看出，该接触器的工作 DC 电压范围是 12 ~ 48V，稳态电流为 600A，触点的最大承载电流为 4000A 持续 1s、3000A 持续 10s、1500A 持续 90s。

从这些参数可以看出，这款接触器能够满足 400A 额定电流及其对应的瞬态通流量的要求，且有比较大的设计余度。

与 DC 功率开关类似，AC 功率开关的电流承载能力也要与对应的交流源相匹配，比如 LGC、RGC 接触器需要与左右发电机的过载能力相匹配。具体要求为：

（1）在额定电压 115V AC，频率范围 360 ~ 800Hz，功率因素范围 0.75 到 1 滞后条件下，输出功率为 120kVA 时应能长期稳定工作。此时对应的相电流为 347.8A。

（2）在额定电压 115V AC，频率范围 360 ~ 800Hz，功率因素范围 0.75 到 1 滞后条件下，输出功率为 135kVA 时工作 5min。此时对应的相电流为 391.3A，对应的过载倍数为 1.125 倍。

●**使用环境条件**

工作环境温度：-55~100 ℃　　冲　　击：25g，11ms，半正弦波

存储环境温度：-70~175 ℃　　防水/蒸汽：19MPa 水喷，0.72MPa 蒸汽冲

振　　动：20g，10~2000Hz　　盐　　雾：GJB 150A　　低气压：1kPa（35000m）

●**主要技术指标**

线圈功耗(W)：≤8(25℃, 平均值)	额定工作电压：12~48VDC
触点压降(mV, 600A时)：≤150 绝缘电阻（MΩ）： ≥100(正常条件下); ≥50(寿命试验后) 介质耐电压： 海平面条件下有效值为1500V 寿命试验后有效值为1050V 时间参数（25 ℃时）： 动作时间≤20ms; 释放时间≤12ms	机械寿命：300000次。 触点电压及额定寿命： 600A, 24V, 100000次。 最大故障断开电流： 4000A, 28V, 2次。 辅助触点电压及额定寿命（最小电流100mA, 8V）： 阻性负载1A, 28VDC, 100000 次。 触点额定电流：400A。 触点最大承载电流：持续1s4000A; 持续10s3000A; 持续90s1500A 重量(g)：880(典型值)

图 2-90　某型 DC 接触器的技术指标

（3）在额定电压 115V AC，频率范围 360 ~ 800Hz，功率因素范围 0.75 到 1 滞后条件下，输出功率为 180kVA 时工作 2.5min。此时对应的相电流为 521.7A，对应的过载倍数为 1.5 倍。

（4）在发电机极限输出 1043A，即 3 倍过载时，接触器应能工作 5s。

（5）此外，接触器还应具备承受有效值为 4188A（12 倍过载）半周期冲击电流的能力，持续时间 1.25ms。

2.4　负载管理

负载管理的主要目的是使负载的用电需求不要超出电源容量的范围，防止由于负载过载而导致的电源失效，比如由于发电机过载保护而导致该电源退出电源系统的运行。

负载管理的功能分为主动负载管理和被动负载管理两类。其中，主动负载管理是由于电源系统的构型变化而引起的，又称为构型负载管理；而被动负载管理是在特定的电源系统构型下，由于负载端的过载而引起的，故又称为过载管理。此外，在 ASG 因为高温和高海拔的原因需要卸载时，会发送卸载数字信号给 BPCU，此时 BPCU 执行的卸载称为机械负载卸载。

构型负载管理是一种预判型的负载管理，即在电源系统的供电构型发生变化后，比如原有的 AC 功率源由 2 个减少为 1 个，BPCU 通过加载 / 卸载相应的负载，使得供电构型改变后的负载需求与电源容量相匹配。构型负载管理需要与电源系统的构型转换协调工作。

过载管理是一种应答型的管理，即在特定的电源系统构型下，出现电源过载后（负载的非预期增大），通过卸载相应负载，使得卸载后的负载用电需求在电源容量的范围内，从而不会因为电源过载而导致当前供电电源的缺失。过载管理需要与电源系统的保护功能协调工作，这种协调主要体现在两个方面：一方面是电源本身需要具备一定的过载能力，以给负载卸载留有足够的时间，不至于在负载卸载完成之前而发生过载保护；另一方面是

SSPC 的指令响应时间要足够快，在接收到卸载指令后能在规定的时间内完成卸载，以免在卸载未完成之前电源保护跳闸。

在系统供电构型发生变化，实施构型负载管理后，若依然检测到过载条件，则还要继续实施过载管理，即存在构型负载管理和过载管理先后作用的情形。

电源系统的负载管理软件通常驻留在 BPCU 中，也有的驻留在航电 IMA 模块中，这取决于不同机型的应用需要。本书都假定负载管理软件（Load Management Software，LMS）驻留在 BPCU 中，将 LMS 驻留在电源系统本地，而不是航电 IMA 模块可以减少信号转换和传输的周期，提高负载管理的实时性。

负载管理软件 LMS 要根据预设的负载卸载组别，输出 SSPC 通断指令，以实现负载管理。当电源系统发生构型变化或电源过载时，BPCU 向 SSPC 发出卸载指令，由 SSPC 将相应的负载通道切断；当电源系统构型恢复到正常构型（单电源变为双电源），BPCU 会发出负载恢复指令给 SSPC，由 SSPC 再次加载相应的负载通道，使得先前被卸载的负载重新获得供电输入。

2.4.1 卸载组别分类与卸载使用条件

需要被卸载的每个负载都会被划分到一个特定的卸载分组，在表 2-5 所示的卸载分组示例中，共定义了 12 个卸载分组，其中包括 7 个交流负载分组、4 个直流负载分组和一个特殊分组。

表 2-5 卸载分组示例

交流 / 直流	分组	描述
交流	1	左侧厨房负载
	2	右侧厨房负载
	3	左侧客舱娱乐负载
	4	右侧客舱娱乐负载
	5	其他左侧交流负载
	6	其他右侧交流负载
	7	循环风扇电源
直流	8	左侧第一轮直流卸载负载
	9	剩余左侧直流负载
	10	右侧第一轮直流卸载负载
	11	剩余右侧直流负载
特殊负载	12	后厨房

其中第 12 项特殊负载指的是通过驾驶舱按钮可以控制卸载的负载。如图 2-91 所示给出了位于驾驶舱的 CABIN PWR 控制开关，它主要用于机组控制部分客舱负载的通断，如厨房、机载娱乐，以完成手动卸载或隔离可能的烟雾源。

当CABIN PWR控制开关处于常通位置时，相关负载的继电器处于自动控制模式；当断开CABIN PWR控制开关时，相关负载的继电器断开，对应的负载掉电。正常情况下，"OFF"指示灯不亮；当CABIN PWR控制开关断开时，"OFF"指示灯点亮。

图 2–91　驾驶舱的 CABIN PWR 控制开关

需要被卸载的负载要接在SSPC上，由断路器供电的负载是不能被卸载的，因为断路器需要人为手动操作，不能由计算机控制。

在设计负载管理功能时，需要进行安全性评估，以确定哪些负载是可以被卸载的。安全性评估的原则是，在所有可卸载的负载都被卸载的情况下，不会对飞机造成C类及以上的失效影响。

其中，负载的失效影响分类在ARP 4754A《民用飞机和系统开发指南》有定义，如表2–6所示。

表 2–6　功能研制保障等级（FDAL）分类

顶层失效条件严酷度分类	FDAL 分类	描述
灾难性的	A	该失效条件可能由多种致命故障引起，通常会导致机毁人亡
危害性的	B	该失效条件会降低飞机性能或飞行机组应对不利运行条件的能力，其程度表现在： （1）安全裕度或性能大幅降低； （2）导致机组人员身体不适或增加其工作负荷，以致无法正确完整地执行飞行任务； （3）对飞行机组以外的少数乘员造成严重或致命伤害
主要的	C	该失效条件会降低飞机性能或飞行机组应对不利运行条件的能力，其程度表现在： （1）安全裕度或性能显著降低； （2）增加机组工作负荷或降低其工作效率，或导致飞行机组不适； （3）导致乘客和客舱机组的身体不适或身体伤害
次要的	D	该失效条件不会显著降低飞机的安全性，机组的操控都在他们的能力范围内。次要失效条件可能包括： （1）安全裕度或性能轻微降低； （2）机组工作负荷轻微增加，比如例行的飞行计划变更； （3）乘客或客舱机组感到稍许身体不适
无影响的	E	对飞行安全没有影响的失效条件，比如：对飞机性能或机组工作负荷增加没有影响的失效条件

2.4.1.1　交流卸载

在飞行状态下，如果只有一个AC交流源给Left AC和Right AC汇流条供电，则BPCU会根据系统构型给SSPC发送指令，卸载预定的负载通道，以将负载电流控制在电源的输出容量范围以内。

VFG构型卸载程序由RBPCU执行，当RBPCU的通信故障时，BTC会被断开，因此一个 AC 汇流条会失电，这时就不存在一个 VFG 给两个汇流条供电的情形。类似地，在 RBPCU 失效安全的情况下，RACTR 会断开，因此也有一个 AC 汇流条失电。出于这种考虑，即使 RBPCU 故障，也不需要 LBPCU 执行 VFG 构型负载管理。

ASG 的构型负载管理也由 RBPCU 来执行，当 RBPCU 通信故障时，BTC 会断开，因此两个 AC 汇流条中的一个会失电，此时不会出现 ASG 同时给两个 AC 汇流条供电的情形。类似地，如果 RBPCU 失效安全时，RACTR 也会断开，因此不会出现 ASG 同时给两个 AC 汇流条供电的情形。出于这种考虑，即使 RBPCU 故障，也不需要 LBPCU 执行 ASG 构型负载管理。

如果只有一个 AC 功率源同时为 Left AC 汇流条和 Right AC 汇流条供电，无论是在地面还是在空中，只要检测到电源输出电流超过额定值，BPCU 会向 SSPC 发送过载卸载指令，将预定负载卸载，以将功率源的输出电流降到额定值以下。

LVFG 和 EP 的过载管理由 LBPCU 执行，而 RVFG 和 ASG 的过载管理则由 RBPCU 执行。过载管理只在单电源同时为两个汇流条供电时才启用，BPCU 之间的通信故障会导致 BTC 断开，BPCU 的失效安全故障也会导致 LACTR 或 RACTR 断开，这时就不存在单个电源同时为两个交流汇流条供电的情形。因此，在过载管理时，不必考虑 LBPCU、RBPCU 和 GCU 之间的通信故障，也不必考虑 BPCU 的失效安全故障。

当 APU 由于高温和高海拔须要减少负载时，ASG GCU 会给 BPCU 提供数字信号，用以执行机械负载卸载。这时 APU 的电气负载减小了，以保持足够的机械功率。

APU 机械负载卸载（Mechanical Load Shed，MLS）由 LBPCU 和 RBPCU 共同执行，这样做的考虑是，如果 MLS 只在一个 BPCU 中实现，当该 BPCU 故障时，会导致相应的卸载功能失效，进而造成连锁反应，导致 ASG 因过载而退出运行。

MLS 仅在 ASG 同时为两个 AC 汇流条供电，或 ASG 给 Right AC 汇流条供电且 LVFG 也在线的情况下启用。当 RVFG 在线且 ASG 给 Left AC 汇流条供电时，不需要启用 MLS。

当 ASG 同时为两个 AC 汇流条供电时，BPCU 的通信故障会导致 BTC 断开，Left AC 汇流条不再供电，此时不需要两个 BPCU 同时执行卸载操作。当 ASG 同时为两个 AC 汇流条供电，BPCU 失效安全故障会导致 LACTR 或 RACTR 断开，这时 Left AC 汇流条也没电，因此也不需要两个 BPCU 同时执行卸载操作。

当 ASG 给 Right AC 汇流条供电，而 LVFG 在线时，若因 BPCU 通信故障而断开 BTC，由于两个汇流条均处于带电状态，因此需要两个 BPCU 同时启用 MLS 功能进行卸载操作。

当 ASG 给 Right AC 汇流条供电，而 LVFG 在线时，LBPCU 的失效安全故障导致 LACTR 断开，由于 ASG 仍旧为 Right AC 汇流条供电，因此需要 RBPCU 提供 MLS 功能。

当 ASG 给 Right AC 汇流条供电，而 LVFG 在线时，RBPCU 的失效安全故障会导致 RACTR 断开，此时不需要 MLS 功能。

如果在空中需要主发动机起动，而 APU 要支持主发动机起动功能，则 APU 会给电源系统提供一个数字命令，以执行主发动机起动负载卸载。该功能可以降低 APU 上的电气负载，保持 APU 的机械功率。

主发动机起动卸载由 LBPCU 和 RBPCU 共同执行，适用于仅 ASG 构型和 ASG+LVFG 构型。AGC 由 LBPCU 和 RBPCU 双重控制，当 RBPCU 处于失效安全模式时，LBPCU 会接管控制权。主发动机起动负载卸载由两个 BPCU 同时执行，以确保在 RBPCU 处于失效安全模式时，负载管理功能依然能在 LBPCU 实现。

MES 负载卸载功能在 ASG 给两个 AC 汇流条供电，或 ASG 给 Right AC 汇流条供电且 LVFG 在线时执行。与 MLS 负载卸载类似，BPCU 通信故障时要求两个 BPCU 来执行这项功能。

当 AC 功率源的电流到达一定阈值，且在 5min 内有该功率源退出运行风险时，会启用 AC 过载负载管理。

AC 构型卸载与过载卸载后的恢复依赖于 AC 源的恢复情况，ASG 的机械负载卸载（MLS）后恢复在 VFG 取代 ASG 作为 AC 汇流条的功率源后发生。比如，如果 ASG 同时给 Left AC 和 Right AC 汇流条供电，若 RVFG 为 Right AC 汇流条供电，则之前 Right AC 汇流条卸载的负载会恢复供电。

在主发动机起动信号移除后，因 APU 起动主发动机而卸载的负载会恢复。

2.4.1.2 直流卸载

如果 TRU 的输出超过额定值，则 BPCU 会向 SSPC 发送卸载指令，将预设的负载卸载。在表 2–5 的卸载分组中，直流卸载组别共有 4 个，分为第一轮卸载和全部卸载两个层次。

LTRU 的负载卸载由 LBPCU 执行，由于 LTRU 的负载电流仅由 LBPCU 测量，所以卸载也只能由 LBPCU 执行。在这种情况下，负载管理功能的丧失会导致相应的 DC 汇流条的丧失，其后果与 TRU 故障而导致 DC 汇流条丧失是等同的。

类似地，RTRU 的负载卸载也只能由 RBPCU 执行，因为 RTRU 的负载电流仅由 RBPCU 测量。这时，负载管理功能的丧失也可能导致对应 DC 汇流条的丧失。

ETRU 上只挂接了重要直流汇流条，因此不需要执行卸载操作。

在 TRU 过载持续时间超过 1min，可能导致 TRU 退出运行时，BPCU 会启用直流卸载功能。直流卸载功能是分步执行的，先卸载两组第一轮负载，若卸载后依然过载，则继续卸载余下的负载，直至 TRU 输出电流降至其工作极限范围内。

2.4.1.3 手动卸载

驾驶舱操控面板上的 CABIN PWR 控制开关用于激活手动负载卸载。手动负载卸载由 LBPCU 执行，CABIN PWR 的硬线信号会直接连接到 LBPCU。因此，如果 LBPCU 处于失效安全模式，或者通信故障时，不能通过 RBPCU 来履行此项功能。当 LBPCU 出现失效安全故障或通信故障时，若此时发生过载，则对应的 DC 汇流条会被隔离，以减少发电机的负荷。

2.4.1.4 卸载接口

LBPCU 和 RBPCU 会从 LGCU 和 RGCU 接收对应的 VFG 是否过载的数字信号。LBPCU 和 RBPCU 会从 ASG GCU 接收 ASG 是否过载的离散信号。APU 起动主发动机的信号会通过航电总线以数字信号传递给 BPCU。此外，BPCU 还会通过航电总线接收 AMS MODE 信号。

负载的卸载分组信息会固化在 SSPC 中，BPCU 向 SSPC 发送卸载指令时，只发送当前卸载的组别号，而不发送具体的负载通道号。SSPC 在收到卸载组别信息后，会根据固化在内部 NVM 的卸载组别与负载通道之间的对应关系，卸载对应的负载。

SSPC 在接收到卸载组别指令后，需要在 1s 内将对应的负载卸载，其中包括指令解析的时间，即解析卸载组别与具体负载通道对应关系的计算时间。

2.4.1.5 电流过载阈值

VFG 负载卸载的阈值定在（382.6 ± 11）A（即电流为额定值的 1.1 倍），迟滞窗口为 17A，如图 2–92 所示，当电流位于 371.6 ~ 393.6A 的区间时，对应的 GCU 会输出过载信号，当电流下降到过载初始电流 17A 以下时，则 GCU 会撤销过载信号。

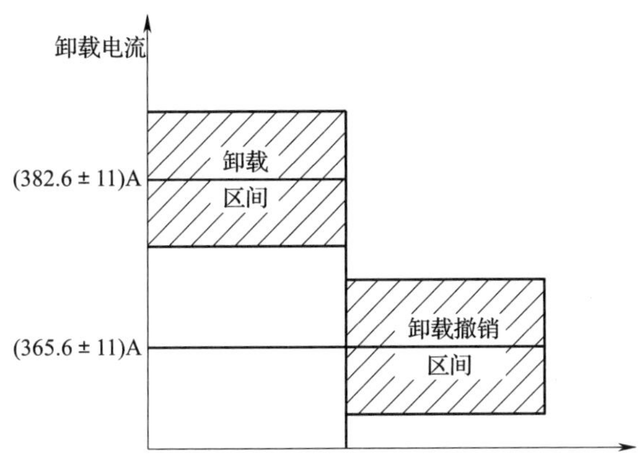

图 2–92 VFG 卸载与卸载撤销的迟滞区间

过载信号撤销的迟滞窗口避免了信号的来回跳变，比如，当初始过载电流为 371A 时，只有在电流下降到 354A 以后才会撤销过载信号。因为实际运行中的负载电流不可避免地存在波动，如果过载信号产生与撤销之间不加迟滞窗口，则在前述的例子中，若电流在 370 ~ 372A 之间波动，过载信号就会频繁切换，进而导致卸载逻辑的混乱。

类似地，地面电源过载的卸载阈值为（286 ± 10）A（90kVA 额定值的 1.1 倍），迟滞窗口也为 17A。

2.4.2 交流负载管理

2.4.2.1 VFG 卸载

VFG 的卸载分为构型卸载和过载卸载两种情况。

在空中（Air Mode），当 1 个 VFG 同时为两个 AC 汇流条（Left AC 汇流条和 Right AC 汇流条）供电时，BPCU 应将 AC 卸载组别 1 和 2 设置为活动状态。此时的卸载称为构型卸载。

当 1 个 VFG 同时为两个 AC 汇流条供电（同时为 Left AC 汇流条和 Right AC 汇流条供电）时，BPCU 在收到 GCU 的 VFG_OC 数字信号，且持续时间为（180 ± 1）s 后，应将卸载组别 3 和 4 置为活动状态。

当 1 个 VFG 同时为两个 AC 汇流条供电（同时为 Left AC 汇流条和 Right AC 汇流条供电）时，若 AC 卸载组别 3 和 4 已处于活动状态，BPCU 继续收到 GCU 的 VFG_OC 数字信号，且持续时间为（20 ± 1）s，则应将 AC 卸载组别 5、6、7 置为活动状态。

接收到 VFG_OC 数字信号而执行的卸载称为过载卸载。

2.4.2.2 地面电源卸载

若地面电源为 Left AC 汇流条和 Right AC 汇流条的唯一功率源，在 LBPCU 检测到 EP 电流超过卸载阈值，持续时间为（180 ± 1）s 后，应将 AC 卸载组别 1 和 2 置为活动状态。

在 AC 卸载组别 1 和 2 置为活动状态后，若 EP 电流依旧超过卸载阈值，且持续时间为（20 ± 1）s，则 BPCU 应将 AC 卸载组别 3 和 4 置为活动状态。

在 AC 卸载组别 3 和 4 置为活动状态后，若 EP 电流依旧超过卸载阈值，且持续时间为（20 ± 1）s，则 BPCU 应将 AC 卸载组别 5、6 和 7 置为活动状态。

2.4.2.3 ASG 交流卸载

如前所述，ASG GCU 会同时给两个 BPCU 提供卸载指示信号。ASG 交流卸载可分为 ASG 构型卸载、ASG 过载卸载、ASG 机械过载卸载和 APU 起动主发动机负载卸载这 4 种情况。

若下述两个条件均为 TRUE，则 BPCU 会将 AC 卸载组别 1 和 2 设置为活动状态，ASG 构型卸载条件为真：

（1）ASG 同时为 Left AC 汇流条和 Right AC 汇流条供电。

（2）轮载信号（WOW）为假，指示为空中（Air Mode）。

在下述条件均满足，且持续时间为（180 ± 1）s 时，BPCU 应将 AC 卸载组别 3 和 4 置于活动状态，ASG 过载卸载条件为真：

（1）ASG GCU 向 BPCU 发送 ASG 过载的离散信号。

（2）没有收到 APU 机械卸载的数字信号。

在下述条件均满足，且持续时间为（20 ± 1）s 时，BPCU 应将 AC 卸载组别 5、6、7 和 12 设置为活动状态，ASG 过载卸载条件为真：

（1）AC 卸载组别 3 和 4 已处于活动状态。

（2）ASG GCU 向 BPCU 发送 ASG 过载的离散信号。

（3）没有收到 APU 机械卸载的数字信号。

在飞机飞行高度从 30000ft 增加到 39800ft 时，ASG 的输出容量会从 120kVA 下降到 75kVA。

在下述条件均满足时，BPCU 应将 AC 卸载组别 1 ~ 7 和 12 设置为活动状态，ASG 机械过载卸载条件为真：

（1）ASG 同时为 Left AC 和 Right AC 汇流条供电。

（2）ASG 的 GCU 向 BPCU 指示 ASG 过载的离散信号，且持续时间为（50 ± 1）ms。

（3）从航电总线接收到机械过载数字信号。

当下述条件均满足时，BPCU 应将 AC 卸载组别 2 设置为活动状态，ASG 机械卸载条件为真：

（1）ASG 仅为 Right AC 汇流条供电。

（2）ASG 的 GCU 向 BPCU 指示 ASG 过载的离散信号，且持续时间为（50 ± 1）ms。

（3）从航电总线接收到机械过载数字信号。

BPCU 在收到航电（由发动机控制器发送）的 APU 起动主发动机数字信号后，应执行相应的负载卸载操作。在 BPCU 检测到航电总线故障后，应禁能主发动机起动卸载功能。

在 BPCU 收到 APU 起动主发动机的数字后，应在 2.5s 内执行卸载操作。

在下述条件均满足时，BPCU 应将 AC 负载卸载组别 1 ~ 7 以及 12 置为活动状态，ASG 主发动机起动负载卸载条件为真：

（1）ASG 同时为 Left AC 汇流条和 Right AC 汇流条供电。

（2）轮载信号（WOW）为假，指示为空中（Air Mode）。

（3）从航电总线接收到主发动机起动数字信号，持续时间为（1 ± 0.1）s。

在下述条件均满足时，BPCU 应将 AC 卸载组别 3 和 4 置为活动状态，ASG 主发动机起动负载卸载条件为真：

（1）ASG 同时为 Left AC 汇流条和 Right AC 汇流条供电。

（2）轮载信号（WOW）为真，指示为地面（Ground Mode）。

（3）从航电总线接收到主发动机起动数字信号，持续时间为（1 ± 0.1）s。

在下述条件全部满足时，BPCU 应将 AC 卸载组别 2 和 4 设置为活动状态，ASG 主发动机起动负载卸载条件为真：

（1）ASG 给 Right AC 汇流条供电。

（2）LVFG 为 Left AC 汇流条供电。

（3）轮载信号（WOW）为假，指示为空中（Air Mode）。

（4）从航电总线接收到主发动机起动数字信号，持续时间为（1 ± 0.1）s。

在地面状态，当 LVFG 和 ASG 供电时，主发动机起动不需要执行卸载操作，类似地，在 RVFG+ASG 构型下，或 LVFG+RVFG 构型下，也无须执行卸载操作。

2.4.2.4　交流负载恢复

对于因过载而卸载的交流负载，在交流功率源数量大于 1 时，相应的交流负载组别应设置为“非激活”状态。

在因为飞机供电构型发生变化而卸载后，若交流功率源的数量大于 1，则 BPCU 应将卸载组别 1 和 2 设置为“非激活”状态。

在 ASG 机械卸载后，若 ASG 给 Left AC 汇流条供电，RVFG 给 Right AC 汇流条供电，则 BPCU 应将 AC 负载组别 2、4、6 置为“非激活”状态。

在 ASG 机械卸载后，若 ASG 给 Right AC 汇流条供电，LVFG 给 Left AC 汇流条供电，则 BPCU 应将 AC 负载组别 1、3、5 和 7 置为“非激活”状态。

在 ASG 机械卸载后，若 LVFG 给 Left AC 汇流条供电，RVFG 给 Right AC 汇流条供电，则 BPCU 应将 AC 卸载组别 1 ~ 7，以及组别 12 置为“非激活”状态。

在 APU 主发动机起动后，若 BPCU 从航电总线收到主发动机起动模式为“非”，且持续时间为（8.5 ± 0.5）s，则 BPCU 应将负载组别 1 ~ 7 和 12 设置为“非激活”状态。

2.4.3　直流负载管理

DC 负载管理要与 TRU 的过载保护协同工作，以免导致 TRU 电源丧失。当 TRU 的过载倍数达到 1.5 倍（对于额定电流 350A 的 TRU，1.5 倍对应 525A），通过负载管理并不能有效降低 TRU 过载电流，这时 BPCU 会断开 TRU 的输出，以隔离故障。

在 TRU 风扇故障时，故障后的 TRU 容量会降低 50%，即 175A。通常，在 TRU 半载输出的情况下，一般很难通过负载管理将负载电流控制在 175A 以下。因此，TRU 的风扇故障最终会导致 BPCU 跳闸保护，丧失 TRU 功率源。

2.4.3.1　TRU 过载阈值

如图 2-93 所示，TRU 卸载的阈值范围是（350 ± 20）A，迟滞窗口为 25A。

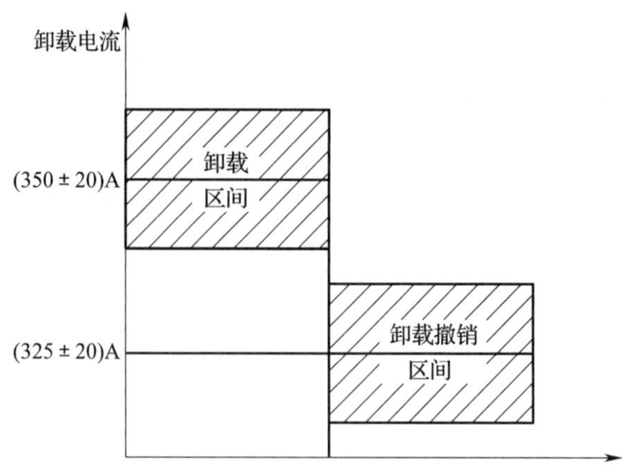

图 2-93　TRU 卸载与卸载撤销的迟滞区间

2.4.3.2　TRU 构型卸载

TRU 构型卸载与当前 TRU 的在线数量有关，可以分为三个 TRU 在线时的卸载、两个 TRU 在线时的卸载和单个 TRU 在线时的卸载这三种情况。与交流负载管理类似，在 TRU 故障恢复时，先前因 TRU 功率源不足而卸载的负载可以重新恢复供电。

若下述条件均满足，LBPCU 应将 DC 卸载组别 8 和 9 置为活动状态：

（1）有 3 个 TRU 同时为 DC 汇流条供电。

（2）LTRU 输出电流超过卸载阈值，持续时间为（30 ± 1）s。

若下述条件均满足，RBPCU 应将 DC 卸载组别 10 和 11 置为活动状态：

（1）有 3 个 TRU 同时为 DC 汇流条供电。

（2）RTRU 输出电流超过卸载阈值，持续时间为（30 ± 1）s。

在下述条件均满足时，LBPCU 应将 DC 卸载组别 8 和 9 置为活动状态：

（1）ETRU 不可用。

（2）LTRU 和 RTRU 在线。

（3）LTRU 输出电流超过卸载阈值（30 ± 1）s。

在下述条件均满足时，RBPCU 应将 DC 卸载组别 10 和 11 置为活动状态：

（1）ETRU 不可用。

（2）LTRU 和 RTRU 在线。

（3）RTRU 输出电流超过卸载阈值（30 ± 1）s。

在下述条件均满足的情况下，LBPCU 应将卸载组别 10 和 11 设置为活动状态：

（1）RTRU 不可用。

（2）LTRU 和 ETRU 在线。

（3）LTRU 输出电流超过卸载阈值（30 ± 1）s。

在卸载组别 10 和 11 置为活动状态之后，若 LTRU 输出电流超过卸载阈值（5 ± 1）s，则 LBPCU 应将卸载组别 8 和 9 设置为活动状态。

在下述条件均满足的情况下，RBPCU 应将卸载组别 8 和 9 设置为活动状态：

（1）LTRU 不可用。

（2）RTRU 和 ETRU 在线。

（3）RTRU 输出电流超过卸载阈值（30±1）s。

在卸载组别 10 和 11 设置为活动状态之后，若 RTRU 输出电流超过卸载阈值（5±1）s，则 RBPCU 应将卸载组别 8 和 9 设置为活动状态。

在下述条件均满足的情况下，LBPCU 应将卸载组别 10 和 11 设置为活动状态：

（1）RTRU 和 ETRU 不可用。

（2）LTRU 可用。

（3）LTRU 输出电流超过卸载阈值（30±1）s。

在卸载组别 10 和 11 设置为活动状态之后，若 LTRU 的输出电流超过卸载阈值（5±1）s，LBPCU 应将卸载组别 8 和 9 设置为活动状态。

在下述条件均满足时，RBPCU 应将 DC 卸载组别 8 和 9 设置为活动状态：

（1）LTRU 和 ETRU 均不可用。

（2）RTRU 可用。

（3）RTRU 输出电流超过卸载阈值（30±1）s。

在卸载组别 8 和 9 设置为活动状态之后，若 RTRU 输出电流超过卸载阈值（5±1）s，RBPCU 应将卸载组别 10 和 11 设置为活动状态。

在 BPCU 重启之前，被卸载的 DC 负载不会被恢复，即在 DC 卸载组别被置为活动状态之后，即使有 TRU 重新在线，被置为活动状态的卸载组别也会继续维持当前的状态。

2.4.4 手动卸载

在 LBPCU 检测到驾驶舱 CABIN PWR 控制开关置为“OFF”位置时，应将卸载组别 1、2、3、4 和 12 置为活动状态。

在 LBPCU 检测到驾驶舱 CABIN PWR 控制开关置为“ON”位置时，应将卸载组别 1、2、3、4 和 12 置为非活动状态。

2.5 BPCU 的保护功能

BPCU 有两种故障复位条件，分别定义为复位条件 1 和复位条件 2。其中复位条件 1 与 EP 故障闭锁有关，在 EP 故障闭锁后会置位复位条件 1，在该复位条件下，当选择驾驶舱的 EXT PWR 开关或 BPCU 冷启动时，EP 故障闭锁会被解除。复位条件 2 指的是只能通过 BPCU 冷启动复位的故障闭锁条件。

类似地，EMPC 也有两种故障复位条件，其中，复位条件 1 指的是驾驶舱的 ETRU 控制开关由按下状态切换到非按下状态时，或 EMPC 冷启动后可以复位的闭锁故障；而复位条件 2 指的是必须重新冷启动 EMPC 才能解除的故障状态。

配电盘箱差动保护后的接触器闭锁条件应设置为复位条件 2，即只有在 BPCU 冷启动后才能复位。

2.5.1 电流传感器的布置及差动保护

差动保护主要用于检测功率馈线是否和配电盘箱短路，在正常情况下，流入配电盘箱的电流应等于流出配电盘箱的电流之和，即二者之差等于零。若二者之差不为零，超过规定的阈值且持续一定的时间，则差动保护会动作。

差动保护的前提是有电流互感器，须用电流互感器来检测各个支路的电流，BPCU 会根据当前的功率源构型来设定相应的差动保护判断原则。

2.5.1.1 电流传感器的布置

如图 2–94 所示，配电盘箱 LDP、RDP 和 EDP 内布置了多个电流互感器，用于差动电流保护。其中 LDP 和 RDP 内置了 5 个电流互感器，而 EDP 则内置了 3 个电流互感器，这些电流互感器的安装位置分别为：

（1）LDPCT：安装在 LVFG 输入馈线与 LGC 之间，用于检测 LVFG 的输入电流。

（2）EPCT：安装在地面电源输入馈线与 LEPR 之间，用于检测地面电源的输入电流。

（3）LTCT：安装在 Left AC 汇流条与 LACTR 接触器之间，用于检测 Left AC 汇流条与除 LVFG 之外的功率源之间交换的功率。

（4）CT_L1：安装在 Left AC 汇流条与左侧大电流 AC 负载输出馈线之间，用于检测负载支路的输出电流。

（5）CT_L2：安装在 AC Gnd Svc 汇流条及 LTRU 输入前端，用于检测 AC Gnd Svc 汇流条及 LTRU 的输入电流。

（6）ADPCT：安装在 ASG 的输入馈线与 AGC 之间，用于检测 ASG 的输出电流。

（7）RDPCT：安装在 RVFG 的输入馈线与 RGC 之间，用于检测 RVFG 的输出电流。

（8）RTCT：安装在 Right AC 汇流条与 RACTR 之间，用于检测 Right AC 汇流条与除 RVFG 之外的功率源之间交换的功率。

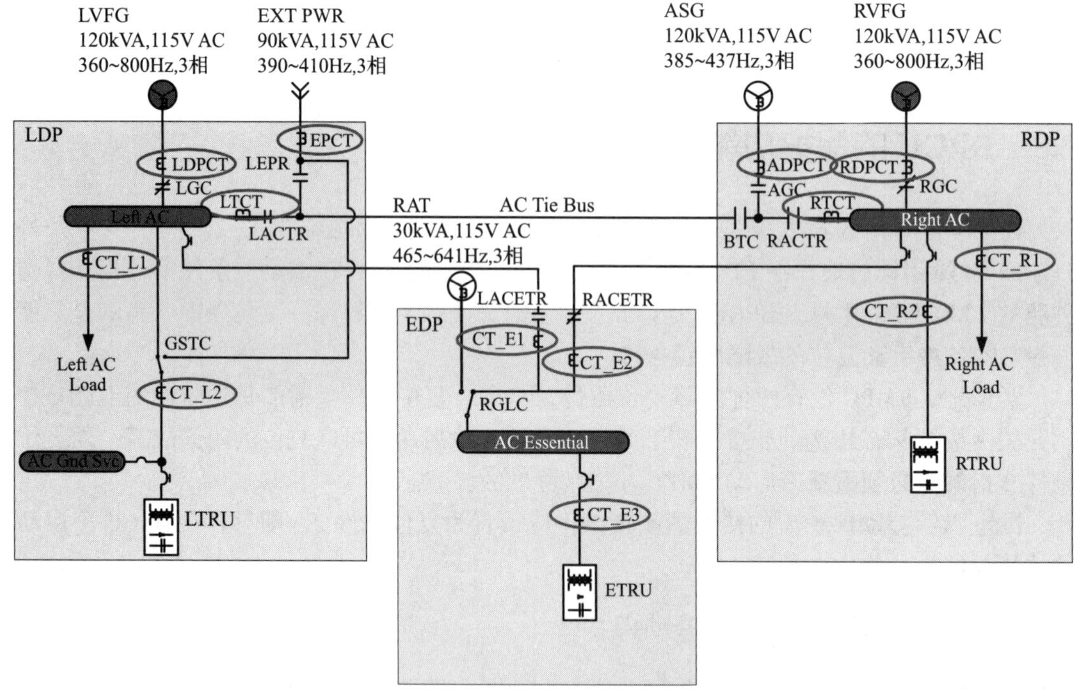

图 2–94 电流传感器的布置

（9）CT_R1：安装在汇流条与挂接负载之间，用于检测 Right AC 汇流条向直接挂接在该汇流条上负载输出的电流。

（10）CT_R2：安装在 RTRU 输入前端，用于检测 Right AC 汇流条向 RTRU 输出的功率。

（11）CT_E1：安装在 LACETR 和 RGLC 之间，用于检测流经 LACETR 的电流。

（12）CT_E2：安装在 RACETR 和 RGLC 之间，用于检测流经 RACETR 的电流。

（13）CT_E3：安装在 ETRU 输入前端，用于检测 AC Essential 汇流条向 ETRU 输入的功率。

上述电流互感器中，除了 LDPCT、RDPCT 和 ADPCT 这三个互感器由对应的 GCU 读取数值外，其余的电流互感器根据所处的配电盘箱的位置，分别由对应的 LBPCU、RBPCU 和 EMPC 读取数据。

LDPCT 由 LGCU 读取，它会将读取后的数值通过总线发送给 LBPCU。同理，RDPCT 由 RGCU 读取，并将读取的数值通过总线发送给 RBPCU。

ADPCT 的电流数值由 ASG GCU 读取，再通过总线传递给 RBPCU，用于 ASG 的联结汇流条差动保护。

LTCT 电流互感器可用于 AC 联结汇流条及 LDP 的差动保护；RTCT 电流互感器可用于 AC 联结汇流条及 RDP 的差动保护。盘箱内部的 DPCT 可用于盘箱的差动保护。

电流互感器可以分为 3 类，即：测量功率源输出电流的互感器，LDPCT、EPCT、ADPCT 和 RDPCT 属于这一类；测量负载电流的电流互感器，CT_L1、CT_L2、CT_R1、CT_R2、CT_E3 均属于这一类；测量联结汇流条电流的互感器，LTCT、RTCT、CT_E1、CT_E2 则属于这一类。

对于测量功率源输出电流的互感器，互感器在安装时，要保证正方向与电源电流流出的方向保持一致；对于测量负载电流的互感器，在安装时要保证正方向与电流流向负载的方向一致；对于联结汇流条的互感器，LTCT 的正方向为从 Left AC 汇流条流向 LACTR，RTCT 的正方向为从 Right AC 汇流条流向 RACTR，CT_E1 和 CT_E2 的正方向为流向 AC Essential 汇流条的电流方向。

确定了电流互感器的正方向之后，就可以设定差动保护的动作逻辑。

2.5.1.2 差动保护的动作逻辑

差动保护的基本原理是在每个功率汇集点，即汇流条上，流入汇流条的电流与流出的电流应该相等，若二者不等，且电流之差超过规定的阈值，则判定为电流差动保护条件满足。

对于同一个配电盘箱或联结汇流条，其差动保护的判断逻辑与当前的电网构型有关，不同功率源的配置情况有对应的保护判断逻辑。根据差动保护所监测的位置，可以分为 LDP 差动保护、RDP 差动保护、EDP 差动保护和联结汇流条差动保护这 4 种情况。

LDP 的差动保护电流走向如图 2–95 所示，保护逻辑分为下述 3 种情形：

（1）LVFG 在线，即 LGC 处于闭合状态下，此时对应的各互感器测量所得电流关系式为

$$I_{LDPCT}=I_{CT\_L1}+I_{CT\_L2}+I_{LTCT}+I_{CT\_E1} \tag{2–3}$$

（2）LVFG 离线，EP 在线，即 LGC 断开，LEPR 和 LACTR 均闭合，且 GSTC 开关打向左边时，各电流互感器测量所得的电流应满足如下关系式

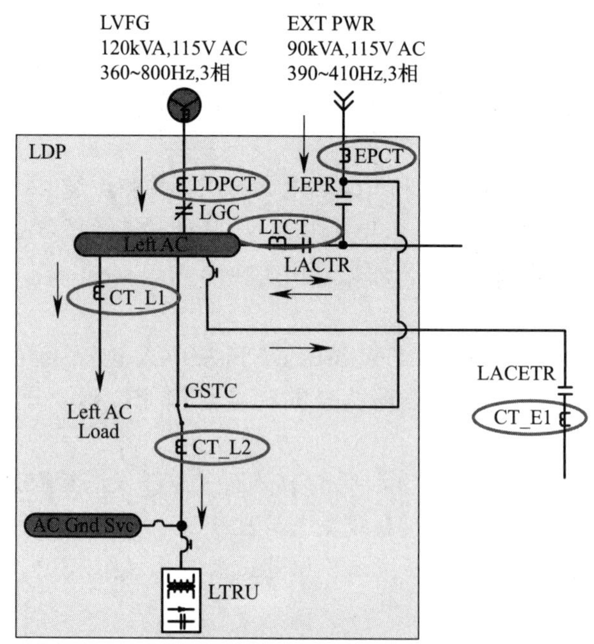

图 2-95　LDP 的差动保护

$$I_{LTCT}=I_{CT\_L1}+I_{CT\_L2}+I_{CT\_E1} \tag{2-4}$$

（3）在地面服务模式，即 LEPR 断开，LGC 断开，LACTR 闭合，GSTC 打向右边时，各电流互感器测得的电流应满足如下关系

$$I_{EPCT}=I_{CT\_L2} \tag{2-5}$$

若任一相电流不满足上述等式，且等式左右两边的电流有效值差值超过（100 ± 1）A，则 LBPCU 应将 LDP 差动保护条件设置为真。

当 LVFG 在线，且不处于地面服务模式，LDP 差动保护条件为真，且持续（280 ± 70）ms 时，LBPCU 应在 50ms 内向 LGCU 发送 LGC 闭锁指令，同时闭锁 LACTR。

在地面服务模式下，LDP 差动保护条件为真，且持续（280 ± 70）ms 时，LBPCU 应在 50ms 内闭锁 GSTC（将 GSTC 打向左侧），且断开地面的电源插座的 Pin E、F 互锁条件。

RDP 的差动保护电流走向如图 2-96 所示，保护逻辑也可分为以下两种情况：

（1）RVFG 在线，即 RGC 处于闭合状态下，此时对应的各互感器测量所得电流关系式为

$$I_{RDPCT}=I_{CT\_R1}+I_{CT\_R2}+I_{RTCT}+I_{CT\_E2} \tag{2-6}$$

（2）RVFG 离线，即 RGC 断开，RACTR 闭合的情况下，此时对应的各互感器测量所得电流关系式为

$$I_{RTCT}=I_{CT\_R1}+I_{CT\_R2}+I_{CT\_E2} \tag{2-7}$$

若任一相电流不满足上述等式，且等式左右两边的电流有效值差值超过（100 ± 35）A，则 RBPCU 应将 RDP 差动保护条件设置为真。

当 RDP 差动保护条件为真，且持续（280 ± 70）ms 时，RBPCU 应在 50ms 内向 RGCU 发送 RGC 闭锁指令，同时闭锁 RACTR。

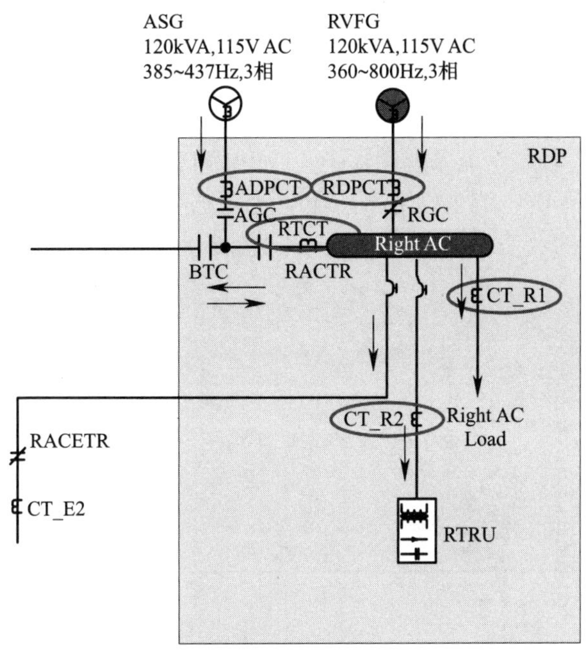

图 2-96 RDP 的差动保护

LDP 和 RDP 差动保护的信息输入部分依赖于 LGCU、RGCU 和 ASG GCU，在保护闭锁时，也需要通过数字总线发送断开指令给 LGCU、RGCU 来执行对应的 GC 断开指令。

EDP 差动保护的电流流向如图 2-97 所示，在任何情况下，流入 AC Essential 汇流条应与流出汇流条的电流相等，即任一相电流应满足如下关系式

$$I_{CT\_E1}+I_{CT\_E2}=I_{CT\_E3} \qquad (2-8)$$

当上述等式关系不成立，且二者有效值之差超过（100 ± 35）A，则 EMPC 应将 EDP 差动保护条件设置为真。

当 EDP 差动保护条件为真，且持续（280 ± 70）ms 时，EMPC 应在 50ms 内向 LACETR 和 RACETR 发送断开指令。

如前所述，LDP 和 RDP 差动保护的信息输入部分依赖于 LGCU、RGCU 和 ASG GCU，在保护闭锁时，也需要 LGCU、RGCU 来执行对应的 GC 断开指令。

与 LDP 和 RDP 的差动保护不同，EDP 的差动保护数据来源只依赖于 EMPC，保护指令的执行也只依赖于 EMPC，所以 EMPC 检测差动保护电流阈值时，采用的是硬件方法。在图 2-97 中，三个电流互感器的引出线正负极分别接在 1Ω 的负载电阻上，其中 CT_E1 和 CT_E2 的引线正负极并联接在负载电阻上，而 CT_E3 的引线正负

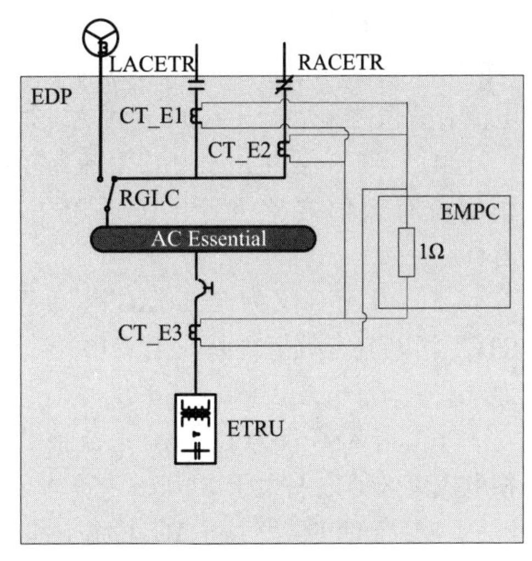

图 2-97 EDP 的差动保护

极则反向并联接在负载电阻上。正常情况下，由于三个互感器电流在电阻上的求和为 0，因而 EMPC 采集到的电阻两端电压也为 0。在异常情况下，当流入汇流条和流出汇流条电流有效值之差大于（100 ± 35）A，即在 1Ω 电阻上的压降有效值为（100 ± 35）V，EMPC 会判定为 EDP 差动保护条件为真。

如图 2-98 所示，联结汇流条差动保护（Tie Bus Differential Protection，TBDP）通过采集发电机及联结汇流条的电流来确定不同配电盘箱之间流动的电流。如果不同测量点之间的电流差超过了规定的数值，相应功率源应被切除，对应的联结汇流条接触器应被锁定在断开状态。

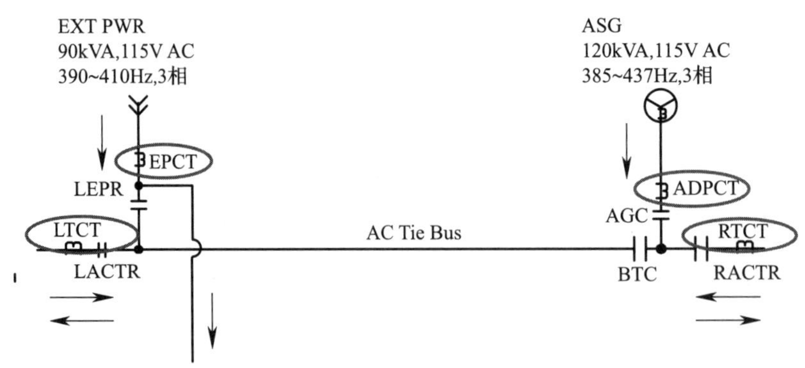

图 2-98　AC Tie Bus 的差动保护

ASG GCU、LGCU 和 RGCU 会将各自发电机的输出电流值发送给 LBPCU 和 RBPCU。

联结汇流条差动保护的条件比较复杂，概括起来有以下 8 种情形：

（1）当地面电源同时给 Left AC 和 Right AC 汇流条供电时，若 EPCT 显示的进入联结汇流条的任一相电流与对应的 LTCT 和 RTCT 相电流有效值之差超过（100 ± 35）A，则 BPCU 应将联结汇流条差动保护条件设置为真。

（2）当 ASG 同时为 Left AC 汇流条和 Right AC 汇流条供电时，若流经 ADPCT 的任一相电流与 LTCT 和 RTCT 对应相电流有效值之和的差大于（100 ± 35）A，则 BPCU 应将联结汇流条差动保护条件设置为真。

（3）当 EP 仅为 Left AC 汇流条供电时，若 EPCT 测量的任一相电流与对应的 LTCT 相电流有效值之差大于（100 ± 35）A，则 BPCU 应将联结汇流条差动保护条件设置为真。

（4）当 EP 仅为 Right AC 汇流条供电时，若 EPCT 测量的任一相电流与对应的 RTCT 相电流有效值之差大于（100 ± 35）A，则 BPCU 应将联结汇流条差动保护条件设置为真。

（5）当 ASG 仅为 Right AC 汇流条供电时，若 ADPCT 测量的任一相电流与对应的 RTCT 相电流有效值之差大于（100 ± 35）A，则 BPCU 应将联结汇流条差动保护条件设置为真。

（6）当 ASG 仅为 Left AC 汇流条供电时，若 ADPCT 测量的任一相电流与对应的 LTCT 相电流有效值之差大于（100 ± 35）A，则 BPCU 应将联结汇流条差动保护条件设置为真。

（7）当 LVFG 为 Left AC 汇流条和 Right AC 汇流条供电时，若 LTCT 测量的任一相电流与对应的 RTCT 相电流有效值之差大于（100 ± 35）A，则 BPCU 应将联结汇流条差动保护条件设置为真。

（8）当 RVFG 为 Left AC 汇流条和 Right AC 汇流条供电时，若 RTCT 测量的任一相电流与对应的 LTCT 相电流有效值之差大于（100±35）A，则 BPCU 应将联结汇流条差动保护条件设置为真。

当联结汇流条差动保护条件为真，持续（280±70）ms 时，BPCU 应在 50ms 内断开并闭锁 LEPR、LACTR、RACTR 和 AGC。

2.5.2　地面电源保护

地面电源的保护应能在驾驶舱通过操作 EXT PWR 控制开关进行复位，在地面服务模式下，地面电源保护应能通过控制客舱服务面板上的 GROUND SERVICE 按钮复位。

2.5.2.1　EP 过压保护

LBPCU 应检测 LEPR 处电压调节点（POR）处的电压，以执行过压保护功能。

如图 2-99 所示，DO-160G 第 16 章规定了 115V AC 非正常电压浪涌的取值范围，其中有效值 180V 浪涌最多持续 100ms，有效值 134V 浪涌最多持续 5s。

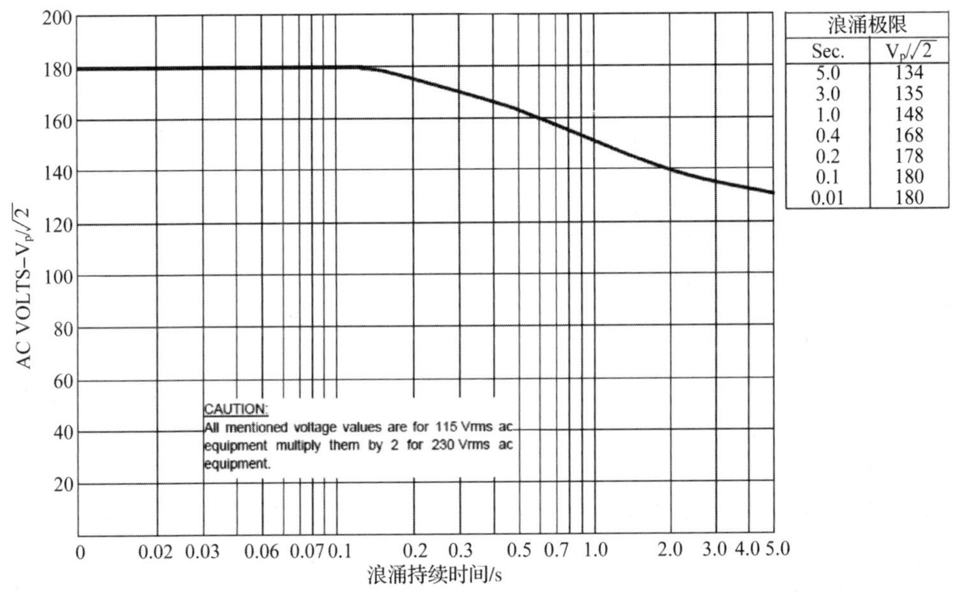

浪涌极限	
Sec.	$V_p/\sqrt{2}$
5.0	134
3.0	135
1.0	148
0.4	168
0.2	178
0.1	180
0.01	180

图 2-99　DO-160G 规定的非正常电压浪涌上限

LBPCU 要确保地面电源电压浪涌持续时间不超过图 2-99 曲线规定的范围，在过压持续时间到达曲线边界之前断开 LEPR，以防用电设备损坏。一个比较可行的办法是在图 2-99 曲线的基础上设定一定的时间裕度，比如设定 -20% 时间裕量，即：

（1）当电压有效值超过 180V 时，LBPCU 立即保护。

（2）当电压有效值浪涌为 180V 时，持续时间 80ms 时保护。

（3）当电压有效值浪涌为 134V 时，持续时间为 4s 时保护。

在 LBPCU 触发 EP 过压保护后，除了要断开 LEPR 外，还要撤销 Pin F 上施加的电压（用于检测 Pin E–F 互锁）。

EP 过压保护的复位条件设置为复位条件 2。

2.5.2.2 EP 欠压保护

DO-160G 规定了如图 2-99 所示的非正常电压浪涌范围，同时也规定了如图 2-100 所示的正常电压取值范围。其中 CF 表示恒频电压，NF 表示窄变频电压，WF 表示宽变频电压。

项目	设备类别		A（CF）	A（NF）	A（WF）
MAX	电压有效值 /V	最高相	122	122	122
		三相平均	120.5	120.5	120.5
	频率 /Hz	正常	410	650	800
		应急	440	650	800
MIN	电压有效值 /V	最低相	100	100	100
		三相平均	101.5	101.5	101.5
	频率 /Hz	正常	390	360	360
		应急	360	360	360

图 2-100　DO-160G 规定的正常电压取值范围

地面电源属于 115V 恒频 400Hz 交流电，其最低相电压为 100V。考虑到配电盘箱内部压降及飞机导线上的压降，约为 6V，取 EP 欠压保护的阈值有效值为（106 ± 2）V（最低相），当欠压超过阈值且持续时间为（4.5 ± 0.5）s 时，LBPCU 应断开 LEPR，撤销施加在 Pin F 上的检测 Pin E-F 互锁的电压。这里的保护时间增加了 500ms 容差，主要考虑的是处理器响应时间和接触器断开时间。

当 EP 过载条件为真时，EP 的欠压保护应被抑制。抑制欠压保护的主要考虑是在过载期间，EP 的输出电压会被拉低。而过载保护的优先级要高于 EP 保护。

EP 欠压保护的复位条件应设置为复位条件 1。

2.5.2.3 EP 欠频保护

LBPCU 应采集 LEPR 处的单相电压，以获取必要的波形信息，用以判断地面电源的频率，以执行频率保护。

在 LEPR 处的频率低于（382 ± 2）Hz 时，LBPCU 应将 EP 欠频条件设置为 ACTIVE，在 EP 欠频条件为 ACTIVE，持续时间为（4.5 ± 0.5）s 时，LBPCU 应实施 EP 欠频保护，断开 LEPR，同时撤销施加在 Pin F 上的用以检测 Pin E-F 互锁的电压。

在 EP 欠压条件满足时，欠频保护应被抑制。

EP 欠频保护的复位条件应设置为复位条件 1。

2.5.2.4 EP 过频保护

在 LEPR 处的频率超过（418 ± 2）Hz 时，LBPCU 应将 EP 过频条件设置为 ACTIVE，在 EP 过频条件的 ACTIVE 状态持续（4.5 ± 0.5）s 时，LBPCU 应断开 LEPR，并撤销施加在 Pin F 上的用以检测 Pin E-F 互锁条件的电压。

在 EP 欠压条件满足时，过频保护应被抑制。

EP 过频保护的复位条件应设置为复位条件 1。

2.5.2.5 EP 过载保护

EP 过载保护应与地面电源的功率容量，以及最恶劣情况下的飞机电气负载相容，同时也要与下游的断路器保护曲线相兼容。

LBPCU 应通过 EPCT 同时检测地面电源的三相电流，用以执行过载保护功能。

地面电源的额定容量为 90kVA，即额定每相 260A。在 EPCT 检测到的最高相电流超过（262 ± 10）A 时，应将 EP 过载条件设置为 ACTIVE。

在 EP 过载条件持续时间超过如图 2-101 所示的反时限保护曲线时，LBPCU 应将 EP 过载保护设置为 TRUE。

在 EP 过载保护后，LBPCU 应断开 Pin F 的供电，断开 LEPR。

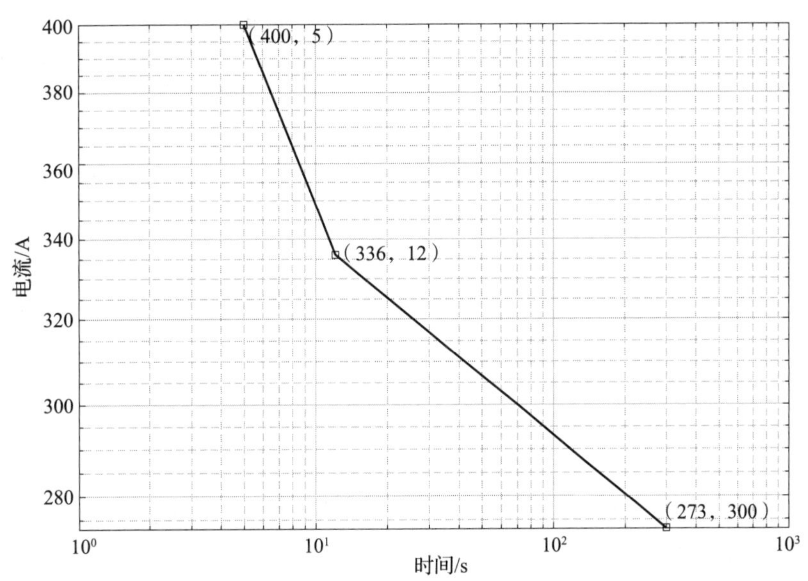

图 2-101　EP 过载保护的反时限曲线

2.5.2.6　EP 相序保护

LBPCU 应采集 LEPR 的 POR 处的三相电压，以执行相应的相序保护操作。当相序不为 A—B—C 时，LBPCU 应阻止 LEPR 的闭合。只要相序不为 A—B—C，EP 的相序保护就会处于 ACTIVE 状态。

在欠压条件为 ACTIVE 时，相序保护会被抑制。

在 EP 相序保护后，LBPCU 应撤销 Pin F 上的电源，并断开 LEPR。

EP 相序保护的复位条件应设置为复位条件 1。

2.5.2.7　EP 的 Pin E-F 互锁保护

如果 LBPCU 检测到 Pin E 或 Pin F 上的交流电压有效值大于（60 ± 5）V，LBPCU 应在最大 100ms 内撤销 Pin F 上施加的电压，并断开 LEPR。

撤销 Pin F 上的电压，并断开 LEPR 的动作时间为 35ms，这里的 100ms 延时综合考虑了故障检测时间与动作时间。

如果 LBPCU 检测到 Pin E 或 Pin F 上的直流电压大于（45 ± 5）V，LBPCU 应在最大 100ms 内撤销 Pin F 上施加的电压，并断开 LEPR。

如果 LBPCU 检测到的 Pin F 上的 DC 电流大于（2.25 ± 1）A，持续时间为（1.65 ± 0.6）s，LBPCU 应在最大 100ms 内撤销 Pin F 上施加的电压，并断开 LEPR。

如果 LBPCU 检测到 EP 最低相电压有效值大于（105 ± 2）V，而 Pin E 上的 28V DC

地 / 开信号显示为开，且持续时间为（1 ± 0.25）s，BPCU 应在最大 100ms 内断开 LEPR。

EP 的 Pin E–F 互锁保护的复位条件应设置为复位条件 1。

2.5.3 烟雾隔离

位于驾驶舱的 NORM BUS TIE 控制开关（见图 2–102）用于控制连接左右供电通道的交 / 直流联结接触器。当开关处于常通位置时，系统处于自动控制模式；当开关断开（被按下）时，相关的交流 / 直流联结接触器被锁定在不能接通的状态。

正常情况下，“OFF” 指示灯不亮；当 NORM BUS TIE 控制开关断开时，“OFF” 指示灯点亮。

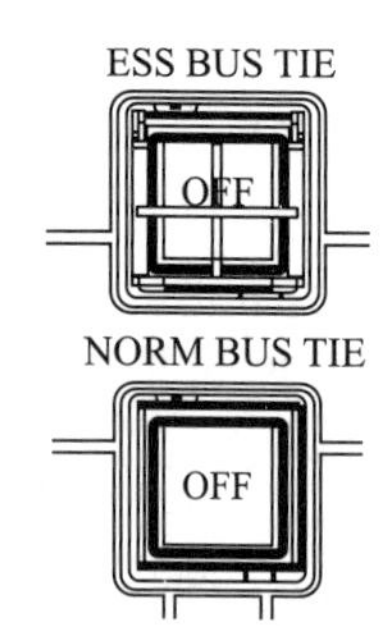

图 2–102 位于驾驶舱的 ESS BUS TIE 和 NORM BUS TIE 控制开关

ESS BUS TIE 控制开关主要用于控制连接左右供电通道与应急供电通道的交 / 直流联结接触器。当开关处于常通位置时，系统处于自动控制模式；当开关断开（被按下）时，相关的交 / 直流联结接触器被锁定在不能接通的状态。

正常情况下，“OFF” 指示灯不亮；当 ESS BUS TIE 控制开关断开，“OFF” 指示灯点亮。

NORM BUS TIE 控制开关提供了隔离两个配电盘箱（LDP/RDP）的能力，它通过锁定 AC/DC 汇流条联结接触器（LACTR、RACTR、BTC、DTC、ETC、LETR 和 RETR）来实现这一功能。这个开关为 BPCU 提供了两路地 / 开离散量，当两路离散量同时指示为 “OFF” 时，BPCU 才执行隔离配电盘箱的操作，即断开相关的 AC/DC 汇流条联结接触器。当两路离散信号状态不同时，BPCU 会判定为信号无效。

类似地，ESS BUS TIE 控制开关提供了隔离 EDP 的能力，它通过锁定 AC/DC 汇流条联结接触器（LACETR、RACETR、LETR 和 RETR）来实现。ESS BUS TIE 控制开关为 BPCU 提供了两路地 / 开离散量，当两路离散量同时指示为 “OFF” 时，BPCU 才执行隔离配电盘箱的操作，即断开相关的 AC/DC 汇流条联结接触器。当两路离散信号状态不同时，BPCU 会判定为信号无效。

当只有 LVFG 在线且 NORM BUS TIE 控制开关的状态切换到 “OFF” 位置时，LACTR、DTC、LETR、RETR 以及 ETC 会被断开，并锁定在断开位置。

当只有 RVFG 在线且 NORM BUS TIE 控制开关的状态切换到 “OFF” 位置时，RACTR、DTC、LETR、RETR 以及 ETC 会被断开，并锁定在断开位置。

当只有 ASG 在线且 NORM BUS TIE 控制开关的状态切换到 “OFF” 位置时，BTC、DTC、LETR、RETR 以及 ETC 会被断开，并锁定在断开位置。

当 LVFG 和 RVFG 均在线且 NORM BUS TIE 控制开关的状态切换到 “OFF” 位置时，LACTR、RACTR、DTC、LETR、RETR 以及 ETC 会被断开，并锁定在断开位置。

当 LVFG 和 ASG 均在线且 NORM BUS TIE 控制开关的状态切换到 “OFF” 位置时，LACTR、DTC、LETR、RETR 以及 ETC 会被断开，并锁定在断开位置。

当 RVFG 和 ASG 均在线且 NORM BUS TIE 控制开关的状态切换到 “OFF” 位置时，RACTR、DTC、LETR、RETR 以及 ETC 会被断开，并锁定在断开位置。

当 ESS BUS TIE 控制开关的状态切换到 “OFF” 位置时，LETR、RETR、LACETR 以

及 RACETR 会被断开，并锁定在断开位置。

烟雾隔离功能切断了不同配电盘箱彼此交换功率的路径。

2.5.4 TRU 的状态监控及输出保护

2.5.4.1 TRU 欠压保护

BPCU 应在 TRU DC 输出电压超过（25.5 ± 0.5）V，持续时间（20 ± 5）ms 后，将 TRU 可用状态设置为真。这里的 20ms 可以让处理器执行 4 次电压读取操作，每次读取的周期为 5ms，而 5ms 的容差是电压采集的读取周期。

在下述任一条件满足，且持续时间（5400 ± 50）ms 后，BPCU 应将 TRU 可用状态设置为假：

（1）TRU 的 DC 输出电压低于（24.5 ± 0.5）V，且对应的 TRU 过载条件为假。

（2）上游的交流汇流条电压低于（70 ± 5）V。

这里的延时时间 5.4s（5400ms）的设置是为了给上游的 AC 过载保护留有时间，AC 的过载保护动作时间是 5.1s，再加上接触器的动作时间 100ms，总计 5.2s。

EMPC 应在下述任一条件满足时，将 ETRU 可用状态设置为真：

（1）ETRU 的 DC 输出电压高于（25.5 ± 1）V，持续时间（20 ± 5）ms，且驾驶舱操控面板上的 ETRU 控制开关处于常通位置。

（2）下述两个条件均满足，且持续时间 990 ~ 1050ms：

①应急模式为“真”。

②校准空速大于 170kn（314.84km/h）。

在下述任一条件满足时，EMPC 应将 ETRU 的可用状态设置为假：

（1）驾驶舱内的 ETRU 控制开关处于“OFF”位置。

（2）下述任一条件满足且持续（5400 ± 50）ms：

① ETRU 的输出电压低于（24.5 ± 1）V，且 ETRU 过载条件为假。

②上游的 AC 汇流条低于（70 ± 5）V。

（3）下述条件均满足且持续（1000 ± 50）ms：

①应急模式为真。

②校准空速低于 170kn（314.84km/h）。

③ LGC 断开。

④ AGC 断开。

⑤ RGC 断开。

⑥ Left AC 汇流条电压有效值小于 70V。

⑦ Right AC 汇流条电压有效值小于 70V。

2.5.4.2 TRU 过载保护

在 LTRU/RTRU 的输出电流大于等于 375A 时，L/RBPCU 应将对应的 TRU 过载条件设置为 ACTIVE。

当 LTRU/RTRU 的过载条件超过图 2-103 反时限曲线所对应的数值时，BPCU 应设置相应的过载保护故障条件为 ACTIVE。

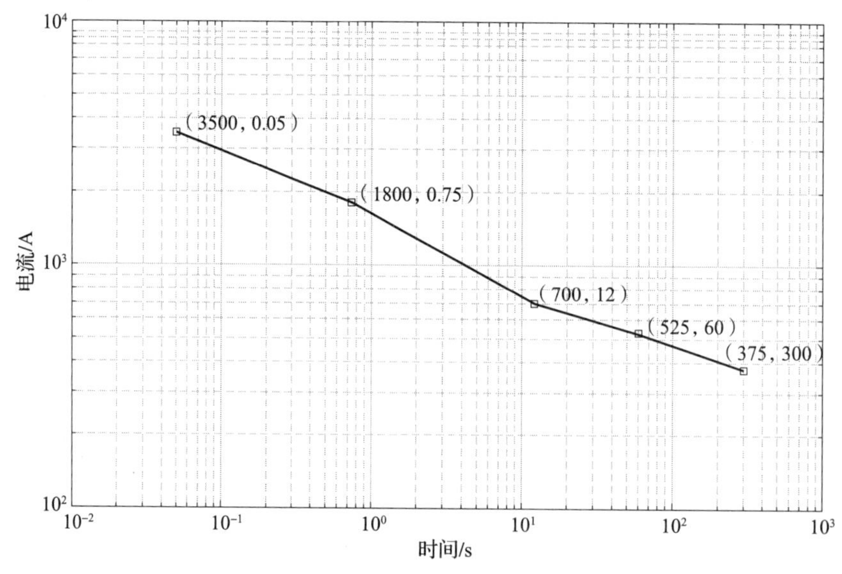

图 2-103　TRU 的反时限过载曲线

LBPCU 应采集 LTRU 的输出电流，并在 LTRU 过载保护故障条件为 ACTIVE 后，根据下述算法来隔离故障源：

（1）第一步：闭锁 DTC，等待 50ms。

（2）第二步：如果过载故障条件在 DTC 闭锁后被清除则仅闭锁 DTC，流程结束；否则，继续闭锁 LETR 和 ETC，并等待 50ms。

（3）第三步：如果经过第二步后过载条件清除，则闭锁 LETR 和 ETC，解除闭锁 DTC，流程结束；否则，闭锁 LDTC 和 RBLC，并等待 50ms。

（4）第四步：如果经过第三步后过载条件清除，则闭锁 LETR、ETC、LDTC 和 RBLC，解除闭锁 DTC，流程结束；反之，则闭锁 LTRUC，解除闭锁 LETR、ETC 和 RBLC，即此时处于闭锁状态的有 DTC，LDTC 和 LTRUC，处于解除闭锁状态的有 LETR、ETC 和 RBLC。

RBPCU 应检测 RTRU 的输出电流，并在 RTRU 过载保护条件为 ACTIVE 之后，根据下述算法来隔离故障源：

（1）第一步：闭锁 DTC，等待 50ms。

（2）第二步：如果 RTRU 的过载条件已清除，则维持 DTC 闭锁状态，流程结束；反之，则闭锁 RETR 和 ETC，等待 50ms。

（3）第三步：如果在执行第二步后 RTRU 的过载条件已清除，则闭锁 RETR 和 ETC，解除闭锁 DTC，流程结束；反之则继续闭锁 RBLC 和 RDTC，并等待 50ms。

（4）第四步：如果在执行第三步后过载条件清除，则维持 RDTC、RBLC、ETC 和 RETR 的闭锁状态，解除 DTC 闭锁，流程结束；反之，则闭锁 RTRUC，解除 RBLC、RETR 和 ETC 的闭锁状态。即此时处于闭锁状态的有 RTRUC、RDTC 和 DTC，被解除闭锁状态的有 RBLC、RETR 和 ETC。

上述 TRU 过载故障隔离流程结束，若再次发生过载，则上述故障隔离流程要重复一遍。

ETRU 的过载条件与 L/RTRU 相同，过载的反时限曲线也与 L/RTRU 相同，但 ETRU 的过载保护在 RAT 启用时应被禁用。ETRU 过载保护后，会直接断开 ETRUC 开关。

BPCU 在对应的 TRU 发生过载保护后，应设置为复位条件 2；而 EMPC 在 ETRU 发生过载保护后，应设置为复位条件 1。

2.5.4.3　TRU 短路保护

TRU 应能承受 1000A 的过载电流 10s，2500A 的过载电流 0.75s。在施加 5 ± 0.5 的负载电阻时，TRU 要具备承受最大 3500A 的短路电流。此时对应的 TRU 输出电压为 17.5V。

同样地，在对应的过载电流持续时间达到时，BPCU 和 EMPC 应实施保护，断开对应的 TRUC 和 DTC。在检测到 3500A 及以上的短路电流时，BPCU 和 EMPC 应立即实施保护。

2.5.5　接触器闭锁保护

BPCU 和 EMPC 应监控对应的接触器命令状态与辅助触点的状态，通过比较二者是否一致来判断是否要实施接触器故障保护。

当 BPCU 和 EMPC 检测到接触器的控制命令为接通，而辅助触点检测到的接触器状态为断开，且持续时间为（150 ± 50）ms 时，应将接触器接通故障（Fail To Close，FTC）条件设置为真。

当 BPCU 和 EMPC 检测到接触器的控制命令为断开，而辅助触点检测到的接触器状态为接通，且持续时间为（150 ± 50）ms 时，应将接触器断开故障（Fail To Open，FTO）条件设置为真。

2.5.5.1　发电机接触器 GC 闭锁请求

若 BPCU 经过计算判定邻近的 GC 应断开时，它会将 GC 闭锁请求设置为活动状态。比如，在 BPCU 检测到配电盘箱的差动保护条件满足时，应将 GC 闭锁请求设置为活动状态。

2.5.5.2　FTO/FTC 保护

在检测到 LEPR 的 FTC 故障后，LBPCU 应在 50ms 内断开 LEPR。

在检测到 LACTR、RACTR、GSTC、AGC 或 BTC 的 FTC 故障后，BPCU 应在 50ms 内断开 LACTR、RACTR、GSTC、AGC 或 BTC。

在检测到 AGC 的 FTO 故障后，RBPCU 应在 50ms 内断开并闭锁 RACTR 和 BTC。

在检测到 LEPR 的 FTO 故障后，LBPCU 应在 50ms 内断开并闭锁 LEPR 和 LACTR，并请求 RBPCU 在 50ms 内断开 BTC。

在检测到 LACTR 的 FTO 故障后，LBPCU 应在 50ms 内断开并闭锁 LEPR 和 LACTR，并请求 RBPCU 在 50ms 内断开 BTC。

在检测到 RACTR 的 FTO 故障后，RBPCU 应在 50ms 内断开并闭锁 RACTR、BTC 和 AGC。

在检测到 BTC 的 FTO 故障后，LBPCU 应在 50ms 内断开并闭锁 LACTR 和 LEPR。

在检测到 RACETR 的 FTC 故障后，EMPC 应在 50ms 内将 LACETR 的控制指令设置为断开，RACETR 的控制指令设置为接通。这里需要注意的是，RACETR 是常闭接触器，在出现故障时，会返回至默认松弛状态，即主触点的常闭状态。

在 RACETR 受令断开后，若对应的辅助触点显示其状态为接通，且持续时间为（150±50）ms，则 EMPC 应闭锁 RACETR 的 FTO 故障。

在检测到 RACETR 的 FTO 故障后，EMPC 应在 50ms 内向 LACETR 发送断开指令，向 RACETR 发送接通指令（给线圈断电）。

在检测到 LACETR 的 FTC 故障后，EMPC 应在 50ms 内向 LACETR 和 RACETR 发送断开指令。

在检测到 LACETR 的 FTO 故障后，EMPC 应在 50ms 内向 LACETR 和 RACETR 发送断开指令。

BPCU 和 TRU 的控制和保护功能中应包含相应的闭锁和隔离逻辑。LBPCU、RBPCU 和 EMPC 应监控 DC 接触器的命令状态和辅助触点状态，以执行对应的 DC 接触器故障保护功能。

在 DC 接触器的命令为 ACTIVE，但对应的辅助触点状态为断开，且持续时间为 150ms 时，LBPCU、RBPCU 和 EMPC 应将对应的接触器设置为 FTC 故障。

在 DC 接触器的命令为 INACTIVE，但对应的辅助触点状态为接通，且持续时间为 150ms 时，LBPCU、RBPCU 和 EMPC 应将对应的接触器设置为 FTO 故障。

在检测到 LTRUC、RTRUC、ETRUC、LDTC、RDTC、DTC、LETR、RETR、ETC、LBLC、RBLC、TSC 或 BSC 的 FTC 故障后，对应的接触器应在 50ms 内断开。

在接触器断开后，电源系统会根据功率源的优先级顺序对电网进行重构。

在检测到 LTRUC 的 FTO 故障后，LBPCU 应在 50ms 内给 LTRUC 和 LDTC 的线圈断电。

在检测到 RTRUC 的 FTO 故障后，RBPCU 应在 50ms 内给 RTRUC 和 RDTC 的线圈断电。

在检测到 ETRUC 的 FTO 故障后，EMPC 应在 50ms 内闭锁 ETRUC。

ETRUC 的 FTC 或 FTO 故障保护应在 EMPC 的复位条件 1 或应急模式下复位。

在检测到 BLC 的 FTO 故障条件后，BPCU 应在 500ms 内禁能对应的蓄电池充电器。

在检测到 LTRUC、RTRUC、LDTC、RDTC、DTC、LETR、RETR、ETC、LBLC、RBLC、TSC 或 BSC 的 FTO 故障后，BPCU 应在 50ms 内将对应接触器的线圈断电。

BPCU 控制的接触器 FTO 或 FTC 故障应设置为复位条件 2。

2.5.5.3 接触器触点抖动保护

BPCU 应监测 BTC、LEPR、LACTR、RACTR、AGC、LTRUC、RTRUC、LDTC、RDTC、LETR、RETR、ETC、BLC、TSC 以及 BSC 的辅助触点，以执行接触器的触点抖动保护。

下述接触器的辅助触点在 500ms 内从断开到接通的转换次数超过 4 次后，即将该接触器的触点抖动保护条件设置为真：

（1）BTC。

（2）LEPR。

（3）LACTR。

（4）RACTR。

（5）AGC。

（6）LTRUC。

（7）RTRUC。

（8）LDTC。

（9）LETR。

（10）RETR。

（11）ETC。

（12）BLC。

（13）TSC。

（14）BSC。

LEPR 的触点抖动保护应被 BPCU 设置为复位条件 1，在 AGC 断开的离散量由 TRUE 变为 FALSE，或出现复位条件 2 时，BPCU 应将 ACG 触点抖动的故障条件置为假。

当接触器的触点抖动条件为真时，BPCU 应在 100ms 内断开相应的接触器。由 BPCU 控制的接触器在发生触点抖动故障后，应设置为复位条件 2。

EMPC 应监控 LACETR、RACETR 和 ETRUC 辅助触点的状态，以执行相应的触点抖动保护。

下述接触器的辅助触点在 500ms 内 4 次由 INACTIVE 跳变到 ACTIVE 时，EMPC 应将相应的接触器触点抖动保护条件设置为真：

（1）LACETR。

（2）RACETR。

（3）ETRUC。

当接触器抖动的故障条件为真时，EMPC 应在 50ms 内移除对应接触器的驱动信号。接触器触点抖动的保护条件应在复位条件 1 或进入应急模式后被复位。

2.6 配电盘箱内的电压采集

配电盘箱内设置了两类电压采集点，如图 2–104 所示，一种是 POR 处的电压采集，另一种是 Non–POR 处的电压采集。

POR 是电压调节点（Point of Regulation）的缩写，GCU 从此处采集电压信息，用以励磁调节，它根据当前采集到的 POR 处三相电压平均值来动态地调节励磁调节器的输入，以维持 POR 处的电压在可接受的范围内。

电压调节点一般位于 GC 的前端，在 GCU 准备闭合 GC，向对应的交流汇流条输送功率之前，GCU 要先检查 POR 处的电能质量是否合格。电能质量包括电压、频率和相序三个指标，这三个指标都要通过 POR 处的引出线来测量。

除了 POR 处的电压采集外，还有非 POR 处的电压采集（Non–POR 处电压采集），比如 BPCU 为了上报汇流条的状态，需要采集汇流条的电压，在接入地面电源之前，也要判断地面电源的电能质量是否合格。

类似地，配电盘箱内部的 DC 汇流条也需要进行电压采集。

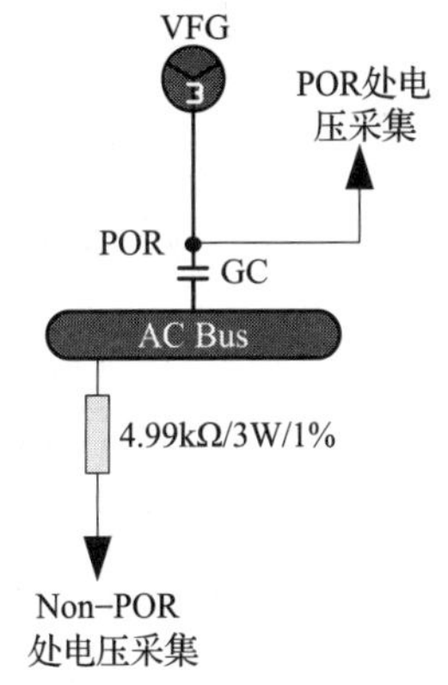

图 2–104 配电盘箱内的电压采集点

2.6.1 POR 处电压采集

GCU 和 OPU（过压保护单元）都需要采集 POR 处的电压，因此在配电盘箱的布线设计时，需要分别为 GCU 和 OPU 设置独立的 POR 电压采集点，这两套采集点在物理上是分开的。

POR 电压采集点采用三根 20AWG 导线采集 A—B—C 三相电压，20AWG 航空导线的稳态载流量为 7.5A，并能承受 10 倍（75A）以上短时过载电流。

POR 电压采集导线采用三扭绞带屏蔽的导线，采用扭绞屏蔽导线增加了采集导线的 EMI 抑制能力，附带的屏蔽层也可以增强采集导线的机械强度。

2.6.2 Non-POR 处 AC 电压采集

Non-POR 处的 AC 电压采集导线线径要不低于 24AWG，在采集的引出点，要增加 4.99kΩ、功率 3W、精度 1% 的采集电阻。其中，采集电阻用以限制非预期的短路电流，当发生短路时，对应的短路电流为

$$115\text{V} \div 4.99\text{k}\Omega \approx 23\text{mA} \tag{2-9}$$

这么小的短路电流不会造成采集导线的烧毁。

在发生短路时，采集电阻上消耗的功率为

$$23\text{mA} \times 23\text{mA} \times 4.99\text{k}\Omega \approx 2.64\text{W} \tag{2-10}$$

选择 3W 功率的采集电阻也不会因短路而损坏。

Non-POR 处的交流电压采集点的信息汇总在表 2-7 中。

表 2-7 Non-POR 处的交流电压采集点信息汇总

序号	采集点	相数	采集对象	备注
1	LEPR 靠近地面电源侧	三相	LBPCU	
2	AC Essential 汇流条	A 相	LBPCU/RBPCU/EMPC	
3	Left AC 汇流条	A 相	LBPCU/RBPCU	
4	Right AC 汇流条	A 相	LBPCU/RBPCU	
5	AGC 联结汇流条	A 相	LBPCU/RBPCU	AGC 联结汇流条位于 BTC 和 RACTR 之间
6	LEPR 联结汇流条	A 相	LBPCU/RBPCU	LEPR 联结汇流条位于 BTC 和 LACTR 之间
7	LACETR 源端	A 相	EMPC	
8	RACETR 源端	三相	EMPC	默认接通，采集三相电压

2.6.3 Non-POR 处 DC 电压采集

直流汇流条的 Non-POR 处电压采集需要接 4.99kΩ、功率 3W、精度 1% 的采集电阻。由于直流侧电压较低，所以采集电阻的功率也相应的降低。

Non-POR 处的直流电压采集点的信息汇总在表 2-8 中，这里需要特别说明的是通过电压采集来判断保险丝的状态以及联结汇流条的连通性。

如图 2-105 所示，Left DC 汇流条和 Right DC 汇流条分别位于 LDP 和 RDP 中，Left DC 汇流条和 Right DC 汇流条之间通过 DTC、DC Tie Bus 以及保险丝 Fuse 相连。

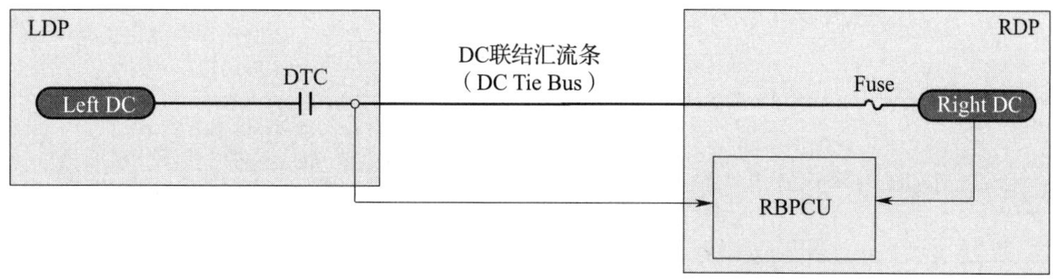

图 2-105　通过电压采集点来判断保险丝状态及联结汇流条的连通性

RBPCU 会同时检测 Right DC 汇流条的电压以及 DC 联结汇流条（DC Tie Bus）的电压。在 Fuse 未熔断，且 DC Tie Bus 在 LDP 和 RDP 之间的连接未中断（不存在断线）时，RBPCU 测得的 Right DC 汇流条上的电压应该与 DC Tie Bus 上的电压相等；反之，只要 Fuse 熔断，或者 DC Tie Bus 存在断线，则 DC Tie Bus 测量点的电压为零，RBPCU 可以据此判断导线连通性或 Fuse 故障。

表 2-8　Non-POR 处的直流电压采集点信息汇总

序号	采集点	采集对象	备注
1	Left DC 汇流条	LBPCU	
2	L DC ESS 汇流条	LBPCU	
3	Right DC 汇流条	RBPCU	
4	R DC ESS 汇流条	RBPCU	
5	DC ESS Transfer 汇流条	LBPCU/ RBPCU/EMPC	
6	Main Batt Direct 汇流条	LBPCU	
7	APU Batt Direct 汇流条	RBPCU	
8	LTRU 输出电压	LBPCU	
9	RTRU 输出电压	RBPCU	
10	ETRU 输出电压	EMPC	
11	L DC ESS Transfer 联结汇流条	LBPCU	用于检测 EDP 中的 DC ESS Transfer 汇流条的左侧保险丝状态，与 LBPCU 的 DC ESS Transfer 汇流条电压采集共同判断
12	R DC ESS Transfer 联结汇流条	RBPCU	用于检测 EDP 中的 DC ESS Transfer 汇流条的右侧保险丝状态，与 RBPCU 的 DC ESS Transfer 汇流条电压采集共同判断

表 2–8（续）

序号	采集点	采集对象	备注
13	RDP 中的 DC ESS 联结汇流条输入	LBPCU	RBPCU 采集 RDP 中的 DC ESS 联结汇流条可用于检测 LDP 中 DC ESS 联结汇流条的保险丝状态，同时也可以检测 LDP 与 RDP 之间 DC ESS 联结汇流条的连通性。这项功能需要与 LBPCU 对 L DC ESS 汇流条的电压采集结合起来判断
14	LDP DC 联结汇流条	RBPCU	RBPCU 采集 RDP DC 联结汇流条电压可以判断 RDP 中 DC 联结汇流条的保险丝状态，以及 RDP 与 LDP 之间 DC 联结汇流条的连通性。该功能会与 RBPCU 对 Right DC 汇流条电压采集结合起来判断

2.7 本章小结

本章按照民用飞机一个航程的运营时间顺序，依次介绍了电源系统所经历的若干工作模式，从冷态——仅蓄电池供电模式开始，逐步转移到地面服务模式、地面工作模式、地面电源 +APU 供电、仅 APU 供电、左发电机 +APU 供电、右发电机 +APU 供电，之后过渡到起飞前的左发电机和右发电机同时供电的工作模式。在经过巡航阶段，飞机下降着陆后，上述工作模式会依次逆向经历一遍，直至过渡到冷态——仅蓄电池供电模式。

除了上述正常工作模式外，电源系统还会有单发电机失效、双发电机失效、仅蓄电池供电、TRU 失效等多种故障模式，在有功率源故障的情况下，BPCU 会根据汇流条功率源的优先级，对汇流条的功率源进行重新配置。

功率开关的互锁逻辑从硬件上保证了接触器接通、断开状态的互斥性，这就要求关联接触器的控制线圈连线满足既定的串联、并联规则。

功率开关的控制逻辑是一次配电的核心内容，这部分控制逻辑以 RS 触发器的方式呈现，在 BPCU 中具体实施。

负载管理分为主动负载管理和被动负载管理两种，其中：主动负载管理是根据当前可用功率源的状态，主动卸载掉优先级低的负载；而被动负载管理是在检测到电源过载条件时，卸载掉部分负载，直至电源重新恢复到正常工作条件。无论是哪种负载管理，前提是对负载的优先级进行分类。除了 BPCU 内置的卸载逻辑外，驾驶舱还有手动卸载的开关。

BPCU 的保护功能包括差动保护、地面电源保护、烟雾隔离、TRU 输出监控与保护，以及接触器闭锁保护。其中烟雾隔离用于在发生类似火警时，闭锁配电盘箱之间的联结接触器，以免故障范围扩大。在发生 TRU 过载保护时，须通过一步步地接触器闭锁与解除操作，来定位故障的位置，以将故障隔离在最小的范围内。

在本章的最后，还增加了一节，描述了 POR 处的电压采集方式，包括导线线规、采集电阻、采集点的位置、监控对象等工程实施细节。

3 二次配电

二次配电是对飞机电能的二次分配。一次配电将不同功率源分配到对应的汇流条上，而二次配电则将汇流条上的电能分配到各个用电终端，即飞机上的电气负载。

如图 3-1 所示，二次配电的核心元件是一组开关，在从汇流条到负载的输出馈线前端，都会串联一个开关，开关的数量与负载一比一配备。当开关接通时，从汇流条到电气负载的供电回路形成，具体电流的大小由电气负载的阻抗决定。负载阻抗小，则流经开关的电流大，反之，则电流小。因此，开关的容量会根据负载的实际情况进行适配。

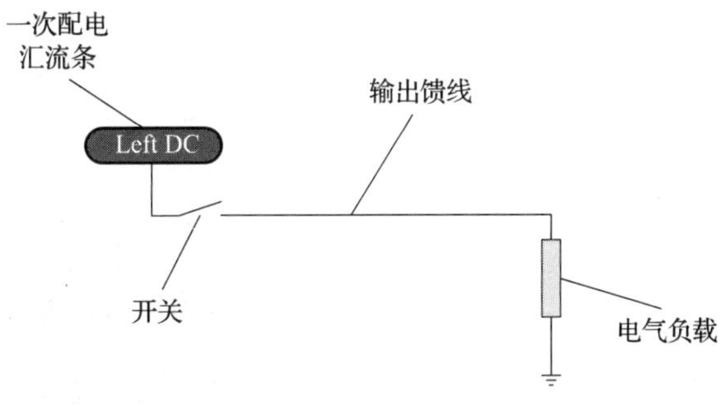

图 3-1　二次电能分配

当负载电流非预期增大时，即出现过载情况时，开关应该断开，以切断电流通路，防止过载电流烧毁输出馈线和电气负载，进而引发飞机火灾。

这种过载保护的功能也是二次配电系统的必备功能，这项功能对于故障隔离和配电网的安全运行是必不可少的。

传统的二次配电装置由断路器（CB）实现，CB 内置的双金属片能很好地模拟过载保护的反时限曲线。当过载发生时，双金属片由于上下两侧热膨胀系数不同，在受热时会发生弯曲，当弯曲到一定程度后，主回路会断开（或者在弯曲变形后触碰跳闸机构将主回路断开），如图 3-2 所示。

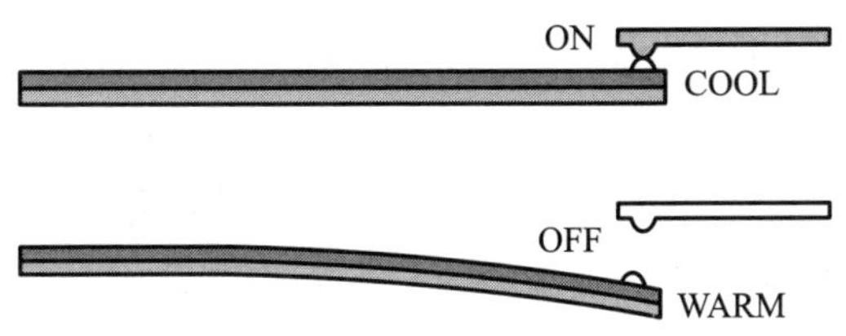

图 3-2　双金属片在受热弯曲时将回路断开

过载程度越严重，即过载倍数越大，双金属片达到断开回路所需弯曲程度的时间越短，保护动作得越快，这种保护时间与过载倍数（实际为过载倍数的平方）成反向比例关系的保护称为反时限保护。

在采用固态功率控制器（SSPC）技术后，CB 双金属片的反时限保护曲线改用软件来模拟，把原来用物理方法实现的保护，改为用数字方法来实现。

由本书第 1.2.3.1 节可知，断路器有两种脱扣方式，一种是热脱扣，一种是电磁脱扣。由双金属片触发的反时限保护对应 1.2.3.1 节的断路器热脱扣，而当过载倍数超过一定的限值时，比如超过 12 倍额定电流，断路器会触发电磁脱扣，立即跳闸。与电磁脱扣对应的是断路器的短路保护。

3.1 从 CB 到 SSPC

CB 是机电式开关，要接通回路，需要人为操作。为此，CB 通常安装在驾驶舱这种维护人员方便操作的地方，如图 3–3 所示，多个 CB 成组布置在断路器板上，维护人员在断路器板的前方，可以通过按下 CB 按钮将断路器接通，也可以对断路器进行锁定操作（挂标牌的那些断路器，CB 锁定后将不能被接通）。

图 3–3　CB 只能安装在维护人员方便操作的地方

SSPC 由于采用的是数字控制，通过计算机指令来控制开关的接通，因此理论上没有安装位置的限制，除非设备更换，正常情况下是免维护的。

用 SSPC 取代 CB，除了安装位置更灵活，还具有以下优点：

（1）SSPC 集成了继电器的开通、关断控制功能和 CB 的保护功能，用一个元件实现了原来需要两个元件才能实现的功能，可以减轻飞机的重量。

（2）SSPC 可以靠近负载布置，将原有的集中式配电改为分布式，可以节约飞机线缆的重量。

（3）SSPC 的通道额定值可以通过软件来修改，可以用同一个硬件规格适配不同的负载电流，增强了对负载的适应性。

上述优点，会在本章进一步讨论。

3.1.1 传统飞机电源系统

图 3–4 是简化的传统飞机上基于 CB 的配电系统架构图，其中，左右发电机分别为 Left AC 和 Right AC 汇流条供电，这两个汇流条又称为一次配电汇流条。大电流负载（电流大于 15A）直接挂接在一次配电汇流条上，对于不需要进行开通、关断切换的负载，用 CB 直接为负载配电，当汇流条有电时，负载即处于通电状态；对于需要进行动态切换的负载，在进行电能分配时，需要在负载回路串接 CB 和接触器，其中 CB 提供电路保护功能，而接触器则提供负载供电的切换功能。这种类型的负载回路，CB 处于默认接通状态，而接触器是默认断开的。当需要接通负载时，需要给接触器的电磁线圈供电，以将主回路接通，负载因此获得供电输入；反之，当需要断开负载时，则给接触器的电磁线圈断电，以将主回路断开，负载电流回路因此被切断。

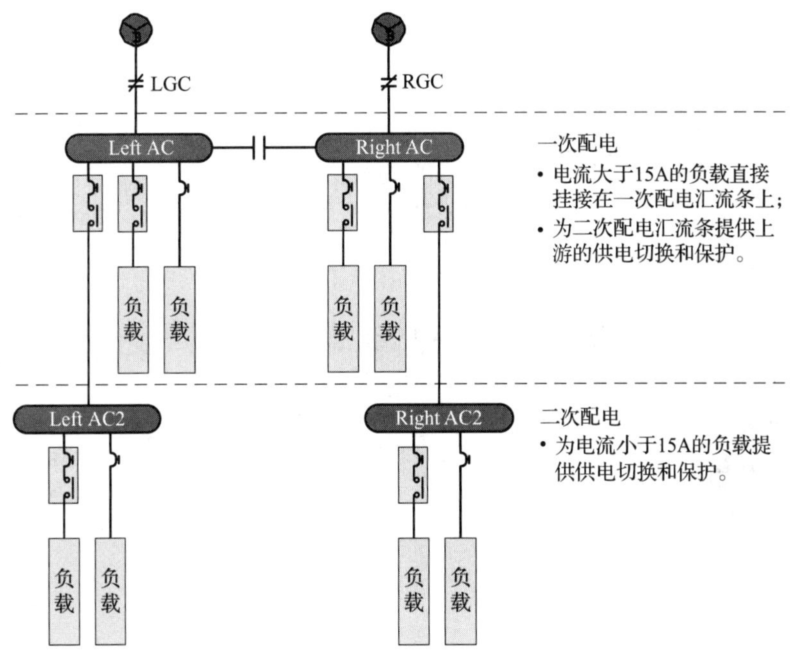

图 3–4 传统飞机上基于 CB 的配电系统

除了上电即接通和需要通断切换这两种挂接在一次配电汇流条上的负载外，从一次配电汇流条获取功率输入的还有二次配电汇流条。在一次配电汇流条和二次配电汇流条之间有输入馈线，输入馈线的前端有串联连接的 CB 和接触器，分别起过载保护和接通 / 断开二次配电汇流条的作用。

与一次配电的负载类似，挂接在二次配电汇流条 Left AC2 和 Right AC2 汇流条上的负载也可以分为两类。一种是上电即接通，不需要通断切换的负载，这类负载直接用一个 CB 来配电；另一种是需要在运行过程中控制通断的负载，对于这类负载，需要在配电回路串接 CB 和继电器（二次配电的负载小于 15A，因此用继电器），分别实现过载保护和负载通断切换的功能。

在图 3–4 中，一次配电汇流条及功率元件 CB 和接触器布置在对应的一次配电中心里，而二次配电汇流条及功率元件 CB 和接触器则布置在对应的二次配电中心内。

当 CB 被 SSPC 取代后，不会改变配电系统的架构，只是用 SSPC 来实现原来由 CB 和接触器实现的功能。如图 3–5 所示，原来的二次配电装置被 SSPC 板卡取代，板卡上内置了二次配电汇流条，还有若干 SSPC 通道，每个 SSPC 通道分别给一路负载供电，其中 SSPC 通道 1 综合了原来断路器和接触器的功能，SSPC 通道 2 取代了原来 CB 的功能。由于 SSPC 采用了数字控制，安装位置可以不必局限于驾驶舱，可以靠近负载布置。

3.1.2 A380 飞机配电系统架构

A380 飞机的配电系统架构如图 3–6 所示，整个电源系统共有 7 个交流源，分别是：

（1）4 台交流主发电机 Gen1 ~ 4，分别挂接在 4 台发动机上。

（2）2 台 APU 发电机，分别是 APU Gen1 和 APU Gen2。

（3）1 台 RAT。

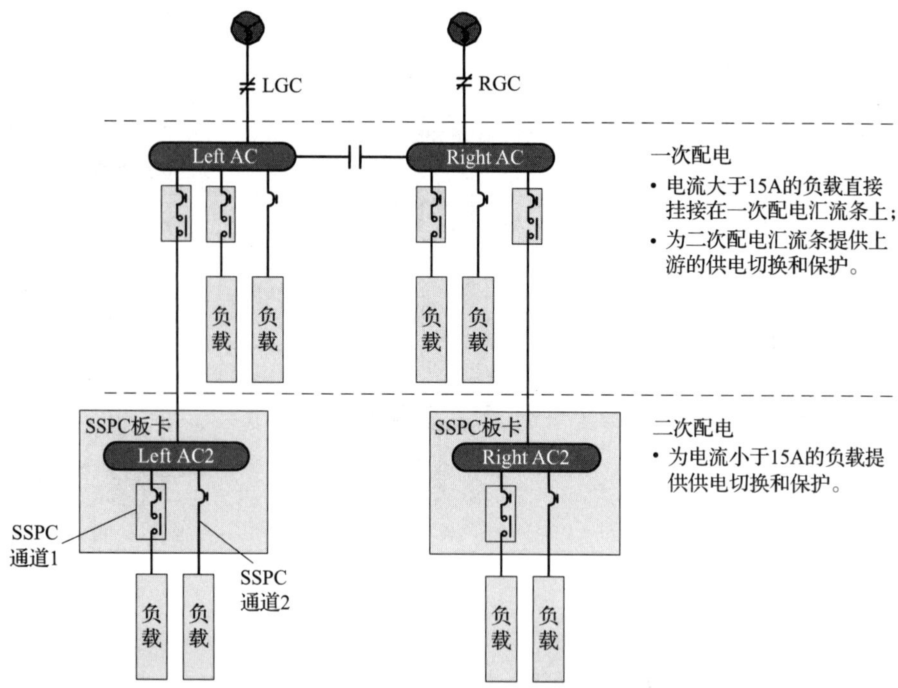

图 3-5　基于 CB 的二次配电系统被 SSPC 取代

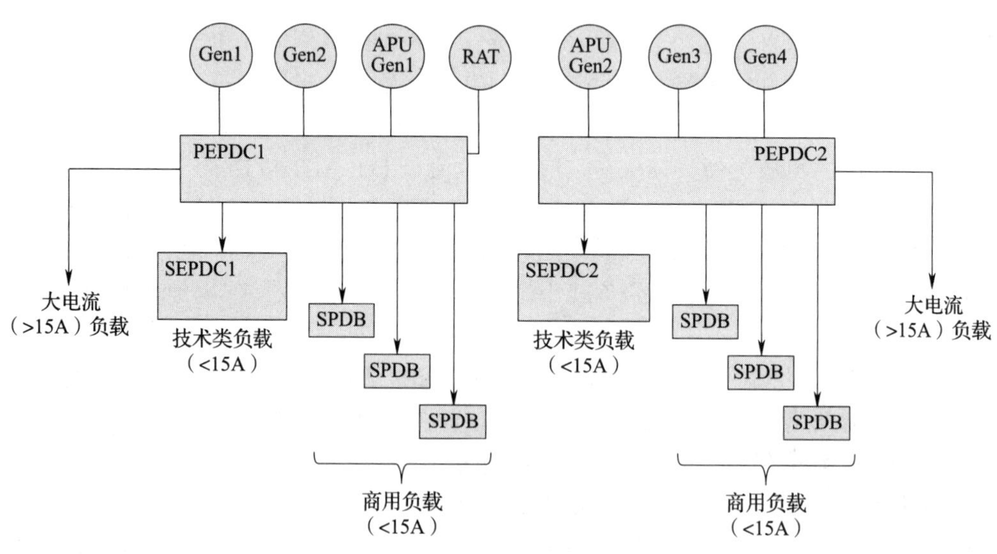

图 3-6　A380 飞机配电系统架构

这 7 个交流源分别通过馈线接入两个一次配电中心 PEPDC1 和 PEPDC2。其中，Gen1、Gen2、APU Gen1 和 RAT 接入 PEPDC1 配电中心；而 Gen3、Gen4 和 APU Gen2 则接入 PEPDC2 配电中心。

两个一次配电中心上挂接的负载有：

（1）大电流负载，即那些电流大于 15A 的负载。

（2）二次配电中心（SEPDC），它从一次配电中心获取功率输入。

（3）二次配电盒（SPDB），分布在飞机各处，也从一次配电中心获取功率输入。

A380一次配电中心的配电装置均采用了传统的机电式元件，比如CB、接触器和继电器，而二次配电系统的配电装置则采用了SSPC技术。在机电式配电方式中，与负载控制相关的接触器和继电器不一定安装在配电盘箱中，有时会配有专门的继电器盒或接触器盒。

A380二次配电系统上挂接的负载为小功率负载，即电流小于15A的负载。SEPDC为技术类负载供电，SPDB则为商用负载供电。技术类负载指的是那些影响飞机顺利完成飞行任务的负载，比如通信、导航、电源、飞控等系统的负载；而商用负载则是航空公司商业运营所需的负载，比如机载娱乐、厨房、客舱照明等电气负载，这些负载通常不会影响到飞行安全。

A380飞机是最早采用SSPC技术的民用飞机，后续研发的机型，比如波音787、C919、A350等，都大量采用了SSPC技术。

3.1.3 机电式开关与SSPC的比较

图3–7对比了机电式开关与SSPC，这两种配电技术在A380飞机上均有应用。一次配电中心中采用的是机电式配电技术，CB和汇流条布置在一次配电中心内部，为了实现对负载的供电控制，需要配备独立的继电器盒。二次配电中心采用了SSPC技术，在封装设计上采用了机架式结构，内部布置了多块SSPC板卡，每块SSPC板卡上布置了6~24个SSPC通道。每个SSPC通道结合了CB的过载保护功能与继电器的通断控制功能。

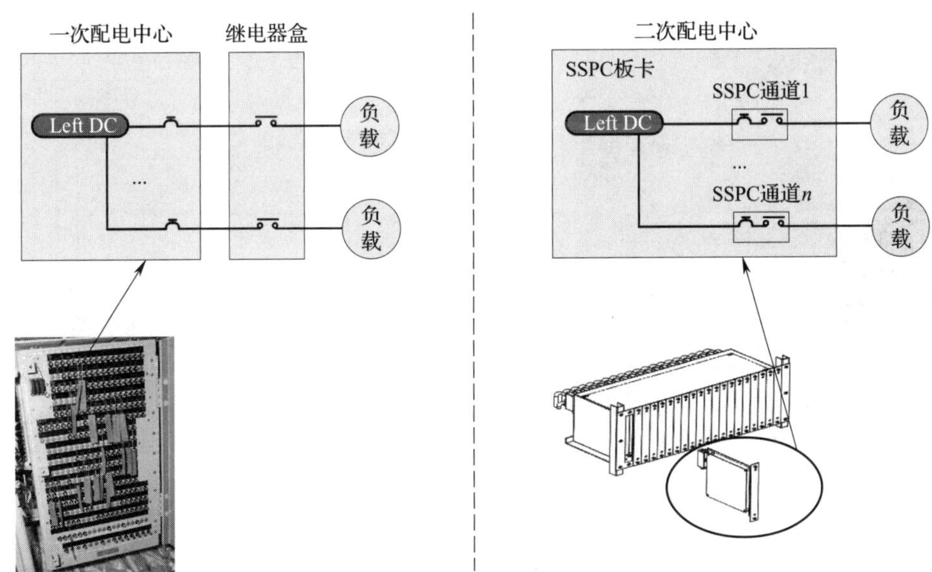

图3–7 从机电式开关过渡到SSPC

3.1.3.1 CB类型

常用的航空断路器CB有三种类型，如图3–8所示。

（1）三相断路器：一个断路器有三组主触点，这三组主触点在机械上是联动的，即可以通过控制电磁线圈，使三组线圈同时接通或断开。

（2）单相断路器（无辅助触点）：每个断路器只有一组主触点。

（3）单相断路器（有辅助触点）：除了有主触点外，还有一组辅助触点，主触点和辅助触点在机械上是联动的，即二者同时接通和断开，因此可以通过辅助触点来判断主触点的接通 / 断开状态。辅助触点会占据额外的空间，相对于无辅助触点的断路器，有辅助触点的断路器尺寸会比较大（如图 3-8 最右侧的单相 CB 所示，辅助触点会“鼓出”一部分）。需要说明的是，单相断路器可以带辅助触点，三相断路器也可以带辅助触点。

图 3-8 为这三种航空断路器的实物照片，断路器的电流规格印在断路器按钮上，字符 50 表示的是断路器的额定电流为 50A，这是常见的集中布置的航空断路器的最大电流规格（下文有提到 100A 的分布式布置的 RCCB）。电流超过 50A 后，通常采用接触器作为电路的通断切换与保护元件，其中通断切换功能可以通过控制接触器的电磁线圈来实现，而保护功能则需要在电路中增加额外的电流互感器（或霍尔传感器）及对应的微处理器。如图 3-9 所示，微处理器会采集接触器辅助触点的状态和电流传感器（电流互感器或霍尔传感器）的电流，当主触点处于接通位置时，主回路发生过载，电流超过规定的阈值后，微处理器会启动反时限的保护逻辑，根据预设的保护曲线在规定时间切断接触器电磁线圈的供电输入，从而断开主回路，起到了与 CB 类似的过载保护作用。

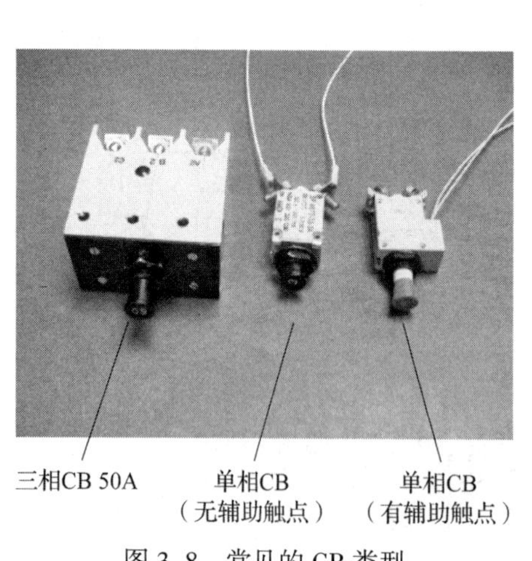

三相CB 50A　　单相CB（无辅助触点）　　单相CB（有辅助触点）

图 3-8　常见的 CB 类型

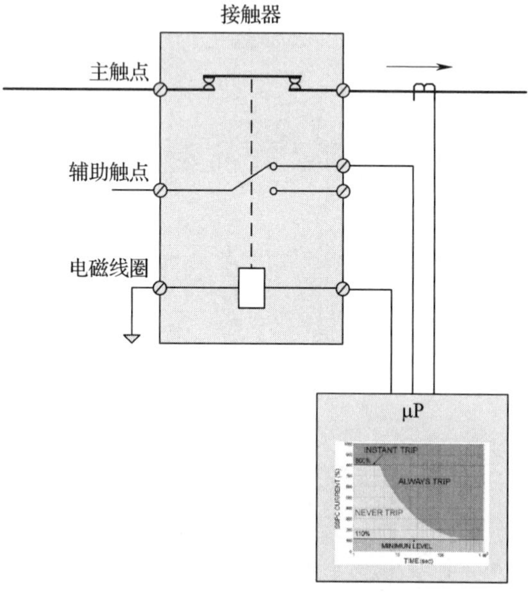

接触器
主触点
辅助触点
电磁线圈
μP
INSTANT TRIP
ALWAYS TRIP
NEVER TRIP
MINIMUM LEVEL

图 3-9　接触器和电流传感器与微处理器协同工作以实现保护和通断切换功能

CB 的辅助触点可以用来检测断路器的接通和断开状态，在采用 SSPC 技术之后，由于自带控制器和检测回路，SSPC“天然”具备“辅助触点”，可以实时反馈 SSPC 通道的接通和断开状态。

但在用 SSPC 实现三相断路器时，需要在控制方式上进行特殊的考虑。因为三相断路器对应三个 SSPC 通道，这三个 SSPC 通道不具备像三相断路器那样的“机械连锁”功能，可以三相同时接通和断开。但是，可以通过微处理器来模拟“机械连锁”的效果，即同时向三个成组的 SSPC 通道发送相同的“接通”或“断开”命令，则三个通道可以实现“同开同关”，如图 3-10 所示。

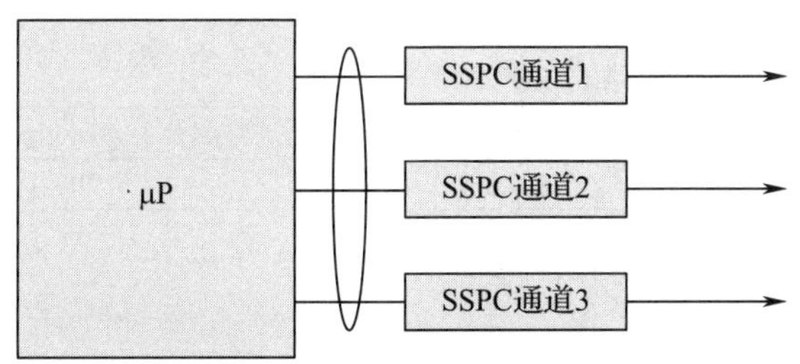

图 3-10 用三个 SSPC 通道组成一个三相通道

三相通道的“同开同关”不仅体现在正常的接通 / 断开操作上，还体现在过载保护功能上，当三相中的任意一相发生过载故障时，需要同时断开三相负载，以免负载缺相运行。

3.1.3.2 继电器与接触器

继电器与接触器都是用电磁线圈控制的机械开关，二者在工作原理上没有区别，不同的是电流大小不一样，电流小的称之为继电器（Relay），电流大的则称为接触器（Contactor），而这里的电流大小没有明确的界线。

接触器的工作原理如图 3-11 所示，它包含一组主触点和一个电磁线圈。主触点通过端子 A1 和 A2 引出，电磁线圈通过端子 X1 和 X2 引出。电磁线圈 X1 和 X2 通电时，主触点在线圈电磁力的作用下闭合，主回路 A1—A2 接通；反之，电磁线圈 X1—X2 断电，主回路断开。

与断路器一样，根据主触点的数量，接触器也可以分为单相和三相。三相接触器如图 3-12 所示，三组主触点（A1 和 A2、B1 和 B2、C1 和 C2）在机械上联动，当电磁线圈 X1—X2 通电时，三组主触点同时闭合，主回路接通；反之，主回路断开。

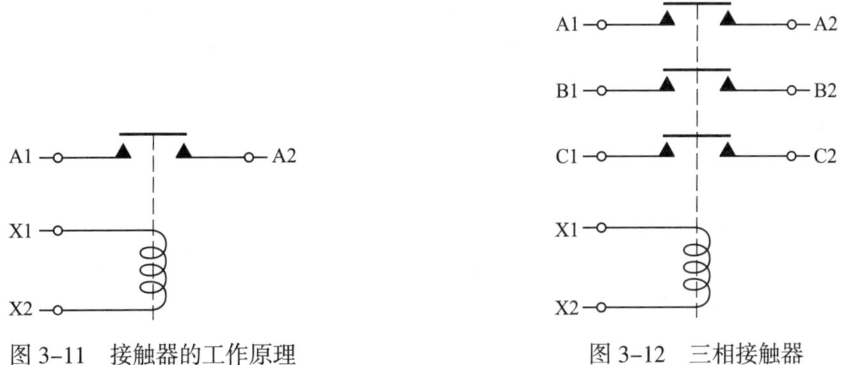

图 3-11 接触器的工作原理　　图 3-12 三相接触器

同样地，接触器还可以附带辅助触点，辅助触点与主触点机械上联动，可以通过辅助触点的接通 / 断开状态来判断主触点的状态。

图 3-13 是 Eaton 公司的气密型 300A 单相接触器的照片及短时过载能力，这款接触器是单刀单掷（SPST）开关，即只有一组主触点，稳态载流量为 300A，最大能承受 6 倍的冲击电流。该接触器是 28VDC 和 115VAC/400Hz 兼容的，即主触点可以适应这两种航空电压体制。

Cat. No. 6042H153
SPST, 300Amp

短时工作定额：

持续	15min	5min	1min	最大冲击电流
100%	130%	150%	200%	600%

图 3-13　Eaton 公司的气密型 300A 单相接触器照片及短时过载能力

在 2.3.3 节中提到了功率开关的过载能力，接触器需要承受最大 8.75 倍的过载电流。Eaton 公司的这款接触器最大只能承受 6 倍的过载电流，因此图 3-13 的这款接触器只能降额使用。6 倍过载的电流为 1800A，在 8.75 倍过载的场合，等效于稳态电流为 1800A/8.75 ≈ 205.7A。因此这款接触器可以用在持续电流为 200A 的场合。

3.1.3.3　RCCB

遥控断路器（RCCB）是 Remote Controlled Circuit Breaker 的缩写，它集成了 CB 的保护功能和继电器的远程通断控制功能。在负载回路发生过载或短路故障时，RCCB 可以像 CB 那样提供保护；在需要控制负载的通断时，可以操控驾驶舱的开关，对负载进行接通、关断控制。

RCCB 的功能与 SSPC 很类似，二者都综合了 CB 和继电器的功能。所不同的是，RCCB 由机械开关进行离散控制，而 SSPC 除了用离散控制外，还可以通过通信总线进行数字控制。

如图 3-14 所示，在不采用 RCCB 对负载进行配电时，若需要对负载进行通断控制，则需要在负载前端串接一个接触器，而接触器的控制线圈再接到驾驶舱的操控面板上，通过一个 CB 和开关来控制接触器线圈的通断。其中，CB 用于保护从驾驶舱操控面板到接触器之间的这段导线，而开关则用于控制接触器电磁线圈的通断。

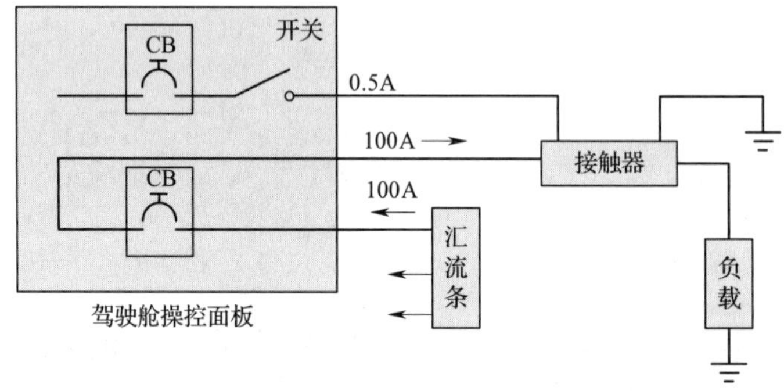

图 3-14　不用 RCCB 时的配电方式

接触器的主回路一端接负载，另一端接到驾驶舱操控面板的断路器上，断路器的另一端接到汇流条，从而构成完整的主功率回路。主功率回路的电流是 100A，而控制线圈的电流为 0.5A。

在配电装置改为RCCB后，电路接线会得到大幅简化，如图3–15所示，这里可以看到其相对图3–14的两个显著变化：

（1）原来的100A CB和接触器被RCCB取代，原来的两个分立元件被RCCB这一个元件所取代。

（2）原来从接触器到驾驶舱操控面板的100A载流量的导线取消了，配电系统的重量减轻了。

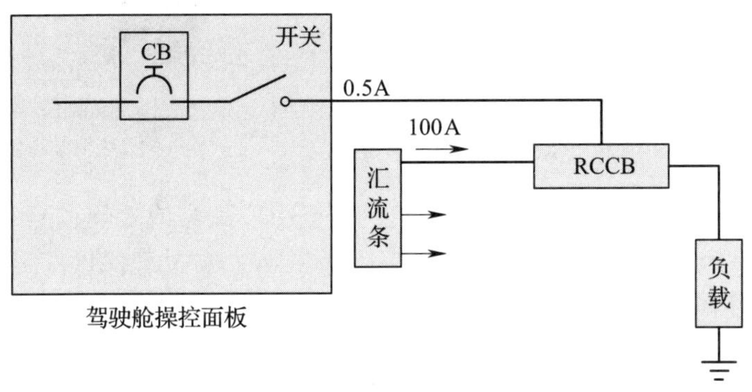

图3–15 采用RCCB时的配电方式

控制回路的接线仍然保持不变，在驾驶舱的操控面板上，仍旧需要保留CB和控制开关。通过控制开关的接通与断开操作，可以让RCCB处于接通和断开状态。

图3–16是美国Eaton公司的单相和三相RCCB的照片，它们的重量分别是332g和907g，约等于原来接触器与CB的重量之和。采用RCCB的主要好处是可以节省配电线缆的重量，原来的负载馈线需要从接触器布置到驾驶舱操控面板，再从操控面板布置到汇流条。采用RCCB之后，负载馈线可以直接从汇流条布置到RCCB，无须从驾驶舱操控面板绕一个来回。

3.1.3.4 SSPC的定义

固态功率控制器（SSPC）从外部总线或离散信号获取负载的控制指令，并根据指令接通和断开所连接的负载。在负载回路出现异常，即发生过载、短路或电弧故障时，SSPC会实施保护，切断负载以隔离故障，避免飞机导线因过热而损坏。

SSPC的功能可以概括如下：

（1）根据外部指令接通和断开电气负载。

（2）在发生过载、短路或电弧故障时，切断负载回路，以保护从SSPC到负载之间的连接导线。

注意这里提到了过载、短路和电弧这三种故障保护，其中过载保护及反时限曲线，还有与断路器电磁脱扣对应的短路保护在本章的开头均已述及，此处新增的内容是电弧保护。

实际上，电弧保护并不为SSPC所独有，传统的CB加以电路改造后，也可以具备电弧保护的功能。图3–17是美国Eaton公司的航空交流电弧断路器的原型样机。

电弧是一种气体游离放电现象，低压线路电弧故障常因导线束中某几根导线绝缘损伤或者连接器松动而引起。

图 3-16　美国 Eaton 公司的单相和三相 RCCB

图 3-17　美国 Eaton 公司的 115VAC/400Hz 航空电弧断路器

产生故障电弧时，会导致飞机部件失灵，可能引发火灾或爆炸，进而酿成空难事故。由于电弧电流的间歇性特性，不能触发飞机上断路器的 I^2t 过载保护。为此，在断路器原保护功能基础上还需要增加故障电弧保护功能。

电弧故障分为串联和并联两种，两者都可能导致火灾或爆炸，但是发生和检测机制却有很大的不同。

如图 3-18 所示，当连接到飞机电源正极的导线绝缘破损，导线轻微接触机身接地（或另一根裸露的电线）时，可能会发生并联电弧故障。并联电弧中的电流不通过负载，只有电源内阻和导线电阻来限制峰值故障电流。

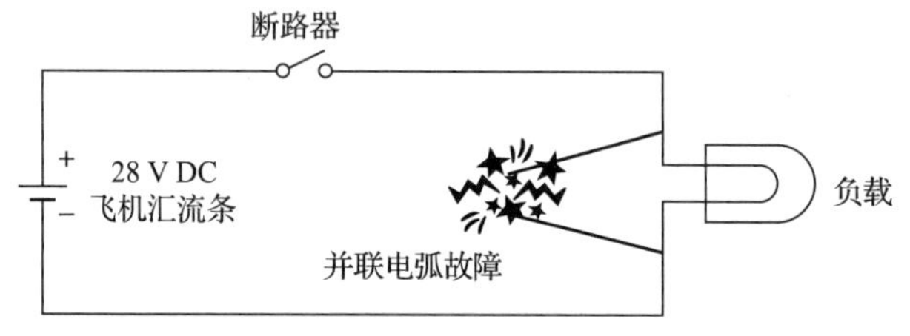

图 3-18　并联电弧

另一种类型的并联电弧是由于在潮湿、肮脏的环境中绝缘丧失或损坏造成的。产生并联电弧的情况与两个导体可能直接短路的方式一样多。

通常，当两个带相反电荷的导体相互接触时，会产生并联电弧，电弧产生的热量会使接触点处的金属液化，在接触点处产生间隙。之后电弧可能会熄灭，并在稍后重新建立。电弧可能会因振动而间歇性发生，这种现象有别于刚性接地的硬短路。并联电弧事件会持续数秒钟至数分钟，有效的检测技术必须在最初的几十毫秒内动作，以最大限度地降低火灾风险。

对于并联电弧故障，电弧电流会超过正常负载电流的最大值，但每个电流脉冲的持续时间可能太短而不会触发断路器的热脱扣动作。检测并联电弧故障的关键是计算电流在正常负载电流额定值以上的累计时间，并在该时间超过正常浪涌或操作浪涌时触发跳闸。这里的正常浪涌和操作浪涌通常是一次性事件，而电弧事件则通常在较长时间内多次发生。

如图 3-19 所示，串联电弧故障一般发生在单一带电导体中，如连接处的接触不良、线束断裂等，都可能导致串联电弧故障。然而，有些负载利用串联电弧作为正常操作的一部分，因此无法可靠地检测到它们。例如，电机换向器的正常火花与串联电弧故障很像，弧光灯（闪光灯、荧光灯）也很难与故障电弧区分开来。

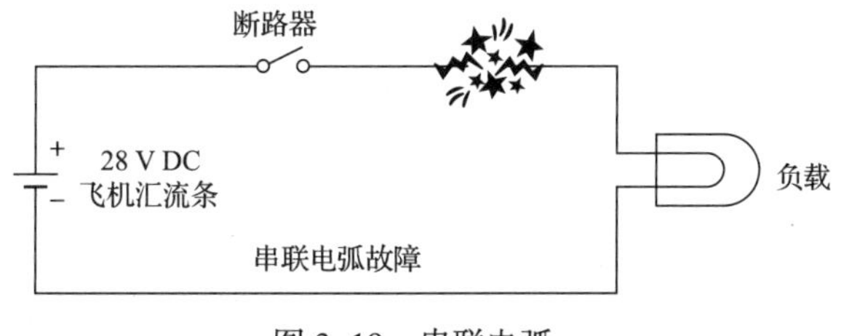

图 3–19 串联电弧

优良的电弧故障检测算法不仅要有足够的检测灵敏度，也要有足够的鲁棒性，不会在非电弧故障的情况下误触发。

在过载保护、短路保护和电弧保护之外，对于三相交流负载，还有漏电流检测与保护。这部分的内容会在 3.1.5.2 节“SSPC 的保护功能”一节中进一步讨论。

3.1.3.5 SSPC 的基本功能与状态转移图

前已述及，SSPC 综合了 CB 的保护功能和 Relay 的通断切换功能，图 3–20 示出了 SSPC 的保护功能类型及负载通断切换的指令来源。

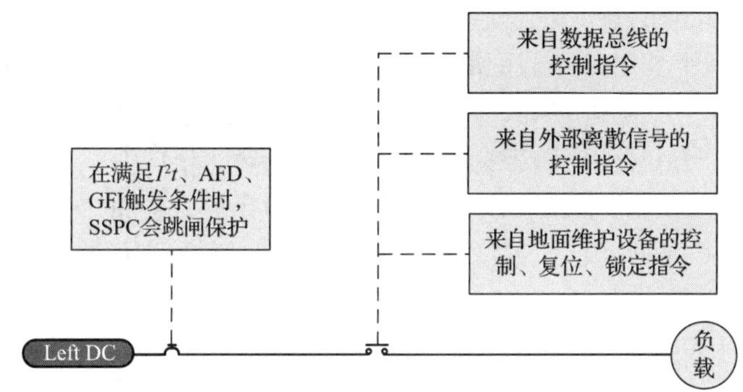

图 3–20 SSPC 的保护功能类型及负载通断切换的指令来源

SSPC 的保护功能分为以下三种：

（1）I^2t 保护：实现原来 CB 的过载反时限保护功能，根据过载的严重程度，保护时间在几百毫秒到几十秒之间。短路保护可以看作是一种特殊的过载保护，其动作时间极快，在过载倍数达到一定程度后，SSPC 会立即跳闸（通常延迟 100 ~ 150μs）。

（2）电弧检测（AFD）保护：在检测到串联电弧故障或并联电弧故障时切断负载实施保护。串联电弧故障电流较小，切断时间较长，通常要求在 1min 内切断；并联电弧故障电流大，通常要求在 100ms 内切断。电弧检测技术在业界还不太成熟，主要是误触发的概率比较高，因此，在现役飞机，如波音 787 和 C919 上，虽然 SSPC 加载了电弧检测功能，但在运营过程中处于禁用状态。

（3）接地故障断路器（GFI）保护：三相交流负载的不平衡电流保护，又称为零序电流保护。正常情况下，三相负载是对称运行的，三相电流之和，也就是零序电流为零。当零序电流不为零时，说明负载处于不对称运行环境，或者在负载回路中出现了单相接地短路，这时需要 SSPC 实施保护，断开三相负载。GFI 保护的触发时间通常为数十毫秒到 100ms。

SSPC 通道的开通、关断状态取决于保护跳闸和外部控制指令的逻辑组合。如前所述，保护跳闸分为 I^2t 保护、AFD 保护和 GFI 保护三种，而外部的控制指令有三种来源，分别是：

（1）来自外部数据总线的控制指令：负载的通断指令大致分为两类。一类是来自各个机载系统，即飞机上各个系统会根据飞机当前的飞行剖面，给出该系统内部电气负载的接通、断开指令。这些指令会先发送给航电系统，再由航电系统转发给电源系统执行。另一类负载控制指令来自电源系统本身，这主要是一些卸载指令，当系统功率源出现缺额时，电源系统会根据负载管理逻辑，向 SSPC 发送卸载指令。这两类通断指令均来自外部通信总线，SSPC 在接收到外部总线的指令后，要先进行解析，然后再分发给对应的 SSPC 通道执行。

（2）来自外部的离散控制指令：总线通信指令需要由计算机生成，但飞机上不是所有的机载系统都有计算机，有些系统只有传感器没有计算机，SSPC 要根据采集到的传感器状态控制负载的通断。比较典型的例子是飞机盥洗室的“Occupied”指示灯，当乘客进入盥洗室，锁上门销时，位于盥洗室门上的接近传感器闭合，SSPC 检测到传感器的闭合状态，会点亮“Occupied”指示灯。接近传感器输出的是离散信号，它有两种状态，“接地”和“悬空”，又称为“地 / 开”离散信号，SSPC 此时受外部离散信号的控制。

（3）来自地面维护设备的指令：这是在地面维护模式下，通过地面维护计算机向 SSPC 发送的指令。此时的指令也是通过外部通信总线发送，但指令内容与飞机正常飞行过程中发送的指令有所区别，除了正常的通道开通、关断指令外，还有锁定、解锁等只能在地面维护模式下才可以发送的指令。

图 3-21 列出了 SSPC 的状态转移图，其中的指令含义分别为：

（1）CLOSE：通道接通指令，SSPC 在接收到该指令后，会将 SSPC 通道接通。

（2）CLOSED：指示通道已接通的状态，SSPC 会实时检测通道的状态，当检测到状态为接通时，该状态置位。

（3）OPEN：通道断开指令，SSPC 在接收到该指令后，会将 SSPC 断开，同时置位 SSPC 的 CLOSE 状态。

（4）TRIPPED：跳闸状态，在 SSPC 触发 I^2t（包含短路）保护、AFD 保护或 GFI 保护后，该状态置位。

（5）LOCK：通道锁定指令，SSPC 在接收到该指令后，通道会锁定在不能接通（即断开）的状态。

（6）LOCKED：通道锁定状态，在接收到锁定指令后，SSPC 会置位 LOCKED 状态，在 LOCKED 状态，SSPC 会忽略 CLOSE 指令。

（7）UNLOCK：通道解锁指令，SSPC 在接收到该指令后，会复位 LOCKED 状态，置位 OPEN 状态。

（8）RESET：复位指令，在 SSPC 处于 TRIPPED 状态时，可以通过发送 RESET 指令让通道重新接通。

因此，SSPC 的控制指令有 OPEN、CLOSE、RESET、LOCK 和 UNLOCK 这 5 种，其中 OPEN、CLOSE、RESET 在飞机飞行过程中可以发送，LOCK 和 UNLOCK 只有在地面维护模式下才能发送。当然，在地面维护模式下，也可以发送 OPEN、CLOSE 和 RESET 指令。从离散信号解析的指令只能是 OPEN 和 CLOSE，其余三种指令均不能通过离散信号发送。

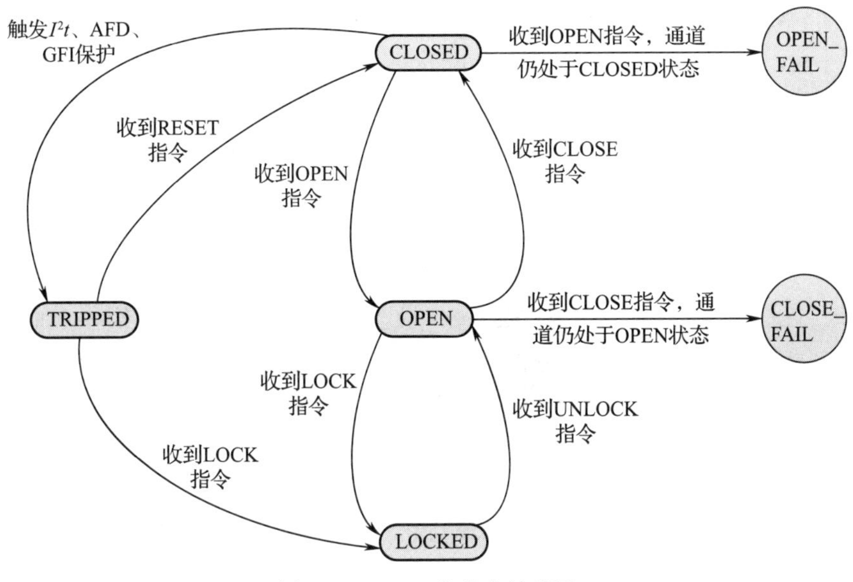

图 3-21　SSPC 的状态转移图

SSPC 的状态有 CLOSED、OPEN、TRIPPED 和 LOCKED 这 4 种，它们之间的状态转移关系有：

（1）从 OPEN 到 CLOSED：在 OPEN 状态，若接收到 CLOSE 指令，则 SSPC 在成功执行指令后，会将通道状态设置为 CLOSED。

（2）从 CLOSED 到 OPEN：在 CLOSED 状态，若接收到 OPEN 指令，则 SSPC 在成功执行指令后，会将通道状态设置为 OPEN。

（3）从 OPEN 到 LOCKED：在 OPEN 状态收到 LOCK 指令，SSPC 会转入 LOCKED 状态，在 LOCKED 状态，SSPC 会忽略 CLOSE 指令，直至通道重新被解锁。

（4）从 LOCKED 到 OPEN：在 LOCKED 状态收到 UNLOCK 指令后，通道会转入 OPEN 状态。

（5）从 CLOSED 到 TRIPPED：在 CLOSED 状态，若触发 I^2t、AFD 或 GFI 保护，则通道状态会变为 TRIPPED。

（6）从 TRIPPED 到 CLOSED：在 TRIPPED 状态，若接收到 RESET 指令，则 SSPC 会重新执行 CLOSE 指令，在指令执行成功后，会将通道设置为 CLOSED 状态。在 TRIPPED 状态发送 RESET 指令又称为“保护重合闸”，重合闸的意义在于可以避免偶发故障而导致通道不能接通，在重合闸后，若之前的 I^2t、AFD 或 GFI 故障条件消失，则通道重新处于 CLOSED 状态，负载重新获得供电输入。若故障条件未消失，则会重新触发保护跳闸，SSPC 再次进入 TRIPPED 状态。为避免通道多次保护跳闸而带来飞行安全问题，一般会设定重合闸的次数为 3 次。当重合闸超过 3 次后，SSPC 的控制逻辑会生成 LOCK 指令，将通道转入 LOCKED 状态。

（7）从 TRIPPED 到 LOCKED：在 TRIPPED 状态收到 LOCK 指令，SSPC 通道会转入 LOCKED 状态。在没有保护重合闸逻辑的场合，SSPC 在 TRIPPED 状态会自动生成 LOCK 指令，直接转入 LOCKED 状态。即，在这种情况下，TRIPPED 只是一个中间态，最终会稳定在 LOCKED 状态。

除了 OPEN、CLOSED、LOCKED 和 TRIPPED 这四种状态外，SSPC 还有 OPEN_FAIL 和 CLOSE_FAIL 这两种状态。这是两种故障状态，它们分别在下述条件下产生：

（1）OPEN_FAIL：当 SSPC 处于 CLOSED 状态时，向通道发送 OPEN 指令，但通道的状态依旧为 CLOSED，此时表示通道常通，处于断开失败（OPEN_FAIL）故障状态。

（2）CLOSE_FAIL：当 SSPC 处于 OPEN 状态时，向通道发送 CLOSE 指令，但通道状态依旧为 OPEN，此时表示通道常开，处于接通失败（CLOSE_FAIL）故障状态。

当 SSPC 处于 OPEN_FAIL 或 CLOSE_FAIL 状态时，表明此时 SSPC 通道已经故障，不能正常地履行配电功能。这一点与 TRIPPED 状态或 LOCKED 的状态不同，在这两个状态下，SSPC 本身没有故障，而是负载回路出现某种异常，比如触发 I^2t、AFD 或 GFI 保护，导致通道保护跳闸。这时，由于 SSPC 本身无故障，只要外部故障被排除，SSPC 就可以重新履行配电功能。

3.1.3.6 用传统技术实现控制与保护

本节以飞机燃油泵的控制为例，说明如何用传统的配电技术实现负载的控制与保护。

燃油泵是飞机燃油系统的主要附件，用来给发动机进口提供所需流量和压力的燃油。燃油泵的接通需要以下输入条件：

（1）位于驾驶舱操控面板上的“1 号燃油泵控制开关”处于接通位置。

（2）燃油计算机采集的燃油传感器输入信号指示“1 号燃油泵”应开始工作。

（3）“1 号燃油泵”当前处于断开位置。

在上述 3 个条件均满足的情况下，燃油计算机会发出“1 号燃油泵”接通的指令。

如图 3–22 所示，用传统配电技术实现 1 号燃油泵的控制与保护功能，需要以下 4 个电流回路：

（1）主功率回路：该回路为 1 号燃油泵的正常运转提供功率输入，它从二次配电中心 115VAC 汇流条取电，经过三相 CB 后，通过一段导线连接接触器，再由接触器的接线端子通过导线连接到 1 号燃油泵。在这个回路中，三相 CB 实现保护功能，而接触器则实现了接通 / 断开的控制功能。

（2）控制回路 1：该回路是接触器线圈的控制回路，它从二次配电中心的 28V DC 汇流条取电，经过 CB 后，用导线连接到位于驾驶舱操控面板上的“1 号燃油泵控制开关”，再经过一段导线连接到继电器，之后再经由继电器的输出端子通过导线连接到接触器的线圈后接地，形成接触器线圈的控制回路。其中 CB 是控制回路 1 的保护元件，而继电器则是控制回路 1 的接通 / 断开控制元件。

（3）控制回路 2：该回路是控制回路 1 中继电器线圈的控制回路，它从继电器盒就近获取 28V DC 功率源，经过继电器线圈后接入燃油计算机。当燃油计算机内部将该信号接地时，表示发出“1 号燃油泵接通指令”，对应的继电器电磁线圈带电，继电器主触点闭合。若此时驾驶舱操控面板上的“1 号燃油泵控制开关”处于按下（接通）状态，则接触器被接通，1 号燃油泵开始工作。

（4）检测回路：燃油计算机会实时检测接触器辅助触点的状态，以判断“1 号燃油泵”的主回路是否接通。燃油计算机还会实时采集燃油传感器的数据，以判断对应油箱的剩余燃油量，并结合主回路的接通 / 断开状态，最终决定是否发出“1 号燃油泵接通指令”。

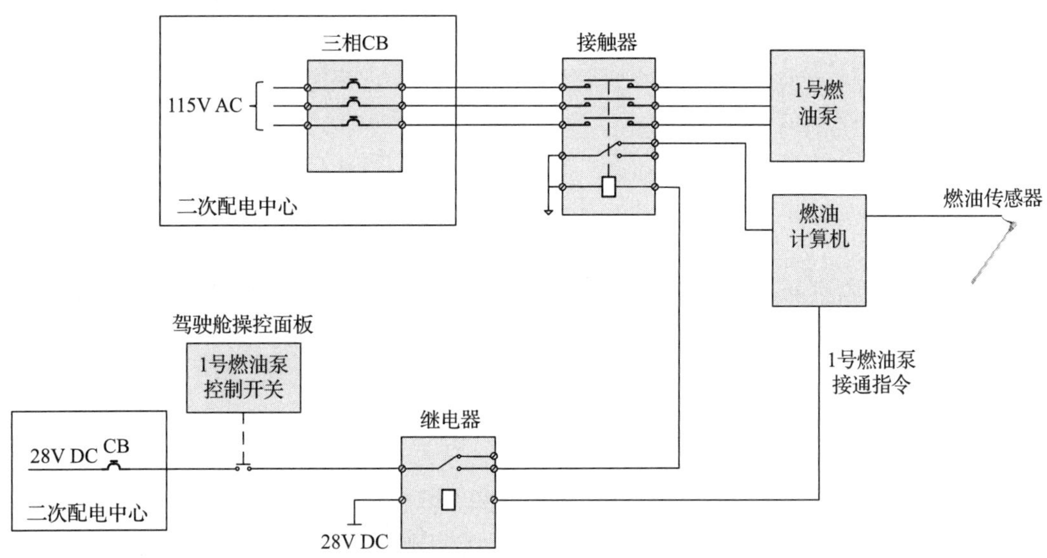

图 3-22 用传统配电技术实现燃油泵的控制与保护

下面即将看到，在采用 SSPC 技术实现控制与保护功能后，飞机布线会得到大幅简化。

3.1.3.7 用 SSPC 技术实现控制与保护

图 3-23 示出了如何用 SSPC 技术实现“1 号燃油泵”的控制与保护，从图中可以看出，相比传统的配电方式（见图 3-22），在采用 SSPC 技术后，控制、保护与检测回路由以前的 4 个减少为 3 个，分别是：

（1）主功率回路：位于二次配电中心的三相 SSPC 从 115V AC 汇流条获取功率输入，通过三根输出导线连接“1 号燃油泵”，对其进行接通 / 断开控制和保护（I^2t、AFD、GFI）。

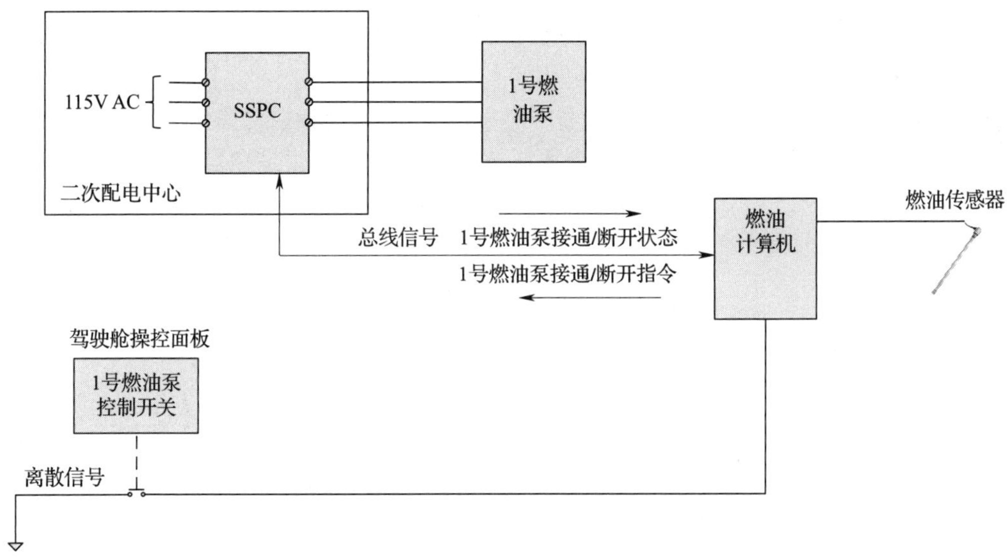

图 3-23 用 SSPC 技术实现燃油泵的控制与保护

（2）控制回路：燃油计算机通过通信总线（总线信号）将“1 号燃油泵”的接通 / 断开指令发送给 SSPC。

（3）检测回路：燃油计算机的检测回路有如下三个数据来源。

①由 SSPC 通过通信总线（总线信号）发送的“1 号燃油泵接通 / 断开状态”。

②来自驾驶舱操控面板上的“1 号燃油泵控制开关”接通 / 断开的离散信号。

③燃油传感器传递的油箱燃油剩余量信号。

燃油计算机会根据上述三个输入进行逻辑解算，用于输出“1 号燃油泵”的接通 / 断开指令，SSPC 接收到燃油计算机发送到总线上的接通 / 断开指令后，会根据指令内容执行“1 号燃油泵”的接通 / 断开操作。

在采用 SSPC 技术后，除了控制与检测回路变得更简洁外，配电系统所采用的元件数量也大幅减少。传统配电方式下的主功率回路接触器、接触器线圈控制回路的继电器，以及继电器主回路的保护断路器均已取消。

可以看出，在采用 SSPC 代替原有的机电式断路器、接触器和继电器后，配电系统的布线重量减轻了，配电系统所用的设备数量也减少了，从而进一步减轻了飞机重量。

3.1.3.8 新旧技术的比较

传统配电技术与 SSPC 技术的比较汇总在图 3-24 中，配电技术的演进主要体现在以下几个方面：

（1）电流传感器：传统配电系统中需要增加电流传感器，以采集各个配电支路的电流。在采用 SSPC 技术后，每个通道自带电流传感器，一般采用布置在 PCB 板上的采样电阻，将电流转换为电压信号后，经过信号调理后送入 SSPC 的 AD 采样口，进行电流采样。

（2）CB 与接触器：前已多次述及，这两类装置的保护与控制功能已经集成到 SSPC 内部。

（3）继电器盒：传统配电要控制主回路的接通 / 断开，需要一个辅助回路来控制接触器的电磁线圈，即需要继电器盒来控制接触器电磁线圈的接通和断开，从而间接控制主回路的接通和断开。在采用 SSPC 之后，接通 / 断开的控制信号由电压模拟量变成了总线的数字信号或离散的地 / 开信号，SSPC 通过解析总线指令或离散输入信号的状态，来决定应将通道接通还是断开。

（4）通道的控制逻辑：配电系统本身并不能决定负载应该被接通还是断开，就如前面的“1 号燃油泵”，其接通与断开的指令不是来自配电系统，而是来自各个分系统。为了发出负载的通断指令，各个系统需要配备一台计算机，以根据当前的任务剖面（由分系统计算机所采集的状态决定），解算出对应负载的接通 / 断开指令。在采用 SSPC 之后，这部分计算功能可以由原来的计算机承担，也可以迁移到 SSPC 中，因为 SSPC 自带处理器，可以实现逻辑的解算。

（5）物理封装的变化：传统的基于 CB 和接触器的配电系统有一个集中式的断路器板，将若干个 CB 成组安装在一起。在采用 SSPC 技术后，多个 SSPC 通道布置在同一块 SSPC 板卡上，多块板卡再成组安装在二次配电盒（SPDB）中。因此在物理封装形式上，两种配电方式有较大的区别。

因此，从传统配电技术演化到 SSPC 技术，从配电方式到系统架构，都发生了比较大的变化。

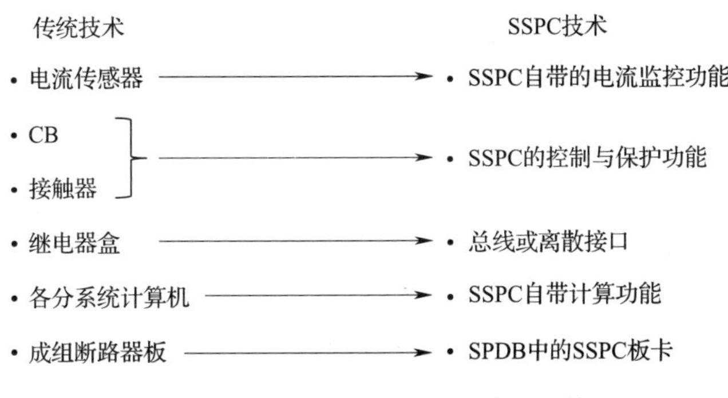

图 3–24 传统技术与 SSPC 技术的比较

3.1.3.9 SSPC 的增值服务

除了集成传统配电系统的保护与控制功能外，SSPC 还提供了以下增值服务：

（1）使能 / 禁能相应的保护功能：比如禁能 AFD 功能，在目前的技术水平下，电弧检测手段不能做到 100% 抗干扰，为避免干扰引起 AFD 保护误动作，造成负载不必要的跳闸，在有些情况下，需要禁能 AFD 功能；类似地，GFI 在三相负载电流较小时，也没必要启用。通常 15A 以上的三相通道，才需要加载 GFI 功能。

（2）加载特定的负载逻辑控制功能：除了前面提到的用 SSPC 替代燃油计算机的逻辑解算功能外，SSPC 还可以根据采集到的离散输入信号，设定对应的负载接通 / 断开指令。比如前面提到的盥洗室的“Occuppied”指示灯的控制，就属于这种类型。

（3）提供配电网状态的监测功能：SSPC 可以实时监测通道电压、电流、通道的接通 / 断开状态，并将这些信息上报到外部总线上，供相应的系统读取。在传统配电系统中，要实现这些状态监测，需要增加额外的机载设备，增加了飞机重量，也提高了监控网络的复杂度。

（4）提供配电网健康状况的监测功能：SSPC 自带处理器，可以实现自检测（BIT）功能。SSPC 可以实时监测自身的健康状态，并上报给飞机中央维护系统（CMS），以支持飞机级的健康管理。

上述这些增值服务，是传统配电系统所不具备的；即使能实现这些功能，用传统的方法也会花费更大的代价。

3.1.3.10 SSPC 的劣势

前面几节都在讲述 SSPC 的优势，然而，任何事物都有两面性，有优势就有劣势，SSPC 也不例外。

SSPC 的劣势主要是成本比较高，目前一个 5A 航空断路器的市场价为 22.85 美元（如图 3–25 所示，在 www.aircraftspruce.com 网站上查到的 KLIXON 断路器的零售价格），而单通道 SSPC 的价格却在 200 ~ 300 美元之间，价格相对于 CB 贵了 10 倍。当然，SSPC 综合了 CB、接触器、继电器的功能，所以在成本方面，要和 CB、接触器和继电器三者之和进行比较。

图 3–25 在美国航空零售网站上的 CB 售价（KLIXON）

如图 3–26 所示，在同一网站上搜索到的继电器板价格为 39.50 美元，该型号的继电器板上有两个 10A 继电器，所以继电器的单价不到 20 美元。因此，即便考虑 CB 与继电器的成本之和，SSPC 的成本依然会高出一个数量级。

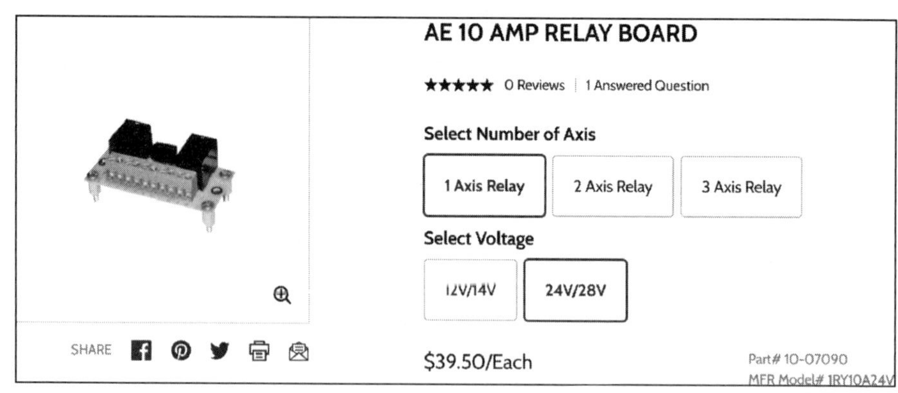

图 3-26　在美国航空零售网站上的 10A 继电器售价（2 个）

这里需要注意的是，比较的只是飞机的采购成本，也就是说，当传统飞机的 CB 和继电器被 SSPC 取代后，航空公司要花费更高的成本来购买飞机。但飞机的全生命周期成本不仅仅是采购成本，还有投入航线后的运营成本。

由于 SSPC 技术相对传统技术，重量大幅减轻。重量变轻了，意味着同等航程的油耗小了，因而提高了飞机的燃油经济性。从飞机全生命周期成本的角度，采用 SSPC 技术依然是可取的。

图 3-27 是断路器板的内部结构，从图中可以看出，里面除了有成组布置的 CB 外，还有内部导线、汇流条和结构支撑件。这些，都是在 CB 分离器件基础上，增加的额外重量。

作为比较，可以看一下 SSPC 板卡的内部结构。如图 3-28 所示，在一块 SSPC 板卡上，布置了多个 SSPC 通道。其中的 SSPC 通道控制电路和 SSPC 通道功率电路共同作用，以实现传统配电装置的保护与通道接通 / 断开控制功能。

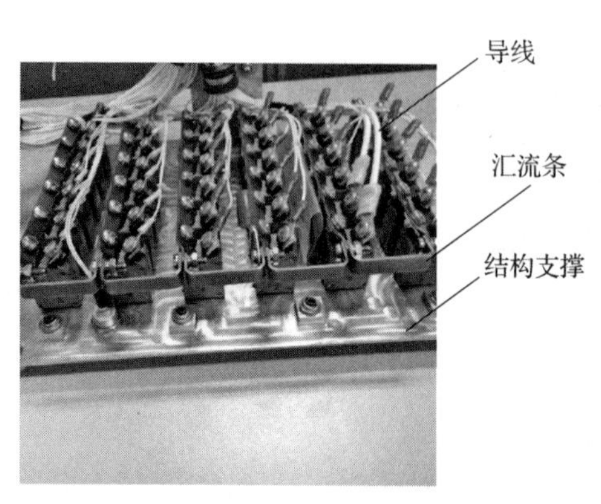

图 3-27　断路器板的内部结构

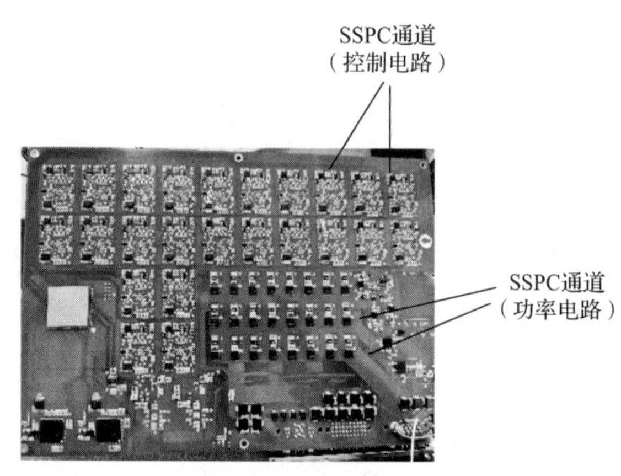

图 3-28　一块 SSPC 板卡上布置多个 SSPC 通道

从图 3-28 可以看出，原来断路器板上的内部导线、汇流条和结构支撑件，在 SSPC 板卡上都取消了。原来的内部导线变成了 PCB 布线；而汇流条也变成了 PCB 上的铜箔；原来安装 CB 的结构支撑件不再必要，因为机械结构已变成了电子元器件，可以直接焊接在 PCB 上，无须额外的结构支撑。这些变化，都对减重有贡献。加之 CB 由半导体器件所代替，单路 SSPC 的等效重量（通道控制电路、通道功率电路及相应的 PCB 重量之和）与单路 CB 相比也有所减轻。

通常一个 64 通道（64 个 CB）的断路器板的重量约为 3.5kg，而采用 SSPC 技术后，可以将重量降到 3kg 以下。再考虑到采用 SSPC 技术后，节省了接触器、继电器和导线重量，因此，新技术的采用，对飞机减重的贡献，会变得更显著。

航空业有一句俗语，叫作“要为减轻每一克重量而奋斗”。有人测算过，对飞机而言，1g 重量在运营过程中因燃油消耗而产生的重复性成本，在价值上相当于 1g 黄金。因此，从飞机全生命周期的角度，采用 SSPC 技术是增加了成本，还是降低了成本，还不能简单地一概而论。

3.1.4　从集中式配电向分布式配电的演变

3.1.4.1　SSPC 板卡的外部交联关系

如图 3–29 所示，SSPC 板卡的外部交联可以分为输入、输出和通信总线这三类。其中输入信号有：

（1）功率汇流条：SSPC 板卡上一般会成组布置多个 SSPC 通道，这些 SSPC 通道需要从功率汇流条取电，在获得通道接通命令后向对应的负载供电。根据实际使用的需要，有时一块 SSPC 板卡上可能有多个汇流条输入，分别作为不同组别负载的功率源。

（2）工作电源：为 SSPC 板卡上的数字电路供电。SSPC 板卡既是配电设备，也是用电设备，因为 SSPC 板卡上的数字电路需要电源输入才能工作。要为其他负载供电，SSPC 板卡首先要“被上电”。对于直流 SSPC 板卡，工作电源可复用汇流条的输入；对于 SSPC 交流板卡，需要增加额外的工作电源。

（3）离散量输入：SSPC 板卡的离散量输入有三个用途。一是用于板卡的位置识别，通常有多块同一型号的 SSPC 板卡插到同一机箱上，为避免控制指令和上报状态的紊乱，需要用板卡位置编码来区分这些型号相同的板卡；二是用于离散输入型的控制指令，一般为地 / 开离散信号，信号接地表示所映射的 SSPC 通道接通，反之则断开；三是用于 SSPC 的逻辑解算，比如空 / 地信号、地面维护状态进入条件等。

（4）模拟量输入：在 SSPC 板卡加载逻辑解算功能后，有时需要采集模拟量信号。比如，前述的对“1 号燃油泵”的控制，需要采集油箱的剩余燃油量的信息。

在上述几种输入信号中，还有一类比较特殊，即 SSPC 板卡的壳体地（CASE_GND）搭接信号。在本书的 3.2“EMI 防护设计”部分，会详细讨论这个课题。

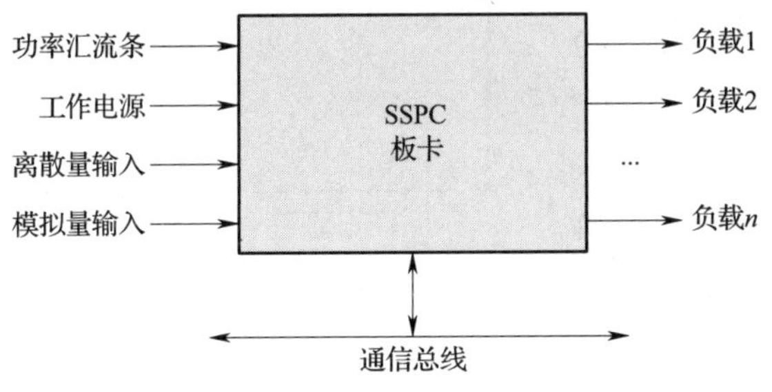

图 3–29　SSPC 板卡的外部交联关系

SSPC 板卡的输出是供电通道 1 ~ n，分别对应负载通道 1 ~ n。通信总线是双向的数据信号，既有输入也有输出。其他系统经由外部总线将负载的接通 / 断开控制指令发送（输入）给 SSPC 板卡，而 SSPC 板卡会把通道的状态反馈（输出）到通信总线，供其他系统使用。

3.1.4.2　SSPC 的指令类型

SSPC 的指令类型与负载息息相关，负载需要什么样的控制，就决定了 SSPC 需要什么样的输入指令。如图 3-30 所示，SSPC 的指令类型概括起来有以下三种：

（1）CB 类型指令：这类指令在 SSPC 板卡上电后即发送对应 SSPC 通道的接通指令，之后通道一直处于接通状态，除非发生保护跳闸。这就类似于传统配电中直接挂接在 CB 上，供电回路没有串接接触器或继电器的负载，这类负载只要汇流条有电，就会处于接通状态，并维持在接通状态直至汇流条下电。

（2）外部控制指令：这类控制指令来自 SSPC 板卡外部，根据信号类型的不同，又可以分为两种情况，一种是来自外部总线的接通 / 断开（ON/OFF）指令，另一种是外部离散信号映射而成的接通 / 断开（ON/OFF）指令。

（3）逻辑解算指令：这类指令来自 SSPC 内部，但需要外部信号的输入。SSPC 内部加载了负载控制的逻辑解算程序，该程序接收外部的输入状态，并根据这些输入状态，解算出相应的 SSPC 接通 / 断开指令。外部的输入信号包括来自子系统的状态数据（比如油箱的剩余燃油量）、来自外部的离散信号状态（比如位于驾驶舱的燃油泵控制开关状态），以及其他状态数据（比如地 / 空状态、燃油系统的工作模式等）。

图 3-30 以图形化方式解释了这三种指令的工作模式，这三种指令都有一个共同点，即最终目的是控制连接汇流条和负载的开关，若指令为接通，则开关闭合，负载得电，反之则负载失电。

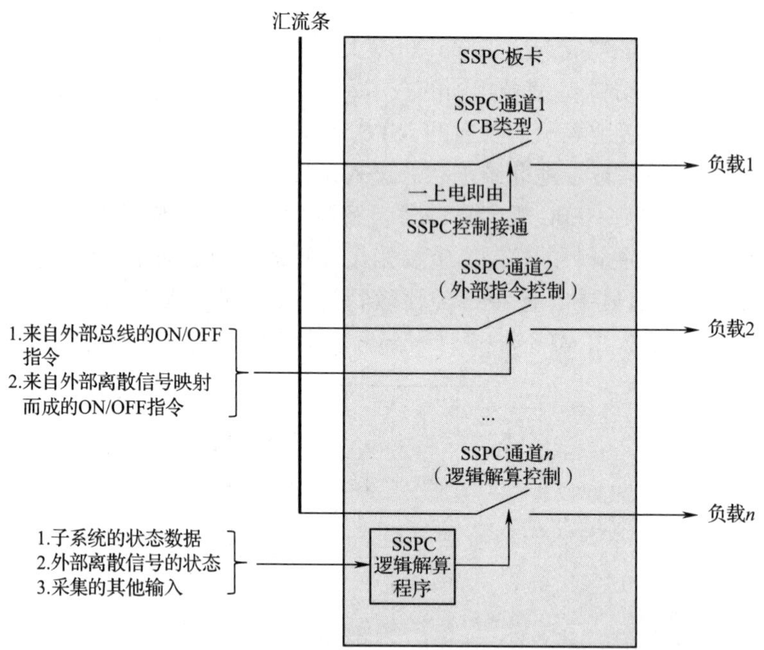

图 3-30　SSPC 的三种指令类型

3.1.4.3 分布式配电的理念

图 3-31 示出了从集中式配电向分布式配电方式的演进。传统的配电系统以 CB 为核心配电元件，CB 是机电式开关，其接通只能通过人工操作（通过按压 CB 的凸出按钮），因此，其安装位置受限，只能安装在机组或地勤人员易于操作的地方，比如驾驶舱或前 E/E 舱。

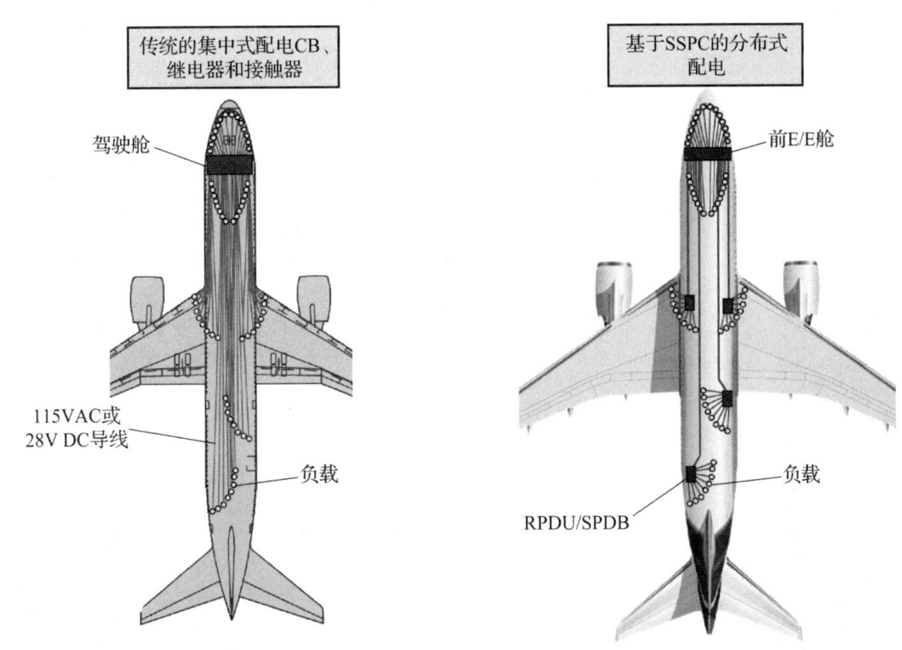

图 3-31 由集中式配电向分布式配电的演进

但电气负载却分布在飞机各处，并不全部集中在驾驶舱周围，为此，需要从驾驶舱（或前 E/E 舱）引出导线，以连接断路器和分布在飞机各处的电气负载。这些负载既有 115VAC 供电的，也有 28V DC 供电的。每路负载都需要单独的导线连接，因而整架飞机的布线十分复杂，配电网的导线也很重。

在采用 SSPC 技术后，配电网的架构发生了深刻的变革，由以前的集中式配电变成了分布式配电。与 CB 不同，SSPC 不由人工控制，而是接收总线的控制指令，由计算机控制负载的接通 / 断开。由于负载的配电不需要人工的干预，SSPC 的安装位置不限于人工操作比较方便的地方，而是可以靠近负载安装。这样，由前 E/E 舱连接一根输入功率馈线给 SSPC 板卡（位于 SPDB 或 RPDU 中，SPDB 是空客系列飞机惯用的术语，而 RPDU 则是波音系列飞机惯用的术语），SSPC 板卡从该馈线取电，给分布在其附近的负载配电。由于区域配电中心（分布在飞机各处的 SPDB 或 RPDU）靠近负载，所以整个飞机的配电网线缆被大幅简化。这种分布式的配电架构极大地减轻了飞机功率线缆的重量。

A380 飞机是配电系统采用 SSPC 技术的首次尝试，这种分布式的配电架构在飞机减重方面的优势逐渐为业界所认同，在随后研发的民用机型中，比如波音 787、A350 和 C919 等飞机，均大量采用了 SSPC 技术。

3.1.4.4 波音 787 的分布式二次配电

图 3-32 是波音 787 飞机的分布式二次配电架构，全机共安装了 17 台 RPDU，分别位

于下述区域：

（1）前 E/E 舱：又称为前电子设备舱，位于飞机驾驶舱夹板下面，这一区域共布置了 6 台 RPDU，左右各 3 台。

（2）中机身：飞机机翼前后的一段区域（除去机头和机尾的区间），这一区域共布置了 8 台 RPDU，左右各 4 台。

（3）后 E/E 舱：位于飞机机身，机翼后方的电子设备舱，在后 E/E 舱共布置了 2 台 RPDU。

（4）后货舱：在该区域共布置了 1 台 RPDU。

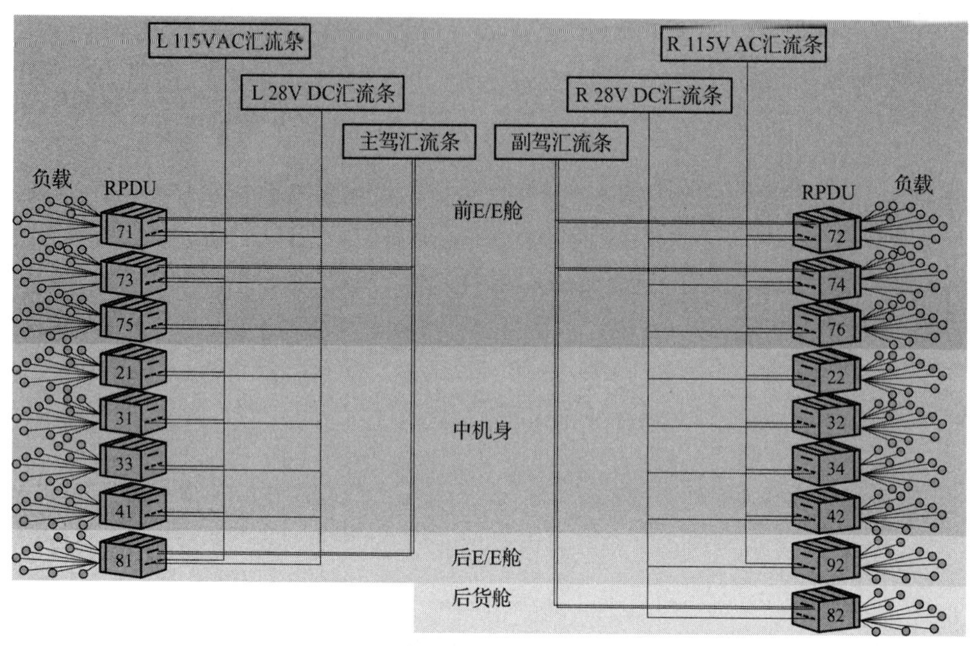

图 3-32　波音 787 的分布式二次配电架构

这 17 台 RPDU 上都写了编号（71，72，…，92），以定位在飞机的具体位置。二次配电共有 6 根输入汇流条，左右各 3 根，其中 2 根是 28V DC 汇流条，还有 1 根是 115VAC 汇流条。

这 17 台 RPDU 根据所带负载的类型，分别从这三根汇流条取电，为对应的负载配电。RPDU 81 和 RPDU 82 只有两根 28V DC 汇流条输入，这两台 RPDU 所带的负载均为直流负载。其余的 RPDU 既有 28V DC 输入，也有 115VAC 输入。RPDU 71 ~ 74 有 3 根汇流条输入，分别对应一根 115VAC 汇流条和 2 根 28V DC 汇流条。

这 17 台 RPDU 的编号有一定的规律，其中以数字 2、3、4 开头的 RPDU 分别安装在 2 号舱门、3 号舱门和 4 号舱门附近（比如 21 和 22 号 RPDU 安装在 2 号门附件，以此类推）；以数字 7 开头的 RPDU 表示安装在前 E/E 舱（编号为 71 ~ 76 的 RPDU 安装在前 E/E 舱）；而以数字 8 和 9 开头的 RPDU 则安装在后 E/E 舱和后货舱。

采用分布式配电架构对飞机减重所带来的益处可以用图 3-33 和图 3-34 来说明，在传统配电架构下，CB 布置在位于驾驶舱的断路器板上，由于负载分布在飞机各处，所以，需要从 CB 的输出端引出导线连接负载。这里假设从断路器板到负载的距离最短为

25m，最长为 35m，平均距离为 30m。每路负载的最大电流不超过 5A，线缆选用满足 MIL-W-22759 标准的航空导线，线径为 AWG22，满足 5A 载流量的要求。

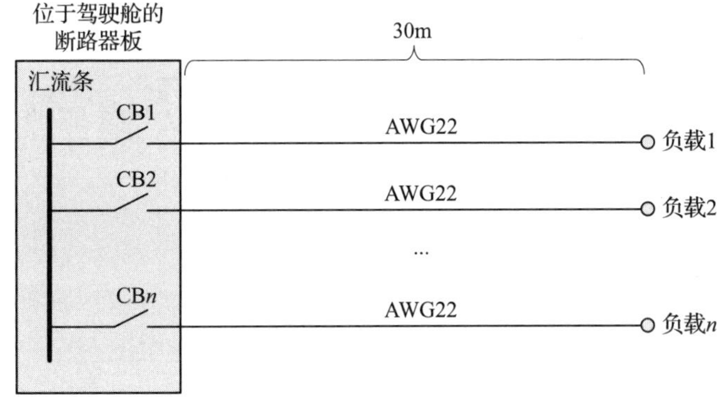

图 3-33 传统配电的线缆布线

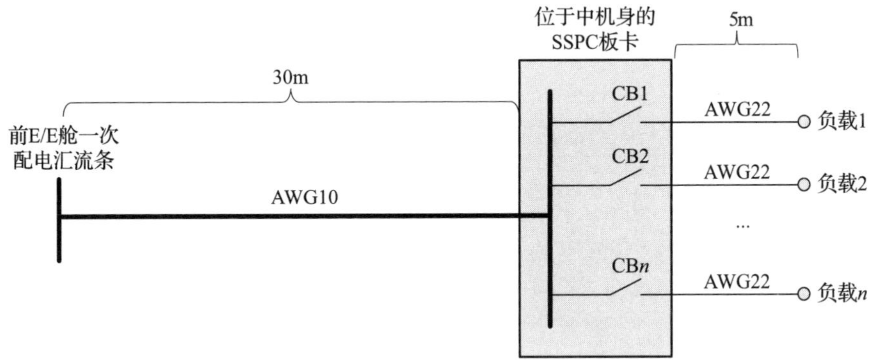

图 3-34 分布式配电的线缆布线

在采用分布式二次配电架构后，原来位于驾驶舱的断路器板由 RPDU 中的一块 SSPC 板卡取代。RPDU 可以在机上靠近负载布置，图 3-34 假定 SSPC 板卡的位置在飞机中机身，负载与 SSPC 板卡的平均距离为 5m。虽然 RPDU 可以分布式布置，但功率源需要从前 E/E 舱的一次配电汇流条上获取，因此，需要一根功率输入馈线连接一次配电汇流条与 SSPC 板卡，这根功率输入馈线的长度为 30m。

在波音 787 上，一块 DC SSPC 板卡的通道数为 19，即一块 SSPC 板卡最多可以为 19 路 DC 负载配电。从附录 B.2.2 直流常规负载表中可以看出，大部分的负载电流都不大，为几安［培］，最小的只有 0.1A。这里假定每路负载的平均电流为 1.5A，则 19 路负载的功率输入电流为 28.5A。同样选用满足 MIL-W-22759 标准的航空导线，线径为 AWG10，以满足 28.5A 载流量的要求。

图 3-35 是 Nexans 公司生产的 MIL-W-22759 航空导线的数据手册，从手册上可以看出，AWG22 号导线的重量是 2.09kg/1000ft[①]，而 AWG10 号导线的重量是 17.33kg/1000ft。将英尺换算成米，可以得到 AWG22 和 AWG10 导线的单位重量分别为 6.857g/m 和 56.857g/m。

---

① 1 英尺（ft）=0.3048 米（m）。

MIL-W-22759/10
导体：
镀镍铜
绝缘：
挤出聚四氟乙烯（PTFE）
护套：
无
温度额定：
260℃
电压额定：
1000V
MIL-DTL-27500符号：
LH
MIL复合材料等效产品：
无

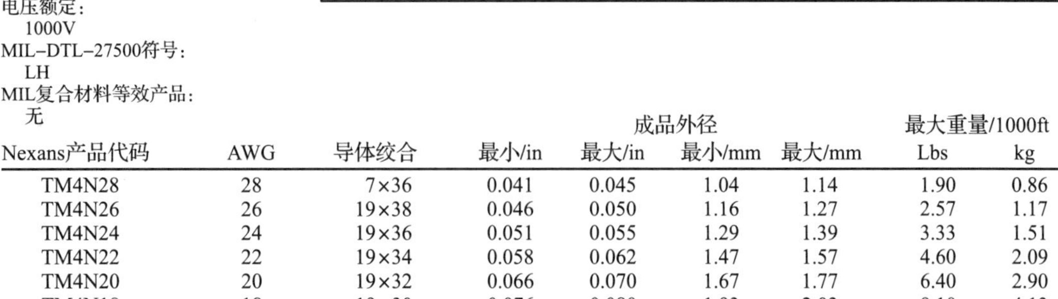

Nexans产品代码	AWG	导体绞合	成品外径 最小/in	成品外径 最大/in	成品外径 最小/mm	成品外径 最大/mm	最大重量/1000ft Lbs	最大重量/1000ft kg
TM4N28	28	7×36	0.041	0.045	1.04	1.14	1.90	0.86
TM4N26	26	19×38	0.046	0.050	1.16	1.27	2.57	1.17
TM4N24	24	19×36	0.051	0.055	1.29	1.39	3.33	1.51
TM4N22	22	19×34	0.058	0.062	1.47	1.57	4.60	2.09
TM4N20	20	19×32	0.066	0.070	1.67	1.77	6.40	2.90
TM4N18	18	19×30	0.076	0.080	1.93	2.03	9.10	4.13
TM4N16	16	19×29	0.083	0.087	2.10	2.20	11.00	4.99
TM4N14	14	19×27	0.097	0.103	2.46	2.61	16.40	7.44
TM4N12	12	19×25	0.116	0.124	2.94	3.14	25.30	11.48
TM4N10	10	37×26	0.137	0.145	3.47	3.68	38.20	17.33
TM4N8	8	133×29	0.202	0.212	5.13	5.38	68.80	31.21

图 3-35 Nexans 导线参数

传统集中式配电与分布式配电的布线重量对比见表 3-1，从表中可以看出，传统的集中式配电的布线重量为 3907g，而采用分布式配电后的布线重量为 2356g。

也就是说，用一块 DC19 板卡（波音 787 的 SSPC 板卡命名规则，DC19 表示有 19 个 DC SSPC 通道的板卡）替代原来的断路器板后，布线重量节省了 1.601kg，减重比例约为 40.98%。

考虑到波音 787 全机共有约 1000 路负载，在整个二次配电系统采用分布式架构后，整机的布线减重量是很可观的。

表 3-1 集中式配电与分布式配电的布线重量对比

导线	集中式配电			分布式配电		
	总长度 /m	单位重量 /（g/m）	电缆重量 /g	总长度 /m	单位重量 /（g/m）	电缆重量 /g
AWG22	570	6.857	3907	95	6.857	651
AWG10	0	56.857	0	30	56.857	1705
合计 /g	3907			2356		

3.1.4.5 波音 787 飞机一次配电与二次配电的交联

波音 787 飞机的电源系统可以概括为一次电源、二次电源、一次配电和二次配电这 4 个层次，其电源系统一次配电与二次配电的功率交联关系如图 3-36 所示：

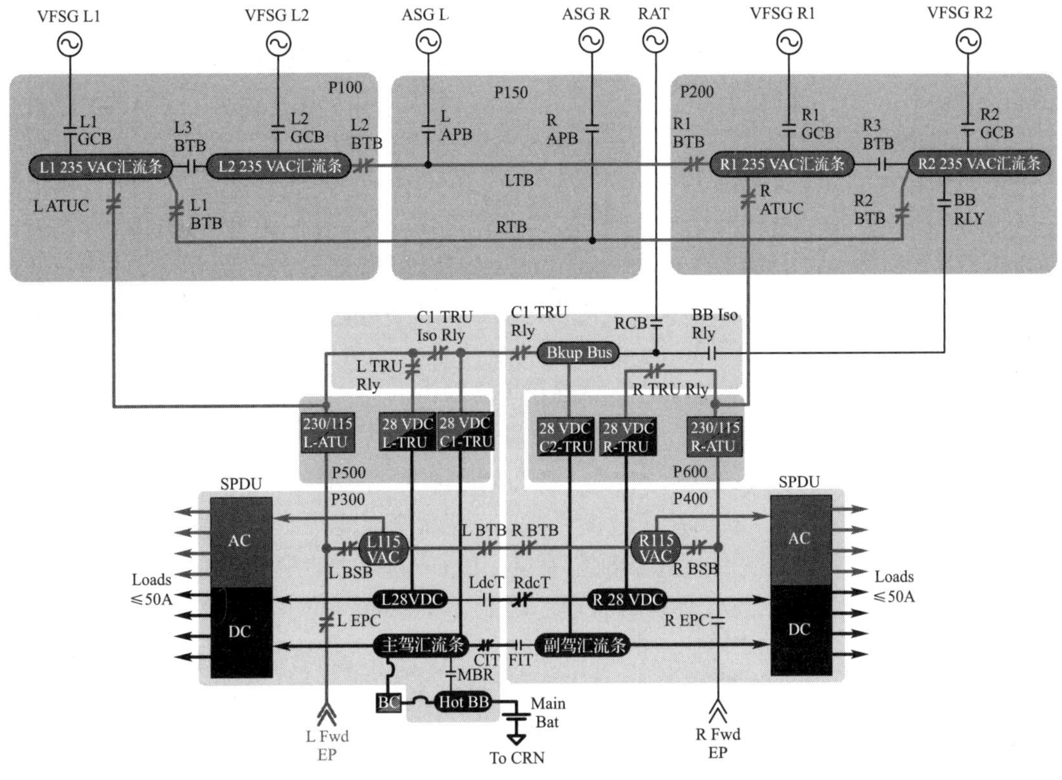

图 3-36 波音 787 飞机一次配电与二次配电的功率交联关系

（1）一次电源：波音 787 共有 7 个一次功率源，分别是 4 台额定容量为 250kVA，额定电压为 235VAC 的变频启动发电机（图中的 VFSG L1，VFSG L2，VFSG R1 和 VFSG R2，左右发动机各挂接两台 VFSG），2 台额定容量为 225kVA，额定电压为 235VAC 的 APU 启动发电机（图中的 ASG L 和 ASG R，均挂接在 APU 发动机上），还有 1 台额定容量 50kVA 的 RAT 发电机，额定电压也为 235VAC。全机共有 4 根 235VAC 汇流条（图中的 L1 235VAC、L2 235VAC、R1 235VAC 和 R2 235VAC），与 7 台发电机对应的 GCU 会控制各自功率源的接入与退出，以及各个汇流条联结接触器的接通与断开，使得这 7 个功率源按照既定的优先级顺序，被分配到这 4 根 235VAC 汇流条上。

（2）二次电源：波音 787 的发电机电压等级为 235VAC，但传统民用飞机的负载电压为 115VAC 和 28V DC，因此需要将发电机的出口电压 235VAC 转换成这两个电压等级。TRU 用于将 235VAC 转换成 28V DC，而 ATU 则用于将 235VAC 转换成 115VAC。波音 787 全机共配备了 2 台 ATU 和 4 台 TRU，分别是：230/115 L–ATU，230/115 R–ATU，28V DC L–TRU，28V DC C1–TRU，28V DC C2–TRU 和 28V DC R–TRU。需要注意的是，这里 ATU 的功率是双向流动的，除了可以将 235VAC 降压成 115VAC 外，还可以将 115VAC（图 3-36 的地面电源 L Fwd EP 和 R Fwd EP）升压成 235VAC。

（3）一次配电：一次配电将 6 个二次电源（4 个 TRU 和 2 个 ATU）的电能分配到 6 根一次配电汇流条上，同时给飞机上的大电流负载（电流 50A 以上）和分布在飞机各处的 RPDU 供电。波音 787 的一次配电汇流条共有 6 根，分别是 L 115VAC、R 115VAC、L 28V DC、R 28V DC、主驾汇流条和副驾汇流条，这 6 根汇流条与 6 个二次电源一一对应。正常情况下，这 6 根汇流条分别从对应的二次电源取电；在异常情况下，比如某个二次电源故障，则该汇流条会从邻近的相同电压等级的汇流条取电。比如，当 230/115 L-ATU 故障时，L BSB 会断开，L BTB 和 R BTB 会闭合，L 115VAC 汇流条会从邻近的 R 115VAC 汇流条获取电力。其他汇流条在对应的二次电源故障时的处理情况与此类似。一次配电还会给那些大电流负载配电，主要是那些电流大于 50A 的负载，配电方式也采用的是 SSPC，额定电流为 50A 的 SSPC 板卡装在二次配电单元（SPDU）中，为这些大电流负载配电，也为分布在飞机各处的 RPDU 提供功率输入。

（4）二次配电：波音 787 的二次配电由分布在飞机各处的 RPDU 来承担，为飞机上电流小于 15A 的电气负载供电。波音 787 全机共配置了 17 台 RPDU。

图 3-36 是波音 787 电源系统一次配电和二次配电的功率交联关系图，此外，一次配电和二次配电之间还有数字交联，如图 3-37 所示。一次配电的控制器是汇流条功率控制器（BPCU），它通过发送接触器的接通 / 断开指令来控制一次配电主功率开关的接通与断开，同时它还会采集接触器的接通 / 断开状态、汇流条的电压，以及各个电流支路的电流值，并将这些数据通过总线上报给航电系统。BPCU 除了控制接触器的接通 / 断开、采集主功率回路的状态外，还兼具负载管理的功能。在检测到功率源存在缺额时，它会发送卸载指令给 RPDU，令其将非重要负载卸载。无论是汇流条的状态信息，还是卸载指令，BPCU 都通过 AFDX 总线（走 ARINC664 协议）发送给航电数据网络公共数据网络（CDN），之后再转发给各个分系统，包括 RPDU。

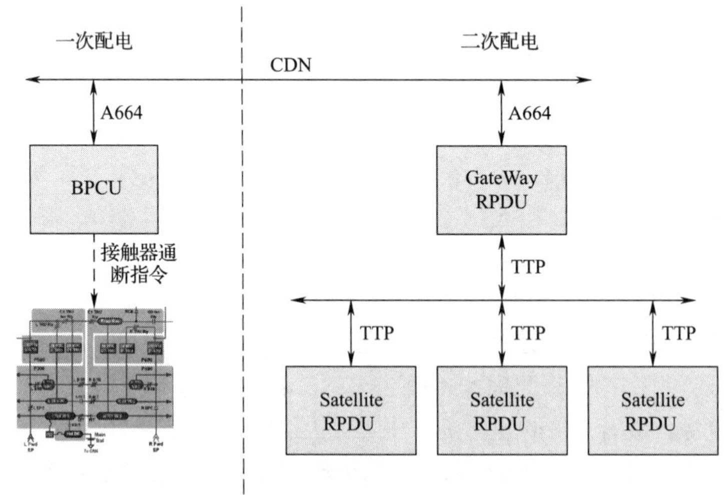

图 3-37　波音 787 飞机一次配电与二次配电的数字交联关系

与 BPCU 不同，RPDU 除了上报通道状态（电压、电流、通道状态等）外，还会从外部总线接收通道的控制指令，包括 BPCU 通过航电 AFDX 总线发过来的卸载指令。因此，其数据流是双向的。RPDU 与外部系统的数字交联也是通过 AFDX 总线，先发送到航电数据网络 CDN，再转发给各个分系统。

波音 787 的 RPDU 数量比较多，共有 17 台，这 17 台 RPDU 又分别组成了 4 个数字局域网。在每个局域网内，有 1 台 Gateway RPDU，有 3 ~ 4 台 Satellite RPDU。GateWay RPDU 通过 AFDX 总线与航电交联，3 ~ 4 台 Satellite RPDU 通过时间触发协议（TTP）总线将数

据汇总给 GateWay RPDU，再统一发给航电系统。在指令的接收方面，数据流会反向，即 GateWay RPDU 从航电系统接收通道控制指令，包括卸载指令，再通过 TTP 总线分发给各个 Satellite RPDU 执行。

因此，一次配电和二次配电的数字交联是通过航电 AFDX 总线实现的。

3.1.5 用 SSPC 实现 CB 的功能

用 SSPC 实现 CB 的功能，就是要实现从机械开关向电子开关的转换。电子开关的核心器件是功率半导体 MOSFET，通过控制 MOSFET 的栅极驱动电压，就可以控制 MOSFET 的通断。

CB 的 I^2t 保护功能原来由双金属片来实现，在改为电子开关后，SSPC 会根据当前采集到的电流值进行热量累积，当累积的热量值超过保护阈值后，就撤销 MOSFET 的栅极电压，断开 SSPC 通道。

除了 I^2t 保护功能外，SSPC 还有短路保护、电弧保护和漏电流保护。这些保护都依赖于当前所检测到的电流值。短路保护是负载瞬态电流超过 SSPC 安全工作许可范围而实施的保护；电弧保护是根据一段时间内检测到的电流特征来判断当前是否发生了串联电弧或并联电弧；漏电流保护是专门针对三相负载不平衡而实施的保护。

在提到 SSPC 时，需要对术语进行澄清，即要厘清 SSPC 板卡和 SSPC 通道。通常所说的 SSPC，指的是一个 SSPC 通道。在实际应用中，为减轻配电产品重量，通常要在一块 SSPC 板卡上布置多个通道，进而在一个结构箱体中，内置多块 SSPC 板卡，组成一个远程配电中心（或远程配电单元）。

本节还会介绍 DC SSPC 和 AC SSPC 的工作原理、各种保护曲线之间的配合，以及 SSPC 的核心元件 MOSFET 的安全工作区（SOA）曲线的概念。

3.1.5.1 从机械开关到电子开关

图 3-38 是简化的 SSPC 工作原理，从图中可以看出，与 SSPC 交联的有两个 Bus，分别是 Data Bus（数据总线）和 Power Bus（功率汇流条）。其中，Data Bus 是 SSPC 的命令来源和状态数据的目的地，它从 Data Bus 获取远程控制指令（Remote Command），经过控制器（Controller）解析后，翻译成功率开关的驱动电压，以控制主功率回路的接通与断开。

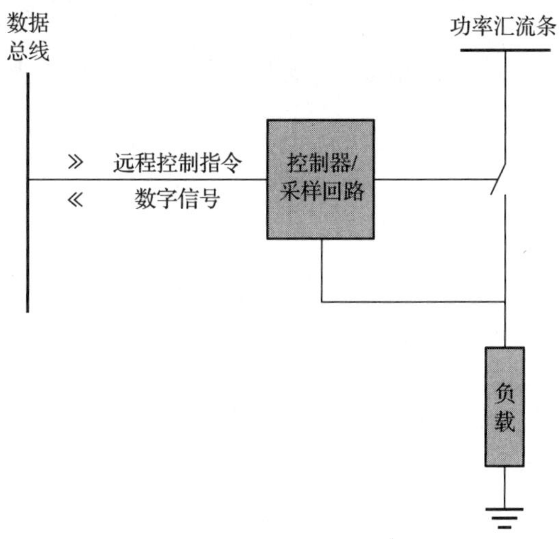

图 3-38 简化的 SSPC 工作原理

与此同时，采样回路（Sampling）会采集通道的状态，并将其打包成数字信号（Load Status），发往 Data Bus。

功率汇流条（Power Bus）是负载（Load）的功率来源，当 SSPC 导通时，功率从汇流条流向负载；当 SSPC 断开时，由汇流条流向负载的功率通道被切断，负载断电。

负载的接通与断开不再通过机械开关，而是通过功率半导体来实现，通过控制 MOSFET 的栅极来控制功率通道的接通与断开。

3.1.5.2 SSPC 的保护功能

本小节会分别讲述 SSPC 的几种保护功能，包括过载保护（即如何用软件实现 I^2t 保护算法）、短路保护、电弧保护和漏电流保护。

与短路保护相伴随的课题是容性负载的带载能力，在容性负载开通瞬间，冲击电流很大，当电容值太大时，这种大的冲击电流会长时间存在，当冲击电流存续时间超过短路保护延迟时间时，短路保护会跳闸。回路阻抗和短路保护的延迟时间决定了 SSPC 通道所能带的最大容性负载。

在电弧保护方面，本节会着重讲述 SAE 的两个航空电弧标准 AS5692A 和 AS6019，尤其是标准中的串联电弧、并联电弧、湿电弧，以及电弧虚警率的试验验证方法。

图 3–39 是用软件实现的 I^2t 保护曲线，其中横轴是时间，单位是 s，纵轴是 SSPC 的电流倍数，用百分数表示，分别是 100%，200%，直至 1000%，即 10 倍额定电流（或 10 倍过载电流）。

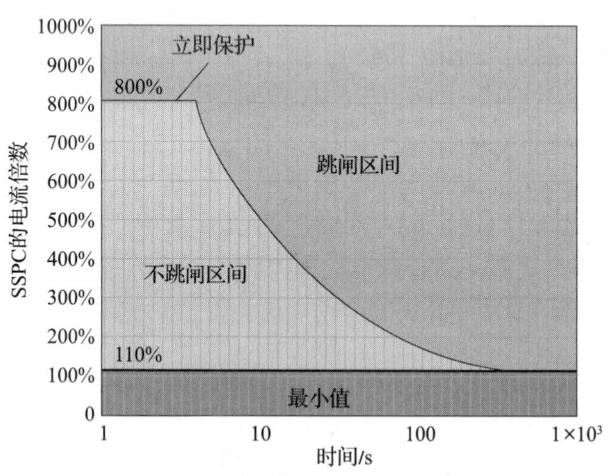

图 3–39　用软件实现 I^2t 保护曲线

图 3–39 中的保护曲线分为 4 个区间，分别是：

（1）最小值：当负载电流位于最小值以下的区间时，不会触发 I^2t 保护算法，图中的最小值为 110%，即 1.1 倍额定电流。实际使用中，最小保护值取决于不同的应用场合，最高不超过 1.25 倍，即 125%。

（2）不跳闸区间：当负载电流和持续时间位于这个区间时，会触发 I^2t 保护算法，但不会导致 I^2t 保护动作，因为累积的热量还不足以触发保护。比如，当过载倍数为 3 倍，即负载电流为 300%，持续时间小于 30s 时，因为还没有触碰 I^2t 跳闸曲线，所以保护不会动作。

（3）跳闸区间：在这个区间，由于电流过载所持续时间已经超出了跳闸曲线，所以会触发 I^2t 保护跳闸。如前述的 3 倍过载，当持续时间大于 30s 时，I^2t 保护会动作。

（4）立即保护：当过载电流大到一定的程度后，为保护 SSPC 的功率元件不被损坏，SSPC 会立即跳闸。这里的“立即”是相对于 I^2t 保护时间的“立即”，实际上也是有一定的延迟时间的。I^2t 保护的时间单位为秒，而“立即”保护的延迟时间为几百微秒，由于差了 4 个数量级，所以才称之为“立即”。

需要注意的是，图 3–39 的 I^2t 保护曲线只是一个示例，不同的应用有不同的 I^2t 保护曲线。图 3–39 的保护曲线延迟时间较长，比如 3 倍过载所对应的保护时间为 30s，而有的应用则设定在 4s 保护。

立即保护的阈值也随具体应用而定，在图 3–39 中，电流大于 8 倍就立即保护。而在民用飞机中，DO–160G 规定了 9 倍 /3ms 的负载冲击电流限制。SSPC 为躲过负载 9 倍 /3ms 的冲击，需要将短路保护阈值设定在 9 倍以上，通常取 10 倍或 12 倍。

还有一点需要注意，图 3–39 的跳闸区间与不跳闸区间只由一条线分割，非黑即白。实际应用中往往没有这么精确，因为电流采样回路有精度误差，软件在进行 I^2t 热量累积时也有舍入误差，这些误差的结果是，跳闸区间与不跳闸区间不是由一条线分割的，而是由一个公差带分割的。

SSPC 的短路保护原理如图 3–40 所示，由于短路保护的延迟时间比较短，通常在几百微秒（100 ~ 500μs 的区间），而软件的运行周期通常为 5 ~ 10ms，所以短路保护通常由硬件来实现。

当发生短路时，电流采样回路将电流信号转换成电压信号，与设定的参考电压 V_{ref} 进行比较。这里 V_{ref} 对应的就是短路保护的阈值，通常设定为 10 ~ 12 倍额定电流。当短路电流超过保护阈值，对应的采样电压会大于 V_{ref}，比较器翻转，在经过 RC 延迟电路后，触发锁存器的输出状态翻转，将 MOSFET 关断。

当所带的负载为容性时，在负载上电之初，由于电容上的电压为零，等效于短路。只不过，随着时间的推移，电容上的电压逐渐升高，负载电流（电容充电电流）会逐渐减小。

电容上的电流随时间的变化关系可由下式决定

$$i(t)=\frac{V_s}{R}e^{-t/RC} \tag{3-1}$$

式中：$i(t)$ 是电容的充电电流，它随时间 t 而变化。

V_s 是电源电压，这里取 28V DC。

R 是电容充电回路阻抗，即 SSPC 通道上的阻抗，它由 SSPC 导通压降除以通道额定电流得出。通常 28V DC SSPC 的导通压降都控制在 0.1 ~ 0.3V，假定 3A 通道的导通压降为 0.15V，则对应的回路阻抗为 50mΩ。

C 是负载的电容值，由于电容充电期间电流很大，近似短路，电容越大，充电时间越长。当充电电流大于短路保护阈值（12 倍额定电流，对 3A 通

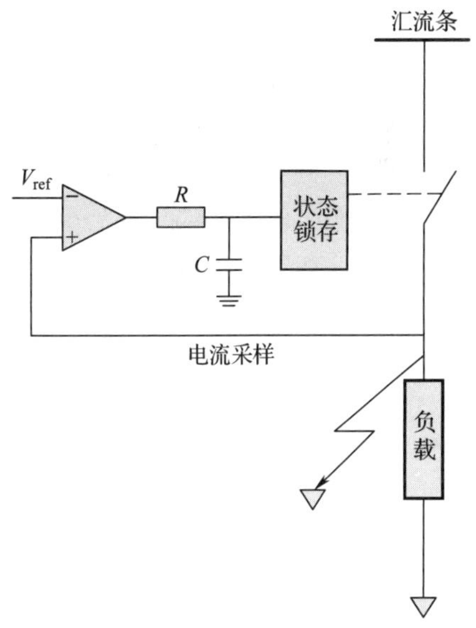

图 3–40　短路保护的原理

道而言，为 36A），且持续时间大于短路保护延时时间时，短路保护会动作，负载将被断开。假定短路保护的延迟时间为 100μs，则将式（3–1）改写成如下形式

$$C=\frac{-t}{R\cdot\ln\dfrac{i(t)\cdot R}{V_s}} \tag{3-2}$$

将 t=100μs，V_s=28V DC，R=50mΩ，$i(t)$=36A 代入，可求得 C=728μF，因此，当电容 C 小于 728μF 时，充电电流会在 100μs 时下降到 36A 以下，不会导致短路保护的误动作。

所以，当回路阻抗为 50mΩ 时，3A 通道最大能带的容性负载为 728μF。其他电流规格和对应回路阻抗的容性带载能力可依此类推。

若需要带更大电容的负载，可以采用限流回路，即在容性带载期间，将 SSPC 主回路切换到阻抗比较大的辅助回路，在电容快充满时，再切回到阻抗比较小的主回路；或者采用 PWM 驱动带载，即在容性负载带载期间，MOSFET 的栅极驱动电压不是恒定的，而是一个占空比由小逐渐变大的 PWM 方波电压，在刚开始带载时，PWM 占空比很小，持续时间为几微秒，之后逐渐加大到几十微秒，最后再增加到几毫秒，直至占空比变为 1。由于容性负载的充电电流随充电时间而衰减，在最初的充电阶段，MOSFET 的导通时间均小于短路保护的延时时间，因而不会引起误跳闸，随着时间的推移，电容上的电压逐渐升高，充电电流逐渐减小。当充电电流减小到短路的保护阈值后，就可以把 PWM 占空比调整到 1，MOSFET 可以保持常通状态，如图 3–41 所示。

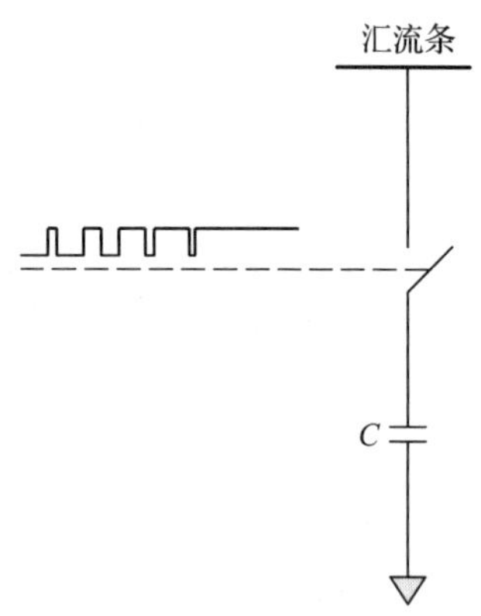

图 3–41　用 PWM 栅极驱动实现大电容带载

受飞机结构的影响，大多数导线都穿梭于各金属框架之间。当飞机远距离飞行时，长时间的振动会令导线与金属框架频繁摩擦，导致绝缘层破损。此外，飞机在维修时，导线可能会被工人的钳子剪出缺口，或者以超出容许弯曲半径的程度弯曲，这些都会破坏导线的绝缘层。绝缘层的破损会令铜导线裸露在空气中，进而引发电弧和短路事故。

另一种航空故障电弧的诱因是湿气浸泡。飞机在航行过程中，由于高空和地面存在温度差，机内导线周围会凝结很多湿气，长期浸润在这种湿气中，绝缘层会变脆，产生小裂纹，导致更多的湿气进入，从而诱发湿电弧。

电弧故障是间歇性的，其产生的热量不足以使 I^2t 保护动作，但会产生灾难性的局部故障，若不及时切断，可能会引发飞机火灾，如图 3–42 所示。

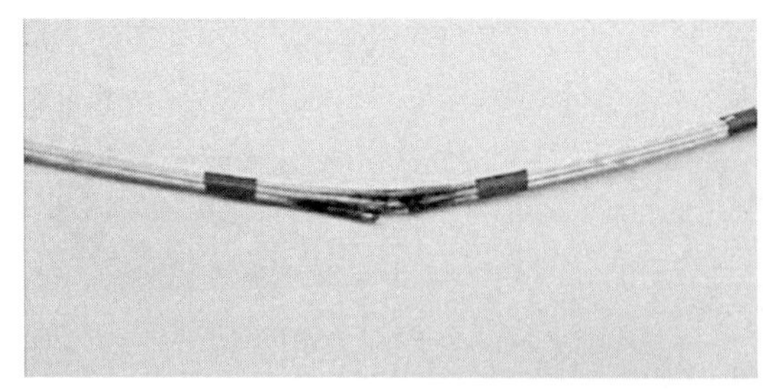

图 3–42　电弧故障及其所带来的火灾风险

如图 3-43 所示，SAE Aerospace 发布了两份航空电弧检测标准，分别是：

（1）交流航空电弧检测标准：AS5692A，ARC Fault Circuit Breaker（AFCB），Aircraft，Trip-Free，Single Phase and Three Phase 115VAC，400Hz-Constant Frequency（翻译成中文为：航空故障电弧断路器，自由脱扣型，单相和三相 115VAC，400Hz 定频）。

（2）直流航空电弧检测标准：AS6019，ARC Fault Circuit Breaker（AFCB），Aircraft，Trip-Free，28V DC（翻译成中文为：航空故障电弧断路器，自由脱扣型，28V DC）。

上述两个航空电弧检测标准是为业界广泛承认的、检验电弧检测性能的国际标准。

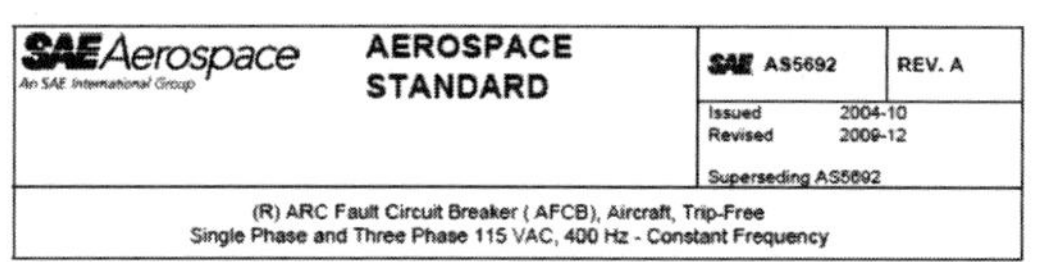

SAE Aerospace
An SAE International Group

AEROSPACE STANDARD

SAE AS5692 | REV. A

Issued 2004-10
Revised 2009-12

Superseding AS5692

(R) ARC Fault Circuit Breaker (AFCB), Aircraft, Trip-Free
Single Phase and Three Phase 115 VAC, 400 Hz - Constant Frequency

RATIONALE

Update specification to include three phase arc fault circuit breakers update requirements to comprehend three phase requirements.

FOREWORD

Thermal circuit breakers are designed to react to the heating effect of current carried by wire; and to protect the wire insulation from thermal damage. These protective devices are not designed to detect or react to the short duration of arcing faults that typically occur outside (before approaching) the defined trip region, or Time versus Current Curve, of the thermal circuit breakers.

In addition, arc impedance can reduce low voltage fault current magnitudes appreciably. AFCBs combine active arc fault detection with thermal overload protection into one package. Supplemented with the arc fault detection, the AFCB provides an equivalent level of thermal protection of existing thermal circuit breakers (typically qualified under AS58091), with the added ability to detect and react to arc fault conditions, thereby mitigating damage that will occur to the wiring system by protracted arcing events.

It is important to note that the primary purpose of the AFCB as stated above is to mitigate damage to the aircraft wiring from the circuit breaker to the first serial load element (examples: LRU, transformer, ballast, rectifier, or connected equipment, etc.). In doing so, the potential of igniting surrounding materials is reduced, but not eliminated. Use of AFCBs for hazard mitigation/prevention beyond its intended function of mitigating damage to the aircraft wiring should be carefully analyzed and evaluated.

NOTE: AS58091 was used as the base document for this AFCB specification as such the tables comprehend future amp rating expansion from ½ to 200A.

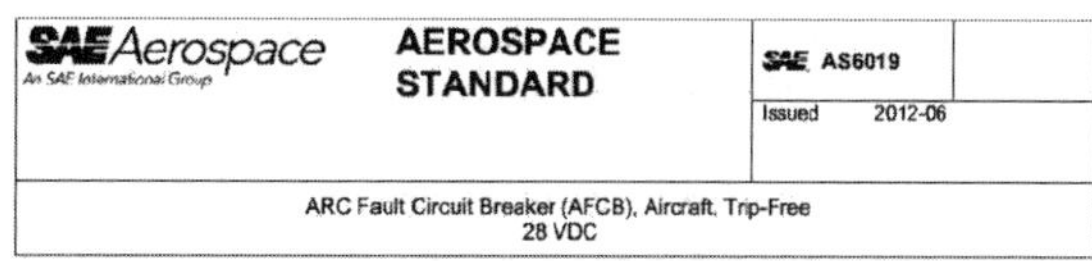

SAE Aerospace
An SAE International Group

AEROSPACE STANDARD

SAE AS6019

Issued 2012-06

ARC Fault Circuit Breaker (AFCB), Aircraft, Trip-Free
28 VDC

RATIONALE

This specification has been developed to provide a means of compliance for qualification of 28 VDC arc fault circuit breakers or alternate product solutions.

FOREWORD

Thermal circuit breakers are designed to react to the heating effect of current carried by wire; and to protect the wire insulation from thermal damage. These protective devices are not designed to detect or react to the short duration of arcing faults that typically occur outside (before approaching) the defined trip region, or Time versus Current curve, of the thermal circuit breakers.

In addition, arc impedance can reduce low voltage fault current magnitudes appreciably. AFCBs combine active arc fault detection with thermal overload protection into one package. Supplemented with the arc fault detection, the AFCB provides an equivalent level of thermal protection of existing thermal circuit breakers (typically qualified under AS58091), with the added ability to detect and react to arc fault conditions, thereby mitigating damage that will occur to the wiring system by protracted arcing events.

It is important to note that the primary purpose of the AFCB as stated above is to mitigate damage to the aircraft wiring from the circuit breaker to the first serial load element (examples: LRU, transformer, ballast, rectifier, or connected equipment, etc.). In doing so, the potential of igniting surrounding materials is reduced, but not eliminated. Use of AFCBs for hazard mitigation/prevention beyond its intended function of mitigating damage to the aircraft wiring should be carefully analyzed and evaluated.

NOTE: AS58091 was used as the base document for this AFCB specification as such the tables comprehend future amp rating expansion from 1 to 100 A.

图 3-43　SAE Aerospace 的直流和交流电弧保护标准

AS5692A 和 AS6019 定义了五大类试验，分别是闸刀试验、端子松动试验、湿电弧试验、防误触发试验和串扰试验。

在所有这些试验中，被测设备（DUT，这里指 SSPC）的机壳地都应采用（2 ± 0.1）Ω 的电阻连接到实验室的地平面。

直流闸刀试验的原理图如图 3-44 所示，它模拟的是并联电弧试验，即在电弧发生时，负载与电弧支路并联。

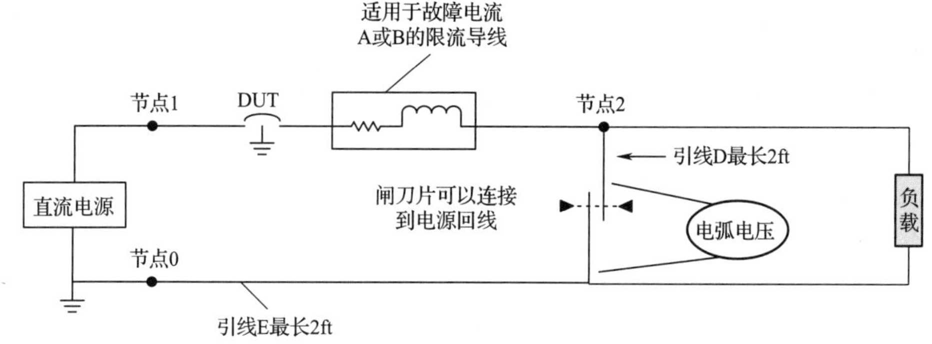

图 3-44　直流闸刀试验原理图

闸刀电弧试验的设置主要分为两步，第一步旨在模拟电源的阻抗范围，第二步旨在模拟不同的导线长度。根据 DUT 电流规格的不同，每次带载试验都要考虑两种内阻情况下的故障电流：

故障电流 A（Fault Current A，最小短路电流）：DUT 连接到回路会产生 5（1+10%/-0%）倍额定电流的短路电流。

故障电流 B（Fault Current B，最大短路电流）：最大短路电流为 700（1+10%/-0%）A。

负载设置：应根据图 3-44 进行两种负载设置，在回路中串入电流限制导线（Current Limiting Wire）或电阻，以产生上述两种故障电流（故障电流 A 和故障电流 B）。

限流导线应采用牌号为 AS22759/34 的镀锡铜或类似的电阻，在布置这段导线时，不要耦合附加的电感。

试验程序：

（1）电源的开路电压为 28V ± 5V（也可根据具体的产品规范而定），在产生电弧之前，DUT 要上电（用所述的开路电压）至少 1min。

（2）在负载回路接入纯阻性的负载，以确保回路的电流为 DUT 额定电流的 80%，用数据记录仪监控电弧发生点两端的电压（图 3-44 的闸刀两侧电弧电压）。

（3）产生电弧：用刀片切割图 3-44 中的 D 和 E，为控制切割速度，一般会采用一个伺服电机驱动一个连接刀片的连杆，以达到慢速且匀速切割导线的目的。

与闸刀试验相关的定义：

电弧事件：电弧电压在 8～20V 之间，电弧电流超过 5 倍额定电流，持续时间超过 100μs。

充分的电弧：在 100ms 的滑动窗口中包括至少 20 个独立电弧事件，或至少 10ms 的累积电弧事件。

通过判据：DUT 在至少一个电弧事件发生时跳闸。

失败判据：DUT 在出现充分电弧时依然没有跳闸。

如果没有出现充分的电弧，试验要重新做。

直流端子松动试验的接线图如图 3-45 所示，由于电弧发生的位置与负载呈串联关系，端子松动试验模拟的是串联电弧故障。

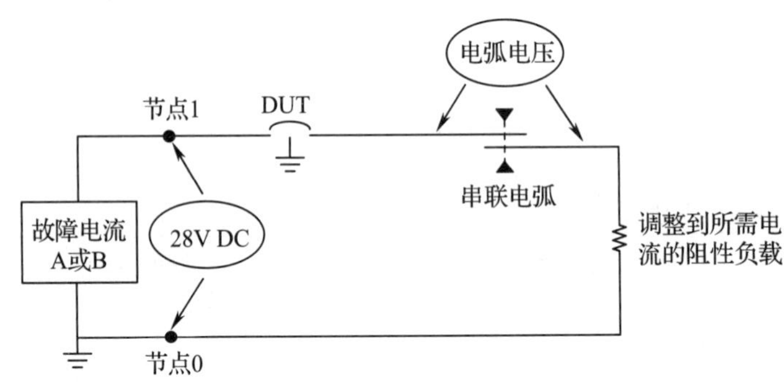

图 3-45　直流端子松动试验接线图

直流端子松动试验的试验程序如下：

（1）在 DUT 的负载端施加阻性负载，以保证稳态电流为 80% 的 DUT 额定电流，用数据记录仪记录串联电弧两端的电弧电压（如图 3-45 所示）。

（2）对图 3-46 所示的直流端子松动试验振动台施加图 3-47 所示的振动剖面（图中的 Reference Profile）。

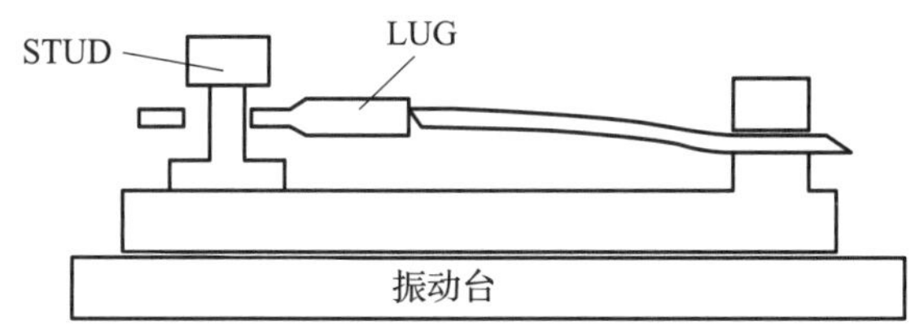

图 3-46 直流端子松动试验振动台

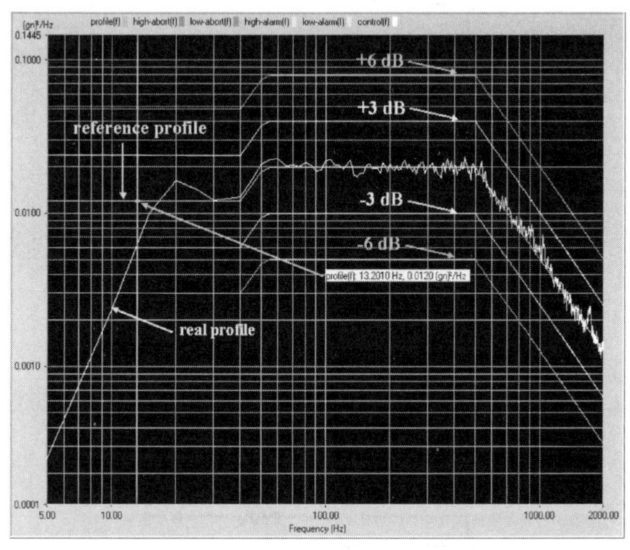

图 3-47 直流端子松动试验振动剖面

（3）当振动台达到预设的振动量值时，对 DUT 施加电压以产生串联电弧。若没有产生可见的电弧，将振动台关掉，断掉电源，重新设置导线的接线片，以保证接线片在接线柱上自由移动，重新启动振动台，重新上电，以验证是否有电弧。为避免损坏振动夹具，每次试验都不要超过 1min。

与直流端子松动相关的定义有：

电弧事件：接线片（LUG）和接线柱（STUD）之间的电弧电压在 8 ~ 25V 之间，电流低于 80% 额定电流且持续时间超过 100μs。

电弧爆发：100ms 的滑动窗口内包括至少 10 个独立的电弧事件，或至少 10ms 累积的电弧事件。

电弧周期：在 2s 的滑动窗口内至少有两个连续的电弧爆发。

充足的电弧：每 10s 内至少有 1 个电弧周期（即 1min 内至少有 6 个电弧周期）。

通过准则：DUT 在至少 1 个电弧事件发生时跳闸。

失败准则：出现充足的电弧，但 DUT 未跳闸。

如果没有电弧或没有出现充足的电弧，则试验要重做。

直流湿电弧试验的接线方式如图 3-48 所示，它模拟的是另一种形式的并联电弧，即当 115VAC 线缆和 28V DC 线缆成束布置时，线束在湿气浸泡下导致绝缘破损而产生电弧（图 3-48 的 A1 点和 B1 点发生电弧）的情形。

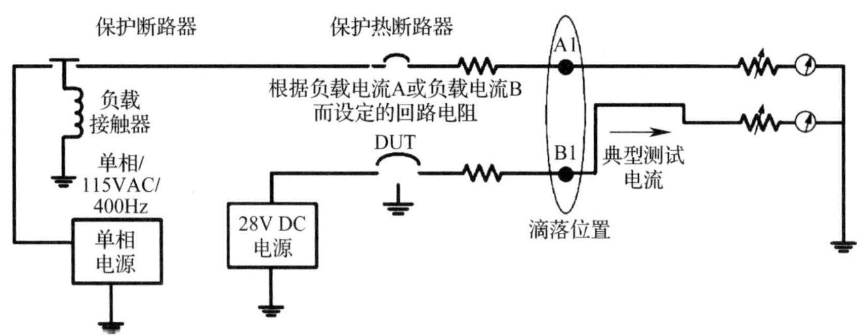

图 3-48 直流湿电弧试验接线方式

在这种情况下，电弧的电流路径如图 3-49 所示，电流从 115VAC 电源出发到达 A1 点，再经过 B1 点回流到 28V DC 电源，经由 28V DC 的输出滤波电容到达参考地，形成回流路径。

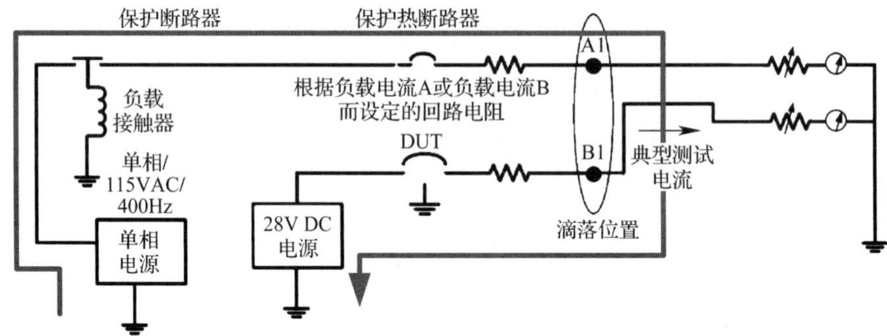

图 3-49 直流湿电弧发生时的电流路径

当 DUT 检测到电弧而保护跳闸后，此时，若 115VAC 电源未断开，则电弧电流会经由 28V DC 的负载回流到地。为避免试验过程中持续燃弧对线缆束造成损伤，在 DUT 保护跳闸后，要及时断开 115VAC 的电源。

直流湿电弧试验所需的设备有：

（1）流速可调的盐水袋：可以将盐水滴落的速度调节到每分钟 8 ~ 10 滴。

（2）机械支撑装置：将线缆束支撑在自由空气中。

（3）电解质溶液：用蒸馏水溶解 3% ± 0.5% 氯化钠。

（4）三相 Y 形连接的交流发电机，至少能提供有效值为 200A 的故障电流，额定输出的线电压为 208V ± 10V，400Hz。

（5）7.5A 热断路器：用于保护 AC 线路。

（6）28VDC 电源：至少能提供 500A 的峰值故障电流，DC 电源和 DUT 之间不允许放置反向截止二极管。

（7）线束扎带：MIL-T-43435（Type V）或等同型号。

（8）导线：与 DUT 规格相适应的 MIL–DTL–81381/11（聚酰亚胺绝缘）导线，需要 7 根导线成束布置，长度为 20.3 ~ 40.6cm。

试验步骤如下：

（1）先对线束按照 SAE AS4373 标准的 510 方法进行 2500V 的介电强度测试，丢弃那些没有通过试验的导线。

（2）剪 7 根长度为 20.3 ~ 40.6cm 的导线，用布沾上异丙醇或类似的清洁剂对导线进行清洁。将 7 根导线中的 2 根导线的两头绝缘层剥开，以用作电连接。这两根剥开两端的导线 A1 和 B1 称为“活动导线”，其余 5 根未剥开的导线称为“被动导线”。

（3）用刀片剥去 2 根活动导线中点附近的绝缘层，使得导线呈 360° 裸露在空气中，裸露的宽度为 0.5 ~ 1mm。

（4）将这 7 根导线平行伸直布置，形成如图 3–50 的线束。2 根被提前破坏（中点绝缘层被剥开）的导线放置在 A1 和 B1 位置，注意两个剥开窗口之间要保持 6 ~ 6.5mm 的距离。其余的 5 根被动导线分别是 B2、C1、A2、D1 和 D2。

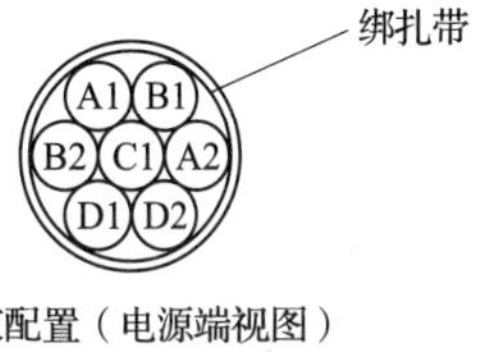

绑扎带
A1 B1
B2 C1 A2
D1 D2
线束配置（电源端视图）

图 3–50　直流湿电弧试验的线束布置图

（5）用扎带将线束捆绑，用布沾上异丙醇或类似的清洁剂对导线进行清洁，之后再放上夹具固定。

（6）按照图 3–48 对两根活动导线 A1 和 B1 进行电连接。

（7）DC 的测试电流设置为 DUT 额定电流的 80% ± 10%，AC 的测试电流为 6A ± 1A。

（8）测试在故障电流 A 和故障电流 B 两种条件下进行（如闸刀试验所述）。

（9）考虑到 AC 源有正负极性，湿电弧试验至少要进行 3 次，而测试线束只能用一次。

（10）将断路器闭合，设置电解液的流速为每分钟 8 ~ 10 滴，将电解液的滴落喷嘴对着 A1 和 B1 导线裸露处的中心位置，离线束的垂直距离为 152.4cm ± 12.7cm。在测试者前方要加一个保护屏，以防火花飞溅或紫外线辐射。在电解液接触导线的 1min 内合上 400Hz 电源，让电解液自由流动。

用下述方法来评价试验是否通过：

（1）如果 A1 或 B1 回路的任意断路器跳闸，则断开所有电源。根据 SAE AS4373 的方法 510 对 A2、B2、C1、D1 和 D2 打 1000V 介电强度。如果介电强度试验失败，则认为是 DUT 故障。如果介电强度通过，则对 DUT 进行闸刀试验，如果闸刀试验成功则 DUT 通过试验。

（2）如果 A1 或 B1 的断路器均没有跳闸，但活动导线或被动导线被损坏了，则认为 DUT 失败。

除了上述的湿电弧试验外，还有冷启动时间测试（Cold Startup Time Test），其试验方法是：根据上述步骤进行湿电弧试验，直至发生电弧且 DUT 或 A1 跳闸。这时，撤销断路器线路侧的电源。接着将盐水滴落到导线上，接通所有断路器。在至少 5min 后向断路器的线路侧施加电源，DUT 应按照要求提供保护。

直流防误触发试验的设置如图 3–51 所示，在 28V DC 电源和 DC Bus 之间加了一个接触器，DUT 安装在 DC Bus 和负载之间。这时，负载采用的是 AS6019 表 9 规定的防误触发的负载，包括着陆灯、防撞灯和雨刮电机这三类负载（见图 3–52）。

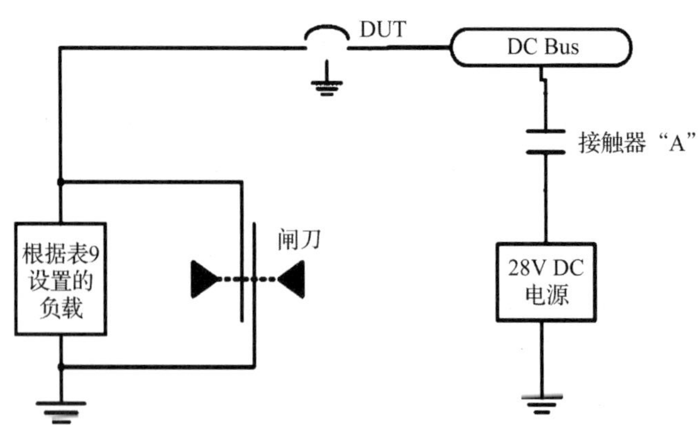

图 3-51　直流电弧检测防误触发试验

DC 测试负载

负载分类	负载举例	电流规格	建议供应商及物料号	FAA 负载特性
感性负载（白炽灯）	着陆灯	7.5	GB536-0002-5	0415RJ700DC5
频闪灯	防撞灯	5	ZLAD03849-22	0415RJ700DC12
重复性感性负载	雨刮电机	15	4361274	0415RJ700DC18

图 3-52　AS6019 标准规定的防误触发负载

防误触发试验的步骤如下：

（1）接通接触器“A”，保持 DUT 处于断开状态，给系统上电，进入稳态运行后（或最少 30s），再稳定工作 5s。

（2）接通 DUT，让负载（图 3-52 中所列的负载）上电，让负载进入稳定运行后（或最少 30s），再稳定工作 5s。

（3）之后负载被断开，DUT 负载侧的电源被移除，系统在进入稳态条件后（或至少 30s），再稳定工作 5s。

（4）负载再次被接通，DUT 给负载侧上电，系统在进入稳态条件后（或至少 30s），再稳定工作 5s。

（5）进行闸刀试验，DUT 应能通过闸刀试验。

图 3-53 是直流串扰试验的接线图，当邻近的线路发生电弧故障时，DUT 不应误触发。在图中，数据采集卡用于采集正常回路和施加串扰回路的电流，电弧发生处的电弧电压，还有 DUT 的断开指令。前两个采集用的是电流探头，后两个采集用的是电压探头。

DUT 和电源之间的线缆长度为 80ft（24.38m），DUT 另一端接阻性负载，将负载电流调节到 80% ~ 90% 额定负载。

在另一条电流支路上，应加装一个热断路器（没有电弧检测功能），它与电源之间的距离也为 80ft（24.38m），AWG16 号导线，热断路器后端接容性负载 C，下述的试验程序要在 0 和 5μF 两种条件下重复进行：

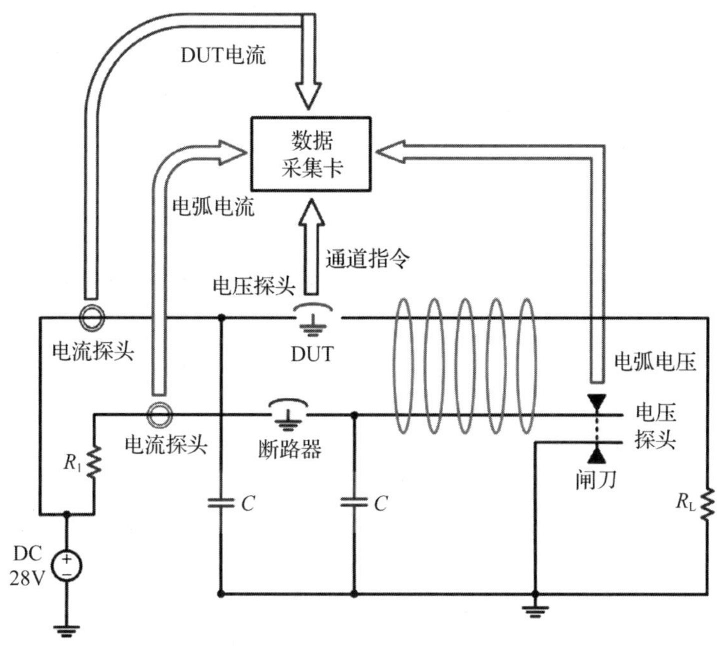

图 3–53 直流串扰试验接线图

（1）两根导线要相互扭绞，每英尺扭一圈。

（2）扭绞线应按照线缆线束安装在飞机机架的方式进行试验安装。

（3）扭绞线与地平面的距离为 2in[①] ± 0.5in，在回线段，两根线的距离至少为 4in。

（4）负载到电源的返回路径应与铝合金机身类似，或者采用长度最长为 6ft，线径比额定线径大的导线。

（5）对 AWG16 导线进行闸刀试验，每个电流规格 3 次，2 个电容规格各一次，总共 6 次试验。

（6）在邻近线路发生可见电弧故障时，DUT 不应跳闸。

（7）除非有特殊说明，闸刀试验应按照故障电流 B 进行。

漏电流检测用于检测三相负载的不平衡电流，正常情况下，三相负载是平衡的，即 A、B、C 三相的电流之和为 0，若检测到三相电流之和不为零，则说明存在漏电流。

接地故障断路器（GFI）负责检测三相不平衡电流，当漏电流超过预设的阈值，且持续一定的时间后，GFI 会断开负载，实施保护。

GFI 的漏电流检测原理如图 3–54 所示，最前端的是一个三相漏电流传感器，它将采集到的漏电流按比例进行缩小，再将电流降在负载电阻上，把电流信号转换成电压信号，经过信号调理及放大电路后，送入 μP 的 AD 采样口。μP 实时采集漏电流的大小，当漏电流超过预设的阈值，且持续一定时间后，μP 会发出 SSPC 的跳闸指令。

航空 GFI 断路器可以保护维护人员在带电维修过程中免于遭受电击的危险，这与民用领域的 GFI 保护类似。如图 3–55 所示，民用领域的 GFI 检测火线和地线之间是否有漏

① 1 英寸（in）=25.4 毫米（mm）。

电。正常情况下，火线流过的电流（1A）与零线流过的电流（1A）大小相等，方向相反，GFI 检测到的电流为 0。当用电设备外绝缘破损，人体接触到受损的用电设备时，流过火线的电流与零线的电流不再相等，火线的电流比零线的大（此例中为 1.006A），超出的部分（6mA）即为火线经由人体流向大地的电流。为使人体免受触电的危险，GFI 在检测到这 6mA 的电流后，会在几十毫秒后触发跳闸。

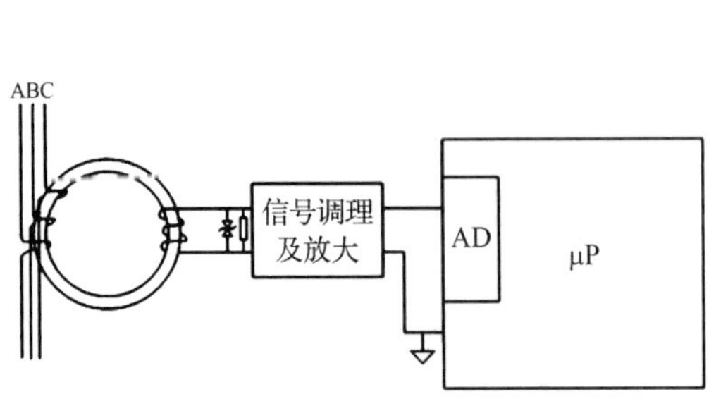

图 3-54　漏电流检测（GFI）原理

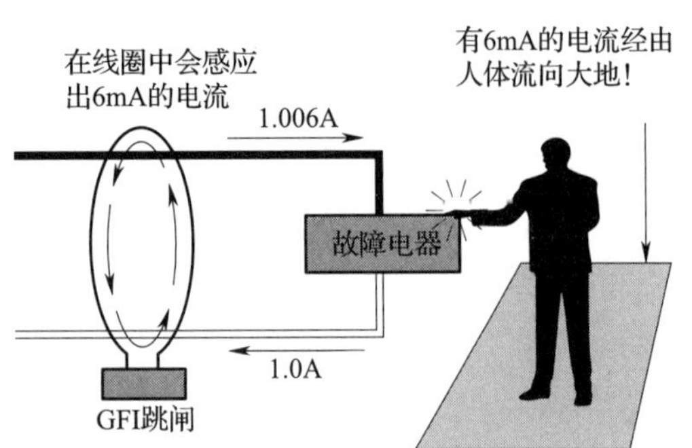

图 3-55　民用领域漏电流检测（GFI）原理

但是，航空 GFI 与民用领域的 GFI 也有不同之处，因为飞机上没有专门的零线，负载的回线直接飞机结构作为电流返回路径。因此，飞机上没有单相的 GFI，只有三相的 GFI。

在飞机上，GFI 除了能保护维修人员在带电维修过程中免于触电危险外，还可以保护油箱区域免于火灾。在燃油泵这些负载的输入端，一般会加装漏电流检测，以免燃油泵向飞机结构漏电而引发火灾。

3.1.5.3　单块 SSPC 板卡上布置多个功率通道

为节约配电产品的体积和重量，通常会在一块 SSPC 板卡上布置多个 SSPC 通道，如图 3-56 所示。在图中所示的 SSPC 板卡中，共布置了 n 个 SSPC 通道，它们从共同的功率汇流条获取功率输入，向对应的负载供电。

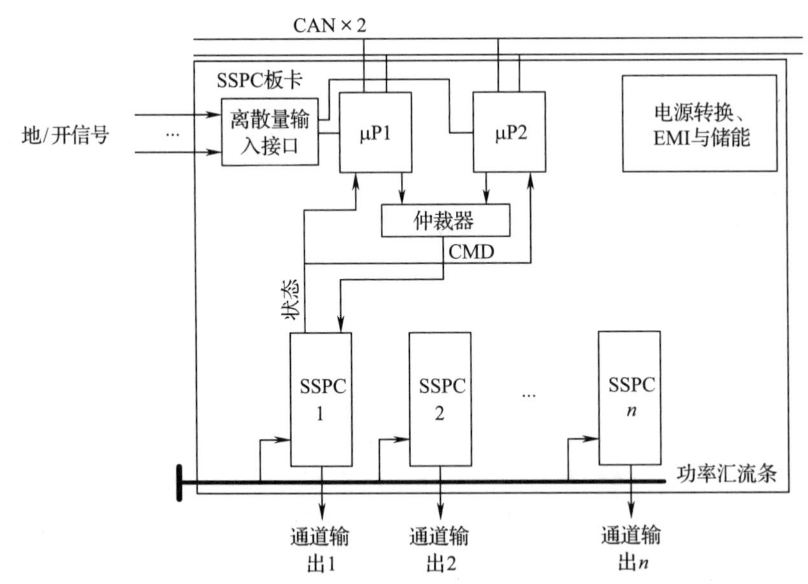

图 3-56　单块 SSPC 板卡上布置多个 SSPC 通道

这 n 个 SSPC 通道复用了 SSPC 板卡上的共用资源，其中包括：

（1）双裕度的微处理器（μP1 和 μP2）及对应的仲裁器：这两个微处理器从外部的两路 CAN 总线（也可能是其他的总线）接收 SSPC 通道 1 ~ n 的控制指令，经过解析后，再通过二选一的仲裁器下发给 SSPC 通道 1 ~ n 执行。同时，这两个处理器还会接收来自 SSPC 通道 1 ~ n 的状态数据，并打包成 CAN 总线的格式，发往外部的两路 CAN 总线上。

（2）电源转换、EMI 与储能：这部分电路主要用于将外部的 28V DC 电源转换成内部数字电路所需的 5V、3.3V 和 1.8V 工作电源，同时提供滤波功能，将电源转换所产生的开关噪声滤除。此外这部分电路通常还带有储能的功能，在汇流条转换期间，SSPC 板卡会遭受 50ms 电源中断，为避免 SSPC 板卡断电重启，导致负载侧供电中断加剧，SSPC 板卡应具备一定的储能措施，以确保在 50ms 断电期间，SSPC 板卡的微处理器不会断电重启，从而在供电转换结束后，负载能立即上电运行。

（3）离散量输入接口：这部分电路主要处理一些地 / 开离散量的输入采集，根据不同应用的需要，输入离散量的数量也有差异。这部分离散量通常用作板卡位置识别、通道控制和维护状态输入等用途。

3.1.5.4　多块 SSPC 板卡组成 RPDU

多块 SSPC 板卡也可以共用同一个结构箱体，组成一个 RPDU。如图 3-57 所示，RPDU 内部有 8 块板卡，包括 6 块 SSPC（SSPC1 ~ 6）板卡和 2 块电源与通信板卡（PS&Com1 ~ 2）。其中，这 6 块 SSPC 板卡为 RPDU 附近的负载配电，而 2 块电源与通信板卡则为这 6 块 SSPC 板卡提供工作电源输入（相当于把图 3-56 的电源转换、EMI 与储能功能转移到这块板卡上）和外部总线通信数据转发的功能。

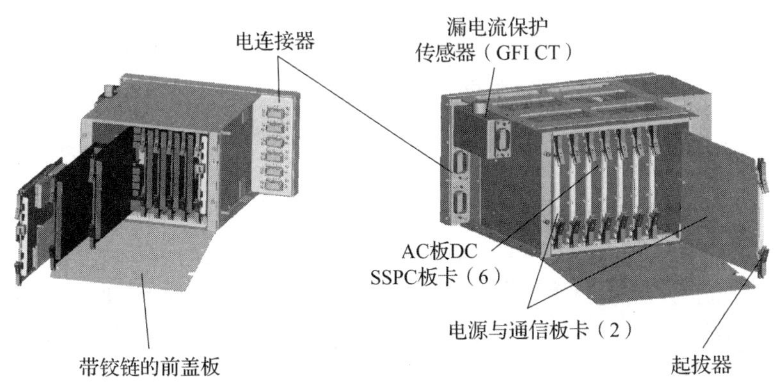

图 3-57　多块 SSPC 板卡组成 RPDU

在结构设计上，RPDU 的箱体有一块背板，它在 6 块 SSPC 板卡之间建立起物理通信链路，电源与通信板卡的输出电流也要通过背板流向各块 SSPC 板卡。此外，背板还起到了转接输出功率通道连接器的功能，它将每块 SSPC 板卡的功率输出转接到 RPDU 箱体上对外的功率输出连接器上，以方便连接负载线缆。

在 RPDU 内部板卡的布置上，可以有两种方式。一种是 2 块 PS&Com 板卡插在一边，余下的 6 块板卡插在另一边；另一种是 2 块 PS&Com 板卡插在两边，6 块 SSPC 板卡插在中间。RPDU 背板的功率与通信走线也要根据不同布置方式进行适应性的调整。这里需要注意的是，2 块 PS&Com 板卡为 6 块 SSPC 板卡提供冗余的电源与通信链路，因此，在电源转换的功率容量设计方面，1 块 PS&Com 板卡要能够同时为 6 块 SSPC 板卡提供所需的工作电源输入。

RPDU 的箱体会设计一个带铰链的可以翻下来的前盖板，在所有板卡插入后，会合上前盖板，并用快卸螺钉锁住，用于防尘和 EMI 防护。在维护期间，需要更换板卡时，再解开（反向旋转）快卸螺钉，翻下前盖板，以便进行板卡更换操作。RPDU 内部的 8 块板卡都自带起拔器，可以手动拔出更换。

RPDU 还有外置的漏电流传感器（GFI CT），用于检测交流三相不平衡电流。

3.1.5.5 DC SSPC

单通道 DC SSPC 的原理框图如图 3-58 所示，它分为主功率回路和控制回路两个部分。其中，主功率回路从 28VDC 汇流条取电，经过一个保险丝和功率 MOS 管给负载供电。这里的保险丝是 SSPC 的 I^2t 保护功能的后备保护，当 I^2t 保护失效后，保险丝还可以提供冗余的过载保护功能。

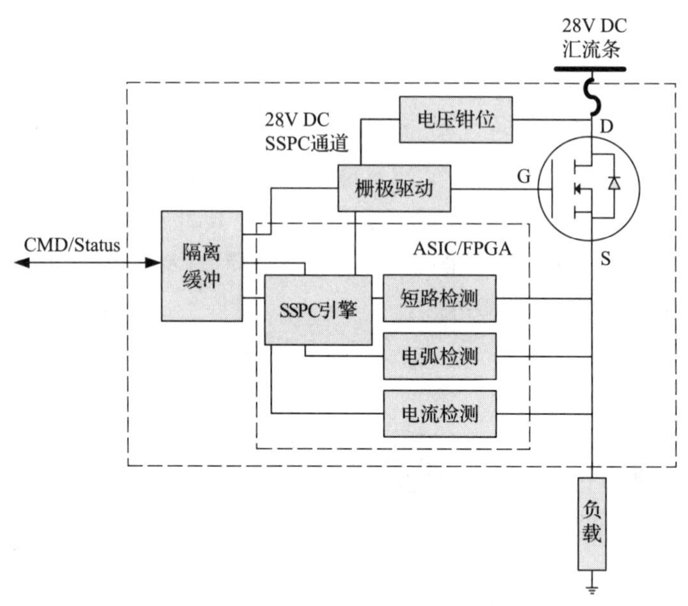

图 3-58　直流 SSPC 工作原理

而控制回路则包括隔离缓冲、电压钳位、栅极驱动、SSPC 引擎、短路检测、电弧检测、电流检测这几个部分，这几部分的功能详细描述如下：

（1）隔离缓冲：来自 SSPC 板卡微处理器（板卡的公共资源）的控制指令（CMD）经过隔离缓冲进入 SSPC 通道，SSPC 通道的状态也要通过隔离缓冲反馈到 SSPC 板卡的微处理器中。隔离缓冲的目的是将 SSPC 板卡上的每个 SSPC 通道与板卡的公共资源部分进行电气隔离，从而每个 SSPC 通道之间也实现了电气隔离，彼此之间不相互影响，一个通道的故障不会蔓延到其他通道，提高了 SSPC 的安全性。

（2）电压钳位：这部分是负反馈电路，用于在 MOS 管关断期间防止 DS 之间（漏极与源极之间）电压过高而导致 MOS 管被击穿。当 D 点电压升高时，由于 DG 之间存在反馈支路，G 点电压也会升高，则 GS 之间电压也会升高，从而 MOS 管导通。当 MOS 管导通后，DS 之间近乎短路，通过这种方式将 GS 电压钳位，保护了功率 MOS 管。

（3）栅极驱动：这部分电路用于提供 MOS 管的导通和关断驱动，Si 基的 MOS 管通常是正电压导通，零电压关断，而 SiC 的 MOS 管则是正电压导通，负电压关断。

（4）短路检测：用于检测通道是否发生硬件短路故障，在短路电流超过短路阈值时，它会指示 SSPC 引擎断开 MOS 管驱动。

（5）电弧检测：用于检测通道是否发生电弧故障，并在确认电弧故障后，指示 SSPC 引擎断开 MOS 管驱动。通常，这部分电路只是硬件的滤波电路，电弧检测的算法部分驻留在 SSPC 引擎中。

（6）电流检测：检测 SSPC 通道的稳态电流，并输入给 SSPC 引擎。

（7）SSPC 引擎：这部分电路是 SSPC 的核心，它集成了 I^2t 保护算法和电弧检测算法，它负责接收隔离缓冲的 CMD，并将其转化成 MOS 管的栅极驱动指令；它同时负责收集 SSPC 通道的电流数据和通道接通 / 断开数据，并通过隔离缓冲上报给 SSPC 板卡的微处理器。

3.1.5.6　AC SSPC

如图 3–59 所示，与 DC SSPC 类似，AC SSPC 也包括主功率回路和控制回路两个部分。在主功率回路部分，AC SSPC 从 115VAC 汇流条取电，经过保险丝和两个背靠背的 MOS 管给负载供电。注意这里是两个背靠背的 MOS 管，而不是一个，因为 115VAC 电压是双极性的，若只采用一个 MOS 管，则在通道断开时，由于 MOS 管有寄生的反并二极管，115VAC 的副半周电流会从 MOS 管的寄生二极管流向电源而构成回路，因此，单个 MOS 管关断并不能形成对主功率电流的双向阻断能力。所以需要两个背靠背的 MOS 管，才能实现 MOS 管关断期间的电流双向阻断。

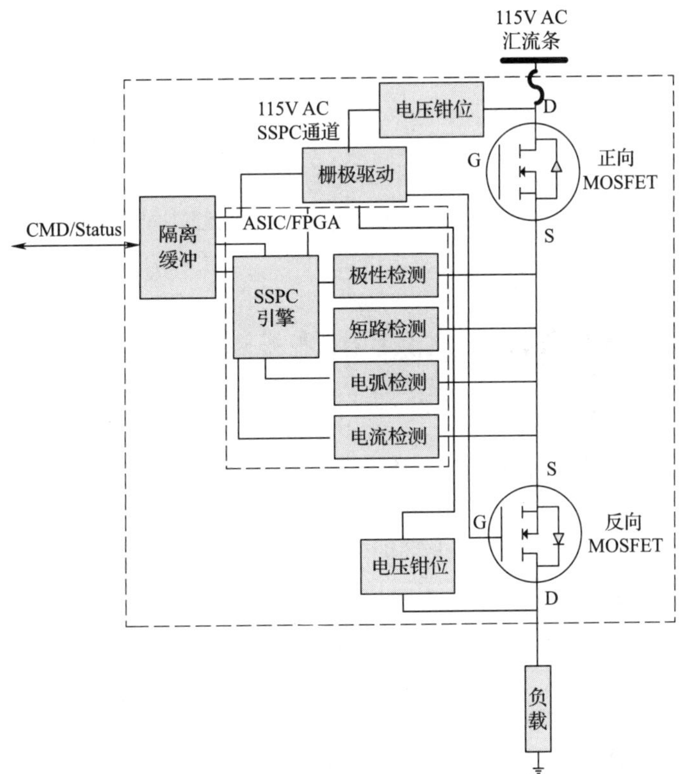

图 3–59　交流 SSPC 工作原理

AC SSPC 的控制回路包括隔离缓冲、电压钳位、栅极驱动、极性检测、短路检测、电弧检测、电流检测和 SSPC 引擎这几个部分，其中只有电压钳位、极性检测和 SSPC 引擎与 DC SSPC 有区别，其余的部分与 DC SSPC 是类似的。

AC SSPC 与 DC SSPC 的差异体现在：

（1）电压钳位：DC SSPC 只有一个 MOS 管，因此只需要一套电压钳位电路，而 AC SSPC 有两个 MOS 管，因此需要两套电压钳位电路。

（2）极性检测：交流电压比较高，有 115V，为尽量减少接通 / 断开过程中对负载的冲击，AC SSPC 需要检测交流电压的极性，尽可能做到在 AC 电压过零点处开通 MOS 管，而在 AC 电流过零点处关断 MOS 管，也就是所谓的“软开关”。

（3）SSPC 引擎：AC SSPC 的引擎除了涵盖 DC SSPC 的功能外（I^2t 保护算法、电弧检测算法、指令的解析和通道状态的收集与上报等），还有有效值计算的功能，它需要将实时采集的通道电流转换成有效值，再上报给 SSPC 板卡的微处理器。

在上述差异之外，AC SSPC 与 DC SSPC 的电路组成是类似的。

在交流 SSPC 的电路设计时，需要谨慎选择功率 MOS 管的耐压。直流 SSPC 由于工作电压只有 28V DC，一般选择 100V 反向耐压的 MOS 管已经足够。但交流 SSPC 的工作电压为 115VAC，最高的有效值达 180VAC，此时对应的峰值电压为 254V。因此，对应的 MOS 管要选择耐压 400V 以上的 MOS 管，由于 400V 耐压的功率管比较少，通常选 600V 或 650V 的功率管。

3.1.5.7　各个保护曲线之间的配合

在设计 SSPC 的 I^2t 保护曲线时，需要注意各种曲线之间的配合，如图 3-60 所示。在民机配电领域，有各种“电流—时间”关系曲线，要特别注意这些曲线之间的上下配合关系。现就这些“电流—时间”关系曲线逐一进行说明：

（1）负载实际电流曲线：这是 SSPC 所带负载的工作电流曲线，一般负载都呈现一定程度的容性，储能电路、电源滤波电路等都带有电容，这些电容在负载刚上电时会产生一定的冲击电流。为避免机上负载同时上电时，冲击电流过大而对飞机电网造成冲击，DO-160G 第 16 章第 16.7.5 节规定了负载冲击电流上限，即负载在上电瞬间产生的冲击电流不能超过这个限值。

（2）DO-160G 规定的负载冲击电流上限：根据 DO-160G，负载的冲击电流上限分为三个时间段：

①前 3ms 的最大电流不能超过最大负载电流的 9 倍。

②前 500ms 的最大电流不能超过最大负载电流的 4 倍。

③前 2s 的最大电流不能超过最大负载电流的 2 倍。

（3）软件的 I^2t 保护曲线：这条保护曲线要位于 DO-160G 规定的负载冲击电流曲线之上，位于失效安全曲线的下方。

（4）失效安全曲线：这条曲线是 SSPC 后备保护，即保险丝的保护曲线。在正常情况下，保险丝不能动作，它只在 SSPC 的 I^2t 保护功能失效后才动作，所以才称之为后备保护。

（5）导线非损伤曲线：这是 SSPC 的被保护对象，即飞机导线绝缘未发生绝缘炭化情况下的“电流—时间”曲线。

（6）导线不可恢复损伤曲线：这是导线绝缘开始炭化，造成不可恢复破坏的“电流—时间”曲线。

当线路发生故障时，假设稳态故障电流如图 3-60 所示，则在这种情况下，根据各种“电流—时间”曲线之间的上下配合关系，故障发生一段时间后，I^2t 保护最先动作，保护跳闸；若 I^2t 保护功能失效，则失效安全曲线，即保险丝会保护跳闸；若保险丝也失效，则导线可以再承受一段时间的故障电流，之后就被不可逆转地破坏，造成导线永久损伤。

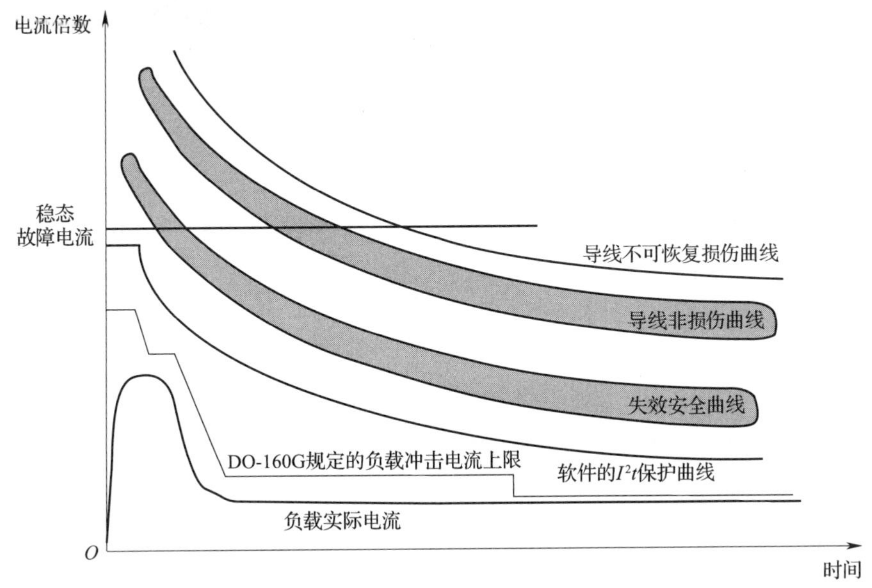

图 3-60 各个保护曲线之间的配合

在设计 SSPC 时，一定要注意上述曲线之间的配合关系，尤其要注意 I^2t 曲线不能和失效安全曲线交叉，而失效安全曲线一定要位于导线非损伤曲线的下方。只有这样，才能做到在发生故障时，I^2t 保护最先动作；而在 I^2t 保护功能失效时，充当后备保护的保险丝依然能在导线被损坏之前熔断。

3.1.5.8 功率半导体的 SOA 曲线

前面在讲述交流 SSPC 的工作原理时，曾提到 DC SSPC 和 AC SSPC 设计时要选择不同耐压的 MOS 管。实际上，在 SSPC 设计时，除了要考虑 MOS 管的反向耐压，还要根据通道电流规格，进行 MOS 管通流量的选择。

功率 MOS 管在使用过程中是否能够安全持续的工作，是工程师首先要考虑的问题。即在应用 MOS 管时，必须考虑 MOS 管的安全工作区。作为 SSPC 的核心器件，MOS 管长期工作在高电压、大电流下，若处理不当，很容易造成 MOS 管的永久损伤。

MOS 的安全工作区（SOA）是由一系列限制条件组成的，描述漏源极电压 V_{DS} 和漏极电流 I_D 工作上限的二维坐标图，开关器件正常工作时的电压和电流都不能超过该限定范围。可以结合功率 MOSFET 的耐压、电流特性和热阻特性，来理解功率 MOSFET 的安全工作区（SOA）曲线。它定义了最大的漏源极电压值和漏极电流值，以保证器件在正向偏置时能安全工作。

图 3-61 是 Infenion 公司的 650V 耐压 Si 基 MOS 管 IPW65R019C7 的封装、引脚定义

和 SOA 曲线。该器件在常温下的稳态载流量为 75A，最大脉冲电流为 496A。图中，左上角是该 MOS 管的封装，为 TO-247 插脚封装，左下角是该 MOS 管的引脚定义，而右边则是 MOS 管对应的 SOA 曲线。

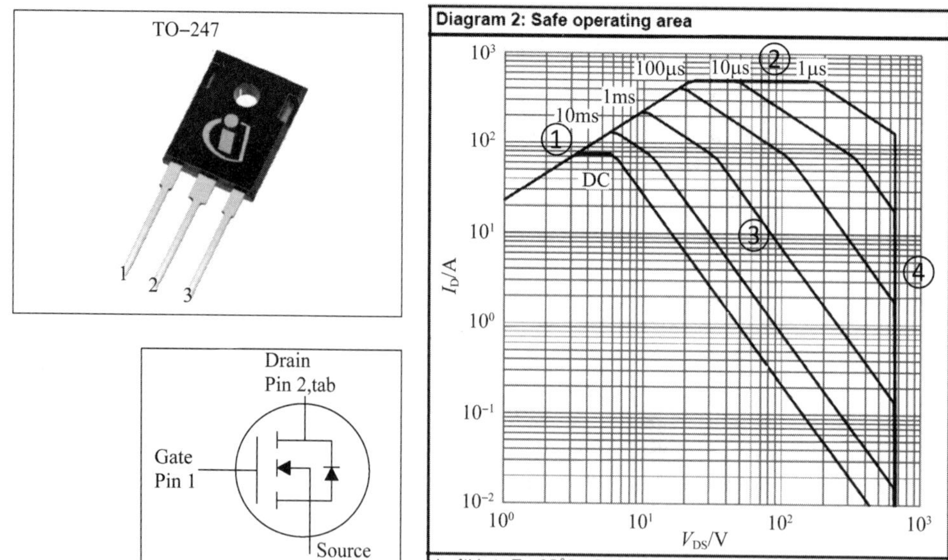

图 3-61　功率半导体 IPW65R019C7 的封装、引脚定义和 SOA 曲线

在图 3-61 中，SOA 曲线左上方的边界斜线，受漏源极的导通电阻 R_{dson} 限制；SOA 曲线右边垂直的边界，是最大的漏源极电压 V_{DSSM}；SOA 曲线最上面水平线，受最大的脉冲漏极电流 I_{DM} 的限制；SOA 曲线右上方平行的一组斜线，是不同的单脉冲宽度下的最大漏源极电流。

曲线①：在 V_{DS} 电压比较小时，I_D 通过的电流大小主要由 MOS 管的 R_{dson} 来进行限制。在该区域内，当 V_{GS} 电压与环境温度条件不变时，近似把 R_{dson} 看成一个定值，由此得出 $V_{DS}=I_D \cdot R_{dson}$。

曲线②：在 V_{DS} 升高到一定的值以后，MOS 的安全区域主要与 MOS 的热阻相关，也就是由耗散功率来进行限制，而 DC 曲线则表示当流过电流为连续的直流电流时，MOSFET 可以耐受的电流能力。其他标示着时间的曲线则表示 MOSFET 可以耐受单个脉冲电流（宽度为标示时间）的能力。单次脉冲是指单个非重复（单个周期）脉冲，单脉冲测试的是管子瞬间耐受耗散功率（雪崩能量）的能力，从这部分曲线来看，时间越短，可以承受的瞬间耗散功率就越大。

曲线③：MOS 管所能承受的最大脉冲漏极电流，即对最大耗散功率进行了限制。对于这个 MOS 管，对应的最大漏极电流为 496A。

曲线④：MOS 管所能承受的 V_{DS} 最大电压，如果 V_{DS} 电压过高，PN 结会发生反偏雪崩击穿，造成 MOS 管损坏。对于这个 MOS 管，最大击穿电压为 650V。

在实际的应用中，必须确保 MOS 管的工作剖面落在 SOA 区域以内，超出限制区域会造成电子元器件的损坏。为此，工程师不仅要考虑正常工作状态下的功率能不能满足设计要求，还要特别考虑容性负载或短路的情况下，功率管承受瞬间大电流的能力，即考虑

MOS 管的脉冲电流参数是否满足要求。

图 3-61 中的 SOA 安全区域是特定条件下绘制的，在工程应用中，环境温度会发生变化，也就是 MOS 管的 T_J 温度会发生变化，从而安全区域也会随之发生变化，所以在实际应用中一定要对 SOA 区域降额使用，保证 MOS 管能在全温度范围安全工作。

3.2 EMI 防护设计

民用飞机环境适用性设计主要参照的标准是 DO-160G *Environmental Conditions and Test Procedures for Airborne Equipment*（《机载设备的环境条件与测试程序》），其中规定的试验条件包括：

（1）第 4 章：温度与高度。

（2）第 5 章：温度变化。

（3）第 6 章：湿热。

（4）第 7 章：工作冲击和坠撞安全。

（5）第 8 章：振动。

（6）第 9 章：爆炸大气。

（7）第 10 章：防水性。

（8）第 11 章：流体敏感性。

（9）第 12 章：沙尘。

（10）第 13 章：霉菌。

（11）第 14 章：盐雾。

（12）第 15 章：磁影响。

（13）第 16 章：电源输入。

（14）第 17 章：电压尖峰。

（15）第 18 章：声频传导敏感性 - 电源输入。

（16）第 19 章：感应信号敏感度。

（17）第 20 章：射频敏感度（辐射和传导）。

（18）第 21 章：射频能量发射。

（19）第 22 章：闪电间接效应敏感性。

（20）第 23 章：闪电直接效应。

（21）第 24 章：结冰。

（22）第 25 章：静电放电（ESD）。

（23）第 26 章：防火、可燃性。

其中，温度与高度、温度变化、防水性、沙尘、结冰等属于自然环境类试验，工作冲击和坠撞安全、振动属于机械环境试验，湿热、霉菌、盐雾属于腐蚀性的环境试验，爆炸大气、流体敏感性、防火、可燃性是特定类型的试验。

其余的章节，包括磁影响、电源输入、电压尖峰、声频传导敏感性 - 电源输入、感应信号敏感度、射频敏感度（辐射和传导）、射频能量发射、闪电间接效应敏感性、闪电直接效应、静电放电（ESD），都属于对产品电磁兼容性能的考核。

这些章节中，与第 21 章射频能量发射和第 22 章闪电间接效应敏感性对应的防护措施设计难度大，技术风险较高，在设计上要作特殊考虑，本节会详细讨论。与配电系统相关的机载设备都安装在飞机内部，不会接触到直接闪电，因此第 23 章不适用。

3.2.1 闪电防护

3.2.1.1 闪电防护需求

DO–160G 第 22 章规定了闪电间接效应的试验级别。闪电间接效应试验有三种，分别是插针注入试验、线缆束单次冲击和多次冲击试验，还有线缆束多次脉冲群试验，其中插针注入试验属于损伤容限试验，在电路设计时，需要为闪电能量提供低阻抗的泄放通道，避免内部电路被损坏。插针注入试验的试验级别和波形决定了闪电能量泄放通道所需的功率，是闪电间接效应防护的首要考虑因素。

DO–160G 第 22 章用 6 位字母和数字的组合定义了机载设备闪电间接效应的试验类别，如图 3–62 所示。

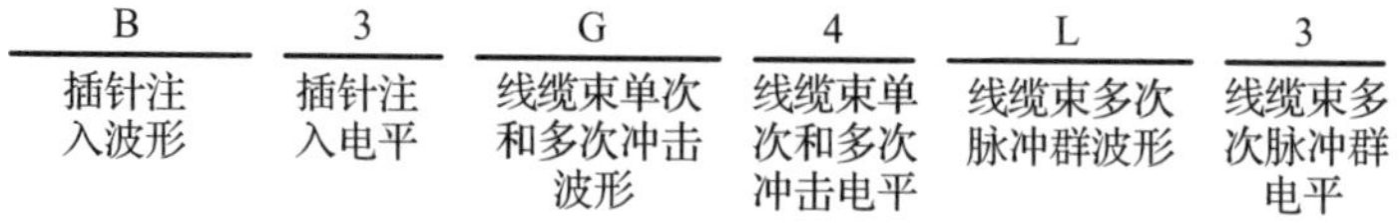

B	3	G	4	L	3
插针注入波形	插针注入电平	线缆束单次和多次冲击波形	线缆束单次和多次冲击电平	线缆束多次脉冲群波形	线缆束多次脉冲群电平

图 3–62　闪电间接效应试验类别定义

其中第一位字母表示的是插针注入的波形类别，具体的定义在 DO–160G 的表 22–1.1 中有说明（见图 3–63），波形 B 代表的试验波形类别是 3/3 和 5A/5A，即插针注入要按照这两种波形来实施，其中“/”前面表示的是闪电脉冲发生器的开路电压 V_{oc}，“/”后面表示的是闪电脉冲发生器的短路电流 I_{sc}。

DO–160G 中表 22–1.1　插针注入测试要求			
波形组	测试类型	测试级别	测试波形编号（V_{oc}/I_{sc}）
A （孔隙耦合）	Pin	表 22–2	3/3，4/1
B （孔隙与阻抗耦合）	Pin	表 22–2	3/3，5A/5A

图 3–63　插针注入试验波形类别

闪电间接效应试验类别的第二位数字“3”表示的是插针注入波形的测试电压 / 电流级别，具体定义如图 3–64（a）所示，共定义了 1 ~ 5 这 5 个级别的测试电压 / 电流，每个级别都有对应不同测试波形的开路电压 V_{oc}/ 短路电流 I_{sc} 的规定。当测试级别为 3 时，对于测试波形 3，规定的开路电压 V_{oc} 为 600V，短路电流 I_{sc} 为 24A；类似地，对于测试波形 4，规定的开路电压 V_{oc} 为 300V，短路电流 I_{sc} 为 60A。以此类推。

闪电间接效应试验类别的第三位字母“G”表示的是线缆束单次和多次冲击波形类别，与这些类别对应的波形在 DO–160G 表 22–1.2 中有规定。试验类别的第四位数字“4”表示的是线缆束单次和多次冲击的开路电压 V_{oc} 和短路电流 I_{sc} 级别，具体规定见 DO–160G 表 22–3 和表 22–4。

级别	波形		
	3	4	5A
	V_{oc}/I_{sc}	V_{oc}/I_{sc}	V_{oc}/I_{sc}
1	100/4	50/10	50/50
2	250/10	125/25	125/125
3	600/24	300/60	300/300
4	1500/60	750/150	750/750
5	3200/128	1600/320	1600/1600
注：V_{oc}的单位为V，I_{sc}的单位为A。			

（a）插针注入试验级别

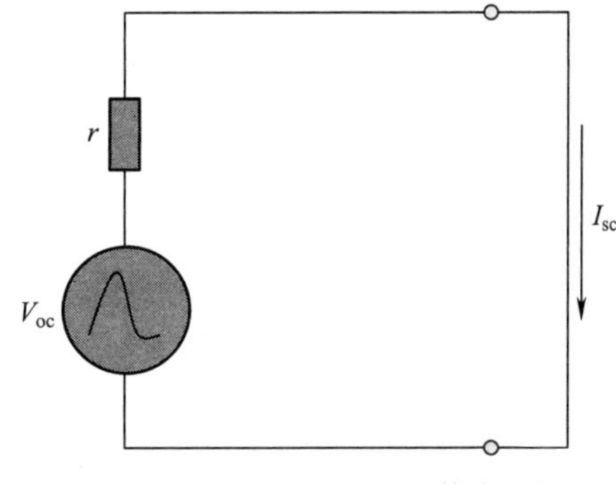

（b）闪电脉冲发生器的等效电路

图 3–64　闪电插针注入试验级别的定义

试验类别的第五位字母“L”表示的是线缆束多次脉冲群的波形，具体规定见 DO-160G 表 22–1.2。试验类别的最后一位数字“3”表示的是线缆束多次脉冲群的试验开路电压 V_{oc} 和短路电流 I_{sc}，具体规定见 DO–160G 表 22–5。

闪电插针注入试验中，每个波形都有对应的开路电压 V_{oc} 和短路电流 I_{sc} 的规定，可以根据这两个参数画出闪电脉冲发生器的等效电路，如图 3–64（b）所示，开路电压 V_{oc} 和短路电流 I_{sc} 的比值可以决定发生器的内阻 r

$$r=\frac{V_{oc}}{I_{sc}} \tag{3-3}$$

以插针注入级别 3 的波形 3 为例，对应的闪电脉冲发生器的内阻为 600/24＝25（Ω）。而波形 4 的内阻为 300/60＝5（Ω），波形 5A 的内阻为 300/300＝1（Ω）。

下面分别来认识一下闪电试验的各种波形。

图 3–65 所示的是波形 1，它是指数波，用于标定闪电脉冲发生器的短路电流（图中的纵坐标“I”表示的是短路电流）。图中的 t_1 表示的是脉冲上升时间，它是脉冲电流从 0 上升到峰值的时间，而 t_2 表示的是脉冲半峰值时间，指的是脉冲从 0 上升到峰值，再下降到峰值 50% 处所对应的时间。

对于波形 1，脉冲的上升时间为 6.4（1±20%）μs，半峰值时间为 69（1±20%）μs。峰值电流对应各个闪电防护级别中短路电流 I_{sc} 的大小。

在闪电防护设计时，脉冲半峰值时间和峰值电流决定了泄放回路功率器件的选型。

图 3–66 所示的是波形 2，它用于标定脉冲发生器的开路电压 V_{oc}（图中纵坐标“V”表示开路电压）。与波形 1 一样，波形 2 也是指数波，不过形状略有不同。电压先从 0 经过 t_1 时间上升到峰值，再在 t_2 时刻衰减到 0，之后转为负值。

除了波形外观的区别，波形 2 相对于波形 1，持续时间也更短，上升时间 t_1 仅为 100ns，持续时间 t_2 仅为 6.4（1±20%）μs。

波形 3 的形状如图 3–67 所示，它既可以作为开路电压 V_{oc} 的波形，又可以作为短路电流 I_{sc} 的波形。DO–160G 只给出了波形 3 的形状，是一个衰减的正弦振荡波，没有给出具体的时间特性，只标明了在 4 个周期后，正弦波的峰值要衰减到最高峰值的 25%～75%。

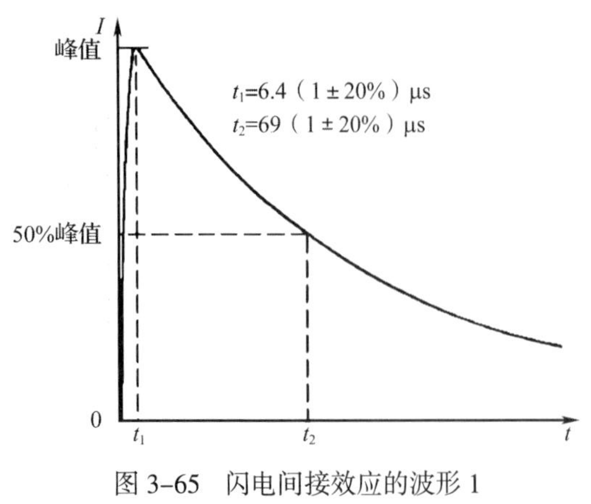

图 3–65　闪电间接效应的波形 1

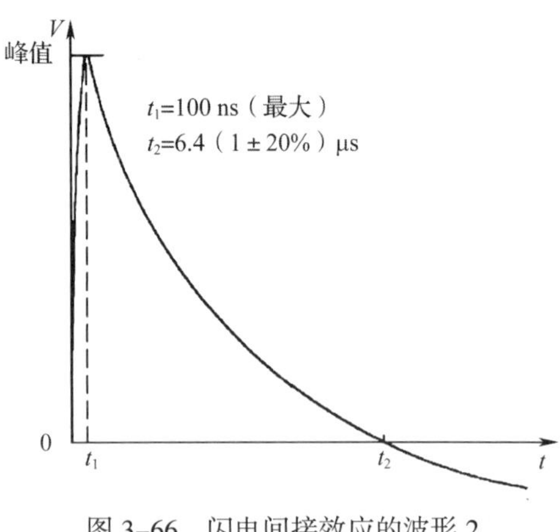

图 3–66　闪电间接效应的波形 2

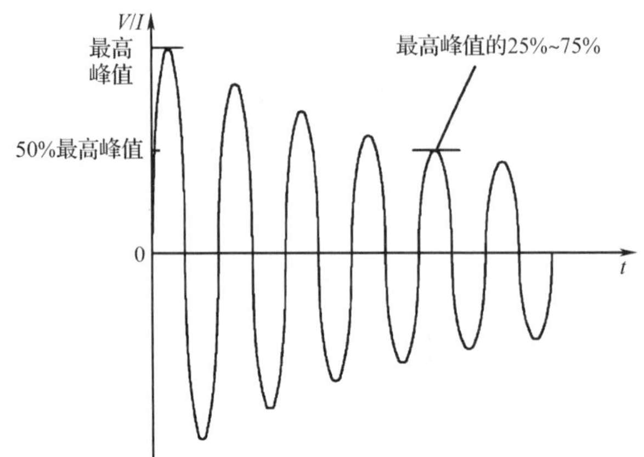

注：1.电压和电流可以不同相；
2.波形可以为衰减的正弦或余弦波。

图 3–67　闪电间接效应的波形 3

波形 3 的时间特性在 DO–160G 的正文里有描述，在做插针注入试验时，波形 3 的频率为 1MHz；在做线缆束试验时，1MHz 和 10MHz 两种频率要分别试验。

此外，由于正弦波幅值有正有负，在做试验时，最开始的半波要分别设置为正极性和负极性各做一次试验。

波形 4 是开路电压 V_{oc} 的波形（见图 3–68），波形形状与波形 1 完全相同（波形 1 是短路电流 I_{sc} 的波形），上升时间 t_1 为 6.4（1±20%）μs，半波峰值时间为 69（1±20%）μs。

波形 5（见图 3–69）可以是开路电压 V_{oc}，也可以是短路电流 I_{sc}，它分为 5A 和 5B 两种子波形，它们的波形形状相同，只是上升时间 t_1 和半波峰值时间 t_2 不同。波形 5B 的持续时间更长，考察的是一种更为恶劣的情形。

波形 6 也是短路电流 I_{sc} 的波形（见图 3–70），波形呈指数形式，上升时间 t_1 为 0.25（1±20%）μs，半波峰值时间 t_2 为 4（1±20%）μs。

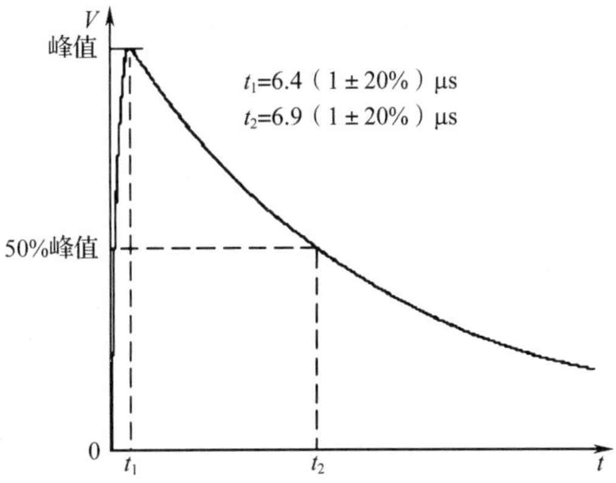

t_1=6.4（1±20%）μs
t_2=6.9（1±20%）μs

图 3-68　闪电间接效应的波形 4

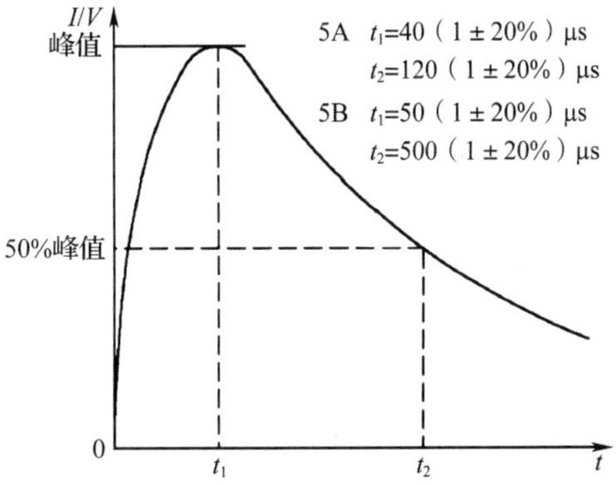

5A　t_1=40（1±20%）μs
t_2=120（1±20%）μs
5B　t_1=50（1±20%）μs
t_2=500（1±20%）μs

图 3-69　闪电间接效应的波形 5

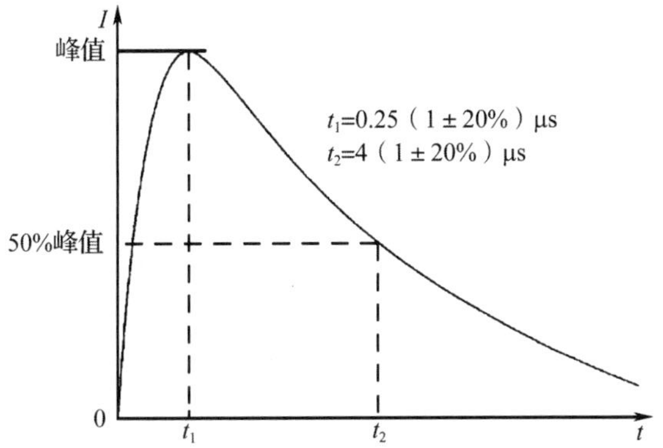

t_1=0.25（1±20%）μs
t_2=4（1±20%）μs

图 3-70　闪电间接效应的波形 6

3.2.1.2　闪电防护的等效电路

闪电间接效应防护的等效电路如图 3-71 所示，外部的闪电高压脉冲经过瞬态电压抑制器（TVS）的钳位后被削峰。削峰后的脉冲最高电压不会超过被保护电压的耐压值，从而保护了被保护电路。

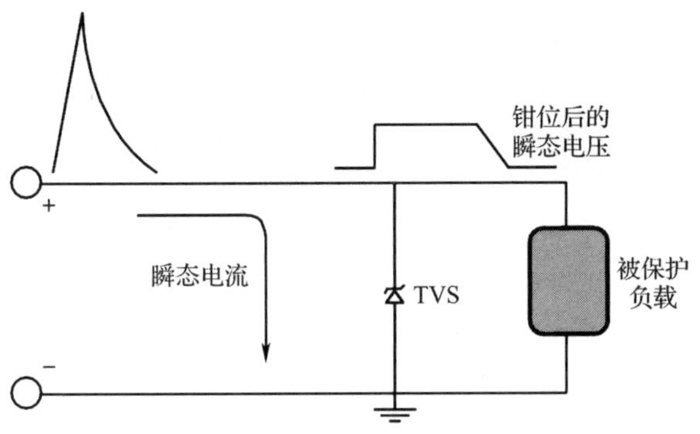

图 3-71　闪电间接效应防护的等效电路

TVS 是常见的闪电间接效应防护器件，其动作时间为 ps（10^{-12}s）级。TVS 是一种二极管形式的高效能保护器件。当 TVS 二极管的两极受到反向瞬态高能量冲击时，它能以 10^{-12}s 量级的速度，将其两极间的高阻抗变为低阻抗，吸收高达数千瓦的浪涌功率，将两极间的电压钳位于一个预定值，有效地保护电子线路中的精密元器件免受各种浪涌脉冲而损坏。

TVS 在电路中一般工作于反向截止状态，此时它不影响电路的任何功能。TVS 在规定的反向应用条件下，当电路中由于雷电、各种电器干扰出现大幅度的瞬态干扰电压或脉冲电流时，它在极短的时间内（最高可达到 10^{-12}s）迅速转入反向导通状态，并将电路的电压钳位在所要求的安全数值上，从而有效地保护电子线路中精密元器件免受损坏。干扰脉冲过去后，TVS 又转入反向截止状态。由于在反向导通时，其钳位电压低于电路中其他器件的最高耐压，因此起到了对其他元器件的保护作用。TVS 能承受的瞬时脉冲功率可达上千瓦。TVS 根据极性可分为单向和双向 TVS。单向 TVS 一般适用于直流电路，双向 TVS 一般适用于交流电路。由于 TVS 起保护作用时动作迅速、寿命长、使用方便，因此在瞬变电压防护领域有着非常广泛的应用。

如图 3-72 所示，TVS 选型的一项基础工作是计算泄放功率，TVS 的钳位电压 V_{clamp} 与流过 TVS 的电流 I_{clamp} 的乘积即为其泄放功率。这里，钳位电压与被保护电路的耐压值有关，而流经 TVS 的电流则由闪电脉冲发生器的开路电压 V_{oc}、闪电脉冲发生器的内阻 r，以及 TVS 钳位电压这三者计算而得，其计算公式为

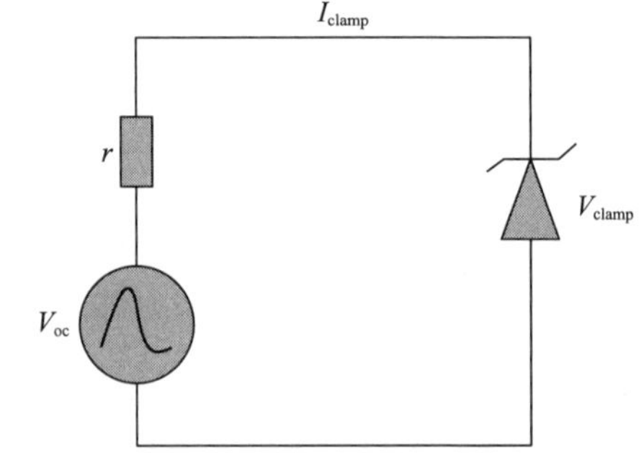

图 3-72 TVS 泄放功率的计算

$$I_{\mathrm{clamp}}=\frac{V_{\mathrm{oc}}-V_{\mathrm{clamp}}}{r} \tag{3-4}$$

闪电脉冲发生器的内阻 r，由式（3-3）计算而得。

在求得 V_{clamp} 和 I_{clamp} 之后，就可以求取 TVS 的峰值泄放功率，如式（3-5）所示

$$P=V_{\mathrm{clamp}}\times I_{\mathrm{clamp}} \tag{3-5}$$

需要注意的是，式（3-5）中的峰值泄放功率 P 与 TVS 的标称功率是有区别的，这里的峰值泄放功率是对应 DO-160G 中闪电脉冲波形的功率，而 TVS 的标称功率是在 10/1000μs 指数脉冲波形下测得的，DO-160G 的闪电脉冲波形持续时间与 10/1000μs 指数脉冲波形并不等同，二者之间需要进行折算。

3.2.1.3 闪电防护波形的能量折算

图 3-73 示出了 TVS 波形能量的时间折算，左边图形表示的是在不同闪电脉冲宽度下的 TVS 等效峰值脉冲功率，图中画出了两条线，上方的那条是堆叠裸芯（stacked-die，将多个裸芯片叠层封装），4kW TVS 在 10/1000μs 波形、25℃环境下的等效峰值脉冲功率曲线；下方的那条是单个裸芯（single die），3kW TVS 在 10/1000μs 波形、25℃环境下的等效峰值脉冲功率曲线。这两条曲线均呈指数线性的关系。

图 3-73 的右侧波形是 10/1000μs 指数脉冲波形，TVS 的标称功率均在 10/1000μs 波形下测定。

由于 DO-160G 的测试脉冲与 10/1000μs 不同，所以要进行等效的时间折算。在闪电间接效应防护时，一般以插针注入试验为基准来选择 TVS。插针注入适用的波形分别是波形 3、波形 4 和波形 5A。其中，波形 3 为正弦波，在做插针注入试验时，频率为 1MHz，

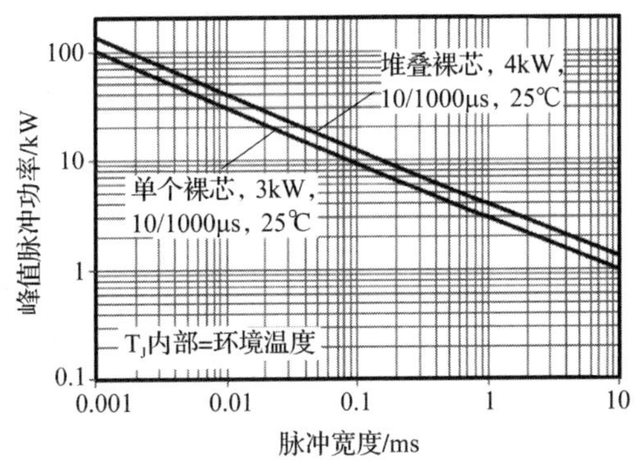

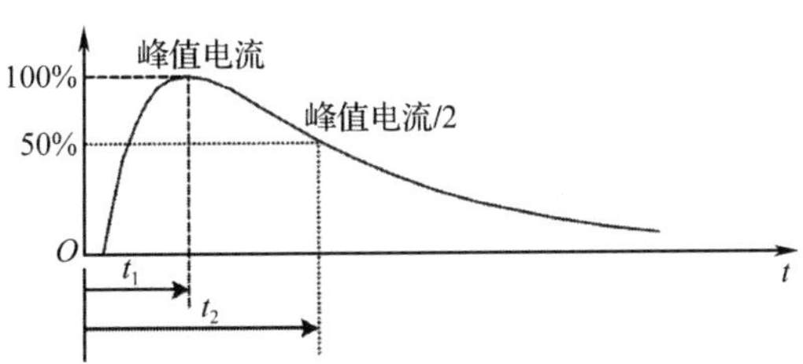

图 3–73　TVS 波形能量的时间折算

所以对应的半波峰值时间为 5 个周期，即 5μs；而波形 4 和 5A 均为指数波，对应的半波峰值时间分别为 69（1 ± 20%）μs 和 120（1 ± 20%）μs。在设计时，一般考虑最恶劣的情形，即按持续时间最长的情形来设计，则 69（1 ± 20）μs 和 120（1 ± 20%）μs 对应的时间分别为 82.8μs 和 144μs。

从图 3–73 可以看出，在左图中，对应 1000μs 脉冲宽度，即 1ms 脉冲宽度的两条曲线的峰值功率分别为 4kW 和 3kW，分别对应两种 TVS 的标称功率。当脉冲持续时间为 5μs，即 0.005ms 时，峰值功率分别为 55kW 和 40kW，与标称功率相比，分别放大了 13.75 倍和 13.3 倍；当脉冲持续时间为 82.8μs，即 0.0828ms 时，对应的峰值功率分别为 13kW 和 10kW，即相对标称功率而言，分别放大了 3.25 和 3.33 倍；同样地，当脉冲持续时间为 144μs，即 0.144ms 时，对应的峰值功率分别为 10kW 和 7kW，即相对标称功率而言，分别放大了 2.5 倍和 2.33 倍。

由于图 3–73 左侧的图形为指数线性曲线，单从图形上难以准确地定位脉冲持续时间和峰值功率，所以 4kW 和 3kW 的这两条曲线，在相同的脉冲持续时间下，对标称功率的放大倍数不尽相同。但大体上数值相当，为简化计算，以 3kW 的 TVS 管为基准，将不同闪电脉冲波形对应的比例折算因子整理成表格，如表 3–2 所示。

表 3–2　DO–160G 中不同闪电脉冲波形的折算因子

波形编号	3	4	5A
插针注入的波形	1MHz 正弦波	6.9/69μs 指数波	40/120μs 指数波
峰值功率相对 10/1000μs 波形的倍数	13.3 倍	3.33 倍	2.33 倍

从表 3–2 可以看出，波形 5A 是插针注入试验中考核最严酷的波形，与 TVS 标称功率相比，5A 波形所需的峰值功率可以在 TVS 标称功率基础上放大 2.33 倍使用，即标称功率为 3kW 的 TVS，可以用在 5A 波形 7kW 泄放功率的场合。

3.2.1.4　TVS 的温度降额系数

表 3–2 对 TVS 的标称功率进行了放大，而 TVS 的温度降额系数则是对其使用功率的降额。TVS 的标称功率是在 25℃环境下测得的，随着温度的升高，TVS 的泄放功率会减小，即存在着温度降额，图 3–74 示出了 TVS 的温度降额系数。

从图 3-74 可以看出，当 TVS 工作温度小于 25℃时，TVS 工作在 100% 标称功率下；当工作温度升高到 50℃时，TVS 的实际峰值功率有 88% 的降额；当工作温度为 100℃时，TVS 的实际峰值功率有 70% 的降额，以此类推。

在选用 TVS 时，除了考虑波形因子折算所带来的放大系数外，还要考虑 TVS 工作环境所带来的温度降额。前者扩大了 TVS 的使用范围，而后者则缩小了 TVS 的使用范围。

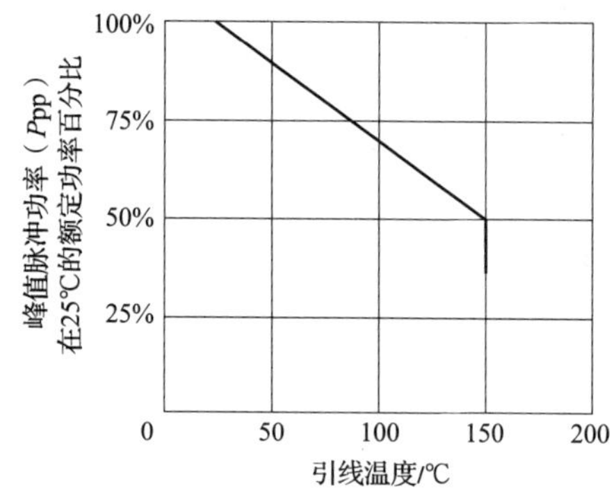

图 3-74 TVS 的温度降额系数

3.2.1.5 TVS 选型

将前面的信息综合，以一个实际的例子来说明如何选择合适的 TVS 管。假定插针注入的试验类别为 A3，即根据 DO-160G 表 22-1.1（见图 3-63），插针注入的试验波形为 3/3，4/1。再由图 3-64 可以查到，对应 3 级插针注入水平的开路电压与短路电流分别为 600V/24A，300V/60A。

再假定闪电间接效应的防护对象为 28V 工作电源，电源工作类别为 DO-160G 的 Z 类，即正常情况下要承受 80V/100ms 的过压浪涌。所以将钳位电压 V_{clamp} 设定为 85V。

根据式（3-3），可以求得两种开路电压 / 短路电流组合情况下，闪电脉冲发生器的内阻分别为

$$r_{3/3}=\frac{600}{24}=25(\Omega) \tag{3-6}$$

$$r_{4/1}=\frac{300}{60}=5(\Omega) \tag{3-7}$$

由于设定了 V_{clamp} 为 85V，可以根据式（3-4）求得对应两种波形组合的钳位电流分别为

$$I_{\text{clamp}-3/3}=\frac{600-85}{25}=20.6(\text{A}) \tag{3-8}$$

$$I_{\text{clamp}-4/1}=\frac{300-85}{5}=43(\text{A}) \tag{3-9}$$

再根据式（3-5），可以求得对应两种波形组合下，TVS 的峰值泄放功率

$$P_{3/3}=85\times 20.6=1751\ (\text{W}) \tag{3-10}$$

$$P_{4/1}=85\times 43=3655\ (\text{W}) \tag{3-11}$$

根据表 3-2，闪电脉冲波形与 10/1000μs 波形存在着折算系数，上述式（3-10）和（3-11）实际所需的 TVS 耗散峰值功率分别为

$$P_{3/3\_\text{TVS}}=\frac{P_{3/3}}{13.3}\approx 131.7(\text{W}) \tag{3-12}$$

$$P_{4/1\_\text{TVS}}=\frac{P_{4/1}}{3.33}\approx 1097.6(\text{W}) \tag{3-13}$$

再假定产品的工作温度为 50℃，即对应的温度降额系数为 0.88，再增加 20% 的设计裕量，最终所需的 TVS 功率分别为

$$P_{3/3\_TVS(实)} = \frac{P_{3/3\_TVS}}{0.88} \times 1.2 \approx 179.6(\mathrm{W}) \tag{3-14}$$

$$P_{4/1\_TVS(实)} = \frac{P_{4/1\_TVS}}{0.88} \times 1.2 \approx 1496.7(\mathrm{W}) \tag{3-15}$$

从式（3–14）和式（3–15）中选择大者，即选择标称功率为 1500W 的 TVS。

图 3–75 是 Littlefuse 公司的 1500W TVS 选型手册，在 TVS 功率确定之后，选型时的主要依据是 TVS 的极性和反向工作电压 V_R。对于 28V DC 工作电源的闪电防护，可以选用单极性的 TVS，当有正向闪电脉冲时，TVS 会将脉冲钳位在预期的钳位电压，保护后级电路不被过压脉冲损坏。当有负向闪电脉冲时，由于 TVS 是单极性的，此时 TVS 相当于二极管，可以将负向脉冲钳位在二极管的管压降范围内（0.7V），后级电路也不会被过压脉冲损坏。

物料号（单向）	物料号（双向）	标识		反向工作电压 V_R/V	击穿电压 V_{BR}/V		测试电流 I_T/mA	最大钳位电压 V_C/V	最大峰值脉冲电流 I_{PP}/A	最大反向漏电流 I_R/μA	机构认证 UR
		单向	双向		最小	最大					
SMCJ5.0A	SMCJ5.0CA	GDE	BDE	5.0	6.40	7.00	10	9.2	163.0	800	X
SMCJ6.0A	SMCJ6.0CA	GDG	BDG	6.0	6.67	7.37	10	10.3	145.7	800	X
SMCJ6.5A	SMCJ6.5CA	GDK	BDK	6.5	7.22	7.98	10	11.2	134.0	500	X
SMCJ7.0A	SMCJ7.0CA	GDM	BDM	7.0	7.78	8.60	10	12.0	125.0	200	X
SMCJ7.5A	SMCJ7.5CA	GDP	BDP	7.5	8.33	9.21	1	12.9	116.3	100	X
SMCJ8.0A	SMCJ8.0CA	GDR	BDR	8.0	8.89	9.83	1	13.6	110.3	50	X
SMCJ8.5A	SMCJ8.5CA	GDT	BDT	8.5	9.44	10.40	1	14.4	104.2	20	X
SMCJ9.0A	SMCJ9.0CA	GDV	BDV	9.0	10.00	11.10	1	15.4	97.4	10	X
SMCJ10A	SMCJ10CA	GDX	BDX	10.0	11.10	12.30	1	17.0	88.3	5	X
SMCJ11A	SMCJ11CA	GDZ	BDZ	11.0	12.20	13.50	1	18.2	82.5	1	X
SMCJ12A	SMCJ12CA	GEE	BEE	12.0	13.30	14.70	1	19.9	75.4	1	X
SMCJ13A	SMCJ13CA	GEG	BEG	13.0	14.40	15.90	1	21.5	69.8	1	X
SMCJ14A	SMCJ14CA	GEK	BEK	14.0	15.60	17.20	1	23.2	64.7	1	X
SMCJ15A	SMCJ15CA	GEM	BEM	15.0	16.70	18.50	1	24.4	61.5	1	X
SMCJ16A	SMCJ16CA	GEP	BEP	16.0	17.80	19.70	1	26.0	57.7	1	X
SMCJ17A	SMCJ17CA	GER	BER	17.0	18.90	20.90	1	27.6	54.4	1	X
SMCJ18A	SMCJ18CA	GET	BET	18.0	20.00	22.10	1	29.2	51.4	1	X
SMCJ20A	SMCJ20CA	GEV	BEV	20.0	22.20	24.50	1	32.4	46.3	1	X
SMCJ22A	SMCJ22CA	GEX	BEX	22.0	24.40	26.90	1	35.5	42.3	1	X
SMCJ24A	SMCJ24CA	GEZ	BEZ	24.0	26.70	29.50	1	38.9	38.6	1	X
SMCJ26A	SMCJ26CA	GFE	BFE	26.0	28.90	31.90	1	42.1	35.7	1	X
SMCJ28A	SMCJ28CA	GFG	BFG	28.0	31.10	34.40	1	45.4	33.1	1	X
SMCJ30A	SMCJ30CA	GFK	BFK	30.0	33.30	36.80	1	48.4	31.0	1	X
SMCJ33A	SMCJ33CA	GFM	BFM	33.0	36.70	40.60	1	53.3	28.2	1	X
SMCJ36A	SMCJ36CA	GFP	BFP	36.0	40.00	44.20	1	58.1	25.9	1	X
SMCJ40A	SMCJ40CA	GFR	BFR	40.0	44.40	49.10	1	64.5	23.3	1	X
SMCJ43A	SMCJ43CA	GFT	BFT	43.0	47.80	52.80	1	69.4	21.7	1	X
SMCJ45A	SMCJ45CA	GFV	BFV	45.0	50.00	55.30	1	72.7	20.6	1	X
SMCJ48A	SMCJ48CA	GFX	BFX	48.0	53.30	58.90	1	77.4	19.4	1	X
SMCJ51A	SMCJ51CA	GFZ	BFZ	51.0	56.70	62.70	1	82.4	18.2	1	X
SMCJ54A	SMCJ54CA	GGE	BGE	54.0	60.00	66.30	1	87.1	17.3	1	X
SMCJ58A	SMCJ58CA	GGG	BGG	58.0	64.40	71.20	1	93.6	16.1	1	X
SMCJ60A	SMCJ60CA	GGK	BGK	60.0	66.70	73.70	1	96.8	15.5	1	X
SMCJ64A	SMCJ64CA	GGM	BGM	64.0	71.10	78.60	1	103.0	14.6	1	X
SMCJ70A	SMCJ70CA	GGP	BGP	70.0	77.80	86.00	1	113.0	13.3	1	X
SMCJ75A	SMCJ75CA	GGR	BGR	75.0	83.30	92.10	1	121.0	12.4	1	X
SMCJ78A	SMCJ78CA	GGT	BGT	78.0	86.70	95.80	1	126.0	11.9	1	X
SMCJ85A	SMCJ85CA	GGV	BGV	85.0	94.40	104.00	1	137.0	11.0	1	X

图 3–75　1500W　TVS 的选型

从图 3–75 可以看出，可以选择 TVS 的反向工作电压为 75V，这时对应的击穿电压范围为 83.30～92.10V 之间，满足预期设定的 85V 的要求。

因而最终选定的 TVS 型号为 SMCJ75A。

3.2.2 电源转换与 EMI 噪声源

3.2.2.1 SSPC 板卡上的电源转换及 EMI 滤波功能

如图 3-76 所示，SSPC 板卡上的供电部分主要包括以下几个模块：

（1）EMI 滤波：用于滤除 DC-DC 转换模块所产生的高频噪声，避免产品内部的噪声源通过 28V DC 电源线传导到产品外部。同时，闪电间接效应防护的 TVS 管也可以布置在这个模块中。

（2）DC-DC 转换：用于将外部的 28V DC 工作电源转换成产品内部的 5V DC 和 3.3V DC 等数字电路所需的工作电压等级，由于这部分转换大多采用了高频开关电路，电路在工作过程中会产生大量的高频噪声，是 SSPC 板卡的主要噪声源。

（3）输出滤波：DC-DC 转换电路的输出回路同样富含高频噪声，为避免这些噪声干扰后级电路的正常运行，通常在 DC-DC 转换电路的输出端也会增加输出滤波。

（4）通道供电电源和内部数字电源：经过转换和滤波后的低压直流电源分两路供给最终的负载，一路给通道控制电路供电，一路给 SSPC 板卡的数字电路供电。

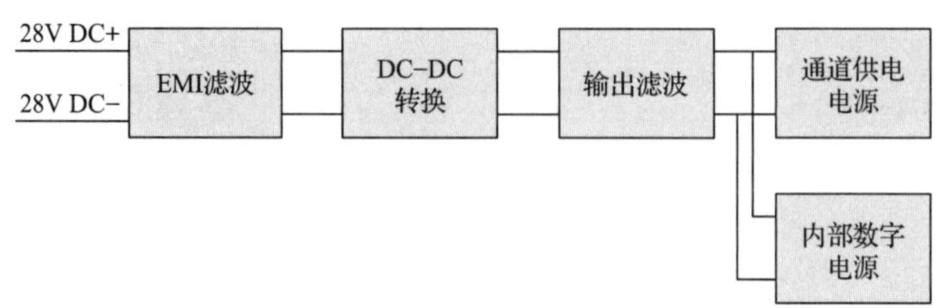

图 3-76　SSPC 板卡上的电源转换及 EMI 滤波模块

后面会分别讲述噪声源的来源及相应的 EMI 滤波方法。

3.2.2.2 谐波的产生

稳恒的直流电中没有谐波成分，电流波形越接近正弦，所含有的高次谐波成分越少；电流波形越接近方波，经傅里叶分解后的波形中所含有的谐波成分越丰富，如图 3-77 所示。一个标准方波可以由 1、3、5、7 等奇次谐波叠加而成，当叠加的奇次谐波次数趋于无穷时，就形成了一个标准方波。

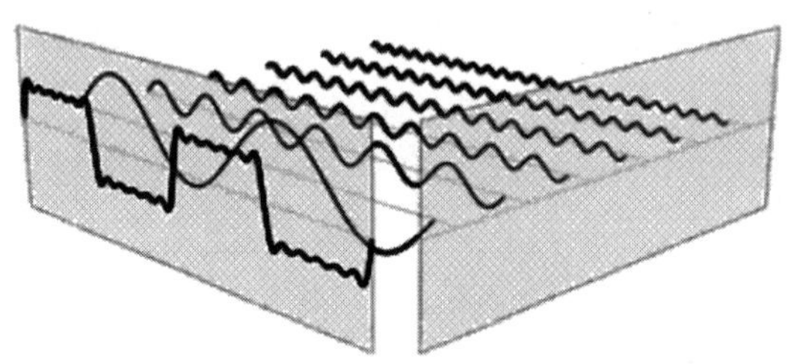

图 3-77　方波经傅里叶变换后的谐波成分

高次谐波是电路中的噪声源，因此，电流波形越接近正弦，噪声源的频谱范围越窄；电流波形越接近方波，噪声源的频谱范围越广。

3.2.2.3 电路中的噪声源

RPDU 产品中常见的噪声源大致可以分为通信总线所产生的噪声、晶振所产生的噪声还有电源转换电路所产生的噪声。

图 3–78 是通信总线的电压波形，从波形可以看出，在总线发送数据时，电压波形非常接近方波，因此是潜在的噪声源。

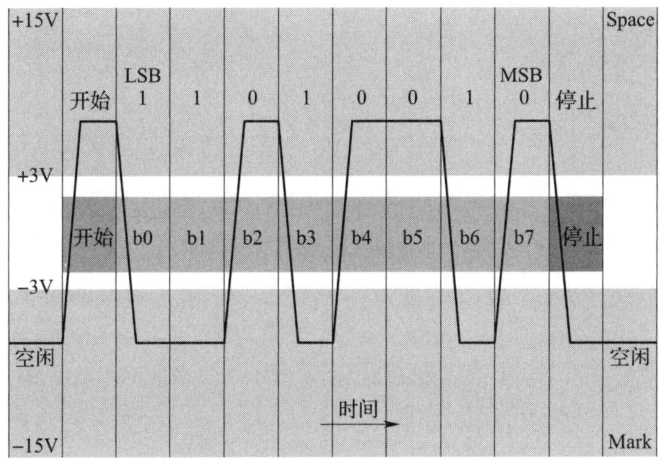

图 3–78 通信总线的电压波形

图 3–79 是晶振的波形，从图中可以看出，晶振起振后的波形也类似方波。不同的晶振产生的方波不尽相同，左边的波形更接近方波，而右边的波形更光滑，更接近正弦波。从 EMI 抑制的角度看，右侧的波形是“比较好”的波形。

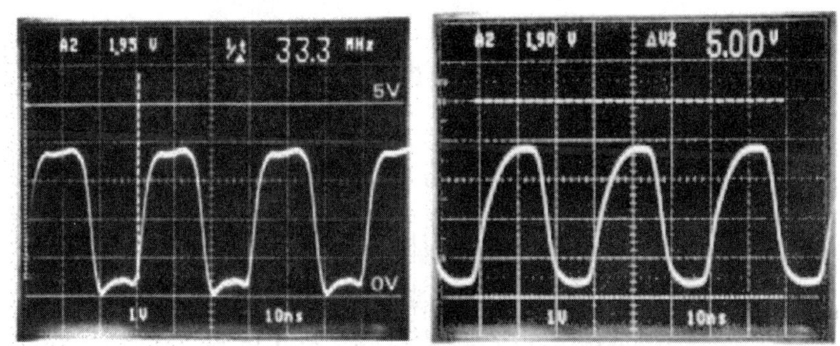

图 3–79 晶振的波形

图 3–80 是常见的 DC–DC 转换电路 Flyback 的工作原理和工作波形，这里的工作波形是电流连续模式（CCM）下的原边电流和副边电流波形。从波形可以看出，Flyback 正常工作时，也会产生类似方波的波形，是潜在的电路噪声源。另外，由于 DC–DC 转换电路输入输出的电流幅值都比较大，对应的噪声源的幅值也比较大，因此是 EMI 噪声抑制的主要研究对象。

3.2.2.4 DO–160G 的要求

图 3–81 是 DO–160G 对电源线传导噪声发射上限的要求，横坐标是频率，单位为 MHz，考察范围为 150kHz ~ 152MHz（对应图中的两条虚线）。纵坐标为噪声的幅值上限，单位为 dBμA。dBμA 是对电流取 20 倍对数后的值，换算成自然单位是

$$1\text{dB}\mu\text{A} = 10^{1/20}\mu\text{A} = 1.12\mu\text{A} \tag{3–16}$$

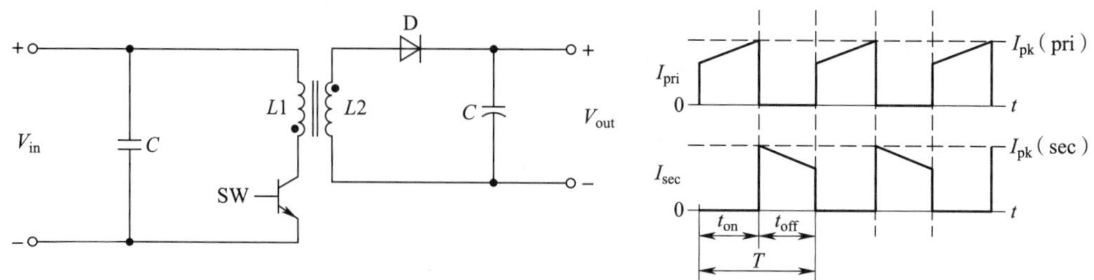

图 3-80　Flyback DC-DC 电源转换原理及波形

图 3-81 有两条曲线，上面那条曲线对应类别 B 的传导噪声发射上限要求，下面的曲线对应的是类别 L、M&H 的传导噪声发射上限要求。两条曲线的形状相同，但在数值上相差 20dBμA。比如，在频率下限 150kHz 处，B 类的噪声发射上限要求为 73dBμA，而 L、M&H 类的要求为 53dBμA。显然，后者的要求更为严格。

为了对电源线传导发射噪声的限值有更直观的认识，将分贝值转换为自然单位

$$73\text{dB}\mu\text{A} = 10^{73/20}\mu\text{A} = 4446.8\mu\text{A} = 4.4\text{mA} \tag{3-17}$$

$$53\text{dB}\mu\text{A} = 10^{53/20}\mu\text{A} = 444.6\mu\text{A} = 0.44\text{mA} \tag{3-18}$$

$$20\text{dB}\mu\text{A} = 10^{20/20}\mu\text{A} = 10\mu\text{A} \tag{3-19}$$

从这些数值可以看出，允许通过电源线传导的谐波噪声的幅度是很小的，均在 mA 和 μA 的水平。

前已述及，图 3-81 中的两条曲线的形状是相同的，即各个转折点的频率均相同，在 150kHz ~ 2MHz 的频率区间，噪声允许上限以 20dBμA/ 十倍频的速率下降，在 2MHz 处达到最低值，之后一直维持在这个水平，直到 30MHz，之后，噪声允许上限有个阶跃，提高了 10dBμA，再之后一直维持在这个水平，一直到 152MHz。

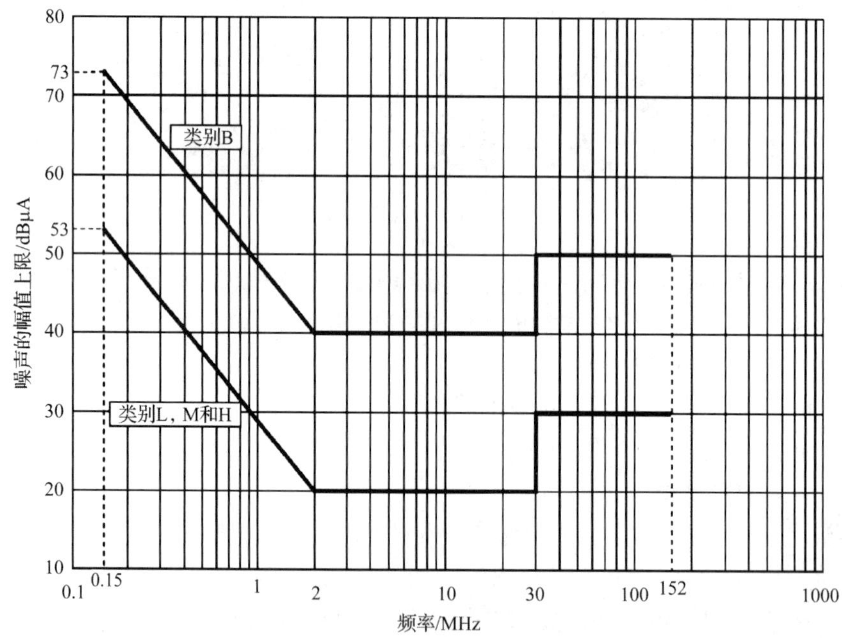

图 3-81　DO-160G 对电源线传导噪声发射上限的要求

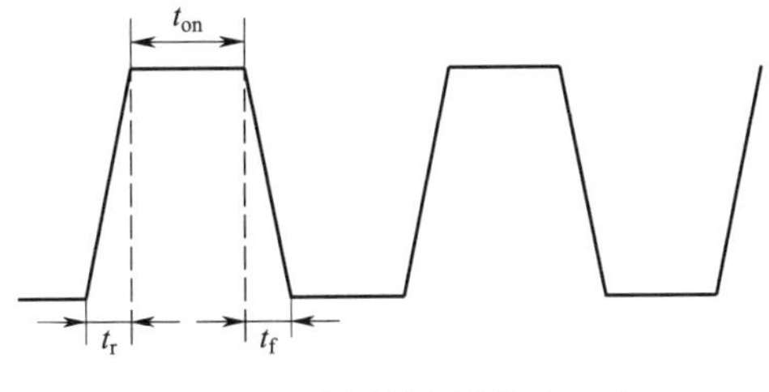

图 3-82　实际的方波均有一定的上升和下降时间

理想的方波上升沿和下降沿无限陡峭，即上升时间 t_r 和下降时间 t_f 为 0。工程实际的方波都不是理想方波，而是有一定上升时间和下降时间的，如图 3-82 所示。

接下来会看到，方波的频谱特性除了跟基础的开关频率有关，即 t_{on}（在占空比为 50% 时，方波周期近似为 t_{on} 的 2 倍）时间有关外，还与上升时间 t_r 和下降时间 t_f 有关。有了上升和下降时间，物理上的方波就变成了梯形波。

图 3-83 示出了梯形波的幅频特性，其包络线有两个转折点，分别与梯形波的开关时间 t_{on} 和上升时间 t_r 有关（这里假定上升时间 t_r 和下降时间 t_f 相等）。其中，第一个转折点 f_1 位于 $\dfrac{1}{\pi t_{on}}$ 处，在这个频率点之后，梯形波的谐波幅值以 20dB/ 十倍频的速率衰减；第二个转折点 f_2 位于 $\dfrac{1}{\pi t_r}$ 处，在这个频率点之后，梯形波的谐波幅值以 40dB/ 十倍频的速率衰减。

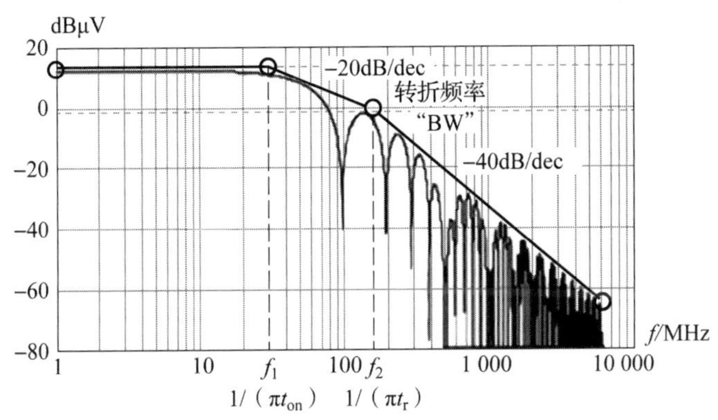

图 3-83　梯形波的幅频特性

谐波衰减的速率越快，表明所含的谐波分量越少，因此，从电磁兼容的角度，希望转折点 f_2 越早到达越好，这样，幅频特性能尽早进入 40dB/ 十倍频的衰减区间。由于 f_2 与梯形波的上升时间 t_r 成反比，因此，t_r 越大，即梯形波上升的幅度越平缓，幅频特性能尽早进入 40dB/ 十倍频的下降区间，噪声的频谱范围越窄。

即在电路设计时，控制方波上升、下降沿的陡度，能有效地减少噪声源。

3.2.2.5　Flyback 工作原理

Flyback DC-DC 变换器主功率元件数量较少，只有变压器、原边功率 MOS 管、副边整流二极管和输出滤波电容这 4 个元件，电路设计比较简洁，因而能实现电源变换的小型化设计。因此，这种拓扑结构在 30W 以下的小功率变换器中得到了广泛的应用。

Flyback 电路的工作原理分两种情况，一种是主功率 MOS 管处于导通的状态，另一种是主功率 MOS 管处于断开状态。这两种情况下的功率走向分别如图 3-84 和图 3-85 所示。

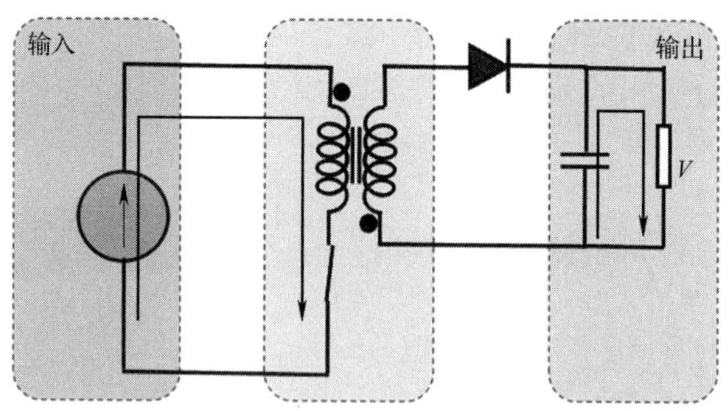

图 3-84　MOS 管导通时的功率走向

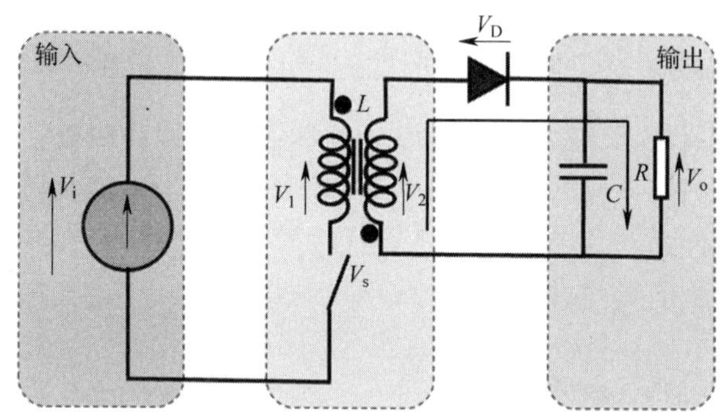

图 3-85　MOS 管断开时的功率走向

当 MOS 管处于导通状态时，外部电源给反激变压器原边充电储能。此时，由于反激变压器的副边同名端与原边相反，所以输出二极管处于反向截止状态，变压器副边的电流为零。存储在输出滤波电容上的能量给负载放电，为负载提供功率输入。

当原边 MOS 管断开时，反激变压器原边的电流回路被切断，储存在原边的能量通过副边释放。副边的输出二极管处于正向偏置状态，反激变压器给负载输出功率，同时也给输出滤波电容充电储能。

因此，在 MOS 管的一个开关周期内，反激变压器原边电流和副边电流均只有一部分时间流通，其余时间电流为零，因此电流波形近似为方波。这种波形含有的谐波成分范围较广，需要进行有针对性的 EMI 滤波设计。

3.2.3　EMI 滤波设计

3.2.3.1　插入损耗

在进行 EMI 滤波设计之前，首先要理解的概念是插入损耗（Insertion Loss）。由电路的基本理论可知，任何一个电路都可以用戴维宁电路来等效。EMI 噪声的测量电路也不例外，如图 3-86 所示，V_G 是噪声源，Z_G 是 RPDU 产品内部的等效阻抗，而 Z_L 是负载阻抗，即在进行 RPDU 产品的 EMI 测试时，为了观测产品的 EMI 发射水平 V_{LA}，在产品外部施加的负载阻抗。这个阻抗一般取 50Ω。

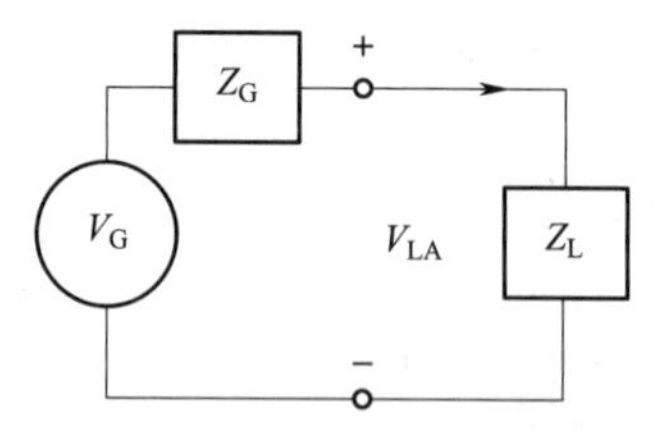

图 3-86　噪声源的戴维宁等效电路

显然，EMI 滤波设计的核心思想是降低在负载阻抗 Z_L 上观测到的噪声幅值 V_{LA}。在噪声源幅度 V_G 确定的情况下，测量到的噪声幅度 V_{LA} 取决于回路阻抗 Z_G 和负载阻抗 Z_L 之间的比例。由于负载阻抗 Z_L 为恒定的 50Ω，增大回路阻抗 Z_G 可以减小噪声测量幅度 V_{LA}。

为达到这一目的，可以在产品输出端插入一个双端口网络，以增大等效的噪声回路阻抗 Z_G，从而得到更小的噪声测量幅度 V_{LB}，如图 3–87 所示。

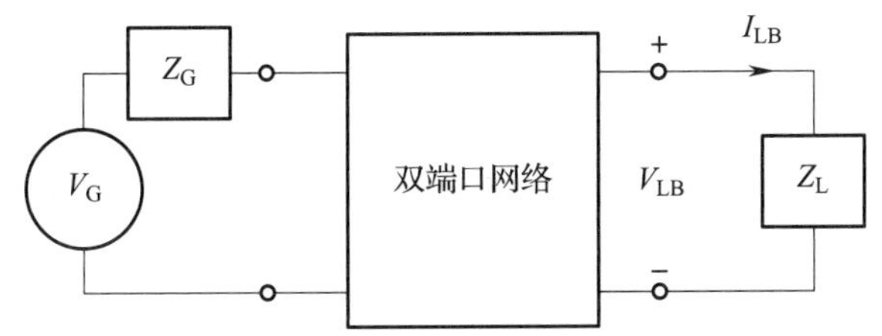

图 3–87　在产品回路中插入双端口网络以减小噪声测量幅度

值得一提的是，这里所说的“增大等效的噪声回路阻抗 Z_G”有两种途径，一种是施加与 Z_G 串联的大阻抗，另一种是在产品输出接口处并联一个小阻抗。两种途径均可以达到降低噪声测量幅度的目的。

把插入双端口网络前后所观测到的噪声幅度的变化称为插入损耗，一般用分贝表示，如式（3–20）所示

$$V_{loss} = -20\lg\frac{V_{LB}}{V_{LA}} \tag{3–20}$$

注意式（3–20）中的负号，由于增加双端口网络后，测量到的噪声幅值 V_{LB} 相对未增加双端口的值 V_{LA} 而言，数值更小，所以在描述插入损耗时，要在取对数之后，再加一个负号，以保证插入损耗的数值为正。

可见，双端口网络的插入损耗越大，EMI 抑制效果越显著。EMI 滤波设计的本质是寻找一个合适的双端口网络，以实现插入损耗最大化的目的。双端口网络一般分为串联和并联两个部分，其中串联的目的是增大阻抗，而并联的目的是减小阻抗，这两部分要结合起来设计，使得噪声源的幅值绝大部分降落在双端口网络上，或者经过双端口网络形成噪声的闭合路径，从而在负载端测量到的噪声幅度被限制在允许的范围内。

另外需要注意的一点是，噪声源有一定的频谱范围，因而要针对噪声源的幅频特性，有针对性地设计双端口网络，以达到最优的滤波效果。

3.2.3.2　差模噪声与共模噪声及其测量方法

EMI 防护设计需要掌握的另外两个概念是差模噪声和共模噪声，其中，差模噪声指的是从噪声源出发，由电源线正极流出，经过负载，再从电源线负极回流到源端的噪声，如图 3–88 所示。

共模噪声指的是从噪声源出发，由电源线正极和负极同时流向负载，再从公共地（一般为壳体地）回流到源端的噪声，如图 3–89 所示。

差模噪声与共模噪声的流通路径不同，幅频特性也不尽相同。因此，需要根据这两种噪声的特性进行有针对性的滤波设计。

在进行滤波设计之前，首先需要了解的是噪声源的幅频特性。当无法用表达式来准确描述噪声源的形态时，用实测的方法来界定噪声源是工程上比较常用的方法。

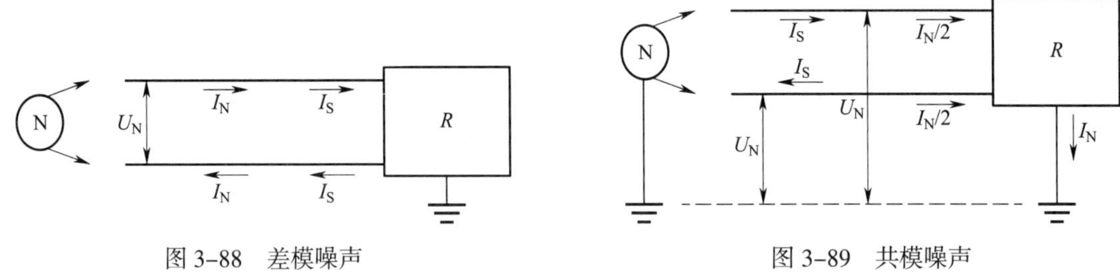

图 3-88　差模噪声　　　　图 3-89　共模噪声

图 3-90 示出了工程上测量差模噪声和共模噪声的方法，当电源线的正负极同向穿过电流探头时，由于差模噪声 I_D 在电源正负极的幅值大小相同，方向相反，一正一负刚好抵消，剩下的噪声是两倍的共模噪声 $2I_C$。

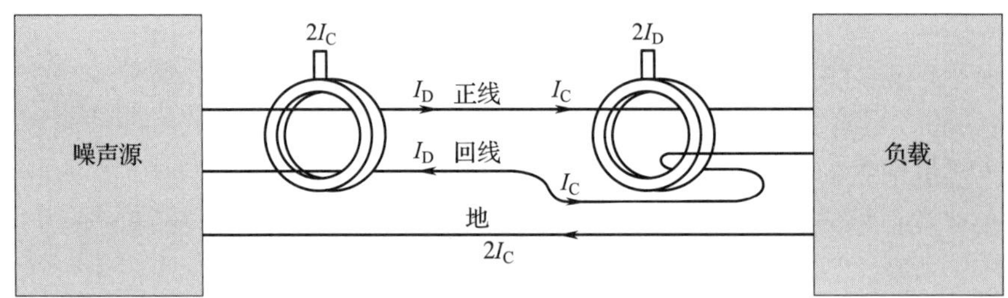

图 3-90　差模和共模噪声的测量方法

同样地，当电源线正负极反向穿过电流探头时，由于共模噪声在电源线正负极上大小相等，方向相同，反向穿过电流探头正好将共模噪声 I_C 抵消，而此时差模噪声等效于同向穿过电流探头，因此所测得的噪声为两倍的差模噪声 $2I_D$。

3.2.3.3　滤波器的分类

如图 3-91 所示，滤波器按照其在电路中所起的作用可以分为电源滤波器和信号滤波器，其中，电源滤波器用于滤除电源线正负极上的噪声，而信号滤波器用于滤除信号线（比如通信总线）上的噪声。

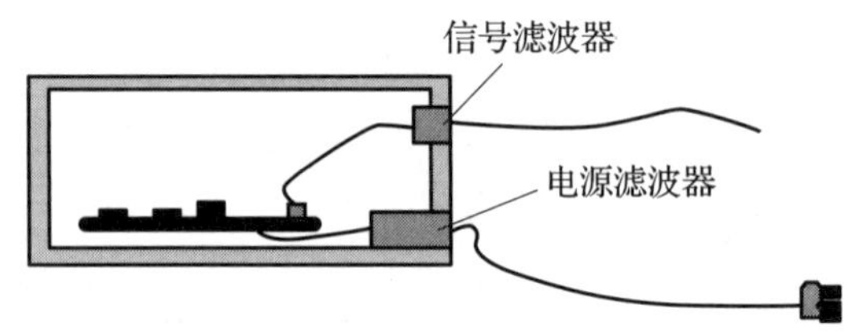

图 3-91　滤波器的分类

图 3-92 示出了加在 CAN 通信总线上的信号滤波器，滤波分为两部分，一是用于抑制共模干扰的扼流圈，二是用于抑制高压静电 ESD 或闪电脉冲的瞬态过压保护器。

其中，用于抑制共模干扰的扼流圈（或共模电感）采用了特殊的线圈绕制方法，可以为差模信号提供低阻抗的通路，而对共模信号呈现较高的阻抗。

如图 3-93 所示，共模电感在一个环形铁芯上绕制了两个线圈，分别串在两根需要进行共模噪声抑制的信号线上，比如对 CAN 总线而言，共模电感的 1 和 4 端分别串接在 CAN 总线的 CAN_H 信号线上，而 2 和 3 端分别串接在 CAN 总线的 CAN_L 信号线上。

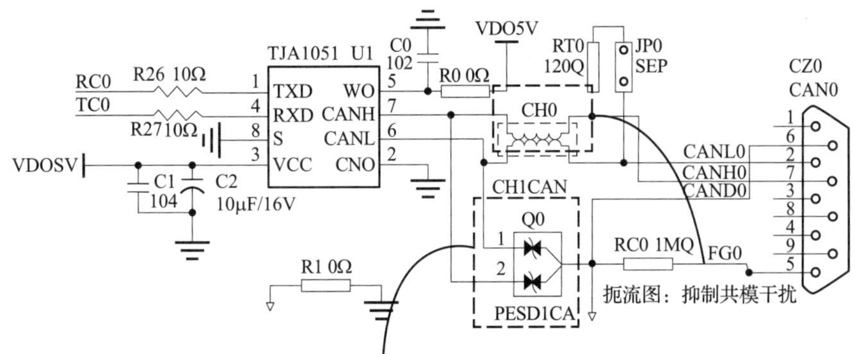

图 3-92　CAN 信号滤波器

当 CAN_H 和 CAN_L 上流过共模信号时，共模电感的两个线圈在环形铁芯中形成相互增强的磁通，对于共模信号呈现高阻抗，起到了“扼流”的效果；而当线圈中流过差模信号时，会在环形铁芯中形成相互抵消的磁通，对差模信号呈现低阻抗，可以让差模信号无衰减地通过。共模电感由此而得名。

根据 DO-160G 第 21 章的规定，信号线有别于电源线，不会单独测量每根信号线的噪声，而是将信号线纳入线缆束进行统一测量，因此对于类似 CAN 总线这样的信号线，不用单独进行差模噪声的抑制，因为 CAN_H 和 CAN_L 是一起测量的，差模噪声一正一负刚好抵消。因此，只需要进行共模噪声的抑制，即能满足要求。

信号滤波器的另一个功能是滤除类似 ESD 和闪电等瞬态过压脉冲，常用的方法是用 TVS 管进行电压钳位，将瞬态电压脉冲限制在设定的范围。对于 CAN 总线的瞬态电压抑制，图 3-92 中省略了一个细节，即对共模电容的控制。当在 CAN_H 和 CAN_L 的信号线上安装 TVS 进行电压钳位时，由于 TVS 有寄生电容，当总线上接入多个节点时，累加的 TVS 电容效应会导致 CAN_H 和 CAN_L 上的电压波形严重畸变，最终影响到 CAN 总线的通信质量。

为此，ARINC825 标准规定了 CAN 总线上的差模电容和共模电容上限，其中，每个 CAN 节点的差模电容 C_{Diff} 不能超过 50pF，而共模电容 C_1 和 C_2 不能超过 100pF，如图 3-94 所示。

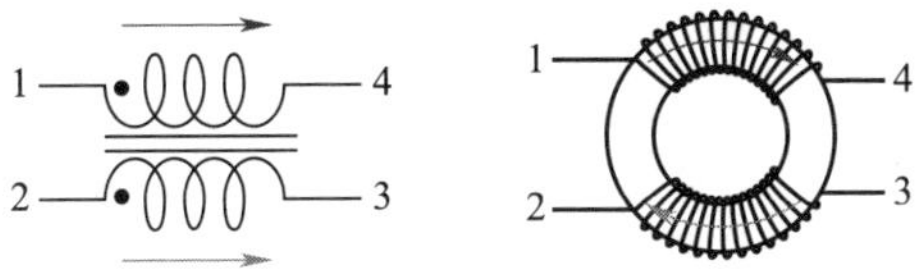

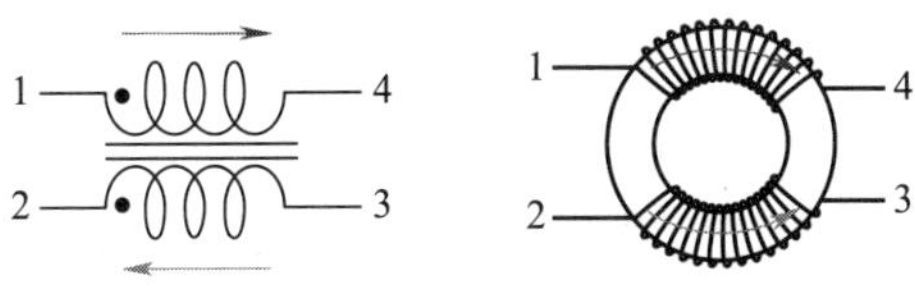

图 3-93　共模电感的工作原理

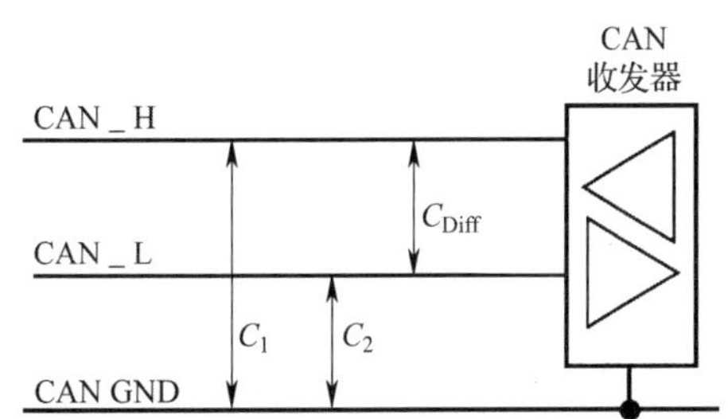

图 3-94　ARINC825 标准中规定的 CAN 总线差模和共模电容

当单个 TVS 的寄生电容太大，不能满足差模电容和共模电容的上限要求时，ARINC825 还给出了推荐的减小寄生电容的设计方法，即在 TVS 管上端串接二极管。由于二极管也有寄生电容，它的寄生电容与 TVS 的寄生电容呈现串联关系，由电路的基本原理可知，两个电容串联的效果等效地减小了总的电容值。通过这种设计，既可以达到瞬态电压抑制的目的，也可以满足寄生电容的上限要求。

图 3–95 还以 CAN_H 信号线（图中的 CAN_H1）为例，示出了正向瞬态电压脉冲和负向瞬态电压脉冲的流通路径。在回路中增加二极管后，一方面减小了瞬态电压抑制回路的寄生电容，另一方面也没有影响瞬态电压抑制的功能，完美地解决了总线通信信号的瞬态电压抑制问题。

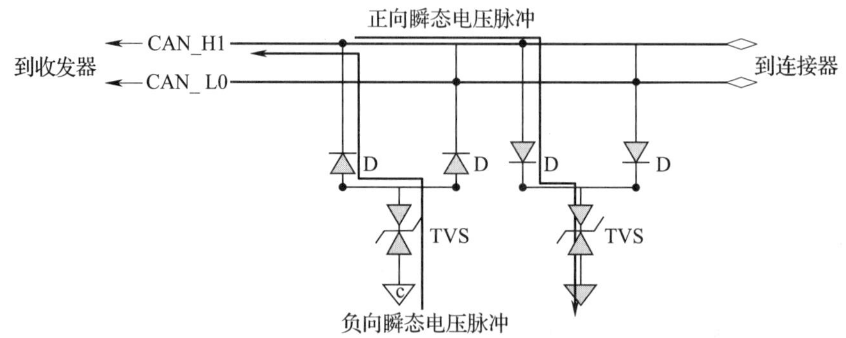

图 3–95　ARINC825 标准中推荐的 CAN 总线瞬态电压抑制电路

电源滤波器要滤除 DC–DC 电源转换所产生的噪声，因为 DO–160G 中对电源线噪声的测量是每根电源输入线，且电源正线与回线是单独测量的，所以，单根电源线中既含有差模噪声，也含有共模噪声。

在进行 DC–DC 电源滤波器设计时，要同时考虑差模噪声和共模噪声的抑制。DC–DC 电源滤波器的常用拓扑如图 3–96 所示，滤波器有 5 个引脚，除了输入 28V DC 及回线、输出 28V DC 及回线外，还有壳体地，它是共模噪声的流通路径。

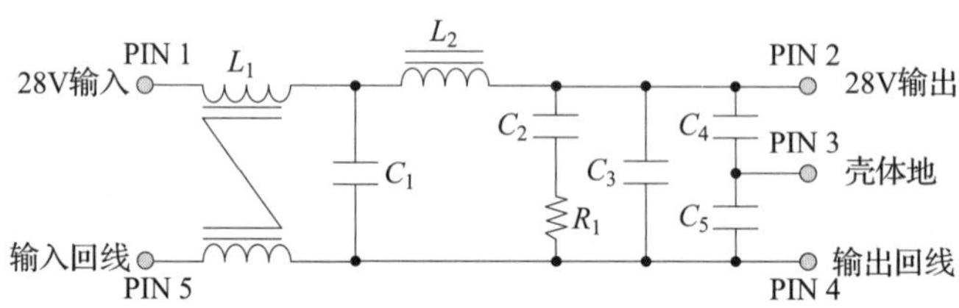

图 3–96　DC–DC 电源滤波器

DC–DC 电源滤波器中既含有串联支路，也含有并联支路，总的设计原则是提高串联支路的高频阻抗，降低并联支路的高频阻抗，从而达到将高频噪声限制在滤波器内部，降低滤波器输出端高频噪声测量幅值的目的。

图 3–96 中，L_1 是共模电感，C_4 和 C_5 是共模电容，共模电感为共模噪声提供了高阻抗的串联抑制支路，而共模电容则为共模噪声提供了低阻抗的并联泄放回路，这三个元件共同作用，起到抑制共模噪声向外传导的作用。

图 3–96 中的 L_2 是差模电感，为差模噪声提供了高阻抗的串联抑制支路，C_2 和 C_3 是

差模电容，为差模噪声提供了低阻抗的并联泄放回路，R_1 是串联在差模电容上的电阻，用于将 EMI 噪声以热量的形式消耗掉。

不同 DC-DC 电源滤波器的拓扑都是类似的，所不同的是这些电感、电容和电阻的参数选择会不一样。

3.2.3.4 电源滤波效果

图 3-97 是 VPT 公司型号为 DVTR2800D 的电源模块未加 EMI 滤波时的噪声频谱，噪声的测量方法参照的是 MIL-STD-461 C 版标准。噪声的测量范围为 10kHz ~ 50MHz，从图中可以看出，在 1MHz 以下，只有一个频率点超标，即在 500kHz 的频率点附近，这个点恰好是 DVTR2800D 的工作频率。

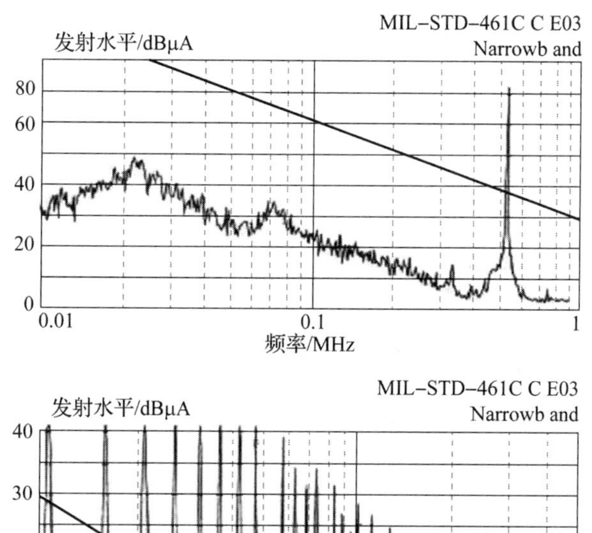

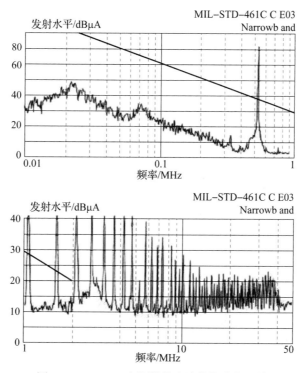

图 3-97 DC-DC 电源模块滤波前的噪声频谱

在 1MHz ~ 50MHz 的频率范围内，噪声频率几乎全线超标，这些超标的频率点，也与电源模块的工作频率正相关，比如，在 1MHz、1.5MHz、2MHz 等 500kHz 工作频率整数倍的地方，均存在噪声频谱峰值。

图 3-98 是施加电源滤波器后的噪声频谱，可见，在从 10kHz ~ 50MHz 的宽频段内，所有噪声均被压在了限值以下，且留有至少 10dB 的裕量。对应的滤波器型号为 DVMC28。

需要注意的是，VPT 公司给出的电源模块及对应滤波器的滤波效果图参照的是 MIL-STD-461 C 标准，而民用飞机的 EMI 测试标准参照的是 DO-160G。虽然参考标准不同，但二者在噪声限值设定方面，却有相似之处。

实际上，图 3-81 中的 DO-160G 对电源线传导噪声发射上限要求中，考察频率范围为 150kHz ~ 152MHz，与 MIL-STD-461C 的考察频率范围 10kHz ~ 50MHz 有相互重叠的部分，即 150kHz ~ 50MHz 的频率范围。

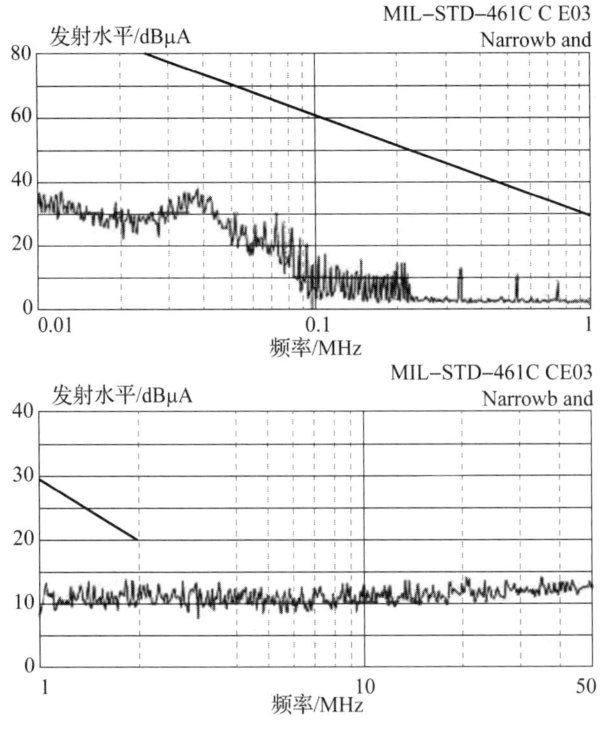

图 3-98　DC-DC 电源模块经滤波后的噪声频谱

在 150kHz 频率处，两个标准的限值要求均为 53dBμA，在 150kHz ~ 2MHz 的频率区间，限值以 30dBμA/ 十倍频的速率下降，在 2MHz 处达到 20dBμA。之后，MIL-STD-461C 的限值一直维持在 20dBμA 直至 50MHz，而 DO-160G 则在 30MHz 频率点处升至 30dBμA，之后一直维持在这个水平，直至 152MHz。

因此，在 150kHz ~ 30MHz 的频率区间，MIL-STD-461C 和 DO-160G 的电源线传导噪声上限是相同的。考虑到一般 DC-DC 电源转换的噪声均集中在这一频率区间，按照美军标进行的滤波器性能测试，对民用飞机的应用场合依然适用。

这里顺便提一句，MIL-STD-461 目前已经更新到 F 版本，CE102 的曲线限值已经发生了变化，首先是考察频率范围上限从 50MHz 降到了 10MHz，且纵坐标的单位由 dBμA 变成了 dBμV，二者有如下的换算关系

$$\mathrm{dB\mu V} = \mathrm{dB\mu A} \times 50 = \mathrm{dB\mu A} + 20\lg 50 = \mathrm{dB\mu A} + 33.97 \tag{3-21}$$

式（3-21）中，dBμA 与 dBμV 之间有 50 的换算系数，这个 50 指的是测量设备的 50Ω 负载阻抗。

3.2.3.5　元件寄生参数对滤波器设计的影响

图 3-99 示出了常见的 4 种理想滤波器类型，分别是理想低通滤波器、理想高通滤波器、理想带通滤波器和理想带阻滤波器。

其中，理想低通滤波器可以让低频信号（图中 100kHz 以下的信号）无衰减地通过滤波器，而阻止高频信号通过；理想高通滤波器则正好相反，它会阻止低频信号流通，而让高频信号无衰减地通过滤波器；理想带通滤波器让特定频率的信号（图中 10kHz ~ 1MHz 频段的信号）无衰减地通过滤波器，而阻止其余频段的信号通过；理想带阻滤波器阻止特

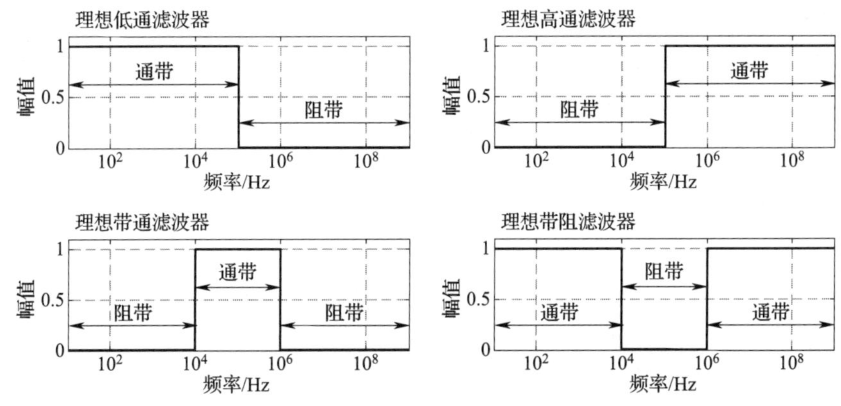

图 3-99　常见的理想滤波器类型

定频段的信号（图中 10kHz ~ 1MHz 频段的信号）通过滤波器，而让其余频段的信号无衰减地通过滤波器。

对于 RPDU 的 EMI 抑制设计而言，常用的是低通滤波器，因为需要将高频噪声滤除，以满足 DO-160G 中对传导噪声发射上限的要求。但工程上应用的低通滤波器都不是图 3-99 中的理想滤波器，即通带和阻带之间不是一条竖直的分界线，而是有一个过渡区间。如图 3-100 所示，通带和阻带之间有一个滚降斜率，通带幅值下降 3dB 处的频率称为 -3dB 频率，这个频率点也称为低通滤波器的转折频率，而转折频率决定了低通滤波器的带宽。

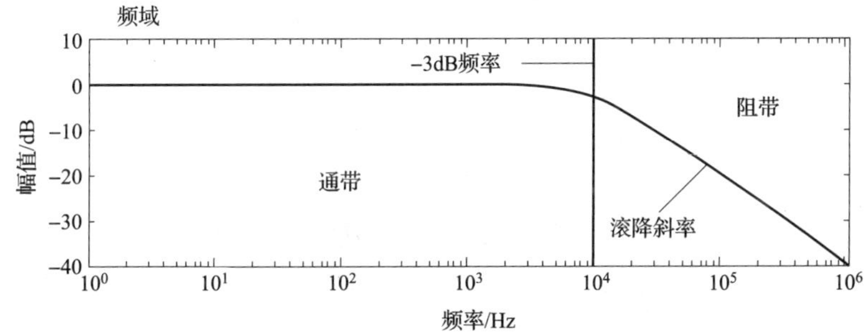

图 3-100　实际低通滤波器通带与阻带之间的滚降斜率

低通滤波器按照过渡区间的滚降斜率，可以分为一阶、二阶、三阶等滤波器，其中，一阶滤波器的滚降斜率为 -20dB/ 十倍频，二阶滤波器的滚降斜率为 -40dB/ 十倍频，而三阶滤波器的滚降斜率为 -60dB/ 十倍频，以此类推。

在具体实现方式上，一阶低通滤波器通常采用 *RC* 电路，二阶低通滤波器通常采用 *LC* 电路，而三阶低通滤波器通常采用 *CLC* 组成的 π 形电路，如图 3-101 所示。具体需要几阶的滚降斜率，与噪声源的特性和对应的标准要求有关。

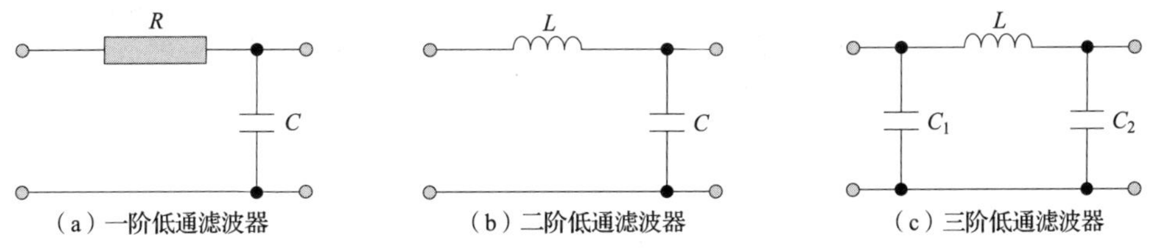

图 3-101　一阶、二阶和三阶低通滤波电路的拓扑

这里需要特别说明的是三阶低通滤波器，虽然典型的 π 形滤波电路只包含两个电容和一个电感元件，但由于滤波回路中或多或少有阻抗 R，因此，实际的 π 形电路如图 3–102 所示，它可以看作一阶低通 RC 滤波电路和二阶低通 LC 滤波电路的级联。由于一阶低通 RC 滤波电路的滚降斜率为 –20dB/ 十倍频，而二阶低通 LC 滤波电路的滚降斜率为 –40dB/ 十倍频，则二者的级联可以提供 –60dB/ 十倍频的滚降斜率。

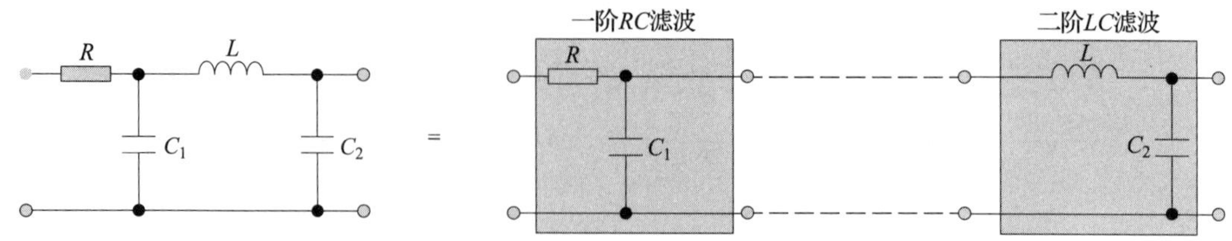

图 3–102　三阶低通滤波电路可以看作一阶和二阶滤波电路的级联

π 形滤波电路有两个转折频率，一个是与二阶 LC 滤波电路相对应的转折频率 f_1，在转折频率 f_1 之后，滤波器的幅频特性的滚降斜率为 –40dB/ 十倍频；另一个转折频率是与一阶 RC 滤波电路相对应的转折频率 f_2，在这个转折频率之后，幅频特性以 –60dB/ 十倍频的速率滚降，如图 3–103 所示。

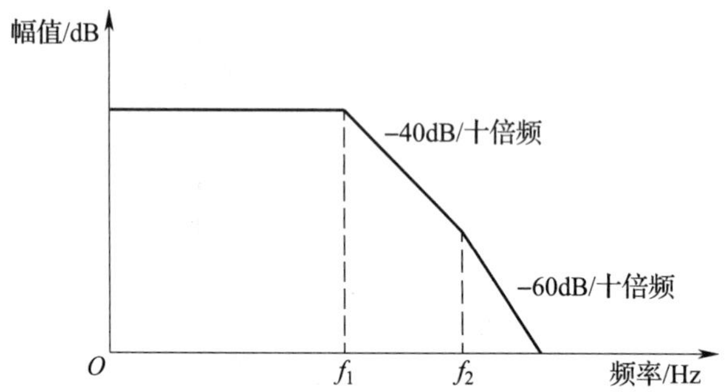

图 3–103　π 形滤波电路的滚降频率

如图 3–97 所示，在 500kHz 的频率点处，未加滤波器之前，噪声的尖峰达到约 83dB，而 MIL–STD–461C 标准规定的值为 37dB，希望把这一点的噪声抑制到标准规定的限值以下，且留有 10dB 的裕量，即抑制到 27dB，则噪声的衰减幅度为

$$83\text{dB}-27\text{dB}=56\text{dB} \tag{3–22}$$

则可以采用三阶的低通滤波器，对应的滚降斜率为 –60dB/ 十倍频。当需要的衰减幅度为 56dB 时，如图 3–104 所示，可以根据 –60dB/ 十倍频的滚降斜率，求得滤波器的转折频率，即位于 0.993× 十倍频处，对应的转折频率点是 50.3kHz。转折频率点是滤波器设计的基本参数，在确定转折频率后，就可以相应地选择 R、L、C 等元件的设计参数。

由电路的基本理论可知，一阶、二阶滤波电路的转折频率分别为

$$f_1=\frac{1}{2\pi RC} \tag{3–23}$$

$$f_2=\frac{1}{2\pi\sqrt{LC}} \tag{3–24}$$

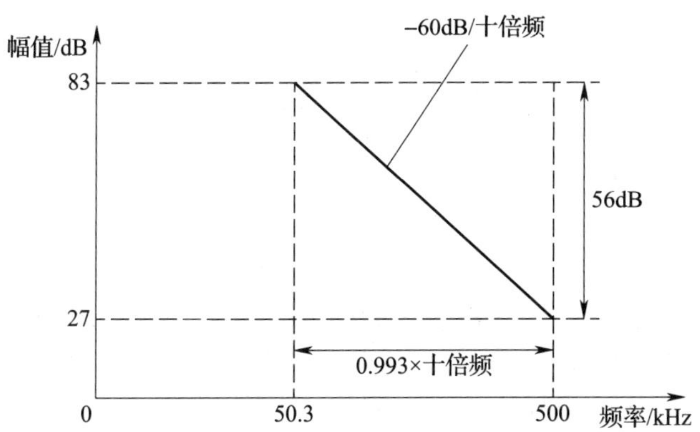

图 3-104 根据衰减幅度确定转折频率

而三阶 π 形滤波电路的转折频率有两个，分别是

$$f_{31}=\frac{1}{2\pi\sqrt{LC_2}},\quad f_{32}=\frac{1}{2\pi RC_1} \tag{3-25}$$

在设计三阶 π 形滤波电路时，可以选择将两个转折频率重合，这样在转折频率处，即可达到 -60dB/ 十倍频的滚降斜率。当前述的三阶滤波电路的转折频率设置在 50.3kHz 时，可以根据式（3-25）求得

$$\sqrt{LC_2}=3.1\times10^{-6} \tag{3-26}$$

可以选择 L=4.7μH，C_2=2.2μF，来满足对所需转折频率设置的要求。再选择 $C_1=C_2$=2.2μF，则可根据式（3-25）求得所需的滤波电阻为

$$R=\frac{1}{2\pi f_{32}C_1}=\frac{1}{2\times3.14\times50.3\times10^3\times2.2\times10^{-6}}=1.44\ (\Omega) \tag{3-27}$$

因此，可以选择 R=1.5Ω，以达到所需的滤波效果。电阻的选择还需要考虑耗散功率的要求，由于滤波器串联在工作电源回路，因此产品的正常工作电流会流经滤波电阻 R。当工作电流为 0.25A 时，在电阻 R 上的功耗为 0.09375W，而通常 0603 封装的电阻最大功耗为 1/10W，因此刚好可以满足要求。若产品的工作电流大于 0.25A，则需要选择更大封装的电阻，比如 0805 封装的，或者也可以选择小阻值的电阻，但电容值 C_1 需要加大。

还需要注意的是，所选的电感 L 和电容 C 的参数都是理想状态下的电感和电容参数。实际的电感有寄生电容，而实际的电容也有寄生电感。

如图 3-105 所示，滤波电感的等效电路可以看作是电感 L 和寄生电容 C 的并联，在低频阶段，电感 L 起主要作用，电容相当于开路；随着频率的升高，电容的作用逐渐增强，当达到电感的自谐振频率 $\left(\frac{1}{2\pi\sqrt{LC}}\right)$ 后，电感的阻抗特性不再增长，而是逐渐下降，电容性逐渐显现出来。

因为有寄生电容的存在，滤波电感的阻抗特性不再呈现为一条线性增长的直线，而是呈现为伞状的曲线，在自谐振频率处达到峰值，之后逐渐衰减。

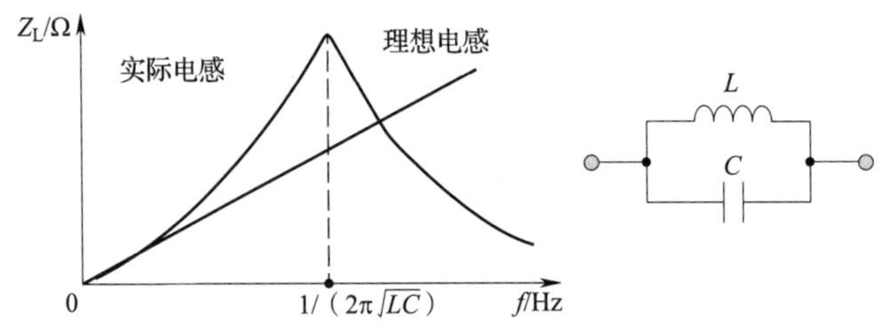

图 3-105　滤波电感 L 寄生参数的影响

类似地，滤波电容也有寄生电感，如图 3-106 所示，其等效电路可以用电容 C 与寄生电感 L 的串联表示。在低频段，电感不起作用，电容的容抗与频率成反比。随着频率的升高，电容的容抗逐渐减小，与此同时，电感的阻抗也逐渐增大，在自谐振频率 $\left(\frac{1}{2\pi\sqrt{LC}}\right)$ 处，电容的容抗达到最小值，之后逐渐升高。

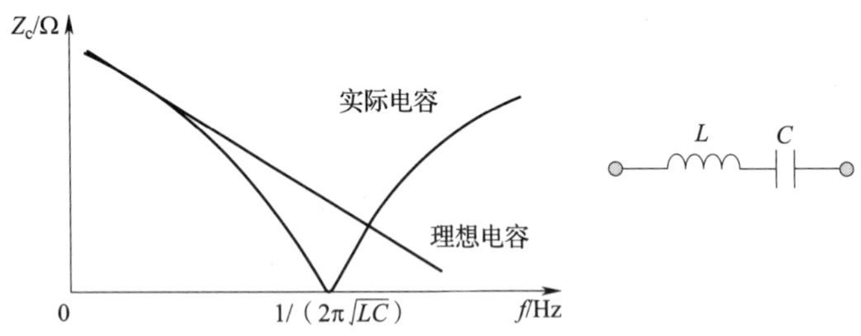

图 3-106　滤波电容 C 寄生参数的影响

因此，滤波电容的阻抗特性曲线也不是一条下降的曲线，而是呈倒伞状。

在设计滤波电路时，一定要注意电感和电容寄生参数的影响，要确保在电感和电容的作用频率范围内，有合适的阻抗。对电感而言，要有相对负载阻抗（50Ω）而言的高阻抗，对电容而言，要有相对负载阻抗而言的低阻抗。

比如前述 DC-DC 电源转换模块的滤波器，由于需要滤波的频率范围从 500kHz 到 50MHz，在选择滤波电感和滤波电容时，要注意元器件自谐振频率的影响。

为了分析实际滤波元件对滤波器设计的影响，还是以前述的 VPT 电源模块为例，讲述如何选择合适的元件参数，以达到期望的滤波效果。

图 3-107 以图形化的方法示出了如何根据噪声源的幅频特性和标准要求求取期望的滤波器幅频特性曲线。在这张图中，共有 4 根曲线。最上端的曲线（第一条曲线）是待抑制的噪声源的幅频特性曲线，可以根据实测的未加滤波的电源模块幅频特性，画出对应的峰值包络线。在转折频率 18MHz 之前，噪声源的幅值以 -40dB/ 十倍频的速率下降，到达转折频率后，则维持在 20dBμA 的幅度不变。

第二条曲线是 MIL-STD-461C 所规定的 CE102 电源线传导噪声上限，在 2MHz 的转折频率之前，曲线以 -30dB/ 十倍频的速率下降，到达转折频率之后，则维持在 20dBμA 的幅度不变。

第三条曲线是所期望的，加了滤波器之后，测试设备测量到的噪声。它与 CE102 规定的标准曲线平行，二者相差 10dBμA，即期望，在施加滤波器后，测量噪声相对标准上限能有 10dBμA 的设计裕量。

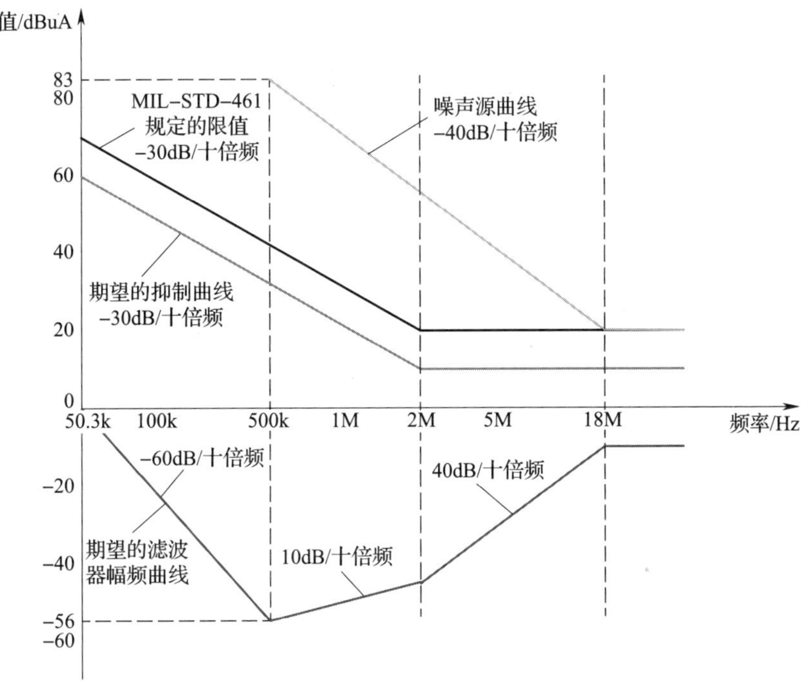

图 3-107 根据噪声源的特性求取期望的滤波器幅频特性

第四条曲线是根据第一条曲线和第三条曲线求得的期望的滤波器幅频特性曲线，它有3个转折频率点，分别是500kHz、2MHz和18MHz。

其中，500kHz的转折频率前面已经有具体的计算过程，它从50.3kHz开始，以-60dB/十倍频的速率下降，以确保在500kHz的频率点（电源模块的开关频率），滤波器能提供56dBμA的衰减。之后，滤波器的期望幅频特性以10dB/十倍频的速率上升，直至转折频率2MHz。这条曲线是由期望的抑制曲线与噪声源曲线之差而获取的，-30dB/十倍频与-40dB/十倍频之差刚好为10dB/十倍频。可以用同样的方法求取2MHz和18MHz之后的曲线斜率。在2MHz频率点之后，滤波器的期望幅频特性以40dB/十倍频的斜率上升，而在18MHz之后，维持在-10dB/十倍频的水平线。

在求得期望的滤波器幅频特性后，就要审慎地选择滤波元件的参数，借助仿真工具求取所设计的滤波器幅频特性曲线，以确保该曲线在期望的滤波器幅频特性曲线的下方，以达到预期的滤波效果。

根据前面的计算结果，即$L=4.7\mu H$和$C=2.2\mu F$来选择相应的滤波元器件，其中电容选择AVX公司的X7R系列瓷介电容，而电感则选择TDK公司的4R7M系列。这两款器件的阻抗特性曲线分别如图3-108和图3-109所示。

在图3-108所示的瓷介电容阻抗特性曲线中，1μF的特性曲线是最下方的曲线，所选的容值为2.2μF，可以参照这条曲线来求取寄生电感的参数。从图中可以看出，电容的自谐振点位于10MHz处，可以根据式（3-24）来求取寄生电感L_p的值

$$L_p=\frac{1}{(2\pi f)^2\cdot C}=\frac{1}{(2\pi\times10\times10^6)^2\times2.2\times10^{-6}}=115\times10^{-12}(\text{H}) \tag{3-28}$$

类似地，也可以根据式（3-24）求取电感的寄生电容参数。

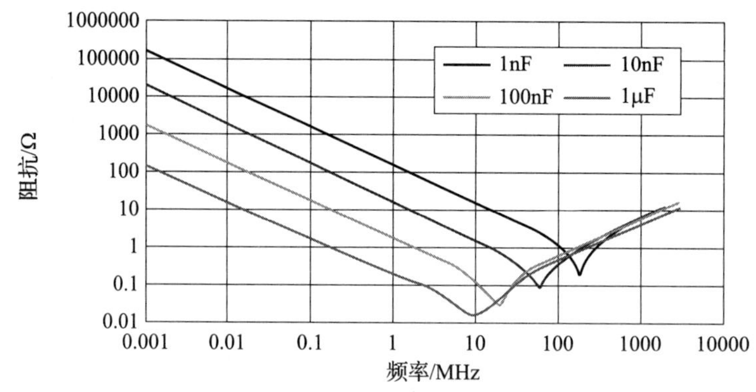

图 3-108　瓷介电容的阻抗特性曲线

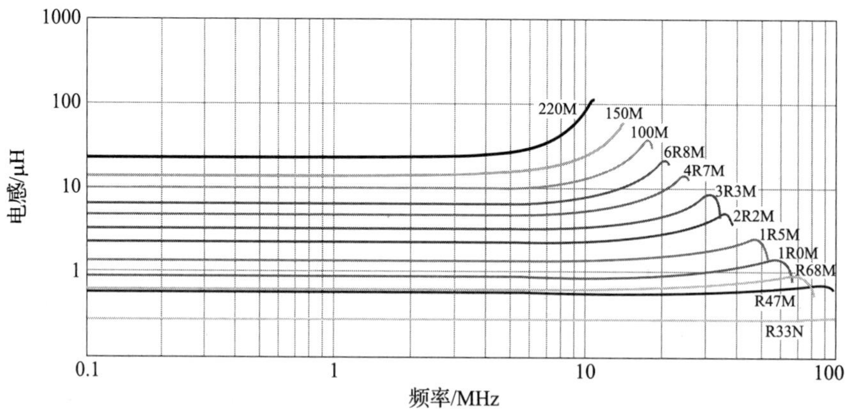

图 3-109　贴片电感的电感特性曲线

图 3-109 示出的不是阻抗特性曲线，而是电感特性曲线，但依然可以从中看出自谐振频率点。从图 3-109 可以看出，4R7M 系列的自谐振频率位于 22MHz 处，则对应的寄生电容 C_p 为

$$C_p=\frac{1}{(2\pi f)^2\cdot L}=\frac{1}{(2\pi\times 22\times 10^6)^2\times 4.7\times 10^{-6}}=1.12\times 10^{-11}(\mathrm{F}) \tag{3-29}$$

在求得寄生参数后，就可以画出滤波器的等效电路，如图 3-110 所示。

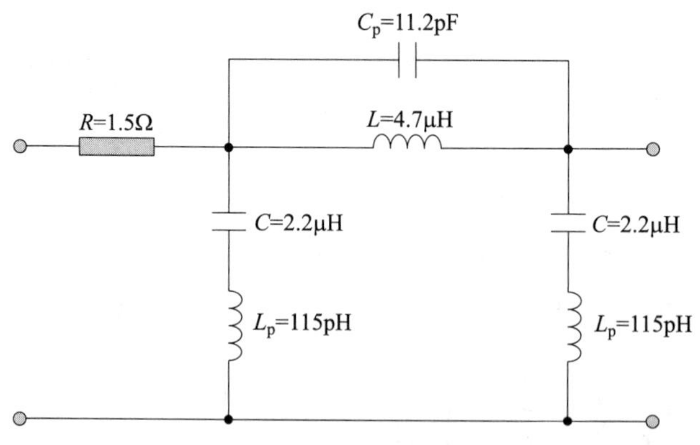

图 3-110　考虑寄生参数后的滤波器等效电路

可以在 Matlab 里输入下述代码来画出该滤波器的波特图：

```
Zx=tf([253e-18 0 1],[2.2e-6 0]);% 跨接支路的阻抗
Zs=tf([4.69e-6 0],[52.64e-18 0 1]);% 串联支路的阻抗
Zrc=Zx/(1.5+Zx);%rc 环节的传递函数
Zlc=Zx/(Zs+Zx);%lc 环节的传递函数
Z=Zrc*Zlc;% 总的传递函数
bode(Z);
```

图 3-111 是考虑寄生参数后的滤波器波特图，从图中可以看出，这时的 π 形电路在频段 $3\times10^5\sim6\times10^7$rad/s 范围内以 -60dB/ 十倍频的斜率滚降，这里的单位是弧度，对应的频率是 50kHz ~ 10MHz。因此，在这个频率范围内，能达到所需的滤波效果。

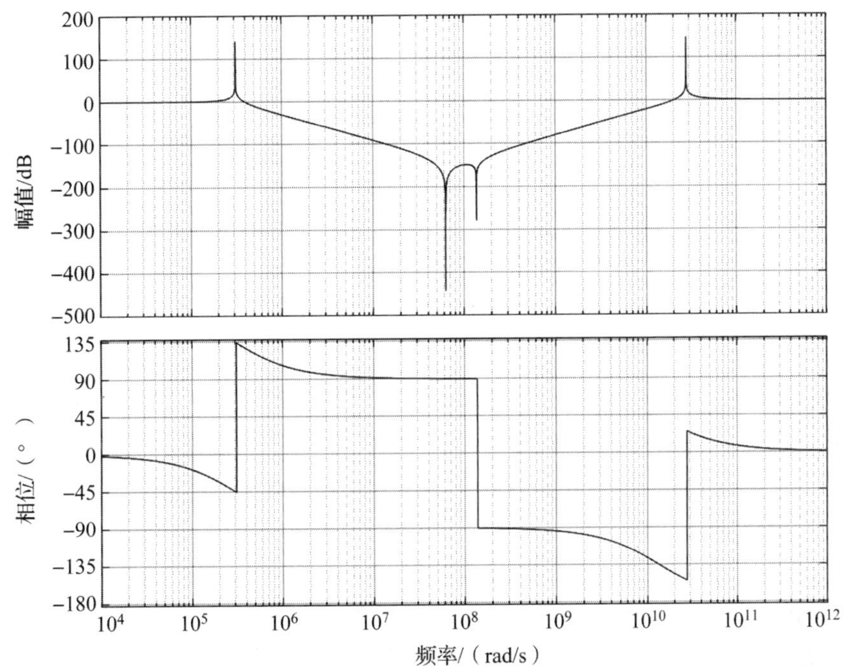

图 3-111 考虑寄生参数后的滤波器波特图

但在 6×10^7rad/s 以上，即 10MHz 频段以上，滤波器的幅频特性不是呈下降趋势，而是呈上升趋势。

对比图 3-107 和图 3-111 可以发现，期望的滤波器幅频特性曲线在 50.3 ~ 500kHz 范围内以 -60dB/ 十倍频的斜率滚降，而在 500kHz ~ 2MHz 范围内以 10dB/ 十倍频的斜率上升，之后在 2 ~ 18MHz 范围内以 40dB/ 十倍频的斜率上升。所设计的滤波器在考虑寄生参数后，幅频特性在这三个频段的斜率分别是 -60dB/ 十倍频、-60dB/ 十倍频、-60dB/ 十倍频（10MHz 以前）和 10dB/ 十倍频（10MHz 以上），直至 50MHz（对应图 3-111 的 105rad/s）。因此，无论是哪个频段，所设计的滤波器幅频特性曲线均位于期望的滤波器幅频特性曲线的下方，因此，可以达到所期望的滤波效果。

3.2.3.6 辐射的影响

图 3–112 示出了 DO–160G 对辐射发射噪声上限的规定，考察的频段范围是 100MHz ~ 6GHz。辐射限值的单位是 dBμV/m，这是电场强度的单位。

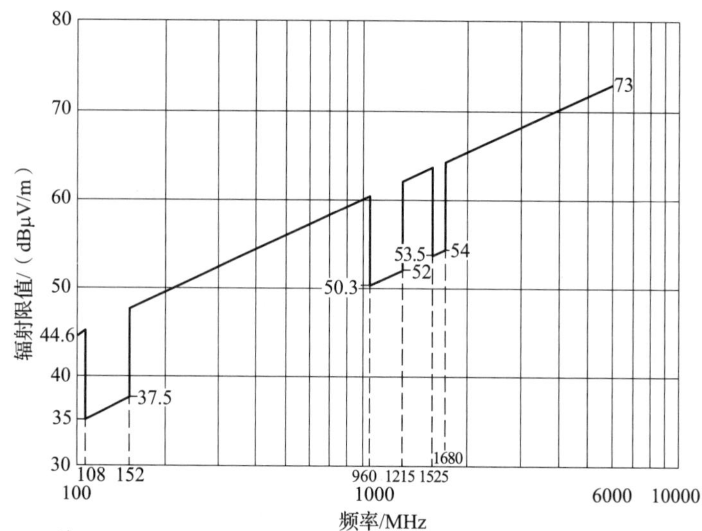

注：
①曲线定义：限值=斜率×lg（频率，MHz）+截距 。
②类别M：频率>100MHz，斜率=15.965，截距=12.682。
③最大RF辐射干扰电平——类别M。

图 3–112 DO–160G 对辐射发射噪声上限的规定

辐射的上限值整体上以 15dBμV/m/ 十倍频的速率上升，但在局部区域有凹陷。100MHz 处对应的上限值为 44.6dBμV/m，6GHz 处对应的上限值为 73dBμV/m。图中有 3 个凹陷区间，分别位于 108 ~ 152MHz、960 ~ 1215MHz，以及 1525 ~ 1680MHz 这三个频段。在这 3 个凹陷区间，辐射发射的上限要求更严格，比原来的曲线降低了 20dBμV/m。

这些凹陷区域对产品设计会产生一定的影响，产品内部的辐射噪声源大多为处理器的工作时钟，一般运行在几十到几百兆赫［兹］的范围。如果处理器的主频工作在对应的凹陷区间，比如 108 ~ 152MHz 的区间，在满足性能要求的情况下，最好能将工作频率避开这些凹陷区域。比如原本工作在 120MHz 的数字信号处理器（DSP），可能不能通过 DO–160G 的辐射发射试验。但如果将工作频率适当降低，工作在 90MHz，则由于对应区间的限值放宽了 20dBμV/m，甚至工作频率不在 DO–160G 的考察频段范围内，则可以比较容易地通过试验。在这种情况下，工作频率不在考察范围，但其谐波仍然位于考察范围内。只不过工作频率的谐波成分的幅值相对基波已经大幅降低，因此，通过 DO–160G 的试验，会变得更容易。

除了改变处理器的工作频率外，抑制辐射噪声的主要方法是屏蔽，即对产品采用金属外壳封装，如图 3–113 所示。

但金属屏蔽不能解决所有的辐射问题，产品内部的辐射噪声会耦合到产品内部的线缆，再通过线缆辐射到外部空间，对其他机载设备产生辐射干扰。因此，在采用金属屏蔽后，还需要在设计上，从源头抑制辐射噪声源的幅度，以免辐射噪声源通过外部交联导线传播出去。

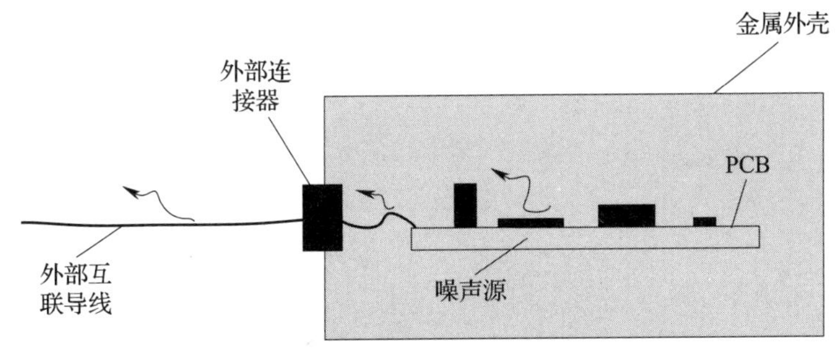

图 3–113 通过金属屏蔽方式来抑制辐射噪声

产品内部的辐射噪声源有差模和共模两种。其中差模噪声引起的辐射如图 3–114 所示，其中，信号位于测量点（距离产品 1m 处的接收天线）的远端，而信号回路则位于测量点的近端。

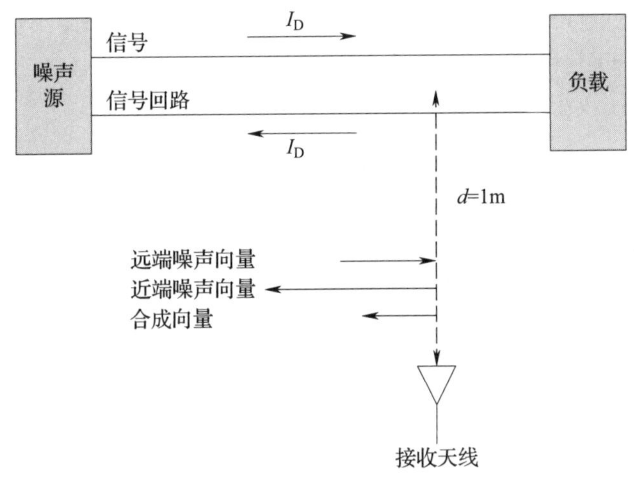

图 3–114 差模噪声引起的辐射

由于差模噪声在信号与信号回路上的相位正好相反，所以在测量点处，二者产生的噪声向量是相反的，合成向量在数值上是两个向量之差。可见，如果缩小信号与信号回路之间的距离，则在测量点处，近端噪声向量与远端噪声向量大小接近相等，由于相位正好相反，所以合成向量接近于零，这时所产生的空间辐射最小。

由共模噪声源所产生的辐射如图 3–115 所示，由于共模噪声在信号和信号回路上有相同的流向，所以，在测量点处（根据 DO–160G，选取距离产品 1m 处设置接收天线），近端噪声向量和远端噪声向量方向相同，二者的合成向量是二者的叠加。

因此，通过减小信号与信号回路之间的距离并不能有效地抑制共模噪声所产生的辐射，行之有效的方法是在信号线上加退耦电容（接地 Y 电容），为共模噪声设置就近的流通路径，以免共模电流传导至外部线缆上（信号与信号回路上）。

PCB 布板在开关电源的设计中是很关键的一环，布板设计不好不但会影响开关电源本身的性能，还会带来很多的 EMI 问题。图 3–116 是一个常见的 BUCK 开关电路，在正常工作时，BUCK 电路有两个电流环路，一个是在高端 MOSFET（HS FET）导通期间，从 C_{IN} 出发，经由 HS FET，电感 L，电容 C_{OUT} 和 GND 返回电源负极的外环路；还有一个是

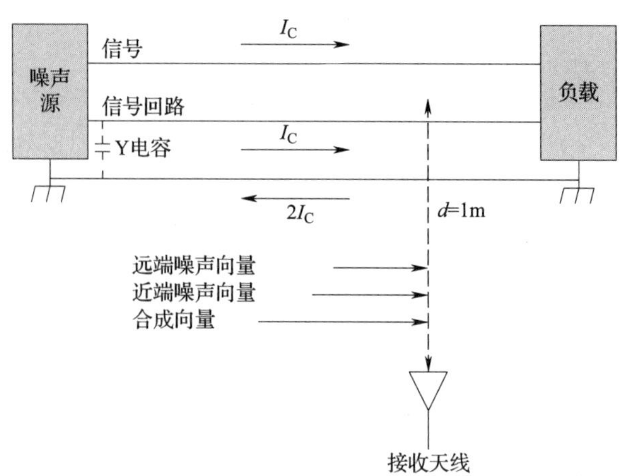

图 3–115　共模噪声引起的辐射

在 HS FET 关断，低端 MOSFET（LS FET）互补导通时，由 LS FET、电感 L 和电容 C_{OUT} 构成的续流回路。HS FET 和 LS FET 的互补导通使得电感 L 和电容 C_{OUT} 上的电流连续，不会有大的 di/dt，只有比较小的纹波电流。

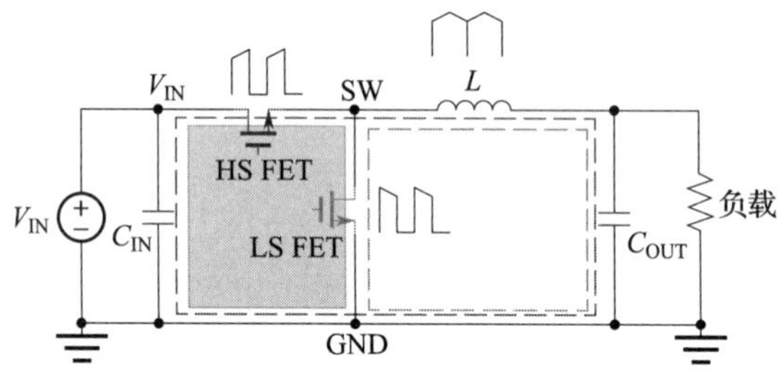

图 3–116　差模电流大环路会强化辐射噪声

而 HS FET 和 LS FET 在开关导通和关断期间，电流不连续，会形成幅值很大，且上升沿很陡峭的 di/dt，由于回路电感的存在，由式（3–30）可知，在 di/dt 期间，会感应很高的尖峰电压

$$V = L\frac{\mathrm{d}i}{\mathrm{d}t} \tag{3–30}$$

这里 L 是 C_{IN}、HS FET 和 LS FET 构成的环路自感，环路越大，自感量越大，感应的尖峰电压越大，也越容易产生辐射。

为减少辐射，在 PCB 布板时，要尽量将 C_{IN}、HS FET 和 LS FET 构成的环路缩到最小。如图 3–117 所示，将电容 C_{IN} 尽可能靠近 HS FET 和 LS FET，就可以达到缩小环路面积、减少辐射的目的。

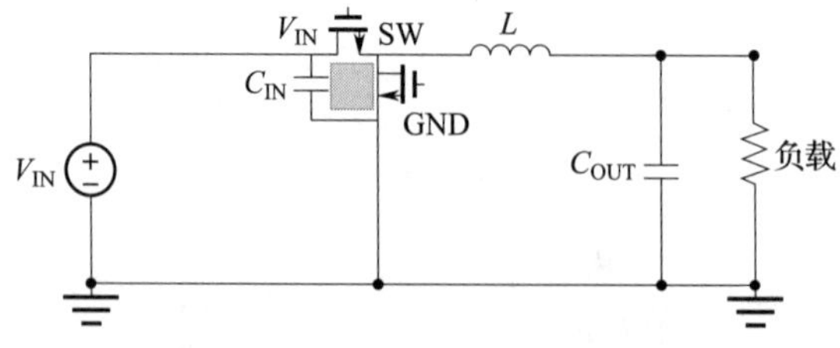

图 3–117　通过加退耦电容来减小差模电流环路

3.3 RPDU 的安装

现役飞机，如波音 787 和 A380 上的 RPDU（A380 上称之为 SPDB）均采用设备架安装的方式，即产品用螺钉安装在设备架或支架上。

在安装位置方面，两型飞机均采用了分布式配电的理念，设备靠近负载布置，以缩短从配电总线到终端负载的布线距离。

3.3.1 波音 787 的安装方式

3.3.1.1 设备架安装

如图 3–118 所示，波音 787 的 RPDU 安装在设备架上，图中的设备架上共安装了 3 台 RPDU，为就近的负载配电。假设每台 RPDU 的负载路数为 100 路，则在这个区域，有大约 300 路的负载。这 3 台 RPDU 形成了一个局部的配电中心，为这些负载提供配电。

RPDU 与设备架之间采用螺栓紧固，在 RPDU 的侧面，有铆接在设备上的安装耳片，这些安装耳片上开有通孔，安装螺栓穿过通孔和设备架，再用螺母将 RPDU 固定在设备架上。

图 3–118 波音 787 的设备架安装方式

3.3.1.2 RPDU 的分布

波音 787 全机共安装了 17 台 RPDU，如图 3–119 所示，这 17 台 RPDU 分别位于前 E/E 舱、中机身、后 E/E 舱和机尾等位置。这 17 台 RPDU 组成了 4 个局域网，每个局域网内有 1 个 Gateway RPDU，3 ~ 4 个 Standard RPDU。这些

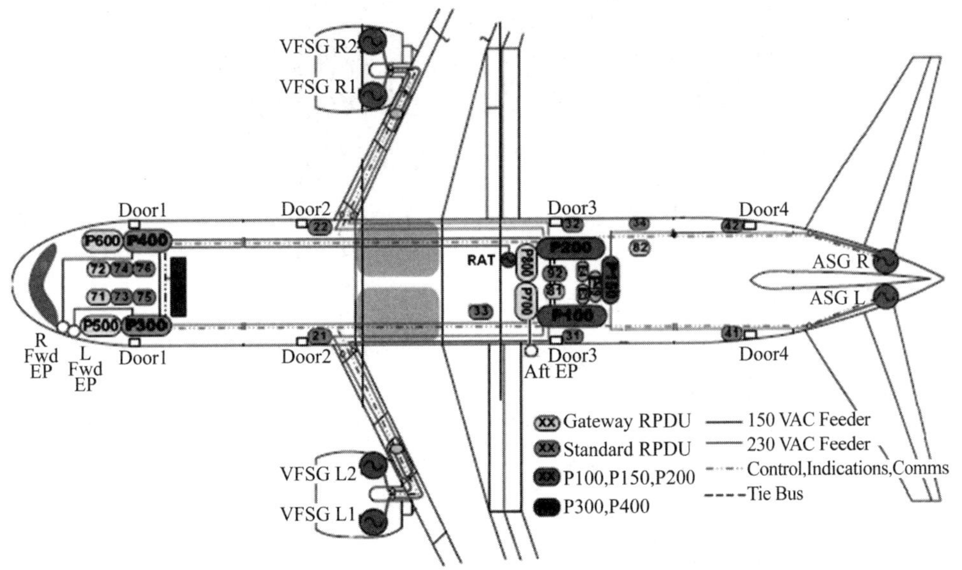

图 3–119 波音 787 的 RPDU 安装位置

局域网主要起到数据收集的作用，Gateway RPDU 将局域网内部的 Standard RPDU 的状态数据与自身的状态数据打包，通过 AFDX 总线传送到航电网络；同时，Gateway RPDU 会通过 AFDX 总线从航电网络接收 SSPC 通道的命令数据，再分发给自身的 SSPC 和 Standard RPDU 执行。

在波音 787 上，局域网对外的通信总线为 AFDX，而在局域网内部，还采用了 TTP 和 CAN 两级总线，其中，TTP 用于在 Gateway RPDU 和 Standard RPDU 之间进行通信，而 CAN 总线则用于在 RPDU 内部各 SSPC 板卡与通信板卡之间的通信。

A380 保留了 AFDX 总线，但取消了 TTP 总线，整个通信网络采用了两级总线通信架构，直接通过 CAN 总线收集和分发 RPDU 的数据。

3.3.2　A380 的安装方式

3.3.2.1　安装位置

如图 3–120 所示，与波音 787 的 RPDU 安装在设备架上不同，A380 的 SPDB 安装在地板下方，在维修人员的头顶。在顶部设置有专用的安装支架，安装方式也是采用螺钉安装，将 SPDB 安装在支架上。

图 3–120　A380 的 SPDB 安装方式

A380 是民用飞机上使用 SSPC 的首次尝试，在当时的技术水平下，航空工业界对 SSPC 的性能指标还没有信心，功率半导体的性能也相对不高，稳态情况下发热量大，产品无法做到自然冷却散热，需要强迫风冷。

从图 3–120 也可以看到，在 SPDB 的安装位置，有附加的通风管道，它在 SPDB 正常工作时，为产品提供强迫风冷。

从图中还可以看出，SPDB 产品外壳喷有黑漆，这一点也与波音 787 的 RPDU 不同。波音 787 的产品颜色为金黄色，这是铝合金材料导电氧化后的颜色，并没有喷黑漆。这个区别也是出于散热的考虑，黑色的辐射效率高，A380 的 SPDB 为了有效散热，特地将外表喷涂黑漆，以增强辐射散热的效果。

3.3.2.2　安装分布

A380飞机上的SPDB分布如图3-121所示，全机共安装了8台SPDB，其中6台安装在飞机客舱，在下层夹板的顶部，还有2台SPDB安装在货舱。此外，还有两台SEPDC，安装在飞机头部的电子设备舱（位于驾驶舱的正下方），采用集中式配电的方式，为分布在这一区域的负载供电。

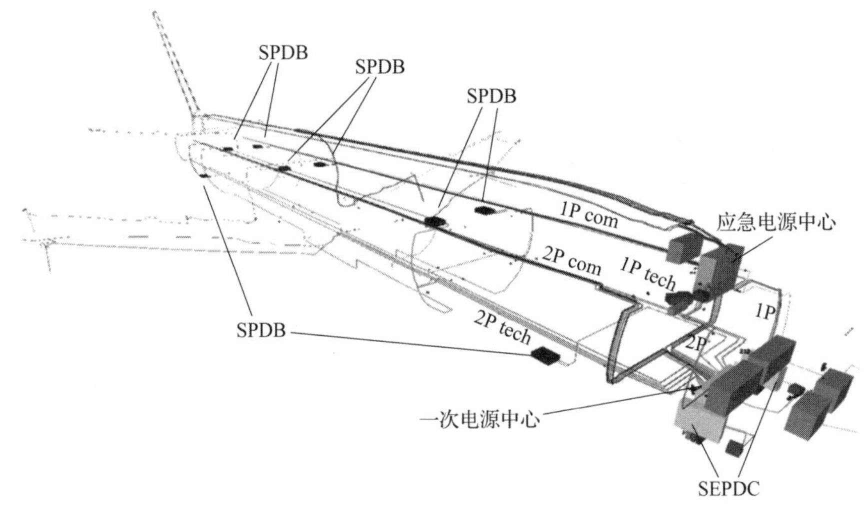

图3-121　A380的SPDB安装分布

3.4　用RPDU实现分布式IMA功能

传统的航电系统由专用的现场可更换单元（LRU）组成，这些LRU执行特定的功能，如自动飞行、飞行管理和飞行驾驶舱显示等。

随着数字技术的发展，硬件集成度变得越来越高，现在已演变成由软件确定功能，由硬件提供输入、输出、数据存储和软件执行平台的新的系统架构。由于这些基础硬件平台的属性对于不同的应用均是相似的，飞机制造商可以使用通用机载硬件来执行先前由独立LRU实现的功能，从而减小系统的体积和重量。这种通用的机载硬件单元称之为集成模块化航电（IMA）。

进一步分析可以发现，RPDU具备IMA的所有属性，未来的飞机架构可以考虑用RPDU来实现分布式IMA的功能。

3.4.1　IMA提出的背景

集成模块化航电（IMA）系统是一种新型的航电系统架构，相比传统的航电系统架构，它取消了原各成员系统独立的LRU部件，为各个子航电系统集中提供计算资源、网络资源和接口资源。这样各子航电系统只需要提供相应的传感器（Sensor）、作动器（Actuator）及驻留应用（Hosted Application），并集成到综合航电系统中即可提供飞机级的功能。资源的集中高效使用可大幅降低飞机体积、重量和成本。IMA的架构在许多新型民用客机（如波音787和A380）及军用飞机（如F-35）中已得到了采用。

在 ARINC651 标准（Design Guidance For Integrated Modular Avionics）中，共提出了 5 种（A、B、C、D、E）可行的 IMA 架构，其中，图 3-122 是标准中推荐的“C”架构。

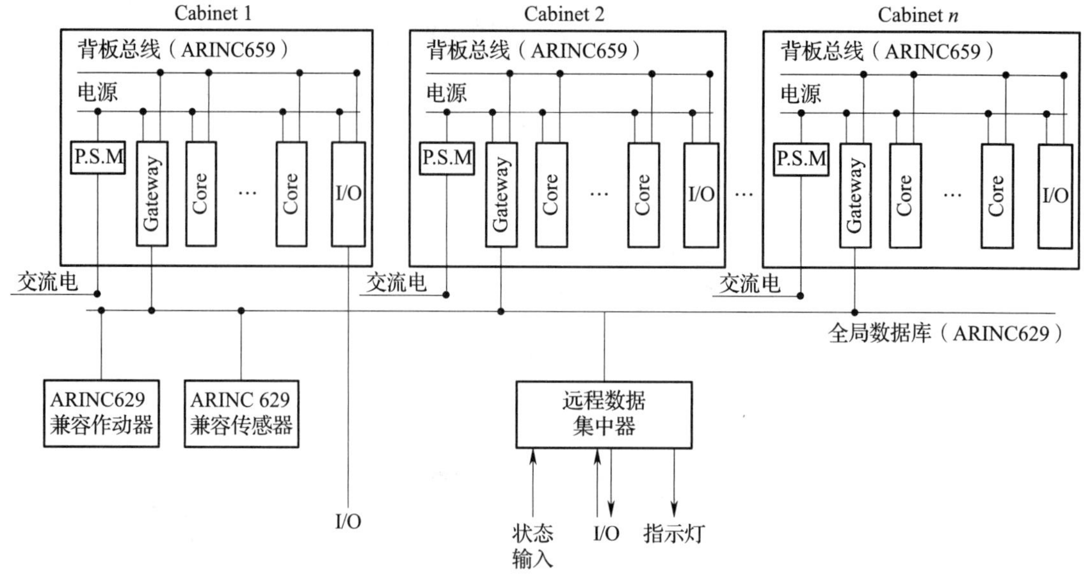

图 3-122　ARINC651 中推荐的类型“C”IMA 架构

在这种架构下，全机有若干台分布在各处的 IMA 机架（Cabinet 1 ~ n），作为应用程序的驻留平台。各个应用程序通过 ARINC629 总线共享飞机的传感器数据，应用程序的输出再通过 ARINC629 总线传给作动器执行。应用程序还可以通过 ARINC629 总线与远程数据集中器（RDC）通信，获取离散 I/O、状态指示以及指示灯等外围设备的信息输入与状态控制。

IMA 机架内部包含多个功能模块，其中有：

（1）P.S.M：电源转换模块，它将外部输入的交流电转换成 IMA 机架内部各个模块所需的低压直流电（通常为 5V 或 12V）。

（2）Gateway：实现 IMA 机架内部总线（ARINC659 总线）与外部总线（ARINC629 总线）之间的双向数据转换。

（3）Core：IMA 内部的核心计算模块，一般在一个 IMA 机架内部有多个 Core 模块，为各个应用程序提供通用的计算资源。

（4）I/O：IMA 机架内有专门的 I/O 模块，作为驻留应用程序所需的公共输入输出通道。

（5）ARINC659 背板总线：用于连接 Gateway、Core 和 I/O 等 IMA 机架内的各个模块，作为这些模块数据交换的数字通道。

在集成模块化航电系统中，原来分立的多个应用程序被集成到一个具有高速处理能力的计算机中，以实现资源的共享和数据的融合，从而提升飞机的综合性能。

然而，综合化在提高飞行性能、降低成本的同时，也带来了一些问题，综合的复杂性造成了系统可靠性的降低，资源共享也带来了系统安全性的新挑战。比如，某一个应用程序的错误可能会波及其他应用，甚至会导致整个系统的崩溃。

为了保证航电系统应用软件的安全性，1997 年 ARINC 组织针对 IMA 架构提出了健壮分区（Partition）的理念，并制定了 ARINC653 标准，指出 IMA 采用的支持软件（操作系统）应具备为应用软件提供分区隔离保护的机制，以满足应用程序的资源共享、系统升级、故障隔离和系统验证的需求。

图 3–123 是 ARINC653 推荐的支持分区的操作系统架构，它分为五个层次，最底层的是核心硬件，它包含驻留其上的各应用软件所需的充足的计算资源及通信接口；位于核心硬件上层的是硬件和软件之间的接口，它直接与硬件资源打交道，需要具备内存管理、网络通信物理层接口和常用外设驱动等功能；ARINC653 操作系统位于第三层，它具备分区、调度、健康监控、逻辑通信和异常处理这五大核心功能，它还需要维护 IMA 架构的构型数据，为驻留其上的每个应用程序保留一份构型数据表；应用程序接口（APEX）为各个应用程序访问共享的硬件资源提供了通用的接口，使得各个应用程序不必关心底层的硬件实现；位于最上层的是各个应用软件，每个软件有独立的分区（Partition1 ~ n），系统分区也位于这一层，它负责异常处理的工作。

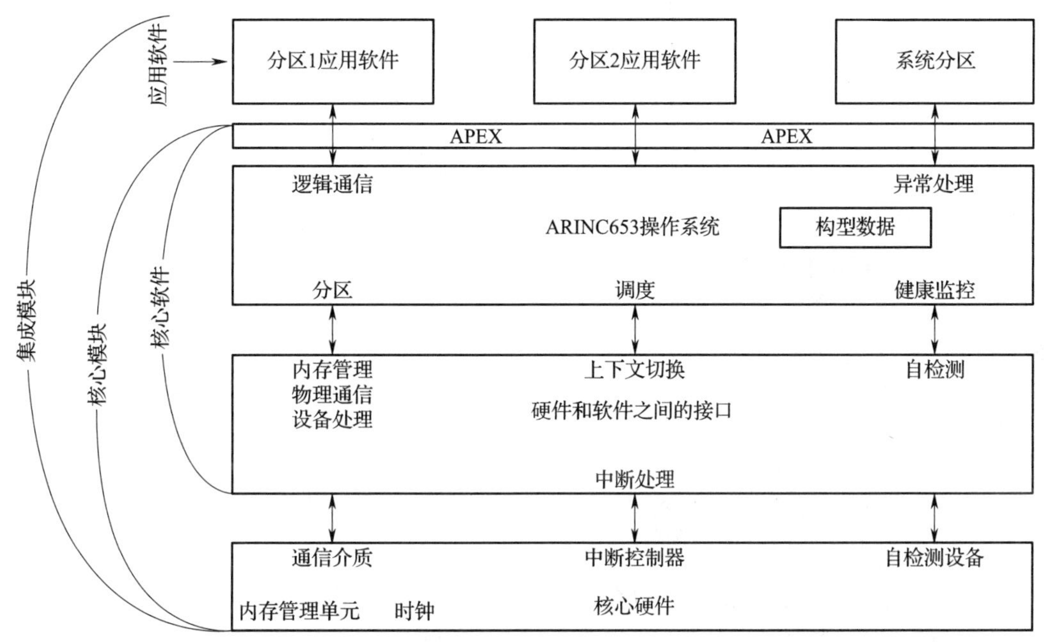

图 3–123　ARINC653 中推荐的支持分区的操作系统架构

3.4.2　用 RPDU 实现分布式 IMA

比较 RPDU 和 IMA 机架的硬件资源后发现，二者在资源配备上十分接近，如图 3–124 所示。

（1）RPDU 的 PS&Com1 和 PS&Com2 模块分别对应 IMA 机架（Cabinet1）的 PSM 模块和 Gateway 模块。

（2）RPDU 的 SSPC1 ~ 6 分别对应 IMA 机架的 Core 模块。

（3）RPDU 的 SSPC1 ~ 6 上分布的 I/O 资源可以与 IMA 机架的 I/O 模块相对应。

此外，RPDU 内部也含有背板总线，用于在 SSPC1 ~ 6 和 PS&Com1 和 PS&Com2 之间建立通信联系。所不同的是，RPDU 的背板总线不一定采用 ARINC659，而是采用 CAN 总线或其他形式的总线。

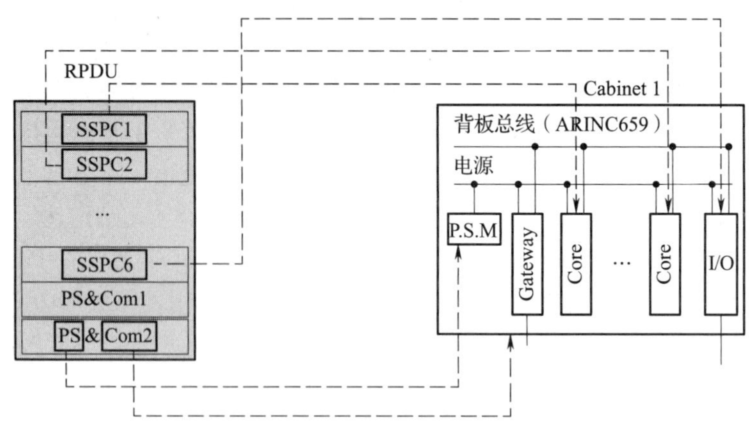

图 3-124　RPDU 的硬件资源与 IMA 机架的对应关系

RPDU 与分布式 IMA 机架的主要区别是软件上的，一般在 SSPC 上不会驻留多个应用程序，只有与 I^2t 计算和内部总线通信、故障诊断等功能相关的单一应用，因此，SSPC 不需要采用嵌入式操作系统，只需要基于纯 C 语言的嵌入式开发。

为了用 RPDU 实现分布式 IMA 的功能，首先需要用 ARINC653 操作系统来代替 SSPC 上原有的嵌入式应用，此外在必要时，还需要升级 SSPC 的处理器性能，使之可以满足同时运行多个应用程序的需要。

下面，以飞机燃油系统为例，讲述如何将原有的分立 LRU 设计优化为基于 SSPC（RPDU）的分布式 IMA 架构，以达到简化系统架构，减轻系统体积和重量的目的。

3.4.2.1　飞机燃油系统简介

飞机燃油系统用于存储飞机可用燃油，并保证飞机在一切可能的飞行状态和工作条件下连续可靠地向发动机供油。另外，作为一个有效的冷源，燃油可以对空调系统、液压系统、雷达散热系统、发电机散热系统的工作介质进行冷却。

早期的飞机只有一个油箱，由一台供油泵将燃油供给发动机，燃油系统比较简单。随着航空技术的不断发展，燃油系统也在不断革新。为了增加载油量，提高载油系数，需要利用一切可能载油的空间，油箱由一个变成多个，为此就需要增加输油系统，即把除消耗油箱以外的燃油都输送到消耗油箱，再由消耗油箱供给发动机。

飞机在整个飞行过程中，重心要保持在一定的范围内，以使飞机获得更好的操作安定性。为此，各油箱的燃油需要按照一定顺序和比例输送到消耗油箱，这就诞生了输油控制系统。随着飞行高度的增加，为提高泵的高空性（指飞机在高空飞行时，保证发动机连续供油所能达到的飞行高度），避免在高空产生汽蚀（燃油系统的压力下降，会导致溶解在燃油中的空气析出和燃油本身的汽化，这种复合现象称为“汽蚀”），以及减少燃油的过量蒸发和为输油提供能源，就需要通气增压系统。随着飞机起飞重量的增加，飞机的储油量也会增加，为缩短加油时间，又衍生出压力加油系统，由地面压力加油车为飞机加注燃油。在用燃油作为冷源为液压、空调、雷达和发电机散热时，需要配备散热系统。此外，飞机燃油系统还包括吸油系统、空中应急放油系统、油量测量系统。

可见，现代飞机的燃油系统是一个非常复杂的系统，其被测对象和被控对象都不止一个。这里为了简化问题分析，仅以燃油泵的控制为例，解释如何用 RPDU 来取代原来由分布式 IMA（或分离 LRU）实现的功能。

3.4.2.2　用 SSPC 来综合飞机燃油系统的控制

在图 3-23 中，讲述了如何用 SSPC 来实现对燃油泵的控制。在此例中，燃油系统的控制还是采用的传统的方法，即采用分立的 LRU（燃油计算机）来采集燃油传感器和外部的离散输入，通过计算机的软件来计算是否需要接通 1 号燃油泵。

在采用 IMA 架构后，这台分立的燃油计算机硬件可以取消，软件可以迁移到 IMA 机架里的某个 Core 模块，如图 3-125 的左图所示。

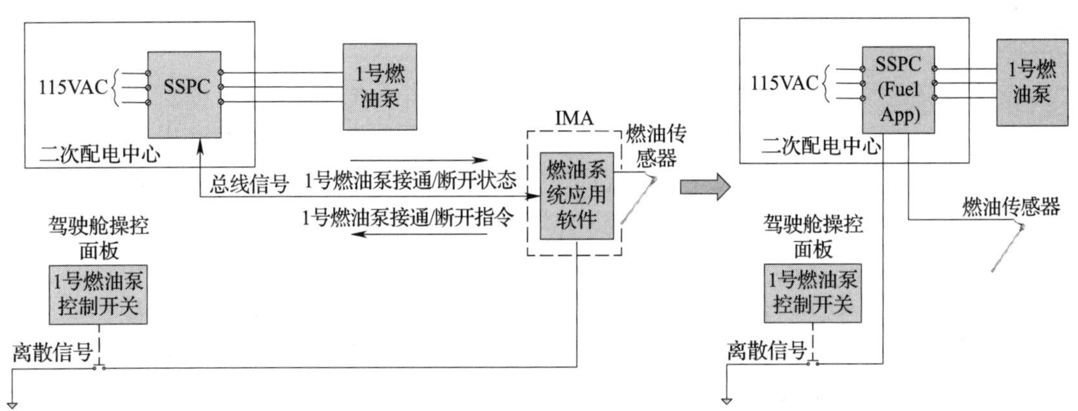

图 3-125　用 SSPC 来综合燃油系统的控制

在这个基础上，还可以进一步简化系统架构，即将原来的驻留在 IMA 中的燃油系统应用软件迁移到 SSPC 中，让这个应用软件来采集（通过 SSPC 自带的 I/O 资源）燃油传感器的数据和外部离散输入，并根据预设的逻辑决定 1 号燃油泵的接通与断开。

在采用这种架构后，在飞机层面看来，系统架构进一步简化，可以复用 RPDU（SSPC）的硬件资源来实现燃油系统的计算功能，原有的 IMA 机架不再需要，节约了飞机的硬件资源，同时也减轻了飞机的布线重量，原有的燃油计算机（或 IMA 机架）与 RPDU（或 SSPC）之间的通信总线也不再需要，因为软件就驻留在 SSPC 中，而被控对象（1 号燃油泵）也直接经由 SSPC 输出。

图 3-125 的示例表明，在采用基于 RPDU 的燃油泵控制方式后，设备重量减轻了，控制容易了，系统布线也更简洁了。类似的控制方式可以推广到其他机载系统。

3.4.3　配电系统内部 RPDU 之间的数据交联

波音 787 的配电系统共采用了 3 级总线，如图 3-126 所示，在每个 RPDU 内部，无论是 Gateway，还是 3 台 Satellite，SSPC 之间都通过 CAN 总线与通信板 COM1 和 COM2 通信。3 台 Satellite 的两个 COM 板再通过 TTP 总线与 Gateway 的两个 COM 板通信。最后，Gateway 的 COM 板通过 AFDX 总线与航电系统交联。

航电的下行数据通过 AFDX 总线发送给 Gateway RPDU 的 COM 板，它会取走自己的那一份数据，通过 CAN 总线分发到 Gateway RPDU 的各个 SSPC，再通过 TTP 总线将余下的数据分发给 3 个 Satellite 的 COM 板，并由后者分发给位于 Satellite 上的 SSPC。

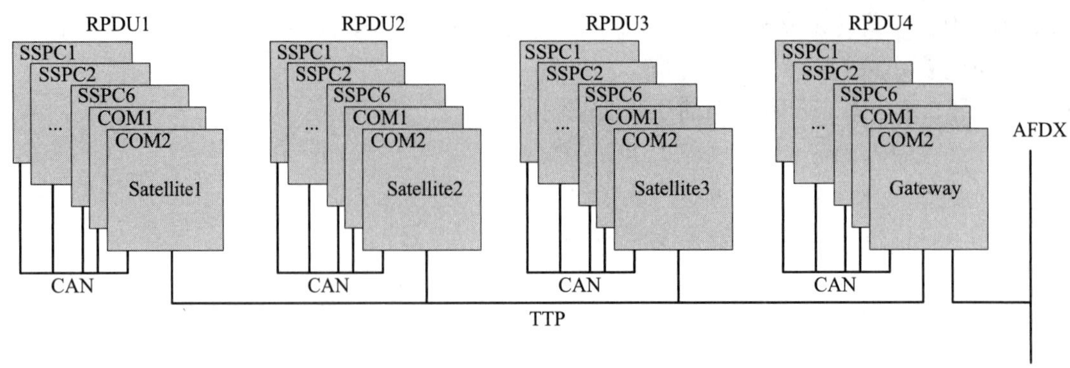

图 3-126　波音 787 飞机 RPDU 之间的数据交联

反之，SSPC 的上行数据先通过 RPDU 内部的 CAN 总线汇总到 COM 板，再由 COM 板通过 TTP 总线汇总到 Gateway RPDU 的 COM 板，之后再通过 AFDX 总线上报给航电系统。Gateway RPDU 上的数据上传不需要通过三级总线，只需要 CAN 到 AFDX 这两级总线即可，即 Gateway 上的 SSPC 板卡先通过 CAN 总线将数据汇总到 COM 板，再通过 AFDX 上传。

航电下行的数据主要是 SSPC 的控制指令，而 SSPC 上行的数据包括通道的状态（通道电压、电流、开通关断状态、跳闸状态、锁定状态等）、BIT 数据，以及构型信息数据。各种数据的刷新周期如表 3-3 所示。

表 3-3　SSPC 数据刷新周期

数据类型	潜伏期 /ms	刷新周期 /ms	传送方向
控制指令	100	100	下行
开通关断状态	20	100	上行
跳闸状态	20	100	上行
锁定状态	20	100	上行
电压	100	1000	上行
电流	100	1000	上行
BIT	500	1000	上行
构型信息	—	4000	上行

在表 3-3 中，有“潜伏期”（Latency）一列，它指的是从数据采样到数据发送之间的最大时间间隔。以电流采样为例，如果数据采样周期是 100ms，发送周期是 1000ms，则数据的潜伏期最大为 100ms。因为在最恶劣的情况下，本次采样的数据，到发送至总线上，最大要等待 100ms。

表中还有“构型信息”一栏，它通常指的是 SSPC 的硬件版本号、软件版本号、SSPC 通道额定值、默认通道状态等信息。由于这些信息是固定的，因此不需要采样，没有“潜伏期”可言。

3.5 本章小结

本章从 SSPC 取代 CB 所带来的好处讲起，分析了固态开关相对于传统的机电式断路器和接触器的优势，以及在采用了 SSPC 后，所带来的诸如状态反馈、负载通道可配置等附加收益。

在 SSPC 的保护功能方面，除了过载保护、短路保护，本章还花了较多的篇幅讲述了电弧保护与漏电流保护，这部分的内容对于大部分读者而言或许是比较陌生的。

EMI 防护设计对于大多数工程师而言，是有一定难度的，尤其是闪电防护和电源的滤波设计，需要具备较多的理论知识储备。第 3.2 节重点讲述了如何进行间接闪电脉冲抑制和电源噪声的滤波设计，有理论计算公式的推导、设计选型举例，还有仿真验证。

在采用 RPDU 后，飞机电源系统的配电方式由之前的集中式配电改成了分布式配电，因此 RPDU 在飞机上的安装也要靠近负载布置。第 3.3 节以波音 787 和 A380 为例，讲述了 RPDU（或 SPDB）的安装位置和散热条件。

由于 RPDU 处理器的主要功能是 I^2t 计算和通信，计算资源有富余，加之 RPDU 在安装上的分布式特性，第 3.4 节探讨了如何用 RPDU 来实现分布式 IMA 的功能。为此，需要在 RPDU 的处理器上加载嵌入式操作系统，以便为其他机载系统提供通用的计算平台和应用程序接口。

要通过 RPDU 实现分布式 IMA 的功能，除了需要配备必要的硬件和软件资源外，还需要外部总线资源和维护数据加载接口，接下来的两章，将分别讲述这两部分的内容。

4 通信总线

在上一章，讲述了二次配电的设计原理，其中提到了多种通信总线，包括 RPDU 内部各 SSPC 板卡之间通信的 CAN 总线，各个 RPDU 之间进行通信的 TTP 总线，Gateway RPDU 与外部航电网络交联的 AFDX 总线，以及在维护模式下使用的 RS232/485 总线。

上述总线的使用场合如图 4–1 所示，通信总线技术是配电系统的基本组成部分，本章会详细介绍这些通信总线的工作原理。

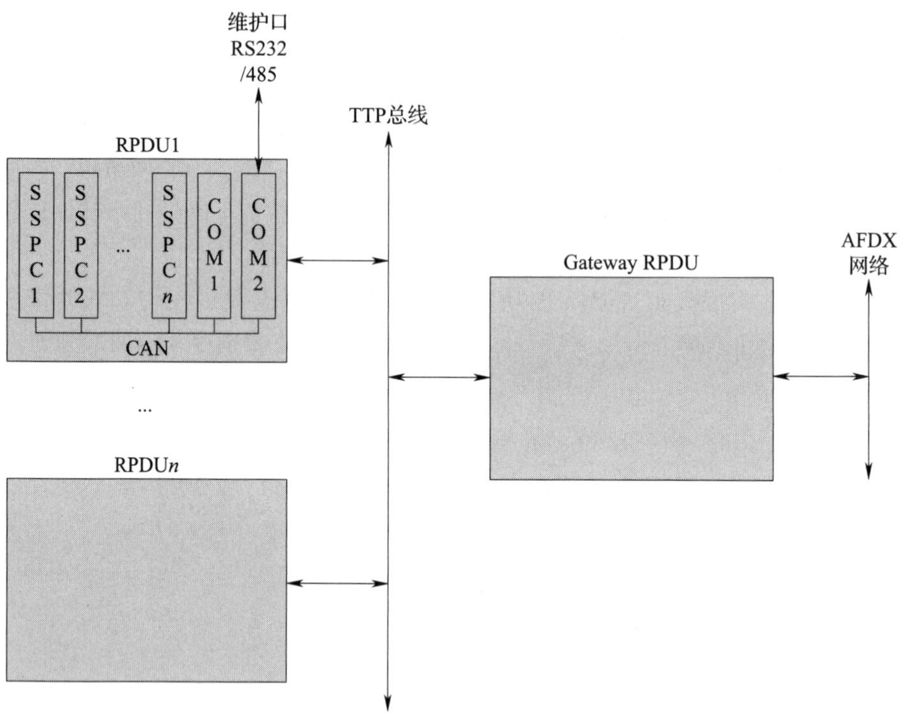

图 4–1　配电系统中用到的通信总线

4.1　串行通信

串行通信是指计算机主机与外设之间以及主机与主机之间数据的串行传输。串行通信使用一条数据线，将数据一位一位地依次传输，每一位数据占据一个固定的时间长度。

在并行通信中，一个字节（8bit）数据是在 8 条并行传输线上同时由源传到目的地；而在串行通信方式中，数据是在单条 1bit 宽的传输线上一位接一位地顺序传输，因此一个字节的数据要分 8 次由低位到高位按顺序一位位地传输。由此可见，串行通信的特点是：

（1）节省传输线。这是显而易见的，尤其是在远程通信时，此特点尤为重要，这也是串行通信的主要优点。

（2）与并行通信相比，数据传输效率低，传输一个字节，并行通信只需要 1T（一个时间单位）的时间，而串行通信至少需要 8T 的时间，这也是串行通信的主要缺点。

但串行通信的传输距离可以从几米到数千千米，对于长距离、低速率的通信，串行通信往往是唯一的选择。而并行通信适合于短距离、高速率的数据传输，通常传输距离小于 30m。

4.1.1 串行通信的编码方式

4.1.1.1 非归零（NRZ）编码

NRZ 编码又称为不归零编码，常用正电压表示“1”，负电压表示“0”，而且在一个码元时间内，电压均不需要回到零。其特点是全宽码，即一个码元占一个单元脉冲的宽度。

4.1.1.2 曼彻斯特（Manchester）编码

在曼彻斯特编码中，每个二进制位（码元）的中间都有电压跳变。用电压的正跳变表示“0”，电压的负跳变表示“1”。由于跳变都发生在每一个码元的中间位置（半个周期），接收端就可以方便地利用它作为同步时钟，因此这种曼彻斯特编码又称为自同步曼彻斯特编码。目前最广泛应用的局域网，即以太网，在数据传输时就采用这种数字编码。

4.1.1.3 差分曼彻斯特编码

曼彻斯特编码和差分曼彻斯特编码是原理基本相同的两种编码，后者是前者的改进。它们的特征是在传输的每一位信息中都带有位同步时钟，因此一次传输可以允许有很长的数据位。

曼彻斯特编码的每个比特位在时钟周期内只占一半，当传输“1”时，在时钟周期的前一半为高电平，后一半为低电平；而传输“0”时正相反。这样，每个时钟周期内必有一次跳变，这种跳变就是位同步信号。

差分曼彻斯特编码是曼彻斯特编码的改进。它在每个时钟位的中间没有跳变，传输的是“1”还是“0”，是用每个时钟位的开始有无跳变来区分的。在信号位开始时改变信号极性，表示逻辑“0”；在信号位开始时不改变信号极性，表示逻辑“1”。

差分曼彻斯特编码比曼彻斯特编码的变化要少，因此更适合于传输高速的信息，被广泛用于宽带高速网中。

4.1.2 RS–232–C

RS–232–C 是美国电子工业协会（EIA）制定的一种串行物理接口标准。它的全名是“数据终端设备（DTE）和数据通信设备（DCE）之间串行二进制数据交换接口技术标准”。RS 是英文“推荐标准”的缩写，232 为标识号，C 表示修改次数。该标准规定采用一个 25 针的 DB–25 连接器，对连接器每个针脚的信号内容加以规定，还对各种信号的电平加以规定。后来国际商用机器公司（IBM）的 PC 机将 RS232 简化成了 DB–9 连接器，从而成为事实标准，如图 4–2 所示。而工业控制的 RS–232–C 接口一般只使用接收数据（RxD）、发送数据（TxD）、地（GND）三条线。

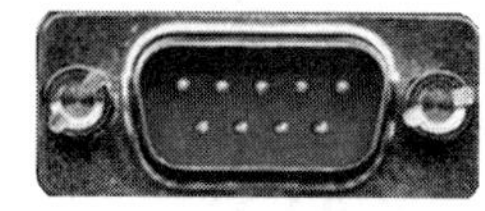
图 4-2　RS232（9 针）接口

RS-232-C 标准规定的数据传输速率为 50bit/s、75bit/s、100bit/s、150bit/s、300bit/s、600bit/s、1200bit/s、2400bit/s、4800bit/s、9600bit/s 和 19200bit/s 这几种。

RS-232-C 标准规定，驱动器允许有 2500pF 的电容负载，通信距离会受此电容限制，例如，采用 150pF/m 的通信电缆时，最大通信距离为 16.7m；若每米电缆的电容量减小，则通信距离可以增加。传输距离短的另一原因是 RS-232-C 属单端信号传输，有共地噪声和不能抑制共模干扰等问题，因此一般用于 20m 以内的通信。具体通信距离还与通信速率有关，例如，在 9600bit/s 波特率下采用普通双绞屏蔽线时，通信距离可达 30～35m。

4.1.2.1　电气特性

EIA RS-232-C 对电气特性、逻辑电平和各种信号线功能都作了规定。

在 TxD 和 RxD 上：

逻辑“1”（MARK）：-15～-3V

逻辑“0”（SPACE）：+3～+15V

在请求发送（RTS）、清除发送（CTS）、数据准备就绪（DSR）、数据终端就绪（DTR）和数据载波检测（DCD）等控制线上：

信号有效（接通，ON 状态，正电压）：+3～+15V

信号无效（断开，OFF 状态，负电压）：-15～-3V

以上规定是 RS-232-C 标准对逻辑电平的定义。对于数据（信息码），逻辑“1”（传号）的电平低于 -3V，逻辑“0”（空号）的电平高于 +3V。对于控制信号，接通（ON）状态即信号有效的电平高于 +3V，断开（OFF）状态即信号无效的电平低于 -3V，也就是当传输电平的绝对值大于 3V 时，电路可以有效地检测出来，介于 -3～+3V 之间的电压无意义，低于 -15V 或高于 +15V 的电压也认为无意义，因此，实际工作时，应保证电平在 -15～-3V 或 +3～+15V 之间。

EIA RS-232-C 是用正负电压来表示逻辑状态的，这与晶体管逻辑（TTL）用高低电平表示逻辑状态的规定不同。因此，为了能够同计算机接口或终端的 TTL 器件连接，必须在 EIA RS-232-C 与 TTL 电路之间进行电平和逻辑关系的变换。实现这种变换的方法可以用分立元件，也可以用集成电路芯片。目前使用较多的集成电路转换器件，如 MC1488、SN75150 芯片可完成 TTL 电平到 EIA 电平的转换，而 MC1489、SN75154 可以实现 EIA 电平到 TTL 电平的转换。MAX232 芯片可完成 TTL 与 EIA 之间的双向电平转换。

4.1.2.2　机械特性

由于 RS-232-C 并未定义连接器的物理特性，因此，出现了 DB-25、DB-15 和 DB-9 等各种类型的连接器，其针脚的定义也各不相同。下面分别介绍 DB-25 和 DB-9 两种连接器。DB-15 连接器用的不多，这里不单独介绍。

（1）DB-25。

DB-25 连接器定义了 25 根信号线，它们可以分为 4 组：

①异步通信的 9 个电压信号（含信号地 SG）（2，3，4，5，6，7，8，20，22）。

② 20mA 电流环信号 9 个（12，13，14，15，16，17，19，23，24）。

③空针 6 个（9，10，11，18，21，25）。

④保护地（PE）1 个，作为设备接地端（1 脚）。

注意，20mA 电流环信号仅 IBM PC 和 IBM PC/XT 机提供，在 PC/AT 机及以后的计算机中已不支持该信号。

（2）DB–9。

在 AT 机及以后，不再支持 20mA 电流环接口，而是使用 DB–9 作为多功能 I/O 卡或主板上 COM1 和 COM2 两个串行接口的连接器。DB–9 型连接器只提供异步通信的 9 个信号，它的针脚分配与 DB–25 型针脚信号完全不同。因此，若与配接 DB–25 型连接器的 DCE 设备连接，必须使用专门的电缆线。

RS–232–C 标准规定，若不使用调制解调器（MODEM），在码元畸变小于 4% 的情况下，DTE 和 DCE 之间最大传输距离为 15m（约 50ft）。为了保证码元畸变小于 4% 的要求，接口标准在电气特性中规定，驱动器的负载电容应小于 2500pF。

4.1.2.3 接口信号

RS232 有下述联络控制信号线：

（1）数据准备就绪（DSR）——有效时（ON）状态，表明 MODEM 处于可以使用的状态。

（2）数据终端就绪（DTR）——有效时（ON）状态，表明数据终端可以使用。

这两个信号有时连到电源上，一上电就立即有效。这两个设备状态信号有效，只表示设备本身可用，并不说明通信链路可以开始进行通信了，能否开始进行通信要由下面的控制信号决定。

（3）请求发送（RTS）——用来表示 DTE 请求 DCE 发送数据，即当终端准备接收 MODEM 传来的数据时，使该信号有效（ON 状态），请求 MODEM 发送数据。它用来控制 MODEM 是否要进入发送状态。

（4）清除发送（CTS）——用来表示 DCE 准备好接收 DTE 发来的数据，它是与请求发送信号 RTS 相对应的信号。当 MODEM 准备好接收终端传来的数据，并向其发送时，就使该信号有效，通知终端开始沿发送数据（TxD）线发送数据。

这对 RTS/CTS 请求应答联络信号用于半双工 MODEM 系统中发送方式和接收方式之间的切换。在全双工系统中，因配置了双向通道，故不需要 RTS/CTS 联络信号，可以直接将其置高（ON 状态）。

（5）接收线信号检出（RLSD）——用来表示 DCE 已接通通信链路，告知 DTE 准备接收数据。当本地的 MODEM 收到由通信链路另一端（远地）的 MODEM 送来的载波信号时，使 RLSD 信号有效，通知终端准备接收，并且由 MODEM 将接收下来的载波信号解调成数字量后，沿接收数据（RxD）线送到终端。此线也叫作数据载波检测（DCD）线。

（6）振铃指示（Ringing）——当 MODEM 收到交换台送来的振铃呼叫信号时，使该信号有效（ON 状态），通知终端，已被呼叫。

联络控制信号的工作方式可用图 4–3 来表示。主机 1 将数据传输给 MODEM1，MODEM1 将数据调制后远程发送给 MODEM2，MODEM2 解调后将数据发送给主机 2，从而实现了主机 1 和主机 2 之间的数据发送服务。这里，主机 1 和主机 2 被称为 DTE，MODEM1 和 MODEM2 被称为 DCE。

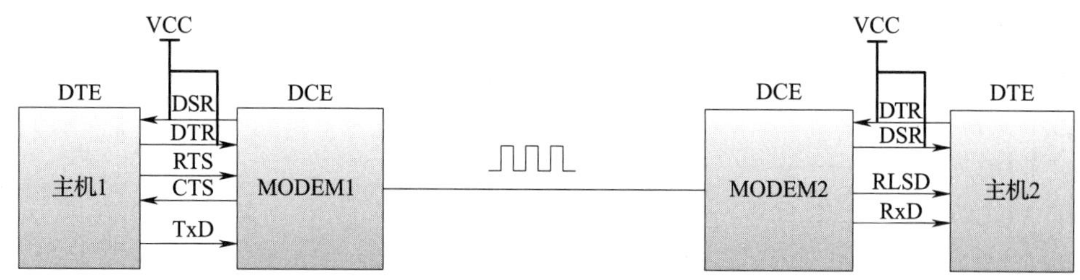

图 4-3　通信联络控制信号工作方式——主机 1 通过 MODEM 向主机 2 发送数据

DSR 和 DTR 一般连接到电源线（VCC）上，因此，在主机 1、MODEM1、MODEM2 和主机 2 一上电时，这两个信号即为 ON 状态。

当主机 1 需要发送数据时，它先向 MODEM1 发送 RTS 信号，MODEM1 在收到这个信号后，会回复 CTS，表示允许发送，接着，主机 1 通过 TxD 线向 MODEM1 发送数据。

MODEM1 在收到数据后，将其调制，发送至远程的 MODEM2，MODEM2 收到数据后，将 RLSD 置 ON，通知主机 2 接收，接着主机 2 再通过 RxD 接收数据。从而完成主机 1 向主机 2 的数据传输。

主机 1 接收主机 2 发送数据的过程是图 4-3 的逆向过程（图中没有标示出所有信号线）。

RS232 的数据发送与接收线定义如下：

（1）发送数据（TxD）——通过 TxD 线，终端将串行数据发送到 MODEM（DTE → DCE）。

（2）接收数据（RxD）——通过 RxD 线，终端接收从 MODEM 发来的串行数据（DCE → DTE）。

（3）GND、Signal GND——保护地和信号地，无方向。

上述控制信号线何时有效，何时无效的顺序表示了接口信号的传输过程。例如，只有当 DSR 和 DTR 都处于有效（ON）状态时，才能在 DTE 和 DCE 之间进行传输操作。若 DTE 要发送数据，则预先将 RTS 线置成有效（ON）状态，等 CTS 线上收到有效（ON）状态的回答后，才能在 TxD 线上发送串行数据。这种顺序的规定对半双工的通信线路特别有用，因为半双工的通信需要确定 DCE 已由接收方向改为发送方向，这时线路才能开始发送。

4.1.2.4　针脚定义

DB-25 的针脚定义如表 4-1 所示，其数据信号类型在 4.1.2.2 节中有说明。

表 4-1　DB-25 针脚定义

针脚	信号名	信号定义	说明
1	PE	保护地	设备外壳接地
2	TxD	发送数据	数据发送到 MODEM
3	RxD	接收数据	从 MODEM 接收数据
4	RTS	请求发送	在半双工时控制发送器的开和关
5	CTS	清除发送	MODEM 清除发送
6	DSR	数据准备就绪	MODEM 准备好

表 4-1（续）

针脚	信号名	信号定义	说明
7	GND	地线	地线
8	DCD	数据载波检测	MODEM 正在接收另一端送来的信号
9		空	
10		空	
11		空	
12		接收信号检测（2）	在第二通道检测到信号
13		清除发送（2）	在第二通道清除发送
14		发送数据（2）	在第二通道发送数据
15		发送器定时	为 MODEM 提供发送器定时信号
16		接收数据（2）	第二通道接收数据
17		接收器定时	为接口和终端提供定时
18		空	
19		请求发送（2）	连接第二通道的发送器
20	DTR	数据终端就绪	数据终端就绪
21		空	
22	Ringing	振铃指示	振铃指示
23		数据率选择	选择两个同步数据率
24		发送器定时	为接口和终端提供定时
25		空	

DB-9 的针脚定义如表 4-2 所示，其数据信号类型在表中有说明。

表 4-2　DB-9 针脚定义

针脚	信号	信号定义	说明
1	DCD	数据载波检测	MODEM 正在接收另一端送来的信号
2	RxD	接收数据	从 MODEM 接收数据
3	TxD	发送数据	数据发送到 MODEM
4	DTR	数据终端就绪	数据终端就绪
5	GND	地线	地线
6	DSR	数据准备就绪	MODEM 准备就绪
7	RTS	请求发送	在半双工时控制发送器的开和关
8	CTS	清除发送	MODEM 清除发送
9	Ringing	振铃提示	振铃指示

DB-25 与 DB-9 之间的对应关系如表 4-3 所示。

表 4-3　DB-25 与 DB-9 之间的对应关系

RS-232-C 串口（DB-9）			RS-232-C 串口（DB-25）		
针脚	信号	定义	针脚	信号	定义
1	DCD	数据载波检测	8	DCD	数据载波检测
2	RxD	接收数据	3	RxD	接收数据
3	TxD	发送数据	2	TxD	发送数据
4	DTR	数据终端就绪	20	DTR	数据终端就绪
5	GND	地线	7	GND	地线
6	DSR	数据准备就绪	6	DSR	数据准备就绪
7	RTS	请求发送	4	RTS	请求发送
8	CTS	清除发送	5	CTS	清除发送
9	Ringing	振铃指示	22	Ringing	振铃指示

4.1.3　RS-422 与 RS-485

RS-422 由 RS-232-C 发展而来，它是为弥补 RS-232-C 之不足而提出的。针对 RS-232-C 通信距离短、速率低的缺点，RS-422 定义了一种平衡通信接口，将传输率提高到 10Mbit/s，传输距离延长到 4000ft（速率低于 100Kbit/s 时），并允许在一条平衡总线上最多连接 10 个连接器。RS-422 是一种单机发送、多机接收的单向、平衡传输规范，被命名为 TIA/EIA-422-A 标准。

为了扩展应用范围，EIA 又于 1983 年在 RS-422 的基础上制定了 RS-485 标准，增加了多点、双向通信能力，即允许多个发送器连接到同一条总线上，同时增加了发送器的驱动能力和冲突保护特性，扩展了总线共模范围，后命名为 TIA/EIA-485-A 标准。

RS-422、RS-485 与 RS-232-C 不同，其数据信号采用差分传输方式，也称作平衡传输，它使用一对双绞线，将其中一根线定义为 A，另一根线定义为 B，如图 4-4 所示。通常情况下，发送驱动器 A、B 之间的正电平范围 +2 ~ +6V 表示一个逻辑状态，负电平范围 -6 ~ -2V 表示另一个逻辑状态。另有一个信号地 C，在 RS-485 中还有一个“使能”端，而在 RS-422 中这是可用可不用的。“使能”端用于控制发送驱动器与传输线的切断与连接。当“使能”端起作用时，发送驱动器处于高阻状态，称作“第三态”，即它是有别于逻辑“1”与“0”的第三态。

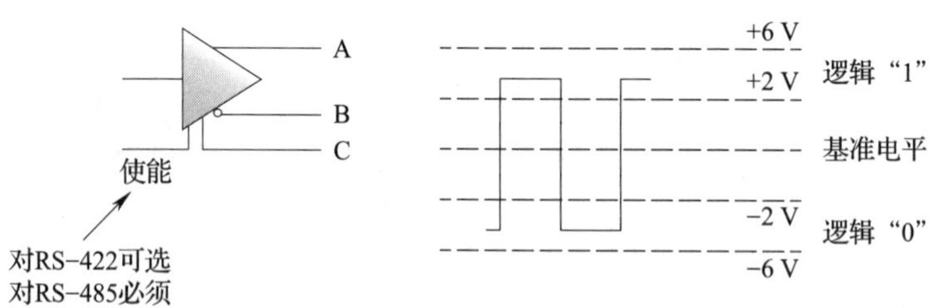

图 4-4　RS-422/RS-485 发送器的电平

如图 4-5 所示，接收器也有与发送端相对应的规定，收、发端通过平衡双绞线将 A 与 A 和 B 与 B 对应连接，当在接收端 AB 之间有大于 +200mV 的电平时，输出正逻辑电平，小于 -200mV 时，输出负逻辑电平。接收器接收平衡线上的电平范围通常在 200mV ~ 6V 或 -6V ~ -200mV 之间。

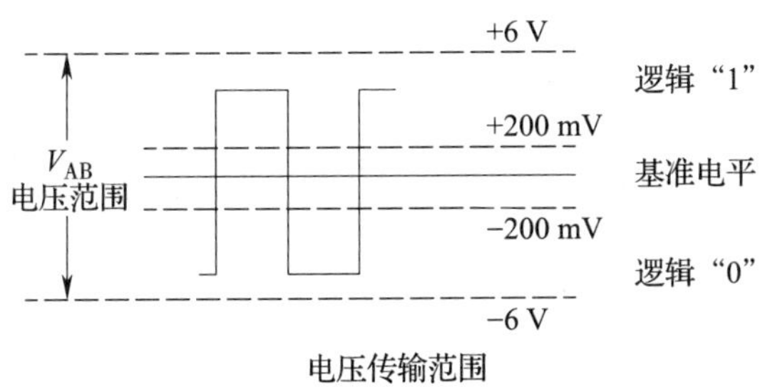

图 4-5　RS-422/RS-485 接收器的电平

4.1.3.1　RS-422 电气规定

RS-422 标准全称是“平衡电压数字接口电路的电气特性”，它定义了接口电路的特性。图 4-6 是典型的 RS-422 四线接口。实际上还有一根信号地线，共 5 根线。图中描述的是 DB9 连接器针脚的定义。

如图 4-7 所示，由于接收器采用高输入阻抗，发送驱动器具有比 RS-232-C 更强的驱动能力，因此可以在同一传输线上连接多个接收节点，最多可接 10 个节点。其中一个为主设备（Master），其余为从设备（Slave），从设备之间不能通信，所以 RS-422 支持一对多的双向通信。RS-422 四线接口由于采用单独的发送和接收通道，因此不必控制数据方向。

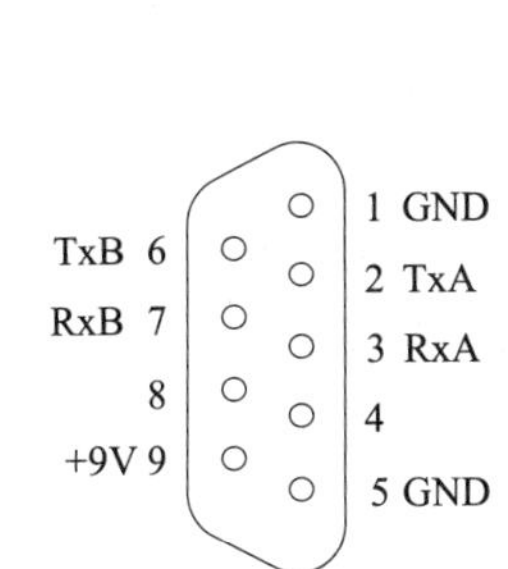

图 4-6　RS-422 的 DB9 连接器针脚定义

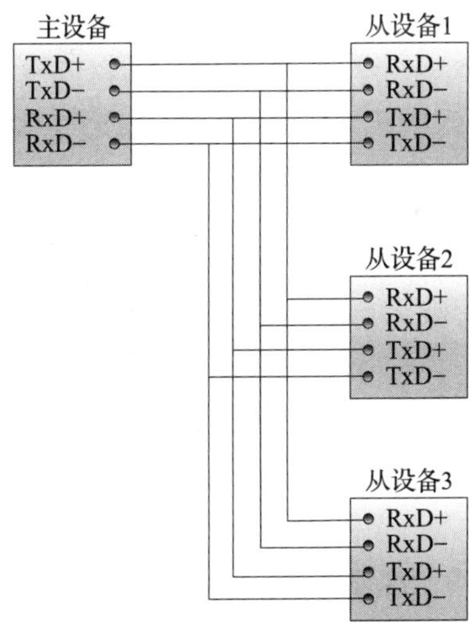

图 4-7　RS-422 的多节点总线连接方式（1 主 3 从）

RS-422 的最大传输距离为 4000ft（约 1219m），最大传输速率为 10Mbit/s。其平衡双绞线的长度与传输速率成反比，在 100Kbit/s 速率以下，才可能达到最大的传输距离。只有在很短的距离下才能获得最高的传输速率，一般 100m 长的双绞线上所能获得的最大传输速率仅为 1Mbit/s。

RS-422 需要接终端电阻，要求其阻值约等于传输电缆的特性阻抗。在短距离传输时可以不接终端电阻，即一般在 300m 以下不需要接终端电阻。终端电阻接在传输电缆的最远端。

4.1.3.2 RS-485 电气规定

由于 RS-485 是在 RS-422 基础上发展而来的，所以 RS-485 的许多电气规定与 RS-422 相仿。如都采用平衡传输方式、都需要在传输线上接终端电阻等。RS-485 可以采用二线与四线方式，二线制可以实现真正的多点双向通信。RS-485 的多节点总线连接方式如图 4-8 所示。

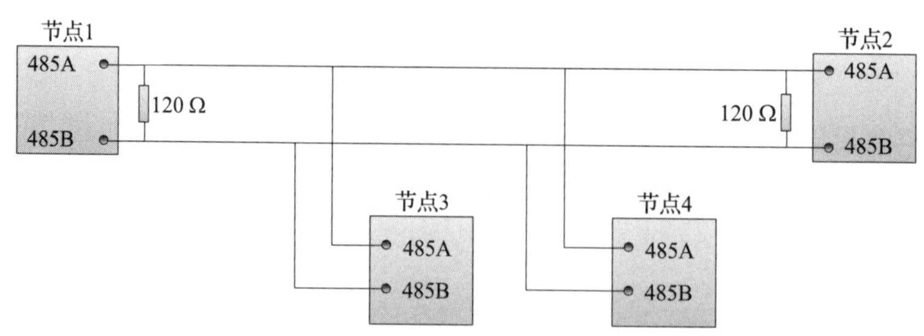

图 4-8　RS-485 的多节点总线连接方式

实现多点传输有一个简单的方法，即采用令牌许可证机制。每个节点都被赋予唯一的 ID 号，任一发送节点在发送数据的同时将下一个允许发送的 ID 地址以令牌的形式发出，如果得到令牌的节点无发送要求，则将令牌发送给下一个 ID，这种机制简单且易于实现。

而采用四线连接时，则与 RS-422 一样只能实现点对多的通信，即只能有一个主设备，其余为从设备，但它比 RS-422 更先进，无论四线还是二线连接方式，总线上最多可接 32 个设备。

RS-485 与 RS-422 一样，其最大传输距离约为 1219m，最大传输速率为 10Mbit/s。平衡双绞线的长度与传输速率成反比，在 100Kbit/s 速率以下，才可能使用最长的电缆长度。只有在很短的距离下才能获得最高的传输速率。一般 100m 长的双绞线最大传输速率仅为 1Mbit/s。

RS-485 需要 2 个终端电阻，其阻值要求等于传输电缆的特性阻抗。在短距离传输时可不接终端电阻，即一般在 300m 以下不接终端电阻。终端电阻应接在传输总线的两端。

4.1.3.3 RS-422 与 RS-485 的网络连接注意要点

RS-422 可支持 10 个节点，RS-485 支持 32 个节点。多个节点可以构成网络。网络拓扑一般采用终端匹配的总线型结构，不支持环形或星形网络。在构建网络时，应注意以下几点：

（1）采用一条双绞电缆作总线，将各个节点串联起来，从总线到每个节点的引出线长度应尽量短，以便使引出线中的反射信号对总线信号的影响最低。

（2）应注意总线特性阻抗的连续性，在阻抗不连续点会发生信号的反射。下列几种情况易产生这种不连续性：总线的不同区段采用了不同电缆，或某一段总线上有过多收发器紧靠在一起安装，再或者是总线的节点分支引出线过长。

总之，应提供一条单一、连续的信号通路作为总线，这一点在航空应用中显得尤为重要，4.2 节会讲述航空 CAN 总线的物理拓扑设计中需要注意的地方。

4.1.3.4　RS–422 与 RS–485 传输线阻抗匹配

对 RS–422 与 RS–485 总线网络一般要使用终端电阻进行匹配，但在短距离与低速率下可以不用考虑终端匹配。那么在什么情况下不用考虑匹配呢？理论上，在每个接收数据信号的中点进行采样时，只要反射信号在开始采样时衰减到足够低就可以不考虑匹配，如图 4–9（a）所示。但这在实际上难以掌握，这里有一条经验性的原则可以用来判断在什么样的数据速率和电缆长度时需要进行匹配：当信号的转换时间（上升或下降时间）超过信号沿总线单向传输所需时间的 3 倍时就可以不加匹配。例如，具有限斜率特性的 RS–485 接口 MAX483 输出信号的上升或下降时间最小为 250ns，典型双绞线上的信号传输速率约为 0.2m/ns（24AWG 电缆），那么只要数据速率在 250Kbit/s 以内、电缆长度不超过 16m，采用 MAX483 作为 RS–485 接口就可以不加终端匹配。

当电缆长度为 16m 时，信号沿总线单向传输所需的时间为 80ns，而 MAX483 的上升 / 下降时间为 250ns，是信号单向传输时间的 3 倍以上。

当线路较长时，反射波与入射波相位相反，叠加后电平为零，导致采集信号错误，如图 4–9（b）所示。此时需要增加匹配电阻来防止反射波对信号的干扰。

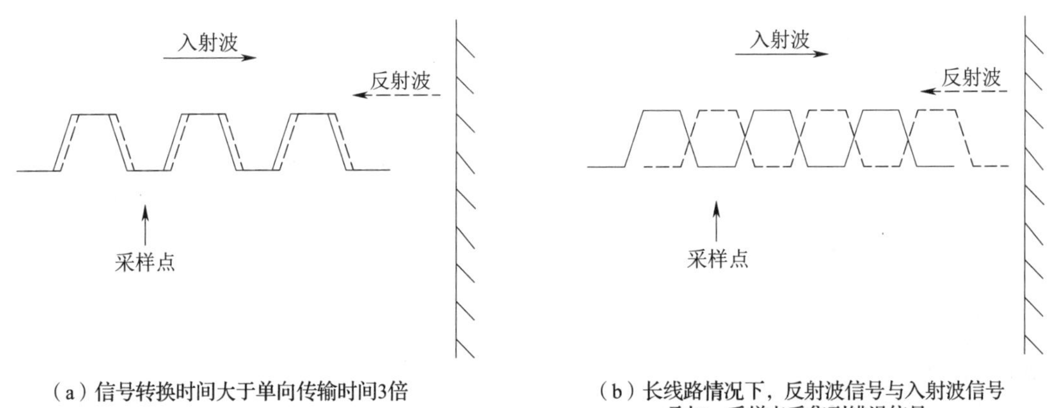

（a）信号转换时间大于单向传输时间3倍

（b）长线路情况下，反射波信号与入射波信号叠加，采样点采集到错误信号

图 4–9　在长线路情况下反射信号会对原信号产生干扰

一般终端匹配采用终端电阻方法，前文已有提及，RS–422 在总线电缆的远端并联电阻，RS–485 则应在总线电缆的开始和末端都并联终端电阻。终端电阻一般在 RS–422 网络中取 100Ω，在 RS–485 网络中取 120Ω。这个电阻相当于电缆的特征阻抗，大多数双绞线电缆的特性阻抗为 100 ~ 120Ω。这种匹配方法简单有效，但有一个缺点，匹配电阻要消耗较大的功率，对于功耗限制比较严格的系统不太适合。

另外一种比较省电的匹配方式是 RC 匹配。利用一只电容 C 隔断直流成分可以节省大部分功率，如图 4–10 所示。但电容 C 的取值是个难点，需要在功耗和匹配质量之间进行折中。

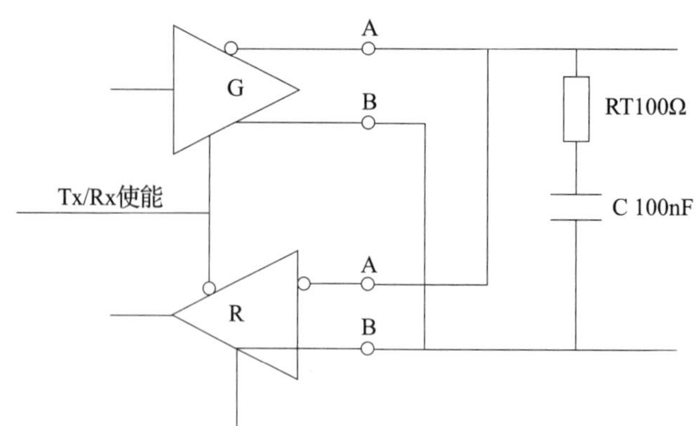

图 4-10　利用电容消除终端电阻的直流功率消耗

4.1.3.5　RS-422 与 RS-485 的接地问题

电子系统接地很重要，但常常被忽略。接地处理不当往往会导致电子系统不能稳定工作，甚至危及系统安全。RS-422 与 RS-485 传输网络的接地同样也是很重要的，因为接地系统不合理会影响整个网络的稳定性，尤其是在工作环境比较恶劣和传输距离比较远的情况下，对于接地的要求更为严格，否则接口损坏率较高。

很多情况下，连接 RS-422、RS-485 通信链路时只是简单地用一对双绞线将各个接口的“A”“B”端连接起来，而忽略了信号地的连接，这种连接方法在很多场合是能正常工作的，但却有很大隐患，原因有二：

（1）共模干扰问题：如前文所述，RS-422 与 RS-485 接口均采用差分方式传输信号，并不需要相对于某个参考点来检测信号，系统只要检测两线之间的电位差就可以了。但人们往往忽视了收发器有一定的共模电压范围，通常为 -7 ~ +12V，只有满足上述条件，整个网络才能正常工作。当网络线路中共模电压超出此范围时就会影响通信的稳定可靠，甚至损坏接口。以图 4-11 为例，当发送驱动器 A 向接收器 B 发送数据时，发送器 A 的输出共模电压为 V_{OS}，由于两个系统具有各自独立的接地系统，存在着地电位差 V_{GPD}。那么，接收器输入端的共模电压 V_{CM} 就会达到 $V_{CM}=V_{OS}+V_{GPD}$。RS-422 与 RS-485 标准均规定 $V_{OS}\leqslant 3V$，但 V_{GPD} 可能会有很大幅度（十几伏甚至数十伏），并可能伴有强干扰信号，致使接收器共模输入电压 V_{CM} 超出正常范围，并在传输线路上产生干扰电流，轻则影响正常通信，重则损坏通信接口电路。

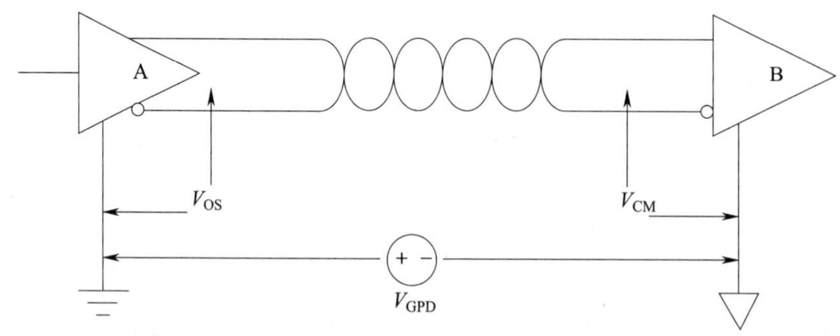

图 4-11　因为干扰的存在而导致接收端共模电压超出范围

（2）EMI 问题：发送驱动器输出信号中的共模部分需要一个返回通路，如果没有一个低阻的返回通道（信号地），就会以辐射的形式返回源端，整个总线就会像一个巨大的天线向外辐射电磁波。

由于上述原因，RS–422、RS–485 尽管采用差分平衡传输方式，但对整个 RS–422 或 RS–485 网络，必须有一条低阻的信号地。如图 4–12 所示，一条低阻的信号地将两个接口的工作地连接起来，使共模干扰电压 V_{GPD} 被短路。这条信号地可以是额外的一条线（非屏蔽双绞线），或者是屏蔽双绞线的屏蔽层。这是最通常的接地方法。

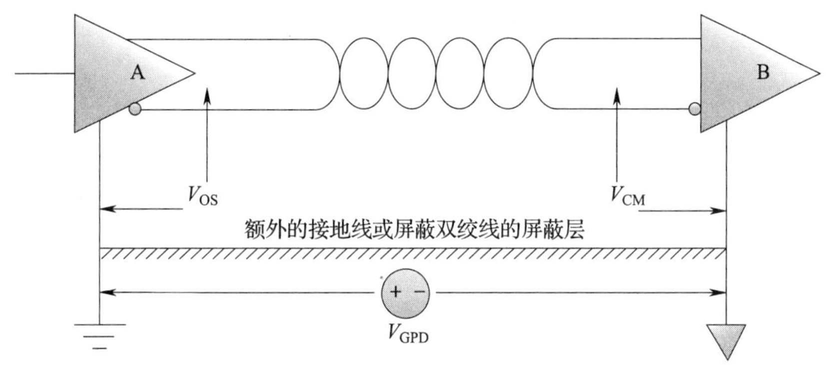

图 4–12 采用额外的接地线或屏蔽双绞线的屏蔽层作为共模信号的返回通路

4.1.3.6 RS–422 与 RS–485 的瞬态保护

前文提到的信号接地措施，只对低频率的共模干扰有保护作用，对于频率很高的瞬态干扰就无能为力了。由于传输线对高频信号而言就相当于电感，因此对于高频瞬态干扰，接地线实际等同于开路。这样的瞬态干扰虽然持续时间短暂，但可能会有成百上千伏的电压。

实际应用环境下还是存在高频瞬态干扰的可能。一般在切换大功率感性负载如电机、变压器、继电器等或在闪电过程中都会产生幅度很高的瞬态干扰，如果不加以适当的防护就会损坏 RS–422 或 RS–485 通信接口。对于这种瞬态干扰可以采用隔离或旁路的方法加以防护。

（1）隔离保护方法。这种方案实际上将瞬态高压转移到隔离接口中的电隔离层上，由于隔离层的高绝缘电阻，不会产生损害性的浪涌电流，起到保护接口的作用。通常采用高频变压器、光耦等元件实现接口的电气隔离，已有器件厂商将所有这些元件集成在一片 IC 中，使用起来非常简便，如 MAXIM 公司的 MAX1480/MAX1490，隔离电压可达 2500V。这种方案的优点是可以承受高电压、持续时间较长的瞬态干扰，实现起来也比较容易，缺点是成本比较高。

（2）旁路保护方法。这种方案利用瞬态抑制元件（如 TVS、MOV、气体放电管等），将危害性的瞬态能量旁路到大地，优点是成本较低，缺点是防护能力有限，只能保护一定能量以内的瞬态干扰，持续时间不能很长，而且需要有一条良好的连接大地的通道，实现起来比较困难。

实际应用中是将上述两种方案结合起来灵活加以运用，如图 4–13 所示。在这种方法中，隔离接口对大幅度瞬态干扰进行隔离，旁路元件则保护隔离接口不被过高的瞬态电压击穿。

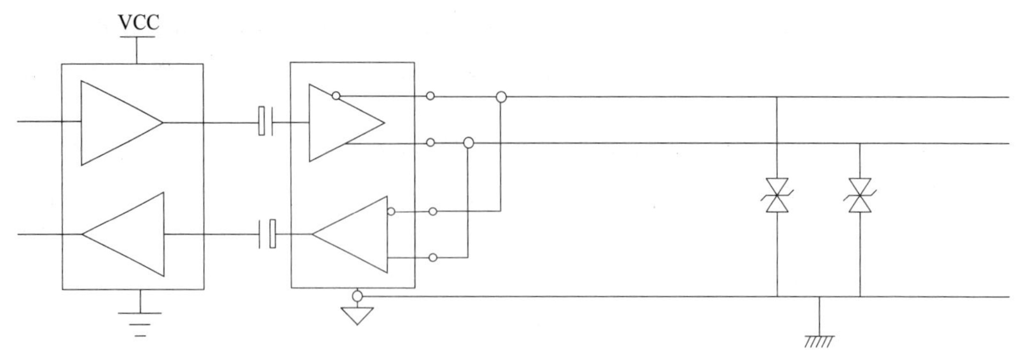

图 4-13　通过隔离和瞬态抑制元件提供对瞬态干扰的双重保护

4.1.4　CAN 与 RS-232-C、RS-422、RS-485 的区别

CAN 与 RS-232-C、RS-422、RS-485 都属于串行通信，即发送端将数据逐位发送到总线，而接收端则对其进行逐位读取和解析，数据传输以串行的方式进行，如图 4-14 所示。

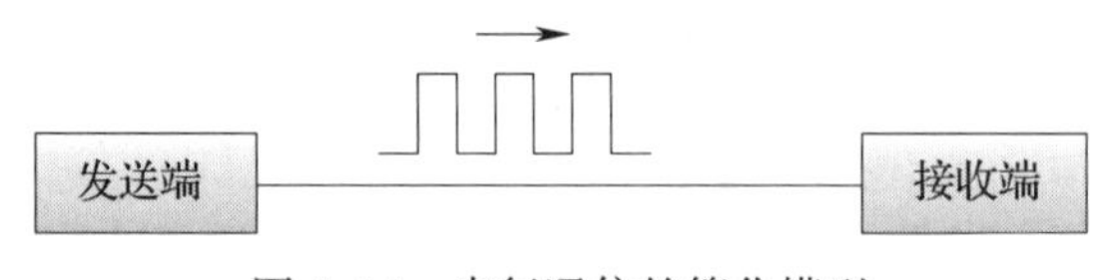

图 4-14　串行通信的简化模型

对于 RS-232-C、RS-422、RS-485 而言，发送端和接收端是相对独立的。发送端在总线访问期间将数据传输到总线上，即完成发送；接收端实时侦听总线数据，在检测到有数据发送时，即进行接收。

而 CAN 总线则建立了发送端和接收端之间的协同，在发送端发送完一个 CAN 数据帧的数据域和 CRC 域后，会等待接收节点的应答。CAN 总线的应答域由接收节点填充，如图 4-15 所示。如果接收节点正确接收到数据，则在应答域写入一显性位以示应答。若未能收到任意节点的应答，则发送节点会发送应答错误标志。

图 4-15　CAN 总线的应答域由接收节点填充

CAN 总线协议比 RS-232-C、RS-422、RS-485 要复杂得多。后者只定义了通信的电气规定，物理接口、高层的协议由用户自己定义。或者简单地说，RS-232-C、RS-422、RS-485 只定义了物理层的协议，数据链路层（介质访问子层、逻辑链路控制子层）的协议没有作具体规定。而 CAN 不仅定义了物理层协议和数据链路层协议，还定义了总线监

视器，即错误处理和总线失效的管理。

CAN 总线协议中这些新增的内容，提高了其通信的可靠性和容错能力。

下一节讲述 CAN 总线。受制于文章的篇幅，这一节只能对 CAN 总线的基本概念作简要介绍，若读者需要了解更详细的信息，请参考拙著《航空 CAN 总线 ARINC825 应用指南》。

4.2 航空 CAN 总线

CAN 是 Controller Area Network 的缩写，是经国际标准化组织（ISO）标准化的串行通信协议。在汽车产业中，出于对安全性、舒适性、方便性、低成本的要求，各种各样的电子控制系统被开发了出来。这些系统之间通信所用的数据类型及对可靠性的要求不尽相同，由多条总线构成的情况很多，线束的数量也随之增加。为适应“减少线束数量”“通过多个局域网（LAN），进行大数据量的高速通信”的需要，1986 年德国电气制造商博世公司开发出面向汽车的 CAN 通信协议。此后，CAN 先后通过 ISO11519 和 ISO11898 进行了标准化（前者是低速 CAN，后者是高速 CAN），如今 CAN 已成为汽车网络的标准协议。

CAN 的高性能和可靠性已被工业界认同，并被广泛地应用于工业自动化、船舶、医疗器械、工业设备等方面。随着 CAN 总线相关技术的日趋成熟，以及车载平台与机载平台在通信技术方面的相似性，CAN 总线在航空领域的应用逐渐得到重视，近年来国内外的主要飞机制造商已经开始把 CAN 总线应用到飞机上，使飞机在性能改进的同时具有更高的经济性。

为提高基于 CAN 总线的航空机载设备的通用性，同时提高系统安全性，近年来出现了一些基于 CAN 总线的新型航空机载设备通信协议，其中最有代表性的是 ARINC825 协议。

图 4-16 描述了一个典型的 CAN 通信网络。每个节点只有在总线空闲的时候才可以传输数据。在总线空闲时或一个帧间隔后，所有需要传输数据的节点将消息的标识符发送到总线上。总线仲裁在标识符传输的过程中进行，优先级低的消息节点要将总线控制权让位给优先级高的消息节点，接收消息的节点会对收到的消息进行应答。图 4-16 椭圆圈内的节点是发送节点，其他节点是接收节点。为防止回波反射而影响 CAN 的通信质量，一般会在 CAN 的两端增加终端电阻。

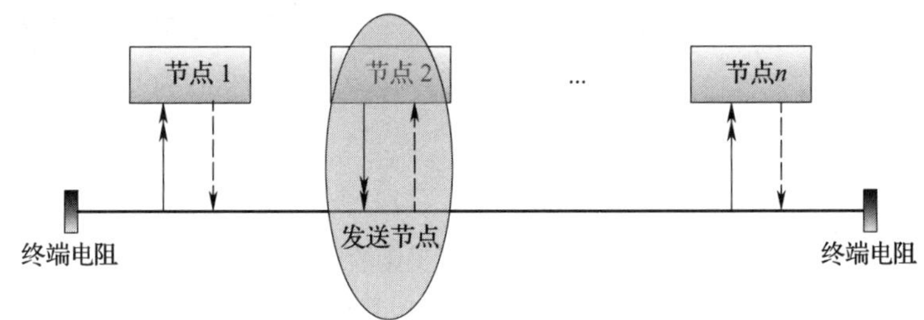

图 4-16 一个典型的 CAN 网络

下面是 CAN 总线的一些主要特征：

（1）多网络节点的双向传输。

（2）针对所有节点的广播消息，在收到消息后所有节点会给予应答。

（3）短数据帧（0 ~ 8B）。

（4）错误检测与错误指示。

从系统整体架构的角度来看，有两种通用的网络域，一种是基于 ARINC664 的以太网域，另一种是基于 ARINC825 的 CAN 总线域。ARINC664 是一种基于 IP 寻址的协议，在主机接口上采用了通信端口的架构。而 ARINC825 以 CAN 为基础，通过数据标识符的不同，可以让用户选择他们所需的数据。ARINC825 说明了 CAN 网络内数据的存取和数据流，以及在网络边界上的数据流。

图 4–17 的例子说明了两个分立的 CAN 网络如何通过网关连接到一个高速的网络上。在这个系统中，有很多种可能的通信方式：

（1）同一系统的 CAN 节点在同一网络内的通信，比如，系统 1 的节点 1 和节点 3 之间通过 CAN 总线 1 彼此通信。

（2）同一 CAN 网络内不同系统节点之间的通信，比如，CAN 总线 2 的节点 7（属于系统 3）和节点 8（属于系统 4）之间的通信。

（3）此外，还有跨网络的节点之间的通信，主要有以下几种情形。

（a）通过高速网络对 CAN 总线上的节点进行控制，例如，高速网络上的系统 6 与 CAN 总线 2 上的系统 4 上的节点之间的通信。

（b）两条分立的 CAN 总线通过高速网络的桥接而实现通信，比如，通过高速网络的桥接作用，可以实现 CAN 总线 1 上系统 1 的节点与 CAN 总线 2 上系统 5 的节点之间的通信。

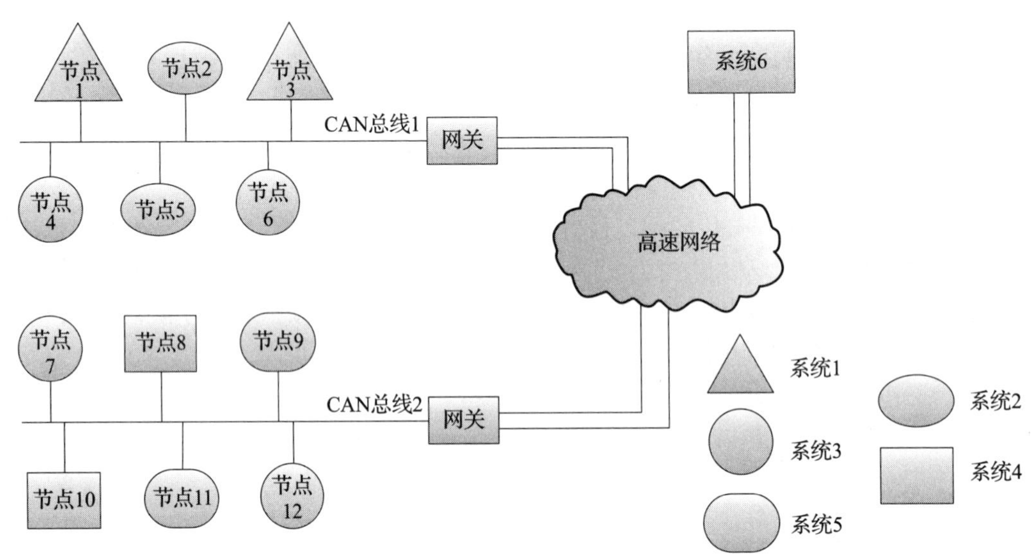

图 4–17　CAN 网络的域

这里需要注意的是，CAN 总线上的消息采用广播的方式，一个节点发送的消息可以被网络上所有其他的节点所接收。

图 4–18 示出了 CAN 网络与高速网络集成时的数据流。系统 1 上由 LRU1 发送的数据（用实心箭头表示），可以被总线上所有的 LRU 所接收，同时传输给网关，网关再把这些数据有选择性地发送给高速网络。同样地，高速网络上过来的数据（用空心箭头表

示），会经网关的过滤，有选择性地发送到 CAN 总线上，这样 CAN 总线上的系统 1 和系统 2 的 LRU 可以接收这些数据。

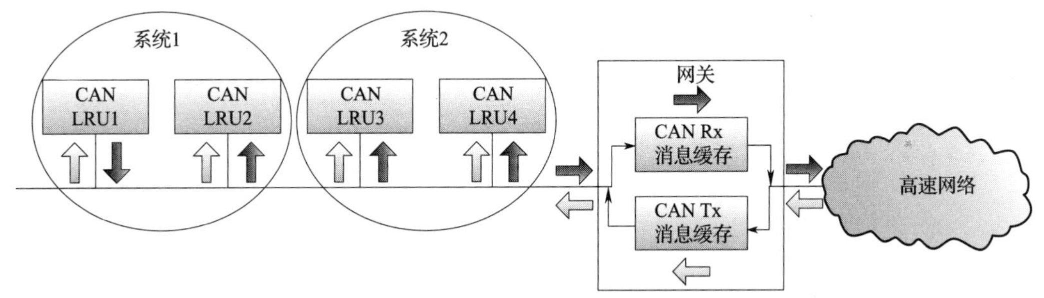

图 4–18　CAN 网络域的数据流

为保证不同域之间数据流的兼容性，有几个方面需要考虑。首先是数据的标识符，最好能实现从文件读取，这样根据不同的应用，可以对标识符进行定制，灵活度会比较高。最好能实现有效载荷数据格式的统一，这样在涉及不同域之间的数据交换时，可以避免数据格式的转换。在高速网络（如 ARINC664 网络）和 CAN 网络之间保持数据类型和格式的一致性是值得推荐的。在定义有效载荷的数据格式时，不仅要支持参数数据的传输，还要支持块数据的传输。

其次，不同网络域之间通信时还要考虑的一个问题是带宽容量，要有机制能够保证高速网络和低速网络数据流容量的匹配，否则会造成非预期的数据丢失。

再次，还有一个关于数据延迟的问题，当不同网络在网关处采用了数据缓存和数据节流措施后，数据延迟的问题显得尤为突出。

最后是关于高层协议的制定，以支持类似数据加载的操作，使得在不同网络之间实现这些高级功能成为可能。

4.2.1　概述

BOSCH 提出 CAN2.0 规范的目的是建立任意两个 CAN 设备之间的兼容性。这里，兼容性体现在不同的方面，比如电气特性和数据格式的翻译等。为实现设计的透明度和灵活性，CAN 被分为以下三个层次：

（1）CAN 对象层（the Object Layer）。

（2）CAN 传输层（the Transfer Layer）。

（3）物理层（the Physical Layer）。

其中，对象层和传输层包含了所有由 ISO/OSI 模型定义的数据链路层的服务和功能。对象层的作用包括：

（1）找到要发送的消息。

（2）确定接收到的消息中哪些是传输层要使用的。

（3）为应用层相关硬件提供接口。

传输层的作用是定义传输规则，即控制帧结构、执行仲裁、错误检测、错误指示及错误界定。传输层可以决定总线何时空闲，可以开始新的传输，也可以决定何时开始接收数据。通常位定时被认为是传输层的一部分。传输层的特性决定了它是不能被修改的。

物理层的作用是根据 CAN 的电气特性处理不同 CAN 节点之间位信息的物理传输。虽然同一网络内的物理层对所有的节点是相同的，但在物理层的选择方面，还是有较大自由度的。

如后文所述，CAN2.0 规范并没有定义物理层。

4.2.2 CAN 的基本概念

CAN 具有如下属性：

（1）消息的优先权。

（2）保证的延迟时间。

（3）配置的灵活性。

（4）带时间同步的多点接收。

（5）系统范围的数据一致性。

（6）多主机。

（7）错误检测和指示。

（8）在总线空闲时自动对损坏的消息进行重新传输。

（9）能区分节点的暂时性故障和永久性失效，并将失效的节点自动关闭。

4.2.2.1 CAN 节点的层结构

CAN 节点的层结构如图 4-19 所示。在图示的层结构中，物理层定义了位信号的传输方法。BOSCH 的 CAN 协议中没有定义物理层，这样用户可以根据具体的应用，对传输介质和信号电平进行优化。

传输层是 CAN 协议的核心，它将接收到的消息提供给对象层，以及接收来自对象层的消息。传输层负责位定时及同步、消息分帧、仲裁、应答、错误检测和指示、故障界定等。对象层的功能是消息滤波以及状态和消息的处理。

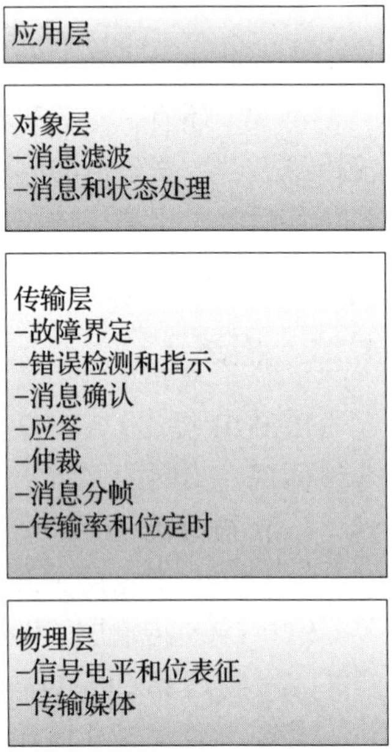

4.2.2.2 消息（Messages）

总线上的信息以格式固定的消息形式发送，但其长度有限制（见后文中消息传输的章节）。当总线空闲时，总线上的任意节点都可以开始发送新的消息。

4.2.2.3 信息路由（Information Routing）

在 CAN 网络中，节点不使用与网络配置有关的信息（比如站地址）。以下是关于 CAN 协议的几个重要概念：

应用层

对象层
–消息滤波
–消息和状态处理

传输层
–故障界定
–错误检测和指示
–消息确认
–应答
–仲裁
–消息分帧
–传输率和位定时

物理层
–信号电平和位表征
–传输媒体

图 4-19　CAN 节点的层结构

（1）系统灵活性：不需要改变节点的应用层及相关的软件或硬件，就可以在 CAN 网络中直接添加节点。

（2）消息路由：消息的内容由标识符指定。标识符不指定消息的目的地址，但可以解释数据的含义。因此，网络上的节点可以通过消息滤波确定是否需要对该数据作出响应。

（3）多播：由于引入了消息滤波的概念，每个节点都可以在需要时接收消息，并对该消息同时作出响应。

（4）数据一致性：在 CAN 网络内，可以确保消息同时被所有的节点接收（或同时不被任何节点接收）。系统内的这种数据的一致性是通过多播和错误处理的机制来实现的。

4.2.2.4　位速率（Bit Rate）

不同的网络中，CAN 传输率可以不同。但在一个给定的网络内，CAN 的位速率是唯一和固定的。

4.2.2.5　优先级（Priorities）

在总线访问期间，标识符定义了静态的消息优先级。

4.2.2.6　远程数据请求（Remote Data Request）

通过发送远程帧，需要数据的节点可以请求另一个节点发送相应的数据帧。数据帧和相应的远程帧是由相同的标识符（Identifier）指定的。

4.2.2.7　多主机（Multi-master）

总线空闲时，每个节点都可以开始发送消息。当两个节点同时发送消息时，具有较高优先级消息的节点可以获得总线访问权。

4.2.2.8　仲裁（Arbitration）

只要总线空闲，任何节点都可以开始发送消息。如果两个或两个以上的节点同时开始传输消息，则总线访问会有冲突。通过标识符逐位仲裁的方式可以解决这个冲突。这种仲裁的机制可以确保信息和时间均不受损失。当具有相同标识符的数据帧和远程帧同时开始发送时，数据帧的优先级高于远程帧。在仲裁期间，每个 CAN 发送器都会对发送位的电平与被监控的总线电平进行比较。如果电平相同，则该节点可以继续发送。如果发送的是一“隐性”电平而监控到一“显性”电平，那么该节点就丧失了仲裁，必须退出发送状态。

4.2.2.9　安全性（Safety）

为了确保数据传输的安全性，每个 CAN 节点都实现了强大的错误检测、错误指示和自检测措施。

4.2.2.10　错误检测（Error Detection）

为了检测错误，要采取以下措施：

（1）监控（CAN 发送器将发送位的电平与被监控的总线电平进行比较）。

（2）循环冗余校验。

（3）位填充。

（4）消息格式检查。

4.2.2.11　错误检测的性能（Performance of Error Detection）

错误检测机制应具备以下属性：

（1）能检测到所有全局错误。

（2）能检测到 CAN 发送器的所有局部错误。

（3）可以检测到一个消息中多达 5 个的任意分布的错误。

（4）能检测到一个消息里长度低于 15bit 的突发性错误。

（5）能检测到一个消息里任意奇数个错误。

对于没有被检测到错误的消息，其残余错误的可能性概率低于：消息错误率 $\times 4.7\times 10^{-11}$。

4.2.2.12　错误指示和恢复时间（Error Signaling and Recovery Time）

每个检测到错误的节点都会对已损坏的消息进行标识。此消息会被丢弃并自动地被重新传输。在没有出现新错误的情况下，从检测到错误到下一个消息开始传输之间的恢复时间为 29 个位时间。

4.2.2.13 故障界定（Fault Confinement）

CAN 节点能够区分短暂扰动和永久故障，永久故障的节点会被关闭。

4.2.2.14 连接（Connections）

CAN 是一种可以连接多个节点的串行通信总线。从理论上来讲，它可以连接无限多的节点。但受限于延迟时间以及总线上电气负载的影响，总线上所能连接的节点数量是有限的。

4.2.2.15 单通道（Single Channel）

CAN 总线是由一个能进行双向位信号传输的单通道组成的，通过它可以获得数据的重同步信息。通信实现的方法有很多，比如采用单芯线（加上地线）、2 条差分线、光缆等。BOSCH 的 CAN 技术规范没有限制这些方法的使用，即它没有定义物理层。

4.2.2.16 总线值（Bus Value）

总线可以具有两种互补的逻辑之一，即“显性”（Dominant）或“隐性”（Recessive）。当“显性”位和“隐性”位同时传输时，总线的结果值为“显性”。在具体实现时，可以采用总线的“线与”逻辑。其中，逻辑 0 代表“显性”位，逻辑 1 代表“隐性”位。BOSCH 的 CAN 技术规范没有给出表示这些逻辑电平的物理状态（比如线电压、光参数等）。

4.2.2.17 应答（Acknowledgement）

所有的 CAN 接收器都会检查消息的一致性。对于前后一致的消息，接收器会给予应答；当消息前后不一致时，接收器会作出标识。

4.2.2.18 休眠模式 / 唤醒（Sleep Mode/Wake-up）

为减少系统的功耗，可以将 CAN 设备设置为休眠模式以便停止内部活动及断开与总线驱动器的连接。CAN 设备可以由总线激活，或被系统内部的状态唤醒。唤醒时，虽然传输层要等待一段时间使系统振荡器稳定，然后还要再等待一段时间直到与总线活动同步（通过检查 11 个连续的“隐性”位），但在总线驱动器被重新设置为“总线在线”之前，系统内部的运行已经重新开始。为了唤醒总线上正处于休眠模式的其他节点，可以使用一种特殊的唤醒消息，它具有专门的、最低优先级的标识符（rrr rrrd rrrr，这里 r 表示“隐性”，d 表示“显性”）。

4.2.3 消息传输

4.2.3.1 帧类型

CAN2.0 支持两种帧格式，它们的区别在于标识符的长度不同，具有 11 位标识符的帧称为标准帧，而具有 29 位标识符的帧称为扩展帧。CAN 2.0 有以下 4 种帧类型：

（1）数据帧：数据帧携带数据从发送器传输到接收器。

（2）远程帧：总线节点发出远程帧，请求源节点发送具有同一标识符的数据帧。

（3）错误帧：任意单元检测到总线错误时就发送错误帧。

（4）过载帧：过载帧用于在先行的和后续的数据帧（或远程帧）之间提供一附加的延迟。

数据帧（或远程帧）通过帧间隔与前述的各帧分开。

CAN2.0 数据帧格式如图 4–20 所示。数据帧由 7 个不同的位域组成：帧起始、仲裁域、控制域、数据域、CRC 域、应答域、帧结束。数据域的长度可以为 0。

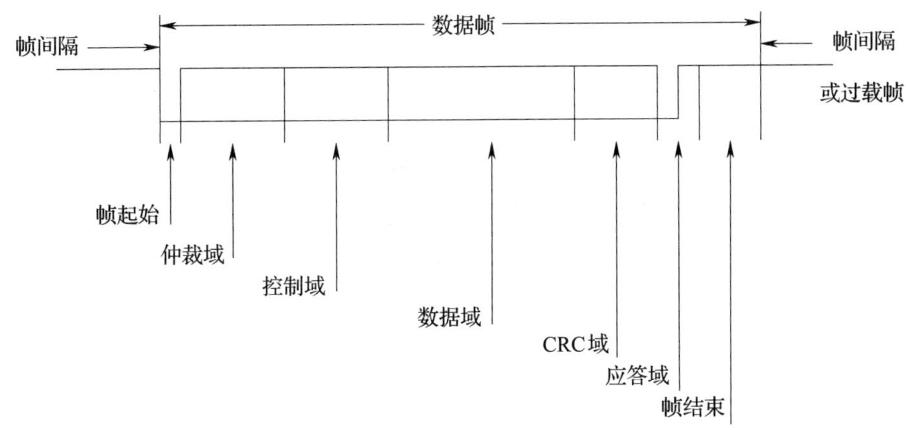

图 4–20　CAN 2.0 数据帧格式

标准格式和扩展格式的帧起始（SOF）相同，帧起始标志着数据帧和远程帧的开始，它由一个单独的“显性”位组成。

只有在总线空闲（参见后文的“总线空闲”）时，才允许节点开始发送消息。所有节点必须同步于首先开始发送消息的节点的帧起始前沿（参见后文的“硬同步”）。

标准格式帧和扩展格式帧的仲裁域格式不同。

（1）在标准格式里，仲裁域由 11 位标识符和远程发送请求（RTR）位组成，标识符的 bit 位从 ID–28 到 ID–18。

（2）在扩展格式里，仲裁域包括 29 位标识符、替代远程请求（SRR）位、标识符扩展（IDE）位、RTR 位。其标识符的 bit 位从 ID–28 到 ID–0。为区别标准格式和扩展格式，CAN 规范 1.2 的保留位现在表示为 IDE 位。

如图 4–21 所示，标准格式的标识符长度为 11 位，相当于扩展格式的基本 ID（Base ID）。这些位按照 ID–28 到 ID–18 的顺序发送，最低位是 ID–18，7 个最高位（ID–28 到 ID–22）不能全为“隐性”。

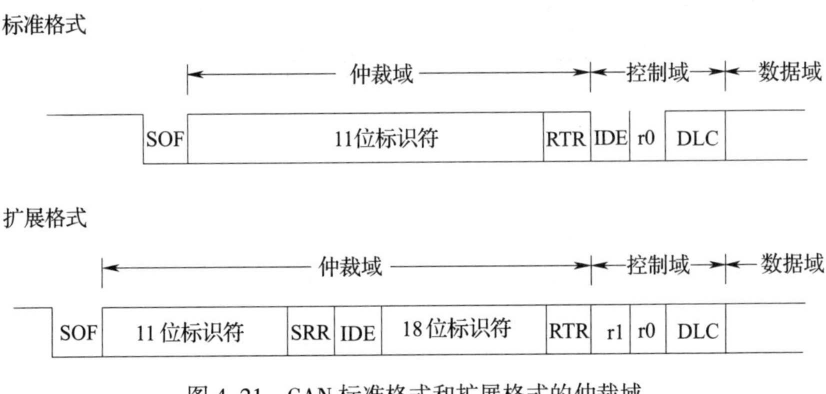

图 4–21　CAN 标准格式和扩展格式的仲裁域

扩展格式的标识符由 29 位组成，其格式包含两个部分：11 位基本 ID、18 位扩展 ID：

（1）基本 ID：基本 ID 包括 11 位，按 ID–28 到 ID–18 的顺序发送。它相当于标准标识符的格式。基本 ID 定义了扩展帧的基本优先级。

（2）扩展 ID：扩展 ID 包括 18 位，按照 ID–17 到 ID–0 的顺序发送。

在标准帧里，标识符后面是 RTR 位。RTR 的全称是“远程发送请求”（Remote Transmission Request），RTR 位在数据帧里必须为“显性”，而在远程帧里必须为“隐性”。

在扩展格式中，基本 ID 首先发送，其次是 SRR 位和 IDE 位。扩展 ID 的发送位于 SRR 位之后。SRR 的全称是“替代远程请求”（Substitute Remote Request）。SRR 是一个“隐性”位，它在扩展格式的标准帧 RTR 位的位置，因此可以代替标准帧的 RTR 位。标准帧与扩展帧的冲突是通过标准帧优先于扩展帧这一途径得以解决的，扩展帧的基本 ID 如同标准帧的标识符。

IDE 的全称是“标识符扩展”（Identifier Extension）。

IDE 位属于：

（1）扩展格式的仲裁域。

（2）标准格式的控制域。

标准格式的 IDE 位为“显性”，而扩展格式的 IDE 位为“隐性”。

如图 4–22 所示，控制域由 6 个位组成。标准格式的控制域格式与扩展格式的不同。标准格式里的控制域包括数据长度编码、IDE 位（为显性，见上文）及保留位 r0。扩展格式里的控制域包括数据长度编码和两个保留位 r1 和 r0。其保留位必须发送为“显性”，但接收器可以接受所有“显性”和“隐性”的排列组合。

图 4–22　CAN 标准格式与扩展格式的控制域

控制域中的数据长度编码标识了数据域中的字节数量，其长度为 4bit。

数据长度编码中的数据字节数如表 4–4 所示，其中 d 表示“显性”，r 表示“隐性”。

表 4–4　数据长度编码所表示的数据字节数（B 部分）

数据字节数	数据长度编码			
	DLC3	DLC2	DLC1	DCL0
0	d	d	d	d
1	d	d	d	r
2	d	d	r	d
3	d	d	r	r
4	d	r	d	d
5	d	r	d	r

表 4–4（续）

数据字节数	数据长度编码			
	DLC3	DLC2	DLC1	DCL0
6	d	r	r	d
7	d	r	r	r
8	r	d	d	d

数据帧中所允许的数据字节数为｛0，1，…，7，8｝，其他的数值不允许使用。

数据域由数据帧中的发送数据组成，它可以为 0 ~ 8B，每个字节包含 8bit，首先发送 MSB。

如图 4–23 所示，CRC 域包括 CRC 序列（CRC Sequence），其后是 CRC 界定符（CRC Delimiter）。

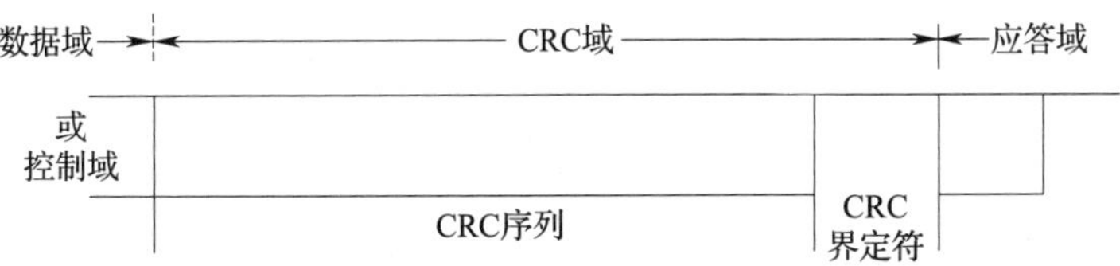

图 4–23　CAN 扩展格式的 CRC 域

由循环冗余校验码 CRC 所求得的帧检查序列最适合于位数低于 127bit 的帧。为进行 CRC 计算，被除的多项式系数由无填充位流给定，组成这些位流的成分是：帧起始、仲裁域、控制域、数据域（若有），还有 15 个最低位，其系数全是 0。此多项式被下面的多项式发生器除（其系数以 2 为模）

$$X^{15}+X^{14}+X^{10}+X^{8}+X^{7}+X^{4}+X^{3}+1 \tag{4-1}$$

这个多项式除法的余数就是发送到总线上的 CRC 序列（CRC Sequence）。为了实现这个功能，可以使用 15bit 的位移寄存器 CRC_RG（14：0）。如果用 NXTBIT 标记指示位流的下一位，该位流由从帧起始到数据域末尾的无填充的位序列所给定。

CRC 序列的计算如下：

```
CRC_RG=0;                          //初始化位移寄存器
REPEAT;
CRCNXT=NXTBIT EXOR CRC_RG(14);
CRC_RG(14:1)=CRC_RG(13:0);
CRC_RG(0)=0;
IF CRCNXT THEN
CRC_RG(14:0)=CRC_RG(14:0)EXOR(4599hex);
ENDIF
UNTIL (CRC 序列开始或存在一个错误条件)
```

在发送 / 接收数据域的最后一位以后，CRC_RG 包含有 CRC 序列。CRC 序列之后是 CRC 界定符，它包含一个单独的“隐性”位。

CAN 扩展格式的应答域如图 4–24 所示，应答域的长度为 2bit，即应答槽（ACK SLOT）和应答界定符（ACK Delimiter）。在应答域里，发送节点发送两个“隐性”位。当接收器正确接收到有效的消息，接收器会在应答槽（ACK SLOT）向发送器发送一个“显性”的位以示应答（发送 ACK 信号）：

（1）应答槽：所有接收到匹配 CRC 序列的节点会在应答槽用一“显性”的位写入发送器的“隐性”位来作出应答。

（2）应答界定符：应答界定符是应答域的第二个位，并且是一个必须为“隐性”的位。因此，应答槽被两个“隐性”位所包围，也就是 CRC 界定符（CRC Delimiter）和应答界定符（ACK Delimiter）。

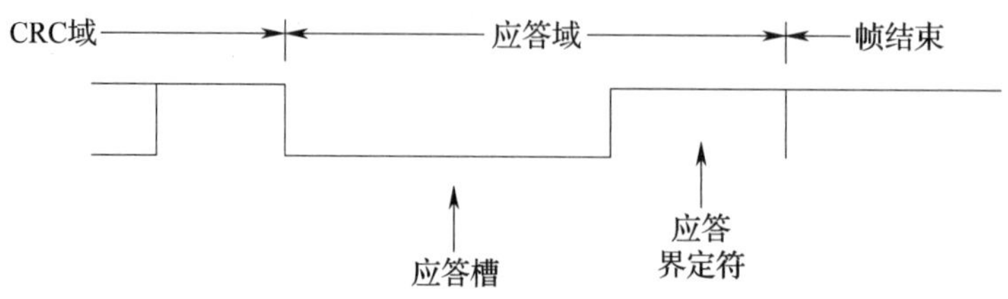

图 4–24　CAN 扩展格式的应答域

每个数据帧和远程帧都有一个结束序列标志。这个序列标志由 7 个“隐性”位组成。

CAN 扩展格式的远程帧如图 4–25 所示，标准格式的远程帧和扩展格式的远程帧的格式是一样的。

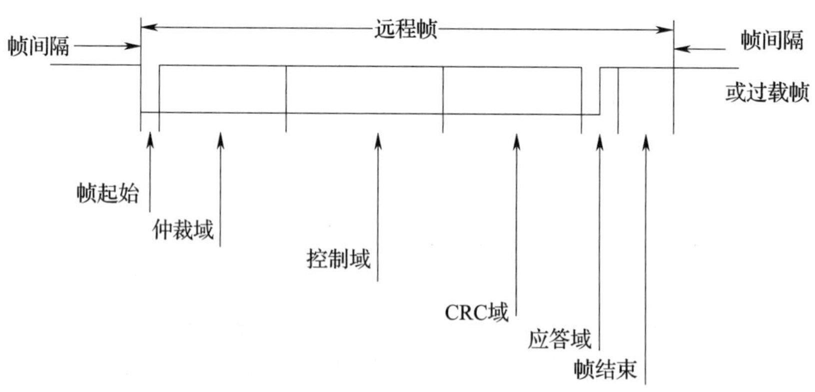

图 4–25　CAN 扩展格式的远程帧

作为接收器的某个节点可以通过发送远程帧来请求相应的源节点开始相关的数据传输。

远程帧由 6 个位域组成，即帧起始、仲裁域、控制域、CRC 域、应答域和帧结束。

与数据帧相反，远程帧的 RTR 位是“隐性”的。它没有数据域，数据长度编码的数值是不受约束的（可以标注为允许范围内 0 ~ 8 的任何数值）。此数值对应于源节点数据帧里的数据长度编码。

RTR 位的极性表示了所发送的帧是一数据帧（RTR 位为“显性”）还是一远程帧（RTR 位为“隐性”）。

扩展格式的错误帧与标准格式的错误帧格式相同。

如图 4-26 所示，错误帧由两个不同的域组成，第一个域是不同的节点发送的错误标志（Error Flag），第二个域是错误界定符。

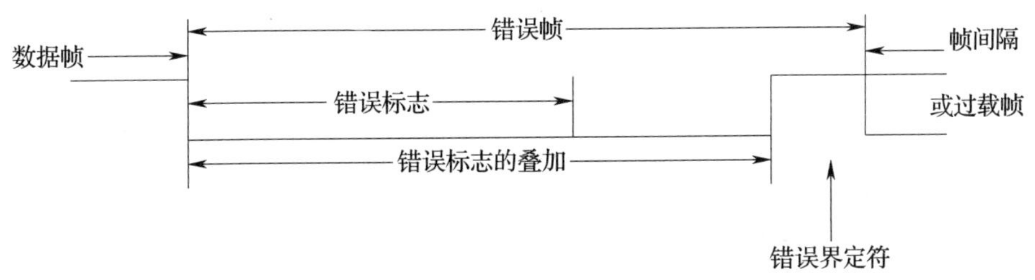

图 4-26 CAN 扩展格式的错误帧

为了能正确地终止错误帧，一个“错误被动”的节点要求总线至少有长度为 3 个位时间的总线空闲（如果“错误被动”的接收器有本地错误的话）。因此，总线的负载率不应为 100%。

有两种形式的错误标志，即主动错误标志（Active Error Flag）和被动错误标志（Passive Error Flag）。主动错误标志由 6 个连续的“显性”位组成。被动错误标志由 6 个连续的“隐性”位组成，除非被其他节点的“显性”位所覆盖。

检测到错误条件的“错误主动”节点通过发送主动错误标志来指示错误。错误标志的形式破坏了从帧起始到 CRC 界定符的位填充规则（参见后文的“编码”部分，4.2.5 节），或者破坏了应答域或帧结束域的固定形式。所有其他的节点由此检测到错误条件并与此同时开始发送错误标志。因此，“显性”位（此“显性”位可以在总线上监视）序列会将各个单独节点发送的不同错误标志叠加在一起。这个错误序列的总长度最小为 6bit，最大为 12bit。

检测到错误条件的“错误被动”节点试图通过发送被动错误标志来指示错误。“错误被动”的节点等待 6 个极性相同的连续位（这 6 个位处于被动错误标志的开始）。当这 6 个相同的位被检测到时，被动错误标志的发送就完成了。

错误界定符包括 8 个“隐性”位。

错误标志发送以后，每个节点发送“隐性”位并一直监视总线直到检测出一个“隐性”的位为止。然后就开始发送 7bit 以上的“隐性”位。

CAN 的过载帧如图 4-27 所示，过载帧包括两个位域，即过载标志和过载界定符。

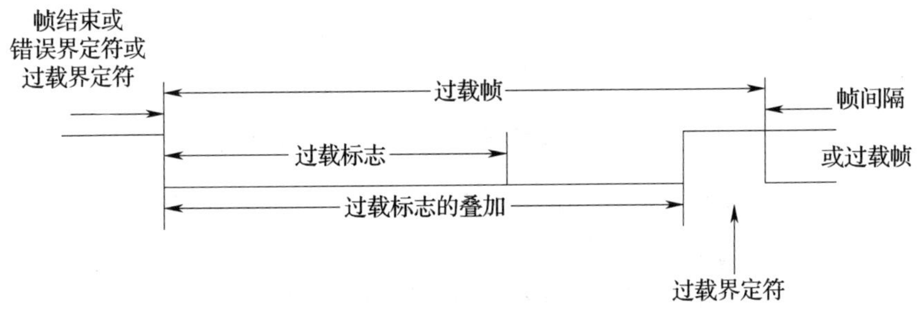

图 4-27 CAN 的过载帧

有 3 种过载条件都会导致过载标志的发送：

（1）接收器的内部条件（该接收器对下一数据帧或远程帧需要有一定的延迟）。

（2）间歇域的第一和第二位检测到一“显性”位。

（3）如果 CAN 节点在错误界定符或过载界定符的第 8 位（最后 1 位）采样到一个“显性”位，节点会发送一个过载帧（不是错误帧），错误计数器不会增加。

由过载条件（1）而引起的过载帧只能开始于所期望的间歇域的第一个位时间的开始。而由过载条件（2）和（3）引起的过载帧则应开始于所检测到的“显性”位之后的位。

扩展格式的过载帧与标准格式的过载帧相比，略有不同，它增加了一种过载情况，同时修改了过载条件（2）。

过载标志由 6 个“显性”位组成。过载标志的形式和主动错误标志是一样的。

过载标志的形式破坏了间歇域的固定形式。因此，所有其他的节点都会检测到这个过载条件并与此同时发出过载标志。如果有的节点在间歇域的第 3 个位期间检测到“显性”位，则这个位将解释为帧的起始。

备注：基于 CAN1.0 和 CAN1.1 版本的控制器对第 3 个位有另一种解释：

若有节点在间歇域的第 3 个位期间于本地检测到“显性”位（进而发送过载标志），则其他的节点将不能正确地解释过载标志，而是将这 6 个“显性”位中的第一个位解释为帧的起始，这 6 个“显性”位破坏了位填充规则从而会检测到位填充错误。

过载界定符包括 8 个“隐性”位。

过载界定符的形式和错误界定符的形式一样。过载标志被发送后，节点就一直监听总线直到检测到一个从“显性”位到“隐性”位的跳变。此时，总线上的每个节点完成了过载标志的发送，并开始同时发送 7 个以上的“隐性”位。

数据帧（或远程帧）与其前面的隔离是通过帧间隔实现的，无论其前面的帧为何种类型（数据帧、远程帧、错误帧或过载帧）。所不同的是，过载帧与错误帧之间没有帧间隔，多个过载帧之间也没有帧间隔隔离。

帧间隔包括间歇域、总线空闲的位域。如果“错误被动”的节点是前一消息的发送器，则帧间隔除了间歇域、总线空闲外，还包括被称作挂起传输（Suspend Transmission）的位域。

对于不是“错误被动”的节点，或者此节点已作为前一消息的接收器，其帧间隔如图 4-28 所示。

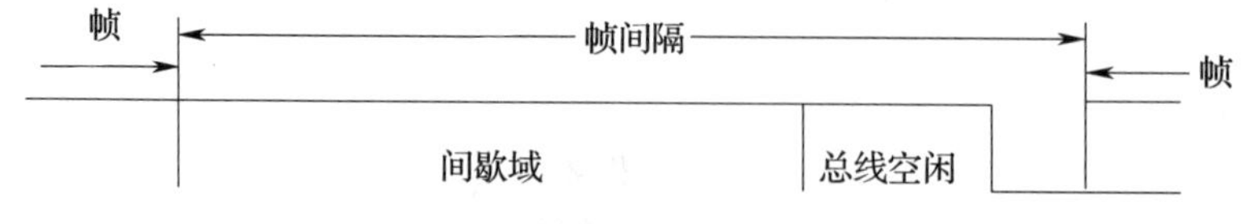

图 4-28　不是“错误被动”的节点的帧间隔

对于已作为前一消息发送器的“错误被动”的节点，其帧间隔如图 4-29 所示：

间歇域包括 3 个“隐性”的位。

间歇域期间，所有的节点均不允许发送数据帧或远程帧，唯一能做的是标识一个过载条件。

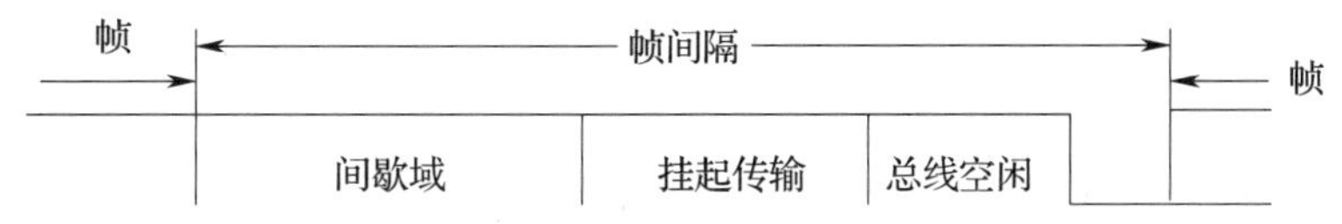

图 4-29 作为前一消息发送器的“错误被动”节点的帧间隔

备注：如果 CAN 节点有一消息等待发送且节点在间歇域的第 3 位采集到一“显性”位，则此位被解释为帧的起始位，并从下一个位开始发送消息的标识符首位，而不用首先发送帧的起始位或成为一个接收器。

总线空闲的（时间）长度是任意的。只要总线被认为是空闲的，则任何等待发送消息的节点都可以访问总线。在其他节点发送消息期间被挂起的消息，其传输起始于间歇域之后的第一个位。

总线上检测到的“显性”位被认为是帧的起始。

“错误被动”的节点发送消息后，节点就在下一消息开始发送之前或总线空闲之前发出 8 个“隐性”位，紧跟在间歇域后面。如果与此同时另一节点开始发送消息（由另一节点引起），则此节点就作为这个消息的接收器。

4.2.3.2 发送器 / 接收器的定义

产生消息的节点被称为该消息的“发送器”。此节点持续作为消息发送器直到总线出现空闲或此节点丧失仲裁为止。

如果有一个节点不作为消息的发送器，并且总线也不空闲，则这一节点就被称为消息的“接收器”。

4.2.4 消息校验

校验消息是否有效的时间点，对发送器与接收器而言各不相同。

4.2.4.1 发送器

如果直到帧结束位都没有错误，则此消息对于发送器是有效的。如果消息损坏，则消息会根据优先权自动重发。为了能够和其他消息竞争总线，重新传输必须在总线空闲时启动。

4.2.4.2 接收器

如果直到最后的一位（除了帧结束位）均没有错误，则消息对于接收器是有效的。

4.2.5 编码

帧的各个部分，包括帧起始、仲裁域、控制域、数据域及 CRC 序列，均通过位填充的方法编码。在任何时候，发送器只要检测到位流里有 5 个连续相同的位，便自动在位流里插入一个补码位。

数据帧或远程帧（CRC 界定符、应答域和帧结束）的剩余位域形式相同，不填充。错误帧和过载帧的形式也相同，但并不通过位填充的方法进行编码。

消息里的位流采用“非归零（NRZ）码”编码。也就是说，在整个位时间里，位电平要么为“显性”，要么为“隐性”。

4.2.6 错误处理

4.2.6.1 错误检测

CAN 有以下 5 种错误类型（这 5 种错误类型不是互斥的）。

（1）位错误（Bit Error）：节点在发送位的同时也在对总线进行监听，如果所发送的位值与所监听的位值不同，则在此位时间内检测到一个位错误。但在仲裁域（Arbitration Field）的填充位流期间或 ACK 槽（ACK Slot）发送一“隐性”位的情况下是例外的——此时，当监听到一“显性”位时，不会发送位错误。当发送器发送一个被动错误标志但检测到一“显性”位时，也不视为位错误。

（2）填充错误（Stuff Error）：如果在使用填充法进行编码的消息中，出现了第 6 个连续相同的位电平，则检测到一个填充错误。

（3）CRC 错误（CRC Error）：CRC 序列包括发送器的 CRC 计算结果，接收器计算 CRC 的方法与发送器相同。如果计算结果与接收到的 CRC 序列的结果不相符，则检测到一个 CRC 错误。

（4）格式错误（Form Error）：当一个固定形式的位域含有 1 个或多个非法位，则检测到一个格式错误。

（5）应答错误（ACK Error）：只要在 ACK 槽内监听的位不为“显性”，则发送器会检测到一个应答错误。

4.2.6.2 错误指示

检测到错误条件的节点会通过发送错误标志来指示该错误。对于“错误主动”节点，错误信息为“主动错误标志”；对于“错误被动”的节点，错误信息为“被动错误标志”。当节点检测到位错误、填充错误、格式错误或应答错误时，这个节点都会在下一个位时间发送错误标志消息。

只要检测到的错误条件是 CRC 错误，则错误标志的发送开始于 ACK 界定符之后的位时间（除非其他错误条件的错误标志已经开始发送）。

4.2.7 故障界定

节点的故障状态有三种：错误主动、错误被动和总线关闭。

“错误主动”的节点可以正常地参与总线通信并在检测到错误时发出主动错误标志。

“错误被动”的节点不允许发送主动错误标志。“错误被动”的节点参与总线通信，且在检测到错误时只发送被动错误标志。在发送以后，“错误被动”的节点在开始下一个发送之前会处于等待状态（见“挂起传输”，本书第 4.2.3.1 节）。

“总线关闭”的节点不能对总线产生影响（比如，将输出驱动器关闭）。

为便于故障界定，每个节点都有两种计数：发送错误计数和接收错误计数。

这些计数根据以下规则而改变（**注意**：在特定的消息发送期间，可能用到不止一个规则）：

（1）当接收器检测到一个错误时，接收错误计数就加 1。在发送主动错误标志或过载标志期间所检测到的错误为位错误时，接收错误计数不加 1。

（2）当错误标志发送以后，接收器检测到的第一个位为“显性”时，接收错误计数值加 8。

（3）当发送器发送一个错误标志时，发送错误计数值加 8。出现以下两种例外情况时，发送错误计数器值不改变。

①例外情况 1：发送器为“错误被动”，并检测到一应答错误（注：此应答错误由检测不到一“显性”应答，以及当发送被动错误标志时检测不到一“显性”位而引起）。

②例外情况 2：发送器因为填充错误而发送错误标志，此填充错误发生于仲裁期间。引起填充错误的原因为填充位位于 RTR 位之前，并已作为“隐性”发送，但是却被监听为“显性”。

（4）当发送主动错误标志或过载标志时，如果发送器检测到位错误，则发送错误计数值加 8。

（5）当发送主动错误标志或过载标志时，如果接收器检测到位错误，则接收错误计数值加 8。

（6）在发送主动错误标志、被动错误标志或过载标志后，每个节点最多容许 7 个连续的“显性”位。以下情况，每一发送器将它们的发送错误计数值加 8，以及每一接收器的接收错误计数值加 8。

①在检测到第 14 个连续的“显性”位后。

②在检测到第 8 个紧跟着错误标志的连续“显性”位以后。

③在每个额外的 8 个连续“显性”位序列之后。

（7）消息发送成功后（得到应答，且直到帧结束没有发生错误），发送错误计数值减 1，除非已经减到 0。

（8）如果接收错误计数值介于 1 ~ 127 之间，在成功接收到消息后（直至 ACK 槽没有接收错误，且成功地发送了应答位），接收错误计数值减 1。如果接收错误计数值是 0，则保持为 0。如果大于 127，则它会设一个介于 119 ~ 127 之间的值。

（9）当发送错误计数值大于或等于 128 时，或当接收错误计数值大于或等于 128 时，节点为“错误被动”节点。让节点成为“错误被动”的错误条件会导致该节点发出主动错误标志。

（10）当发送错误计数值大于或等于 256 时，节点为“总线关闭”状态。

（11）当发送错误计数值和接收错误计数值都小于或等于 127 时，“错误被动”的节点重新变成“错误主动”节点。

（12）在监听到总线 128 次出现 11 个连续“隐性”位之后，“总线关闭”的节点可以变成“错误主动”（不再是“总线关闭”），其错误计数器值也被置 0。

备注：当错误计数器值大于 96 时，表明总线受到了严重干扰。最好能有办法对该条件进行测试。

另外，如果启动期间只有一个节点在线，则这个节点发送的消息将不会收到应答，因此该节点会检测到错误并重复发送消息。在这种情况下，节点会变成“错误被动”，而不是“总线关闭”。

4.2.8 位定时要求

4.2.8.1 标称位速率

标称位速率为一理想的发送器在没有重同步的情况下每秒发送的 bit 数量。

4.2.8.2 标称位时间

标称位时间 =1/ 标称位速率。

CAN 的标称位时间如图 4–30 所示。可以把标称位时间划分成 4 个不重叠的时间段：同步段（SYNC_SEG）、传播段（PROP_SEG）、相位缓冲段 1（PHASE_SEG1）和相位缓冲段 2（PHASE_SEG2）。

图 4–30　CAN 的标称位时间

（1）同步段（SYNC_SEG）：位时间的同步段用于同步总线上的不同节点，在这一段内要有一个跳变沿。

（2）传播段（PROP_SEG）：传播段用于补偿网络内的物理延迟时间。它是总线上输入比较器延迟和输出驱动器延迟总和的两倍。

（3）相位缓冲段 1、相位缓冲段 2（PHASE_SEG1、PHASE_SEG2）：相位缓冲段用于补偿边沿阶段的误差。这两个时间段可以通过重同步而加长或缩短。

（4）采样点（SAMPLE POINT）：采样点是读取总线电平并解释各位值的时间点。采样点位于相位缓冲段 1（PHASE_SEG1）之后。

（5）信息处理时间（IPT）：信息处理时间是以采样点为起始的时间段，该时间段保留用于计算后续位的位电平。

（6）时间份额（TQ）：时间份额是派生于振荡器周期的固定时间单元。有一个可编程的预比例因子，其取值范围为 1 ~ 32 的整数，时间份额的长度在最小时间份额和预比例因子倍数之间取值。

$$时间份额 = m* 最小时间份额 \qquad (4–2)$$

式中：m 为预比例因子。

（7）时间段的长度（Length of Time Segments）：同步段（SYNC_SEG）为 1 个时间份额；传播段（PROP_SEG）的长度可设置为 1 ~ 8 个时间份额；相位缓冲段 1（PHASE_SEG1）的长度可设置成 1 ~ 8 个时间份额；相位缓冲段 2（PHASE_SEG2）的长度为相位缓冲段 1（PHASE_SEG1）和信息处理时间（IPT）之间的最大值；信息处理时间应小于或等于 2 个时间份额。1 个位时间总的时间份额值可以设置在 8 ~ 25 之间。

（8）同步（SYNCHRONIZATION）

①硬同步（HARD SYNCHRONIZATION）：硬同步后，内部的位时间从同步段重新开始。因此，硬同步强迫由于硬同步引起的沿处于重新开始的位时间同步段之内。

②重同步跳转宽度（RJW）：重同步的结果，使相位缓冲段 1 加长，或使相位缓冲段 2 缩短。相位缓冲段加长或缩短的数量有一个上限，此上限由重同步跳转宽度给定。重同步跳转宽度的最小设置值为 1，最大设置值为 4 和 PHASE_SEG1 两者的较小值。时钟信息

可以从一位值转换到另一位值的跳变中得到。由于最大连续相同电平的数目是固定的，这一属性提供了总线节点在帧传输期间重新和位流同步的可能性。可用于重同步的两个跳变之间的最大长度为 29 个位时间。

③沿的相位误差：沿的相位误差由沿与 SYNC_SEG 之间的相对位置给出，用时间份额来度量。

④重同步：当引起重同步的沿的相位误差幅值小于或等于重同步跳转宽度的设定值时，重同步和硬同步的作用相同。当相位误差的量级大于重同步跳转宽度时，如果相位误差为正，则相位缓冲段 1 被加长，加长的幅度为 1 个同步跳转宽度；如果相位误差为负，则相位缓冲段 2 被缩短，缩短的幅度为 1 个同步跳转宽度。

⑤硬同步和重同步是同步的两种形式，应遵循以下规则：

a. 在 1 个位时间内只允许一种同步。

b. 只有在采样点之前监测到的值与紧跟沿之后的总线值不一致时，才把沿用于同步。

c. 当总线空闲期间监测到从“隐性”到“显性”的沿时，硬同步无论如何都会执行。

d. 如果只将从“隐性”转化为“显性”的沿用作重同步，则其他符合规则 a. 和规则 b. 的所有从“隐性”转化为“显性”的沿（在低位速率的情况下还可以是从“显性”到“隐性”的沿）都可用作重同步。这里有一种例外，即当发送一“显性”位的节点不执行重同步而导致一“隐性”转化为“显性”的沿，当这个沿具有正的相位误差时，则不能作为重同步使用。

4.2.9 位时间的组成

4.2.9.1 位时间的各个时间段

位时间（位周期）t_B 即 1 位的持续时间。标称位时间 t_{NBT} 是标称位速率 f_{NBT}（在非重同步的情况下，借助理想发送器每秒发送的位数）的倒数，即 $t_{NBT}=1/f_{NBT}$。标称位时间可划分为 4 个互不重叠的时间段，每个时间段由整数个被称为时间份额 t_Q 的基本时间单位组成。t_Q 是由振荡器周期 t_{CLK} 派生出的一个固定时间单元。一个时间份额的持续时间通常是 CAN 的一个系统时钟周期 t_{SCL}。t_{SCL} 可通过可编程的预比例因子进行调整。每个位时间必须由 8 ~ 25 个时间份额组成。位时间的组成如图 4–31 所示。

这些时间段的长度均是可编程的。在常用的通信控制器（SJA1000 或 PCA82C200）中，合并传播段和相位缓冲段 1，称为时间段 1（TSEG1），相位缓冲段 2 称为时间段 2（TSEG2），如图 4–31 所示。

采样点是这样一个时刻：在此时刻上，总线电平被读取并被翻译成逻辑“0”或“1”。它位于相位缓冲段 1 的终点。在重同步期间，采样点的位置被移动整数个时间份额，该时间份额被允许的最大值称为重同步跳转宽度（SJW），它可被编程为 1 ~ 4 个时间份额。值得注意的是，重同步跳转宽度并不是位时间的组成部分。

4.2.9.2 位定时的作用

位定时是由节点自身完成的（可编程），节点进行位定时的作用为：

（1）确定位时间，以便确定波特率（位速率），从而确定总线的网络速度；或在给定总线网络速度的情况下确定位时间。

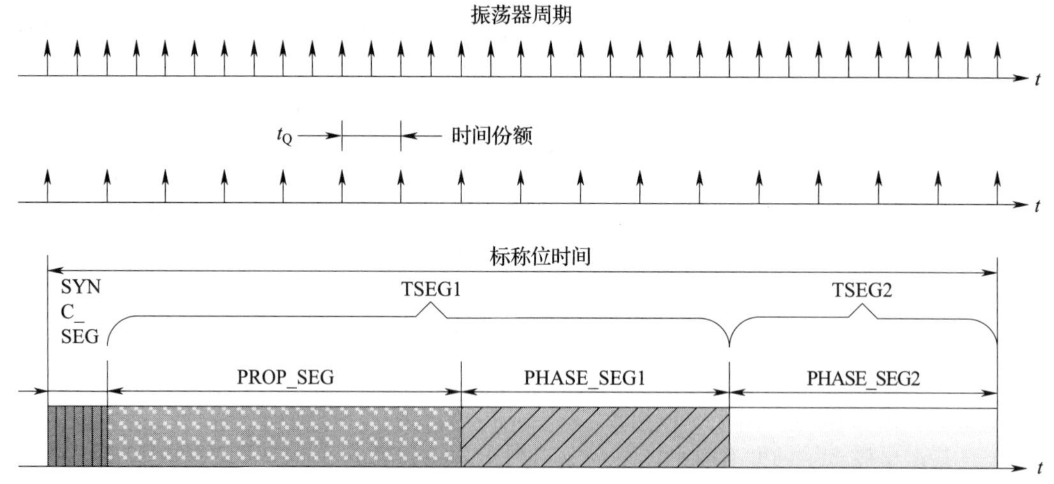

图 4-31　位时间的组成

（2）确定位时间的各个组成部分（同步段、传播段、相位缓冲段 1 和相位缓冲段 2）的时间长度，其中同步段用于硬同步，位于相位缓冲段 1 终点的采样点用于保证正确地读取总线电平。

（3）确定重同步跳转宽度以用于重同步。

4.2.10　CAN 总线同步机制分析

CAN 规范定义了自己独有的同步方式：硬同步和重同步。同步与位定时密切相关。同步是由节点自身完成的，节点将检测到来自总线的沿与其自身的位定时相比较，并通过硬同步或重同步适配（调整）位定时。在一般情况下，引起硬同步和重同步发生的、来自总线的沿如图 4-32 所示。图中关于重同步的时刻仅为示例，图 4-34 中有关于重同步的时刻详解。

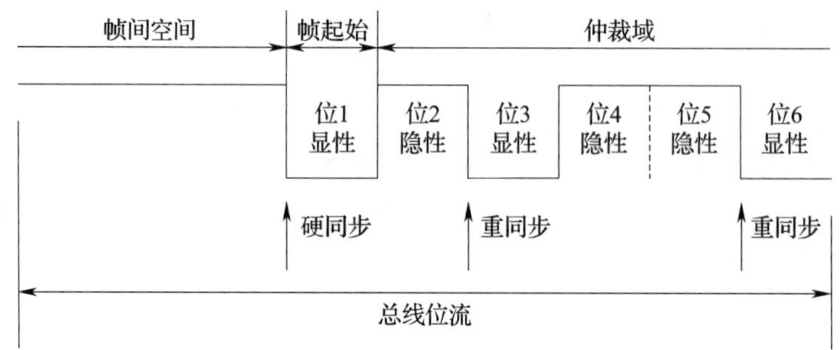

图 4-32　总线硬同步和重同步发生的时刻

4.2.10.1　硬同步

CAN 技术规范给出了硬同步和重同步的结果，但没有给出硬同步和重同步的定义。这里首先给出硬同步和重同步的定义，然后对其进行分析。

所谓硬同步，就是由节点检测到的，来自总线的沿强迫节点立即确定出其内部位时间的起始位置（同步段的起始时刻）。硬同步的结果是，沿到来时刻的前一时刻（以时间份额 t_Q 量度），即成为节点内部位时间同步段的起始时刻，并使内部位时间从同步段重新开始。这就是规范中所说的“硬同步强迫由于硬同步引起的沿处于重新开始的位时间同步段之内”。硬同步一般用于同步总线上各节点的内部位时间，即总线上的各个节点的内部位时间的起始位置（同步段）是由来自总线的一个消息帧的帧起始的前沿决定的。

同步段的时间长度为 1 个时间份额。如图 4–33 所示。来自总线的引起硬同步的沿在 t_1 时刻到来，则节点检测到该沿。将 t_1 时刻的前一时刻 t_0（以 t_Q 为周期）作为内部位时间同步段的起始时刻。

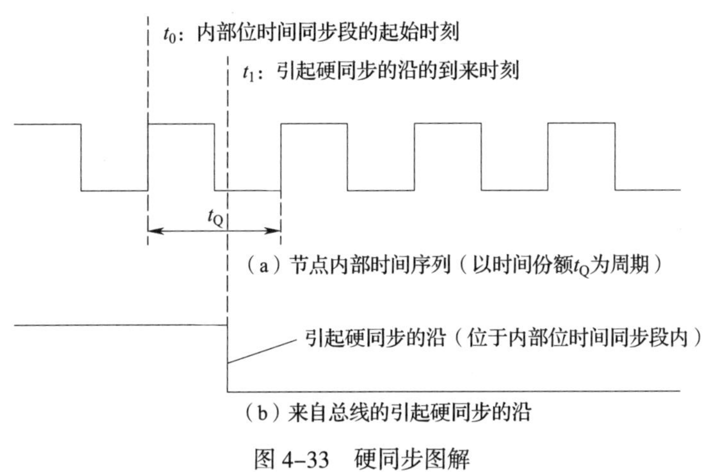

图 4–33 硬同步图解

4.2.10.2 重同步

所谓重同步，就是节点根据沿相位误差的大小调整其内部位时间，以使节点内部位时间与来自总线的消息位流的位时间接近或相等。作为重同步的结果，PHASE_SEG1 可被延长或 PHASE_SEG2 可被缩短，从而使节点能够正确地接收消息。重同步一般用于帧的位流发送期间，以补偿各个节点振荡器频率的不一致。这里涉及沿相位误差的概念。沿相位误差由沿相对于节点内部位时间同步段的位置给定，以时间份额量度，沿相位误差的符号为 e，其定义如下：

（1）若沿处于 SYNC_SEG 之内，则 $e=0$。

（2）若沿处于采样点之前（TSEG1 内），则 $e>0$。

（3）若沿处于前一位的采样点之后（TSEG2 内），则 $e<0$。

CAN 技术规范中给出了重同步跳转宽度、重同步策略与同步规则，但比较抽象，不易理解。为深入理解节点是如何进行重同步的，图 4–34 给出了重同步的图解。在图 4–34 中，SY，PR，PS1 和 PS2 分别表示同步段、传播段、相位缓冲段 1 和相位缓冲段 2。假定总线位流的第一位（帧起始，为“0”）起始于 t_1 时刻、终止于 t_2 时刻，总线位流的第 2 位为“1”；从第 2 位开始，总线位流的“隐性”（“1”）至“显性”（“0”）和“显性”（“0”）至“隐性”（“1”）的跳变沿均用于重同步。在 t_1 时刻，节点检测到总线的跳变沿，便进行硬同步，使 t_1 时刻的跳变沿处于节点内部第 1 位位时间的同步段内。节点从第 1 位的同步段开始启动内部位定时，即根据系统要求的波特率给出内部位时间。现假定由于各节点振荡器频率的不一致，在 t_2 时刻的跳变沿未处于节点第 2 位位时间的同步段 SY 内，而是处于 PS1 内，即有 $e>0$。这表明节点内部的位时间小于总线位流的位时间。为了使节点能从总线上通过采样得到正确的位数值，须使节点内部的位时间延长，以使节点内部位时间与总线位流位时间接近或相等。因此，在这种情况下节点应采取的重同步策略为：使 PS1 延长一定宽度（图 4–34 中 PS1 延长 2 个时间份额，即同步跳转宽度大于等于 2 个时间份额，如为 3 个时间份额）。$e<0$ 的情况与之类似，只是 PS2 会相应地缩短一定宽度。这与 CAN 技术规范中的重同步策略是一致的。

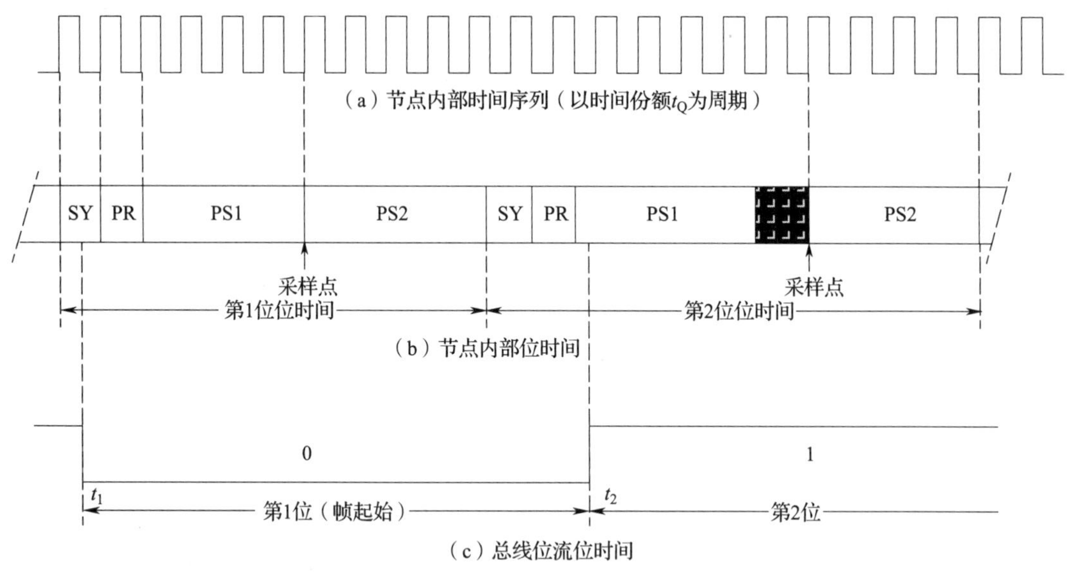

图 4–34　重同步图解

这里需要注意的是，相位缓冲段只在当前的位时间内被延长或缩短，在接下来的位时间内，只要没有重同步，各时间段将恢复编程预设值。

4.2.10.3　控制器中位定时参数设置的通用方法

在典型的独立 CAN 控制器（SJA1000 或 PCA82C200）中，负责位定时的寄存器为总线定时寄存器 0（BTR0）和总线定时寄存器 1（BTR1），其结构如图 4–35 所示。

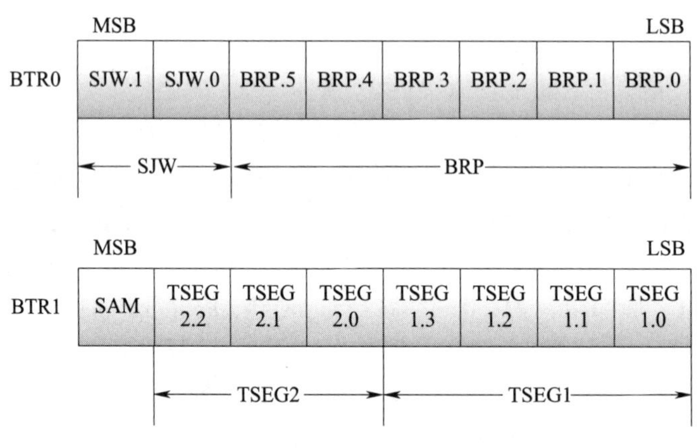

图 4–35　总线定时寄存器结构

寄存器中有关参数的计算公式如下

$$t_{SCL}=2t_{CLK}*BRP \tag{4–3}$$

$$BRP=32*BRP.5+16*BRP.4+8*BRP.3+4*BRP.2+2*BRP.1+BRP.0+1 \tag{4–4}$$

$$\mathrm{SJW} = t_{\mathrm{SJW}}/t_{\mathrm{SCL}} = 2*\mathrm{SJW}.1 + \mathrm{SJW}.0 + 1 \tag{4-5}$$

$$\mathrm{SYNC\_SEG} = t_{\mathrm{SYNC\_SEC}}/t_{\mathrm{SCL}} = 1 \tag{4-6}$$

$$\mathrm{TSEG1} = t_{\mathrm{TSEG1}}/t_{\mathrm{SCL}} = 8*\mathrm{TSEG1}.3 + 4*\mathrm{TSEG1}.2 + 2*\mathrm{TSEG1}.1 + \mathrm{TSEG1}.0 + 1 \tag{4-7}$$

$$\mathrm{TSEG2} = t_{\mathrm{TSEG2}}/t_{\mathrm{SCL}} = 4*\mathrm{TSEG2}.2 + 2*\mathrm{TSEG2}.1 + \mathrm{TSEG2}.0 + 1 \tag{4-8}$$

这些参数的范围在 CAN 中有较严格的规定，具体如表 4–5 所示。

表 4–5　位定时参数的范围（以时间份额度量）

参数	范围	说明
SAM	0 或 1	规定采样次数（0 表示采样 1 次，1 表示采样 3 次）
SJW	1 ~ 4	规定相位缓冲段延长或缩短的上限
BRP	1 ~ 64	规定时间份额的长度
SYNC_SEG	1	同步总线上各节点
TSEG1	1 ~ 16	为补偿沿相位误差可被延长
TSEG2	1 ~ 8	为补偿沿相位误差可被缩短
NBT	8 ~ 25	标称位时间

在有些情况下，为了优化网络性能，这些参数的设置往往需要考虑传输延迟、振荡器频率偏差等因素，可以根据经验对其进行计算和设置。这里以一个时钟频率为 20 MHz、通信波特率为 250 Kbit/s（位时间为 4μs）的系统为例，介绍与位定时有关的各参数的计算方法和步骤。

（1）确定时间份额。由表 4–5 可知，在 1 个位周期中时间份额的数量必须在 8 ~ 25 之间，现假定 1 个位时间的时间份额数量为 20，则

$$t_{\mathrm{SCL}} = 4\mu\mathrm{s}/20 = 0.2\mu\mathrm{s} \tag{4-9}$$

$$t_{\mathrm{CLK}} = 1/20\mathrm{MHz} = 0.05\mu\mathrm{s} \tag{4-10}$$

$$\mathrm{BRP} = t_{\mathrm{SCL}}/2t_{\mathrm{CLK}} = 2 \tag{4-11}$$

$$\mathrm{TSEG1} = 15 \tag{4-12}$$

$$\mathrm{TSEG2} = 4 \tag{4-13}$$

$$\begin{aligned}\text{采样点时间比} &= (1+\mathrm{TSEG1})/(1+\mathrm{TSEG1}+\mathrm{TSEG2}) \\ &= (1+15)/(1+15+4) \\ &= 0.8 = 80\%\end{aligned} \tag{4-14}$$

（2）确定重同步跳转宽度和采样次数。为完成位定时参数的设置，最后还要确定重同步跳转宽度和采样次数。重同步跳转宽度的一般设置原则是在允许的范围内应尽可能大一些，这样更有利于在重同步时对沿相位误差的补偿，在这里可将该参数设置为 3。采样次数的设置比较容易和直接，对于高速总线，建议将 SAM 置为“0”，此时总线被采样 1 次；而对于低 / 中速总线，建议将 SAM 置为“1”，此时总线被采样 3 次。250Kbit/s 属于高速总线，所以在这里 SAM 应设置为 0。通过以上方法和步骤所确定的各参数值，再结合寄存器的计算公式可直接得出寄存器 BTR0 和 BTR1 的设置值。

4.2.11　物理层标准与设计考虑

ARINC825 推荐的控制器局域网（CAN）的物理介质是特征阻抗为 120Ω 的屏蔽双绞

线。如图 4-36 所示，CAN 协议是支持双向通信的多主（Multi-master）网络，不同的节点共用同一个通信介质，这些节点可能来自不同的供应商，也可能来自不同的机载系统，为保障不同节点之间通信的可靠性和完整性，这些节点要遵守相同的通信协议。在物理层，这些节点要遵守 CAN ISO 11898 第 1 和第 2 部分的规范。

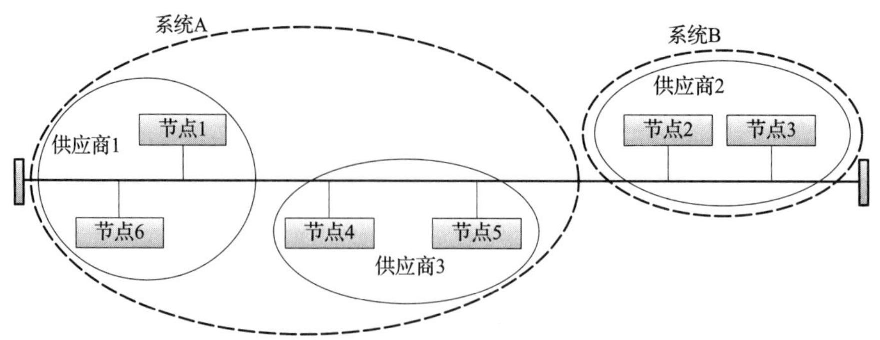

图 4-36 多个系统 / 供应商的节点组成一个 CAN 网络

4.2.11.1 节点特性

物理层定义了信号如何在公共介质上传输。ISO 11898-2 定义了信号传输的以下几个方面：

（1）位表征与同步。

（2）信号电平以及发送 / 接收驱动器的特征。

（3）传输介质和连接器。

图 4-37 给出了 CAN 节点功能框图及信号电平的示例。实际上，CAN 通信功能可以用多种方式来实现。比如 CAN 控制器可以是独立的，也可以与微控制器集成在一起，还可以用一个专用集成电路（ASIC）来集成 CAN 通信功能。这些控制器都能找到商用货架产品。

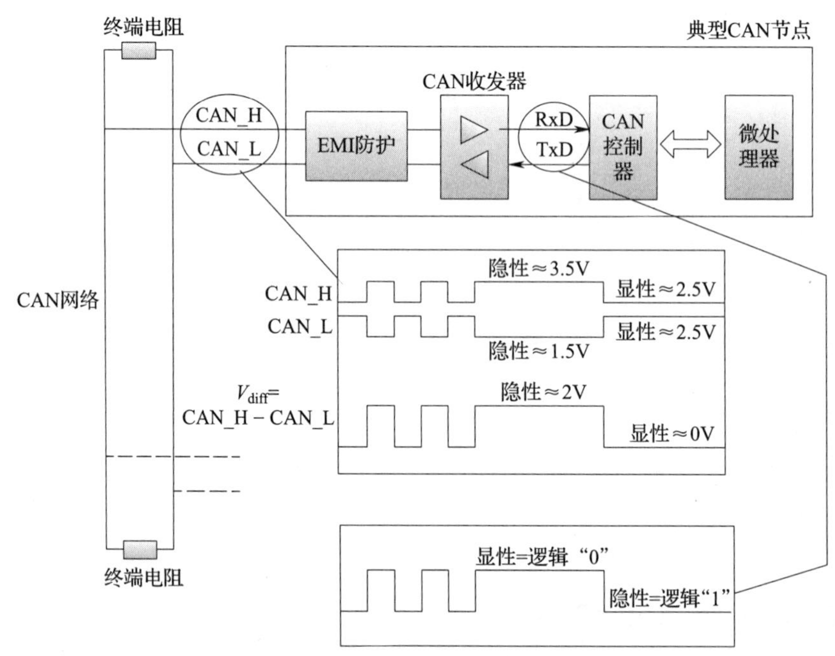

图 4-37 CAN 节点功能框图及信号电平

这里 CAN 显性电平表示的是逻辑“0”，隐性电平表示的是逻辑“1”。

如图 4-38 所示，每个节点都应有电磁兼容防护（比如闪电间接效应、浪涌、高强辐射场防护等）。电磁防护可能会增加线路的电容。为确保信号完整性，电磁防护应满足以下要求：

（1）共模电容 C_1 和 C_2 不能超过 100pF。

（2）差模电容 C_{diff} 不能超过 50pF。

CAN 收发器应完全满足 ISO 11898-2 的高速介质访问单元规范（电气参数及容差，亦即输出驱动电压、接收电压阈值等规定）。

即使在考虑了电磁兼容防护后，节点仍要满足 ISO 11898-2 标准中对电气参数的要求。

高速介质访问单元允许的传输率是 83.33Kbit/s（低速）至 1Mbit/s（高速）。

CAN 采用了差分信号传输（用于逻辑判断的电平是 CAN_H 和 CAN_L 之差），这个特性使得 CAN 总线本身具备很好的共模干扰抑制能力。

收发器应采取保护措施，避免向总线上持续输出显性电平。在显性状态持续到最大允许时间后，收发器的超时保护应禁能发送器。

如果某个节点没有上电，则该节点不应对总线造成干扰。也就是说，处于掉电模式的节点不能对其他已经上电的节点的输出信号造成干扰。

CAN 控制器应符合 ISO 11898-1 和 ISO 16845 的鉴定试验规范。

CAN 总线应采用以下的总线速率之一：

（1）83.33Kbit/s。

（2）125Kbit/s。

（3）250Kbit/s。

（4）500Kbit/s。

（5）1Mbit/s。

CAN 总线波特率与总线长度相关，其关系如图 4-39 所示，总线越长，则对应的波特率越低，可以接受的总线长度位于图中的月牙形区域内。当然，这只是一个粗略的划分，在具体应用中还要考虑一些实际情况，如引出线的长度、节点数目、CAN 收发器是否加隔离、是否有其他的总线延迟（比如由闪电防护电路所引起）等。

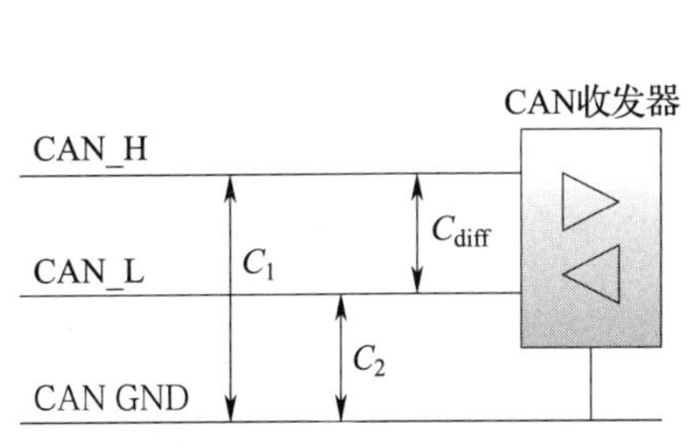

图 4-38 EMI 防护的差模和共模电容

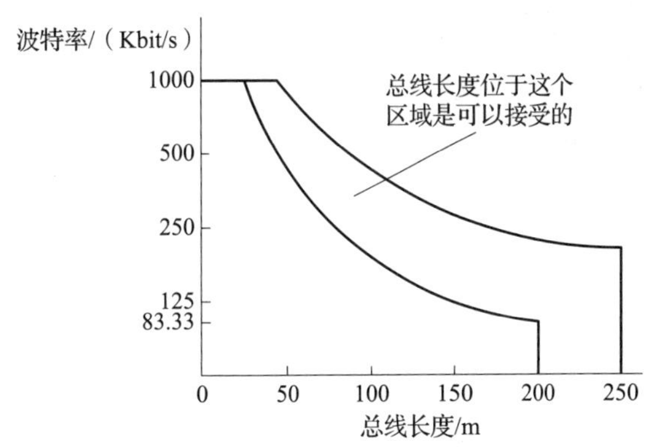

图 4-39 CAN 波特率与总线长度之间的关系

在噪声比较大的场合，CAN 总线波特率应尽量选得低一些，过高的总线速率会导致总线故障。

另一方面，在实时性要求高的场合，CAN 波特率应尽可能高，以便有充足的时间来履行预期的任务，同时在最坏的情况下留有一定的安全裕量。

波特率的容差应控制在 ±0.15% 以内，不管飞机的环境温度是多少，机龄多少，波特率的容差都不允许超过这个值。

4.2.11.2 设计考虑

CAN 物理层对干扰的免疫力取决于 CAN_H 和 CAN_L 之间的对称性，收发器当然很重要，它在很大程度上决定了 CAN 的抗干扰能力。PCB 的布板布线也很重要，CAN_H 和 CAN_L 到收发器的走线必须相等、平行，且越短越好。连接器的针脚应彼此靠近，并和其他干扰信号隔开一定的距离。用 ARINC600 作为连接器时 CAN 针脚排布示例如图 4-40 所示。

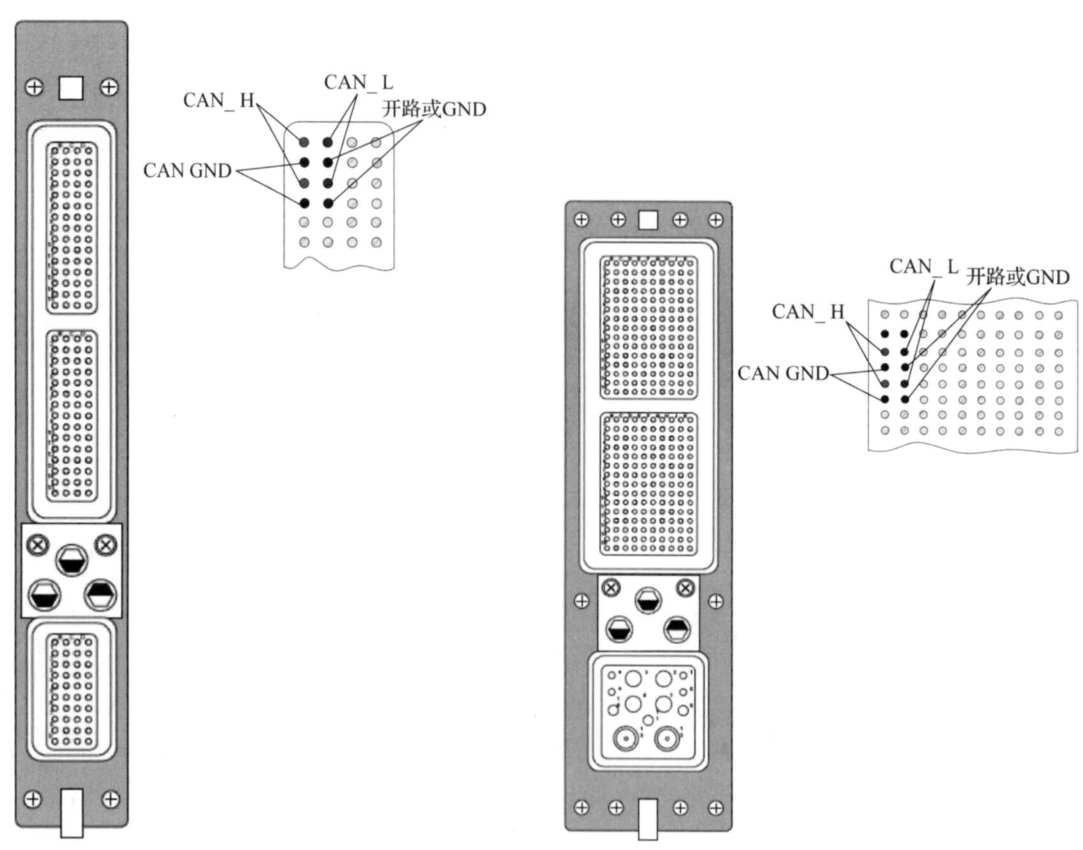

图 4-40 用 ARINC600 作为连接器时的 CAN 针脚排布示例

导线和连接器应满足飞机机体设计的要求，同时要兼顾信号延迟和衰减所带来的影响。图 4-41 是采用 D38999 作为连接器来实现 CAN 通信的针脚排布示例。

导线应满足 ISO 11898-2 规范（包括阻抗、单位长度电阻、线路延迟），导线的选择应考虑安装区域的特性，比如增压舱、非增压舱、暴露区域等。对导线的最低要求是要采用屏蔽双绞线。

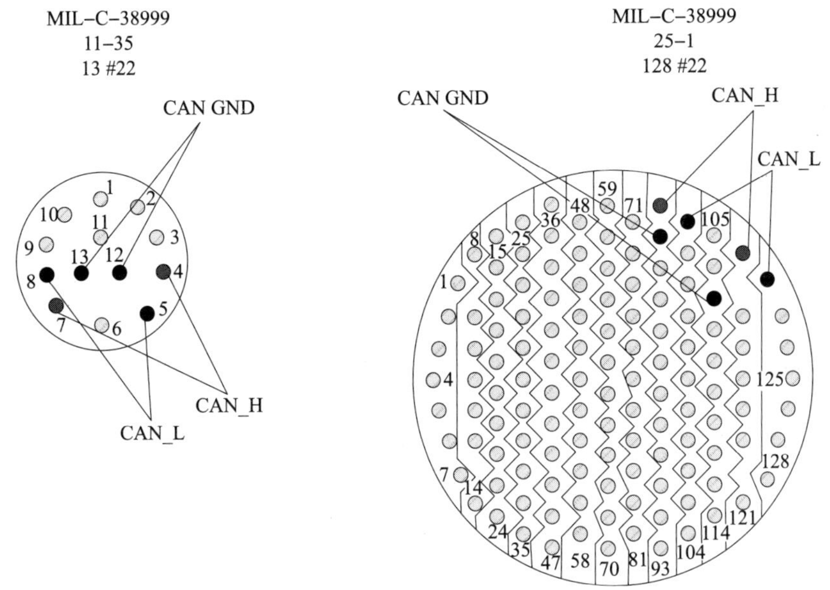

图 4-41 用 D38999 作为连接器时的 CAN 针脚排布示例

对于 CAN 通信没有特殊的连接器和针脚特性要求，但连接器至少要有两个针脚（CAN_H 和 CAN_L）。在需要时，可以增加一个诊断插头，以利于排故和维护。图 4-42 是用 DB-9 作为诊断插头时的 CAN 针脚排布示例。

CAN 的屏蔽层应连接到机架地，即飞机结构地，电缆屏蔽如图 4-43 所示。

CAN 网络应采用如图 4-44 所示的总线拓扑结构，因为回波反射的缘故，星形拓扑是不推荐采用的。

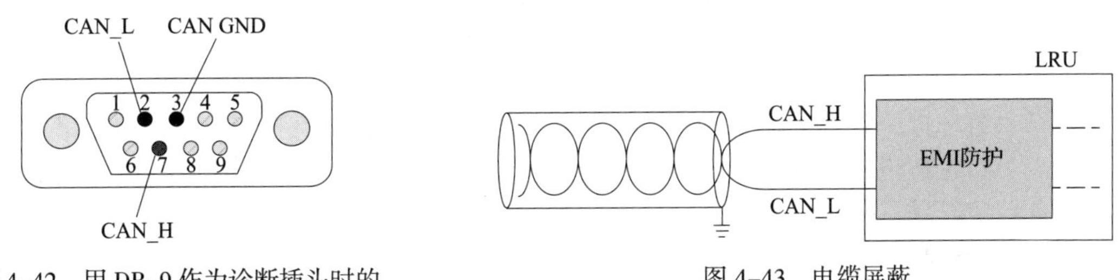

图 4-42 用 DB-9 作为诊断插头时的 CAN 针脚排布示例

图 4-43 电缆屏蔽

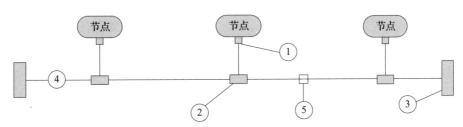

图 4-44 总线拓扑结构

1—设备连接器；2—分接点；3—终端电阻；4—CAN 电缆；5—生产分段

在网络的两端应安装终端电阻，以避免回波反射对通信的干扰。终端电阻的容差应满足 ISO 11898–2 规范的要求（±10%）。

两个 CAN 节点接地点之间的电压差称为节点接地点电位偏移。在节点接地点电位不超过 ±2VDC 时，CAN 网络应能保持正常通信。

4.2.12 带宽管理

CAN 网络要解决的一个重要问题是消息的优先级和带宽管理。当多个节点同时访问网络的时候，消息优先级的问题就来了。CAN 采用了带有冲突避免的载波侦听多路访问（CSMA/CA）的机制来仲裁。这就是说，在多个节点同时访问网络时，标识符数值低（等价于优先级高）的节点获得总线访问权。其他节点会撤销总线访问，在下一个总线时间窗内对消息进行重发。这种机制的好处是仲裁不会牺牲总线带宽。但设计者还是要进行总线带宽的管理，随着网络节点数的增加，高优先级的消息会阻止其他消息的发送，从而带来额外的消息延迟。带宽管理可以确保总线上的负载在某种程度上是均衡的，且有未来扩展的空间。它会控制每个节点的传输频率，从而单条消息不会有不可接受的总线延迟。

本节所描述的带宽管理基于主时间帧 / 子时间帧的概念，所有的节点共用相同的主时间帧 / 子时间帧，且子时间帧是主时间帧的整数分之一（如 1/2、1/4 和 1/8 等）。

这里主时间帧被定义为所有周期性消息被至少传输一次的时间周期，子时间帧被定义为最频繁的消息被传输一次的时间周期。

这种方法可以有效地均衡总线负载，如果总线负载不均衡的话，会导致较大的消息延迟。

4.2.12.1 总线负载计算

总线负载率的计算公式为

$$\text{总线负载率} = \frac{\sum(\text{消息长度} \times \text{消息数})}{\text{传输间隔} \times \text{数据速率}} \times 100\% \tag{4-15}$$

式中：

（1）消息长度指的是在定义好的传输间隔内，每条消息的比特位，包括填充位。

（2）消息数指的是在传输间隔内该消息出现的最大次数（也就是说，在传输间隔内，该消息最多出现几次）。

（3）传输间隔是所选的时间间隔，单位为 s（比如，子时间帧的间隔）。

（4）数据速率指的是总线波特率。

以上总线负载率计算公式只考虑了周期性数据，非周期的数据也要折算成周期性数据，以计算带宽利用率。

为正确分析 CAN 总线带宽利用率，总线节点的所有数据都应包含进来。这里传输间隔的选择就显得很重要，因为不同的传输间隔可能会导致不同的总线负载率。

表 4–6 给出了对应不同消息载荷的消息比特位数值。计算公式（式中各量单位均为 bit）为

$$\text{最大填充位} = \frac{54 + 8 \times \text{DLC 代表的帧长度} - 1}{4} - 2 \tag{4-16}$$

$$\text{消息长度} = \text{帧头} + \text{载荷} + \text{最大填充位} + \text{帧间隔（IFS）} \tag{4-17}$$

表 4-6 总线负载计算

消息载荷 /B	消息长度 最大帧长 /bit	消息载荷 /B	消息长度 最大帧长 /bit
0	79	5	128
1	89	6	139
2	99	7	149
3	109	8	158
4	119		

下面以子时间帧作为传输间隔为例，给出总线负载率计算的例子。

图 4-45 中，消息 C 在子时间帧 #1 中出现，但没有在子时间帧 #2 中出现。因此，在总线负载率计算中，以子时间帧 #1 作为传输间隔会比较好。

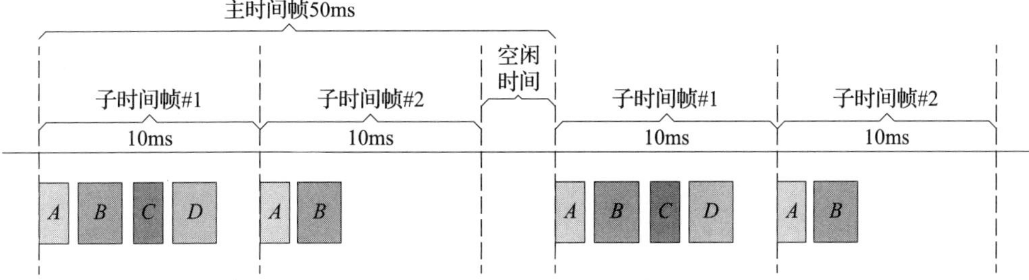

图 4-45 主时间帧与子时间帧中的消息

在这个例子里：

（1）A 是 4 字节载荷的数据帧 =119bit。

（2）B 是 8 字节载荷的数据帧 =158bit。

（3）C 是 3 字节载荷的数据帧 =109bit。

（4）D 是 8 字节载荷的数据帧 =158bit（同 B）。

当总线波特率（即数据速率）为 125Kbit/s 时，根据式（4-15）可算出总线负载率为

$$
\begin{aligned}
\text{总线负载率} &= \frac{(A\times1)+(B\times2)+(C\times1)}{\text{子时间帧}\times\text{数据速率}}\times100\% \\
&= \frac{(119\text{bit}\times1)+(158\text{bit}\times2)+(109\text{bit}\times1)}{(0.01\text{s})\times(125000\text{bit/s})}\times100\% \\
&= \frac{544\text{bit}}{1250\text{bit}}\times100\% \\
&= 43.52\%
\end{aligned}
$$

这样就获得了最恶劣情况下的总线负载率为 43.52%。

如果总线带宽以主时间帧来计算，则这个值会小得多。

4.2.12.2 总线带宽管理的例子

本节描述的带宽管理例子仅适用于所有节点都采用相同消息调度策略的情形。这里

描述的总线调度方法可用于计算总线带宽，同时还可用于调节传输时间，以将高峰负载减少到最小。还需要注意的是，这里没有考虑到非周期的块数据传输，即数据上传 / 下载服务。这时就需要将消息节流，以避免总线负载有较大波动。比较好的方法是将大量的块状数据传输放在子时间帧里，并在计算总线负载率时考虑进去，这时数据传输时间会显著增加。

29 位标识符的 CAN 数据帧的最大长度（包括填充位）是 158bit。为简化计算，这里假定平均填充位数是 19bit，这样平均的帧长为 150bit，如表 4–7 所示。

表 4–7　29 位标识符的 CAN 数据帧长度

29 位标识符 CAN 数据帧域名称	长度 /bit
帧起始（SOF）	1
标识符域 A	11
替代远程请求（SRR）	1
标识符扩展（IDE）	1
标识符域 B	18
远程发送请求（RTR）	1
保留	2
数据长度编码（DLC）	4
数据域（0 ~ 8B）	64
循环冗余校验（CRC）	15
CRC 界定符	1
应答槽（ACK SLOT）	1
应答界定符	1
帧结束（EOF）	7
平均填充位数①	19
最小帧间隔	3
合计	150

注：①最小的填充位数是 0，最大的填充位数是 29。在这个例子里，19 大约是最大填充数的 2/3。

这里假定数据速率是 1Mbit/s，也就是说，每个 CAN 数据帧的最大传输时间为 150μs。还假定每条消息的最大传输频率为 66.6 条 /s，也就是说时间帧为 15ms（1s 除以 66.6 条 /s 约等于 15ms）。由于 15ms 最多可以传输 100 帧数据（1 帧的时间为 150μs，所以 15ms 可以传 100 帧），或者说每秒大约传输 6666 帧数据，就会消耗 100% 的总线负载。利用主时间帧与子时间帧进行带宽管理的例子如图 4–46 所示。

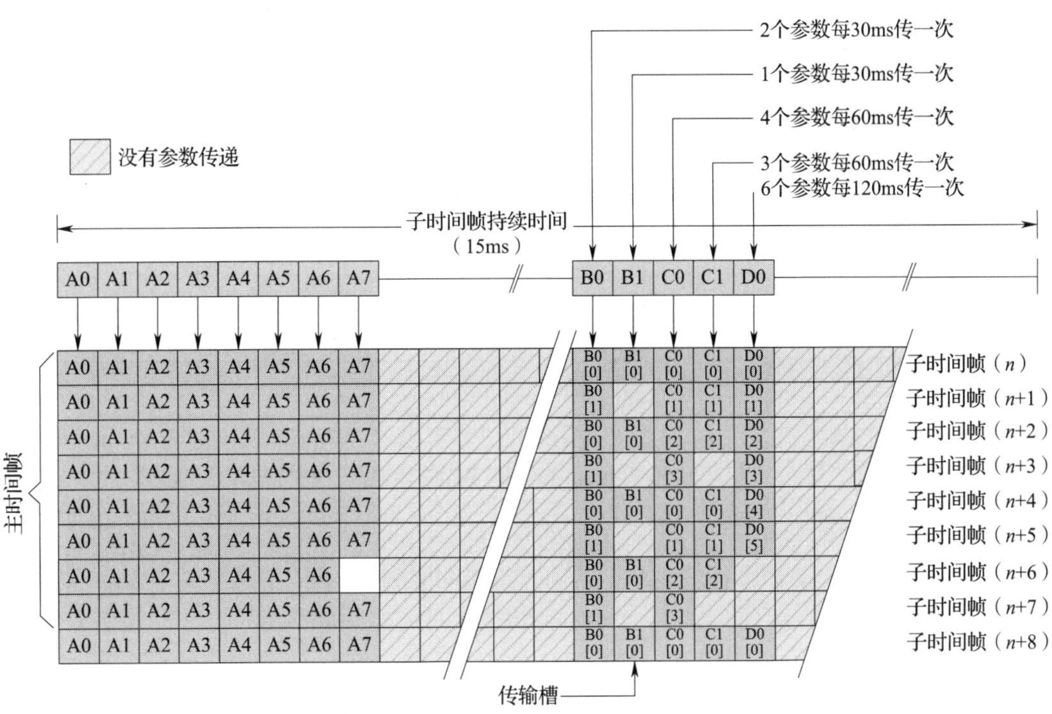

图 4–46　利用主时间帧与子时间帧进行带宽管理的例子

理论上来讲，所有消息都可以以 66 次 /s 的速率传输，但这样做意义不大，除非网络上的设备需要这么快的使用速率。所以这里会定义子时间帧和主时间帧，其中，子时间帧是最高频率消息传输一次的时间间隔，主时间帧是最低频率的消息至少传输一次的时间间隔。这里将最小时间帧设置为 15ms，在这段时间内，不是所有的消息都需要传输。主时间帧是子时间帧的整数倍外加总线空闲时间，在这段时间内，所有的消息至少要被传输一次。这种方法在总线节点处于异步运行模式下依然是有效的，也就是说，虽然总线上所有的节点都有相同的子时间帧，但各节点子时间帧的起点并不是一样的，总线调度如表 4–8 所示。

表 4–8　总线调度

传输间隔	消息 / 传输槽	传输槽的数量（100% 总线负荷时）	传输槽标识
15ms（66.7 条消息 /s）	1	100	A0 ~ A99
30ms（33.3 条消息 /s）	2	200	B0［0］~ B99［1］
60ms（16.7 条消息 /s）	4	400	C0［0］~ C99［3］
120ms（8.3 条消息 /s）	8	800	D0［0］~ D99［7］
240ms（4.2 条消息 /s）	16	1600	E0［0］~ E99［15］
480ms（2.1 条消息 /s）	32	3200	F0［0］~ F99［31］
1000ms（1.0 条消息 /s）	66	6666	G0［0］~ G99［65］

在图 4–46 的总线调度例子中，主时间帧是所有参数至少传输一次所需的时间，从图中可以看出，从子时间帧（n）到子时间帧（$n+7$），所有的参数都传输了一次，因此主时间帧为 8 个子时间帧，即 120ms。以上总线计算的例子会得出如表 4–9 的结果。

表 4–9　总线调度示例

传输间隔	消息数	所需的传输槽数	每个传输槽的最大消息数
15ms	8	8	1
30ms	3	2（1.5）	2
60ms	7	2（1.75）	4
120ms	6	1（0.75）	8
合计	24	13（12.0）	

表 4–9 中，消息数来源于图 4–46，其中，传输间隔为 15ms 的消息有 8 个（A0 ~ A7），传输间隔为 30ms 的消息有 3 个（2 个 B0+1 个 B1），传输间隔为 60ms 的消息有 7 个（4 个 C0+3 个 C1），传输间隔为 120ms 的消息有 6 个（6 个 D0）。这些消息所需的传输槽数由下式决定

$$\text{所需传输槽数}=\frac{\text{消息数}}{\text{消息/传输槽}} \tag{4-18}$$

以传输间隔为 30ms 的消息为例，消息数为 3(表 4–9)，消息 / 传输槽的值为 2(表 4–8)，因此所需的传输槽数为 3/2=1.5，向上取整为 2。

其他时间间隔消息所需的传输槽数可以以此类推。

表 4–9 中的“每个传输槽的最大消息数”即是表 4–8 中的“消息 / 传输槽”。

这个例子中，100 个可用传输槽的 13 个已被占用，对应的总线负载率为 13%。

4.2.12.3　最大总线负载

需要注意的是，一些事件驱动的消息或错误帧会占用额外的总线带宽，因此总线带宽要留有 50% 的裕量。在总线设计时，正常工作时总线平均负载不要超过 50% 的总线带宽。在传输抖动要求非常小的场合，甚至不应超过 30% 的总线带宽。如果总线带宽不够，则可以考虑提高总线波特率，或者采用第二条 ARINC825 网络。

4.2.13　总线负载

总线负载的基本考虑包括：

（1）确保 CAN 控制器和收发器完全满足 ISO 11898–1 和 ISO 11898–2。

（2）确保每个节点都有相同的位时间参数（采样点的设置等）。

（3）确保 EMI 防护电路所带来的寄生电容不会超过电磁防护要求的电容负载极限。

注意：CAN 控制器和收发器必须完全满足 ISO 11898–1 和 ISO 11898–2 这两个标准，而不仅仅是与之相兼容；要确保这些电气特性完全得到满足，否则可能出现通信的不兼容问题。这种通信不兼容的可能不明显，在早期难以检测到，但随着系统集成的后期，这个问题会日益凸显。

其他行业用到的CAN收发器是商用货架产品（COTS），在功能和Pin脚定义上也是兼容的。但有些收发器并不能满足航空安全标准，比如“显性位超时保护”和“未上电时不可见”的功能，普通收发器并不具备。有些收发器的性能要比其他的好，比如有更强的电磁鲁棒性和更宽的共模范围。因此，设计者要仔细查阅产品的数据手册，确保所选的收发器能满足设计要求。

提高网络鲁棒性的一个方法是减小回波反射，为此设计者应遵守本书4.2.15节描述的安装指南。这里的CAN总线长度定义为两个终端电阻之间的长度加上节点分支的长度。减少回波反射的设计考虑包括：

（1）确保电缆有正确的特征阻抗。

（2）确保CAN总线的两个物理终端各有一个终端电阻。

（3）确保总线在布线过程中不会无意中构成星形拓扑。

（4）尽可能缩短分支的长度。

对以上这些设计考虑的忽视会导致总线物理层比较脆弱，进而影响到总线通信质量，提高位错误率（BER），造成很难定位和解决的不定期故障。这种脆弱的物理层会降低性能与EMI裕度。

总线的信号质量主要受以下因素的影响：

（1）CAN总线长度。

（2）分支的数量、位置和长度。

（3）屏蔽质量。

（4）收发器的性能。

（5）EMI防护元件。

（6）位时间参数（采样点等）。

4.2.13.1 总线负载限制

除了考虑CAN节点所能支持的最大节点数外，设计者还要考虑系统的设计生命周期和运行环境。机载系统的运行环境通常比较恶劣，生命周期也比较长。因此常会采用“降额设计”的理念，以确保在设计生命周期内留有一定的性能裕量。表4–10列出了对应不同总线速率的CAN节点数量。表中所列是成功的经验值，可以作为设计指南。

表 4–10 典型的最大节点数

数据传输率 /（Kbit/s）					
	83.333	125	250	500	1000
CAN节点数目（典型最大值）	60	50	40	35	30

4.2.13.2 如何确定物理总线负载

总线的最大节点数由CAN收发器所能驱动的最小负载电阻R_{L_min}所决定。CAN总线的负载由终端电阻R_T、总线的线电阻R_W和收发器的差分输入电阻R_{diff}所决定。在最恶劣的情况下，总线的线电阻R_W可以认为是0。总线的最大节点数n_x满足

$$n_x < R_{diff\_min} \times \left(\frac{1}{R_{L\_min}} - \frac{2}{R_{T\_min}}\right) \quad (4–19)$$

补充：式（4–19）可以理解为由于总线的线电阻 R_W 忽略不计，CAN 总线的负载电阻 R_L 可以认为是 n_x 个节点的收发器差分电阻与 2 个终端电阻 R_T 的并联。

CAN 总线的最大长度取决于最大的传播延迟 t_{prop}（CAN 位时间）、所连总线节点的环路延迟 t_{node}（CAN 控制器、时钟容差、收发器、隔离器等）、线路延迟 t_p，以及由于线路串联阻抗和节点输入阻抗所造成的信号幅度的降低。由于信号压降仅在非常长的线路中才显得比较重要，因此电压降通常会忽略不计。总线长度 L 满足

$$L < \frac{\frac{t_{prop}}{2} - t_{node}}{t_p} \tag{4–20}$$

这样在选择 CAN 收发器和内部节点参数时，30 个节点的网络与 60 个节点的网络会不一样，50m 的网络和 100m 的网络也会不一样。

4.2.14 CAN 总线的电磁兼容设计

CAN 接口应至少满足飞机的审定规范，比如 Do–160 中关于闪电和射频敏感性的要求，同时还要与机载系统所处的安装环境相兼容。电磁防护应按照设备或电缆所处的最高暴露级别来实施。

4.2.14.1 暴露区域

系统设计者应在设计之初定义正确的闪电和 EMI 测试级别。适用的环境级别与设备位置、飞机电缆走线和功能关键度有关。

EMI 和闪电的级别由暴露最严重的那个节点或电缆决定。比如，如果系统的拓扑涵盖电子设备舱和起落架舱，则 CAN 接口的 EMI 防护级别与起落架舱的级别是一样的。

4.2.14.2 电磁接口测试

EMI 测试过程中应确保没有错误帧出现，EMI 测试应满足以下条件：

（1）产品正常运行。

（2）监控在测试中是否有错误帧。

（3）测试的设置应能代表飞机上真实系统的安装情况和拓扑。

补充：这种零错误的测试方法可以确保没有总线关闭状态。

4.2.14.3 闪电间接效应

CAN 物理层采用的是相对地的 DC 差分信号，因此，所有加在地上的威胁都会加在 CAN 接口上。这样，在每个 CAN 接口上都要增加双向的瞬态电压抑制器（TVS）或等效的设备（见本书 4.2.15.2 节电容与闪电防护）。在闪电所引起的高压和大电流条件下，总线通信会暂时中断。在这种情况下 CAN 节点：

（1）不应损坏。

（2）闪电过后应能恢复正常工作。

汽车和航空 CAN 应用的最大区别是后者在工作过程中会遭遇闪电。平均下来每架飞机每年都会遭遇几次闪电袭击。根据节点安装位置或线路布线的不同，感应的最大闪电电压还是很大的（可能大于 1000V）。

在航空领域抑制闪电电压和限制电流的传统做法是用闪电抑制设备，比如 TVS 管。这些设备可以很好地防护闪电，但也有一些缺陷，最主要的缺陷是寄生电容比较大。

总线物理层很容易受大电容的影响，以下几节列出了在物理层降低大电容的方法，在闪电防护方法上，这些仅是示例，并不是唯一的途径。

如图 4–47 所示，可以通过在 CAN 总线上对地并联 TVS 管来防护闪电，在选择 TVS 管时，应确保使用电容值低的器件。同时，为了进一步减小闪电抑制电路的电容，可以在 TVS 前端增加二极管，从而达到减小 TVS 寄生电容的目的。

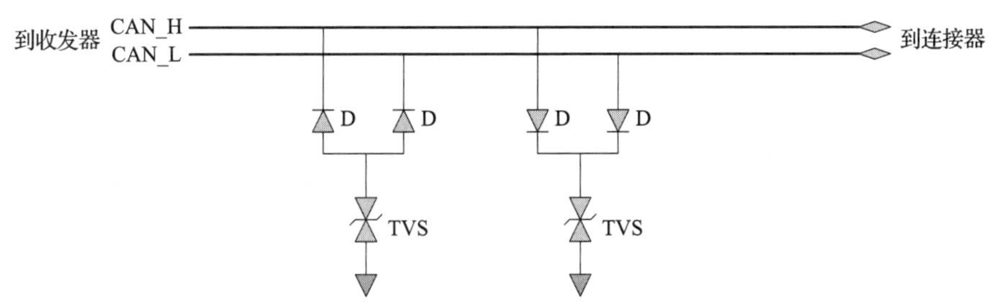

图 4–47 CAN 总线闪电防护示例

TVS 管的击穿电压应小于收发器的共模电压极限。

若 TVS 防护还不能解决问题，可以在 CAN 收发器和 CAN 控制器之间进行隔离，这样就在电路里有了一个隔离的内部地，这个内部地不与飞机机壳相连。隔离器件可以位于 CAN 收发器的内部也可以在收发器的外部。

采用这种技术需要权衡以下两个方面：

（1）它在印制板上增加了器件（CAN 隔离器 + 隔离电源），这个尺寸会比 TVS 管的尺寸要大。

（2）它增加了 t_{node} 环路延迟：需要在波特率 / 总线长度 / 节点数之间找到平衡。

如果这种方法可行，则需要将其应用到所有的节点。

事实上，通常的做法是采用 TVS+ 隔离的做法，因为隔离只能防护 CAN 控制器和处理器等数字电路，并不能防护 CAN 收发器本身。外加 TVS 管可以将对地的共模电压钳位在收发器允许的范围内。

图 4–48 所示的 CAN 隔离器具备 25kV/μs 的共模抑制能力，其绝缘抗电强度有效值为 2500V。

不能在 LRU 接插件针脚上使用 EMI 滤波器，也就是不能采用带滤波功能的接插件，因为这个滤波电容会带来额外的传播延迟。

4.2.15 安装指南

如图 4–49 所示，CAN 总线是线性拓扑。本节描述了 CAN 的物理连接，包括导线、连接器和端接。物理介质（导线和连接器）要仔细选择，以支持 ARINC825 的数据速率。在设计物理连接时，要考虑飞机的安装环境，比如它位于增压舱还是非增压舱。以下几节描述了电缆、终端的特性，以及 CAN 总线的物理布局。

4.2.15.1 数据速率与距离

系统设计者在配置系统架构时，应理解 CAN 数据速率与距离之间的关系。CAN 节点在飞机上的物理位置会影响到最大的 CAN 数据速率，进而影响到节点的消息吞吐量和系统性能。

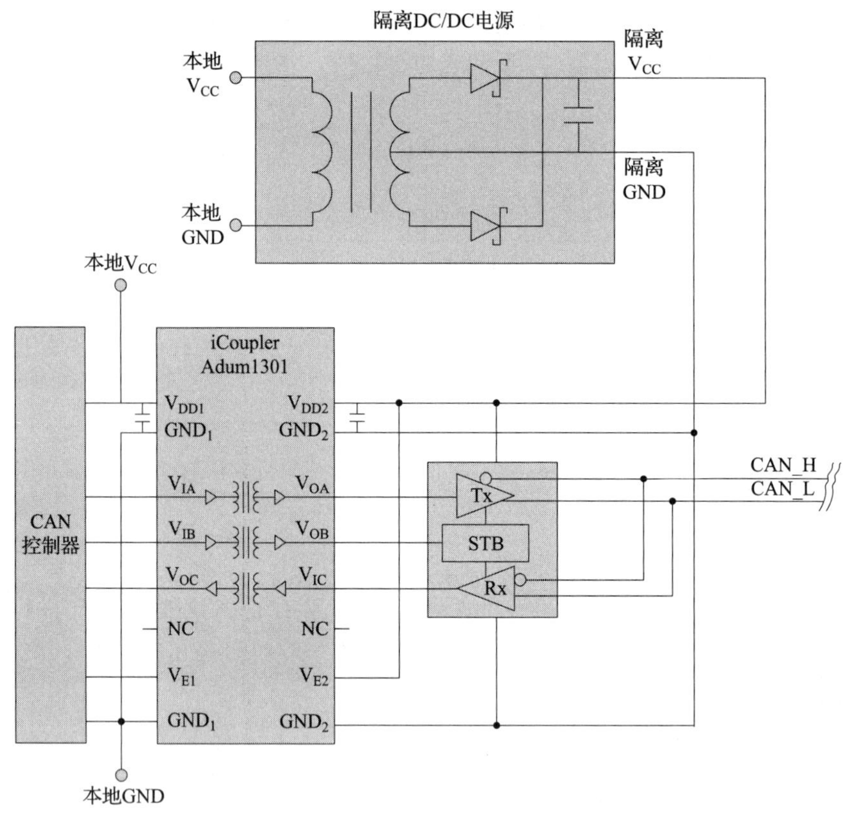

图 4-48　CAN 总线隔离示例

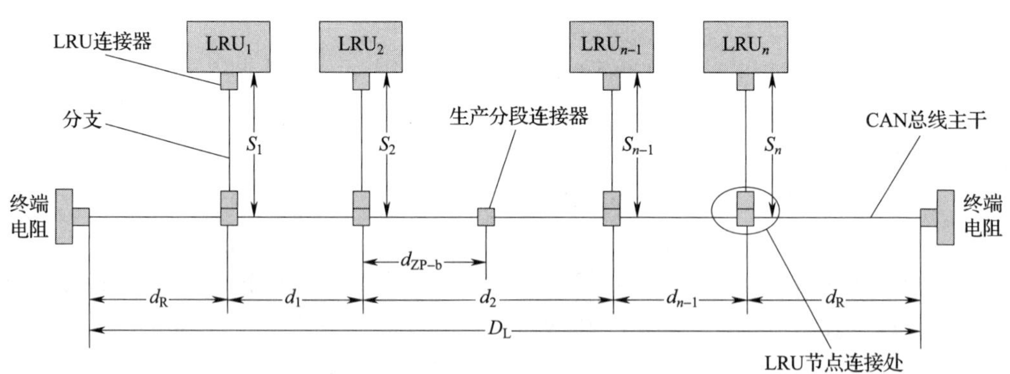

图 4-49　线性总线拓扑

S_n—分支长度；d_R—最近节点与终端电阻之间的最小距离；d_n—节点距离；d_{ZP-b}—生产分段的长度；D_L—总线长度

如果 CAN 总线长度超过了允许的范围，可以降低通信速率，使之与通信距离相匹配。还有就是通过网关来延长总线长度。但不管采用哪种方式，都需要在项目初期考虑这些内容，若在项目晚期才发现这些问题，将会严重影响研制进程。

为了给系统的性能留有一定的裕量，需要慎重选择通信速率，通信速率受制于 CAN 网络长度（包括总线长度和节点分支）和节点数目。表 4-11 列出了一个比较保守的波特率、节点数和网络长度之间的关系。这里需要注意的是只有通过测试和仿真才能评估物理层信号的质量，以及拓扑结构的可接受性。

表 4–11　推荐的 CAN 线路长度

参数	符号（见图 4–49）	83.33Kbit/s		125Kbit/s		250Kbit/s		500Kbit/s		1000Kbit/s		单位
		MIN	MAX[⑤]	MIN	MAX[⑤]	MIN	MAX[⑤]	MIN	MAX[⑤]	MIN	MAX[⑤]	
总线长度[①]	D_L	3.5	200+	3.5	160+	3.5	80+	3.5	40/80	3.5	20/40	m
分支长度[②]	S_n	—	1	—	1	—	1	—	1	—	1	m
节点距离[③]	d_n	0.5	197	0.5	157	0.5	77	0.5	37	0.5	17	m
节点数	n	2	60	2	50	2	40	2	35	2	30	
最近节点与终端电阻之间的最小距离[④]	d_R	1.5	—	1.5	—	1.5	—	1.5	—	1.5	—	m

①这里的总线长度指的是两个终端电阻之间的距离（不包括分支长度）。分支、穿墙式连接器等可导致阻抗不匹配的器件会显著缩短总线长度。

②分支长度指的是从控制器芯片到节点与总线连接点之间的距离。

③节点距离指的是两个节点之间的距离。

④最小距离应比最近节点的分支至少长 1.5m。

⑤如果分支长度已最小化，且节点数不超过最大值，则最大总线长度还可以加长。对于 500Kbit/s 和 1000Kbit/s 的总线速率，MIN 总线长度对应于最大节点数和最大分支长度，MAX 总线长度对应于最小的分支长度和较少的节点数目。

4.2.15.2　电容与闪电防护

设计者应考虑到在出现大电容负载的情况下，CAN 总线的性能会降级。容性负载可能是某个 LRU 导致的，也可能是由于总线上多个 LRU 共同的作用。当有大的容性负载时，系统会出现随机异常现象，甚至瘫痪。

应在系统开发的早期制定 CAN 物理层的设计约束，以免在系统集成阶段遇到互操作性的问题。如果 CAN 网络内部物理特性不匹配，将不能正确交互，也很难隔离故障，这在 CAN 网络上有多个供应商时显得尤为重要。

LRU 的内部电容 C_{in} 指的是 CAN_H 和 CAN_L 与 CAN 收发器的地之间在隐性状态下的电容，测量分 LRU 上电和 LRU 离线两种情况。

LRU 的差分电容 C_{diff} 指的是 CAN_H 和 CAN_L 在隐性状态下的电容，测量分 LRU 上电和 LRU 离线两种情况。

C_{in} 和 C_{diff} 的值应满足本书 4.2.11.1 节中电磁兼容防护的要求。

4.2.15.3　终端电阻

如图 4–49 所示，终端电阻位于 CAN 总线的两端。最好不要将终端电阻放在 LRU 内部。总线正常运行所需的终端电阻值为 120（1 ± 10%）Ω。电阻的等效串联电感应小于 0.37μH，等效的并联电容小于 1.5pF。终端电阻与最近的 CAN 节点连接点之间的距离应大于 1.5m。

4.2.15.4　线束设计

本节描述了哪些是好的线束设计方法，哪些存在潜在的设计缺陷。

LRU 与总线有三种连接方法。

（1）连接器端接法（见图 4–50）。在飞机上推荐采用这种方法，因为这时总线在 LRU 连接器处进行分接，双绞线的屏蔽层能接到连接器的外壳上。而且这种连接的好处是分支很短。但这种接法有个缺点，即线路长、重量大，因为线束必须敷设到 LRU 安装位置。

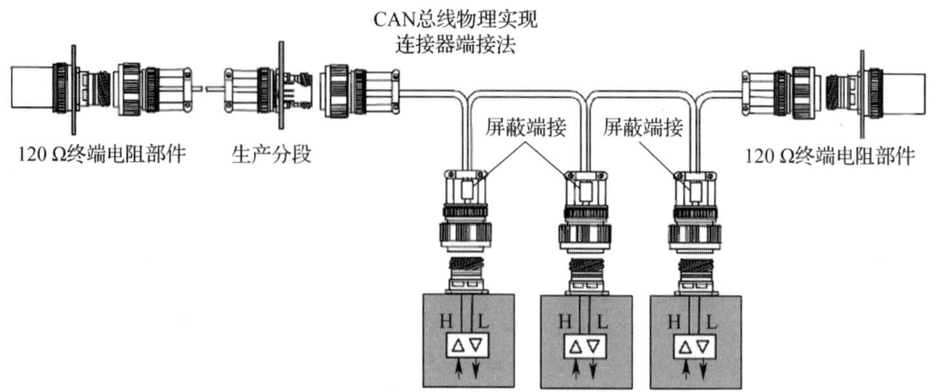

图 4–50　连接器端接法（推荐的方法）

（2）菊花链连接法（见图 4–51）。这种方法不好，尽量避免在飞机上使用。这时，LRU 连接器上有独立的输入和输出针脚，而只有一个 CAN 收发器；这种方法有较短的分支，但其不可取之处在于：当一个 LRU 从网络移除时，CAN 网络将分成两半，每半只有一个终端电阻，这将会严重影响网络的特征阻抗，进而影响网络的通信质量。

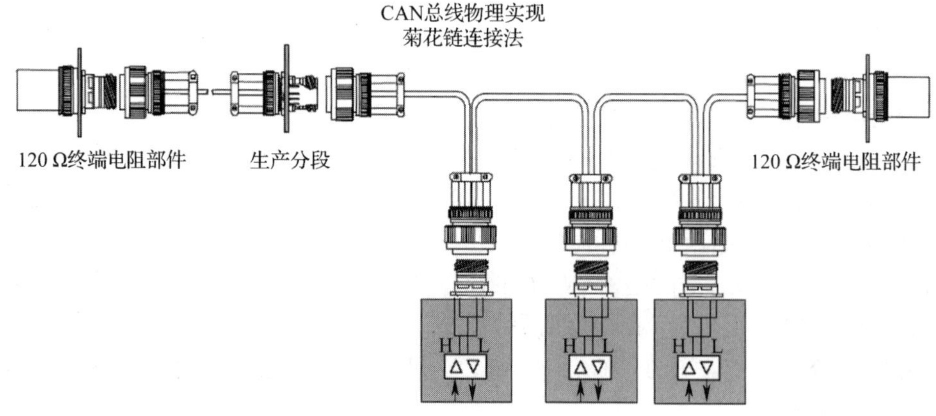

图 4–51　菊花链连接法（避免使用）

（3）线束分接法（见图 4–52）。这种方法也是不可取的，设计者在使用这种方法时应格外小心。这时，分接点在主干线束上。这种方法的好处是重量有所减轻，缺点是分支太长，因此会带来问题（表 4–11 有分支长度的规定）。要严格确认这种拓扑物理层的质量和鲁棒性，避免在无意中构成星形连接，尤其是在采用了线束集成板（WIP）之后。

需要注意的是，布线汇集的地方（如线束集成板）会无意中导致以下情形的发生。因此，ARINC825 不推荐使用线束集成板。因为 CAN 总线在电气上要始终为线性总线。

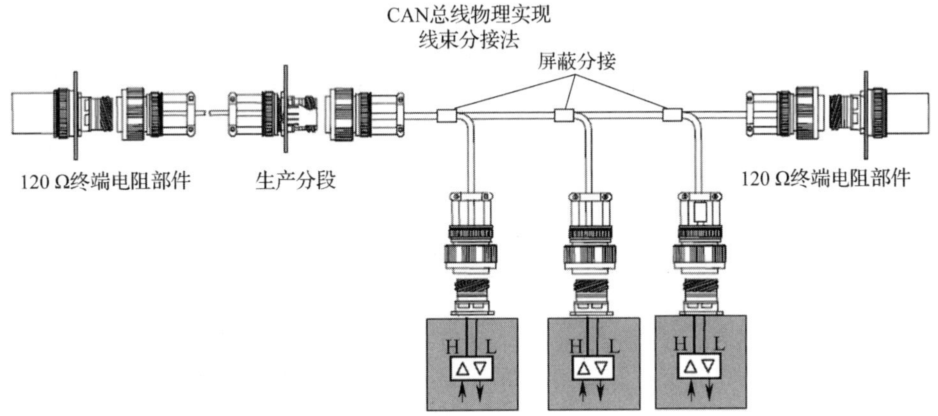

图 4–52 线束分接法（不可取）

不推荐的网络接法有：

（1）星形连接。布线设计应尽量避免使用星形连接。也就是说，在总线主干上，从同一点不能有多个节点引出分支。星形布线会降低 CAN 物理层的信号性能。如果使用了线束集成板（WIP），很容易在无意中造成星形连接。图 4–53 示出了星形连接的例子，这里有 4 个节点分支从同一个点引出。

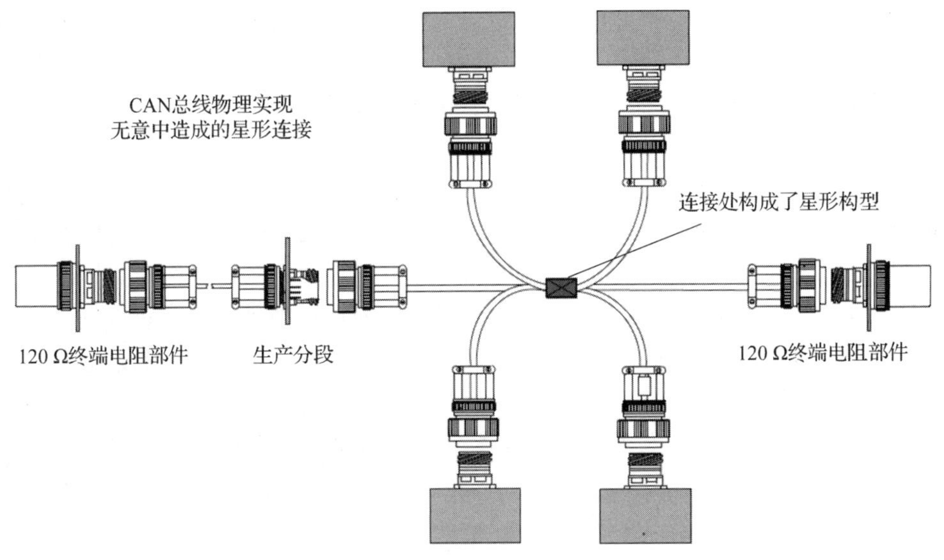

图 4–53 CAN 星形连接（避免使用）

（2）长分支。CAN 线束设计应尽量避免使用长的分支，若使用了线束集成板（WIP），则很有可能无意中将分支加长。因为线束集成板通常与 CAN 节点有较长的物理距离。图 4–54 示出了用 WIP 进行总线线束集成的例子，图中画出了可能会导致分支过长的区域。

用以下方法进行线束长度设计可以避免与实际布线的偏差。

LRU 之间的直线连接模型与实际的线路布线会有差异，因为它没有考虑到：线槽的位置、分支位置、不同通道布线的隔离、危险区域布线、布线的电磁隔离、系统定义的隔离规范、飞机机体固有的弧线。

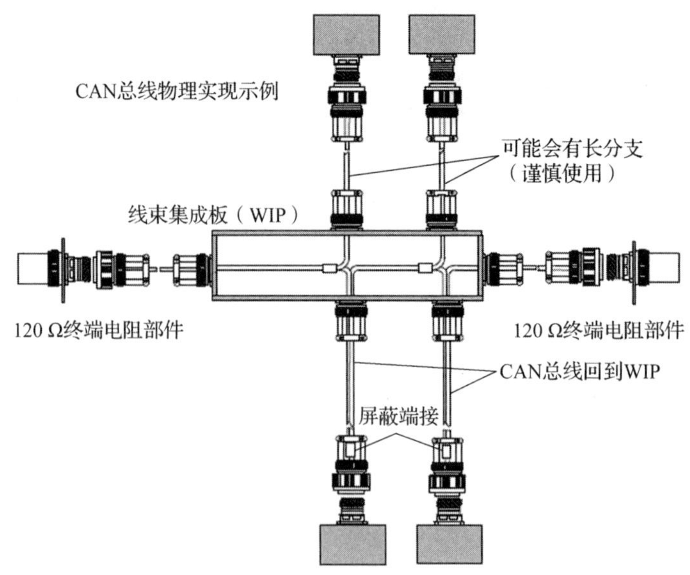

图 4-54　不好的线束集成板设计（避免使用）

实际 CAN 总线长度是以下几个关键长度之和：

①节点之间的线束长度，其中包括 LRU 连接器到内部 CAN 收发器之间的距离。

②如果用到了线束集成板，则在计算总线长度时，应把线束集成板内部的走线也考虑进去。

③从线束集成板到节点之间的来回线路长度（如果适用），注意线路往返的长度都要计算。

除了以上列出的这几点，还有许多其他因素要考虑。比如，在设计时，可能还无法获取飞机线束走线和布置的信息等。出于这个考虑，在设计总线长度时，要留有一定的裕量，以便适应后期线束实施过程中，可能遇到的线束走线和设备安装位置调整等问题。

如果总线在生产时被分成几段，则在段与段之间的连接器处，屏蔽要得到维持，这时可以将屏蔽层连接到连接器的外壳上。EMI 和闪电防护应进一步加强，如果必要，可以在线束外再增加一层编织屏蔽。

电缆屏蔽层在 LRU 连接器处的端接长度应尽可能短。以下是三种屏蔽端接方法，推荐程度按降序排列：

①屏蔽端接到接地外壳。

②屏蔽端接到接地屏蔽套管，如图 4-55 所示。

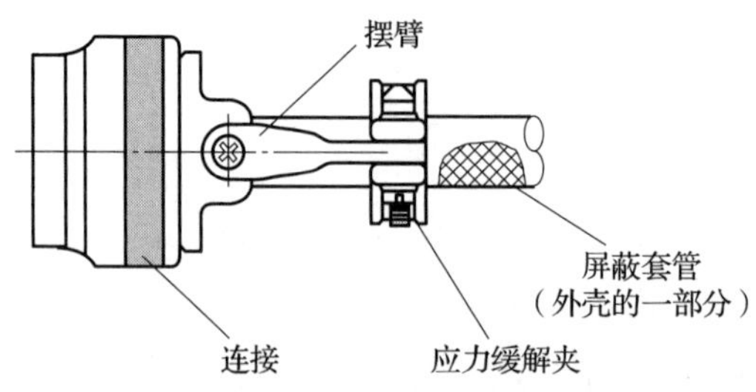

图 4-55　圆形连接器的屏蔽示例

③屏蔽端接到接地屏蔽针脚。

4.2.16 CAN 控制器接口

中央处理单元（CPU）与 CAN 控制器之间的接口可以是中断也可以是轮询，可以根据具体的应用而选择相应的方法。

CAN 控制器一般都有消息标识符验收滤波器，它减少了 CPU 需要处理的消息数量，可以节约 CPU 的资源。

如果采用中断方式，要确保 CPU 能够处理可以预期的最大频率的控制器中断，并留有一定的抖动裕量，同时要考虑消息异常所带来的影响。此外，还要确保有异常处理机制，以处理 CAN 控制器所产生的错误中断。

如果采用轮询方式，则要确保轮询周期与预期的消息频率相匹配。如果每条消息都要接收，则轮询频率要高于总线消息频率。

4.2.17 启动顺序

启动顺序可以分为主动和被动两种。通常来讲，被动启动顺序比主动启动顺序要复杂得多。被动启动顺序要考虑总线行为和故障模式对架构设计的约束。下面会详细讨论不同启动顺序下的推荐程序。

补充：设计者应考虑到被动启动顺序依赖于一个网络主节点来启动所有的网络通信，因此就有潜在的单点故障。被动启动顺序只能用于可以容忍整个网络通信中断的非关键场合。同样的道理，如果用多个主节点来避免单点故障，这些多主节点需要设计控制转移机制，以避免冲突。

主动启动顺序包括以下 4 个步骤：

（1）每个节点的控制器工作稳定后，在初始化 CAN 接口之前控制器应工作稳定。节点上电后，在发送第一条数据帧之前，控制器应配置完成，否则，会发送前后不一致的数据帧。并且，总线可能会被设置为连续显性位，导致其他节点处于总线关闭状态。出于这个考虑，要使用静默模式（或抑制模式）的收发器。

（2）节点准备处理消息：在使能 CAN 控制器确认消息之前，节点要能够处理接收到的消息。

（3）最先上电的节点开始通信：上电后，完成了以上两个步骤的第一个节点可以向总线上发送初始数据帧。这条数据帧不会收到应答，因而会产生一个 ACK 错误。下文会再讨论启动时的错误机制。如果采用了先选先出（FIFO）缓存，最先上电的节点会进入 FIFO 过载模式，如图 4-56 所示。

（4）总线通信的启动顺序完成：当其他节点也连到总线后，就可以进行系统的初始化工作。

系统初始化到这一步时，就可以发送正常工作消息和健康测试消息了，当然必须考虑总线带宽的占用情况。如果采用了 FIFO 缓存，则最先上电节点的 FIFO 可能会过载。对于这一点，下文会有详述。

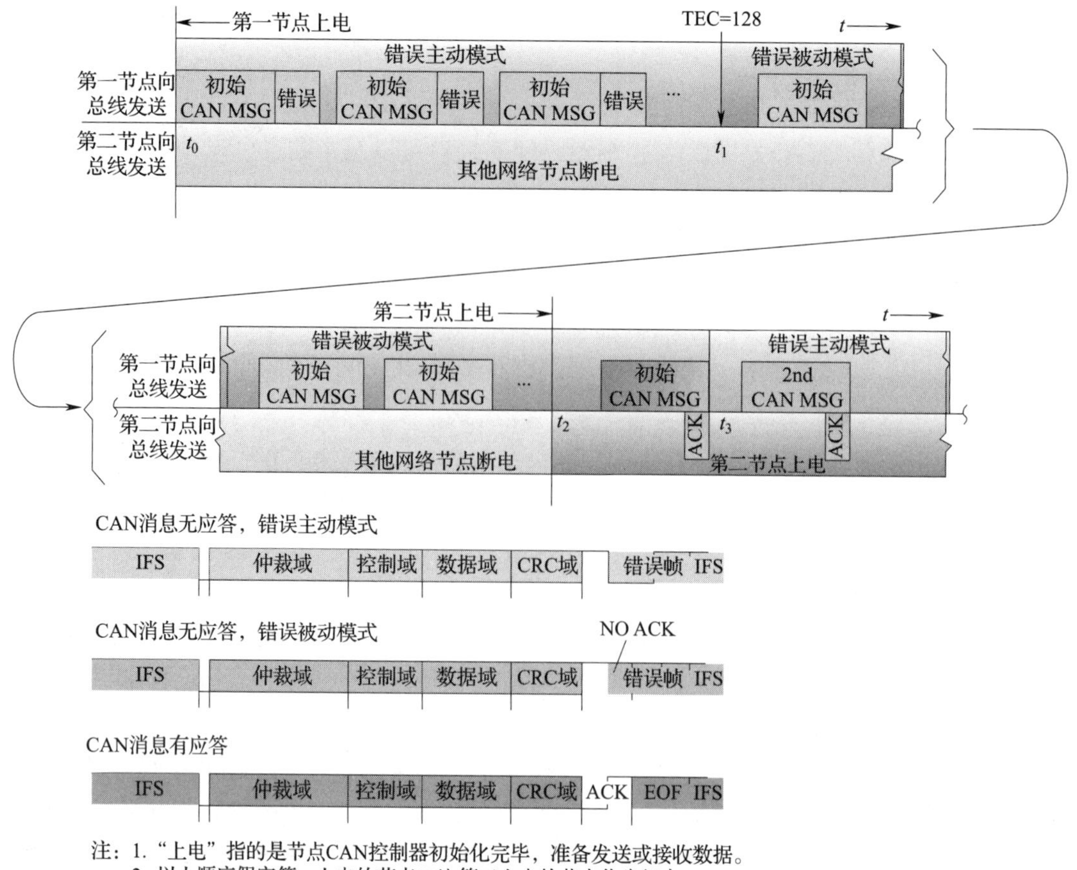

注：1. “上电”指的是节点CAN控制器初始化完毕，准备发送或接收数据。
2. 以上顺序假定第一上电的节点ID比第二上电的节点优先级高。

图 4-56　第一个节点通信

补充：启动时的 FIFO

在启动期间，那些用了 FIFO 的系统在第一条消息被确认之前，不能将第二条消息放入队列中。并且，节点在上电期间，如果还没有准备好接收消息，就不能使能 CAN 接收器。这样做是为了防止节点在启动期间向总线发送大量数据，从而阻止其他节点访问总线。

现在来考虑一下这个情形：一个系统有多个节点，正常情况下处于断电状态，它们都连接到一个网关设备上。由于它们没有上电，所以正常情况下它们都不能应答发送到总线上的消息。但通常网关是有电的，它试图将消息发送到总线上，要发送的第一条消息会“卡”在发送缓存中，因为 CAN 控制器在等待应答。

与此同时，网关 LRU 的内部 FIFO 已填满了消息却无法传输。这些存储的消息量对于要上电的任何节点而言都是巨大的。这时，网关 CAN 控制器试图以最快的速度清空它的消息队列，这就仿佛往 CAN 总线上发送了数据海啸，会瞬间淹没接收单元的 CAN 控制器。我们有理由认为，在航空领域，通常处于断电模式的系统都是与安全性相关的（它们要为系统提供备份）。因此在这些系统上电时，要处理紧急情况。

这时就没有理由把一些很可能与当前飞机情况无关的数据发送给刚上电的单元。同时，发送到总线上的数据也不应带来安全性的问题。如果数据还允许在寄存器或发送缓存中多存一段时间，可能它已不能反映飞机当前的状态，相反，这些数据反映的是若干时间以前的状态。

被动启动要经历以下几个步骤：

（1）每个节点的CAN控制器工作稳定：与主动启动顺序相同。

（2）节点准备处理消息：与主动启动顺序相同。

（3）主节点通信：上电后，完成以上两步的节点会等待接收主节点的消息。如果主节点是最先完成以上两步的，主节点会独自发送首条消息。如果主节点是最先发送消息的，它会按照前面定义的主动启动顺序来执行。

（4）总线通信的启动顺序完成：与主动启动顺序相同。

图4–57示出了被动启动的顺序，这里：

t_0：网络上第一个节点上电，运行稳定，CAN控制器初始化。

t_1：主节点上电，开始发送初始CAN消息。

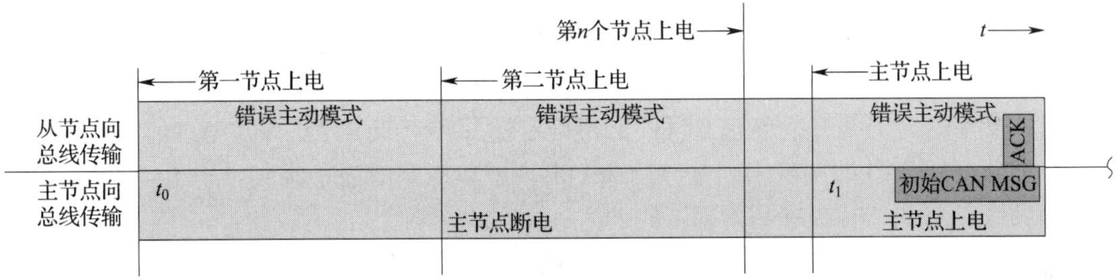

注：1. “上电”指的是CAN控制器初始化完毕，准备发送或接收数据。
2. 如果主节点最先上电，则会遵循主动启动顺序。

图4–57 被动启动

4.2.18 总线关闭管理

CAN消息在传输过程中可能被损坏。CAN协议包含了错误检测机制，可以检测每条发送或接收到的消息中的错误。错误检测由CAN控制的硬件来处理。当节点发现自己故障后，会进入总线关闭状态，将自己从网络上断开。这种机制通过CAN协议状态机实现。

要制定总线规范来处理总线关闭条件，诸如重新连接或CAN接口的重新设置等问题，还要定义可接受的满足系统需求的重新连接次数。

4.3 TTP总线

时间触发架构（TTA）是由欧洲委员会资助开发的分布式实时容错系统架构，为下一代汽车、铁路、航空等高可靠性应用领域提供了通用的底层解决方案。

对高可靠性系统而言，时间触发架构（TTA）具有很大的优势，其通信层的核心是时间触发协议/类别C（TTP/C），它是高速、双余度、分布式、多点串行、硬实时容错的总线规范，这里的C指的是该协议满足汽车工程师协会（SAE）的C类标准。它为分布式应用提供了一个便于集成与分隔的高可靠一致性通用通信平台，简化了分布式系统的设计、测试和集成，降低了全生命周期成本。

时间触发架构（TTA）家族共有三个成员：时间触发CAN、时间触发协议/类别C（TTP/C）及时间触发以太网（TTE）。其中，时间触发CAN和时间触发以太网（TTE）分别在传统的CAN协议及以太网协议基础上发展而来，而TTP/C则是一种应用时间触发架构理念而提出的新的协议。限于篇幅，本书只讲述民用飞机上常用的TTP/C协议。

4.3.1 时间触发架构

传统的串行通信总线，比如CAN总线，其流量是非规整的。假定总线上有5个节点A～E，它们向总线分别发送与自身节点对应的消息A～E。由于不同的节点共享同一个传输介质，在两个节点同时访问总线时，就存在访问冲突。CAN总线通过优先级仲裁的方式来解决这种冲突，即优先级高的消息获得总线访问权，而优先级低的消息会丧失总线访问权，低优先级的消息要延后一段时间，等待总线再次空闲后才能发送。

优先级仲裁的后果是总线消息时间的不确定性，各个节点无法预知消息何时发送到总线上。这种不确定性的宏观表现是，总线上出现了非规整的消息流量。如图4–58（a）所示，总线上消息的传输顺序是不确定的，消息之间的间隔也是不确定的。

采用时间触发通信的目的是对网络上的消息流量进行规整，使得通信链路上的消息传输是有序的，可预计的。在图4–58（b）中，规整后的消息流量是有序的，即消息按照从A～E的顺序传输，消息之间的间隔是等距的（间距为Δt），或者消息之间的间隔是预先定义好的。因此，每个节点都事先知道每条消息的到达时间。

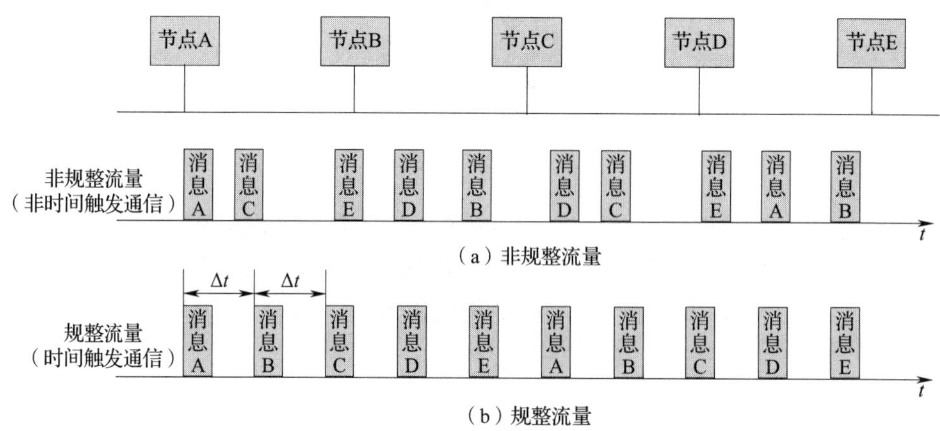

图4–58 对流量的规整——时间触发架构初步

时间触发的通信给每个节点分配了相应的时间槽，每个节点都在自己的时间槽内发送消息，因而消除了总线竞争的可能性。例如，在图4–59中，系统周期设置为100ms，在这100ms内划分了宽度为20ms的5个时间槽，并将它们分别分配给节点A～E。每个节点在自己的时间槽开始处发送消息。节点A在0ms处发送消息A，节点B在20ms处发送消息B，以此类推。

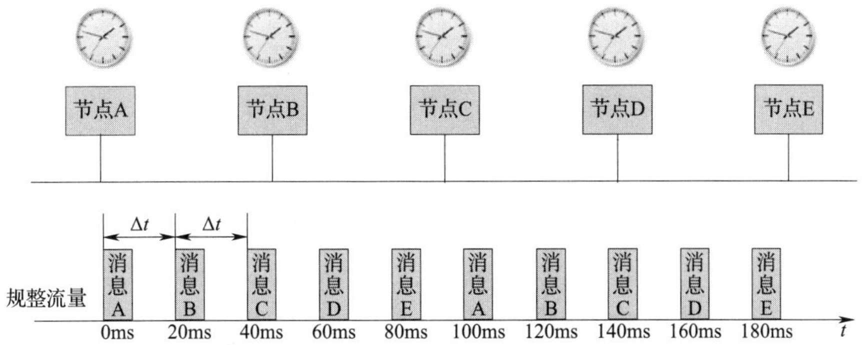

图 4-59 时间触发通信的实现方式——分配时间槽

由于时间槽是从系统时间的角度划分的，消息的发送触发依赖的是系统全局时钟，而不是节点本地的时钟，因此，系统中的每个节点要获悉系统时钟的信息，并与系统时钟进行同步。要实现时间触发通信，一个基本的前提是建立系统范围内的全局时钟。在图 4-59 中，节点 A ~ E 要使用同一个时钟（系统时钟）。

除了系统时钟同步的问题外，时间触发协议还要解决诸如启动服务、结团检测、故障容错等问题。不同的时间触发通信协议在实现方式上各有不同，但基本原理是一致的。要实现时间触发通信，都不可避免地要解决类似的问题。

4.3.2 TTP/C 协议

TTP/C 采用无冲突的时分多路访问（TDMA）方式访问总线，支持多种容错策略，提供了容错的时间同步以及全面的故障检测机制，同时还提供了节点的恢复和再集成功能，被广泛应用于分布式实时控制系统。

TTP/C 的主要目标是为所有节点提供一个一致的分布式计算平台，使设计者可以通过易于管理的方式构建可靠的分布式应用。如果一个节点不能通过通信层确定与所有其他节点都处在一致的状态，设计者就必须在应用层解决复杂的一致性问题，那么分布式算法的设计也将变得异常复杂。为此，TTP/C 在通信子系统层提供了一致性支持。

讲解：分布式设计是任务关键系统的一种重要设计理念，它将原有的集中在一个单元中的功能分散到多个单元，从而避免了原有集中式设计所带来的单点故障而造成系统崩溃的问题。在分布式架构下，由于核心功能被分散到多个单元，一个单元的故障所造成的影响是有限的，不会对整个系统的功能造成灾难性的影响。

分布式设计有赖于系统中各组成单元之间的协同一致，各单元要协调一致地工作，才能完成原来由集中式单元单独完成的功能。为此，各个组成单元要实时判断与系统其他单元是否处于一致的状态，若不一致，则要采取相应的措施，比如重新启动、与系统再集成等。如果在通信层无法判断与其他单元之间的一致性问题，则每个单元要在应用层进行这种判断，从而增加系统设计的复杂性。TTP/C 通信层解决了系统的一致性问题，从而简化了系统应用层的设计。

4.3.2.1 TTP/C 协议概览

基于 TTP/C 协议架构的分布式控制系统由若干集群组成，每个集群包含一组带独立计算功能的节点，每个节点使用 TTP/C 协议以广播的方式实现总线通信。通过同步内置于所有节点中的时钟，可以在整个集群中建立一个有确定精度的全局时基。每个节点都被认为是故障沉默（Fail-Silence）的，即当节点发生故障时，它不会再发送消息。消息传输同时使用两条总线，从而在空间域上实现了消息的备份。

讲解：时间触发架构下的故障模式分为故障沉默、故障遗漏、故障不一致、故障不一致遗漏及故障任意这五种。其中，故障沉默（Fail-Silence）表示节点在发生故障时，不再向外发送消息；故障遗漏（Fail-Omission）指的是节点故障后，会遗漏某些消息的发送或接收；故障不一致（Fail-Inconsistent）指的是接收者对故障的解读不一致，有的节点认为发送者发出的消息是正确的，有的节点认为发送者发送的消息是错误的；故障不一致遗漏（Fail-Inconsistent-Omission）是故障不一致和故障遗漏这两种故障模式的组合，发生故障的节点会把收到的消息的一部分认为是正确的，而认为余下的部分是错误的（可能实际上这部分消息是正确的）；故障任意（Fail-Arbitrary）指的是故障节点可以在任何时间产生任意内容的消息。

集群的通信子系统负责在整个集群上提供可靠的实时消息传输，主机子系统则由各个运行本地实时应用程序的节点计算机的 CPU 组成。这两个子系统之间的接口称为通信网络接口（CNI），它提供了一个由主机子系统各 CPU 共享的存储区，用来发送和接收消息以及获取实时的网络状态和控制信息。图 4-60 给出了一个基于 TTP/C 协议的计算机集群架构。

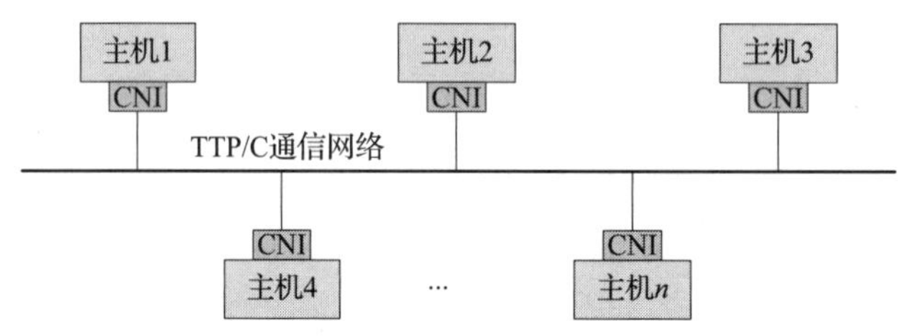

图 4-60　基于 TTP/C 协议的计算机集群架构

讲解：这里主机子系统指的是，在一个主机中，有多个驻留的系统，它们可以共用相同的 CNI（即这里所说的"共享存储区"）来访问 TTP/C 总线。这是相对比较复杂的 TTP/C 的应用，在简单的应用中，每个主机只含有一个子系统，或者说，每个子系统都对应于一个 TTP/C 节点。

图 4-61 给出了一个 TTP/C 节点计算机的结构示意图，从节点计算机的硬件设计中可以看出，节点可以分为主机子系统（主机处理器 + 输入输出）和通信子系统（TTP/C 通信控制器 +CNI），在协议具体实现时，通常将 CNI 集成到 TTP 通信控制器中，如在 TTP/C 控制器 AS8202NF 中所做的那样。

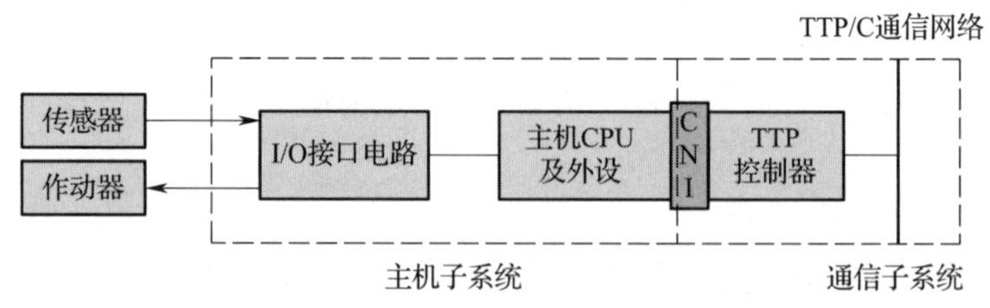

图 4-61　TTP/C 节点计算机的结构

主机子系统负责执行分布式实时应用程序中划分给本地应用的部分，即采集传感器数据，数据及通信处理，还有输出驱动信号给作动器。CNI 由双端口 RAM 实现，它为通信子系统提供了接口。通信子系统负责执行实时通信协议 TTP/C，协议的执行代码和静态配置数据被存储在只读存储设备中。TTP/C 控制器通过两个总线监护器分别连接两条总线，每个总线监护器负责保护各自的信道，阻止故障节点不断发出广播信息甚至独占信道，后者是一种在实时分布式系统中比较常见的情况，称为混串音故障（Babbling Idiot Failure）。

讲解：混串音故障又称为“呓语故障”，出现故障的节点会不断地向总线发送消息，从而阻止其他消息对信道的使用。

这里的“信道”是“通信通道”的简称。

4.3.2.2 TTP/C 协议基本原理

TTP/C 系统运行的基本原理并不复杂：TTP/C 节点周期性地彼此交换数据，协议控制数据储存在 TTP/C 控制器中，为使集群中所有的节点同步，TTP/C 系统会产生一个全局时基。整个系统的行为信息，比如某节点在特定时刻必须发送或接收何种类型的消息等，在设计时对所有的节点都是已知的。

TTP/C 协议充分利用了这些已知的信息来减小系统消息的大小和数量，比如，在预先分配的消息接收时刻接收消息，待接收的消息中不需要携带节点的标识字段等。TTP/C 协议的介质访问采用了 TDMA 方式，多个节点共享同一通信总线，接收方可以根据已知的一个节点何时发送信息的知识实现故障检测功能。

4.3.3 TTP/C 中的一致性机制

TTP/C 是一种集成的时间触发协议，可以提供高数据传输率的实时消息传输、成员响应服务、一致的时钟同步服务、模式转换、快速错误检测和分布式冗余管理。这些服务为系统的一致性提供了有力的保障。

4.3.3.1 高数据传输率的实时消息传输

TTP/C 协议采用静态时分多路访问（TDMA）策略控制节点对传输介质的访问，其帧格式比较简洁，内部控制的数据结构也比较简单，TTP/C 协议的数据传输率可以达到 1Mbit/s 以上。

TTP/C 协议中的每一个节点都只允许在预先指定的时间段内发送数据，这个时间段被称为节点的 TDMA 槽。相应的故障容错单元（FTU）中的节点在该 TDMA 槽内串行发送数据，该时间段又被称为 FTU 时间槽。周期性的 TDMA 槽的序列被称为 TDMA 循环。在所有 TDMA 循环中，TDMA 槽的持续时间和节点的发送顺序都是相同的。当然，消息（应用层数据）的长度和内容可能不同。这些周期性重复出现的 TDMA 循环的集合被称为一个集群周期。图 4-62 具体说明了这些概念。

讲解：这里 FTU 是故障容错单元（Fault Tolerant Unit）的缩写，它意指实现了故障容错策略的时间触发通信节点。

在两个 TTP/C 通道（通道 A 和通道 B）中，节点发送的消息可以相同也可以不同（有不同的帧类型、数据长度和数据内容）。

节点时间槽的周期性顺序称为 TDMA 循环，每个时间槽的持续时间以及集群中不同节点的发送顺序必须相等且固定。在每个 TDMA 循环中，根据实际应用的需要还可以保留一个时间槽为未来扩展用。

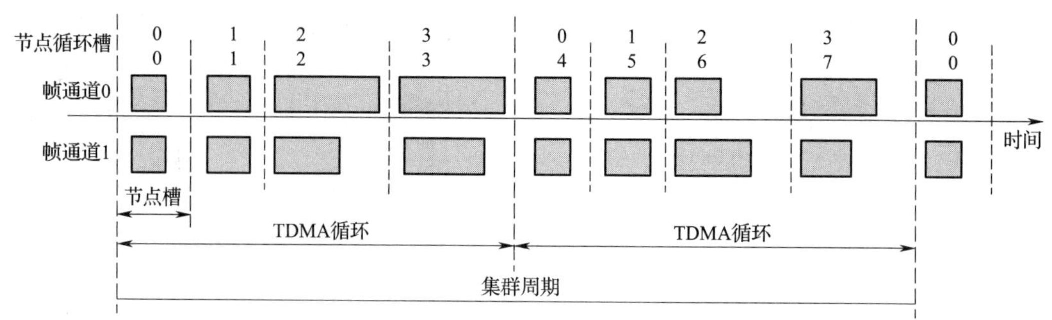

图 4-62　TDMA 总线访问策略

在通信子系统中的只读存储设备中保存了一个消息描述表（MEDL），它是一个用来描述 TTP/C 协议中收发消息属性的静态数据结构。TTP/C 控制器按照该描述表中的配置信息，周期性地自动从 CNI 中读取接收到的消息或向 CNI 中写入将要发送的消息。MEDL 的每一项与 CNI 入口是一一对应的，在消息库中分配的空间也要等于最大的 MEDL 长度。

4.3.3.2　成员响应服务

在基于 TTP/C 协议的集群的每一个节点都保存着一个成员关系列表，列表中记录了所有被认为是正常运行的节点。任一节点在收到消息时都会根据消息接收成功与否更新本地的成员关系列表，在每次消息传输过程中，接收方都会检查包含或隐藏于 CRC 校验码中的发送端的成员关系列表。由于各节点严格按照 TDMA 循环的调度收发信息，每个节点都会在一个 TDMA 循环内检查所有其他节点的成员关系列表。所有与接收端成员关系列表不同的发送端节点都被认为是错误的（或至少在发送者或接收者中的一方是错误的），这样就通过节点间相互的成员确认保证了所有节点的一致性。整个成员响应服务由决策机制和隐含确认机制两部分组成。

每个节点都维护一个本地的成员关系列表，当一个节点准备发送数据时，它将自身添加到本地成员关系列表中。当一个节点收到一个正确的数据帧时，它将发送节点加入到本地成员关系列表中。节点根据以下 3 个条件判断数据传输是否正确：

（1）传输必须发生在预期的时刻。

（2）传输成功完成。

（3）在将发送方加入到接收方的成员关系列表后，双方的成员关系列表必须一致。

讲解：这里需要特别说明的是第（3）点，即，将发送方加入到接收方的成员关系列表之后，发送方与接收方的成员关系列表必须一致。可以考虑一个简单情形，假设发送方 A 和接收方 B 的初始成员关系列表都为空。当 A 向 B 发送一条消息时，它会将自己，即 A 添加到它的成员关系列表。当 A 发送的消息在预定的时间传输完成，且传输成功后，接收方 B 会将 A 加入它的成员关系列表。这样，A 和 B 的成员关系列表中的成员都是 A，所以，二者是一致的。对于其他的有多节点收发的情形，也可以推导出类似的结论。

成员关系列表的比较是通过扩展的 CRC 计算完成的。发送方通过计算包含了本地成员关系列表数据帧的 CRC 校验和来对数据帧进行编码。接收方则在 CRC 计算时使用本地的成员关系列表来对数据帧解码。所有 CRC 校验成功的节点都会认为数据已经正确接收，否则发送方节点将被接收节点从其成员关系列表中删除。也就是说，在这一比较过程中，收发双方并没有真正交换成员关系列表，当然也没有占用任何传输带宽，只是稍微占用了一点计算时间。

若正确接收到数据帧，节点会将发送方加入成员关系列表并会累加其确认计数器（AC），而当接收失败时，接收节点将从成员关系列表中删除发送节点并会累加其失败计数器（FC）。接收节点可以判断出成员关系列表不匹配、数据不完整以及根本没有数据传输等情况（空帧）。在 TTP/C 协议中规定，当空帧出现时，接收节点不需要累加任何计数器，但会将本应在该时段发送数据的节点从成员关系列表中删除。

讲解：节点在发送数据后也会累加其确认计数器。关于 AC 和 FC 的更新算法，后文会有详述（见隐含确认算法）。

在一个节点发送数据前，它会执行决策算法。节点首先检查在自己上一次发送后收到的正确帧是否多于错误帧，即比较确认计数器是否大于失败计数器。如果结果为真，节点将两个计数器清零并将数据发出；否则，节点将抛出一个错误给上层应用并进入冻结状态。TTP/C 协议强制要求故障节点冻结（停止一切通信活动，但仍对上层应用可见），并为后续调试或恢复工作保存所有的节点本地数据。

讲解：前已述及，TTP/C 节点的故障模式为故障沉默，即节点在发生故障后不再向总线发送消息。

隐含确认算法引入了第 1 后续节点和第 2 后续节点的概念。当一个节点（称为 A）发送数据后，它会累加其确认计数器（比如设置 AC 为 1），并等待下一个节点（称为 B）在预期时间段发送来的正确消息。如果 A、B 有相同的成员关系列表，或 B 的成员关系列表中除不包含 A 外其他各项均与 A 的成员关系列表相同，则 A 将 B 作为第 1 后续节点。在其他各种情况下，如 B 发送的数据帧格式错误、发送时间错误、A 和 B 的成员关系列表与其他节点不同等等，A 都会将 B 从成员关系列表中删除，并且在没有收到空帧的情况下，还会累加失败计数器。

一旦 A 找到第 1 后续节点 B，并且 B 与 A 有相同的成员关系列表，则 A 被确认。于是 A 累加其确认计数器，并将 B 加入到其成员关系列表中。至此，隐含确认算法结束。然而，如果 B 的成员关系列表中不包含 A，则存在如下两种可能的情况：

（1）A 的消息传输实际上是错误的，这种情况下 B 是正确的节点。

（2）B 在接收过程中出现错误，这种情况下 A 是正确的节点。

为了在这两种情况中作出判断，A 等待其第 2 个后续节点。A 会在下述情况下将节点 C 作为其第 2 后续节点：如果 A 没有被其第 1 后续节点 B 所确认，而 C 在 B 之后的预期时间段发送了一个格式正确的帧，并且 C 的成员关系列表有且仅有 A 和 B 中的一个，而且与 A 成员关系列表中除 A、B 外的其他节点的成员关系列表相同。

如果所有这些条件都满足，则 A 将 C 作为第 2 后续节点；否则，A 将 C 从其成员关系列表中删除并继续等待下一个发送节点，并且在没有收到空帧的情况下，还要累加失败计数器。

当 A 找到其第 2 后续节点 C，而 C 的成员关系列表中又包含 A，则 A 被确认。于是 B 被认为是错误的节点，并被 A 从其成员关系列表中删除，A 还将累加其确认计数器以表示 A 被 C 所确认。至此，隐含确认算法结束。然而，若 A 不包含在其第 2 后续节点 C 的成员关系列表中，那么实际上 A 是错误的。于是 A 将自身从成员关系列表删除，并将 B 和

C 加入。

至此，隐含确认算法全部结束。

讲解：以上的隐含确认算法虽然在文字表述上比较冗长，但逻辑上还是很清晰的。当 A 和 B 之间成员关系不一致时，要么 A 错，要么 B 错，但仅凭 A 和 B 是无法作这种判断的，因此需要第三个节点 C 来辅助判断。用来作辅助判断的 C 是有条件的，即 C 必须在预定的时间内发送，且 C 的成员关系列表中只包含 A 和 B 中的一个，其成员关系列表中除了 A 和 B 之外，其余的成员与 A 成员关系列表相同。在作判断时，若 C 的列表中包含 A，则 A 正确，A 被确认；反之，则 B 被确认。

4.3.4 TTP/C 协议的关键特性

4.3.4.1 基本架构和运行机制

TTP/C 的基本架构和运行机制如图 4–63 所示。一个包括 n 个节点的分布式系统，每个节点都包括一个 TTP/C 协议控制器和主机，主机和协议控制器之间通过 CNI 实现数据交换，这 n 个节点构成了一个 TTP/C 集群。一个集群最多可以包括 64 个节点，可以配置为总线型或星形拓扑结构。TTP/C 的隐含确认算法可以阻止非对称的拜占庭故障的发生。

讲解：所谓拜占庭故障指的是，发送方向接收方发送消息，接收方没有收到，发送方也无法确认消息确实丢失的情形。前述的隐含确认算法可以有效阻止非对称拜占庭故障的发生。通过两次确认算法，节点可以界定是发送方出现的错误，还是接收方出现的错误。

集群在硬件上通过通信信道冗余实现消息在空间上的备份，避免了单个信道或者节点故障导致的系统失效。集群通过独立的总线监控单元保护两个传输通道，阻止故障节点独占信道。如图 4–63 所示，通信协议控制器内建的分布式同步时钟确保了节点间的时间误差在一个预设的精度范围内。节点本地的消息描述表（MEDL）是一个预先规划好的总线调度列表，该列表定义了各个节点在一个集群循环内每个时间槽的具体行为，集群内的所有节点在同步时钟的驱动下同步执行 MEDL 中的命令，以实现无冲突的时分多路访问（TDMA）模式的介质访问策略。在每个 TDMA 循环内各个节点在预先设置好的时间槽内、以已知的延时在总线上向各个节点广播数据，多个长度不等的时间槽构成一个 TDMA 循环，多个等长的 TDMA 循环构成一个集群循环。

协议在数据链路层定义了四种类型的数据帧：

（1）初始化 I– 帧，该帧包含本地时间信息和控制器的状态信息，但不包含应用数据，用于启动过程。

（2）正常 N– 帧，该帧用于传递应用数据（最大 240B），并隐含地传递本地的成员关系列表。

（3）冷启动帧，该帧包含本地的时间信息和简化的控制器状态信息，用于冷启动过程。

（4）X– 帧，该帧是可以传递应用数据的 I– 帧，用于在集群运行过程中对故障节点的再集成。

这几种帧类型通过 4bit 帧头区分，并受到 24bit 的 CRC 校验码保护。

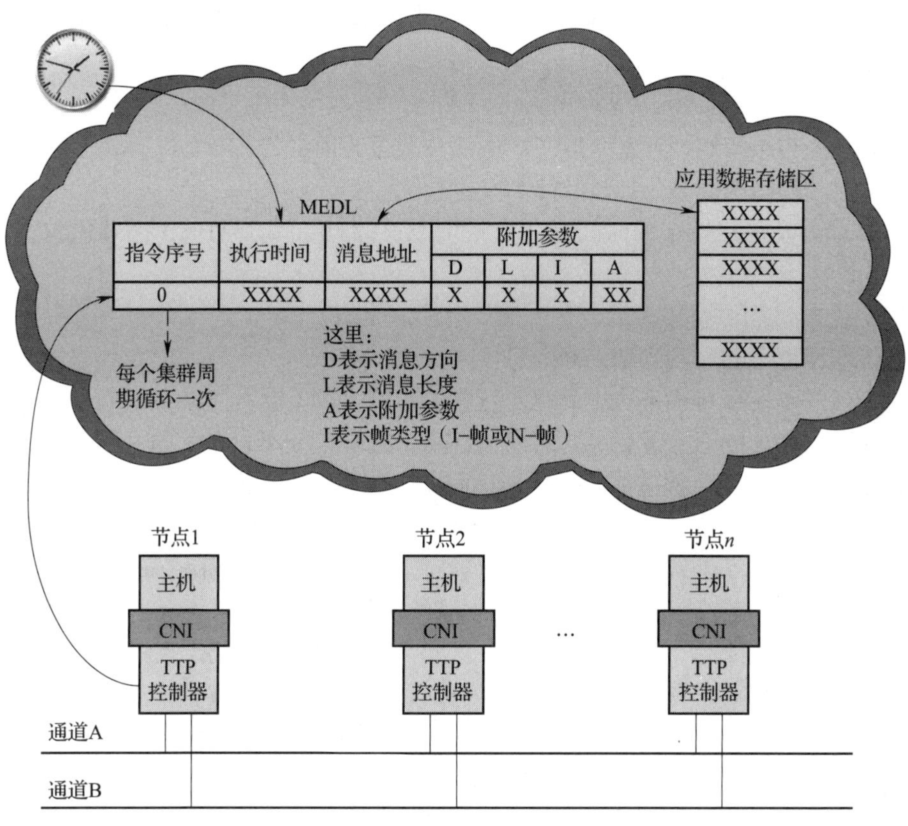

图 4-63 TTP/C 的基本架构和运行机制

讲解： 除了以上的 4 种帧类型外，TTP/C 还提出了“空帧”（NULL Frame）的概念，空帧指的是在预设时间内应该发送，但实际没有发送的帧。TTP/C 节点在收到一条空帧时，不会累加其错误计数器，但会将该时间段应该发送消息的节点从其成员关系列表中删除。

4.3.4.2 容错同步时钟

节点间统一的时钟基准是 TTP/C 集群正常运行的基本前提，但温度、电压的变化和晶振老化等因素将使时钟源的频率偏离标称值，单粒子翻转（SEU）事件也可能会导致某个节点本地时钟发生突变。这些因素都可能导致集群失去同步，因此必须采用一定的同步机制保证节点间的时钟误差在预设的范围内。在分布式系统中可以采用独立的时钟线实现同步（如 ARINC659 总线），也可以通过频率或增量修正的方法实现时钟同步。在综合考虑计算开销和容错需求后，TTP/C 协议采用了时钟校正项来修正和同步本地时钟，该时钟校正项由节点消息的预期接收时间和实际接收时间的差值而导出。

讲解： 单粒子效应（SEE）是指单个高能粒子穿越微电子器件的灵敏区而造成器件状态非正常改变的一种辐射效应。单粒子效应种类很多，主要有单粒子翻转、单粒子锁定和单粒子烧毁、单粒子栅击穿等。其中，单粒子翻转（SEU）指的是单个高能粒子作用于半导体器件，引发器件的逻辑状态发生异常变化。单粒子翻转是空间辐射造成的多种单粒子效应中最常见和最典型的一种，主要发生在数据存储或指令相关器件中。单粒子翻转造成的器件错误属“软错误”，即通过系统复位、重新加电或重新写入能够恢复到正常状态。航空机载设备抗单粒子效应设计的主要途径是采用检错纠错码技术，即通过软件或硬件设计，发现单粒子翻转错误并纠正它，使之不会给机载设备带来更严重乃至致命的错误。

4.3.4.3 容错一致性策略

容错系统的容错策略设计都是以一定的故障假设为前提的，TTP/C 的故障假设如下：

（1）节点的故障类型分为接收故障和发送故障。

（2）节点只能在其指定的时间槽内发送消息，并且在每个 TDMA 循环内只能发送一次消息。

（3）在每个 TDMA 循环内最多有一个节点发生故障。

（4）传输通道不能自发产生正确消息。

在故障模式下，分布式系统中的每个正常节点都必须对其他节点的运行状态有相同的判断，以便采取和其他正常节点协调的容错行动，这就是分布式系统的一致性概念。

讲解：前已述及，若不能在通信底层向应用层提供一致的系统状态，设计者就必须在应用层解决复杂的一致性问题，从而使分布式算法的设计变得异常复杂。TTP/C 的故障容错假设中有一个基本前提，即在每个 TDMA 循环中，只有一个节点发生故障。实际上，在前述的隐含确认算法中，就应用了单个故障的假设。如果节点 A 和节点 B 的成员关系列表不一致，则要么 A 错了，要么 B 错了，不会出现 A 和 B 同时出错的情形。

组成员协议（GMP）是一种基于 TTA 通信架构的分布式多级容错策略，主要目标是通过对故障节点的快速探测和隔离来维持整个分布式系统的一致性。GMP 规定集群中的每个节点都维护一个成员关系列表，列表中记录了集群中所有正常运行的节点，在每个 TDMA 循环内每个节点都会检查其他节点的成员关系列表，所有与接收节点成员关系列表不同的发送节点都被认为是错误的，将从接收节点的成员关系列表中删除。

GMP 通过这种节点间相互的成员关系列表确认在通信底层解决了分布式系统的一致性问题。TTP/C 集群中节点间成员关系列表的交换是通过扩展的 CRC 实现的，即发送应用数据的 N- 帧本身不包含成员关系列表，但其 CRC 校验码是结合了发送节点成员关系列表计算得到的，接收节点需要用当地的成员关系列表对接收到的数据帧进行 CRC 解码，若解码成功则说明发送和接收节点间的成员关系列表一致，若解码失败则说明不一致。TTP/C 协议通过结团避免（CA）算法和隐含确认（IA）算法的交互实现容错 GMP 策略。

CA 算法：前已述及，除成员关系列表外，节点内部还定义了两个计数器，一个是确认计数器（AC），一个是失败计数器（FC），这两个计数器的累加原则如下。

（1）当前节点发送数据后，本地 AC+1，并将自身添加到本地成员关系列表中。

（2）若节点判定当前时间槽接收的数据帧错误，则本地 FC+1，并在本地成员关系列表中删除对应接收节点。

（3）若节点判定当前时间槽接收的数据帧正确，则本地 AC+1，并在本地成员关系列表中增加对应接收节点。

（4）若节点判定当前时间槽为空，则本地 AC 和 FC 都维持原值不变，但与当前时间槽对应的节点将从本地成员关系列表中删除。节点在每次发送数据前都会判断本地的 AC 是否大于 FC，若结果为假，节点将进入冻结状态，否则将 AC 和 FC 清零并执行数据发送功能。

IA 算法：所谓隐含确认是指接收节点无须专门地确认帧通知发送节点数据帧的发送

正确与否，这既节省了传输带宽，又满足了故障假设（2）。图 4–64 和表 4–12 说明了后续节点对节点 A 发送数据正确性进行确认的流程，S1 → S4 分别代表 4 次 CRC 校验过程 1a、1b、2a、2b，T 代表校验正确，F 代表校验错误。

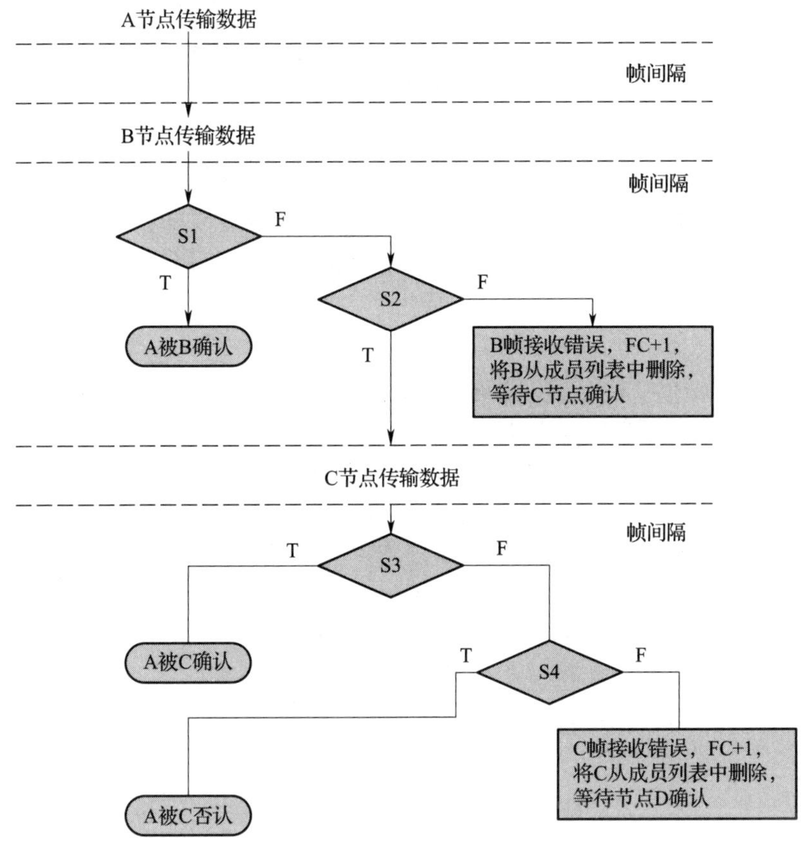

图 4–64 节点 A 的隐含确认流程

表 4–12 节点 A 的隐含确认流程对照表

步骤	CRC 校验结果				校验条件（成员关系列表）			计数器动作		备注
	1a	1b	2a	2b	M（A）	M（B）	M（C）	AC	FC	
S1	T				1	1		+1	0	将 B 加入成员关系列表
S2	F	T			0	1		0	+1	A 和 B 定有一个发生了错误
S3	F	F	T		1	0	1	+1	0	将 B 从成员关系列表中删除，并将 A 和 C 加入
S4	F	F	F	T	0	1	1	0	+1	将 A 从成员关系列表中删除，并将 B 和 C 加入

讲解：这里四次 CRC 校验 S1 到 S4 都在节点 A 中进行。

若经过 S1 → S4 的计算后仍然不能对节点 A 进行确认，则等待后继确认节点。若节点 A 在自身下一次发送数据前还没有被确认，则节点 A 被 CA 算法冻结。CA 算法可以检测和隔离节点的接收故障，而 IA 算法可以检测和隔离节点的发送故障，这两个算法结合使得 TTP/C 具备了在一个 TDMA 循环内快速检测和隔离任意单个故障节点的能力，并维持整个集群成员关系列表的一致（另见本书第 4.3.6.3 节的描述）。

讲解：节点的隐含确认算法必须在一个 TDMA 循环中执行完毕，以便为节点在下一个 TDMA 循环的数据发送作准备。如果通过隐含的确认算法判定本节点故障，则在下一个 TDMA 周期，节点将进入冻结状态。

4.3.4.4 上电启动过程

启动过程是集群由异步向同步的过渡阶段，是集群建立时间同步和状态一致的过程。图 4–65 给出了启动过程中简化的协议控制器状态转移图，非启动节点在初始化结束后转入监听状态，监听由启动节点发送的用于初始化集群的 I– 帧或冷启动帧。在图 4–65 中，只有用于启动集群的协议控制器才具有启动和冷启动的状态。集群定义的主启动节点在初始化完成后转入启动状态并开始发送 I– 帧，其他处于监听状态的节点若正确接收到主启动节点发送的 I– 帧，则统一采用 I– 帧中包含的时间和状态信息实现集群同步，但主启动节点可能因故障不能发送正确的 I– 帧。为了保证可靠、快速地启动集群，TTP/C 协议定义了多个备份启动节点。若处于时间异步状态的备份启动节点在主启动节点启动失败后都试图承担启动功能，就可能导致启动冲突。

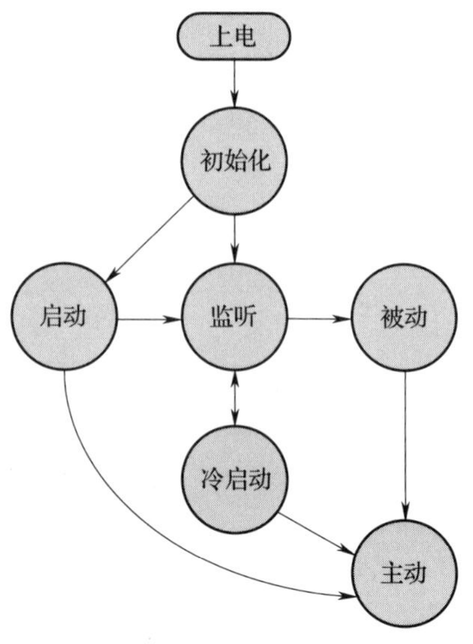

图 4–65　启动过程中 TTP/C 控制器的简化状态转移图

讲解：图 4–65 是为了解释 TTP/C 的上电启动过程而画的状态转移图，其中的状态是不完整的，比如冻结状态，节点在出现故障后即转入冻结状态。

为了避免冲突，TTP/C 协议定义了两种计数器：启动计数器和监听计数器。启动计数器的定义为

$$t_i^{\text{startup}} = \begin{cases} 0, & i=0 \\ \sum_{j=1}^{i} t_{j-1}^{\text{slot}}, & i>0 \end{cases} \tag{4–21}$$

式中：t_j^{slot} 是指第 j–1 个时间槽的宽度。

讲解：这里的启动计数器实际上就是每个节点的时间槽的起始时间，在正常的情况下，节点由该计数器触发，在 TDMA 循环中的预设时间槽内发送消息。

监听计数器的定义为

$$t_i^{\text{listen}} = 2 \times t^{\text{tdma}} + t_i^{\text{startup}} \tag{4–22}$$

式中：t^{tdma} 指 1 个 TDMA 循环的长度。

讲解：监听计数器是备份启动节点在准备发送冷启动帧之前的等待时间，从公式（4–22）可以看出，备份节点要至少等待两个 TDMA 循环，外加自身时间槽的启动时

间，若在这段时间内，仍然没有收到正确的 I- 帧，则它会发送冷启动帧。

若第一备份启动节点在其监听计数器溢出后没有接收到正确的 I- 帧，它将被本地的启动计数器激活并发送冷启动帧，其他节点在接收到冷启动帧后冻结自身监听和启动计数器并转入被动状态，然后利用冷启动帧中包含的信息实现与第一备份启动节点的同步并转移到主动状态。若第一备份启动节点没有在规定的时间内发送冷启动帧，则第二备份启动节点将被自身的启动计数器激活并发送冷启动帧，以此类推直到整个集群启动成功。

虽然有计数器的保护，但在冷启动过程中第一和第二备份启动节点还可能会发生冲突。如图 4–66 所示，假设节点 A 为第一备份启动节点，节点 E 为第二备份启动节点，两个节点初始化时间差为 $\Delta t_{\mathrm{AE}}^{\mathrm{initialize}}$，当 $t_{\mathrm{E}}^{\mathrm{listen}} - t_{\mathrm{A}}^{\mathrm{listen}} < \Delta t_{\mathrm{AE}}^{\mathrm{initialize}} + t_{\mathrm{A}}^{\mathrm{cold-frame-duration}}$ 时，节点 A 和 E 发送的冷启动帧将发生冲突。

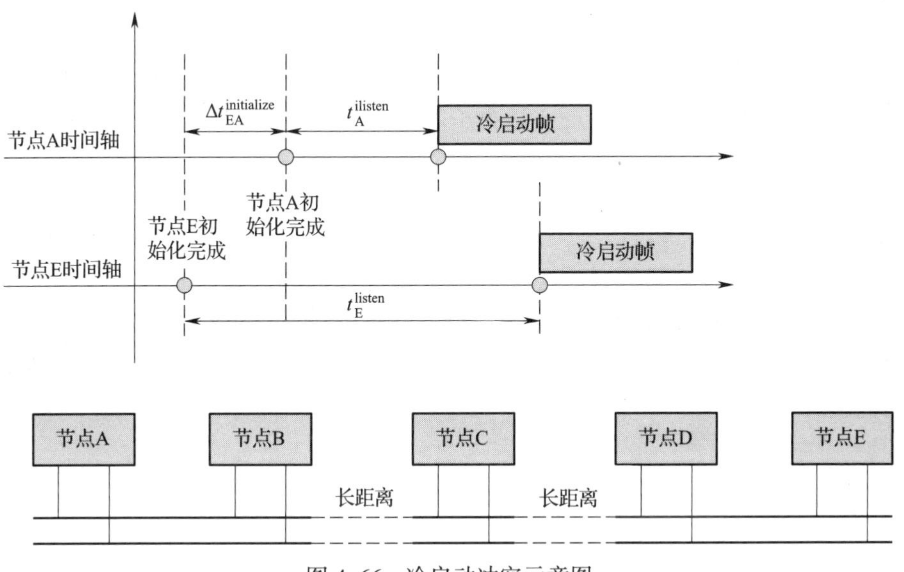

图 4–66　冷启动冲突示意图

讲解： 这里的 $t_{\mathrm{A}}^{\mathrm{cold-frame-duration}}$ 指的是由 A 发送的冷启动帧的持续时间。如果 E 启动得快，同时 A 的冷启动帧持续时间也比较长，则有可能出现 E 的启动时间来临时，还没有收到完整的由 A 发送的冷启动帧。这时，作为第二备份节点的 E 也会发送冷启动帧。

根据具体的集群参数的不同，可能会导致以下两种情况：

（1）节点 A 和 E 发送的冷启动帧发生冲突，此时冷启动帧无效。

（2）节点 A 和节点 E 距离较远，并且节点 A、E 到节点 C 的传输延时大于冷启动帧的发送持续时间，这时节点 B 接收到 A 发送的 I- 帧，节点 D 接收到 E 发送的 I- 帧，而节点 C 可能接收到 A 发送的冷启动帧，也可能接收到 E 发送的冷启动帧，也可能 A 和 E 的 I- 帧在 C 附近发生冲突导致 C 没有接收到有效的冷启动帧。

讲解： 这里的冷启动帧冲突指的是 A 和 E 发送的帧同时出现在接收节点的情况，若 A 和 E 的传输距离短，则所有监听节点都会检测到这种冲突，若 A 和 E 距离较远，则集群中有的节点会先后接收到两个冷启动帧，有的节点会检测到 A 和 E 发送帧同时来临的情形。当 A 和 E 的帧同时到达某个监听节点时，冷启动帧会因为冲突而被破坏，它不会通过接收的 CRC 校验，因而监听节点会收到无效的帧。

第一种情况虽然发生帧冲突，但其他节点都没有收到有效的冷启动帧，第三备份启动节点将执行启动功能。第二种情况将使集群分裂为 2 或 3 个子集，导致启动失败。

为了避免这种启动故障，TTP/C 协议规定所有节点丢弃在总线上探测到的第一个冷启动帧，同时复位本地监听计数器并转移到监听状态，而已经启动的备份启动节点将在一个 TDMA 循环后重启各自的启动计数器。

由于

$$t_E^{startup} - t_A^{startup} = t_A^{slot} + t_B^{slot} + t_C^{slot} + t_D^{slot} \tag{4-23}$$

而冷启动帧的传输耗时必然小于 $t_A^{slot} + t_B^{slot} + t_C^{slot} + t_D^{slot}$，节点 E 将在其启动计数器溢出前接收到节点 A 发送的冷启动帧，因此 A 和 E 不会发生启动冲突。

4.3.5 TTP 的故障容错分布式时钟

同步和确定性运行的前提是有全局时基，每个 TTP 控制器一方面将其本地时钟对准到这个时基，另一方面它也要对定义全局时基有贡献。故障容错分布式时钟算法描述了 TTP 网络中全局时钟的参数和实现原理。

4.3.5.1 定时参数

以下章节会用到三个基本术语：微节拍（Microtick）、宏节拍（Macrotick）和精度。

微节拍为周期信号，它定义了 TTP 控制器最小的时间测量单位。微节拍的持续时间 Δ_{mt} 与物理 TTP 控制器时钟，即振荡器相关联。两个连续微节拍之间的持续时间用时钟粒度 g 表示。Δ_{mt} 用于定义微节拍的长度。宏节拍与微节拍之间的关系如图 4-67 所示。

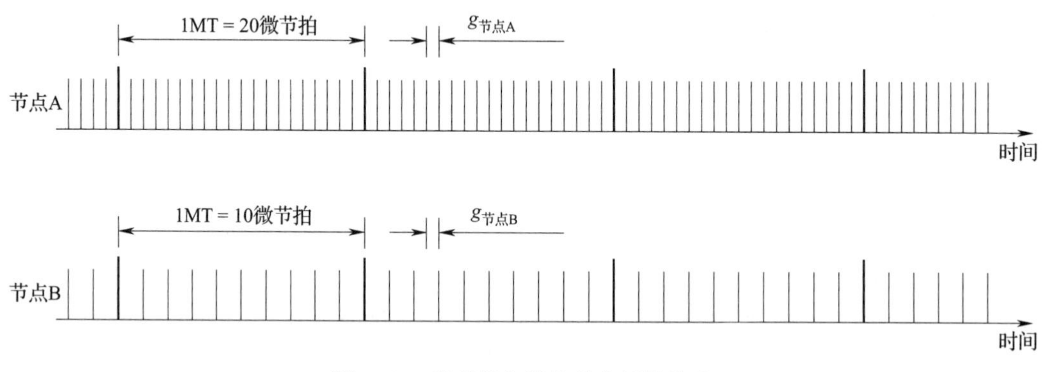

图 4-67　宏节拍与微节拍之间的关系

讲解： g 表示 1 个 Δ_{mt}。Δ_{mt} 用于定义微节拍的长度，在图 4-67 中，节点 A 的 1 个宏节拍有 20 个微节拍；而节点 B 的 1 个宏节拍有 10 个微节拍。

宏节拍是周期信号，它将全局时间分为较粗的粒度。TTP 控制器用这个时基来触发协议事件的执行，并控制何时接收或发送一个帧。每个宏节拍由多个微节拍组成，其持续时间为 Δ_{MT}。尽管集群中的不同节点有不同的时钟粒度 g，集群中所有的 TTP 控制器的运行都基于相同的宏节拍值 Δ_{MT}，如图 4-67 中的节点 A 和节点 B 所示。宏节拍 / 微节拍的比例在配置数据中配置，每个 TTP 节点有不同的配置。

讲解： 这里的 Δ_{MT} 即为 1MT。尽管不同 TTP 控制器有不同的时钟粒度，但其宏节拍的长度是相等的。在图 4-67 中，节点 A 中 20 个微节拍长度与节点 B 中的 10 个微节拍的长度是相等的，即节点 A 和节点 B 的宏节拍长度相等。

全局时基确保集群中所有节点在一个可配置的时间区间（即所谓的精度）内执行同步协议。精度区间 Π 如图 4–68 所示，在这个时间段内，相同的宏节拍会在所有的节点出现，精度区间 Π 在配置数据中加以说明。设置精度区间是必要的，因为不同节点的时钟会漂移（由于环境条件等因素）。TTP 控制器周期性检查本地宏节拍是否位于全局时间的精度区间范围内，集群中宏节拍的时钟偏移可以远小于精度区间，但不能比它大。

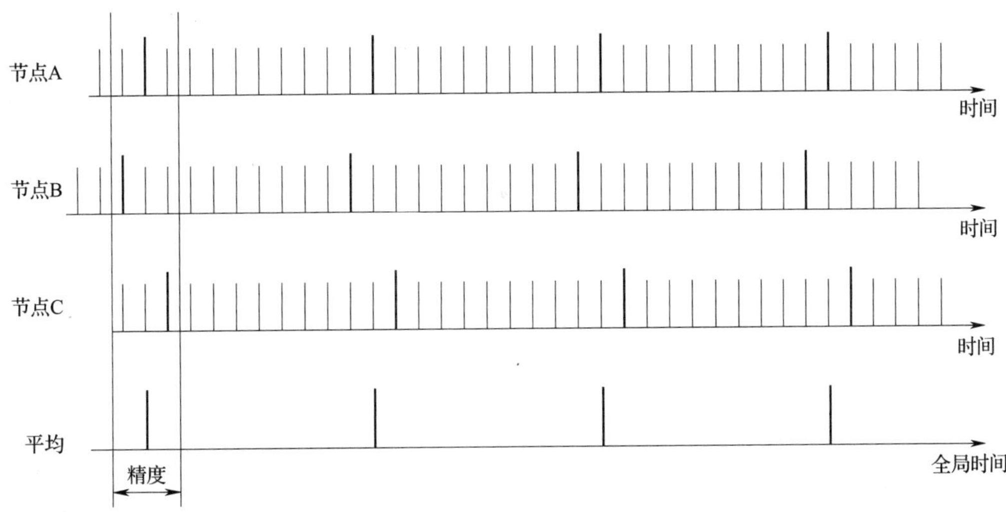

图 4–68　精度区间

讲解：在图 4–68 中，全局时间的精度为 3 个宏节拍的长度，它意味着每个节点最多可以偏离全局时间 3 个宏节拍。

4.3.5.2　同步

在同步网络运行期间，TTP 通信协议同步所有 TTP 节点的本地时钟，以生成满足精度要求的全局时基，其实现步骤如下：

（1）每个 TTP 控制器都测量接收到的 TTP 帧的实际到达时间，并计算它与期望到达时间的偏差。

（2）每个 TTP 控制器基于记录的偏差，用分布时钟同步算法为它自己的时钟计算一个校正项。

（3）每个 TTP 控制器将校正项加到它的本地时钟，从而使本地时钟更接近于其他 TTP 控制器所选的参考时钟。

讲解：在 TTP 中，每个节点从其收到的数据帧的时间来获取其他节点时钟的信息，尽可能与其他节点的时钟保持一致，也就和整个网络的全局时钟保持了一致。

动作时间（AT）用时间槽中节点发送或接收 TTP 帧的时刻来表示。AT 计划值与实际值之间的差，构成了节点之间同步的基础。图 4–69 示出了不同时序参数之间的关系，它描述了 TTP 帧发送者与接收者之间的时间依存关系。从此例中可以看到，发送者的时钟节拍比接收者快一些，因为这个缘故，在接收者看来，帧的接收相比计算的时间值 $t_{AT'r}$ 而言，要早一些。在理想条件下，$t_{reception\ r}$ 会刚好在 $t_{AT'r}$ 的同一时间发生，由于实际情况并不是这么理想，可以用 Δ_{dif} 来测量两个不同节点时钟之间的差。

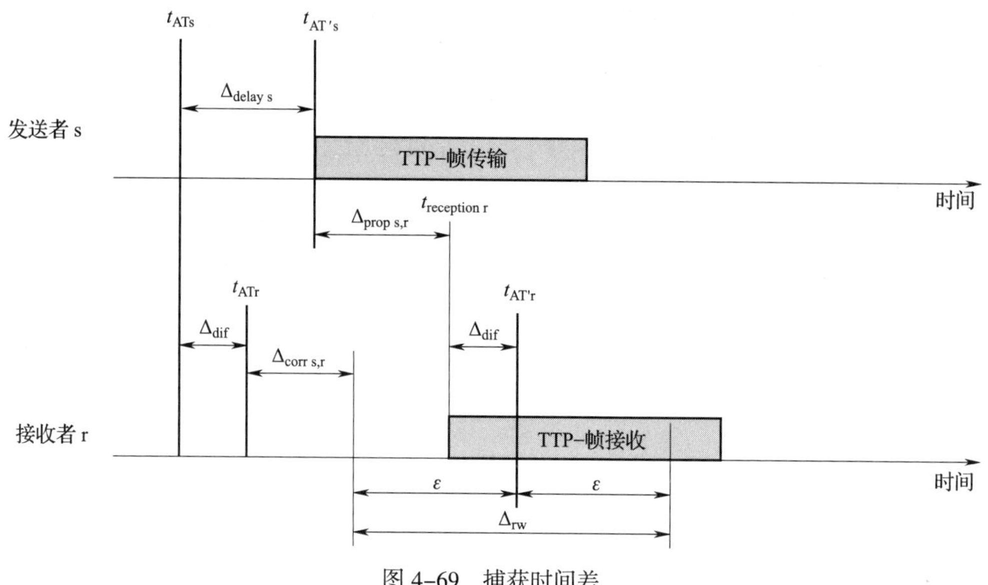

图 4-69　捕获时间差

动作时间 t_{AT} 是 TTP 控制器（在其发送槽）开始 TTP 帧传输的时刻，或从其他 TTP 控制器接收 TTP 帧的期望时刻。所有 t_{AT} 的值都存储在配置数据中。所有 TTP 控制器的动作时间是同步的（满足精度范围的同步）。本节描述的参数只考虑了一个通道，在系统设计时两个 TTP 通道要分别考虑，因为它们有不同的传播延时 $\Delta_{prop\ s,\ r}$。

如图 4-69 所示，接收者的接收窗口 Δ_{rw} 定义了相对于一个特定帧的期望接收时间 $t_{AT'r}$ 的对称的有效接收区间。接收区间的最小长度为 2Π（见式（4-24）的定义），因为两个节点可以在精度区间内的任意方向漂移。接收窗口的大小应在配置数据中说明。

$$\Delta_{rw}=[t_{AT'r}-\varepsilon,\ t_{AT'r}+\varepsilon] \tag{4-24}$$

对于一个有效的接收，帧起始在 Δ_{rw} 窗口内被检测到。不在这个窗口内开始的接收视为无效。从无效帧捕获的时间参数不能用于时钟同步。

发送者应在时间 $t_{AT's}$（发送者本地时间）开始传输，该时间又称为“延迟动作时间”。如式（4-25）所示，$t_{AT's}$ 等于发送者观察到的计划动作时间 t_{ATs} 加上发送延迟 $\Delta_{delay\ s}$，这样可以保证不会存在完全同步的接收者在它观察到的动作时间之前接收到这个传输。在发送侧考虑的延时 $\Delta_{delay\ s}$ 用于补偿由于接收者启动窗口延迟而引起的延迟，它由 TTP 控制器根据公式（4-27）进行计算。

$$t_{AT's}=t_{ATs}+\Delta_{delay\ s} \tag{4-25}$$

讲解：接收者观察到的动作时间为 $t_{AT'r}$，在图 4-69 中，如果没有 $\Delta_{delay\ s}$ 的延时，则发送者的发送时间为 t_{ATs}，它会比接收者期望观察到的时间要早。

接收者 r 的期望接收时间 $t_{AT'r}$（延时的动作时间）用式（4-26）式计算，它等于期望帧的动作时间 $t_{ATs}+\varepsilon$（从接收者角度看），加上发送者与接收者之间与通道相关的延迟校正项 $\Delta_{corrs,\ r}$。

$$t_{AT'r}=t_{ATr}+\varepsilon+\Delta_{corrs,\ r} \tag{4-26}$$

式（4-25）和（4-26）定义了与动作时间 $t_{AT'r}$ 相关的发送者与接收者之间的时序参数的

关系。循环槽中的所有发送－接收对都满足这个条件，即 $\Delta_{props,\ r}$ 和 $\Delta_{corrs,\ r}$ 的值基于循环槽而确定（比如，通过测量）。每个通道单独设定 $\Delta_{delay\ s}$。这三个参数都应在配置信息中说明。

$$\Delta_{props,\ r}+\Delta_{delay\ s}=\Delta_{corrs,\ r}+\varepsilon \tag{4-27}$$

$$\Delta_{props,\ r}\geqslant 0 \tag{4-28}$$

接收者以微节拍为粒度测量接收帧的实际时间 $t_{reception\ r}$，每个接收帧的计划时间与测量时间之间的差 Δ_{dif} 应根据式（4-29）进行计算。Δ_{dif} 代表了发送者与接收者时钟以微节拍表示的时间差，该时间差是时钟同步的输入。

$$\Delta_{dif}=\Delta_{reception\ r}-t_{AT'r} \tag{4-29}$$

如果在两个通道收到了来自同一个节点的两个正确帧（正常情况），则计算两个通道时间差 Δ_{dif} 的平均值，并将其作为测量结果。如果只从该节点收到一条正确帧，则将该通道的时间差 Δ_{dif} 作为测量结果。

如果接收帧由时间主节点发送，则进行时间差的测量。这里时间主节点指的是那些时钟足够精确、可用于时钟矫正的节点。由时间主节点发送的帧应在配置数据中定义。

讲解：Δ_{dif} 是以本地时钟的微节拍为粒度而测量的时间差，前已提及，各个节点的微节拍可能不同，因而 Δ_{dif} 在各节点的精度也不尽相同。

TTP 控制器在时间槽中以微节拍为粒度测量帧到达的期望时间与实际时间的差 Δ_{dif}，用以计算它自己的全局时钟的校正项。

全局时钟的重同步在全网络已知的时刻执行，在每个重同步区间所有的节点都应同时执行。进行时钟校正的时刻（循环槽）在配置数据中定义。在一个 TDMA 循环中时钟校正至少执行一次，完成时钟同步的最小重同步区间受如下限制：集群中至少在 4 个时间槽出现用于容错时钟同步的主节点。

讲解：前已述及，时间主节点指的是那些时钟足够精确、可用于时钟矫正的节点，在重同步区间内，至少要在 4 个时间槽中出现用于时钟同步的主节点，这样，每个节点都可以进行 4 次 Δ_{dif} 计算。Δ_{dif} 提供了用于计算时钟状态校正项的基础。

容错平均（FTA）算法用于计算时钟状态校正项（CSCT）。CSCT 基于最后四次测量来计算（所有旧的测量会被忽略），CSCT 的单位为本地微节拍。计算步骤分为以下两步，如图 4-70 所示。

（1）四次测量中的最小值与最大值被丢弃。

（2）取剩下两次的平均值作为本地时钟同步的 CSCT。

错误检测——检测节点的本地时钟是否同步到全局时间——通过检查 CSCT 是否超过精度区间的范围来进行。若检测出错误，TTP 控制器应停止运行，并向主机报告出现了同步错误。

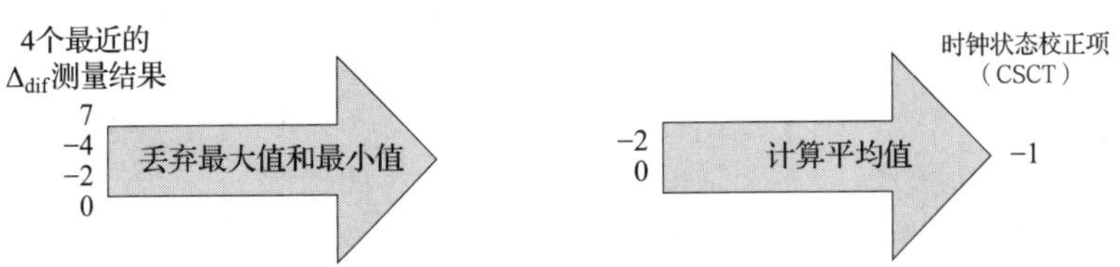

图 4-70　时钟状态校正项计算步骤

如果没有接收到正确帧，或者相应的发送者不是时间主节点，则用于时钟状态校正的值维持不变。在启动期间，TTP 控制器将用于时钟同步的值初始化为 0，以防未初始化的时间差值向某个方向漂移。

讲解: Δ_{dif} 是以本地微节拍为粒度进行测量的，因而 CSCT 也是以本地微节拍为粒度进行测量的，而全局时钟的精度的度量单位是宏节拍，因此，为了判断节点本地时钟是否超出了精度范围（即判断 CSCT 是否超出精度区间的范围），首先要将 CSCT 换算成宏节拍。

TTP 系统的时钟同步将每个节点的时钟漂移维持在精度区间 Π 内。在每个重同步区间对校正项进行重新计算后，TTP 控制器将其本地宏节拍朝“平均时钟”方向调节，这可以通过将宏节拍的持续时间调整（校正）一个 CSCT 值来实现。TTP 的宏节拍校正策略有两种：

（1）每个宏节拍逐渐缩短 / 拉长一个微节拍，直到 CSCT 全部用完（可以在配置数据中定义在两个校正的宏节拍之间是否有自由运行的宏节拍，这里自由运行的宏节拍指的是宏节拍持续时间不变）。

（2）宏节拍的一次性减少 / 增加，意味着宏节拍中将 CSCT 一次性消耗完毕。

讲解: 假定计算后的 CSCT 的值为 4 个微节拍，这里，CSCT 的值为正，表明本地时钟比全局时钟快，所以应将本地时钟调慢，即在每个宏节拍中增加微节拍的数目。这时，时钟的校正可以以两种方式进行，一种是每个宏节拍逐渐拉长 1，假定原来每个宏节拍为 20 个微节拍，则应分 4 次拉长，分别从 20 拉长至 21，至 22，至 23，最后拉长至 24 并保持稳定；另一种是一次性将宏节拍从 20 调节到 24 并维持稳定。

在 CSCT 用完以后，时钟自由运行直至配置数据标示的下一个同步时机来临，如图 4–71 所示。同步在再同步区间内完成。

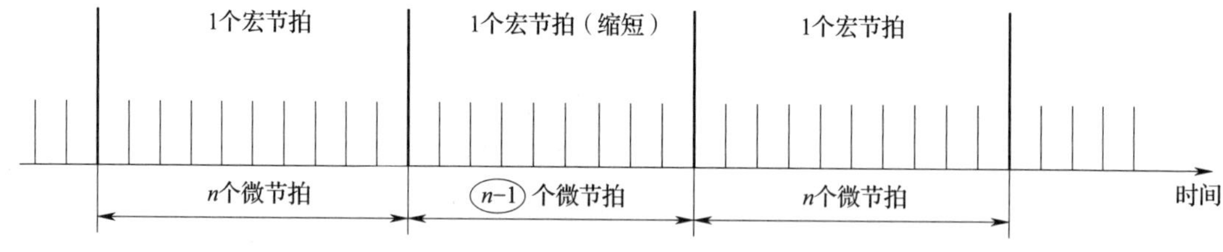

图 4–71　宏节拍校正

讲解: CSCT 的长度不能超出精度区间，若超精度区间，则表明该节点已经失去同步。

4.3.6　协议服务

TTP 控制器定义了通信服务和安全性服务这两种不同的服务，以确保节点之间可靠的故障容错数据交换，这对安全关键的实时系统的运行非常重要。本节将详细描述这两种 TTP 服务的运行原理。

通信服务确保在故障情况下依旧能提供集群通信服务。这意味着单个节点故障能被检测和容忍，集群能继续通信，不会降低服务质量。这些通信服务包括：

（1）集群启动 / 集成服务，它定义了将一个节点或整个集群从非同步向同步工作模式转变的过程。

（2）确认服务，它定义了评估成员关系信息的过程，以检查发送帧传输的正确性。

（3）故障容错时钟同步服务，它定义了在所有参与节点之间进行集群同步的过程和原则。

（4）集群模式更改服务，它定义了集群模式及其在运行期间进行模式转换的原则。

安全性服务保证了任意故障节点保持故障沉默状态，以防止集群中的故障扩散，进而影响其他节点。安全性服务包括：

（1）节点成员服务，它定义了相应的过程，确保所有节点都被通知到其他节点的运行状态。

（2）结团检测服务，它定义了相应的过程，用以检验一个节点在发送前是否与大多数节点的当前集群状态一致。

（3）主机 / 控制器生命迹象服务，它定义了相应的原则和过程，用以在主机和 TTP 控制器之间交换生命迹象信息。

4.3.6.1　启动

TTP 控制器从非同步模式向同步模式转变的过程称为启动。根据启动时的集群通信状态，TTP 控制器或者集成到正在通信的集群，或者进入集群启动过程，即冷启动过程。

集成的目的是让节点与一个正在进行通信的集群取得同步，因此节点会用它收到的 TTP 帧的 C- 状态来初始化它自己的 C- 状态，以便进行同步过程。

集成过程结束后，节点可以获取时间槽，并能在其发送槽发送帧。集成过程结束的时机在图 4-72 中描述，它有以下先决条件：

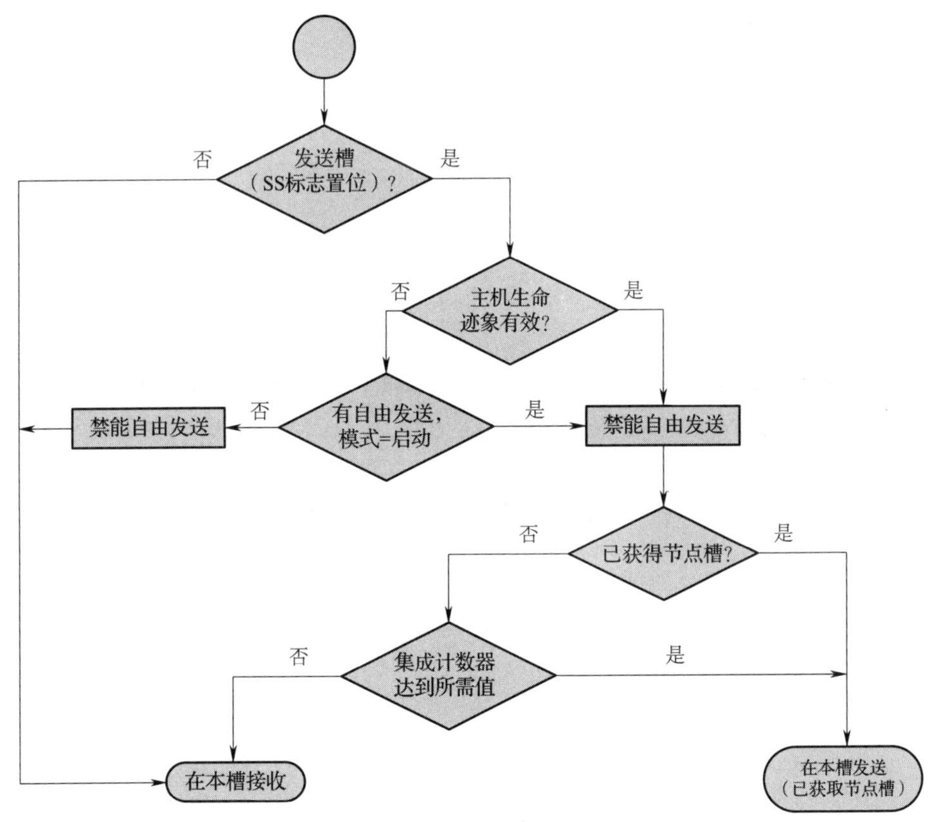

图 4-72　获取节点槽

（1）节点的发送槽已在配置数据中设置。

（2）主机的生命迹象已被正确更新。

（3）对于冷启动帧的集成，有一个自由发送的例外：节点可以在主机生命迹象无效的情况下发送帧，如果这是在 C- 状态有效后的第一个发送槽（集成后）且当前集群模式为启动模式。

（4）对于非冷启动的帧：集成在满足集成计数条件（即收到了最少的正确帧）后完成。应在配置数据中定义集成计数值。

讲解：如果节点集成到冷启动帧，则有一个自由发送的例外，即，即使主机生命迹象无效，节点仍然可以发送帧。这样做的目的是考虑到冷启动期间，已经集成的节点能够对整个集群的集成有贡献。当节点在集成后的首个发送槽发送消息后，其他节点可以集成到这个非冷启动帧。而要集成到非冷启动帧，必须满足集成计数条件，因此，节点的自由发送可以帮助那些试图集成到非冷启动帧的节点尽快完成集成。

图 4-72 可以简要地解释为：节点先判断发送槽的标志是否置位，如果否，则进入接收模式，在本节点槽接收。如果发送标志置位，则先判断主机生命迹象是否有效，如果有效，则禁能自由发送；在主机生命迹象无效的情况下，如果不是启动模式，则禁能自由发送，再进入接收模式，在本节点槽接收。如果主机生命迹象无效，且模式为启动，则在自由发送后禁能自由发送。这时，节点再判断是否已获得节点槽，如果有，则可以在本节点槽发送；如果没有获得节点槽，则判断集成计数是否到达所需的值，如果还没有，则在本槽接收；反之，则表明可以获得节点槽，并在本槽发送。

在系统上电后，如果节点观察到它是集群通信的第一个参与者，节点会进行冷启动操作。这就意味着如果 TTP 控制器在只听超时期间没有收到有显性 C- 状态的 TTP 帧，则它可以通过发送冷启动帧来启动集群通信，但要满足以下条件：

（1）主机更新了它的生命迹象。

（2）根据配置数据 TTP 控制器允许发起冷启动。

（3）没有超过配置数据中定义的最大允许的冷启动次数。

虚拟成员节点和配置成发送隐性 C- 状态帧的节点（即发送 N- 帧的节点），不能发起集群启动或集成到冷启动帧。在配置数据中定义了是否允许节点集成到冷启动帧。

超时和大棒机制是在出现异步总线访问时的一种系统性机制，用以克服在集群启动阶段的总线冲突。若集群中至少有两个节点建立起同步 TDMA 通信，则集群启动阶段就结束了。

讲解：不是所有的节点都可以发送冷启动帧，只有满足主机更新了生命迹象、TTP 控制器的配置允许该节点进行冷启动、没有超过最大冷启动次数这 3 个条件，节点才能发起冷启动。

在集群启动期间，节点以异步的方式访问总线。这时应采用集群范围的超时策略，以防止重复性总线访问冲突。

（1）启动超时

超时策略确保在 TTP 控制器同时发送冷启动帧而产生冲突的情况下，下次发送冷启动帧时不要再次发生冲突。因此对于一个允许进行冷启动的节点 i，会在配置数据中给它分配一个唯一的启动超时时间 $\Delta_{startup\_timeout_i}$。确定 $\Delta_{startup\_timeout_i}$ 值的原则是，保证任意节点的冷启动帧可以在一个 TDMA 循环中无冲突地发送。$\Delta_{startup\_timeout_i}$ 的典型计算公式为

$$\Delta_{startup\_timeout_i} = \sum_{j=0}^{i} \Delta_{slot\_duration_j} \tag{4-30}$$

讲解：这里的节点序号 i 是从 0 开始的。这里设定启动超时是为了避免本次同时发送冷启动帧的 TTP 控制器，在出现冲突后，下次重新发送冷启动帧时，再产生冲突。比如，假定在时间 t_0 处，TTP 控制器 1 和 2 同时发送了冷启动帧，由于双方共享相同的通信介质，控制器 1 和 2 会发生总线冲突。这时，双方会等待一段启动超时的时间再发送冷启动帧。由于控制器 1 的启动超时时间比 2 短，所以，在下一个循环，控制器 1 会先于 2 发送冷启动帧，因而不会有重复的总线冲突。

（2）只听超时

TTP 控制器启动后应检查总线上是否有正在进行的 TTP 通信，即它会检查在只听超时 $\Delta_{listen\_timeout}$ 期间是否接收到用以集成的带有显性 C- 状态的 TTP 帧。典型的只听超时计算公式为

$$\Delta_{listen\_timeout} = 2\Delta_{round} + \Delta_{startup\_timeout_i} \tag{4-31}$$

$\Delta_{listen\_timeout}$ 的选择遵循以下原则：节点的两次冷启动帧之间的最长间隔时间（启动超时 + 在第一个集群模式下的首次 TDMA 循环）要小于最短的 $\Delta_{listen\_timeout}$。这个值在配置数据中定义。

讲解：根据公式（4-30），节点两次冷启动帧之间的最长间隔时间为 $\Delta_{round} + \Delta_{startup\_timeout_i}$（它即是冷启动超时时间，如公式（4-32）所示），对于启动超时最大的节点 i 而言，两次冷启动帧的间隔时间为 $2\Delta_{round} - \Delta_{slot\_duration_i}$。又根据公式（4-31），最短的 $\Delta_{listen\_timeout}$ 为 $2\Delta_{round}$（即对应 $i=0$ 的节点）。因此，前者的值要小于后者，满足 $\Delta_{listen\_timeout}$ 的选择原则。

（3）冷启动超时

冷启动超时 $\Delta_{coldstart\_timeout}$ 在式（4-32）中定义，它定义了由冷启动节点发送的两个连续冷启动帧之间的时间间隔。冷启动 TTP 控制器会因大棒机制或图 4-73 中所示的冲突的 TTP 帧而发送重复的冷启动帧。

$$\Delta_{coldstart\_timeout} = \Delta_{round} + \Delta_{startup\_timeout_i} \tag{4-32}$$

讲解：图 4-73 很好地解释了冷启动帧冲突的情形，在 1 和 5 的只听超时时间结束后，节点 1 和 5 同时发送了冷启动帧，因而产生冲突。之后，它们会等待各自的冷启动超时时间的来临，由于 1 的冷启动超时时间短，它会在冷启动超时时间结束后先发送冷启动帧，处于只听状态的节点 2 会集成到节点 1 的第 2 次发送的冷启动帧上。由于节点 5 的冷启动时间比 1 长，所以，它会等待更长的时间。在其等待期间，节点 1 发送了第 2 个冷启动帧，这时节点 5 会集成到节点 1 发送的第 2 个冷启动帧上。TTP 的启动协议以这种方式解决了冷启动冲突。

一种被称为大棒的机制可以确保在两个冷启动节点有启动冲突时，不会有节点集成到有冲突的帧上。如果所有节点同时检测到冲突，则不需要大棒机制，但在长传播延时的情况下，即 $\Delta_{prop} > \Delta_{coldstart\ frame\ duration}$ 时，不同的节点可能会集成到不同的冷启动节点上，从而造成启动结团。

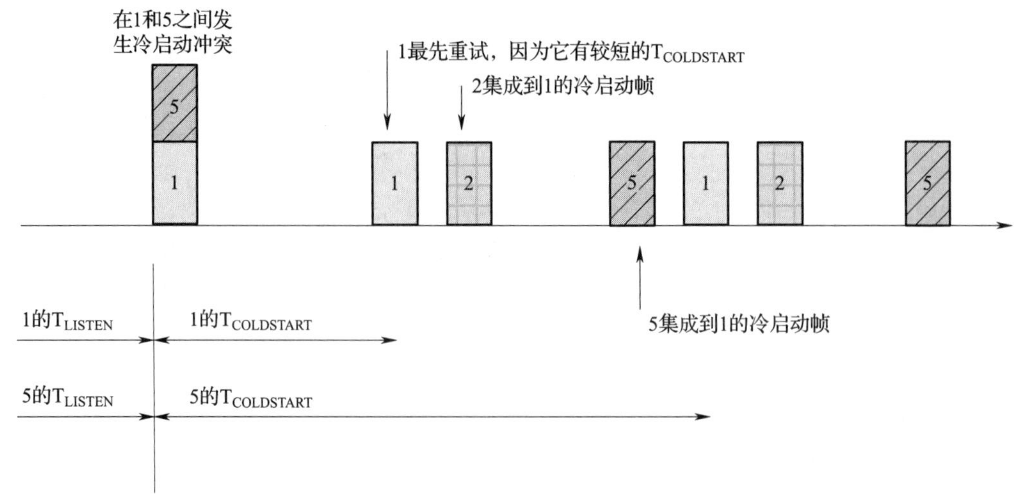

图 4-73　冷启动情形

讲解：这里的大棒机制，即“Big Bang”，指的是在开始启动期间，TTP 控制器“粗暴”地拒绝第一个收到的冷启动帧。

为防止这种启动结团，TTP 控制器会拒绝第一个收到的冷启动帧，并重新启动 $\Delta_{listen\_timeout}$。这样，冷启动节点不会在 TDMA 循环期间检测到流量，它在检测到通信中断错误后开始它们的启动超时。由于启动超时的值是唯一的，因而不会再有冷启动帧冲突出现。

讲解：通信中断表明节点在一个 TDMA 循环期间没有在总线上检测到任何消息。在图 4-73 中，冷启动节点 1 和节点 5 进入只听超时后，由于 1 和 5 的超时时间都大于两个 TDMA 循环时间。同时，由于冷启动期间，集成完成之前，只有 1 和 5 具备发送帧的能力，因此，冷启动节点在这段时间内，检测不到任何流量。这时，节点 1 和 5 不会等待各自的只听超时时间，而是在 1 个 TDMA 循环后就报告通信中断错误，并重启它们的启动超时。

图 4-74 示出了集群拓扑，图 4-75 示出了相应的启动过程，这里节点 A 和 E 是冷启动节点。在没有大棒机制的情况下，只有节点 C 检测到冲突。节点 B 和 E 会集成到它们附近的节点帧（即节点 A 和节点 D）。

若采用图 4-75 描述的大棒机制，除了节点 C 以外的所有节点都集成到节点 A，因为节点 A 的启动超时时间比 E 短。节点 C 用“大棒”拒绝了第二个冷启动帧，但它会集成到一个同步节点的帧，比如，在节点 A 之后发送的节点 B。

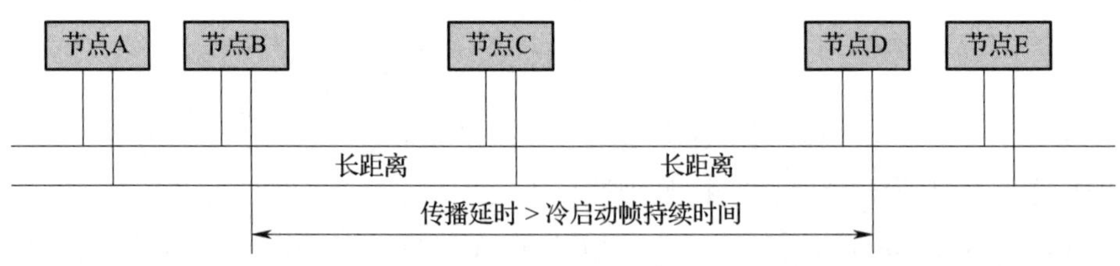

图 4-74　集群拓扑

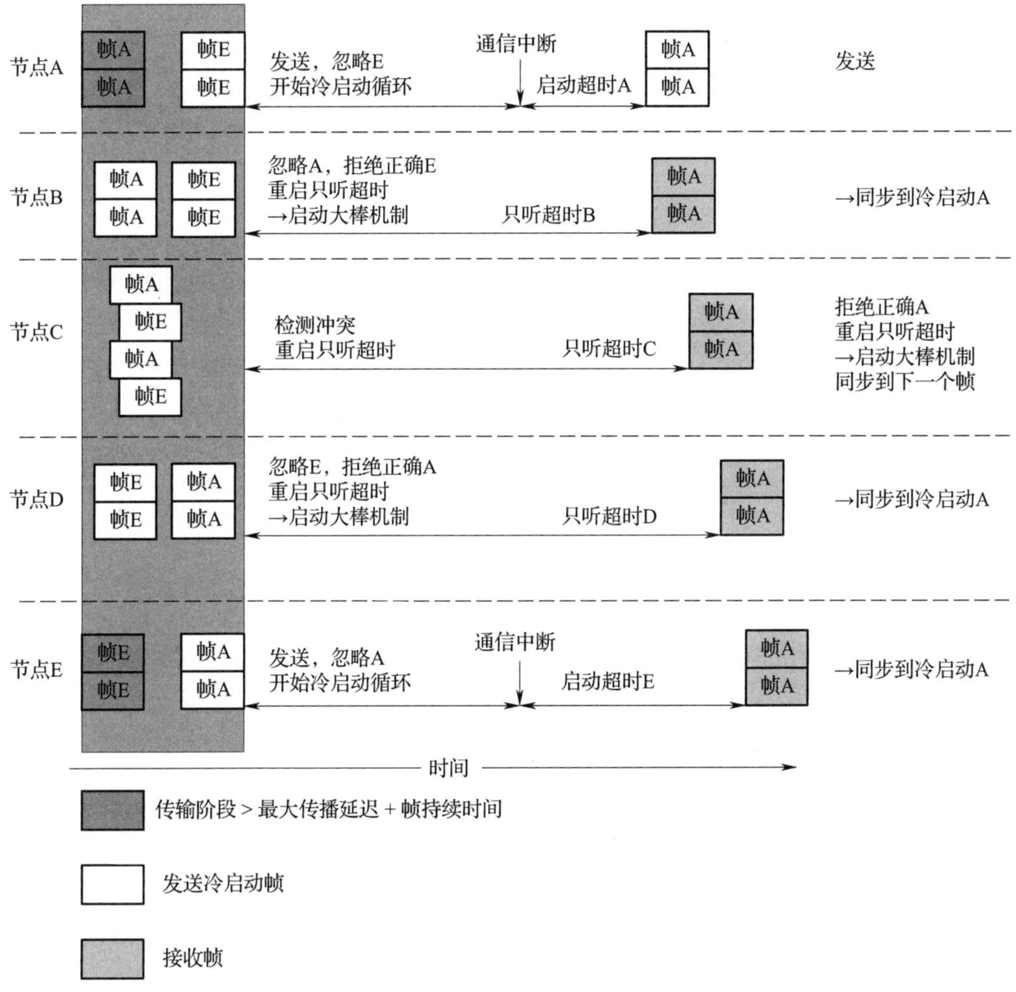

图 4–75　启动过程

讲解： 在图 4–75 中，节点 A 在发送冷启动帧后，收到了 E 的冷启动帧，根据大棒机制，它会忽略 E，并开始启动只听超时，在经历了一个 TDMA 循环后，它没有检测到总线上的任何流量，因此它会报告通信中断错误，同时启动冷启动超时。A 在冷启动超时到期后重新发送冷启动帧。

对于节点 B，它先会收到 A 的冷启动帧，根据大棒机制，它会忽略帧 A，在短暂间歇后，它还会收到帧 E，由于在一个时间槽内只能有一个节点发送，它会拒绝正确的帧 E，并启动只听超时。在只听超时期间，它收到了节点 A 重新发送的冷启动帧，从而同步到 A 的冷启动帧上。

对于节点 C，它会同时收到帧 A 和帧 E，从而检测到冲突。在检测到冲突后，它启动 C 的只听超时，在只听超时期间，它收到了 A 重新发送的冷启动帧，这个帧是 C 收到的第一个冷启动帧，根据大棒机制，它会忽略帧 A。此轮 TDMA 循环，C 无法实现集成，但在下一个 TMDA 循环，它会集成到最先收到的带显性 C– 状态的帧上。

对于节点 D，它先收到帧 E，根据大棒机制，它会忽略帧 E。过了一段时间，它在同一个时间槽检测到帧 A，由于在一个时间槽只能有一个节点发送，它会拒绝帧 A，并启动只听超时。在只听超时期间，它收到了帧 A，从而与它同步。

对于节点 E，它在发送了冷启动帧后，又收到了冷启动帧 A，根据大棒机制，它会忽略帧 A，同时启动只听超时。在只听超时期间，它在一个 TDMA 循环中没有检测到任何流量，因而会报告通信中断错误，并启动冷启动超时。在冷启动超时期间，它收到了 A 重新发送的冷启动帧，这时，它会同步到冷启动帧 A。

4.3.6.2 成员

节点成员服务确保所有活动的发送节点的正常通信，并能在一个 TDMA 循环的延迟时间内更新本地视角下的每个节点的运行状态（下文描述的多路复用节点除外）。TTP 控制器在帧级别维护成员关系向量，并为每个帧接收和发送维护时间槽状态统计。为此，TTP 控制器根据以下准则连续跟踪时间槽一致或失效的状态：

（1）TTP 控制器将“正确的”时间槽状态记录为一致时间槽。

（2）TTP 控制器将“不正确的”或“无效的”时间槽状态记录为无效的。

（3）TTP 控制器在时间槽状态统计时不能考虑“空帧”。

成员节点指的是那些允许在它的专用时间槽内发送数据的节点，每个成员节点的成员关系状态记录在成员关系向量中。成员关系向量是标志向量，每个成员节点都分配了一个成员关系标志。每个节点的标志位置在配置数据中定义，而沉默节点（这些节点没有分配时间槽）不在成员关系向量中体现。

TTP 控制器根据它观察到的时间槽状态对其他节点的运行状态进行评估，若时间槽状态评估结果不为“正确”，即当前循环槽的发送者被认为是不工作的，则 TTP 控制器在其本地 C- 状态中将成员关系标志复位。TTP 控制器根据评估结果更新其时间槽状态统计。这种评估在后接收阶段（PRP）进行，进行评估的时刻又称为成员关系点。在下一个成员关系点到来之前，成员关系状态应保持不变。

发送节点会在成员关系识别点就它自己的成员关系状态作最后的决定，成员关系识别点发生的确切时刻取决于节点的时间槽位置和确认算法的结果。

讲解：作出发送者成员关系最终决定的时刻，被称为成员关系识别点。根据定义，成员关系点在时间上位于成员关系识别点之前。

多个节点可以共用同一个节点槽以提高带宽利用率，共用节点槽的节点集称为虚拟成员节点。每个虚拟成员节点静态地分配到具体的 TDMA 循环，这样当节点发送帧的时候就不会有时间上的冲突。

虚拟成员节点中的每个节点都有它自己的成员关系标志，就像一个真实的成员节点一样。从成员关系的角度，虚拟成员节点就是一个真实的成员节点。成员关系标志仅反映这个特定节点的活动状态。由于等效地拉长了发送周期，这个标志更新的频率要小于真实成员节点成员标志的更新频率。

图 4-76 示出了集群周期的示例，其中包括 4 个 TDMA 循环，最后一个时间槽由虚拟成员节点 3、4、5 共用，其中节点 3 在 TDMA 循环 0 和 2 发送，节点 4 在循环 1 发送，节点 5 在循环 3 发送。节点 3 的传输频率是真实成员节点的一半，因为真实成员节点在每个 TDMA 循环中都有一个发送槽。节点 4 和节点 5 的传输频率是真实成员节点的四分之一，因为它们在一个集群周期中只发送一次，但节点 0 却发送 4 次。

在不同的集群模式下，虚拟成员节点的 TDMA 循环分配可能会发生变化。

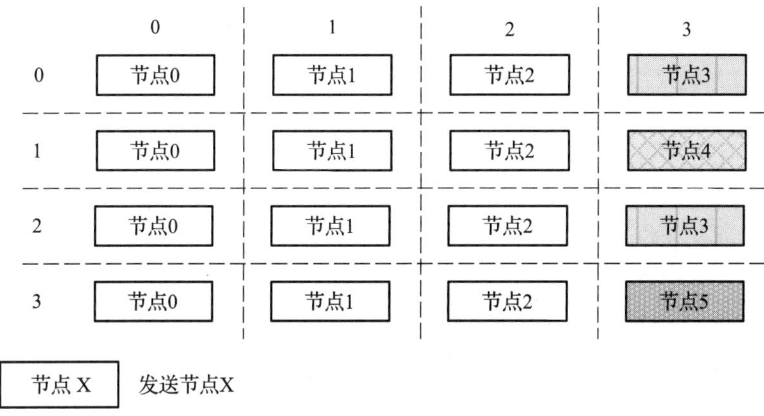

图 4–76 多路复用时间槽分配

4.3.6.3 确认

TTP 确认服务处理关于发送者传输正确性的信息收集服务，它隐性地执行。发送者从接收到的两个连续的有效帧中提取确认信息，这可以通过检查接收到的帧的 C– 状态成员关系向量是否与确认算法定义的情形相符来实现。根据给定的条件，TTP 控制器更新时间槽统计数据，以及连续出现的确认错误的统计数据。

讲解： TTP 控制器内部定义了两个计数器，一个是确认计数器（AC），一个是失败计数器（FC）。在执行确认算法时，会更新这两个计数器。

根据当前发送者在 TDMA 循环中的位置，以及接收帧的时间槽状态，后继者关系会动态变化。发送者的第一或第二个后继者会确定是否成功发送了至少一个正确帧。确认状态根据后继者报告的成员向量用确认算法来评估。确认算法有两个状态。

讲解： 这里的确认算法中的 1st 后继情形和 2nd 后继情形指的是后继者的状态，1st 后继情形对应第 1 个后继者；2nd 后继情形对应第 2 个后继者。

节点 A 在其发送槽发送一个帧，若 A 观察到它自己在其前发送阶段（PSP）功能正常，则在成员关系向量中将其成员关系标志置位（用 M（A）表示）。

讲解： 若节点 A 在其前发送阶段（PSP）观察到它自己功能是正常的，则会将自己的成员关系置位。由于 PSP 位于动作时间（AT）之前，所以，只要节点 A 在开始传输之前观察到它自己一切正常，它就会将自己的成员关系置位。

如果 A 的首个后继者，节点 B，从节点 A 收到了至少一个正确帧，则 B 在其本地 C–状态中为 B 即将发送的帧置位 M（A）。

如果 A 至少从 B 收到一个有效帧，则 A 只考虑从 B 发送过来的确认。反之，若没有从 B 收到一个有效帧，则 A 在其本地成员关系向量中复位 M（B），并将下一个发送者 C 作为其首个后继者。

在这种确认算法状态下，A 根据 B 帧和图 4–77 描述的两种不同成员关系向量情形作两次 CRC 检查，即检查 1a 和检查 1b。如果两个 CRC 中的一个匹配，A 就知道 B 关于 A 的成员关系选项。

检查 1a：A 在其本地 C– 状态中置位 M（A）和置位 M（B），然后它对从 B 接收到的帧及其本地 C– 状态进行 CRC 检查。

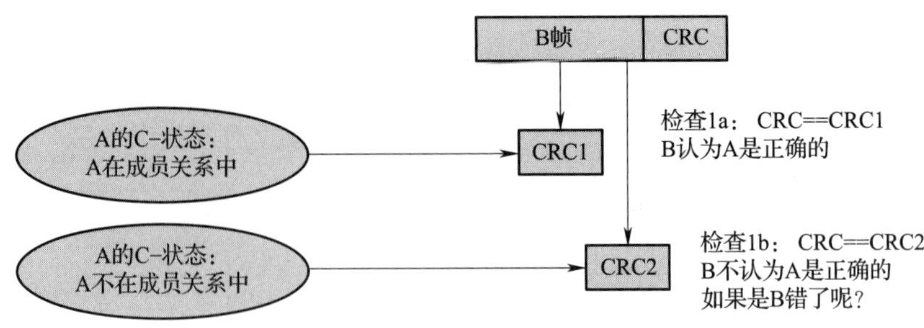

图 4-77　确认算法——1st 后继情形

检查 1b：A 在其本地 C- 状态中复位 M（A）和置位 M（B），然后它对从 B 接收到的帧及其本地 C- 状态进行 CRC 检查。

如果检查 1a 通过，A 假定发送是正确的并将 A 保留在成员关系中。节点 A 根据正确的帧接收更新其时间槽状态统计，同时复位确认失败计数。在这种情况下，本轮 TDMA 循环中关于 A 的成员关系的决定是最终的（不需要后继者的确认）。

如果检查 1b 通过，则至少发生了一个错误，即或者 A 的帧传输故障或帧破损，或者 B 产生了某种错误。因此，A 的第二个后继者的意见将用作进一步的确认，这时根据确认算法 2nd 后继情形来更新成员关系标志和槽状态统计数据。

如果两次检查（检查 1a 和检查 1b）都失败，则假定有瞬态干扰破坏了 B 的帧，或者 B 根本就没有工作。如果这时在两个通道上都观察到传输活动，则认为 B 发送失败，A 将 B 从成员关系中移除，并根据其观察到的时间槽状态错误更新其时间槽状态计数，且继续寻找第一个后继者。

如果只在一个通道上观察到无效的传输活动，第二个通道是沉默的，则假定有瞬态干扰。这时不更新帧计数，而将 B 从成员关系中移除，A 将继续寻找第一个后继者。

讲解：这里假定不会在两个通道上同时产生瞬态干扰，因此若在两个通道上都观察到传输活动，则认为是发送失败，而不是总线的瞬态干扰；若只在一个通道上观察到无效传输活动，另一个通道是沉默的，才假定有瞬态干扰。

TTP/C 应用了单故障假设，即在一个集群周期内，只会发生一次故障，所以，这里才假定不会在两个通道上同时发生瞬态干扰。

如果 A 在其帧中发送了一个模式变更请求，而 B 没有用模式变更信息更新其 C- 状态（延后挂起模式变更（DMC）域或模式编号），则检查 1b 也会失败。这时 A 和 B 的 C- 状态的差异就不只是 A 的成员关系标志（还有 DMC 域或模式编号的差异）。

如果检查 1a 失败了而检查 1b 通过了，则 B 发送的数据在 A 看来是“可疑的”，因为这时不知道 A 或 B 哪个正确。因此 A 将 B 的帧数据在其帧状态域中标记为“试探性的”，且不更改 B 的成员关系标志。A 的最终决定在收到下一条来自 A 的第二个后继者（B 的第一个后继者，节点 C）的帧后作出。

原始发送者 A 对从其第二个后继者收到的有效帧进行两次 CRC 检查，如图 4-78 所示。

检查 2a：A 在其本地 C- 状态置位 M（A）并复位 M（B），然后它对从 C 收到的帧和其本地 C- 状态进行 CRC 检查。

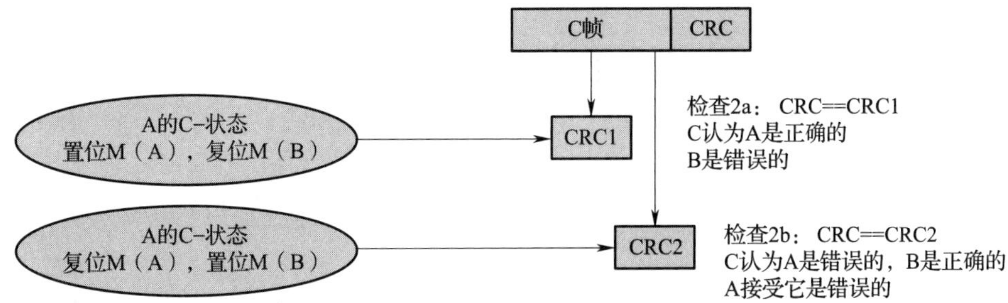

图 4-78 确认算法——2nd 后继情形

检查 2b：A 在其本地 C- 状态复位 M（A）并置位 M（B），然后它对从 C 收到的帧和其本地 C- 状态进行 CRC 检查。

如果 CRC 检查 2a 结果为正确，A 假定其原始发送是正确的，其第一后继者 B 是错误的。

如果 CRC 检查 2b 结果为正确，A 假定其原始发送是错误的，其第一后继者 B 是正确的。

A 根据检查 2a 成功还是检查 2b 成功而在其本地 C- 状态中设置相应的成员关系位。A 还会更新其槽状态计数：若检查 2b 适用，则更新其确认失败计数；若检查 2a 适用，则复位确认失败计数。如果连续几次确认失败计数达到了配置数据中定义的最大确认失败计数值，则 TTP 控制器在主机接口中报告确认错误并停止运行。这个决定对于本次 TDMA 循环是最终的。

如果检查 2a 和检查 2b 都没有成功，或 A 在 C 时间槽中收到了一个空帧，则 M（C）应被复位。由于 C 的帧传输不正确，会更新其失败的槽统计数据。A 继续寻找第二个后继者节点。

讲解：上述所有的检查（1a、1b、2a 和 2b）都是在节点 A 中进行的，1a、1b、2a 和 2b 分别对应于 A 的成员关系中 M(A)、M(B) 和 M(C) 的置位 / 复位的不同排列组合。节点 A 根据 B 和 C 对它的确认情况来判断 A 的故障与否。

如果至少一个通道上的帧的检查 1a 是成功的，检查 1b 就不被考虑。同样地，如果至少一个通道上的帧的检查 2a 是成功的，则检查 2b 被 TTP 控制器忽略。作出发送者成员关系最终决定的时刻，称为成员关系识别点。

表 4-13 总结了成员关系向量和时间槽状态统计的不同组合。

表 4-13 确认算法总结

CRC 校验				动作						备注	后续决策
1a	1b	2a	2b	M（A）	M（B）	M（C）	AC	FC			
T				T	T		+1	0		A 被确认	1st 后继
F	F			T	F		0	+1	用下一个后继者作检查 1	帧破损	
F	T	T		T	F	T	+1	+1		1st 后继者失效	2nd 后继
F	T	F	T	F	T	T	+1	+1	槽获取丢失	A 失效	2nd 后继
F	T	F	F	T	F	F	0	+1	用 2nd 后继者作检查 2	帧破损	

4.3.6.4 结团检测

结团的定义是连续发送的每个帧中都具有一致的 C- 状态的几个节点。在出现错误时，集群中的一组节点会认为其他节点有传输错误。因而在同一个集群中潜在的不同结团会同时存在。通过解析时间槽状态统计和统一执行结团检测算法，TTP 控制器能防止在一个 TDMA 循环内形成结团。这种分析在配置数据中定义的专用槽的前发送阶段（PSP）阶段进行。

TTP 控制器在每个 TDMA 循环进行一次评估，检查它观察到的一致时间槽是否比失败时间槽要多，从而判断它是否位于大团中。如果它不在大团中，则意味着节点检测到它没有与大多数节点保持一致，这时，TTP 控制器会向主机报告结团错误并停止运行。

TTP 控制器检查它是否在上一个 TDMA 循环中收到了至少一个帧，如果没有，则表明在上一个 TDMA 循环中没有观察到正确的传输活动（节点自己的循环除外）。TTP 控制器会向主机报告通信中断错误并停止运行。

4.3.6.5 主机 / 控制器生命迹象

主机和 TTP 控制器都通过主机接口来周期性地更新生命迹象信息，以告知彼此的活动。主机根据 TTP 控制器生命迹象值计算主机生命迹象值。

TTP 控制器在其发送节点槽的前发送阶段（PSP）验证主机生命迹象的正确性，因此 TTP 控制器会预期主机生命迹象的更新发生在节点发送槽的传输阶段与节点下一个发送槽的 PSP 开始处之间的时间。通常来讲这种生命迹象的更新每个 TDMA 循环都会发生一次。由于发送周期拉长，多路复用节点的生命迹象更新发生的次数比普通节点要少。

如果主机生命迹象与预期的值不匹配，TTP 控制器停止帧传输，直至主机生命迹象更新正确。这时 TTP 控制器保持与集群同步且应接收帧，但不能发送帧，直至生命迹象得到正确更新。主机生命迹象的正确更新是 TTP 控制器通过发送冷启动帧来启动一个集群的前提条件。

在每次检查主机生命迹象后，TTP 控制器进行如下操作：

（1）更新 TTP 控制器的生命迹象域，并向主机通知其活动。

（2）在处理完前述任务后把主机接口的生命迹象域复位。

讲解： 主机在每次发送数据之前都会更新主机接口中的生命迹象，TTP 控制器在执行完发送操作后，会复位主机接口中的生命迹象。所以，在主机接口实现时，可以用一个标志位，主机在每次需要发送数据时，将该标志位置位，TTP 控制器在执行发送操作前，先检查主机生命迹象标志位是否置位，只有在生命迹象标志位置位的情况下，才执行发送操作。在执行完发送操作后，TTP 控制器会将该标志位复位。

主机生命迹象的更新是 TTP 控制器发送总线数据的前提条件，但有一个冷启动期间的例外：如果 TTP 控制器已经集成到一个冷启动帧，即使主机生命迹象没有更新，它也可以在自己的发送槽内发送集成帧（I- 帧），为集群的启动集成作贡献。

4.3.6.6 集群模式

许多实时操作系统都有专有且互斥的运行和控制阶段，比如，飞机所处的地面维护模式和飞行模式。这种专有的互斥阶段称为一种工作模式。在 TTP 运行时，每种工作模式都可能分配一个集群模式。集群模式会因帧的组成和相应的配置数据集（传输调度参数）而不同。TTP 控制器支持不同的集群模式，并处理从一种模式向另一种模式的转换（集群模式转换）。集群模式转换请求可由主机发出（即所谓的集群模式变更请求）。主机的集群模式变更请求由TTP控制器在其发送槽中（帧头的模式变更请求域）分发给集群中的其他节点。TTP控制器在收到集群模式变更请求后检查配置数据的模式变更允许域是否允许这种模式变更请求。如果是允许的，TTP控制器在其本地C-状态（DMC域）中接受这个请求，但TTP控制器不能立即执行集群模式变更，而是在新集群周期的开始处执行。这种变更因此被称作延后模式变更。挂起的集群模式会在DMC域中通知到所有的节点，直至它在当前集群周期结束时变成永久的。如果在前一个集群模式执行之前又来了新的有效的集群模式，则新的请求会覆盖旧的。以下规则要应用到所有已定义的集群模式中：

（1）所有集群模式都基于相同的节点槽顺序。

（2）TTP集群的所有同步节点在相同的模式下同时工作（该条件由C-状态一致性来检查）。

集群模式变更过程可以分为三个不同的阶段，即分配阶段、接受阶段和执行阶段。

讲解：关键任务系统要求系统的行为是确定性的、可以预计的。通信总线作为系统的参数输入和控制信号的输出，也应该具有确定性，其行为也要可以预计，这正是TTP总线的特性。在确定性和强实时性之外，关键任务系统还有各种不同的工作模式，如地面运行和空中运行等，在不同的工作模式下，有不同的运行程序，进而要求总线也有与之对应的模式，从而在包括总线在内的整个系统范围内实现统一协调的模式切换。

TTP控制器在其发送槽的前发送阶段（PSP）检查主机（通过主机接口）是否请求了模式变更。TTP控制器接着在主机接口中读取并清除（设置为“无请求”）请求位。配置数据为每个循环槽和节点分别定义特定的模式请求的允许/接受属性。TTP控制器应检查主机的请求是否有效，如果请求是有效的，TTP控制器在要发送的帧的帧头中设置模式变更请求域，将其设置为所请求的延后后继模式。如果没有请求模式变更，模式变更请求域应设置为“清除挂起请求”，否则TTP控制器在主机接口中报告模式违规错误并停止帧传输。

TTP控制器在后接收阶段（PRP）检查发送者的帧是否请求了模式变更，然后再根据配置数据中的定义检查帧头中发送的模式变更请求是否是允许的。如果是，TTP控制器设置本地C-状态的DMC域为请求的模式变更值，这个值分配到所有活动TTP控制器的DMC域中，直到模式变更的“执行阶段”。接收的帧中有无效或不允许的模式请求时，会在帧状态中向主机报告模式变更违规错误。

TTP控制器基于通道0上正确接收到的帧来评估集群模式变更请求，反之，则基于通道1上接收到的帧来处理模式变更请求。

在每个集群周期的第一个时间槽中，TTP控制器将C-状态的集群模式域设置成C-状态的DMC域请求的模式，并将DMC域设置为“无请求”。TTP控制器之后再根据配置数据中与新的集群模式相关的传输计划进行工作。

讲解：如前所述，集群模式的变更可以分为三步，第一步是需要进行模式变更的子系统提出集群模式变更需求，其做法是在主机接口中设置模式变更请求。在校验完模式变更请求的有效性后，TTP控制器将该模式变更请求写在将要发送的帧的帧头中。其他节点在接收到数据帧后，先判断帧头中的模式变更请求是否允许，若允许，则设置本地C-状态的DMC域为所请求的模式变更值。在下一个集群周期的第一个时间槽，所有的TTP控制器将 C- 状态设置成所请求的集群模式，之后，TTP 集群再根据新的集群模式执行传输计划。

在 TTP 帧的 C- 状态中有两个域。一个是集群模式域，代表了 TTP 集群的当前集群模式；另一个是 DMC 域，代表的是延后模式变更，即在下一个集群周期，TTP 集群将要进入的集群模式。

4.3.7 CAN 与 TTP/C 的比较

4.3.7.1 CAN 与 TTP/C 工作原理

CAN 是事件触发的通信协议，在主机要发送消息时，如果信道空闲，且这条消息的优先级高于其他同时要求发送的消息时，则这条 CAN 消息就可以发送。

每条 CAN 消息都包含唯一的标识符，其作用主要是定义消息的优先级，数值最小的标识符拥有最高优先级。CAN 信道上有 2 种不同的状态：显性（用 0 表示）和隐性（用 1 表示）。发送端的控制器必须监视信道以确定其隐性位是否被来自其他发送端的显性位覆盖。一旦发送的隐性位被覆盖，则该节点立即中止发送，转为接收消息。

TTP/C 协议是一种基于计算机网络的通信协议，对应 ISO/OSI 七层模型中的物理层、数据链路层和应用层，协议主要对数据链路层进行了详细定义。物理层的拓扑结构可以是总线、星形或是二者的混合结构，传输介质可以是双绞线或者光纤。物理层上的信号采用具有同步能力的修改频率调制（MFM）编码或曼彻斯特编码。

一个 TTP/C 协议节点由主机、通信网络接口（CNI）、TTP/C 通信控制器组成。主机负责接收信息并处理，还可以向控制对象发送控制信息，同时与网络进行交互。CNI 是连接主机与 TTP/C 控制器的接口，起着临时防火墙的作用，使主机与 TTP/C 控制器的耦合度最小。TTP/C 控制器是 TTP/C 网络通信的核心，它包含了一个消息描述表（MEDL）。

TTP/C 是时间触发通信协议，它采用无冲突的时分多路访问（TDMA）方式访问总线。在每个 TDMA 循环中，每个节点都有唯一的发送槽。每个 TTP/C 控制器都根据消息描述表（MEDL）的规定在特定的时刻发送信息。集群（由若干节点组成）的 MEDL 在运行之前就已确定，且 MEDL 对所有节点来说都是可见的。每一个 TTP/C 控制器包括 2 个相同的信道，当一条信道上出现错误时，另一条信道还可以正常工作。MEDL 中包括消息的收发时间以及数据在 CNI 中存放位置（见图 4-79）的信息。MEDL 的长度由集群循环周期决定。

	时间	地址	属性			
			D	L	I	A
入口n-1						
入口n						
入口n+1						

图 4-79 MEDL 的形式

MEDL 由时间域、地址域和属性域组成。时间域说明了消息通信的全局时刻。地址域指明了数据存储和读出的 CNI 通信对象。属性域由以下 4 个子域组成：

（1）方向子域（D）：指明消息是输入还是输出的。

（2）长度子域（L）：指明传输消息的长度。

（3）初始化子域（I）：说明是初始化消息还是一般消息。

（4）附加参数域（A）：包含模式变更的保护信息。

主机能够执行 MEDL 属性域中允许的模式变更，但不能修改存储在 TTP/C 通信控制器中的 MEDL。TTP/C 有 2 种常用类型的帧：N– 帧（Normal Frame）和 I– 帧（Initialization Frame）。N– 帧的结构见图 4–80，它由 3 个域组成：帧头（4bit）、数据域（1～240B）、CRC 域（24bit）。

图 4–80　TTP 帧的结构（N– 帧）

在 TTP/C 的消息帧中，I/N 帧标志位用于区分当前帧是 N– 帧还是 I– 帧，I– 帧的 3 个模式变更位都设为 0，数据域中存放的是发送方当前的 C– 状态（控制器状态），它由全局时基、集群位置和成员关系列表向量组成。接收者对帧头和数据域进行 CRC 校验。CRC 校验正确后，控制器根据接收到的数据进行相应的操作。I– 帧及帧头结构如图 4–81 所示。

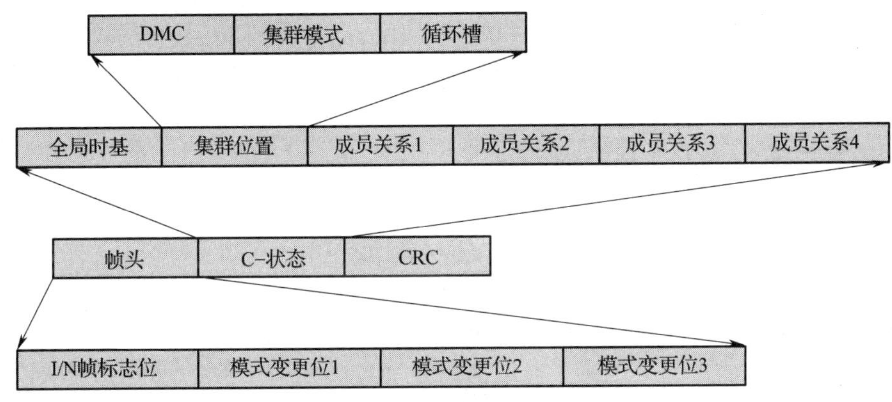

图 4–81　I– 帧及帧头结构

N– 帧及帧头结构如图 4–82 所示。N– 帧结构与 I– 帧的基本一致，但其数据域携带的是应用数据，数据字节数根据具体控制器的不同而有所区别。应用数据的地址放在当前 MEDL 中，CRC 校验对帧头、数据域和接收方 C– 状态进行计算。对 C– 状态进行校验的目的是检测接收方和发送方的全局时基、整个集群所处的模式以及各自对成员运行状态的记录是否一致。正是因为采用了这种机制，在节点之间传送帧时，不需要接收方回应就知道接收到的报文是否正确。若正确，则把数据放在 CNI 中的相应位置，否则，就标记发送方运行错误状态。

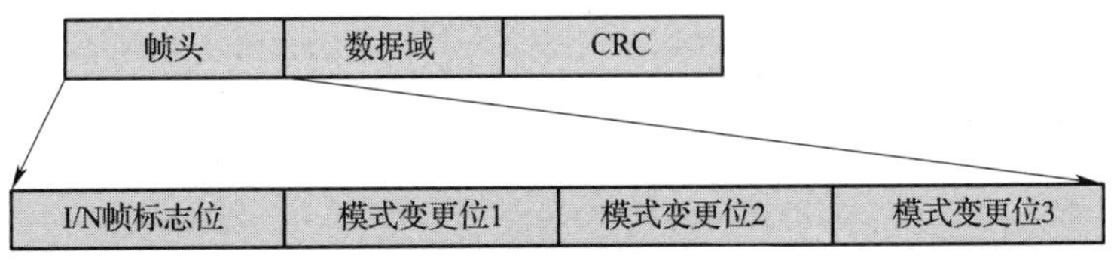

图 4–82　N– 帧及帧头结构

主机通过设置通信对象描述字中的“发送请求”位来请求发送一条消息，当“发送请求”位置位且检测到“信道空闲”时，通信控制器将开始发送消息。如果有多个节点要同时发送消息，则这些节点在检测到“信道空闲”时就会同时发送“帧起始位”。在接下来的仲裁阶段，每个控制器都会发送它的标识符，具有最高优先级的消息会赢得仲裁并继续发送。接收节点在其通信对象的数据字中储存数据，在对收到的消息进行 CRC 校验之后，接收控制器把第 2 个 ACK 位设为显性，表示正确接收了消息。这样，发送端就知道至少有一个节点正确接收到消息。通过设置控制位，接收方的控制器会通知主机已接收到新的消息。

当全局时间到达 MEDL 中某个消息的发送时刻，TTP/C 的通信控制器就会发送这条消息。这条消息在 2 条相同的信道上同时发送，若其中一条被接收方正确接收，接收方就把发送方的成员关系位设为“TRUE”，并把消息存储在接收方的通信对象中。若 2 条信道的消息都没有被正确接收，成员关系位就设为“FALSE”。在接收方通信对象的接收状态域中会屏蔽这条消息。

在 MEDL 中，发送端的 TTP/C 控制器必须保证周期性地发送携带 C– 状态的 I– 帧。节点通过把其内部状态设置为 C– 状态来达到与集群中其他节点同步。为了保证所有节点 C– 状态的一致性，且不需要在每条消息中都携带控制器的状态信息，TTP/C 协议在 N– 帧中使用了特殊的 CRC 计算技术：在发送端和接收端都会进行 CRC 校验，若接收端的 CRC 计算结果与发送端不一样，则说明消息在发送的过程中失效了或者是发送端与接收端的 C– 状态不一致。这时，消息就会被丢弃。

4.3.7.2 TTP/C 与 CAN 传输性能比较

CAN 和 TTP/C 都通过 CRC 域来保护数据域。在 TTP/C 中，CRC 域还可检测发送端与接收端 C– 状态的不一致，保证整个帧信息的完整性。

从消息在发送端的 CNI 中开始传输到消息投递至接收端 CNI 之间的时间间隔就是消息的执行时间。最大执行时间与最小执行时间的间隔称为通信系统的抖动。在基于 CAN 的系统中，主机中发生的事件决定了发送消息的时间。如果一个节点的主机连续发送最高优先级的消息，那么其他节点就不能访问信道。所以需要对节点的行为作些假设，以确定非最高优先级消息的最大抖动。

在没有全局时间的系统中，各个节点主机的运行是不同步的，所以不可能事先控制不同节点执行发送消息指令的时间。总的来说，基于 CAN 的系统的执行时间依赖于节点的数目及其在信道上的活动。在 TTP/C 中每一个节点都事先知道传输消息的时刻，所以通过精确的时钟同步可以事先确定 TTP/C 中的执行时间抖动。

CAN 协议不包括时钟同步服务，只能在主机应用层上实现分布式的时钟同步，若要求较小的传输抖动，则相应的消息应有最高的优先级。

TTP/C 为本地时钟提供容错的内部时钟同步，以产生一个全局时基。因为每个节点事先都知道每条消息的到达时间，事先确定的到达时间与观测到的到达时间的偏差说明了发送节点与接收节点之间的时钟偏差，所以不需要显式地交换同步消息或在消息中携带发送时间值，通过周期性地使用容错时钟同步算法，就能在无额外开销的前提下实现连续的时钟同步。

讲解： TTP/C 在两个方面采用了特定的设计策略以节约总线带宽的占用。一方面是

CRC 的校验，发送端（发送的 N- 帧）会在校验时包含本地的成员关系列表，这样接收端在进行 CRC 检查时可以判断二者的成员关系列表是否一致。这里没有发送成员关系列表，没有占用帧的有效载荷，从而节约了带宽的占用。另一方面，由于节点何时接收消息是预先设定好的，这样每个节点可以根据设定的接收时间与实际接收时间的差值，来校正本地时钟的偏差。这里没有显性地交换同步信息，从而也节省了对带宽的占用。

若系统集成后仍能保留子系统中建立的特性，那么就认为这个系统是可集成的。

在基于 CAN 的系统中，通信系统（由信道和集群中节点的全部通信控制器组成）不能决定 CNI 中数据的时间特性，主机的应用软件决定了消息发送的时间。因此时间控制是一个全局事件，它依赖于分布式系统中所有节点上应用软件的行为。当系统集成时，CNI 中数据的时间特性就会随之改变（由于总线竞争所带来的消息发送时刻的不确定性）。所以，就时间特性来说，基于 CAN 协议的系统是不可集成的。要实现 CAN 的系统集成，可以采用时间触发 CAN，即 TTCAN（若读者想详细了解 TTCAN，可以参考拙著《详解时间触发架构，TTCAN，TTP 和 TTE》）。

TTP/C 通信网络的时间特性由通信控制器中的 MEDL 决定，它不依赖于主机的应用软件。CNI 中数据的时间特性在设计之初就已有明确规定，系统集成不会改变 CNI 中的时间特性。所以就时间特性而言，TTP/C 系统是可集成的。

在 CAN 中要增加一个新的节点，只要简单地把这个节点连接到 CAN 总线上即可，扩展的网络会以最小的软件开销工作。在对抖动敏感的应用程序中，附加的新节点会导致最差执行时间的不可预测性。另外，在网络上增加侦听节点也不会改变网络的时间控制形式。

在 TTP/C 中，如果新节点的发送槽在设计控制器内部的 MEDL 时已经被保留了，那这个节点就可以简单地加入网络，也不会改变任何 CNI 中的时间特性。否则，所有节点的 MEDL 都要进行修改以容纳新节点的发送槽，这也会改变 CNI 中的时间特性。在 TTP/C 中，侦听节点也不会改变 TTP/C 网络的时间控制形式。

讲解：TTP/C 虽然提供了时间上的确定性，但付出的代价是系统灵活性的降低。TTP/C 协议要求在系统开发的最初阶段就确定系统的节点信息、节点收发消息的信息及对应的消息调度表，这就导致了在系统开发的晚期，要加入新的节点变得十分困难。它要更改消息描述表（MEDL），前期所作的设计工作将面临大幅的修改。

在可靠的系统中，一个节点的失效必须用一致的方式以较小的执行时间通知所有的节点，这就是成员关系服务的任务。

在纯粹的事件触发系统中，如基于 CAN 的系统，不可能在协议层实现及时的成员关系服务。如果一个节点在给定的时间间隔内没有从另一个节点接收到消息，那这个节点并不能区分是节点失效了还是发送节点没有触发事件（发送端未发送消息，即前述的拜占庭故障）。如果在 CAN 系统中，主机执行周期性的事件触发任务，发送特殊的成员关系消息给所有其他的节点，这样也可以实现成员关系服务。

对于 TTP 而言，作为协议的一部分，它能够及时地为节点提供成员关系服务。

4.3.7.3 TTP/C 与 CAN 传输的可靠性比较

CAN 协议错误处理原则是立即重发。如果检测到通信错误，则检测到错误的节点就会发送一个错误帧，且要求重发那条错误消息。为了降低错误节点干扰整个网络正常工作的可能性，每个CAN控制器都包含了本地错误计数器，一旦计数器超过阈值，该节点就进入错误被动状态。

TTP/C的错误处理原则是错误屏蔽、错误沉默和自检后重启。每条消息都会在2条相同的信道上同时发送，只要其中的一条消息能到达就说明已经提供了及时的服务。若检测出TTP/C系统中存在致命的错误，错误检测节点会在其成员向量中记录这个错误（将出现错误的节点从成员关系表中移除），但不会改变其当时的行为。若错误是暂时的，则在下一个TDMA循环会接收到正确的消息。

从安全性上来说，CAN协议的错误处理方法可能会导致帧的丢失、信道的阻塞或某个节点的退出，而TTP/C协议的错误处理方法更能提高安全性能，但它需要冗余信道，且要求硬件同步，对硬件要求较高，成本会随之上升。

混串音是指节点在不正确的时刻发送消息。混串音会干扰节点的正常工作，引发单一总线上的通信丢失。混串音故障被认为是共享信道的系统中最严重的故障。

CAN协议未提供特殊的机制来处理混串音故障。

TTP/C提供了一组机制来避免由混串音故障引发的通信干扰。TTP/C在物理层支持冗余信道，它包含了一个独立的总线监护器（由它本身的晶振驱动）来保证节点只在预先安排好的时间槽内传输消息。节点的发送行为由控制器内部的MEDL数据结构控制，主机不能改变这种数据结构。因此在正确配置的TTP/C集群中，即使存在恶意错误，主机也不能干扰通信系统的正常工作。

4.4 AFDX总线

飞机数据网络的概念由ARINC664规范而来，ARINC664规范是美国艾瑞克制定的新一代航空数据网络标准。ARINC664规范一共有八个部分，从不同层次对航空数据网络标准的各个方面进行了系统的定义，形成以航电全双工交换以太网为核心的数据网络标准。

第一部分是系统整体概述，介绍了通信网络结构的基础知识，包括开放网络互联参考模型及其网络拓扑结构的比较。

第二部分是关于以太网物理层和数据链路层的规范，提供了基于IEEE 802.3的以太网飞机数据网络使用规范，包括在不同物理媒介上使用半双工和全双工网络。

第三部分介绍了基于网络协议的服务，主要描述了传输控制协议（TCP）、用户数据报协议（UDP）、互联网协议（IP），以及基于TCP/IP传输协议的网络规范。

第四部分是网络地址结构和地址分配的介绍，为飞机数据网络定义了通用的地址架构。

第五部分补充说明网络域特点，并且涉及网络设计考虑、服务质量和安保考虑。

第六部分现在被保留。

第七部分航电全双工交换式以太网络（AFDX）文件定义了飞机应用所使用的明确性网络（Determinism）所应具有的特点。

第八部分则是飞机数据网络与非IP传输协议之间的互联。

ARINC664协议是基于IEEE 802.3规范以太网柔性网络（Compliant Network）的一个特殊应用，使用IP地址和相关传输协议提供明确性（Deterministic）的网络行为（Behavior）

特征。在机载环境中，关键的机载功能需要顺序完整性（Ordinal Integrity）、延迟有界性（Bounded Latency）和可用可靠性（Reliability）等网络行为特征的指标是确定的。如图 4–83 所示是网络的层次结构（Hierarchy）。

图 4–83　网络层次结构

AFDX 描述了定制网络的一个子集，它将服务质量（QoS）和及时传送提高到一个重要的位置。

确定性网络 AFDX 是定制网络的一个特例，它可以与某个更宽泛的定制网络通信，也可以借助路由器和网关与某个兼容网络通信。图 4–83 示出了这种网络层次。

控制系统，尤其是航电系统，需要源端实时地将完整的和更新的数据传送到接收端。对于完全关键系统，实时性是必须的。

交换式以太网是根据提高以太网的传输效率，尽可能地减少总线竞争这个思想开发出来的新型以太网。它采用星形布线方式，所有节点都分别连接到一个交换式集线器的端口上，交换式集线器内置一个复杂的交换阵列，任何两个端口之间都可以建立起一个传输信道，以标称传输速度传输数据。优点是不存在总线竞争，能显著提高系统的传输效率，缺点是不易控制最大传输时延。

AFDX 总线主要包含了端系统（ES）、交换机（Switch）、链路（Link）。它是基于一种网络概念而不是通常所说的总线形式，在这个网络上有交换机和端系统两种设备，端系统之间的数据信息交换是通过虚拟链路（VL）进行的，VL 起到了从一个唯一的源端到一个或多个目的端逻辑上的单向链接，且任意一个虚拟链路只能有一个源端。

4.4.1　比较模型

为说明定时问题，可以比较一下以太网与传统的飞机总线。在图 4–84 的示例中，可以假定顺序传送的消息不发生出错 / 重传。

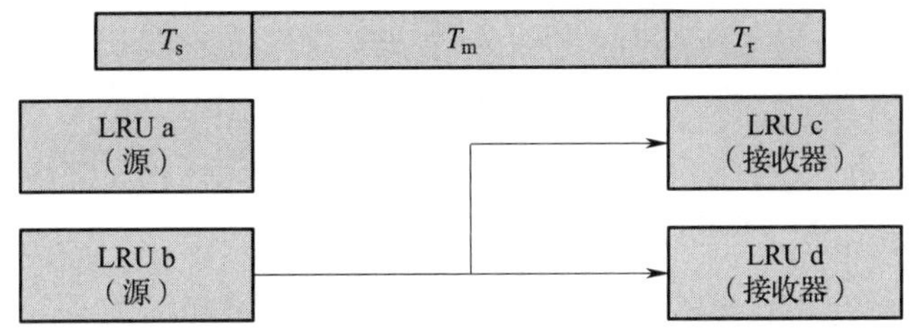

图 4–84　ARINC429 总线

T_s—源端系统的传送时延；T_m—消息定时，即长度 ÷ 带宽；T_r—接收器端系统的传送时延

总的时间延时为

$$T_L = T_s + T_m + T_r \tag{4–33}$$

讲解： 注意这里的时延（Latency）与延时（Delay）是有区别的。时延表示的是事

件发生的潜伏期，比如数据已经在第 50ms 准备好，但由于通信周期设为 100ms，所以要等待 50ms 再发送出去，这等待的 50ms 称为时延（Latency）。而延时（Delay）通常是由物理特性所决定的，比如采样电路从启动采样到数据转换完成所耗费的时间称为延时，它通常是不希望发生的。

由于带宽固定，没有数据传输冲突，且端系统的时延是常数，因此从源端通过网络到接收端传输一条消息所消耗的时间也是常数。其他接收端系统可以在不影响消息定时的情况下作为同一条消息的信宿。比如图 4-84 中，源端 LRU b 可以同时被 LRU c 和 LRU d 有效地接收。

这种点对点的通信系统有理想的确定性。传送一条消息的时间可以事先计算，并且是常数。带宽的增加可以缩小消息定时。可靠性可以通过分析和现场测试而确定，需要时还可以采用冗余的系统。

因为每个端到端链路与任意其他链路独立，不会有传输冲突造成的延迟，所以某个端系统中的故障不会影响与之通信的无故障端系统。

4.4.2 交换式以太网络

在有多个终端的系统中，点到点的布线是主要的开销。而以太网有个显著的优点，即它可以通过模拟点到点的连接来提供确定性网络架构。星形拓扑结构的交换式以太网的每个网段能提供与图 4-84 中 ARINC429 通信同样的连接方式。

经由这种节点的延迟时间不是固定的硬件延迟，而是一个可变的量，称之为抖动（Jitter），它是由于与网络中其他数据发生资源竞争而产生的。通常用累积的时延（包括硬件延迟和抖动）和链路带宽来分析这类网络。以太网的定时组件如图 4-85 所示。

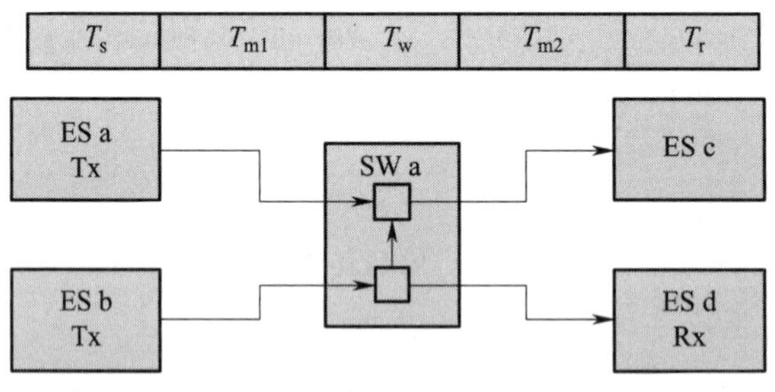

图 4-85 以太网定时组件

在上述简单示例中，两个端系统 ES a 和 ES b 向 ES c 发送数据，数据帧通过交换机 SW a 调度。交换机同时接收来自 ES a 和 ES b 的帧，再顺序地将两种帧转发到 ES c，其最大抖动取决于消息的长度。抖动时间为

$$T_j = (8 \times M) / N_{bw} + T_{min\_gap} \text{（假设帧长度相同）} \tag{4-34}$$

式中：T_j 表示抖动时间；M 为字节表示的帧长度；N_{bw} 为通信介质带宽（单位 bit/s）；T_{min_gap} 为最小帧间隔（单位为 s）。

讲解：这里 ES 表示端系统（End System）。

第一个帧的时延为

$$T_{La} = T_s + T_{m1} + T_{sw} + (8 \times M) / N_{bw} + T_{m2} + T_r \tag{4-35}$$

式中：T_{sw} 为交换机的硬件时延（单位为 s）；T_{m1}/T_{m2} 为消息定时，即长度 ÷ 带宽。

被延迟的帧的时延为

$$T_{Lb}=T_{La}+T_j \tag{4-36}$$

如果用 T_w 表示交换机内的总时延（T_{sw} + 输出缓冲时延，单位为 s），则某个端口的 T_w 取决于这个端口的流量。在异步网络中，任意特定数据流的 T_w 都是随时间变化的。

讲解：交换机中的竞争和存储转发要求对整个帧进行缓存。因此帧的延迟（$8\times M$）/ N_{bw} 在 T_{Lb} 的表达式中出现了两次。

在正常运行条件下，系统维持两条数据链路（a—c）和（b—c）的确定性（有带抖动的时延）。在 ES a 或 ES b 发生故障时，为最大程度地保持系统完整性，可以定义服务质量（QoS），以保证从非故障节点继续传输数据。这意味着交换机应具有过滤功能（这些功能在商用交换机中并不常见），这种故障隔离的方法能够确保在两个无故障端系统之间继续进行确定性的通信。

典型的以太网分析假设发送端系统之间是不同步的，并且帧传输满足随机到达分布，即泊松分布。尽管平均带宽是已知的，在任意短的时间内，数据量的带宽是不受限制的。所以网络每条链路的时延分布也是不受到限制的。因此网络中时延只能以概率描述。此外，经典以太网没有可用方法来限制来自任一端系统的、在任意短的时间间隔内服从泊松分布的数据。所以不可能限制端系统的带宽故障影响。

讲解：泊松分布的概率函数为

$$P(X=k)=\frac{\lambda^k}{k!}e^{-\lambda},\quad k=0,\ 1,\ \cdots \tag{4-37}$$

泊松分布的参数 λ 是单位时间（或单位面积）内随机事件的平均发生率。泊松分布适合于描述单位时间内随机事件发生的次数。

AFDX 网络的分析同样假设发送端系统是不同步的，但是帧的发送满足有界的到达分布。这种有界的到达分布意味着确切的带宽规整流量控制。所以，网络每条链路的时延分布是有界的。从而可以计算网络的最大时延，而不是一个概率性的时延。

使用确切的带宽规整流量控制可以在任意短的时间间隔内限制带宽利用率，从而可以限制端系统的带宽故障影响。

为了进一步模拟 ARINC429 的工作情况，每个点到点的数据链路可以被确定性以太网中的虚拟链路（VL）所代替。如图 4-86 所示，假定有确切的带宽规整流量控制，则每条 VL 的特性可以通过分析确定。这是通过对每条 VL 同时规定带宽和帧发送间隔的上限来实现的。

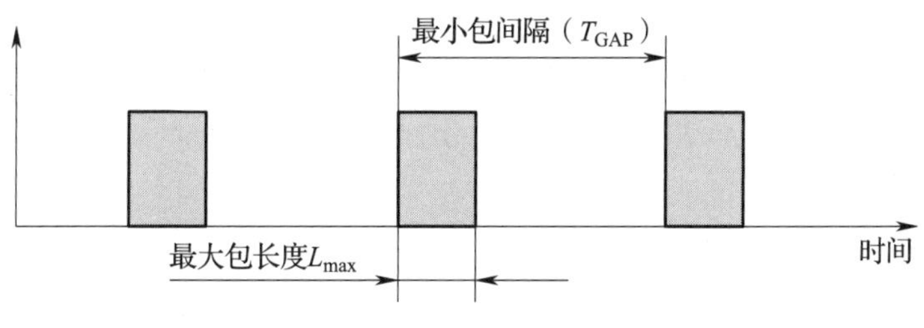

图 4-86　带宽规整流量控制

分配给这条 VL 的最大带宽是 L_{max}/T_{GAP}。任意时间都可以通过增加帧间隔或减小帧长度来降低 VL 使用的带宽。只要限定了每条 VL 的特性，就可以分析整个网络的确定性。

4.4.3 可扩展性

网络拓扑结构的选择也会影响系统的可扩展性，AFDX 采用了层次化的星形拓扑，以提高可扩展性。

但任何实际网络的网络边界扩充都会带来定时开销的增加，比如单个交换机的端口数目增加超过一定限制后就会出现这种情况。

4.4.4 次序完整性

一般定制网络不提供保证措施以维持网络中帧的次序完整性。航空电子网络经常包含一些次序很重要的数据，当帧之间有某种关联时，应保持次序的完整性。出于这个考虑，AFDX 要在给定的虚拟链路中保持次序的完整性。

4.4.5 故障性能

在对以太网进行性能分析时，不可能分别对待每条数据链路。有时候需要某种机制来确保当一条数据链路出现故障时，余下的网络仍具有确定性。AFDX 提供了这种机制。

4.4.6 交换

商用交换机采用“学习和老化”算法来建立连接路径。为新到达的或是“老化”的数据源建立路径会导致不可预知的时延。

4.4.7 系统性能

只有给定网络拓扑结构时才能评估有异步端点网络的确定性，每条数据流的最大时延可以作为一种性能保证而推导出来。

端系统（ES）的主要功能是提供一些服务，保证到某个分区（Partition）软件的安全可靠的数据互换。

服务质量（QoS）提供一种流量分类的方法，它确保特定类别的流量将总是以分配给它们的服务等级通过网络，而不用考虑与其他流量竞争。

飞机网络不需要区别对待不同类别或流量等级。每个网络传输请求必须得到响应，不管数据类型是什么；最大的网络传输延迟（也被称为“端到端时延”）也必须得到保证。因此飞机网络所需的唯一服务等级就是保证服务。

保证服务提供了一种稳定的、数学可证明的端到端传输延迟的上界，对有界延迟的保证意味着在链路层要保证一定量的带宽。

因此保证服务提供了具有上界的延迟和固定的带宽，可以在一个发送节点与一个或多个接收节点之间建立一条逻辑开放性连接。同一连接中的帧被定义为一条“流”（Flow）。

总之，保证服务会带来如下特性：

（1）保证带宽和有界的时延。

（2）某条流的特定延迟抖动（同一条流中任意两个帧之间的端到端传输延迟的变化

量）不是固定的，因为它取决于给定时间点的全局网络流量。尽管如此，延迟抖动的上界限是可以通过数学计算得到的。

图 4–87 给出了端系统通信栈的描述。最多可以用 16 个比特来对 ES 编码，该编码仅对于系统集成商是可见的。

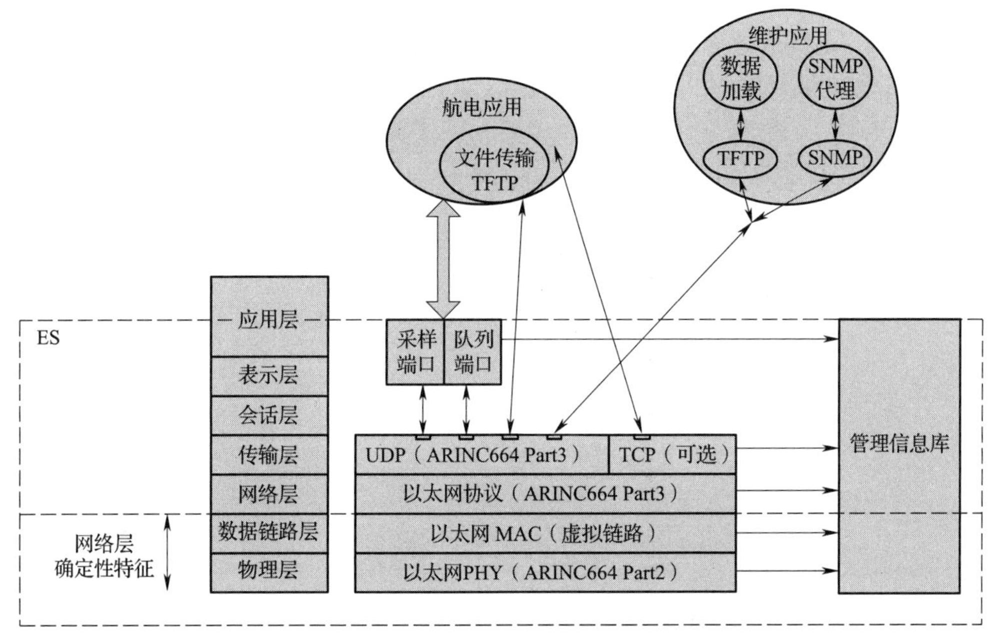

图 4–87　端系统协议层

4.4.8　介质访问控制（MAC）层的互操作性与确定性

4.4.8.1　虚拟链路

图 4–88 描述了虚拟链路（VL）的概念，这一概念在本章被广泛使用。

一个端系统可以设计成只接收 VL 而不发送 VL，或者相反。因此端系统可以不发起或接收 VL。端系统之间通过 VL 进行以太网帧的数据交换。航电网络中的任意 VL 都只有一个源端系统。

每条虚拟链路都是一个概念化的通信对象，它有如下属性：

（1）如图 4–88 所示，虚拟链路定义了逻辑上从一个源到一个或多个目的端系统的单向连接。

（2）每条虚链路都指定了由系统集成商分配的最大带宽。

ES 应在它所支持的虚拟链路中利用可用带宽提供逻辑隔离，不管某个分区试图在一条 VL 上获得多少带宽利用率，其他任何 VL 的可用带宽不受影响。端系统应保持分区发出数据的次序，为每条虚拟链路维持发送和接收的次序完整性。

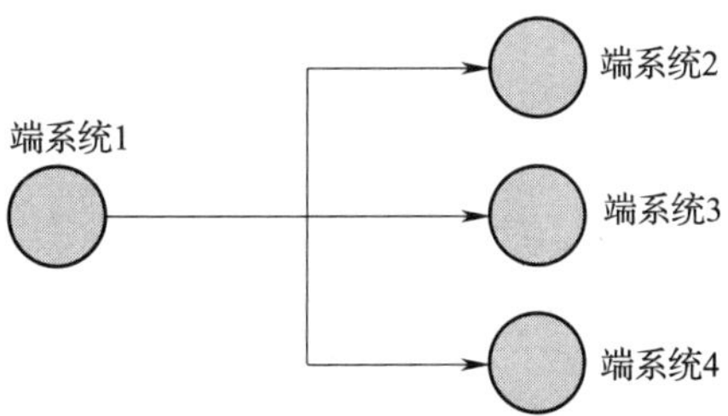

图 4–88　一条虚拟链路等于一条路径

讲解：虚拟链路的处理基于一种流量控制机制，它将属于这个 ES 的不同数据源的数据流进行规整。这种机制在网络层提供了分区管理。

端系统的通信协议栈应保证每条虚拟链路所分配的带宽，而不管其他虚拟链路是如何使用带宽的，以在网络层上保持分区之间的隔离。一条虚拟链路不能被两个或两个以上的源分区所共享。

4.4.8.2 流 / 流量控制

在每个端系统的输出端，与某条特定的虚拟链路相关联的帧的流量用两个参数来描述，即带宽分配间隔（BAG）和抖动（Jitter）。

如果通过调度器的帧没有抖动，则 BAG 反映了同一条 VL 中两个相邻的帧起始二进制位之间的最小时间间隔（见图 4–89 和图 4–90）。

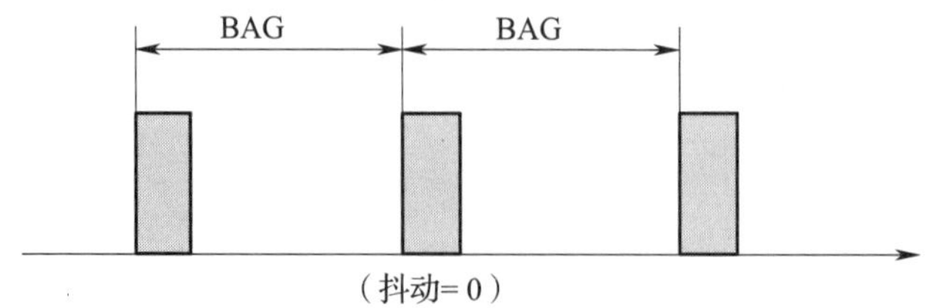

图 4–89　VL 中最大带宽数据流的 BAG

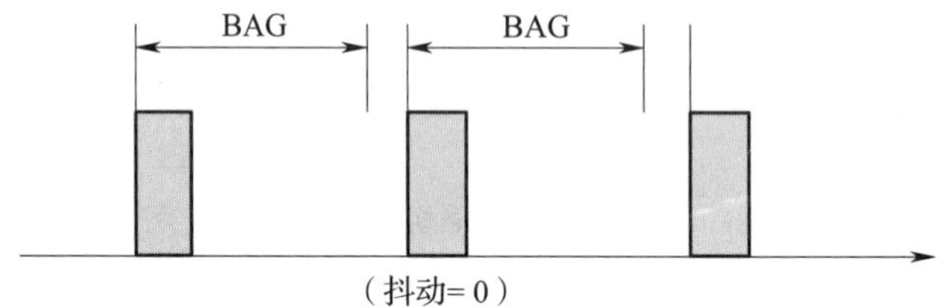

图 4–90　VL 中非最大带宽数据流的 BAG

讲解：在 VL 就绪但没有数据发送时，帧不会被发送。

如图 4–91 所示，为了保证每条 VL 的 BAG，帧的流量应被规整。

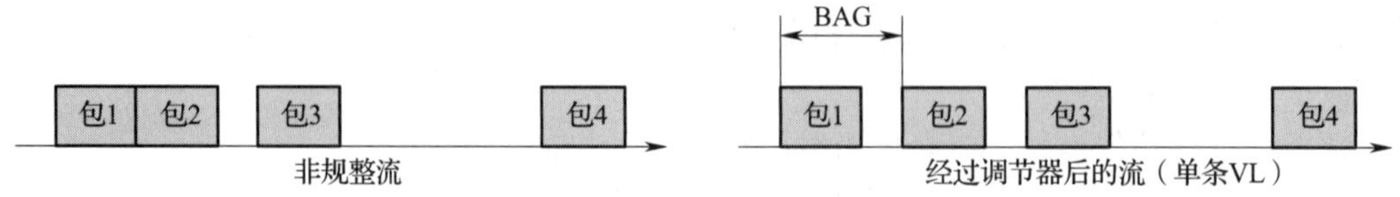

图 4–91　虚拟链路流的规整

4.4.8.3 调度

如果发送端系统有多条虚拟链路，则调度器会对来自规整器的不同流量进行多路复用，如图 4–92 所示。

在给定的某个虚拟链路调度器的输出端，帧出现的时间间隔是有界的。这个时间间隔称为最大允许抖动（Maximum Admissible Jitter）。该抖动是由调度算法引起的，而不是流量本身引起的，如图 4–93 所示。

端系统应以每条 VL 为单位对发送的数据进行规整，因为这种流量整形功能（对流量特性的确切认识）是确定性分析的基础。

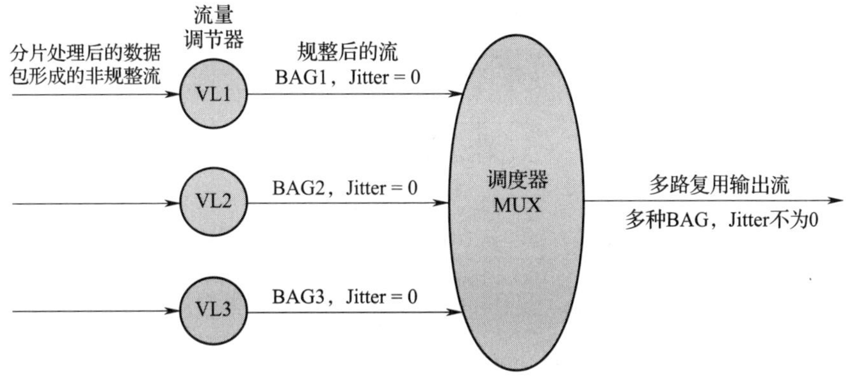

图 4–92　经过调度器的多路复用流量整形

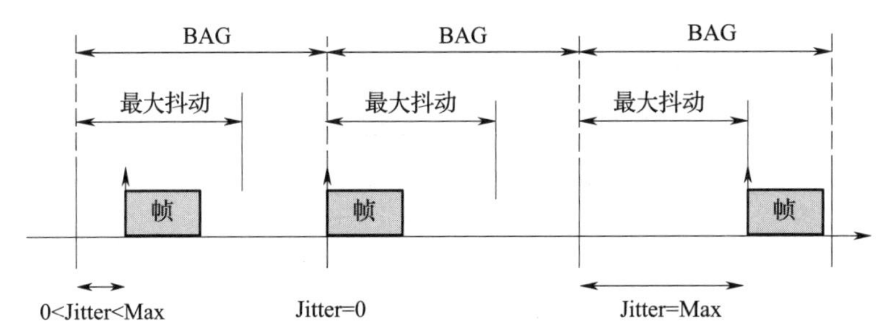

图 4–93　对于最大带宽的数据流的抖动效应

流量规整器（流量整形功能）应以每条 VL 为基本单元对流量进行整形，使得在每个 BAG 间隔（以 ms 为单位）发送的帧的数目不会多于一个。

讲解：流量整形功能将帧分隔开，以限制虚拟链路上瞬时的帧速率。规整器负责按照分配的 BAG 控制虚拟链路的带宽。

每条 VL 的最大可使用带宽由 BAG 和 L_{max}（最大 VL 帧大小）所决定。最大可使用带宽为 L_{max}/BAG（以 KB/s 为单位）。

端系统在发送和接收端都应能够容纳最多 1518B 的 VL 帧。

端系统应为每条 VL 通过端系统配置表获得一个 BAG 值。

讲解：使用配置表文件来配置端系统是业界常用的做法。

ES 的流量整形功能应能将 BAG 值控制在 1 ~ 128ms 的范围内，具体数值应满足如下公式

$$\mathrm{BAG}=2^k\text{（单位为 ms，}k\text{ 的取值范围是 }0\sim7\text{）}\tag{4-38}$$

讲解：如果一个分区以低于 128ms 的周期发送数据，就以 128 作为 BAG 的值。为简化 ES 设计，BAG 的值被限为 2 的整数次幂。

4.4.8.4　端系统性能

系统集成商的主要目标是能够以一种确定性的方式使用 AFDX 端系统。通过引入 ES 性能度量方法，AFDX 减轻了系统集成商在审定方面的负担，它为系统集成商提供了一套灵活的解决方案和明确定义的约束条件。

发送时延是下列两个测量点之间的持续时间，如图 4–94 所示。

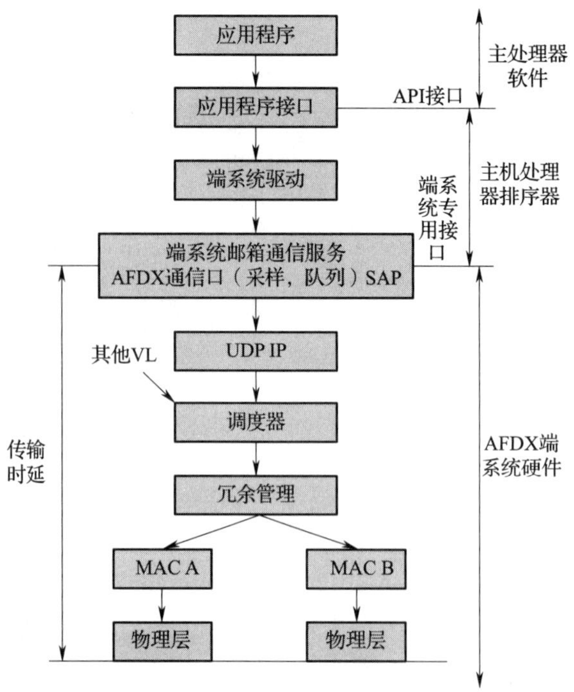

图 4-94　Tx 性能测量点

（1）起始点：主机分区数据的最后的一个 bit 对于端系统的通信服务可用。

（2）结束点：相应的以太网帧的最后一个 bit 被发送到物理介质上。

技术时延（Technological Latency）的测量在缓冲器为空、没有资源访问冲突、也没有 IP 分片的时候进行，如图 4-94 所示。

端系统发送的技术时延应有界，且小于 150μs + 帧延迟（Frame Delay）。

讲解：假定 ES 的总时延包括技术时延（与流量负载无关）和配置时延（取决于配置和流量负载）。技术时延是在没有其他任务处理的时候，端系统接收和处理应用数据并开始发送所需的时间。这里还引入了“帧延迟”（Frame Delay）以涵盖将帧送达到物理层所花费的时间。

接收时延是下列两个测量点之间的持续时间，如图 4-95 所示。

（1）起始点：以太网帧的最后一个 bit 在物理介质接入装置上接收到。

（2）结束点：相关数据的最后一个 bit 对端系统主机分区可用。

端系统接收的技术时延应有界并小于 150μs。

为避免在流量突发时丢失到达的帧，且能够在传输过程中插入帧间隔（IFG），端系统的 MAC 层应能够：

（1）以介质中帧的全速率处理接收到的帧，并且以介质中帧的全速率将适用的帧准备好。

（2）前后相继地传输帧。

最短的帧对应于每个物理接入设备的最大的帧速率，即 64B（帧）+ 12B（IFG）+ 7B（前导字）+ 1B（SFD）= 84B，以 100Mbit/s 的速率传输，等价于每帧 6.72μs 的持续时间，也就是每秒大约传输 148800 帧。

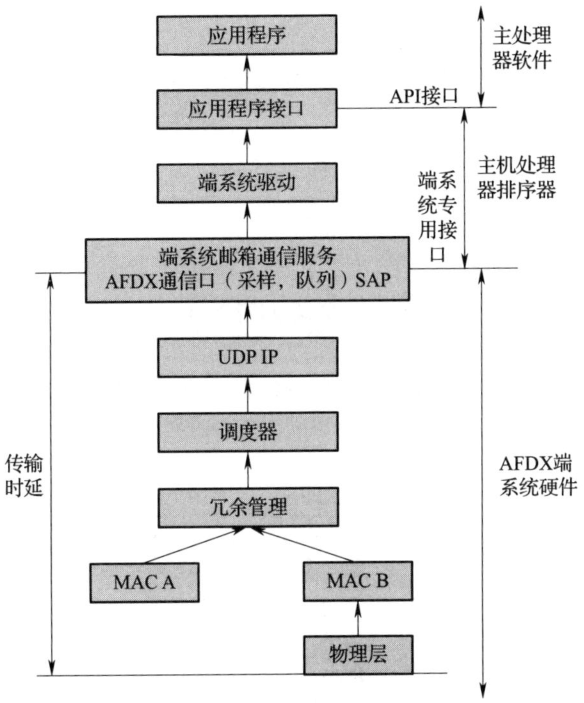

图 4-95　Rx 性能测量点

讲解：SFD 是起始界定符（Start of Frame Delimiter）的缩写。前述提及的“以介质中帧的全速率处理接收到的帧”，指的是能处理帧传输频率最快（148800 帧 /s）的情形。对于发送而言这个要求可以有所放松，但设计者要谨慎地考虑发送对于最大抖动的兼容性的影响。当帧最短（64B），最小帧间隔最短（12B）时，这个要求最苛刻。

在发送时，端系统输出端口的每条 VL 的最大允许抖动应服从下式

$$\begin{cases} \text{Max\_jitter} \leqslant 40\mu\text{s} + \dfrac{\sum_{i\in(\text{VL的集合})}(20\text{B}+L_{\max,i}\text{B})\times 8\text{bit/B}}{N_{\text{bw}}}\times 10^6 \\ \text{Max\_jitter} \leqslant 500\mu\text{s} \end{cases} \tag{4-39}$$

式中：Max_jitter 的单位为 μs；N_{bw} 是介质带宽，单位为 bit/s；L_{max} 的单位为 B；40μs 是典型的最小固定技术时延抖动。

从式（4-39）可以看出，若端系统 VL 较少，且待处理的帧是短帧，则最大允许的抖动值较低。但无论如何，所有端系统的抖动都不能超过 500μs，以限制对整个网络确定性的影响。

讲解：对于重负载的 ES（发送时），可以通过发送优化调度来满足式（4-39）中第二个公式。系统集成商应负责选定的端系统配置和实现方式，以满足 500μs 的上限。这些值是体现 AFDX 确定性的基础，它可用于评价端系统的性能。如果处理能力有限，则非优化的 ES 要考虑带宽限制。

为了对发送端系统的允许时延进行数学化处理，这里定义了两种限制情形。

第一种情形假定主机分区在一条给定的 VL 上传输，有均匀的数据间隔（无帧突发），也没有数据需要分片。因此，如果在这条虚拟链路上端系统没有其他数据需要处理，给定

VL i 的允许延迟为

$$MAX\_Latency_i \leqslant BAG_i + Max\_jitter + 技术传输时延 \quad (4\text{-}40)$$

第二种情形指的是当主机分区有突发数据或者有长消息需要分片处理的情况。这时，如果端系统在这条虚拟链路上有其他数据需要处理，则要传输的缓冲数据将被延迟。对于给定的发送 VL i，如果第（p-1）帧正在处理，则编号为 p 的帧的最大延迟由下式所限定

$$MAX\_Latency_i（p\ 帧）\leqslant p * BAG_i + Max\_jitter + 传输技术时延 \quad (4\text{-}41)$$

帧传输会因 VL 的带宽限制（流量整形）而被延迟。

4.4.8.5 MAC 寻址

虚拟链路只在 MAC 目的地址中识别，MAC 多播目的地址格式如图 4-96 所示，且 AFDX 帧的 MAC 源地址应为用以识别以太网物理接口的单播地址。

48bit	
常数域 32bit	虚拟链路标识符 16bit
xxxx xx11 xxxx xxxx xxxx xxxx xxxx xxxx	xxxx xxxx xxxx xxxx

图 4-96 MAC 多播目的地址格式

在 AFDX 帧中的 MAC 目的地址是组地址（Group Address）和本地管理地址（Locally Administered Address）的组合，且应与下面的格式兼容。

每个 ES 应从系统集成商那里获取“常数域”和“虚拟链路标识符”的值，这些值没在 ARINC 664 中规定。

在任意给定的 AFDX 网络中，每个 ES 的 MAC 地址的常数域都是相同的。第一个字节的最低比特位表示组地址（总为 1）。

为了使用标准的以太网帧，应使用 MAC 组地址从一个端系统向多个端系统发送帧。

第一个字节的次低比特位表明这是本地管理地址（总为 1）。

讲解：尽管在 MAC 层只能使用组地址，但可以在 IP 层采用 IP 单播目的地址来实现单播通信。

MAC 源地址是与 IEEE 802.3 兼容的个体的本地管理地址，其格式如图 4-97 所示。

以太网MAC控制器标识符（48bit）			
常数域 24bit	用户定义ID 16bit	接口ID 3bit	常数域 5bit
0000 0010 0000 0000 0000 0000	nnnn nnnn nnnn nnnn	mmm	0 0000

图 4-97 MAC 源地址格式

讲解：ARINC664 没有推荐具体的源 MAC 地址构造算法，因此 AFDX 端系统需要有一种方法来确定它们所在网络中所使用的地址构造算法，比如可以用引脚编程来指示采用了哪种地址构造规则。

如图 4-97 所示，常数域固定为“0000 0010 0000 0000 0000 0000”，第一个字节的最低比特位表明这是个体地址（等于 0），第一个字节的次低比特位表明这是局部管理地址

（等于 1）。

用户定义标识符（User_Defined_ID）是一个 16bit 的位域，系统集成商可以用它为每个主机分配一个唯一的且有含义的 IP 地址。如表 4-14 所示，接口标识符（Interface_ID）表明了以太网 MAC 控制器连接到哪个 AFDX 的冗余网络。

表 4-14 接口标识符（Interface_ID）定义

Interface_ID	含义
000	未用
001	以太网 MAC 控制器连接到网络 A
010	以太网 MAC 控制器连接到网络 B
011	未用
100	未用
101	未用
110	未用
111	未用

4.4.8.6 冗余概念

端系统之间的通信在多个独立且冗余的网络中进行，因此任何单个网络组件的失效（例如，一段链路或一台交换机的失效）不会导致数据流的丢失。并且，即使一个通信网络全部失效，两个端系统之间的通信仍然可以进行。

图 4-98 示出了网络冗余的基本概念，它是以每条虚拟链路为基础的。一个发送端系统和一个接收端系统通过一条特定的虚拟链路以如下的方式进行通信：发送端系统的分区准备好数据并使它通过通信协议栈。这时每个帧会增加一个序列号（Sequence Number）域，且该序列号在两个连续帧中是递增的。序列号的加入使接收功能部件能够在将帧传送到接收分区之前重新构造出一条单一的、有次序的帧流，丢弃冗余的帧副本。

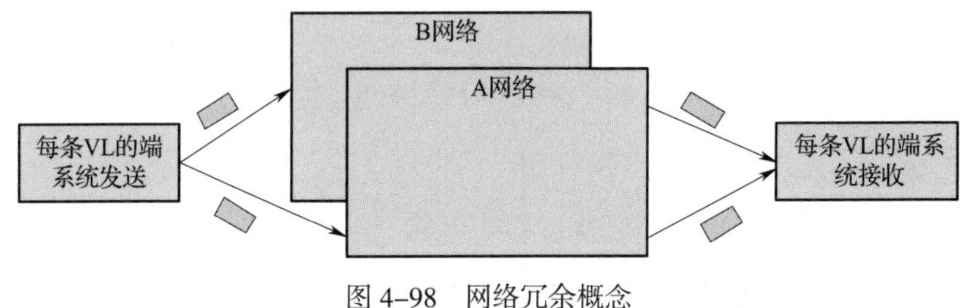

图 4-98 网络冗余概念

在这种方法中，分区看不到下层的网络冗余，因而可以在通信栈和使用网络服务的分区之间建立一个简单的接口。

在缺省模式下，每个帧同时通过两个网络。在接收的时候，通信栈（IP 层以下）中采用了“先到有效者胜出”的算法，即从其中一个网络中收到的带有下一个有效序列号的第一个帧将被接受，并向上通过通信栈到达接收分区。若带有这个序列号的第二个帧被收到时，它将简单地被丢弃。

图 4-99 给出了帧流的冗余管理，它被置于完整性检查之后。在网络没有故障的情况下，完整性检查仅仅是将它从网络中收到的帧传递到冗余管理（RM），AFDX 冗余管理仅仅是去除那些冗余复制的帧。

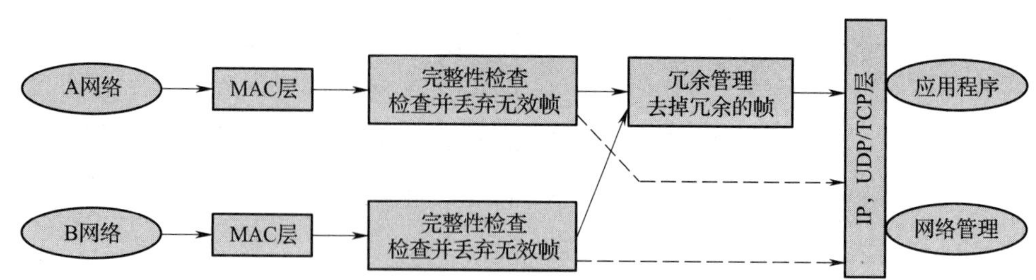

图 4-99　端系统完整性检查和冗余管理

冗余管理的预期行为如图 4-100 ~ 图 4-103 所示。其中“RMA”那一行指的是由冗余管理算法（RMA）发送到分区的帧。

例 1：非正常发送帧。冗余管理的结果是非正常帧不被转发到分区。

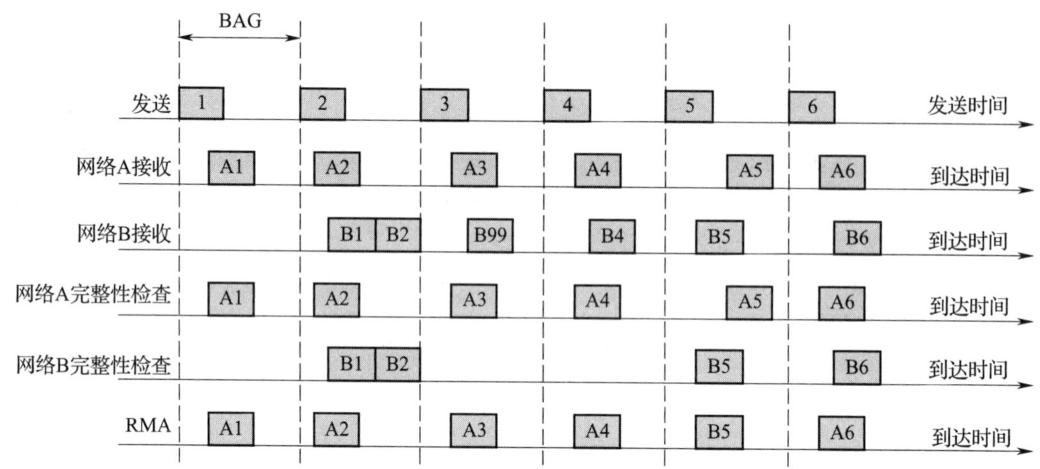

图 4-100　网络 B 发送一个非正常帧

例 2：一个帧丢失。因为一个比特错误（Bit Error）帧“A4”丢失，冗余管理结果是网络 B 中到达的帧被接收。

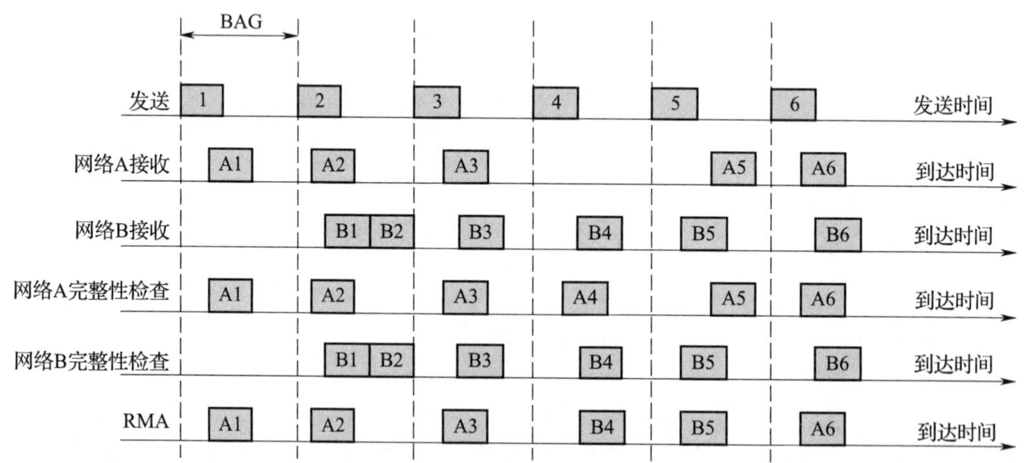

图 4-101　网络 A 中一个帧丢失

例 3： 发送器复位，没有帧丢失。

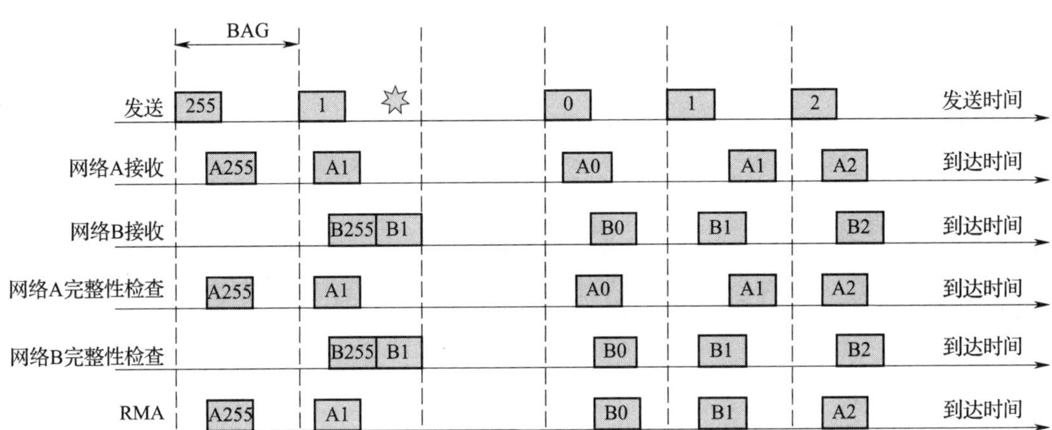

图 4–102　发送端系统复位

例 4： 呓语故障（卡塞帧）。冗余管理结果是，由于没有通过完整性检查，帧没有被转发到 IP 层。

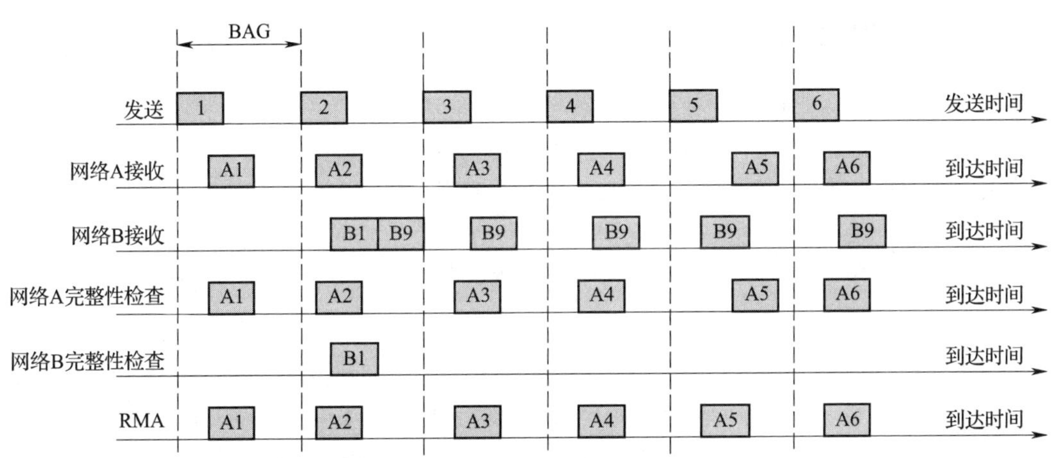

图 4–103　网络 B 的呓语帧

对 AFDX 网络中的每条 VL，端系统都应对每个发送帧加入一个序列号。帧序列号的长度为 8bit，取值范围是 0～255。

讲解： 帧序列号的取值范围应足够大，以满足正常工作条件下检测冗余帧的要求，但也要紧凑短小。例如，在最坏情况下 BAG＝1ms，最大偏斜时间（SkewMax）＝5ms。在两个接收帧之间最大的序列号偏移是

$$\mathrm{Int}\left[\frac{\mathrm{SkewMax}}{\mathrm{BAG}}\right]+2=7 \tag{4-42}$$

这个值远低于需要考虑计数回卷的 128。

每条 VL 序列号的初始值应设置为 0，在发送 ES 复位后序列号总是赋这个初始值。

同一条 VL 上的每个相继传输帧的序列号应递增 1，并在递增到 255 之后回卷到 1。

讲解： 帧序列号的逐渐递增使检测丢失的帧成为可能。回卷到 1 决定了序列号的最大范围，而复位时保留 SN=0。这种做法改善了完整性检查的性能。

帧序列号应作为 MAC 帧有效载荷的一部分被放置在 MAC 帧的 CRC 域之前，如图 4–104 所示。

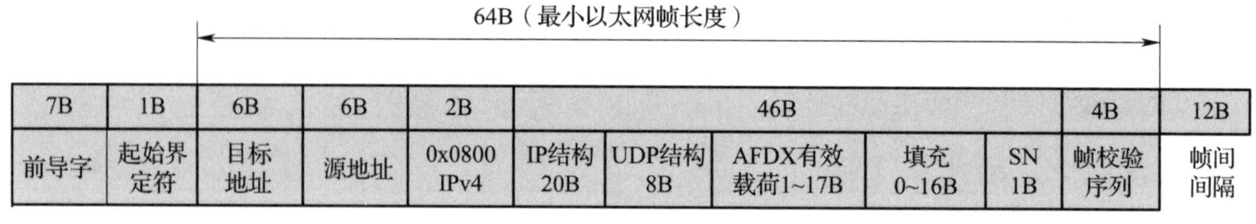

1518B（最大以太网帧长度）

7B	1B	6B	6B	2B	1500B					4B	12B
前导字	起始界定符	目标地址	源地址	0x0800 IPv4	IP结构 20B	UDP结构 8B	AFDX有效载荷1471B	填充 0~16B	SN 1B	帧校验序列	帧间间隔

图 4–104　最小和最大长度帧的序列号位置

为了简化接收端系统的算法，帧的冗余副本应尽可能同时传输，它们之间的最大时间差不应超过 0.5ms。

讲解： 系统集成商可以自主决定每条 VL 是否采用冗余机制。如果任意 VL 的冗余设置被关闭，则应仔细评估这种选择对系统完整性和可用性的影响。

在没有网络故障时，完整性检查仅简单地将它接收的帧传递给冗余管理过程，两个冗余网络之间是彼此独立的。如果出现错误（根据序列号），完整性检查会删除无效帧，并且在执行此操作的时候通知网络管理模块。

每个冗余网络都会对每个帧进行完整性检查，帧序列号应位于如下区间

$$[PSN+1, PSN+2] \tag{4-43}$$

这里“前序列号”(PSN) 是这条 VL 接收到（但不一定被转发）的前一个帧的序列号。

运算符“+”已考虑了序列号的回卷，例如，如果 PSN=254，则 PSN+1=255，PSN+2=1。

讲解： 该功能增加了完整性检查的鲁棒性，例如，通过消除呓语帧或单个非正常帧而减少了无意义数据交换的影响。丢失单个帧被认为是正常的，因为位错误率（BER）不为 0。

完整性检查也应在下述特殊情况下将帧作为有效帧接收：

（1）接收序列号（RSN）等于 0。

（2）在任意接收 ES 复位之后，首次收到的帧。

不满足这些规则的帧应被丢弃。

讲解： 这些特殊情况的考虑提高了周期数据的完整性。否则，在发送 ES 和接收 ES 复位之后，会出现系统性的帧丢失。

只有在发送设备复位后，序列号才变成 0。

可通过更改配置表关闭两个冗余网络中 VL 的完整性检查功能，关闭完整性检查功能意味着允许接收机接收从网络 A 和网络 B 到达的所有帧。

冗余管理假定网络工作正常，特别是假定网络的确定性属性已经过验证。

RM 的配置通常基于 SkewMax 参数，即在收到的两个冗余帧之间的最大时间差，这个值取决于网络拓扑（帧通过的交换机数目），应由系统集成商指定。每条 VL 的 SkewMax 配置值以 ms 为单位。

冗余和非冗余 VL 的定义为：

（1）冗余 VL 指的是同样的帧同时通过两个网络（A 和 B）发送。

（2）非冗余 VL 指的是帧（可能是不同的帧）通过网络 A 或 B 中的 1 路发送。

每条 VL 的 ES 应能接收：

（1）一条冗余 VL，并将冗余数据中的一份传送到分区（RM 功能激活）。

（2）一条冗余 VL，并将两份冗余数据发送给分区（RM 功能未激活）。

（3）来自任意接口的一条非冗余 VL，并从它提交数据到分区（这时 RM 功能可以激活，也可以不激活）。

该 RM 功能应是可配置的。

当冗余管理功能激活时，它应传送先到达的冗余帧。

这种属性不应受通信中发生的任何设备（传输端系统、接收端系统或 AFDX 交换机）复位的影响。“先到者胜出”的基本原则在网络发生单次 AFDX 交换丢失的情况下仍然是可用的。

讲解：这里假定硬件复位时间大于 SkewMax，这样做可以避免 RM 算法被如下情形打乱，即复位前发送了帧，而复位后又发送了帧，复位前和复位后发送的帧都到达了 ES。冗余管理算法只能使用帧的 RSN 作为拒绝或接收的准则。完整性检查是一个与之独立的任务，即使没用到冗余它也会执行。

对于接收器中的每条 VL，冗余管理功能应保证帧以递增的 RSN 次序转发，对于复位和偶然丢失帧的情况也适用。如果在接到一个帧后超过了最大偏斜时间（SkewMax），则无论下一帧的序列号是什么，它都将被接收。

冗余管理功能只能按照顺序对帧进行转发，但不需要重新排序。所以，在有些情况下，其中一个网络上某个帧的丢失也会导致它的拷贝的丢失。

例如，在图 4–105 中，网络 A 的“A2”帧丢失，“A3”在该帧的拷贝“B2”之前抵达。这时，拷贝“B2”不会被转发到分区，除非 B2 帧首先被接收。

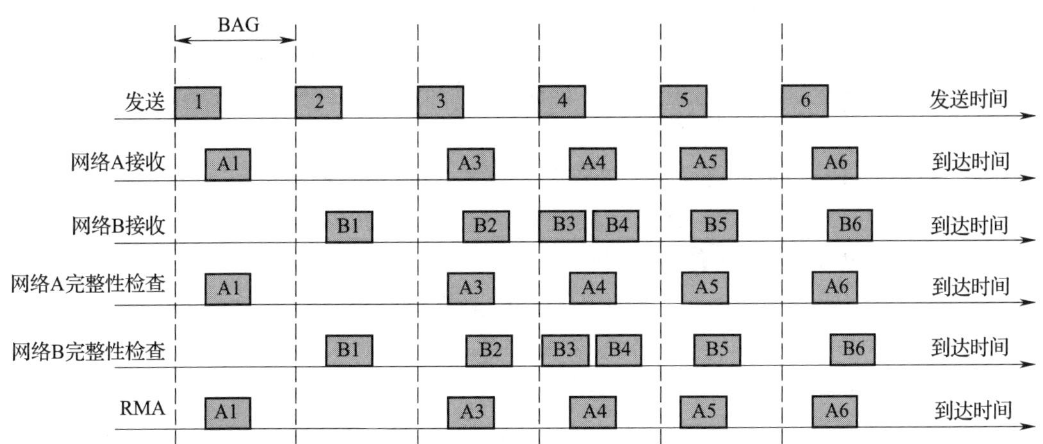

图 4–105　丢失一个帧

4.4.9 IP 层和 IP 层以上的互操作性

在分区端口（应用程序端口）和 ES 的端口之间没有标准的映射关系，尽管如此，有两个数据消费者的 AFDX 通信端口或服务访问点（SAP）端口可能因图 4-106 的原因而丢失帧。

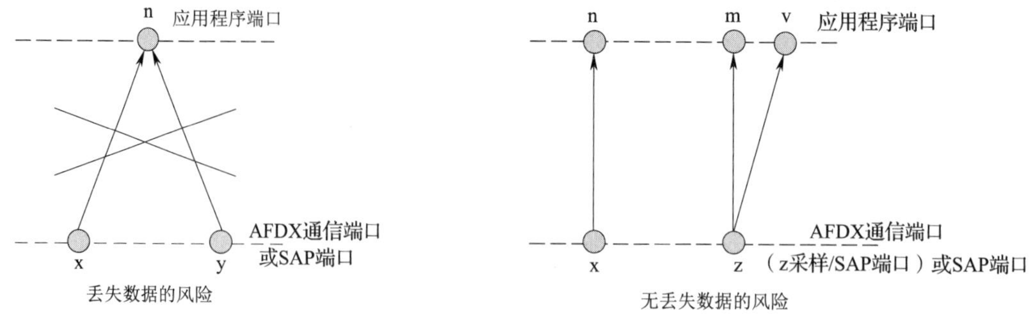

图 4-106　接收时共享 AFDX 通信端口

对应同一个发送 AFDX 通信端口或 SAP 端口的两个数据源也会导致数据的丢失，如图 4-107 所示。

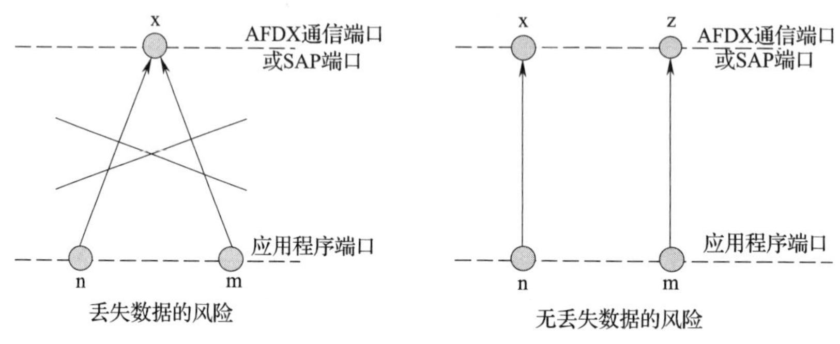

图 4-107　不要共享发送端口

用户端口可以被配置为发送或接收，但不能既是发送又是接收，不能采用图 4-106 和 4-107 中打叉的例子。

4.4.9.1 航电服务

从航电分区的角度，ES 通过两种类型的端口实现了不同的数据传输模式：

（1）通信端口：采样或队列模式（如 ARINC653）。

（2）SAP 端口：用来进行简单文件传输协议（TFTP）传输和兼容网络通信。

图 4-108 描述了具有两个分区（参见 ARINC653 对分区的定义）和一个 ES 的设备，每个分区有一个 IP 地址。ES 使用了通信端口和 SAP 端口与分区通信。

ES 通过通信端口提供两种类型的服务，即采样（Sampling）和队列（Queuing）。由于 UDP 相对效率较高，UDP 通信对这两种服务都支持。

ES 应提供 ARINC653 定义的采样服务（见 ARINC653 的 2.3.5.6.1 节）。

采样服务不能使用 IP 分片（IP Fragment）操作，因此每条采样消息的长度都应当小于或等于对应的 VL 有效载荷的要求。

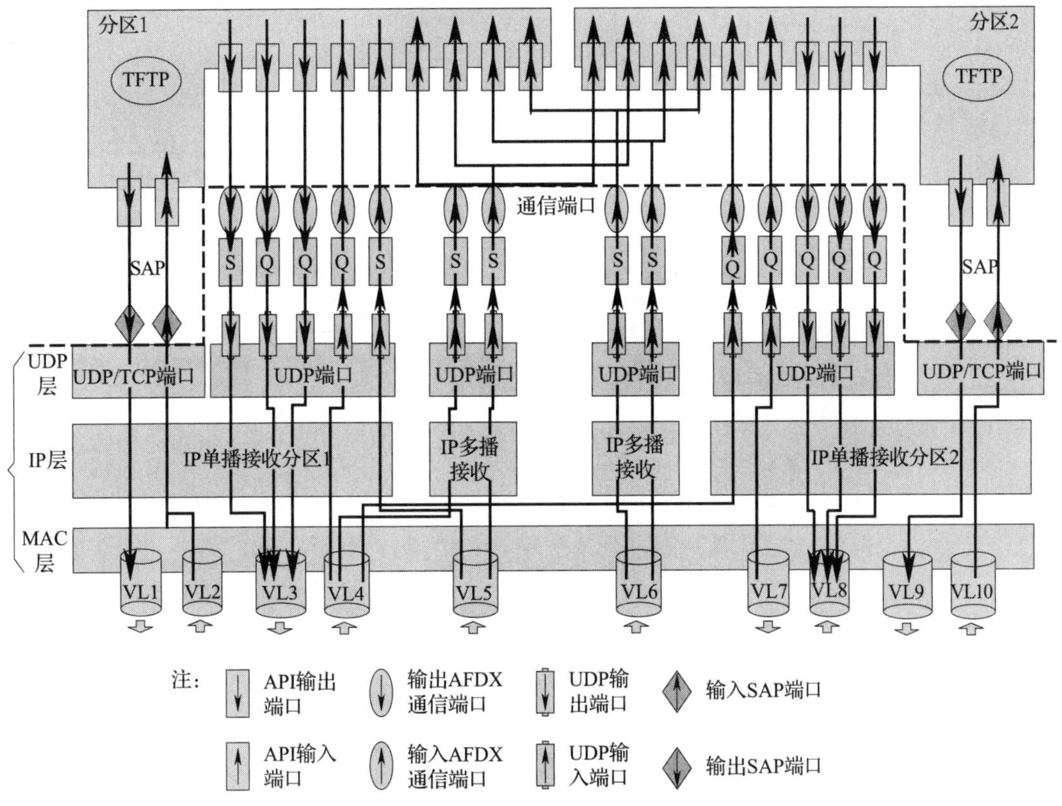

图 4-108 分区和端系统之间的接口

采样服务应基于多播，是从一个源到一个或多个目的的单向通信。

采样服务是简单的无连接、无应答服务，它没有在传输数据中加入错误控制，也没有在 VL 流量控制之外增加额外的流量控制。这种传输方式类似于传统 ARINC429 链路的服务方式。

在接收时，最新的一条消息存储在特定的采样端口中，该消息可以被几个分区读取，即可能有多个应用程序会预订该采样端口。

每个采样端口都应当有一个刷新（Freshness）指示，它对每个读取该消息的分区都应是可见的。

端系统应按照 ARINC653（见 ARINC653 的 2.3.5.6.2 节）的定义为航电分区提供队列服务。

队列服务是简单的无连接、无应答服务。

队列服务应能管理同一个队列通信端口中不同长度的消息。

为了保证消息的顺序，队列服务应在发送和接收时以先入先出（FIFO）的原则管理消息。

每个队列服务的实例都应能管理长达 8KB 的应用数据（这时需要 IP 分片）。

讲解：由于冗余的 AFDX 网络中帧丢失的概率低，无应答、无连接队列服务可以为多种通信任务所接受。

采用分片操作的时候，各分片应按次序发送到 AFDX 网络。

如果在发送过程中缓存溢出，ES应给源分区一个错误指示，并将该帧丢弃，如图 4-109 所示。

在有分片时，整个消息被重新组装完毕后才能放到分区的队列服务 FIFO 中。

如果在接收时发生缓存溢出，应向接收分区发送一条错误提示，同时将到达的帧丢弃。

端系统可以作为一个有如下特性的服务访问点（SAP）：

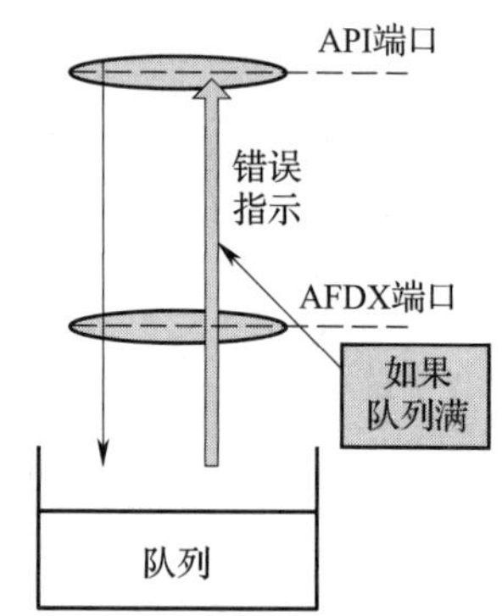

图 4-109　发送缓冲区溢出的错误指示

（1）SAP 端口应能用于 AFDX 网络通信。

（2）作为 ES 设计的一部分，可以通过网关或路由器访问兼容网络。

（3）ES 应提供可与兼容网络通信的 UDP 服务。

（4）每个 UDP 服务访问点的实例都应能够处理 8KB 的数据报。

（5）作为可选项，能用 TCP 通过合理配置的 SAP 端口直接访问 IP 层。

为了与兼容网络通信，发送 ES 要能够指定目的地址，即 IP 地址和端口号。为此，当 ES 接到来自兼容网络的请求时，这些地址要准备好。

接收器会监视 SAP 端口的服务质量是否降级，如果接收器出现缓冲区溢出，应向消息接收分区发出一条错误提示，并将到达的帧丢弃。

应使用简单文件传输协议（TFTP）传输文件。与 TFTP 有关的置评请求（RFC）规范如表 4-15 所示：

表 4-15　与 TFTP 有关的 RFC 规范

RFC 编号	标题	类型
783	TFTP（版本 2）	标准，由 RFC 1350 更新
1123	互联网主机应用与支持要求	标准
1350	TFTP（版本 2）	标准
2347	TFTP 选项扩展	标准跟踪，更新 RFC 1350
2348	TFTP 块大小选项	标准跟踪，更新 RFC 1350
2349	TFTP 超时间隔和传输大小选项	标准跟踪，更新 RFC 1350
1785	TFTP 选项协商分析	信息提供，更新 RFC 1350

文件传输服务的每个实例能够管理长达 8KB 的数据块。

一条 VL 可以由多条子虚拟链路（Sub-VL）构成，如图 4-110 ~ 图 4-112 所示，图中，VL 仅由这些 Sub-VL 组成。

每条 Sub-VL 都有专用的 FIFO（先进先出）队列，这些 Sub-VL FIFO 队列被主 VL 的 FIFO 队列以轮询（Round-Robin）的方式读出。轮询功能以 MAC 帧为基础，因此 IP 分片（如果有）应在加载 Sub-VL 的 FIFO 队列前执行。

讲解： Sub-VL 的实现是可选的，对网络的确定性没有影响。它可用来优化 VL 的带宽利用率。

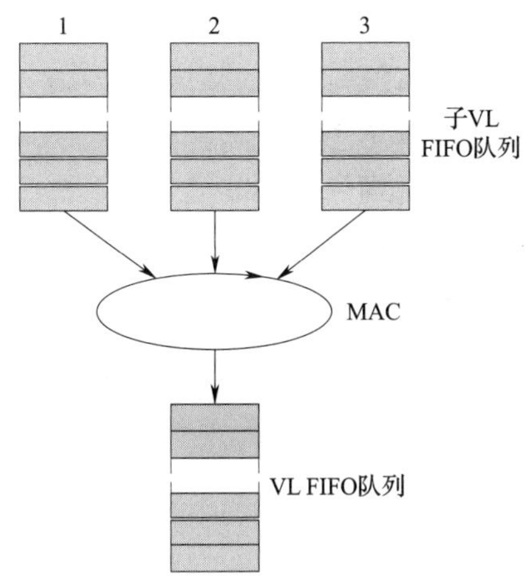

图 4-110 Sub-VL 的 FIFO 队列

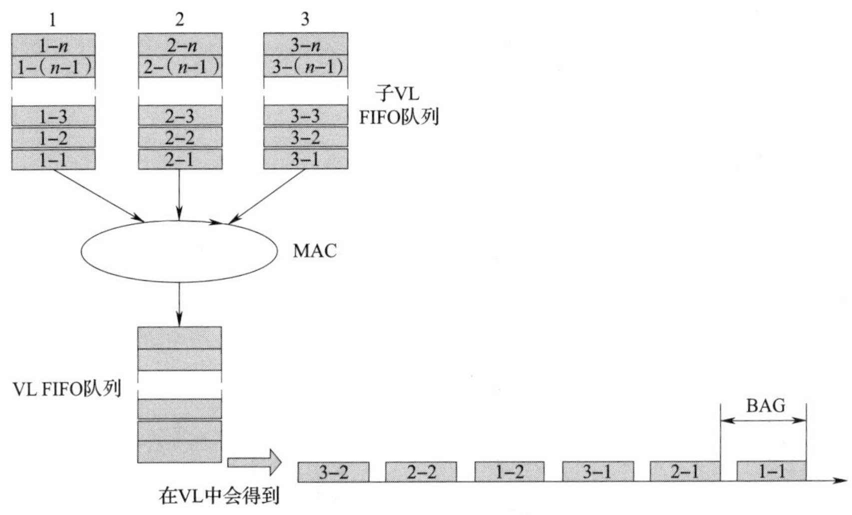

图 4-111 VL 流量的第一个例子

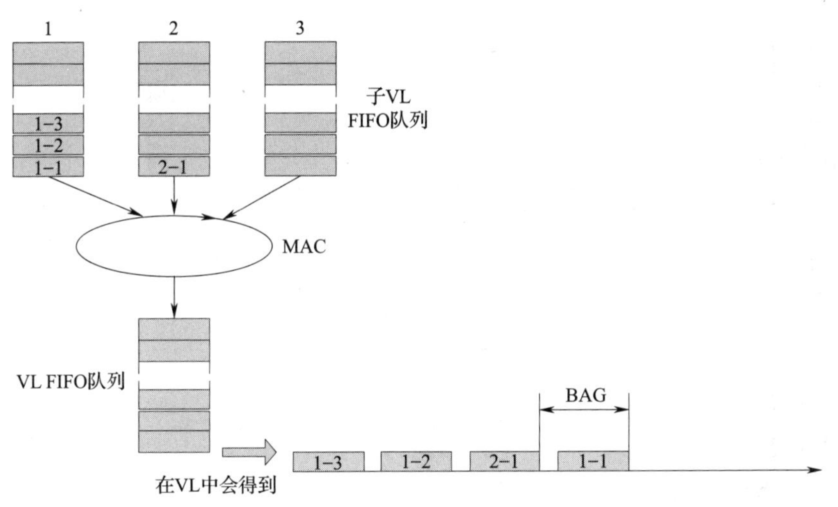

图 4-112 VL 流量的第二个例子

一条 VL 的 FIFO 队列应能管理最多 4 条 Sub-VL 的 FIFO 队列。

每条 Sub-VL 的 FIFO 队列应按照顺序轮询的方式被读取，如果任意 Sub-VL 的 FIFO 有流量，则数据帧会以 BAG 为间隔发送到主 VL 上。一旦帧被发送，则轮询序列就被暂停，直到这个 BAG 结束，这时再开始下一条 Sub-VL 的 FIFO 轮询。

一条 Sub-VL 的 FIFO 队列只能被一条 VL 的 FIFO 队列读取。IP 分片操作（如果有）应在 IP 层执行，以避免短的采样消息被长的队列消息延迟。在有 IP 分片时，轮询继续进行，如果这次从某条 Sub-VL 取出一个分片，则下次会从另一条 Sub-VL 读取帧或分片。

Sub-VL 位于 IP 层之下。

4.4.9.2　简单文件传输协议示例

图 4-113 示出了如何利用 TFTP 从 LRU1 发送一个文件到 LRU2，其中定义了两条 VL，即 VL1 和 VL2。

VL1：LRU1 到 LRU2；

VL2：LRU2 到 LRU1。

在初始化阶段：

（1）传输由 LRU1 初始化，LRU1 从源端口 45000 向 LRU2 目的端口 69 发出一个请求（LRU2 上端口 69 专用于 TFTP）。

（2）LRU2 激活 TFTP 会话，向 LRU1 的 45000 端口发送请求响应消息，指明本次传输所选定的接收端口为 47000。

（3）此时连接被建立，LRU1 可以通过数据包发送文件。从 LRU1 到 LRU2 的通信使用源端口 45000 和目的端口 47000。

（4）LRU2 使用源端口 47000 和目的端口 45000 发送每个数据包的应答消息。

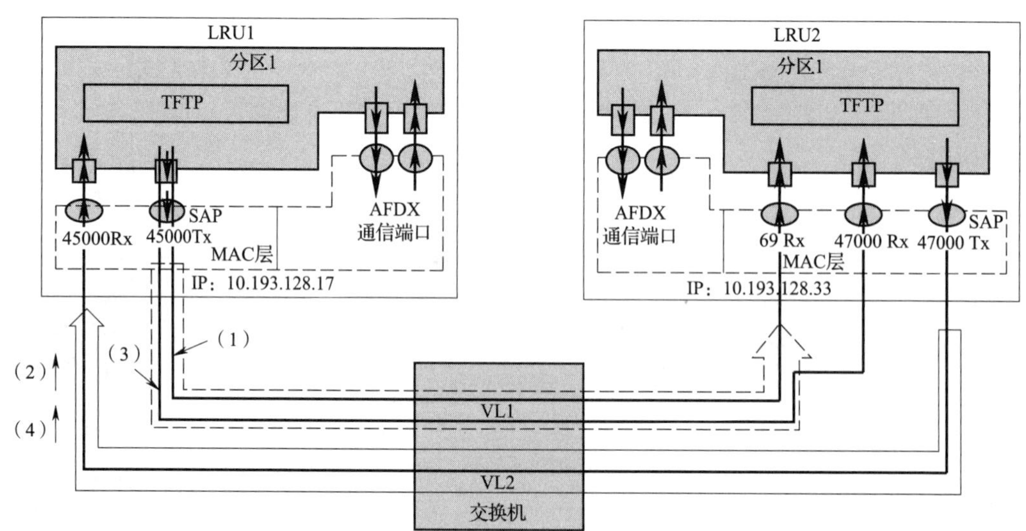

图 4-113　在 AFDX 网络中 TFTP 通信的例子

4.4.9.3　ES 通信协议栈

图 4-114 示出了 ES 通信协议栈。ES 的数据链路层是基于 IEEE 802.3 标准的全双工以太网链路，ES 生成的每个以太网帧应与 IEEE 802.3 兼容。即使在物理层故障的情况下，所有的输出接口也要继续传输。

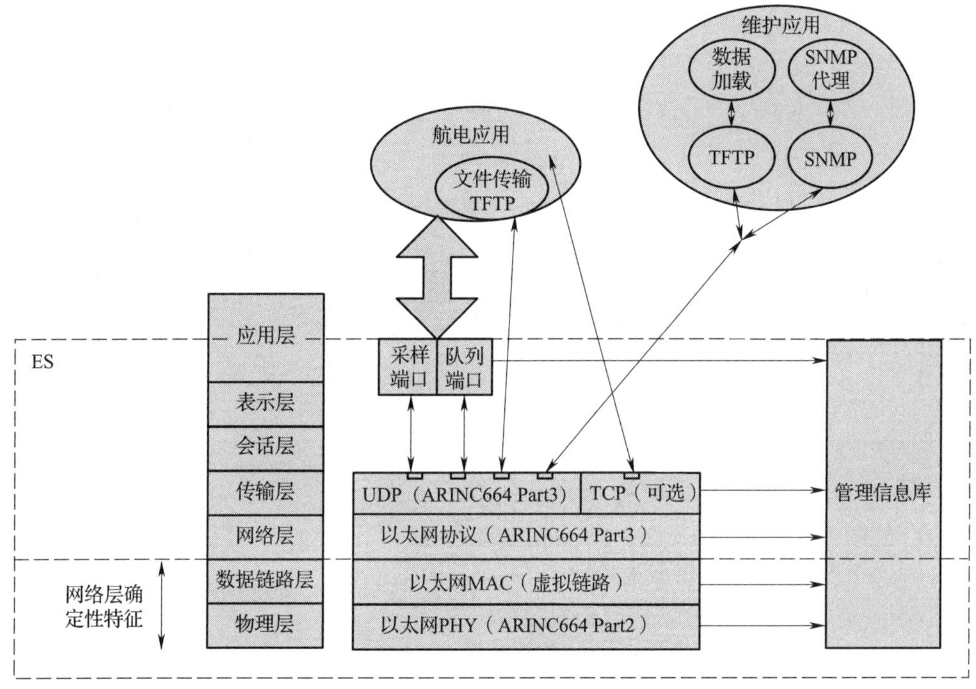

图 4–114 ES 的协议栈

讲解：在物理层故障时继续传输的好处是，它可以防止长时间链路失效后（例如，在一个交换机复位或间歇性物理层失效）发送缓存中的旧帧，它还可以避免从交换机到端系统以及交换机之间故障的传播。

最大的 AFDX 帧长度应对每条 VL 分别指定。在接收时，如果 AFDX 帧格式、帧校验序列和 CRC 校验是有效的，则该帧（不包括前导字和起始界定符域）应被转发到上层。

数据包结构的版本应为 IPv4，其帧结构应与图 4–115 保持一致。

4bit	4bit	8bit	16bit	16bit	3bit	13bit	8bit	8bit	16bit	32bit	32bit	1~1479 B
版本	IP包头长度	服务类型	总长度	分片标识	控制标志	分片偏移	生存时间	协议	头部校验和	IP源地址	IP目的地址	IP载荷

图 4–115 IPv4 数据包结构

在 IPv4 数据包结构中总长度域的通常取值范围是 21 ~ 1500B。在 AFDX 中，由于有序列号（Sequence Number，见前述的冗余管理功能），长度范围是 21 ~ 1499B。

讲解：总长度域没有将序列号考虑在内，因此 AFDX 中的最大长度为 1499，还要保留 1B 给序列号。

4.4.10 网络层级的互操作性

在 AFDX 网络中数据流用接收 ES 的 UDP/TCP 目的端口、IP 目的地址、MAC 目的地址和物理以太网连接唯一的识别。

接收端系统会逐帧过滤，仅向通信端口或 SAP 端口转发有效帧。有效帧通过分析目的地址（TCP/UDP，IP，MAC）和物理连接来确定。

4.4.10.1 无分片的 AFDX 帧结构

图 4-116 示出了最小和最大的 AFDX 帧。

图 4-117 示出了 AFDX 的寻址规则，图中端系统 1 有三条虚拟链路：VL1、VL2 和 VL3。

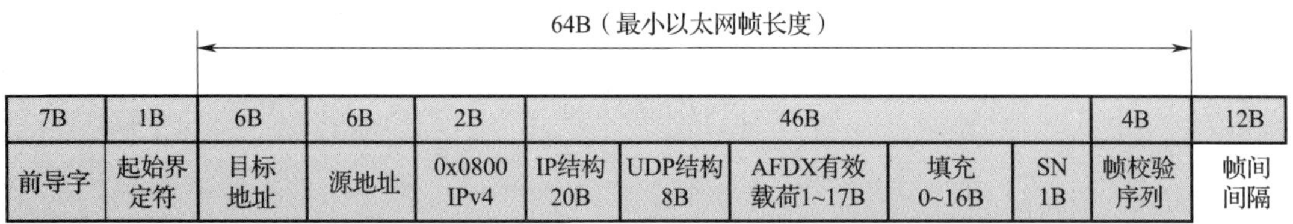

1518B（最大以太网帧长度）

7B	1B	6B	6B	2B	1500B					4B	12B
前导字	起始界定符	目标地址	源地址	0x0800 IPv4	IP结构 20B	UDP结构 8B	AFDX有效载荷1471B	填充 0~16B	SN 1B	帧校验序列	帧间间隔

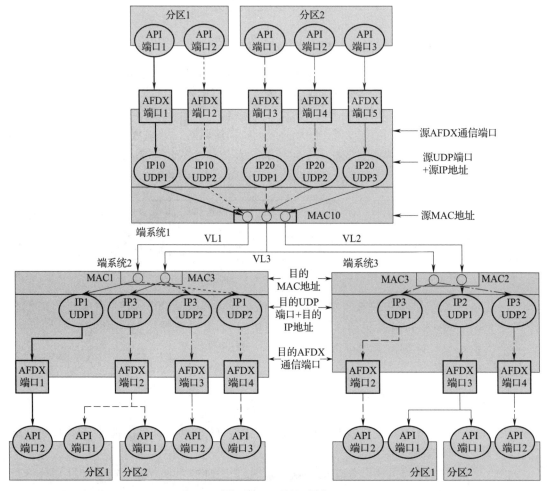

图 4-116 AFDX 帧结构

分区1 分区2
API 端口1 API 端口2 API 端口1 API 端口2 API 端口3
AFDX 端口1 AFDX 端口2 AFDX 端口3 AFDX 端口4 AFDX 端口5
源AFDX通信端口
IP10 UDP1 IP10 UDP2 IP20 UDP1 IP20 UDP2 IP20 UDP3
源UDP端口+源IP地址
MAC10 源MAC地址
端系统1 VL1 VL2 VL3
端系统2 端系统3
MAC1 MAC3 MAC3 MAC2
目的MAC地址
IP1 UDP1 IP3 UDP1 IP3 UDP2 IP1 UDP2 IP3 UDP1 IP2 UDP1 IP3 UDP2
目的UDP端口+目的IP地址
目的AFDX通信端口
AFDX 端口1 AFDX 端口2 AFDX 端口3 AFDX 端口4 AFDX 端口2 AFDX 端口3 AFDX 端口4
API 端口2 API 端口1 API 端口1 API 端口2 API 端口3 API 端口2 API 端口1 API 端口1 API 端口2
分区1 分区2 分区1 分区2

图 4-117 寻址示例

端系统 1 的分区 1 可以访问虚拟链路 VL1。

端系统 1 的分区 2 可以访问两条虚拟链路 VL2 和 VL3。

表 4–16 ~ 表 4–18 列出了每个端系统的地址表。

表 4–16 端系统 1 的发送表

AFDX 源通信端口	源分区	源 UDP	源 IP	源 MAC	目的 UDP	目的 IP	目的 MAC
AFDX 端口 1	分区 1	UDP1	IP10	MAC10	UDP1	IP1	MAC1（VL1）
AFDX 端口 2	分区 1	UDP2	IP10	MAC10	UDP2	IP1	MAC1（VL1）
AFDX 端口 3	分区 2	UDP1	IP20	MAC10	UDP1	IP3	MAC3（VL3）
AFDX 端口 4	分区 2	UDP2	IP20	MAC10	UDP2	IP3	MAC3（VL3）
AFDX 端口 5	分区 2	UDP3	IP20	MAC10	UDP1	IP2	MAC2（VL2）

表 4–17 端系统 2 的接收表

AFDX 源通信端口	源分区	源 UDP	源 IP	源 MAC	目的 UDP	目的 IP	目的 MAC
AFDX 端口 1	分区 1	UDP1	IP10	MAC10	UDP1	IP1	MAC1（VL1）
AFDX 端口 4	分区 2	UDP2	IP10	MAC10	UDP2	IP1	MAC1（VL1）
AFDX 端口 2	分区 1 和分区 2	UDP1	IP20	MAC10	UDP1	IP3	MAC3（VL3）
AFDX 端口 3	分区 2	UDP2	IP20	MAC10	UDP2	IP3	MAC3（VL3）

表 4–18 端系统 3 的接收表

AFDX 源通信端口	源分区	源 UDP	源 IP	源 MAC	目的 UDP	目的 IP	目的 MAC
AFDX 端口 2	分区 1	UDP1	IP20	MAC10	UDP1	IP3	MAC3（VL3）
AFDX 端口 4	分区 2	UDP2	IP20	MAC10	UDP2	IP3	MAC3（VL3）
AFDX 端口 3	分区 1 和分区 2	UDP3	IP20	MAC10	UDP1	IP2	MAC2（VL2）

讲解：在接收器中，仅根据 MAC、IP 目的地址和 UDP 目的地址进行多路复用。

图 4–118 示出了前述例子的物理拓扑结构。

交换机的转发表如表 4–19 所示。

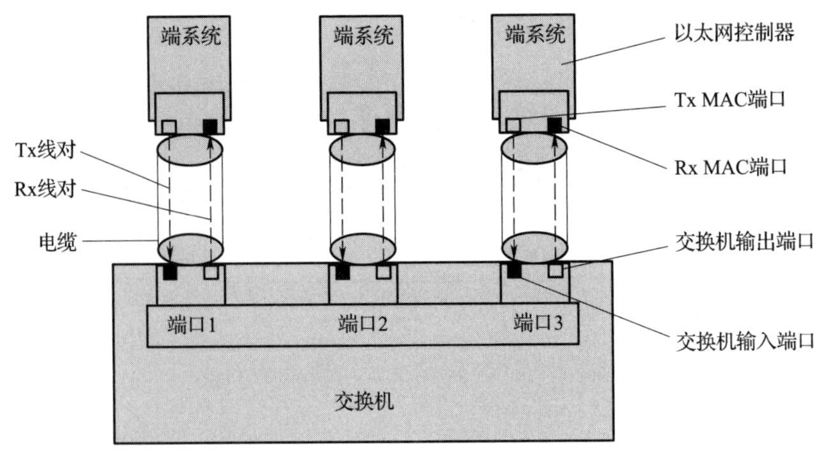

图 4–118　物理拓扑示例

表 4–19　交换机转发表

输入端口	接收到的帧的 MAC 目的域	输出端口
1	MAC1（VL1）	2
1	MAC2（VL2）	3
1	MAC3（VL3）	2 和 3

讲解：AFDX 网络中的 MAC 地址可以看作潜在的单播或多播的以太网地址。

4.4.10.2　端到端（End–to–End）通信标识

每个帧中层对层的对等（Peer–to–Peer）通信的标识方式为：源 UDP 端口 + 源 IP 地址 + 目的 MAC 地址（VL 标识）+ 目的 IP 地址 + 目的 UDP 端口。如图 4–119 所示，AFDX 网络中的这个 5 元组给出了每条消息的唯一标识。

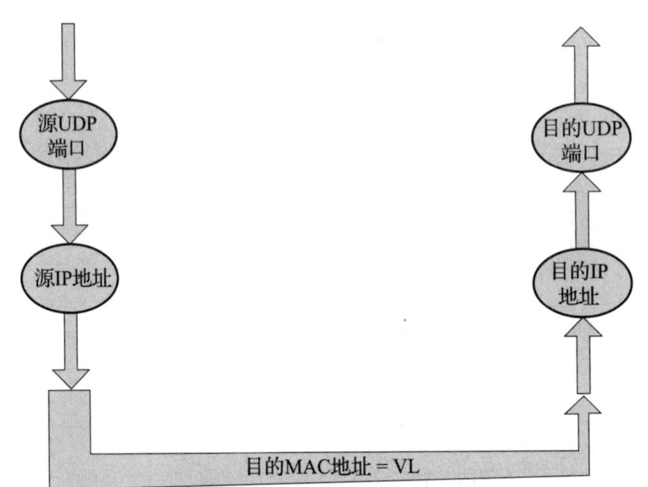

图 4–119　消息标识概念

一个源 IP 有多个源 UDP/TCP 端口，一个目的 IP 也有多个目的 UDP/TCP 端口。在图 4–120 中，有 3 条消息分别用 3 个 5 元组来标识。

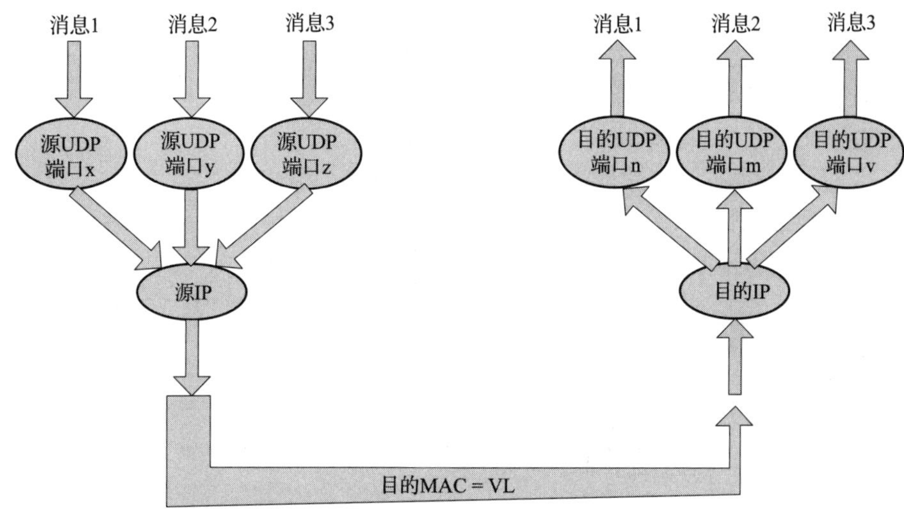

图 4-120 在一条虚拟链路上唯一的消息标识

消息 1=> 源 UDP 端口 x + 源 IP + 目的 MAC + 目的 IP + 目的 UDP 端口 n;

消息 2=> 源 UDP 端口 y + 源 IP + 目的 MAC + 目的 IP + 目的 UDP 端口 m;

消息 3=> 源 UDP 端口 z + 源 IP + 目的 MAC + 目的 IP + 目的 UDP 端口 v。

在 AFDX 网络内部的端到端通信被看作是 AFDX 内部的通信（Intra-AFDX），其主要特征是每条消息的寻址都是静态定义的。

对于单向通信而言：

（1）AFDX 通信端口用 UDP 端口定义，可以是发送器或接收器端口。

（2）AFDX 通信端口特性由采样和队列服务决定。

对于双向通信而言，它可能会使用 TFTP（或在 UDP/TCP 之上的未来扩展协议）。有两种可能的端口：

（1）使用服务访问点（SAP）端口。这些访问点被连接到 UDP 或 TCP 端口，每个 SAP 可以作为发送器或接收器。为进行双向通信，要使用两个 SAP 端口（如 SAP 30000 Tx 和 SAP 30000 Rx）。这时要定义两个 5 元组，分别对应通信的两个方向。建议采用与互联网协议完全兼容的 SAP 端口（如用于 TFTP 的端口号 69）。

（2）使用传统的 AFDX 通信端口。每个 ES 需要两个 AFDX 通信端口用于双向通信，即一个发送器和一个接收器（例如，AFDX 通信端口 15000 Tx 和 AFDX 通信端口 15000 Rx）。

双向通信的端口应在队列模式下使用。AFDX 网络与兼容网络之间的通信有两种模式：

（1）单向通信：单向通信的方式总是从发送 ES 到兼容的网络，它可以由传统的带 UDP 端口链接的 AFDX 通信端口构成，这意味着 ES 配置表将包含目的 IP 和端口号，即有用于寻址的静态定义的 5 元组。

（2）双向通信：可以使用 TFTP、SNMP、615A 协议或者其他基于 UDP/TCP 的协议（将来开发的）。可以像 AFDX 内部通信一样使用 SAP 端口，每个 SAP 或者作发送器，或者作接收器。双向通信通道需要用两个 SAP 端口。接收 SAP 可以将兼容网络中的源 IP 地址和 UDP/TCP 端口标识传递给分区。发送 SAP 可以将兼容网络中目的 IP 地址和 UDP/TCP 端口标识传递给分区。

4.4.10.3 IP 寻址格式

本节讨论的 IP 地址范围可能与 ARINC664 Part4 中的寻址范围相冲突。只要这些地址只用于 AFDX 闭环网络就不会有问题。

但如果 AFDX 的 ES 要将帧发送到这个闭环网络之外（到其他网络域），则要使用 ARINC664 part4。为此，系统集成商可能要采用 IP 地址翻译机制。

IP 源地址用以标识与端系统相关联的发送分区，IP 目的地址由端系统用来向一个或多个目的端系统转发 IP 数据包。

IP 地址应为 A 类地址，且为私有互联网单播地址（前 8bit 应为“0000 1010”）。IP 单播地址格式如图 4-121 所示。

IP单播地址格式（源或单播目的）32bit				
类型A 1bit	私有IP地址 7bit	用户定义ID 16bit	分区ID	
“0”	“0001010”	“nnnn nnnn nnnn nnnn”	空白域 3bit	5bit

图 4-121　IP 单播地址格式

用户定义 ID（User_Defined_ID）是个 16bit 的位域，它由系统集成商用来给网络中每个 IP 可寻址的主机赋以一个唯一的并且有意义的 IP 地址。

分区 ID（Partition_ID）由两个位域组成：空白域（一般不用，设为 0）和其他识别分区的 5bit。在系统有超过 32 个分区的情况下，空白域中的这些二进制位可用来作为分区的标识。

AFDX 帧中 IP 头部的源地址应为用以识别发送器的 IP 单播地址。

AFDX 帧头部的目的 IP 地址应为：

（1）用来识别目标订阅者的 IP 单播地址。

（2）或者是如图 4-122 所示的格式兼容的 IP 多播地址。

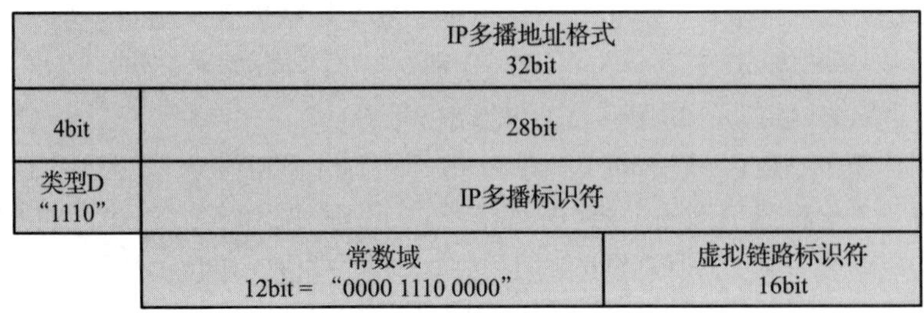

图 4-122　IP 多播地址格式

4.4.10.4 AFDX 通信端口、SAP 和 UDP/TCP 寻址格式

在端系统和分区之间有两种接口用于 AFDX 内部和外部通信：AFDX 通信端口和 SAP 端口。

如图 4-123 所示的 AFDX 通信端口有如下特性：

（1）单向访问：发送（Tx）或接收（Rx）。

（2）采样或队列模式：这两种模式仅用于接收。

（3）发送时，在一个“AFDX 通信端口”和 5 元组（源 UDP 端口、源 IP 地址、目的 MAC 地址、目的 IP 地址和目的 UDP 端口）之间仅有一条链路。AFDX 通信端口属于唯一的分区。

（4）接收时，在一个“AFDX 通信端口”和 5 元组（源 UDP 端口、源 IP 地址、目的 MAC 地址、目的 IP 地址、目的 UDP 端口）之间仅有一条链路。“AFDX 通信端口”可以被多个不同的分区访问。

（5）发送和接收的路径由配置所固定，如图 4-123 所示。

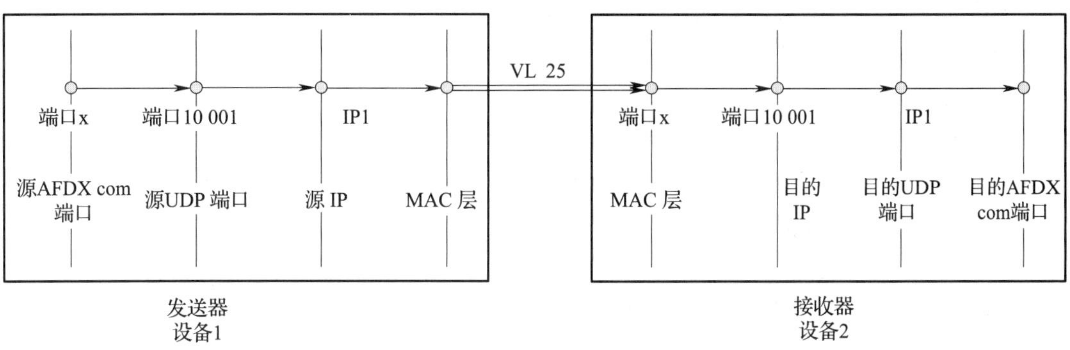

图 4-123 AFDX 通信端口

如图 4-124 所示的 SAP 端口有如下特点：

（1）一个 SAP 端口被映射到一个 UDP（或者根据将来的扩展，映射到 TCP 端口），术语“SAP”是为了与“AFDX 通信端口”相区别。

（2）单向访问：发送（Tx）或者接收（Rx）。

（3）用两个 SAP 端口可以构成一个双向通信访问，例如：端口 500 Tx 和端口 500 Rx。

（4）接收时，SAP 端口应向接收分区提供 IP 源和 UDP/TCP 源。

（5）发送时，SAP 要允许分区指定 IP 地址和目标分区的 UDP/TCP 端口。

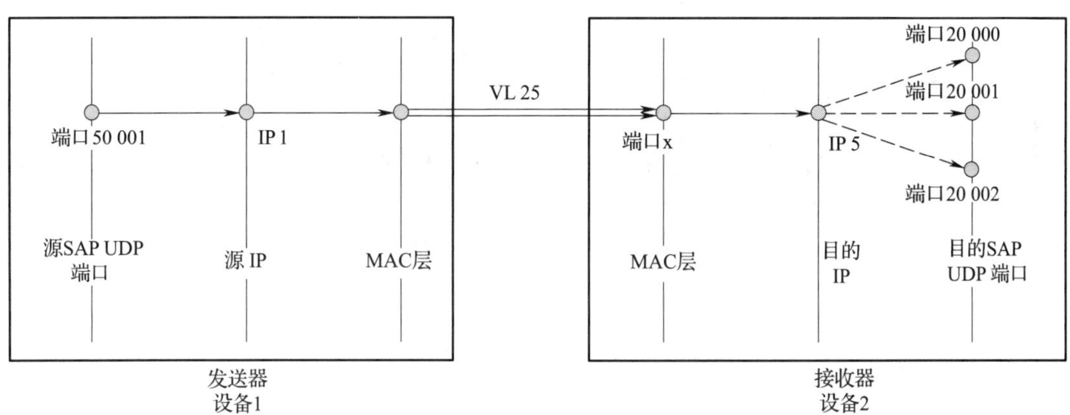

图 4-124 使用 UDP 的 SAP 端口

发送时，一个 AFDX 通信端口仅与单个组地址（源 UDP 端口、源 IP 地址、目的 MAC 地址、目的 IP 地址和目的 UDP 端口）相链接。

接收时，一个 AFDX 通信端口仅与单个组地址（唯一的目的 UDP 端口、目的 IP 地址、目的 MAC 地址）相链接，如果冗余管理关闭，还应与以太网物理接口相链接。

发送时，一个 SAP 端口应仅与单个组地址（源 UDP 端口、源 IP 地址和目的 MAC 地址）相链接。

接收时，一个 SAP 端口应仅与单个组地址（目的 UDP/TCP 端口、目的 IP 地址和目的 MAC 地址）相链接。

UDP/TCP 端口号应识别服务访问点。接收时，SAP 应使源 IP 地址和源 UDP/TCP 端口对于接收分区可用。发送时，SAP 应允许分区指定目的分区的 IP 地址和 UDP/TCP 端口。

SAP 和 AFDX 通信端口号的分配在 ARINC664 Specification part 4 “飞机数据网络（ADN）Part 4——基于 Internet 的地址结构和分配编号”中定义。图 4-125 给出了这种分配范围及 AFDX 的选择。

每个 IP 单播地址或多播地址的端口分配范围被重新划分，如图 4-126 所示。

端口范围（十进制值）	ARINC664分配范围	AFDX分配范围
0~1023	由互联网名称与数字地址分配机构（ICANN）管理的“众所周知”的端口编号	由ICANN管理的“众所周知”的端口编号
1024~16383	ICANN注册 分配给A664	由网络管理器分配
16384~32767	ICANN注册 系统集成商或用户定义	
32768~65535	ICANN注册 建议给临时端口分配	

图 4-125　SAP 和 AFDX 端口号的分配

端口类型	通信类型	端口范围	备注
AFDX通信端口	AFDX←→AFDX AFDX←→兼容网络	1024~65535	用于采样及队列通信
SAP	AFDX←→AFDX AFDX←→兼容网络	0~1023	用于标准通信，例如用端口69开启TFTP、数据加载（ARINC615A）、SNMP等
	AFDX←→AFDX AFDX←→兼容网络	1024~65535	用于双向通信、具体的TFTP传输等

图 4-126　IP 单播或多播的端口分配范围

讲解：端口号的重复使用有一个技术限制，即两个相同的端口号不能用在同一条 VL 中。但系统设计者可以增加一些规则，使得 UDP 端口号在网络中唯一，或者在双向通信中强制使用同一个端口号。

4.5　本章小结

本章从 RS232、RS422 和 RS485 这些简单的航空串行通信总线讲起，讲述了这几类总线的编码方式、外部接口与电气特性，还解释了总线终端电阻设置的必要性。

之后，分三个小节介绍了民用飞机配电系统常用的三种总线，即 CAN、TTP 和 AFDX。CAN 总线是汽车应用向航空应用的延伸，在总结 BOSCH 公司 CAN2.0 协议的基础上，本书重点讲述了航空 ARINC825 标准中为了使 CAN 总线适用于航空应用而作的补充规定，其中包括物理层的设计考虑（连接器针脚定义、收发器寄生电容等）、总线带宽管理、EMI 设计、CAN 控制器接口、启动顺序和总线关闭等内容。

TTP 总线的带宽比 CAN 高，也提升了总线的服务质量，在对流量进行规整后，数据可以在预期的时间点到达接收方。为实现时间触发通信，需要解决容错同步时钟、节点成员关系判定、上电启动、结团检测等涉及节点同步的相关技术问题。在涉及关键知识点的地方，本书都加入了“讲解”，以加深读者的理解。

AFDX 总线是以太网的航空版本，其带宽是三者中最高的。它的最大创新之处是提出了“虚拟链路”的概念，即每条虚拟链路都模拟了一条 ARINC429 数据传输通道，使得多条虚拟链路可以共用同一条高带宽的物理总线，而在逻辑上，各虚拟链路相互独立。为实现这一目标，就需要解决流量控制、调度、MAC 寻址、冗余管理与数据完整性校验等技术问题。此外，为了实现网络层级的互操作性，还需要定义 AFDX 帧结构、IP 寻址格式、通信端口与 SAP 口等概念。

掌握了这些通信总线的知识，就为下一章即将讲述的状态显示与数据加载功能打下了基础，因为这两个功能的执行依赖于通信总线的媒介。状态显示需要借助 CAN、TTP 和 AFDX 这三级总线最终将数据送到驾驶舱的多功能显示器（MFD），而数据加载的物理介质通常为 AFDX 或普通商用以太网，上层采用的是 TFTP 协议。

5 配电系统状态显示与数据加载

配电系统在正常情况下接收外部指令，对相应的通道执行开通和关断操作，同时将通道的状态信息汇总后反馈到外部总线上。这种指令执行和状态反馈的链路是数字形式的，它建立了各个机载系统之间的数据交联关系。

配电系统除了和机上各机载系统之间进行数字交联外，还需要在驾驶舱配置人机接口，将配电系统各个负载的状态以图形化的可视界面显示出来，供飞行机组人员查看。飞行机组还可以通过机上鼠标和键盘对可视图形界面上的按钮、滚动条等图形控件进行操作，以查看通道状态的详细信息，或对通道进行复位、锁定、解锁等维护操作。

配电系统在驾驶舱配置的人机接口称为断路器状态指示与控制系统（CBIC）。CBIC 是驾驶舱人机交互接口的一部分，航空工业界为了缩短开发周期和降低开发成本，制定了人机接口的标准 ARINC661，这份标准规范了人机接口的图形显示与控制。

CBIC 用于监控配电系统的通道状态，而在维护模式下，还需要对配电系统进行数据加载，比如更新软件、修改配置表等操作。这些操作不在 CBIC 中实现，而是在地面维护计算机上实现。业界也定义了相应的数据加载和加载格式的标准，分别是 ARINC615A 和 ARINC665 标准。

本章先介绍波音 787 飞机配电系统的状态显示和数据加载功能，之后讲解如何应用 ARINC661、ARINC615A 和 ARINC665 这三个标准实现状态显示与数据加载功能。

5.1 波音 787 配电系统的状态显示与数据加载

在波音 787 上，飞机的电能通过 2 台二次配电单元（SPDU）、17 台远程配电单元（RPDU），还有若干热断路器（TCB）分配给分布在飞机各处的电气负载。其中的 2 台 SPDU 和 17 台 RPDU 取代了飞机上大约 900 路热断路器，用 SSPC，即电子断路器（ECB）的方式为这些负载配电。CBIC 为这些电子断路器（ECB）和热断路器（TCB）的状态指示和监控提供了图形用户接口（GUI）。

5.1.1 波音 787 的 CBIC 功能

在波音 787 上，CBIC 是驻留在公共计算资源（CCR），也就是 IMA 中的一个应用软件。除了对 ECB 和 TCB 进行状态监控外，CBIC 还可以控制飞控电源模块（FC PCM）中的固态继电器（SSR），但对这些 FC PCM 的控制只能在地面进行。

在地面和空中模式下，CBIC 均可借助驾驶舱的多功能显示器（MFD）提供状态监控功能；在地面维护模式下，还可以借助维护笔记本（ML）进行状态监控。CBIC 的多个会话窗口可以通过 MFD 和 ML 同时打开。MFD 的图形化界面上有主菜单，如图 5-1 所示，可以通过控制顶控板上的按钮和指示键对菜单进行选择，进而查看和控制特定的 CB。

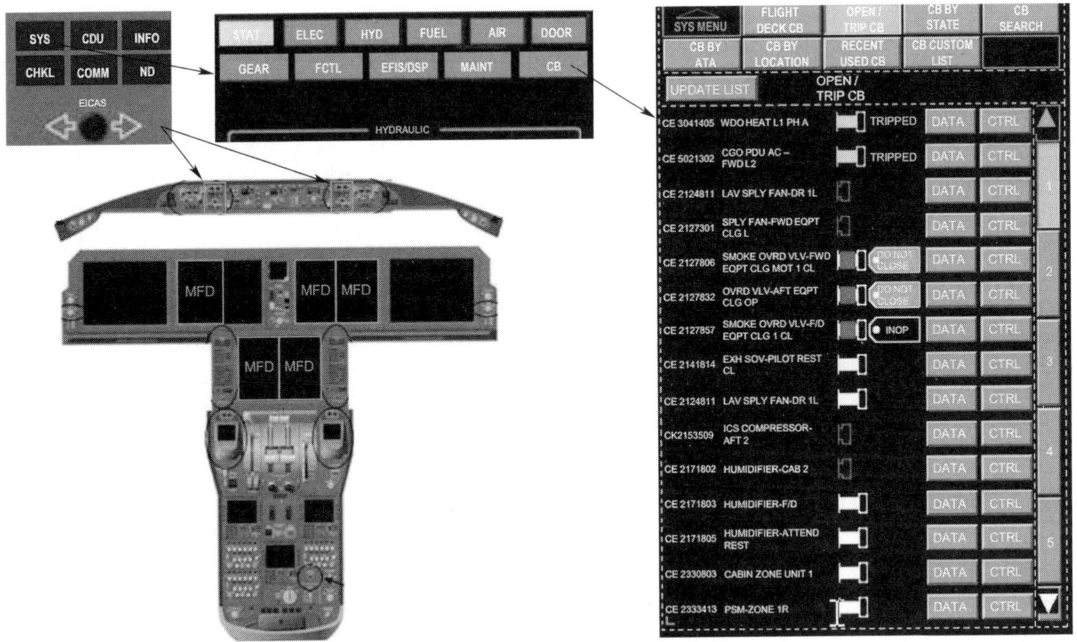

图 5–1 波音 787 座舱的配电系统状态显示 CBIC

在波音 787 上，电气负载控制接触器（ELCC）的状态，也就是那些通过智能接触器控制的负载状态，也能通过 CBIC 的可视化窗口显示。

这里顺便对 ELCC 作一个补充说明，它从本质上来说是一个接触器，有别于传统接触器的地方是，它采用了智能控制。传统接触器通过给电磁线圈通电和断电来控制主回路的接通与断开，而 ELCC 的控制方式是数字式的，可以接收总线指令，并根据指令内容对接触器进行控制。同时，它还带有数据采集回路，可以采集接触器所带负载的电流，并根据电流反馈进行 I^2t 计算，所以，ELCC 可以看成是带机械触点的智能断路器。这种控制方式一般用在负载电流较大的场合，比如 15A 以上的负载，一般用 ELCC 来配电。

5.1.1.1 波音 787 飞机上 CBIC 的工作模式

如表 5–1 所示，CBIC 可视化页面中显示的电路保护元件有 ELCC、FCECB、ECB 和 TCB 这 4 种，所显示的指令或状态有 4 种，分别是：

（1）断开（Open）：向电子断路器（ECB）、电气负载控制接触器（ELCC）、飞控电子断路器（FC ECB）发送通道断开指令，热断路器（TCB）只能手动控制，不能接收断开指令。

（2）接通（Close）：向 ECB、ELCC、FC ECB 发送通道接通指令，热断路器（TCB）只能手动控制，不能接收接通指令。

（3）锁定（Lock）：向 ECB、ELCC、FC ECB 发送锁定指令，这些元件在接收到锁定指令后，将忽略后续的接通和断开指令，保持通道在锁定（断开）状态。热断路器（TCB）只能手动控制，不能接收锁定指令。

（4）解锁（Unlock）：向 ECB、ELCC、FC ECB 发送解锁指令，这些元件在接收到解锁指令后，将通道设置为正常状态，可以响应后续的接通和断开指令。热断路器（TCB）只能手动控制，不能接收解锁指令。

表 5-1　波音 787 上 CBIC 的工作模式

电路保护元件	通道状态	受限控制	地面模式	维护模式
ELCC	Open		√	√
	Close	√	√	√
	Lock		√	√
	Unlock		√	√
	Indication	√	√	√
FC ECB	Open		√	√
	Close		√	√
	Lock			
	Unlock			
	Indication	√	√	√
ECB	Open	√	√	√
	Close	√	√	√
	Lock	√	√	√
	Unlock	√	√	√
	Indication	√	√	√
TCB	Open			
	Close			
	Lock			
	Unlock			
	Indication	√	√	√

在波音 787 的 CBIC 界面中，没有提到复位（Reset）指令。实际上，Reset 指令也是在维护模式下必须的。在飞机的负载发生过载或短路故障后，SSPC 会实施保护并将通道锁定。在维护模式下，地勤人员需要定位故障原因，在排除故障后，再通过 CBIC 界面向发生过故障的通道发送复位（Reset）指令，以解锁通道的故障状态，将通道恢复至正常工作状态。

讲解：在波音 787 的指令列表里，没有列出复位（Reset）指令，而在 SSPC 的逻辑状态转换图里，却有 Reset 请求。至于为何有这种不一致，单从波音 787 的维修手册里不能找到答案。本书的作者认为，Reset 指令作为 CBIC 完整功能的一部分，是需要被植入 CBIC 的工作模式中的，以便在通道发生过载或短路时，可以借助 CBIC 界面发出手动复位指令，以恢复通道的正常功能。

表 5-1 中的受限控制、地面模式和维护模式分别指的是：

（1）受限控制：此时飞机在低速滑动（速度大于 2kn，即 3.704km/h），或者此时飞机不在地面。

（2）地面（控制）模式：飞机位于地面且机舱门处于打开状态，或者外部电源可用（AVAIL）。

（3）维护（控制）模式：在满足地面（控制）模式的前提下，即飞机位于地面且机舱门处于打开状态，或者外部电源可用（AVAIL），驾驶舱的 GND TEST 开关处于 ENABLE 位置。

表 5-1 列出了对应这三种工作模式下可以发送的控制指令。在指令行所对应的列若有符号“√”，则表示可以发送该指令，否则不能发送该指令。比如，在受限控制模式下，可以发送 ELCC 的 Close 指令，但不能发送 Open 指令。

表 5-1 中的 Indication 指的是通道的状态，如图 5-2 所示，CBIC 界面中共定义了 6 种状态，分别是：

（1）断开（Open）：通道处于断开状态，对于热断路器，断开状态等同于跳闸（Tripped）状态。

（2）接通（Closed）：通道处于接通状态。

（3）锁定不能接通（Locked-Do Not Close）：通道此时处于锁定状态，不能响应接通（Close）指令。

（4）锁定不能工作（Locked-Inoperative）：通道处于锁定状态，不能响应接通指令，也不响应断开指令。与 Locked-Do Not Close 不同的是，锁定不能接通一般用于地面维护模式下，限定了某些通道不能接通，一旦维护结束，锁定会被解除（通过发送解锁指令）。而锁定不能工作的通道一般是备用通道，没有接负载，为了安全起见将其锁定。

（5）跳闸（Tripped）：通道发生了过载或短路故障，这时通道不会响应接通或断开指令。对于热断路器，断开状态等同于跳闸状态。

（6）未知（Unknown）：通道状态未知，这种状态可能是由于总线发送过来的数据无效，CBIC 无法判断当前通道具体处于哪种状态。

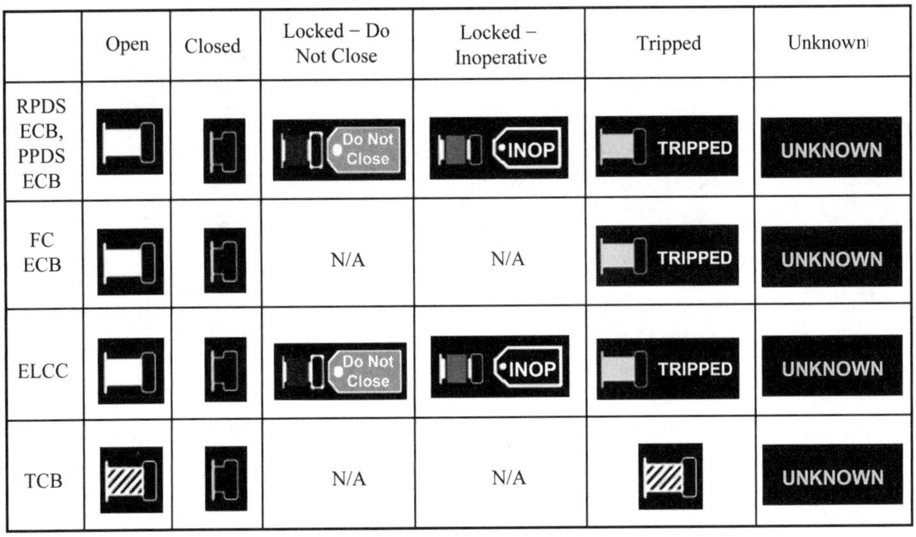

	Open	Closed	Locked - Do Not Close	Locked - Inoperative	Tripped	Unknown
RPDS ECB, PPDS ECB			Do Not Close	INOP	TRIPPED	UNKNOWN
FC ECB			N/A	N/A	TRIPPED	UNKNOWN
ELCC			Do Not Close	INOP	TRIPPED	UNKNOWN
TCB			N/A	N/A		UNKNOWN

图 5-2　波音 787 上 CBIC 的状态显示

图 5-3 示出了波音 787 上 ECB（SSPC）各个状态之间的双向转移矩阵，分别是：

（1）从 Closed 向 Tripped：当处于 Closed 状态的 SSPC 发生了过载或电弧故障（还有短路故障，短路是极端的过载情况），SSPC 会跳闸到该通道，通道转移到 Tripped 状态。

（2）从 Tripped 向 Closed：在 Tripped 状态下，可以通过请求 Reset 指令，将通道恢复为 Closed 状态。当然，如果此时故障没有排除，则通道会再次发生过载或电弧故障，通道再次跳转到 Tripped 状态。

（3）从 Closed 到 Open：在 Closed 状态下，如果接收到 Open 指令，则通道断开，同时转移到 Open 状态。

（4）从 Open 到 Closed：在 Open 状态下，如果接收到 Close 指令，则通道接通，同时转移到 Close 状态。

（5）从 Tripped 到 Locked：在 Tripped 状态下，如果接收到 Lock 指令，则通道转移到 Locked 状态。

（6）从 Open 到 Locked：在 Open 状态下，如果接收到 Lock 指令，则通道转移到 Locked 状态。

（7）从 Locked 到 Open：在 Locked 状态下，如果接收到 Unlock 指令，则通道转移到 Open 状态。

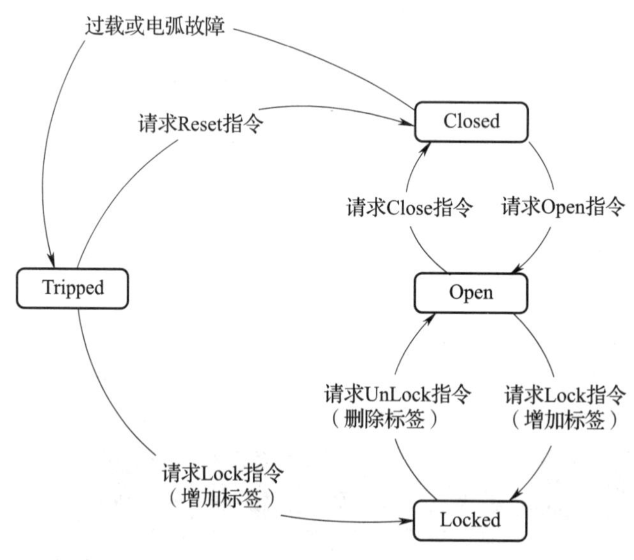

图 5-3　波音 787 上的 ECB（SSPC）的状态机

5.1.1.2　波音 787 飞机上 CBIC 的通信链路

图 5-4 示出了波音 787 上的 CBIC 通信链路，其中状态显示的数据源主要来自三个地方：

（1）Gateway RPDU：在波音 787 飞机上共有 4 个 Gateway RPDU，每个 Gateway RPDU 分别带了 3～4 个 Satellite RPDU，组成了 4 个数字局域网。Gateway RPDU 负责收集本局域网内部的 Satellite RPDU 数据，汇总后发往公共数据网络（CDN），由 CDN Switch 将数据转发给驻留在 CCR 中的配电驻留程序（PDHF）；PDHF 下达的控制指令也经过 CDN 下发给 Gateway RPDU，再由 Gateway RPDU 分发给各个 Satellite RPDU 执行。

（2）BPCU：BPCU 将分布在配电盘箱 P300 和 P400 中的 SPDU、ELCC 和 TCB 的状态数据收集起来，通过 CDN Switch 发送到 PDHF；同样地，PDHF 的指令也通过 BPCU 转发给 SPDU 和 ELCC 执行。

（3）FCM：波音 787 上共有 3 个飞控模块（FCM），它们借助作动器控制电子单元（ACE）收集电源控制模块（PCM）内部固态继电器（SSR）的状态；在需要下达指令时，对应的数据流反向。

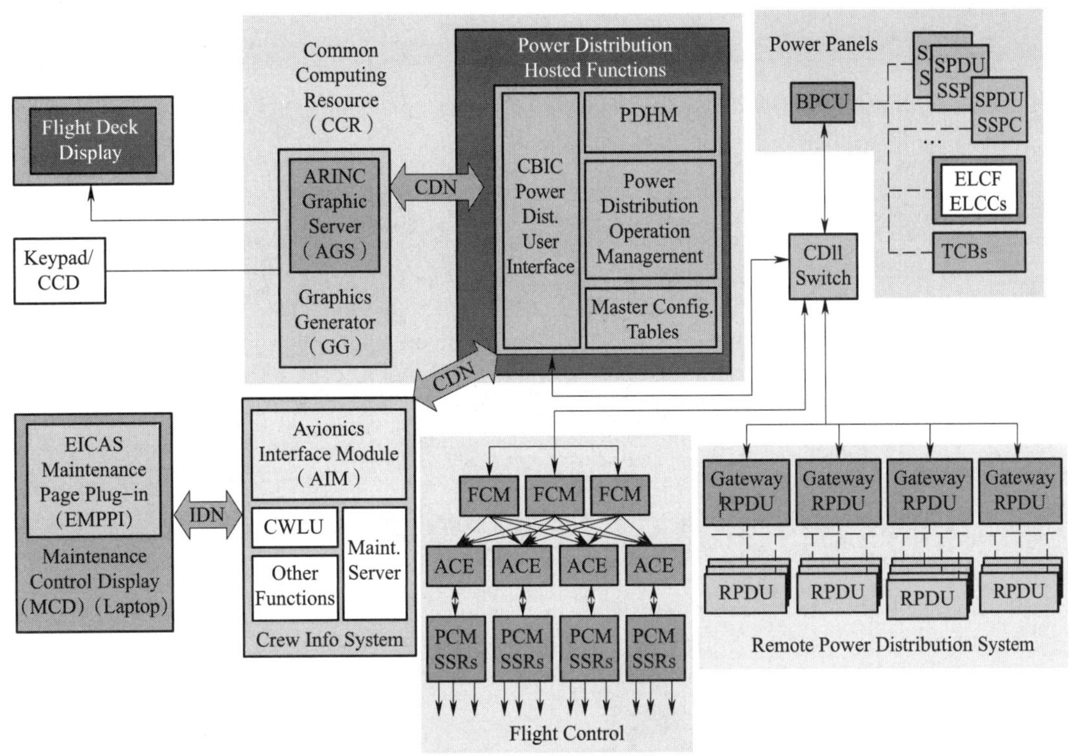

图 5-4 波音 787 上的 CBIC 通信链路

PDHF 将来自这三个地方的数据转发到两个地方：

（1）通过 CDN 转发给 CCR 内部的 ARINC 图形服务器（AGS），后者会在驾驶舱显示器上进行状态显示；飞行机组对光标控制设备（CCD）的操作也会传给 AGS，再通过 CDN 反馈给 PDHF，以便对飞行机组的控制操作进行响应。

（2）通过机组信息系统（CIS）中的航电接口模块（AIM）转发给发动机指示与机组告警系统（EICAS），并在维护笔记本的显示屏上显示。

总之，PDHF 会从 BPCU、Gateway RPDU 和 FCM 收集数据，通过 AGS 或 AIM 分别在驾驶舱多功能显示器和维护笔记本上显示配电系统状态，同时，它还会从驾驶舱的 CCD 和维护笔记本上获取控制指令，再转发给 BPCU、Gateway RPDU 和 FCM 分别执行。

5.1.2 波音 787 的数据加载功能

波音 787 上的维护计算机如图 5-5 所示，借助这台维护计算机，可以执行 CBIC 的所有功能，还可以进行数据加载，对配电系统的软件和参数数据项（I^2t 保护值等）进行更新。

图 5–5　波音 787 上的维护计算机

如图 5–6 所示，波音 787 上共设置了 3 个维护接口用于接入维护计算机（笔记本），它们分别位于驾驶舱、前 E/E 舱（Fwd EE Bay）和后 E/E 舱（Aft EE Bay）。在这三个位置，都配备了接入维护计算机所需的笔记本电源和以太网数据接口。

如图 5–7 所示，波音 787 上用于操控 CBIC 的界面分为两个层次，分别是显示器选择面板（DSP）和多功能键

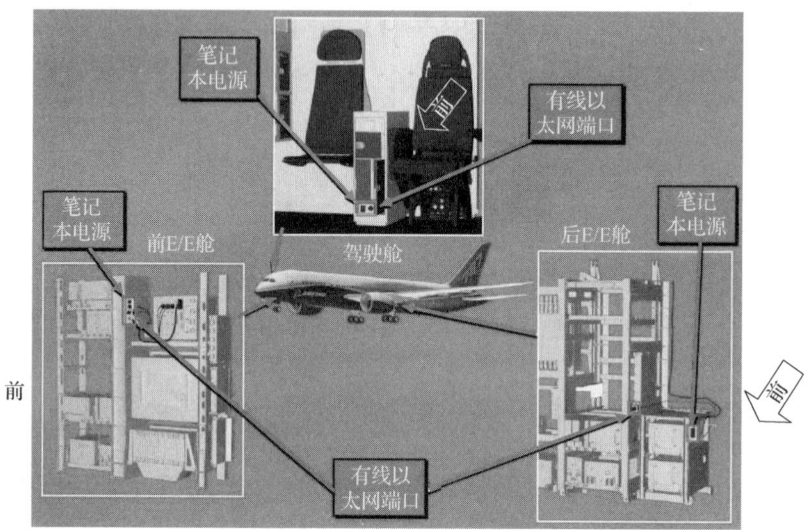

图 5–6　波音 787 上的维护接口

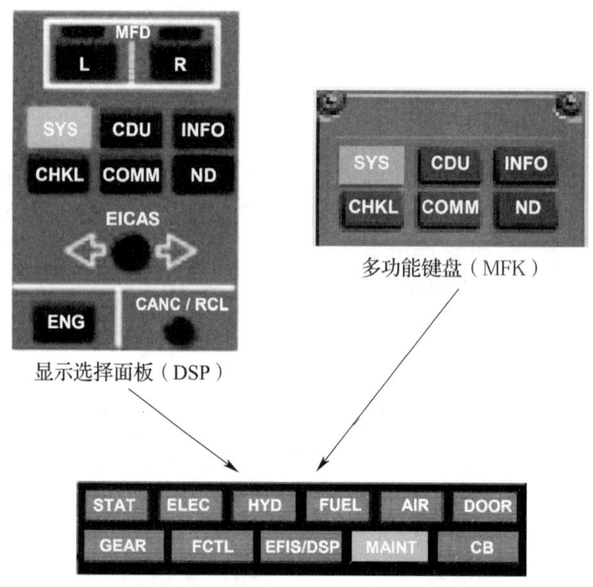

图 5–7　波音 787 驾驶舱用于操控 CBIC 的界面

盘（MFK）上的“SYS”键。在按下“SYS”键后，显示器上会出现 SYS Menu 菜单。在 SYS Menu 上通过鼠标选择“ELEC”就会出现 CBIC 界面。

若在 SYS Menu 上选择“MAINT”按钮，则可以进入维护模式，检索配电系统的故障数据，如图 5-8 所示。

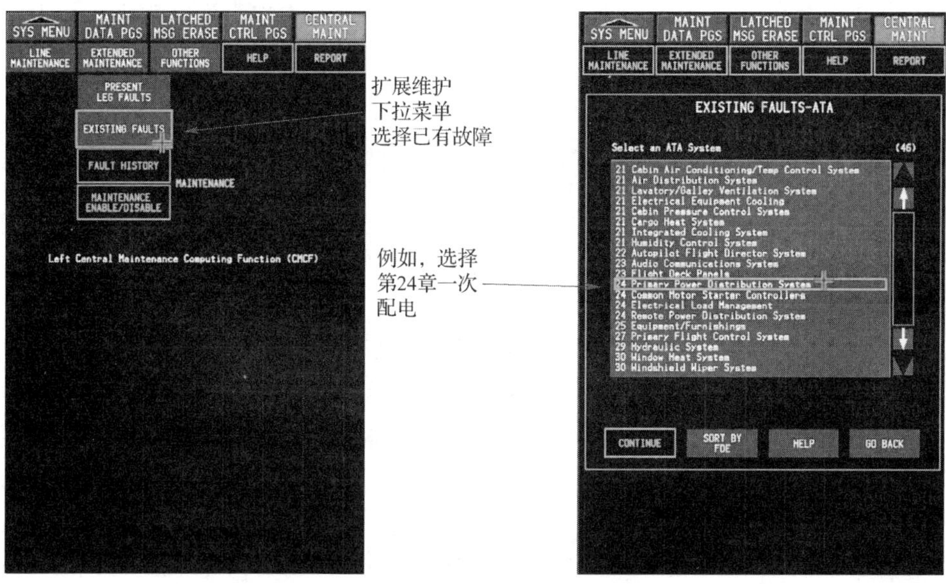

图 5-8　通过点击 SYS Menu 上的 MAINT 按钮检索飞机故障数据

如果使用的是维护计算机，则可以在计算机桌面点击维护控制显示功能（MCDF）图标，之后会弹出维护界面。再选择“Airplane Functions”，即可进行相应的维护界面，如图 5-9 所示。

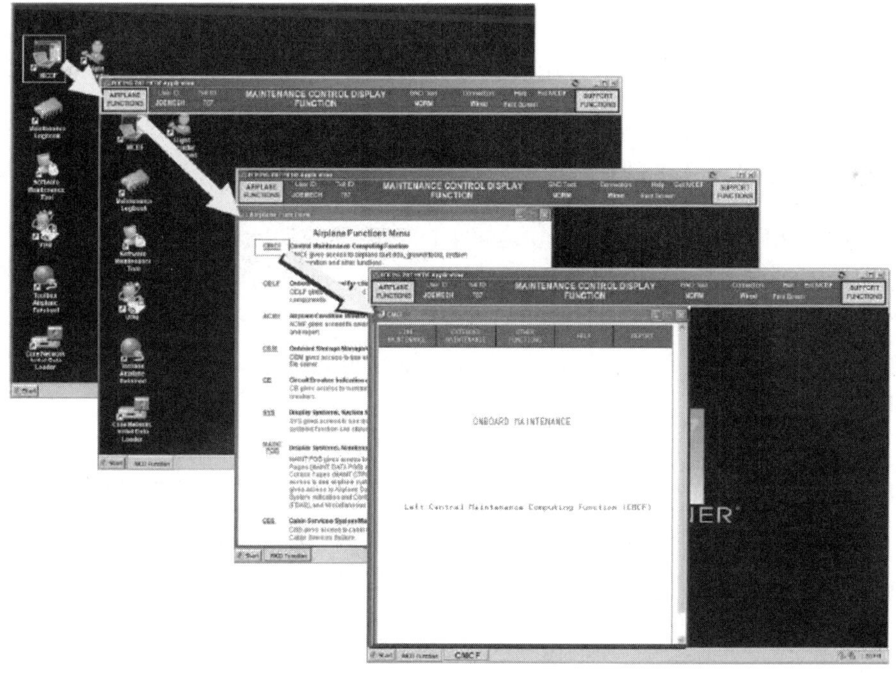

图 5-9　在维护计算机上点击 MCDF 图标进入维护界面

5.2 基于 ARINC661 的座舱状态显示

ARINC661 标准的主要目的在于规范驾驶舱显示系统（CDS）与用户应用系统（UA）之间的接口，为航空电子器件与不同类型 CDS 之间的相互连接提供通用平台。它有别于传统设计思想的地方是，它将图形代码和管理可视化元素的逻辑、位置及状态等代码分离，二者之间的联系由标准自身定义的通信协议所取代。

因此，标准成功地划分了航空电子制造商与飞机制造商的设计任务，大幅节约了开发座舱显示软件的成本，也成为它被广泛运用的主要原因之一。

在定义了 CDS 和 UA 之后，人机交互的事件管理和图形显示的细节会被解耦，其中，显示的细节由 CDS 来处理，而人机交互的事件管理则是 UA 的职责。CDS 和 UA 之间通信的基础是一个被称为“Widget”的图形控件。

Widget 列表在 ARINC661 中被称为人机接口（HMI）控件库。通常，这些控件都与一个显示单元相对应，比如直线、圆、矩形、按钮等。有些控件是交互式的，可以接收飞行机组的鼠标和键盘输入，比如按钮控件，这些输入会转换成对应的事件（比如鼠标按下事件）发送给 UA；有些是非交互式的，不会接收飞行机组的输入，也不会生成对应的交互事件。

ARINC661 定义了标准的 Widget 列表，CDS 供应商必须在显示设备中包含这个 Widget 列表。这个列表是 CDS 和 UA 交互的界面，UA 通过改变 Widget 的参数来控制其行为。

CDS 要负责 Widget 的显示，并监控驾驶舱飞行机组的鼠标和键盘操作。UA 应通过定义文件（DF）来说明 Widget 在初始设计时的特性，以便 CDS 在开机时设定 Widget 的默认参数。

UA 通过动态运行时协议（Run-time Protocol）来访问 Widget，通过改变 Widget 的参数，来改变 Widget 的显示特性。这个运行时协议还可以让 CDS 将飞行机组事件（鼠标和键盘响应事件）报告给 UA，以便 UA 对这些事件进行回应。

5.2.1 UA 与 CDS 交互概览

前已述及，ARINC661 的核心理念是将 UA 与 CDS 的功能解耦，即将 UA 的功能描述与 HMI 页面的“外观与感觉”（Look and Feel）分开，这里的“外观与感觉”指的是显示器上的图形特性，比如颜色与边框特性。

UA 应管理 Widget 的接口，以让其显示正确的功能状态，但它们只需要管理 Widget 的功能状态，而无须直接操作 Widget 的“外观与感觉”特性。

但 Widget 的“外观与感觉”特性与其功能特性有关联关系，因此，UA 应找到对应特定功能场景的“外观与感觉”索引，它由 Widget 参数指定。通常，机体制造商会定义一套通用的 Widget 参数，并将其存储在 CDS 中。机体制造商还会定义与 Widget 特定功能状态所对应的图形特性。UA 会根据机体制造商规定的 HMI 规则，来关联特定功能场景下的 Widget“外观与感觉”特性。

这样，由 UA 管理的功能行为和由 CDS 管理的图形显示行为就这样得到了解耦。Widget 接口的定义分为下述两种类型：

（1）编译时信息（Compile-time Information）：它定义了存储在 CDS 中的 Widget 部分静态参数，它的主要目的是在 CDS 初始化时为 Widget 分配确定的内存，由于部分静态参数已经被设定，编译时信息的定义可以减少运行时过多参数设定对总线带宽的占用。

（2）运行时接口（Run-time Interface）：这些接口可以让 UA 在运行过程中改变 Widget 的特征，以反映当前的功能场景。

运行时接口包含了 UA 和 CDS 之间的动态数据交换，数据交换是双向的：

（1）从 UA 到 CDS：

①更新 Widget 的运行时参数。

②向 CDS 请求更新显示实体，比如图层的可见性、焦点的移动等。

（2）从 CDS 到 UA：

①向 UA 发送用户键盘和鼠标事件消息。

②向 UA 发送 CDS 配置命令，比如某个图层的激活通知。

CDS 是显示配置的主体，它决定了 UA 图层的显示格式。因此，在 CDS 通知 UA 图层被激活（ACTIVE）之前，UA 不要向 CDS 传送数据。

在接收到图层激活的通知后，UA 要负责更新该图层上 Widget 的参数，在收到 UA 的 Widget 参数更新请求之前，CDS 不会将 UA 图层置于可见状态。

5.2.2 窗口与图层之间的关系

窗口与图层之间的关系如图 5-10 所示，ARINC661 借用了台式计算机上窗口（Window）的概念，但仅限于飞机特定的使用环境。飞机的显示设备（DU，如多功能显示器）都包含一个窗口集，它由 CDS 定义。一个窗口里又包含多个图层（Layer），而这些图层与具体的应用 UA 相关联，在特定的显示区域显示图形控件 Widget。

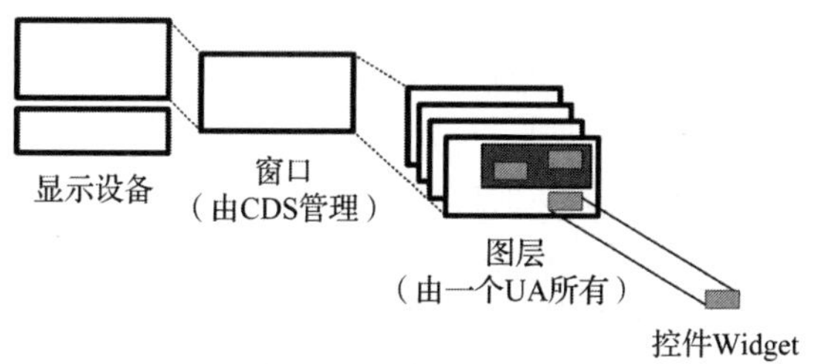

图 5-10 窗口与图层之间的关系

5.2.2.1 窗口（Window）定义

窗口的所有权属于 CDS，CDS 负责管理窗口的可见性。UA 可能并不具备窗口设置相关的信息。

窗口有下述特征：

（1）显示设备上的格式化图像由一个或多个窗口组成。

（2）窗口中待显示的格式化图像在 DU 的配置定义中规定。窗口的可见性由 CDS 根据当前的配置来决定。

（3）窗口定义了显示器上的一个矩形显示区域。

（4）窗口尺寸可以固定。

（5）窗口不能彼此重叠。

（6）一个窗口包含多一个或多个图层。

5.2.2.2 图层（Layer）定义

图层是 UA 可以从 CDS 获取的最高层级的图形显示实体。在 UA 看来，UA 控件（Widget）的最高层级容器是图层。在 CDS 看来，图层是 UA 在窗口内的显示实体。

ARINC661 的图层定义有以下特征：

（1）图层位于窗口内。

（2）图层有一个原点，其坐标是相对于窗口原点而定义的。

（3）图层的所有图形显示会被窗口边界裁剪。

（4）图层可以彼此重叠。

在 DU 的格式化图形定义中，图层是位于窗口下一级的图形显示容器。

图层的内容管理有以下特性：ARINC661 的图层都与用户应用图层接口（UALD）相关联，因此，每个图层只有一个所有者，即与 UALD 相关联的所有者。UA 和 CDS 都可以成为图层的所有者。

在一个窗口内，UA 或 CDS 可以有多个图层。图层所有者要负责管理图层上所有 Widget 的参数，当然也包括所有运行时参数。

飞行机组给 Widget 的事件输入会发送给 Widget 所在图层的所有者。

图层管理的内容包括：

（1）图层优先级管理：每个图层都有一个优先级，以决定其可见性，比如，哪个图层会在另一个图层的上方显示。UA 知道它拥有的图层的相对优先级，而 CDS 则管理不同 UA 所拥有的图层的绝对优先级。属于不同 UA 的图层的优先级对于 UA 是不可见的。

（2）Widget 绘制的优先级：Widget 会根据 UALD 中定义的顺序进行绘制，最后定义的 Widget 绘制在其他 Widget 的上方。注意，如果容器 C1 比容器 C2 定义得早，则 C2 中的所有 Widget 会被绘制在 C1 的所有 Widget 上方。

每个图层都有 Active/Inactive，Visible/Invisible 这两个属性。图层的可见性由 UA 通过设置图层的 Visibility 属性来控制；而图层是否激活则由 CDS 控制。当图层被激活时，CDS 应根据图层的 UA 所有者发送来的数据对图层进行更新，即便图层不可见。

CDS 通过发送下述两条消息来控制图层的激活状态：

（1）当 CDS 激活图层时，CDS 会向 UA 发送 A661_NOTE_LAYER_IS_ACTIVE 请求。

（2）当 CDS 禁能图层时，CDS 会向 UA 发送 A661_NOTE_LAYER_IS_INACTIVE 请求。

当图层被禁能时，CDS 会关闭图层的可见性；而当图层被激活时，需要由 UA 来设置图层的可见性，此时 UA 还要重新初始化图层数据。

图层的上下文管理建立了特定时间下传输数据与显示数据之间的关联关系，每个图层都会分配一个上下文编号，UA 负责管理这个编号。

5.2.3 光标（Cursor）管理

光标由 CDS 控制，光标的形状也由 CDS 定义。光标形状是驾驶舱“外观与感觉”的元素之一，因而要被统一管理。光标的形状由拥有者 Widget 的类型（如按钮或文本编辑框）和 Widget 的当前状态（如编辑模式）所决定。

光标管理有两个要素，即焦点（Focus）和高亮（Highlight）：

（1）交互式 Widget 在获得机组人员键盘或鼠标输入时会获得焦点。

（2）当光标划过交互式 Widget 的交互区域时，Widget 会被高亮显示（如图 5-11 所示）。根据具体的实现方式，鼠标点击操作可以选择 Widget 或者让其获得焦点。

（a）高亮显示

（b）普通显示

图 5-11　控件的高亮显示与普通显示

焦点和高亮是一个对象的两个独立的特性，但二者的实现方式却是相关联的，焦点和高亮会改变 Widget 的外观。

此外，在 CDS 和 UA 之间也会交换光标信息，比如：

（1）从 UA 到 CDS：UA 可能会向 CDS 发送将焦点放置于特定 Widget 的请求；此外，在定义阶段，UA 可以定义 CDS 在不同 Widget 之间的导航顺序。

（2）从 CDS 到 UA：CDS 在向 UA 发送事件消息时，还会附上光标信息（即，是主驾还是副驾在操作光标）。

5.2.4　控件（Widget）管理

5.2.4.1　控件标识

每个 Widget 都有一个唯一的标识，由所属的 UA 分配。Widget 标识符记作［WidgetIdent］，它对于 UALD 而言是唯一的。

由于 CDS 要管理图层及其优先级，因此，CDS 需要在定义阶段就知道 Widget 属于哪个图层。因此，CDS 也需要知道与特定 UA 相关联图层的相对［LayerIdent］。两个 UA，即 UA1 和 UA2 可以指定相同的［LayerIdent］，CDS 内部可以用［User Application Ident］来区分这两种［LayerIdent］。

在定义阶段，CDS 与 UA 之间的 Widget 接口会用［User Application Ident］.［LayerIdent］.［WidgetIdent］来唯一地标识一个 Widget。

控件的标识参数如表 5-2 所示。

表 5-2　控件标识参数

参数	描　述
WidgetType	控件类型
WidgetIdent	控件标识符，它是一个大于 0 且非空（NULL）的数，即［WidgetIdent］>0
ParentIdent	控件容器的标识，只有那些被称为“Container”的 Widget 可以成为其他 Widget 的父控件，当［ParentIdent］为 0 时，表明该 Widget 的父 Widget 是这个图层（Layer）

5.2.4.2　控件状态

如图 5-12 所示，Widget 控件的状态可以定义为四个层级：

（1）可见层级：Widget 是否可见（Visibility）。

（2）内在层级：内在（Inner）状态有两种情况。第一种是对于按钮（PushButton），只有一个稳定的内在状态；第二种是对于核选框（CheckButton），有两个内在状态，即“选”（Select）与“不选”（Unselected）。

（3）使能层级：这个层级仅存在于交互式控件，使能（Enabled）的控件可以接收飞行机组的鼠标和键盘输入。

（4）视觉层级：即 Widget 的视觉（Visual）表征，有两种常见的视觉表征，即正常（Normal）和获得焦点（Focus）。

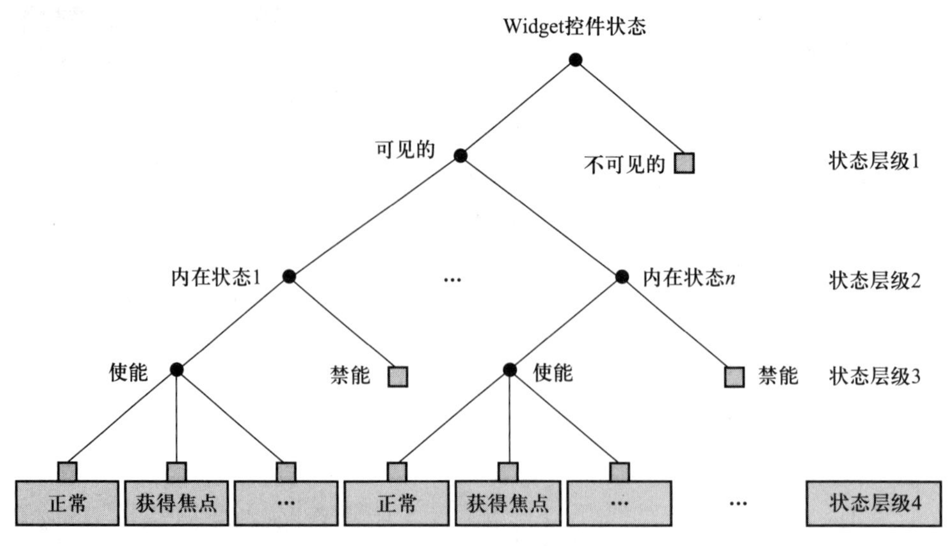

图 5-12　Widget 控件状态

控件的状态参数如表 5-3 所示。

表 5-3　控件状态参数

参数	描　　述
Inner State	表征控件的特定功能状态（若有）
Visible	A661_FALSE：控件不会被显示。 A661_TRUE：若它所有的父 Widget 都可见，则它可以被显示；反之，任一父 Widget 不可见，则它不被显示
Enable	A661_FALSE：控件不能被交互。 A661_TRUE：若它所有的父 Widget 都已使能，则它可以接收交互信息；反之，任一父 Widget 禁能，则它不能接收交互信息。 任何设置为不可见的 Widget 均不能被交互
Anonymous	A661_FALSE：参数可以在运行时被修改。 A661_TRUE：参数不能在运行时被修改

5.2.4.3　控件事件

控件会将乘员操作触发的事件通知给 UA。更准确地说，当操作员使用 CDS 对交互式 Widget 进行操作时，将产生一个事件，CDS 会通知拥有该事件的 UA。

控件可以生成的事件通常在定义阶段用列表说明，比如创建结构表（Creation Structure Table）和运行时可修改参数表（Run-time Modifiable Parameters Table）。

Widget 事件（A661_NOTIFY_WIDGET_EVENT）是人工操作的结果，不是 CDS-UA 交互的结果，生成的事件也不是冗余的，UA 自身不能获知确定的状态变化。

一个由人为操作触发事件的例子是：假设一个 RadioBox 包含两个切换按钮（ToggleButton），

其中一个当前选中。如果一个人选择另一个按钮，新选择的按钮会发送一个 A661_EVT_STATE_CHANGE 事件，状态字段设置为 A661_SELECTED。

CDS 需要将另一个按钮设置为未选中状态，以便该按钮不会向 UA 发送事件，因为发送“未选中”事件是多余的（浪费资源），处理它可能会使 UA 变得复杂，迫使它辨别必需的 CDS 行为与竞争条件（比如此例中的“选”与“不选”）之间的区别。

各种 Widget 可以触发的事件列表如表 5-4 所示，需要注意的是，可生成事件的 Widget 都是交互式控件，因此表 5-4 只列出了交互式控件。

表 5-4　控件事件交叉索引

Events / Widgets	A661_EVT_CURSOR_ENTER	A661_EVT_CURSOR_INSIDE	A661_EVT_CURSOR_EXIT	A661_EVT_CURSOR_POS_CHANGE	A661_EVT_EDITBOX_OPENED	A661_EVT_FIRST_VIS_ENTRY_CHANGE	A661_EVT_FRAME_POS_CHANGE	A661_EVT_INCREMENT	A661_EVT_ITEM_SYNCHRONIZATION	A661_EVT_POPUP_CLOSED	A661_EVT_POPUP_PANEL_CLOSED	A661_EVT_SEL_ENTRY_CHANGE	A661_EVT_SELECTION	A661_EVT_SELECTION_MAP	A661_EVT_STATE_CHANGE	A661_EVT_STRING_CHANGE	A661_EVT_STRING_CHANGE_ABORTED	A661_EVT_STRING_CONFIRMED	A661_EVT_TABBED_PANEL_CHANGE	A661_EVT_VALUE_CHANGE	A661_EVT_WATCHDOG_EXPIRED	A661_EVT_WATCHDOG_NORMAL
ActiveArea													√									
CheckButton															○							
ComboBox												√										
ComboBoxEdit					√							√				√	√	√				
CursorOver	√	√	√																			
CursorPosOverlay				√																		
EditBoxMasked					√											√	√	√				
EditBoxMultiLne					√											√	√	√				
EditBoxNumeric					√											√	√	√				
EditBoxNumericBCD					√											√	√	√				
EditBoxText					√											√	√	√				
MapHorz									√													
MapHorz ItemList													√									
MapHorz Source								√						√								
MapVert									√													
MapVert_ ItemList													√									
MapVert_ Source														√								
PicturePushButton													√									
PictureToggleButton															√							

表 5-4（续）

Widgets \ Events	A661_EVT_CURSOR_ENTER	A661_EVT_CURSOR_INSIDE	A661_EVT_CURSOR_EXIT	A661_EVT_CURSOR_POS_CHANGE	A661_EVT_EDITBOX_OPENED	A661_EVT_FIRST_VIS_ENTRY_CHANGE	A661_EVT_FRAME_POS_CHANGE	A661_EVT_INCREMENT	A661_EVT_ITEM_SYNCHRONIZATION	A661_EVT_POPUP_CLOSED	A661_EVT_POPUP_PANEL_CLOSED	A661_EVT_SEL_ENTRY_CHANGE	A661_EVT_SELECTION	A661_EVT_SELECTION_MAP	A661_EVT_STATE_CHANGE	A661_EVT_STRING_CHANGE	A661_EVT_STRING_CHANGE_ABORTED	A661_EVT_STRING_CONFIRMED	A661_EVT_TABBED_PANEL_CHANGE	A661_EVT_VALUE_CHANGE	A661_EVT_WATCHDOG_EXPIRED	A661_EVT_WATCHDOG_NORMAL
PopUpMenu										√												
PopUpMenuButton										√												
PopUpPanel											√											
ProxyButton													√									
PushButton													√									
ScrollList						√						√										
ScrollPanel							√															
SelectionListButton												√										
Slider																				√		
TabbedPanelGroup																			√			
ToggleButton															√							
WatchdogContainer																					√	√

注：√表示控件可以触发的事件；
○表示其他控件也可触发该事件，但数值不同。

5.2.4.4 控件列表

ARINC661 的控件共分为 8 类，如表 5-5 所示。详细的控件列表如附表 C-1 所示。

表 5-5 控件列表分类

Widget 类型	描　述
容器（Container）	容器可以作为父控件被引用，容器将多个控件成组，用于建立 HMI 页面上控件之间的层次结构
图形表征（Graphical Representation）	这类控件用于显示图形
文本（Text）	这类控件用于显示字符串
交互（Interactive）	可以和飞行机组交互的控件，交互式控件都有附带的事件结构表
地图管理（Map Management）	这类控件用于管理地图内的动态控件，典型的用法是导航显示屏上的图形更新
动态移动（Dynamic Motion）	这类控件可以在运行期间改变位置

表 5-5（续）

Widget 类型	描　述
特定用途（Utility）	这类控件不是容器，没有图形表征，也不能交互，它的定义可以扩展和优化 ARINC661 功能
UA 确认（UA Validation）	这类控件可以有自己的被 UA 确认的事件（若有），代码定义如下： A= 支持 A661_ENABLE，但 UA 确认不适用； B= 支持 A661_ENABLE，且可以使用 A661_ENTRY_VALID

在表 5-5 所列的 8 种 Widget 类型中，需要特别解释的是 UA 确认控件。它适用的场景为：在 CDS 将飞行员的交互事件发送给 UA 后，CDS 可能会暂停接下来的飞行员交互（具体情况与 CDS 相关），以便让 UA 有时间对该事件进行确认。

为实现这个目的，需要做到以下两点：

（1）CDS 需要知道让 UA 确认事件的是哪个 Widget 发出的。为此，在 DF 文件中，或者在运行过程中，UA 必须将每个适用控件的 A661_ENABLE 参数设置为 A661_TRUE_WITH_VALIDATION。

（2）UA 需要在完成确认后向 CDS 发送通知，具体做法是向 CDS 发送 A661_ENTRY_VALID 参数。

图 5-13 给出了对控件 PicturePushButton 进行事件确认的示例。在初始化或运行过程中，UA 将 PicturePushButton 控件 A 的 Enable 参数设置为 A661_ENABLE=A661_TRUE_WITH_VALIDATION，当飞行员选择了 PicturePushButton 控件 A 之后，CDS 会向 UA 发送 A661_EVT_SELECTION 事件通知，同时阻止飞行员进一步操作该控件，以便 UA 对该事件进行确认。UA 收到 A661_EVT_SELECTION 事件通知后即开始确认工作，在确认完成后向 CDS 发送 A661_ENTRY_VALID 确认消息。在 CDS 收到确认消息后，它重新允许飞行员进行下一步操作。

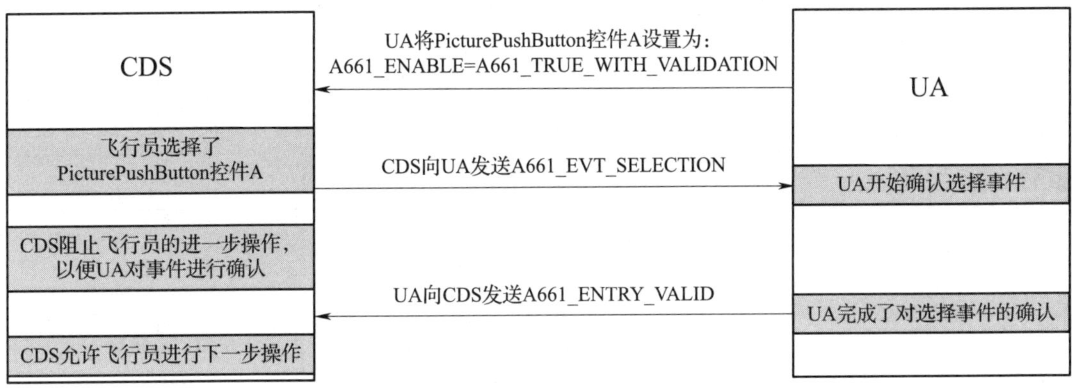

图 5-13　对控件 PicturePushButton 进行事件确认

5.2.4.5　控件参数

ARINC661 对本书附录 C 中的控件列表中的所有控件都逐一解释了控件参数、创建结构和事件结构，限于篇幅，本节以 CheckButton 控件为例，介绍控件参数、创建结构和事件结构。

CheckButton是一种可交互式的控件，其参数列表如表5-6所示。表格共有3列，第一列是参数类型，第二列是更改方式，第三列是描述。其中更改方式有三种：D、DR和R。它们的含义分别是：

（1）D：表示的是在定义阶段通过A661_CMD_CREATE命令设定。

（2）DR：表示在定义阶段可以通过A661_CMD_CREATE命令设定，在运行阶段也可以通过A661_CMD_SET_PARAMETER命令修改。

（3）R：表示只能在运行阶段用A661_CMD_SET_PARAMETER命令设定。

表5-6　CheckButton控件的参数

参数类型	更改方式	描述
WidgetType	D	A661_CHECK_BUTTON
WidgetIdent	D	控件的唯一标识符
ParentIdent	D	控件的上一级容器的标识符
Visible	DR	控件的可见性
Enable	DR	控件是否能被激活
CheckButtonState	DR	CheckButton的内部状态：SELECTED和UNSELECTED
StyleSet	DR	CDS内部预定义的图形特性索引
PosX	D	控件参考点的X位置
PosY	D	控件参考点的Y位置
SizeX	D	控件的X尺寸
SizeY	D	控件的Y尺寸
NextFocusedWidget	D	在飞行机组确认后下一个要获得焦点的控件ID
AutomaticFocusMotion	D	自动将焦点移动到NextFocusedWidget参数所设置的控件
LabelString	DR	CheckButton的标签
MaxStringLength	D	标签字符的最大长度
Alignment	D	控件标签区域的字符对齐方式： Left、Right和Center
PicturePosition	D	CheckBox（图片）相对于CheckButton标签的位置： Left和Right
EntryValidation	R	UA通知CDS它已经完成了条目处理或选择事件处理。这个标志还可以指示处理的结果： A661_FALSE和A661_TRUE

表5-6中共提到了CheckButton的6个运行时参数，表5-7对这些参数的类型、长度、参数标识和参数结构的类型进行了说明。

表 5-7　CheckButton 控件的运行时参数

参数名称	类型	长度 /bit	ParameterStructure 中所用的参数标识（ParameterIdent）	参数结构类型
CheckButtonState	uchar	8	A661_INNER_STATE_CHECK	A661_ParameterStructure_1Byte
StyleSet	ushort	16	A661_STYLE_SET	A661_ParameterStructure_2Byte
Enable	uchar	8	A661_ENABLE	A661_ParameterStructure_1Byte
Visible	uchar	8	A661_VISIBLE	A661_ParameterStructure_1Byte
LabelString	string	{32}+	A661_STRING	A661_ParameterStructure_String
EntryValidation	uchar	8	A661_ENTRY_VALID	A661_ParameterStructure_1Byte

表 5-7 中的空间参数类型在表 5-8 中定义，ARINC661 共定义了 8 种参数类型。而表 5-7 中参数结构类型中的 A661_ParameterStructure_1Byte 的后缀 1Byte 分别与参数的类型相对应。比如，uchar 是 8bit 的，则对应的参数长度为 1B；ushort 是 16bit 的，则对应的参数类型为 2B，以此类推。

这里需要提及的是 LabelString 字符串，长度为 {32}+，表示的长度要以 32bit 对齐，即为 4B 的整数倍。

表 5-8　控件的参数类型

类型	标准格式
uchar	用 8bit 编码的无符号字符（也可以用于字符串）
string	字符矩阵，以 NULL 字符结束
long	用 32bit 编码的长整型
ushort	用 16bit 编码的无符号短整型
ulong	用 32bit 编码的无符号长整型
float	32bit 单精度 IEEE754 格式浮点数
fr（x）	可缩放整型，用于求取最低有效位（LSB）所代表的精度，具体操作使用括号内的值除以数值位数减一，通常用于表示角度，是有符号的。 例如：fr（180）用 16bit 表示时，LSB 为 0.00549316（180 除以 2^{15} 后的值） fr（180）用 32bit 表示时，LSB 为 $8.381903175442 \times 10^{-8}$（180 除以 2^{31} 后的值） fr（32768）用 32bit 表示时，LSB 为 0.0000152587890625
N/A	不适用

5.2.4.6　控件创建

CheckButton 控件的创建结构如表 5-9 所示，表中共有 4 列，分别是创建参数列表、类型、长度和数值 / 范围。在数值 / 范围一列，有些参数 ARINC661 给出了预定义的值，表中列出了这些可用的值。

表 5-9 控件的创建结构

创建参数列表	类型	长度 /bit	数值 / 范围
WidgetType	ushort	16	A661_CHECK_BUTTON
WidgetIdent	ushort	16	
ParentIdent	ushort	16	
Enable	uchar	8	A661_FALSE A661_TRUE A661_TRUE_WITH_VALIDATION
Visible	uchar	8	A661_FALSE A661_TRUE
PosX	long	32	
PosY	long	32	
SizeX	ulong	32	
SizeY	ulong	32	
StyleSet	ushort	16	
NextFocusedWidget	ushort	16	
MaxStringLength	ushort	16	
CheckButtonState	uchar	8	A661_SELECTED A661_UNSELECTED
Alignment	uchar	8	A661_LEFT A661_CENTER A661_RIGHT
AutomaticFocusMotion	uchar	8	A661_FALSE A661_TRUE
PicturePosition	uchar	8	A661_LEFT A661_RIGHT
UnusedPad	N/A	16	0
LabelString	string	8* 字符长度 + 填充	以0个、1个、2个或3个 NULL 结尾，32bit 对齐

CheckButton 只有一个事件，即状态变更（“选中”或“非选中”），其事件结构包含 3 个部分，即事件 ID、按钮状态和填充域，如表 5-10 所示。

表 5-10 控件的事件结构

事件结构	类型	长度 /bit	值 / 描述
EventIdent	ushort	16	A661_EVT_STATE_CHANGE
CheckButtonState	uchar	8	A661_SELECTED A661_UNSELECTED
UnusedPad	N/A	8	0

5.2.5 通信协议

本节定义了用户应用系统（UA）和驾驶舱显示系统（CDS）之间交换的 ARINC 661 数据的类型、内容和格式。在定义阶段，定义文件（DF）从 UA 发送到 CDS。在运行阶段，消息在 UA 和 CDS 之间动态交换。

5.2.5.1 定义文件（DF）与 UA 图层定义（UALD）

定义文件（DF）包含了 UA 的用户应用层定义，而 UALD 则描述了 UA 和 CDS 之间共享的数据，定义文件集成过程如图 5-14 所示。

DF 页眉和页脚由原始制造商（OEM）决定，ARINC661 只规定了除页眉和页脚之外的数据，这些数据即是由块结构组成的 UALD。每个 UALD 只包含一个图层（Layer）的定义。

在 CDS 中显示数据的每个 UA 至少与一个图层相关联。UALD 描述了驻留在该层中的 UA 控件的层次结构以及这些控件的特定 ARINC661 接口参数。控件的层次结构通过在每个 Widget 定义中指定“ParentIdent”参数来说明。

对于每种类型的 Widget，所有参数都必须有一个 CDS 默认值。如果一个参数未在 UALD 中设置，则使用 CDS 的默认值。这种情形适用于那些只有运行时参数的场景，或者那些在 CDS 库定义中已经更新为新的参数，但旧的 UALD 没有更新的场景。

图 5-14 一方面显示了由 UA“拥有”的 Widget（主要是定义它们的 ID），用于在 CDS 上显示信息。这是 UA 接口的静态图形部分的定义。

另一方面，图 5-14 还显示了 CDS 如何解释 UALD 数据，以便在 CDS 上显示 Widget 的层次结构。

在运行阶段，CDS 和 UA 之间通过交换 ARINC661 消息来管理 Widget 参数，从而管理它们的图形显示。

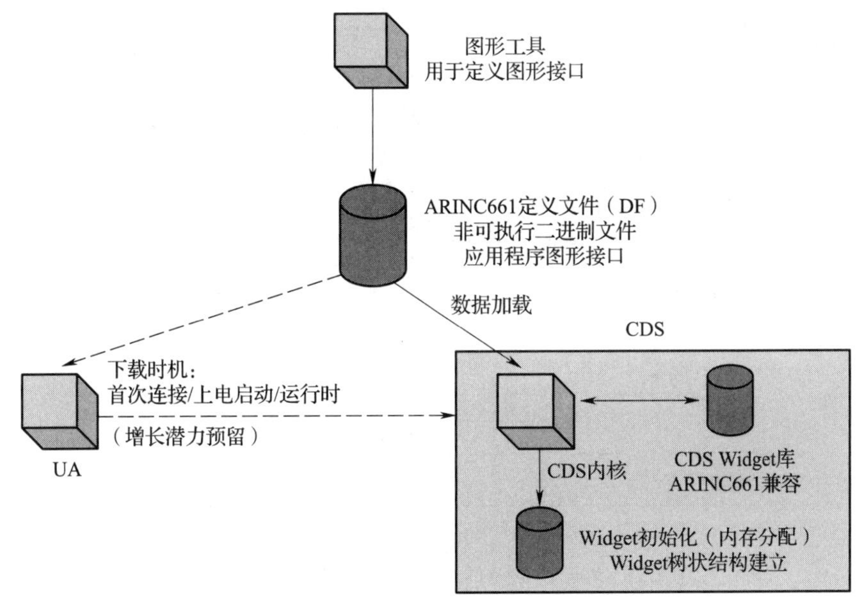

图 5-14 定义文件集成过程

DF 描述了共享数据。因此，ARINC661 规范的一个主要目标是标准化 UA 和 CDS 之间共享的 DF 数据和格式。作为应用程序接口，DF 的图形部分必须加载到 CDS 中。由于 DF 仅描述数据，CDS 需要将其关联到对应的图形。

为了减小 UA 修改对 CDS 造成的影响，加载到 CDS 的数据格式应独立于 CDS。此外，为预留未来的增长空间，CDS 应为 UA 提供将独立于 CDS 的数据格式定义文件（DF）下载到 CDS 的能力。

DF 的格式是标准的非可执行二进制格式，它支持 DF 的上传和下载。

5.2.5.2 运行时通信

从 UA 到 CDS 的通信需要管理 Widget 的运行时参数。这些参数的传输对应于：

（1）应用程序的上下文变化，它可以是周期性的参数传输。

（2）对 Widget 事件的响应，这种情形是完全异步的。

从 CDS 到 UA 的通信是事件驱动的。这些参数的传输对应于来自 Widget 的事件通知，这是纯异步的。

通常，从 UA 到 CDS 的通信是事件驱动的。因此，所有消息都将以异步方式发送。对于 UA 功能上下文更改的异步传输可以节省带宽并减少延迟时间值。尽管如此，如果某个 UA 需要同步刷新信息，UA 也可以周期性地发送信息。

由于 ARINC661 的 Client-Server 体系结构，CDS 和 UA 之间的通信通道在逻辑上是点对点连接，即使实际的网络体系结构使用多播或广播机制。

关于 Widget 状态，相关参数应该以异步方式管理。为了控制 Widget 状态而周期性传输消息可能会引发“竞态条件”。这里的“竞态条件”发生在 CDS 和 UA 的动态 Widget 之间的消息有交叉时，这会导致 UA 上下文与 CDS 显示之间的不一致。

异步方法应该减轻以下设计问题所带来的影响：

（1）消息丢失：从 UA 到 CDS 的消息丢失会导致不能显示 UA 所期望的状态。从 CDS 到 UA 的消息丢失会导致 UA 不能对飞行机组互动做出反应。

（2）同步：UA 需要确保当前消息能在下一个传输的消息之前到达。

（3）重新配置显示单元：新的要显示的子系统可能没有所需的可用信息。

ARINC661 标准独立于任何总线选择。但在可靠性的水平上还是要做一些假设，其基本假设为通信是可靠的包顺序，其中包括：

（1）正确的消息接收顺序（见上面的问题“同步”）。

（2）消息丢失（参见上面的问题“消息丢失”）。

5.2.5.3 ARINC661 命令

在定义阶段的命令只有一个，即 A661_CMD_CREATE，命令消息的传送方向为 UA → CDS，如表 5-11 所示。

表 5-11 定义阶段的命令

命令类型		描述
UA → CDS	A661_CMD_CREATE	根据定义的参数来创建 Widget，对于一个版本的 Widget 库，被创建的 Widget 的所有参数均要设定。参数在创建缓冲中的顺序也在每个 Widget 的描述中作了规定（见 5.2.4.6 控件创建）

运行阶段的命令共有5个，其中UA→CDS的命令有2个，CDS→UA的命令有3个，如表5–12所示。

表5–12　运行阶段的命令

命令名称		描述
UA→CDS	A661_CMD_SET_PARAMETER	设定Widget参数，该消息的目标是UA图层的某个Widget
	A661_CMD_UA_REQUEST	从UA到CDS的请求，这条请求对应于UA与CDS之间的一条信息交换，并不针对特定的Widget。这条请求CDS不一定会接受
CDS→UA	A661_NOTIFY_WIDGET_EVENT	从CDS发往UA的事件通知，在交互发生时Widget会生成这条事件通知消息。事件的性质取决于Widget类型和交互的内容。该命令还会附带与当前图层相关的上下文编码
	A661_NOTIFY_LAYER_EVENT	从CDS发往UA的请求通知，与Widget事件不同的是，这个通知是在图层层级发起的。它对应于由CDS管理的一个图层的事件
	A661_NOTIFY_EXCEPTION	由CDS发往UA的错误通知

5.2.5.4　异常处理消息

ARINC661共定义了7种异常处理类型，其中4种是关于命令错误的通知，还有3种是关于CDS资源过载的通知，如表5–13所示。

表5–13　异常类型

命令/请求类型	A661异常类型	描述
All	A661_ERR_BAD_COMMAND	在出现任一错误命令时会发送该异常通知，它适用于： ①无效的块结构（关键字或长度域）； ②无效命令/请求代码
Create	A661_ERR_CREATE_ABORTED	当出现创建命令错误时会发送该异常消息，它适用于： ①无效的LayerID或ContextID； ②无效的WidgetID； ③无效的参数值； ④所需参数不全
SetParameter	A661_ERR_SET_ABORTED	当SetParameter命令错误时发送该异常通知，它适用于： ①无效的LayerID或ContextID； ②无效的WidgetID； ③无效的参数值； ④所需参数不全
UARequest	A661_ERR_UA_REQUEST_ABORTED	在UA请求命令错误时发送该异常通知，它适用于： ①无效的LayerID或ContextID； ②无效的WidgetID； ③无效的参数值； ④所需参数不全

表 5-13（续）

命令 / 请求类型	A661 异常类型	描述
CDS 资源过载	A661_ERR_MEMORY_OVERLOAD	在分配 UA 控件时发送的内存过载通知
	A661_ERR_PROCESS_OVERLOAD	不能完成对图像的处理
	A661_ERR_RENDERING_OVERLOAD	不能完成对图像的显示

5.2.5.5 ARINC661 请求 / 通知

ARINC661 定义了 5 条从 UA 发往 CDS 的请求消息，如表 5-14 所示；此外，还定义了 3 条从 CDS 发往 UA 的请求 / 通知消息，如表 5-15 所示。

表 5-14 从 UA 发往 CDS 的请求

请求类型	描述
A661_REQ_LAYER_ACTIVE	通过这条请求命令 UA 可以要求 CDS 激活对应的图层。CDS 不一定会接受这条请求，具体取决于当前的构型。 当图层被激活时，CDS 应更新这个图层上的 Widget 参数
A661_REQ_LAYER_INACTIVE	UA 可以通过发送这条消息来禁能图层
A661_REQ_FOCUS_ON_WIDGET	将焦点移动到 UA 图层上的某个 Widget
A661_REQ_LAYER_VISIBLE	打开某个图层的可见性，这条请求一般会紧跟在 CDS 的图层已激活通知之后
A661_REQ_CURSOR_ON_WIDGET	将光标移动到 UA 图层上的某个 Widget

表 5-15 从 CDS 发往 UA 的请求 / 通知

请求 / 通知类型	描述
A661_NOTE_REINIT_LAYER_DATA	CDS 请求 UA 对图层数据进行初始化，UA 对该请求的响应为 SetParameter 的命令块
A661_NOTE_LAYER_IS_ACTIVE	CDS 通知 UA 图层已经被激活，它意味着 UA 将重新初始化图层数据
A661_NOTE_LAYER_IS_INACTIVE	通知图层被禁能

5.3 基于 ARINC615A 的以太网数据加载

5.3.1 ARINC615A 提出的目的

ARINC615A 为所有型号飞机的软件数据加载设备的开发提供了详细的设计指导。数据加载的主要目的（第一个功能）是将可加载的软件部件上传到机载计算机。数据加载的第二个功能是从机载计算机下载数据。软件数据加载功能通常分为以下几类：

（1）便携式数据加载器（PDL），用于在地面上加载设备或携带到飞机上执行加载操作。

（2）机载数据加载器（ADL），用于安装在飞机上执行加载操作。

（3）数据加载功能（DLF），它是执行数据加载的软件。

ARINC615A 定义了用以太网高速接口加载航空电子设备的数据加载器，包括适应所有数据加载功能的介质接口和协议需求，不管是便携式的还是机载的。ARINC615A 还描述了数据加载设备所需的能力和确保设备和大容量存储介质互换性所需的标准。

早期的 ARINC615A 报告定义了机载数据加载器（ADL）和便携式数据加载器（PDL）作为硬件 / 软件实现的严格描述。在 2007 年发布的第 3 版本 ARINC615A 中，术语“数据加载功能”（DLF）的定义一般是指作为软件模块实现的数据加载功能，该模块可在飞机上的硬件中执行，或由维修人员携带便携式计算机到飞机上执行，或在车间使用的设备上执行。

这个版本的 ARINC615A 认识到便携式数据加载器越来越多地基于 COTS 加固个人电脑（PC）硬件，后者驻留了数据加载应用程序。因此 ARINC615A 提供了 PDL 的一般要求，可应用于 COTS 或专用 PDL。

ADL 定义了形状和安装的互换性，但 PDL 没有指定这种互换性，因为 PDL 需要更为灵活的硬件实现。

ARINC615A 可通过 ARINC429 数据总线、AFDX 或 CAN 总线来实现数据加载，ARINC615A 旨在优化数据加载器的特性，如易用性、成本、维护、性能、重量和尺寸。供应商可以自由地用他们认为最合适的设计技术来实现这一目标。

5.3.1.1 PDL 描述

PDL 应为便携式单元，易于运输，包含电子电路、控制等所有组件。所有控制和状态指示应显示在 PDL 的前面板上。所有控制和状态指示应通过专用的扬声器或对用户友好的图形界面提供。PDL 应支持所有航空电子设备的数据加载，并可通过 ARINC615A 协议加载嵌入式软件。

5.3.1.2 ADL 描述

ADL 应符合机载设备的特点，包括标准的飞机仪表板安装特点、电缆连接、易于访问、环境适应性能等，并能在飞机上直接操作。ADL 应提供适当的保护介质，不污染环境。

5.3.1.3 DLF 描述

DLF 是符合 ARINC615A 的数据加载程序。基于软件的数据加载程序可以驻留在 PC 架构设备上，如电子飞行包（EFB）或其他便携计算设备、机载便携设备或航空电子设备。这种硬件和软件的组合共同提供了 ARINC615A 数据加载的功能，即 ADL 或 PDL 的功能。

DLF 支持 ARINC615A 数据加载并在机载计算机中执行，典型的体系架构是终端功能（专用于通用飞机 / 座舱活动或专用于飞机维护的终端）和服务器上驻留的 ARINC615A 数据加载应用程序和软件部件库。

5.3.2 PDL 与 ADL 的物理特性

ARINC615A 的第 2 章规定了 PDL 和 ADL 的物理特性，这些特性可以汇总为表 5-16。

表 5-16　PDL 和 ADL 物理特性汇总

物理特性	PDL	ADL
尺寸	没有特别规定，但要做到尽可能小	高度不要超过 4.5in，长度不要超过 7in
重量	小于 8kg	小于 3kg
控制与指示器	用图形接口或控制面板	应能显示当前操作状态，若有指示灯，则不能分散飞行机组的注意力
连接器	MS2743T-18A-53P 或同类件	MS2743T-18A-53P 或同类件
数据总线接口	以太网	以太网
电源	能适应各种机载电源，包括蓄电池，且具备 20ms 断电储能功能	104 ~ 122VAC（有效值），380 ~ 420Hz
电源控制	不能因突然供电中断而损坏	不能因突然供电中断而损坏
内部保护电路	应提供过载保护，若用保险丝，应提供备用件	要提供过压、欠压和过载保护，不能用保险丝
温度范围	加载器的非工作温度范围是 -55 ~ 85℃；介质的非工作温度范围是 -30 ~ 70℃；工作温度范围是 -15 ~ 55℃	加载器的非工作温度范围是 -55 ~ 85℃；介质的非工作温度范围是 -30 ~ 70℃；工作温度范围是 -15 ~ 55℃，70℃ 短时工作
高度范围	-1000 ~ 15000ft	-1000 ~ 15000ft 40000ft 15min 短时工作
淋雨	盖上盖子后应能经受轻微淋雨	从淋雨环境移除后，应能正常（无降级）工作
耐溶剂性能	能耐受： 1. 符合 MIL-L-7808，MIL-L-23699 和 P&WA 规格 521B 的类型 1 和 2 机油； 2. 液压试验液； 3. 喷气发动机燃料； 4. 风挡玻璃防雨剂； 5. 除冰的液体	能耐受： 1. 符合 MIL-L-7808，MIL-L-23699 和 P&WA 规格 521B 的类型 1 和 2 机油； 2. 液压试验液； 3. 喷气发动机燃料； 4. 风挡玻璃防雨剂； 5. 除冰的液体
振动	不适用	满足 RTCA DO-160，第 8 章，类别 K
冲击	从 30in 高处跌落无损坏	满足 RTCA DO-160，第 7 章，6*g*，11ms
电磁兼容	PDL 要能在强电磁兼容环境下工作	满足 RTCA DO-160，第 18，19，20，21 章
沙尘	不适用	口盖要有防尘保护
爆炸大气	不适用	满足 RTCA DO-160，第 9 章，环境Ⅲ，类别 X
霉菌	不适用	满足 RTCA DO-160，第 13 章，类别 X
接地	连接器应搭接到壳体地	连接器应搭接到壳体地，应设置搭接面

5.3.3　数据加载器设计

ARINC615A 提供了数据加载器设计指导，以增强数据加载器在实际操作条件和环境中的可用性。主要设计目标是：

（1）在所有环境条件下都能轻松操作，如极端温度、极端光照和操作人员的天气防护服。

（2）通过以消息或指示器的形式提供任务和上下文反馈，并提供关于加载进度的连续反馈，使数据加载操作直观和明确。

（3）以容易理解的形式提供数据加载器故障报告，目的是帮助操作员隔离数据加载问题的来源。

（4）尽量减少车间维修时间。

5.3.3.1 加载控制

数据加载器至少应提供以下功能：

（1）模式选择。

（2）源介质选择。

（3）载入选择。

（4）负载目的地选择。

（5）接受 / 继续。

（6）取消 / 中止。

（7）目标硬件识别。

5.3.3.2 指示灯 / 显示器

作为整体控制界面的一部分，数据加载器要有一个显示器。显示器要能在阳光直射和低环境光条件下易于阅读，为此可以使用指示灯。在数据加载器自检过程中，应自动执行显示器 / 指示灯测试。在飞行过程中，ADL 上的显示器 / 指示灯应隐藏起来。显示器 / 指示灯要具备以下功能：

（1）显示器应能至少显示 15 个字母或数字大写字符，加上连字符（-）。所有字母和数字必须彼此区分（例如，“2”与“Z”或“0”与“O”）。

（2）有限寿命的显示器 / 指示灯（如白炽灯）要易于更换，无须拆卸。

由于便携式数据加载器会在宽泛的温度范围内运行，供应商选择的指示灯 / 显示器要在规定的全温度范围内工作。

在飞行操作期间，ADL 指示灯应置于视线之外，以避免分散机组人员的注意力。可将指示灯置于介质口盖后方，但要有清晰的指示符。无论何时，操作员都应能确定以下几点：

（1）加载程序正在运行（有活动和 / 或进度指示）。

（2）加载器的操作模式（上传、下载、配置验证等）。

（3）在发生故障（Loader、Target、Media 等）时，故障指示要明显，且应给出解决故障的措施。

（4）等待操作人员操作（例如，选择目标、插入下一个磁盘等）。

（5）当前操作的状态（例如，就绪、完成、进行中）。

5.3.3.3 图例和使用说明

数据加载器控制面板上的所有功能选择器和指示符都应有清楚和明确的注释。PDL 的字体和显示器（如果提供）的尺寸要合适，视力正常的操作人员能够在 24in 以外清晰阅读。ADL 的字体和显示器（如果提供）的尺寸应使视力正常的操作人员在 18in 以外清晰阅读。

数据加载器的实际操作过程可能因用户而异。用户可能会有自己的一套操作说明。但供应商要给没有操作说明的操作人员提供尽可能多的帮助，比如在设备上安装一套基本操作说明，内容足够详细，以防止设备被不正确或危险使用。

5.3.3.4 自加载功能

数据加载器应能从其本地驱动器或从以太网接口加载，向可加载目标硬件和机队相关的设备名称及其逻辑地址列表加载飞机相关的数据库。

数据加载器应能更新自己的操作程序。

5.3.3.5 自检测

数据加载器应能进行两种模式的内部测试：

（1）在数据加载器上电时自动执行自检。

（2）维护诊断测试。

数据加载器应具有自检测能力，以验证设备执行预期功能的能力。自检在上电时执行，并在任何时候收到自检命令指示时执行。

自检至少要包括指示灯测试、所使用处理器的指令集测试、RAM 内存检查和 ROM 程序内容检查。如果设备使用可编程输入 / 输出（I/O），则要进行 I/O 验证测试。

供应商应提供对数据加载器进行全面测试的维护测试介质。维护诊断测试至少应区分介质驱动器、介质控制器、接口电子设备和介质的故障。数据加载器应在以太网接口上包含信号环绕功能，能用最少的额外测试设备进行几乎完整的验证，测试覆盖率应达到 90% 或更高。

维护介质用于在车间中进行详细的故障排除，也能用于机上的工程分析。数据加载器的内部自检应满足所有日常航线维护功能的需要。

5.3.3.6 可用的加载介质

数据加载可用的介质包括：

（1）PC 卡，个人电脑存储卡国际协会（PCMCIA）卡，CardBus。

（2）USB 记忆棒（U 盘）。

（3）光盘（直径为 12cm 或 8 cm）或数字多功能光盘（DVD）（ARINC615A 不推荐）。

（4）3.5in 软盘（不推荐用于新的硬件设计，仅支持旧应用程序）。

（5）其他 COTS 可移动介质类型，用于支持软件部件到数据加载器的传输，但应谨慎选择具有合理的硬件支持水平和在市场上有较长的商业寿命的可移动介质。

5.3.4 加载协议

ARINC615A 为数据加载器和被加载设备（以下称为目标硬件）定义了必要的软件加载协议。只要遵守这些协议，设备供应商就能实现数据加载功能。

加载协议考虑了加载过程和对目标硬件的要求，目标硬件应具有以下属性：

（1）能确保数据加载器的软件已被正确加载之后再响应加载完成。

（2）可以处理数据加载协议的简单文件传输协议（TFTP）服务。

（3）当数据加载器请求传输时，必要时能进入“数据加载模式”。

（4）能报告所加载软件的部件编号。

加载协议的基本原理是，操作员负责确定将哪些文件加载给目标硬件，目标硬件负责确定需要哪些文件来满足加载请求，而数据加载器只是充当文件服务器的角色。数据加载器和目标硬件通过 TFTP 交换数据，包括可加载数据和通信协议数据。

可加载数据包含在加载文件中，而通信协议数据则包含在协议文件中。协议文件名由大写字母、数字字符组成。除非另有说明，所有端口号均以十进制表示。

加载协议定义了一种方法，它能够：

（1）加载软件部件到目标硬件。

（2）从目标硬件下载数据。

（3）从目标硬件获取配置信息。

（4）随时中断前面三个操作中的任何一个（由操作员或目标硬件请求的中断）。

（5）获取用户信息（如 MAC 地址、IP 地址、目标硬件标识）。

为此，加载协议需要定义如下内容：

（1）上传、下载、信息操作和中断业务的协议。

（2）描述数据加载器协议和最终用户接口之间交换的消息。

（3）定义数据加载器和目标硬件之间交换的协议文件。

（4）定义网络设备的查找标识（Find），该标识用于确定网络上存在哪些目标硬件，并获取建立通信所需的最小信息。

5.3.4.1 ARINC615A 数据加载协议架构

图 5-15 示出了 ARINC615A 数据加载协议架构，它包含如下几个层次：

（1）应用程序层。数据加载应用程序（DLA）位于数据加载器上，目标硬件应用程序（THA）位于目标硬件上。这两个应用程序由数据加载器的供应商和目标硬件的嵌入式加载器的供应商定义。ARINC615A 没有定义这些应用程序，但会使用底层提供的消息。DLA 还包含 Data Loader 上的用户界面。

（2）加载协议层。这一层向应用层提供系统加载消息。加载协议层由数据加载器端的数据加载器协议（DLP）和目标硬件端的目标硬件协议（THP）组成。加载协议的主要功能是对 TFTP 机器进行排序和同步。

（3）TFTP。这一层提供了传输文件的全部机制。该协议在互联网架构委员会（IAB）文档 RFC 1350 中定义。

（4）UDP。这一层提供了一种非连接的数据报传输机制，它在 IAB 文件 RFC 7685 中定义。

（5）IP。该层为 UDP 层提供路由机制。它在 IAB 文件“RFC 791”中定义。ARINC615A 适用的 IP 版本是 IPv4。

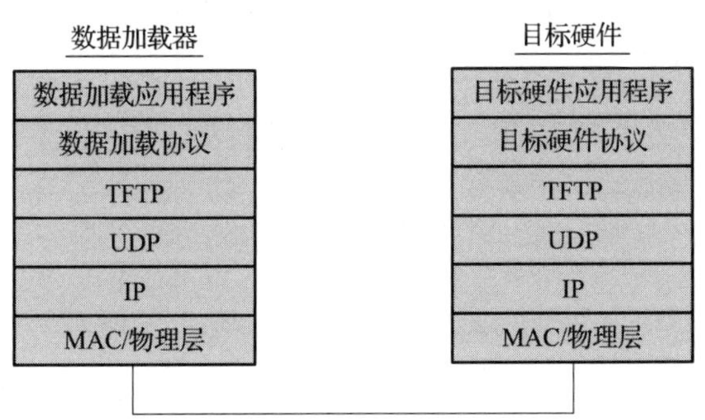

图 5-15 数据加载协议架构

（6）MAC / 物理层。IP 层通过该层提供的 MAC 服务访问以太网物理介质。

数据加载器和目标硬件之间交换的所有数据都使用 TFTP。交换的数据（可加载软件、状态或管理信息、结果等）驻留在使用 TFTP 发送的文件中。

5.3.4.2 TFTP

除了查找网络设备标识（FIND）之外，数据加载器和目标硬件之间的所有数据交换都基于 TFTP。因此，需要定义以下几种类型的文件：

（1）在加载过程中生成的协议文件。

（2）ARINC665 中定义的可加载软件部件文件。

TFTP 不限制文件的最大长度。对于 ARINC615A 协议中使用的所有 TFTP（即协议文件和数据文件），唯一使用的模式是“octet”模式（二进制）。

5.3.4.3 数据加载协议对 TFTP 的适应性更改

ARINC615A 协议基于标准 TFTP。但加载协议层需要对标准 TFTP 进行扩展，以处理诸如目标硬件模式更改和操作员中断等问题。为了保持原始的 TFTP 包格式不变，可以利用错误包来实现 ARINC615A 的特定消息。TFTP 错误包中错误代码值为“0”的包定义了错误消息文本。通过在错误代码为“0”的包中定义特定消息文本来实现对 TFTP 的扩展。

对于目标硬件，上传操作包含一系列过程，例如：擦除，然后编程，之后再检查闪存等物理设备。因此，目标硬件的供应商可能希望将数据加载应用程序和其他文件传输应用程序之间的通信分离开来。为了简单地启用这种功能切换，建议使用不同的已知端口号。ARINC615A 协议中使用了所有 TFTP 都应使用且众所周知的端口号 59（十进制），它被注册为“任何私有文件服务”。

如果在文件传输过程中发生了错误，则 TFTP 会用错误包指示错误类型。该报文的 Op 码值为“05”，后面跟着错误代码，具体定义如表 5-17 所示。

表 5-17　TFTP 传输的错误代码

错误代码	含义
0	未定义，可以自定义错误消息
1	文件未找到
2	非法访问
3	磁盘已满或超过分配值
4	非法 TFTP 操作
5	未知传输 ID（端口号）
6	文件已存在
7	用户不存在
8	TFTP 选项被拒绝
以 ASCII 码给出的错误消息	用 ASCII 字符串表示的错误消息

从表 5-17 可看出，可以用错误代码“0”来定义与数据加载相关的错误消息。

数据加载器还可以用错误代码“3”来通知目标硬件，数据加载器不能打开新的 TFTP 进程，因为没有更多的可用资源。

为了简化数据加载器和目标硬件之间的数据交换，可以通过错误消息功能实现一条等待消息，它使用错误代码“0”。数据加载器或目标硬件都可以启动一条等待消息，此消息可以在响应任意 TFTP 传输请求时生成。

等待消息的 ASCII 格式为“WAIT：X”，其中 X 为等待时间，单位为 s。

接收到等待消息的设备应在规定时间后中止当前的 TFTP 传输，并发起新的 TFTP 传输。表 5-18 举例说明了等待时间为 50s 的 TFTP 错误格式。

表 5-18　TFTP 传输的等待消息

Op 码	错误编码	错误消息（文本）	ASCII 字符串结尾
0x0005	0x0000	“WAIT：50”	0x00

等待延迟的最大值为 65535s。此等待消息仅在计算机接收到连接请求（读或写）后，由于繁忙或无法快速响应连接请求时使用，具体情况如图 5-16 所示：

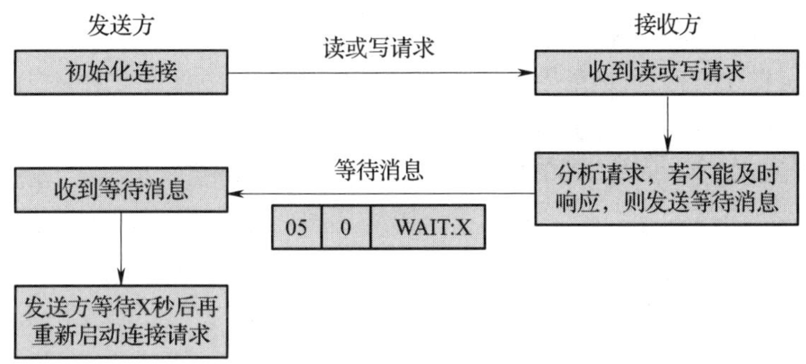

图 5-16　采用等待消息的例子

为了中止当前进程，数据加载器会发送一个中止消息来响应来自目标硬件的 TFTP 请求。它的错误代码值为“0”，消息的 ASCII 格式为“ABORT：XXXX”。XXXX 字符串对应于 Data Loader 的中止请求状态码的 4 个十六进制表示形式。

这样，目标硬件就能够知道中止的起源，并在必要时记录该信息，以在下载操作中止或应用程序中止之间切换。该错误消息的格式如表 5-19 所示。

表 5-19　TFTP 传输的中止消息

Op 码	错误编码	错误消息（文本）	ASCII 字符串结尾
0x0005	0x0000	“ABORT：XXXX”	0x00

当数据加载协议接收到 Abort_Request 时，数据加载器会发出中止消息。在检测到问题时，数据加载协议可以使用这种机制来中止传输，如图 5-17 所示。

RFC 2348 定义了 TFTP 块大小选项。数据加载器要实现 TFTP 块大小选项，包括实现 IP 协议分片 / 重组。对于要使用的目标硬件，该功能要在任何数据加载器上都可用。

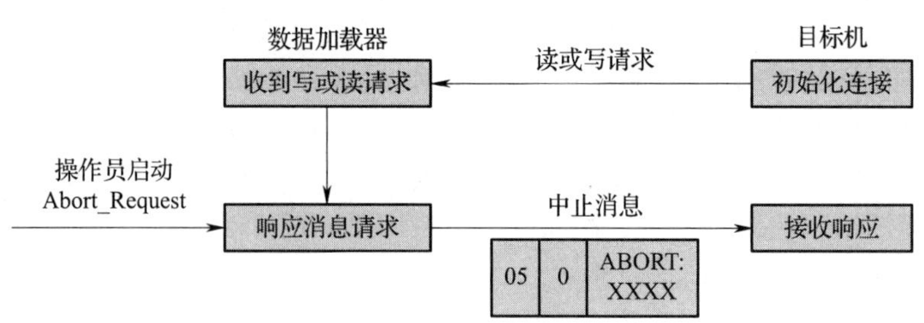

图 5-17　采用中止消息的例子

目标硬件可以使用 TFTP 块大小选项，TFTP 的缺省块大小是 512B。通常，较大的块会显著减少数据加载时间。

RFC 2349 定义了 TFTP 文件传输大小选项。如果指定了传输大小值，但与数据传输的实际大小不匹配，则传输会失败。

RFC 2349 定义了超时间隔选项，此选项可在 ARINC615A 中使用，用于明确定义超时和错误重试次数。可靠的网络结构能降低传输错误，从而减少重试次数。但由于飞机上网关和交换机等因素而导致的网络延迟可能需要设置更长的超时时间。

校验和选项为 ARINC615A 协议提供了一种在上传操作中区分同一可加载软件部件（LSP）中文件名相同的两个文件的方法。

目标硬件应在 TFTP 文件请求中包含来自 ARINC665 LSP 头文件的 16 位 CRC。数据加载器应使用所包含的 CRC 来确定所请求的文件是否正确。

端口选项由帧中的 ASCII 字符串“Port”指定。它告诉目标硬件，数据加载器正在请求将控制端口设置为新的端口值，而不是 ARINC615A 的默认控制端口值 59。端口选项要么被目标硬件接受，要么被目标硬件拒绝。如果它被目标硬件拒绝，加载操作会失败。任何新的端口号值都应大于等于 49152（十进制），以避免与互联网数字分配机构（IANA）注册的端口号混淆。

Port 选项仅对数据加载器发送的操作初始化请求有效，如上传操作初始化、信息操作初始化等。使用此端口选项只能从端口 59 更改数据加载器的控制端口，不能更改目标硬件控制端口。

目标硬件控制端口保持 59 不变，因为数据加载器总是通过向目标硬件的控制端口（即 59）发送读或写请求来启动数据加载操作。

TFTP 块号是无符号的 16 位计数器，根据 RFC 1350，第一个数据块的块号为 1。“WRQ”（写请求）可被看作“ACK”（确认）包，其块号为 0。如果由于传输块数量过多而溢出，则 65535 的下一个值为 1。

5.3.4.4　FIND 协议

FIND 协议允许数据加载器动态地识别网络上的订阅者，并为每个订阅者获取通信参数，如 MAC 地址、IP 地址、目标硬件标识符和位置。该协议的定义见 ARINC615A 的附件 3。FIND 协议基于 UDP 报文；因此，MAC 地址由数据链路层字段支持，IP 地址由 IP 层字段支持。FIND 协议使用端口号 1001（十进制）。

5.3.4.5　目标硬件实例

目标硬件的实例可表示为 THW_ID_POS，其中，目标硬件类型（THW_ID）的定义见

ARINC665。POS 为 0 ~ 8 个字母、数字字符。THW_ID 字段和 POS 字段由下画线“_”分隔。

<THW_ID_POS> 名称由以下两个元素组成：

（1）THW_ID 用于标识 ARINC665 中描述的通用设备。

（2）POS（位置）用于标识通用设备的实例（例如，左位置和右位置）。

THW_ID_POS 是通过合并这两个字段获得的，在这两个字段之间包括一个下画线（例如，“HNPFMS_L”，其中 HNPFMS 表示目标硬件类型，L 表示左侧单元）。

5.3.5　加载操作

加载协议定义了一组协议文件来管理数据加载协议层和目标硬件协议层之间的通信。加载协议还定义了一组消息，用于管理数据加载应用程序（DLA）和数据加载协议层之间的通信。

加载协议 [ ] 中的名称是在数据加载应用程序和数据加载协议层之间传递的消息名称。可以在目标硬件协议层和目标硬件应用层之间定义附加消息，但具体实现方式由设备制造商决定。

数据加载协议层和数据加载应用层之间的消息协议可以不实现，但数据加载协议层和目标硬件协议层之间的消息协议必须实现。

这些消息定义了下述操作，如图 5-18 所示：

（1）信息操作：数据加载器获取关于目标硬件配置的信息。

（2）上传操作：数据加载器将文件上传至目标硬件。

（3）下载操作：数据加载器从目标硬件下载文件。

（4）FIND 操作：通过使用 FIND 协议注册所有现有的目标硬件。

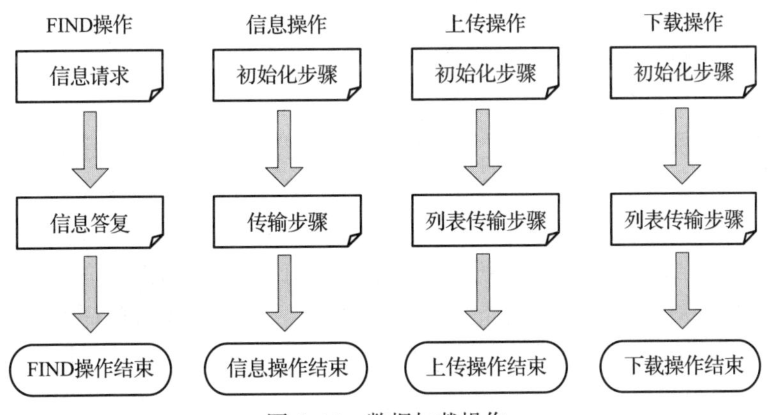

图 5-18　数据加载操作

这些操作及其相关的消息在本质上是独立的和连续的。换句话说，数据加载系统应能以任何顺序执行操作，但在目标硬件启动第二个操作之前，需要先完成第一个操作。所有操作只定义了一个中断消息，因此任何操作都可能被中止。

数据加载器应实现上面列出的所有四种操作。

在每个操作之前，数据加载器可以运行 FIND 请求并注册所有答复。对不支持的 ARINC615A 操作请求的响应可以通过初始化步骤执行，并使用 TFTP 正确传输第一个文件。该文件包含一个值为 0x1002 的操作接受状态码，表示“目标不支持的操作”。

如果目标硬件没有实现所有操作，那至少应实现初始化步骤，以便能够响应不支持的操作请求。

下面将讨论不同的操作及相关消息。

5.3.5.1 信息操作

该操作用于地面维护，目的是恢复目标硬件和可加载软件飞机部件的配置信息（即硬件和软件的标识符和部件编号）。数据加载器和目标硬件都应实现这个功能，它包括两个步骤：

（1）初始化步骤：在这一步中，数据加载应用程序（DLA）将进行初始化信息操作。此步骤用于将此操作请求通知目标硬件应用程序（THA），并确定目标硬件是否可操作。该模式的访问将通过［TH_Information_Initialization］消息实现。对应的答复是［Information_Initialization_Response］消息。它将向 DLA 表明同意或拒绝此请求。如果目标硬件拒绝请求，则 DLA 会通知操作员并中止信息操作。

（2）传输步骤：如果初始化步骤被接受，目标硬件将发送文件 < THW_ID_POS >.LCL，它包含数据加载器协议的目标硬件信息。此外，目标硬件会定期发送一个状态文件来指示进程的状态，具体信息如下。

①［TH_Information］：它报告所请求的目标硬件信息并完成信息操作。

②［Information_Status］：它给出了这个操作的进展和状态。DLA 应通知用户当前状态并继续等待［TH_Information］消息。

③目标硬件可以指定 TFTP 选项，为数据传输提供数据完整性检查。如果数据加载器支持给定的检查值，则数据加载器应验证数据传输的有效性。

5.3.5.2 上传操作

该操作用于地面维护时，将数据加载器中的文件上传到目标硬件。数据加载器和目标硬件都应实现该功能。

这个操作定义了三个步骤：

（1）初始化步骤：在这一步中，数据加载应用程序（DLA）初始化上传操作，请求目标硬件应用程序（THA）进行该操作并确定操作是否可行。该模式的启动消息是［TH_Uploading_Initialization］，答复消息是［Uploading_Initialization_Response］，它向 DLA 表明接受或拒绝此请求。如果目标硬件拒绝请求，则 DLA 通知操作员并中止上传操作。

（2）列表传输步骤：如果初始化步骤被接受，数据加载器应用程序（DLA）将通过向数据加载器协议发出［load List］消息来启动加载列表传输。数据加载器协议通过 <THW_ID_POS>.LUR 文件发送可能要上传的加载列表。这个列表由目标硬件分析，它通过 <THW_ID_POS>.LUS 文件发送它的状态。如果目标硬件不接受其中一个加载，则应该拒绝完整的列表。这里的状态消息是［Upload_Information_Status］。它给出了这个操作的进展和状态。DLA 应将当前状态通知用户。

（3）传输步骤：目标硬件通过对加载所需文件执行 TFTP 读取，获得可加载的文件。

［Upload_Information_Status］信息表示上传到 THA 的进度和状态。在文件不可用的情况下，会用消息［File_Not_Available］警告操作员。消息［Upload_Information_Status］也表示上传操作的成功或失败。

数据加载器和目标硬件可能支持部分 TFTP 选项，以提供数据完整性检查。数据加载器在传输之前不计算校验值，它只传输从部件头文件获得的校验值。目标硬件应在有重复文件名的传输请求期间进行数据有效性检查。

ARINC615A 还提供简洁加载，它是指只传输加载中发生变化的文件，而不需要传输整个列表中的所有文件，从而大大减少数据传输时间。

5.3.5.3 下载操作

该操作用于地面维护时，将目标硬件中的文件下载到数据加载器中。它有两种模式：介质定义模式和操作员定义模式。

（1）在介质定义模式下，预定义的可下载文件列表被发送到目标硬件。

（2）在操作员定义模式下，目标硬件发送潜在可下载文件的列表，操作员从列表中选择要下载的文件。

数据加载器应实现这两种模式，但目标硬件可以实现一种或两种模式。

可以指定 TFTP 选项，为数据传输提供数据完整性检查。如果数据加载器支持该选项，则它应验证数据传输的有效性。数据加载器对校验和的验证仅用于信息确认，不应阻止数据文件的导出。

在介质定义模式下，数据加载应用程序（DLA）从本地存储的名称中确定哪些文件可以下载。它有以下三个步骤：

（1）初始化步骤：在这第一步中，DLA 初始化下载操作。它通知目标硬件应用程序（THA）下载操作并等待该操作是否可行的答复。< THW_ID_POS >.LNR 可能已经存储在介质上。操作员可以从 LUH 文件中选择所要下载的文件，并用于创建 LNR 文件。数据加载器应检查每个部件的头文件，提供头文件的部件号，并将下载位设置为可操作。如果介质上存在多个带有下载位设置的头文件，操作员可以选择其中一个。数据加载器通过［Downloading_Disk_Initialization］消息向目标硬件发送下载请求，目标硬件用［Downloading_Initialization_Response］消息答复，以向 DLA 表明接受或拒绝此请求。如果 THA 拒绝请求，那么 DLA 将通知操作员并中止下载操作。

（2）列表传输步骤：在这个步骤中，数据加载协议通过 <THW_ID_POS>.LNR 发送可下载文件的列表。状态消息［Downloading_Information_Status］将此操作的进度和状态提供给 DLA。

（3）传输步骤：在此步骤中，目标硬件通过分析 <THW_ID_POS >.LNR 文件确定可下载文件列表，并发送 <THW_ID_POS >.LNR 文件中定义的文件。

这个过程中可能传输的消息有：

（1）［Downloading_File_Receipt］通知最终用户传输完成。

（2）［Downloading_Information_Status］向 DLA 提供该操作的进度和状态。

操作员定义的下载模式有以下几个步骤：

（1）初始化步骤：数据加载应用程序（DLA）初始化下载操作，它通知 THA 以确认此操作是否可行。之后，THA 发送可以下载的文件列表。模式启动的消息是［Downloading_Operator_Initialization］，对应的答复消息是［Downloading_Initialization_Response］，它可以接受或拒绝数据加载器的请求。

（2）列表传输步骤：如果接受该操作，则 THA 通过发送［Downloading_File_List_Receipt］消息指明 <THW_ID_POS>.LNL 文件中哪些是可下载的。之后，操作员选择可下载的文件，

DLA 通过 <THW_ID_POS>.LNA 发送所选文件的列表。这个过程中可能用到的消息有：

①［Downloading_File_List_Receipt］给出可下载数据文件的列表。

②［File_Selection］向目标硬件指定所选文件。

③［Downloading_Information_Status］向 DLA 提供该操作的进度和状态。

（3）传输步骤：在收到 <THW_ID_POS>.LNA 时，表明目标硬件分析并发送了指定的文件。这个步骤会用到［Downloading_File_Receipt］消息，它通知最终用户传输完成。

当使用可移动介质作为 LNR 文件的源和下载数据的目的地时，数据加载器可能无法写入介质。在加载器开始下载操作之前，加载器应提示操作员将下载介质替换为可写介质，或选择可写介质。在向操作员请求可写介质后，如果对介质的写入失败，则下载失败。

每次执行下载任务时，加载器应在下载介质上创建一个名为 DNLD_DATA_<THW_ID_POS>_<number> 的新目录，此目录在下载介质的根目录中创建。

<number> 是一个增量索引，用于标识唯一的文件名，它从 1 开始，每下载一次就递增一次。

在每次下载完成后，应创建 DNLD_INFO_<THW_ID_POS>_<number> 文件来记录制造商特定的数据。这个文件应包含下载的起止时间、CRC、各个文件的下载成功或失败状态等。

在执行完部分下载后，下载介质上的文件结构可能为：

```
/DLND_DATA_<THW_ID_POSxxx>_1/filemm
/DLND_DATA_<THW_ID_POSxxx>_1/filenn
/DLND_INFO_<THW_ID_POSxxx>_1
/DLND_DATA_<THW_ID_POSxxx>_3254/filemm
/DLND_DATA_<THW_ID_POSxxx>_3254/filenn
/DLND_INFO_<THW_ID_POSxxx>_3254
/DLND_DATA_<THW_ID_POSyy>_1/fileuu
/DLND_DATA_<THW_ID_POSyy>_1/filevv
/DLND_INFO_<THW_ID_POSyy>_1
```

5.3.5.4 公共服务

ARINC615A 提供的公共服务包括状态消息和传输中断。

状态消息用于确定操作的进度和更新操作人员的显示信息，它们由目标硬件定期发送到数据加载器。

状态文件的用途如下：

（1）作为“心跳”信号。

（2）中止一项操作。

（3）在完成时关闭任一操作，即表明操作成功或失败。

这些文件的名称是：

（1）< THW_ID_POS >.LCS 用于信息操作。

（2）< THW_ID_POS >.LUS 用于上传操作。

（3）< THW_ID_POS >.LNS 用于下载操作。

数据加载器和目标硬件都能在传输阶段中断上传、下载和信息操作。数据加载器通过对 <THW_ID_POS>.LUS、<THW_ID_POS>.LCS 或 <THW_ID_POS>.LNS 的 TFTP 写请求进行响应来发起中断。中断（Abort）消息包含一个状态代码，用于报告是操作员还是数据加载器发起了中断操作。操作中断由数据加载器应用程序发送到数据加载器协议的［Abort_Request］消息发起。在接收到 Abort 消息后，目标硬件中断正在进行的操作，并在其“操作”状态码中响应一个与 Abort 消息中的状态码相呼应的操作状态文件。

目标硬件通过将操作状态文件中的“操作”状态码设置为 0x1003 来发起中断，这表示目标硬件将中断操作，并传输状态文件。接收到状态文件后，数据加载器将中断正在进行的操作。

在接收到带有“operation”状态码的状态文件以指示中断（0x1003，0x1004，0x1005）后，数据加载器应显示有关中断的信息文本。

5.3.6 加载消息

数据加载应用程序消息是用户界面和数据加载协议引擎之间的控制和状态消息。数据加载器的 DLA 层和 DLP 层之间传递的消息如表 5-20 所示。目标硬件需要补充目标硬件协议和目标硬件应用程序（THA）之间的对应消息，如图 5-15 所示。目标硬件消息的实现由设备制造商决定。

表 5-20 协议消息汇总

操作	步骤	消息	DLADLP
信息	初始化	［TH_Information_Initialization］	→
		［Information_initialization_Response］	←
	传输	［TH_Information］	←
		［Information_Status］	←
		［Abort_Request］	→
上传	初始化	［TH_Uploading_Initialization］	→
		［Uploading_Initialization_Response］	←
	列表传输	［Load_List］	→
		［Upload_Information_Status］	←
		［Abort_Request］	→
	传输	［File_Not_Available］	←
		［Upload_Information_Status］	←
		［Abort_Request］	→

表 5-20（续）

操作	步骤	消息	DLADLP
下载（介质定义模式）	初始化	[Downloading_Media_Initialization]	→
		[Downloading_Initialization_Response]	←
	列表传输	[Downloading_Information_Status]	←
		[Abort_Request]	→
	传输	[Downloading_File_Receipt]	←
		[Downloading_Information_Status]	←
		[Abort_Request]	→
下载（操作员定义模式）	初始化	[Downloading_Operator_Initialization]	→
		[Downloading_Initialization_Response]	←
	列表传输	[Downloading_File_List_Receipt]	←
		[File_Selection]	→
		[Downloading_Information_Status]	←
		[Abort_Request]	→
	传输	[Downloading_File_Receip]	←
		[Downloading_Information_Status]	←
		[Abort_Request]	→

上述消息的含义已经在各种操作的实施步骤中描述过了。

5.3.6.1 信息操作消息流程图

信息操作所用到的文件有：<THW_ID_POS>.LCI，<THW_ID_POS>.LCL，以及 <THW_ID_POS>.LCS，如图 5-19 所示。

对信息操作消息流程图的解释：

（1）图中最左边的［消息名］和［消息名］下面的黑色空心箭头表示数据加载器应用层和数据加载器协议层之间传递的消息。

（2）带有三个选项卡的粗体计时圈表示协议进程中 TFTP 超时（TFTP_TO）可能发生的位置。

（3）初始化之后的步骤可能有不同的持续时间。因此，为了检查并确保双方（数据加载器和目标硬件）始终处于数据加载操作模式和一致的内部状态，目标硬件定期将状态文件发送到数据加载器，允许彼此控制对方。

（4）任何无效的结构都被认为是致命错误。

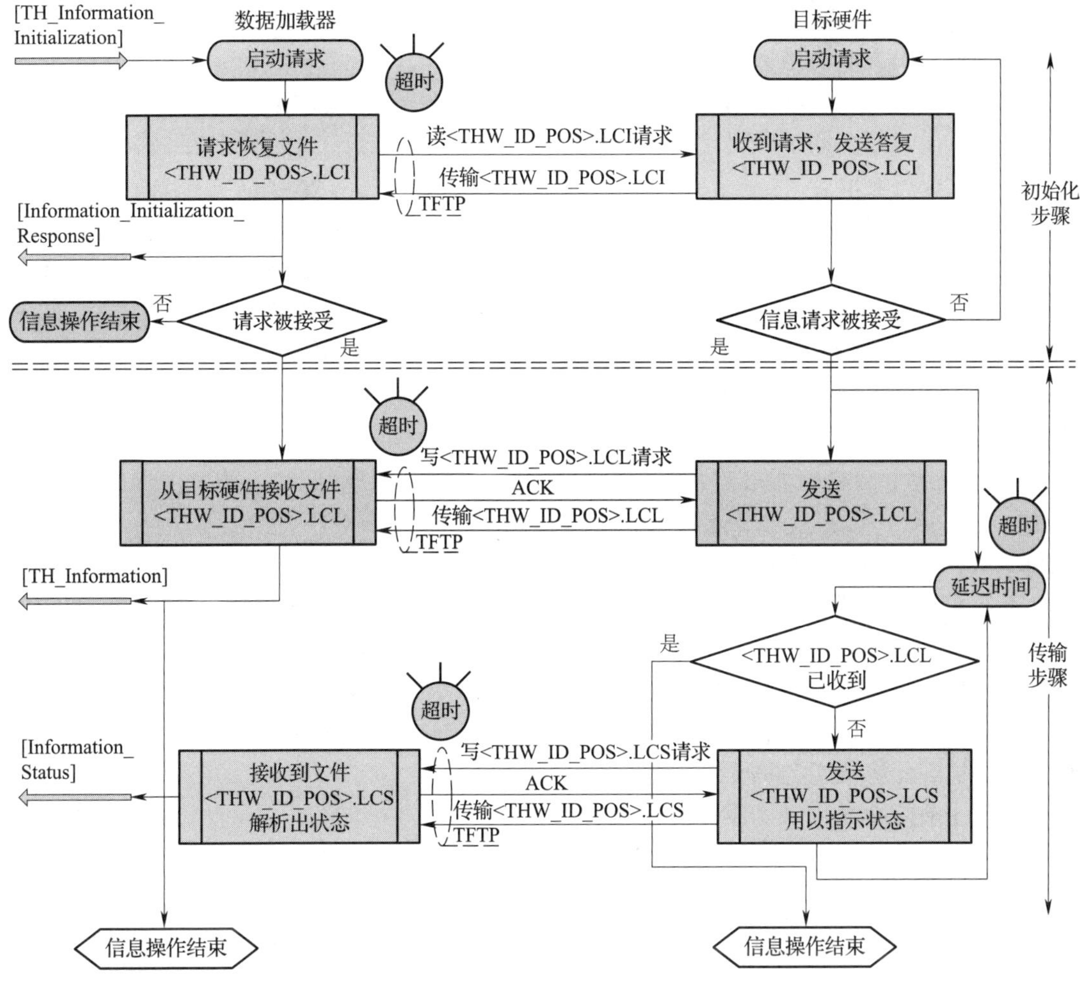

图 5-19　信息操作消息流程图

一旦进入传输步骤：

（1）根据 ARINC615A 附件 4 中定义的 DLP 超时要求，应在最大延迟内发送一次状态文件。状态文件用于定期更新操作员显示，它还允许实现一个 Abort 序列。

（2）目标硬件检测到的任何致命错误都应生成一个包含状态代码和状态描述的状态文件，且应符合超时要求。

（3）目标硬件可以立即发送状态文件，以支持 Abort 消息和 Interrupt Service 功能。

（4）“信息操作”代表一种特殊情况。THW_ID_POS 可能立即传输，也可能需要等待一段时间。

（5）信息模式下的快速响应（THW_ID_POS.LCL 文件在 DLP 超时过期之前传输结束），可能导致目标硬件不发送状态文件。这时，操作将在 THW_ID_POS.LCL 传输结束时完成。

（6）相反，如果至少产生了一个状态文件，目标硬件应该发送符合 DLP 超时要求的状态文件。只有在传输一个全局状态代码为“Operation completed”0x0003 或出现致命错误的状态文件后，该活动才会完成。此状态文件是最后发送的文件。

（7）当目标硬件需要重新启动以从操作模式切换到数据加载模式时，可以使用 WAIT

消息。运行数据加载操作需要这种模式。在模式切换阶段，目标硬件可能无法与数据加载器通信。使用 WAIT 消息将导致数据加载器中止对“信息 / 上传 / 下载操作初始化”文件的 TFTP 读请求，并等待指定的时间再重发“信息 / 上传 / 下载操作初始化”文件的 TFTP 读请求。这段时间允许目标硬件从操作模式切换到数据加载模式，而不必在切换过程中与数据加载器保持通信。

（8）当目标硬件需要延迟向数据加载器发送下一个状态文件时，使用状态文件中的 Exception Timer 字段。Exception Timer 字段允许目标硬件重新调度下一个状态文件，而不会因为数据加载协议超时而导致操作失败。使用此字段，目标硬件通知数据加载器，在“异常计时器”等待期间，目标硬件将保持静默（不发送状态文件），但信息 / 上传 / 下载操作仍在进行中。如果目标硬件响应更快，数据加载器应继续正常操作，而不等待“异常计时器”结束。目标硬件供应商应最小化“异常定时器”值以最小化静默阶段。数据加载器应在这个延迟到期之前收到一个新的状态文件，否则信息 / 上传 / 下载操作将被中止。

5.3.6.2 上传操作消息流程图

上传操作所用到的文件有：<THW_ID_POS>.LUI，<THW_ID_POS>.LUR，以及 <THW_ID_POS>.LUS，如图 5-20 所示。

上传操作消息流程图的解释为：

（1）图中最左边的［消息名］和［消息名］下面的黑色空心箭头表示数据加载器应用层和数据加载器协议层之间传递的消息。

（2）带有三个选项卡的粗体计时圈表示协议进程中 TFTP 超时（TFTP_TO）可能发生的位置。

（3）初始化之后的步骤持续时间是可变的。因此，为了检查并确保双方（数据加载器和目标硬件）始终处于数据加载操作模式和一致的内部状态，目标硬件经常将状态文件发送给数据加载器，允许彼此控制。

（4）任何无效的结构都被认为是致命错误，包括 .LUR 或 .LUH 文件结构。

一旦列表传输阶段开始：

（1）状态文件应在最大延迟内发送，以符合 ARINC615A 附件 4 中定义的 DLP 超时要求。周期性传输不是强制性的，但要在最大延迟内。

（2）目标硬件检测到的任何致命错误都应根据超时要求生成包含状态代码和状态描述的状态文件。

（3）目标硬件可以立即发送一个状态文件，以支持 Abort 消息和中断服务。

（4）在列表传输步骤之后，数据加载器作为 TFTP 服务器运行，对目标硬件请求文件的顺序不作规定。唯一的约束是目标硬件在相关数据文件之前加载头文件，因为数据文件名只在头文件中列出。

（5）在传输步骤中，只有“UPLOAD THREAD”标记的部分可以被复制，以实现一个目标的并行加载。状态文件交换是相对于整个传输步骤的，无论启动多少个并行加载。

（6）根据它的上下文（如软盘、硬盘等），数据加载应用程序必须辨别“文件不可用”错误是一个不可恢复的错误（导致加载过程的失败），还是一个可恢复的错误（请求操作员的干预）。在请求操作员干预时，数据加载器响应将是一条等待消息。

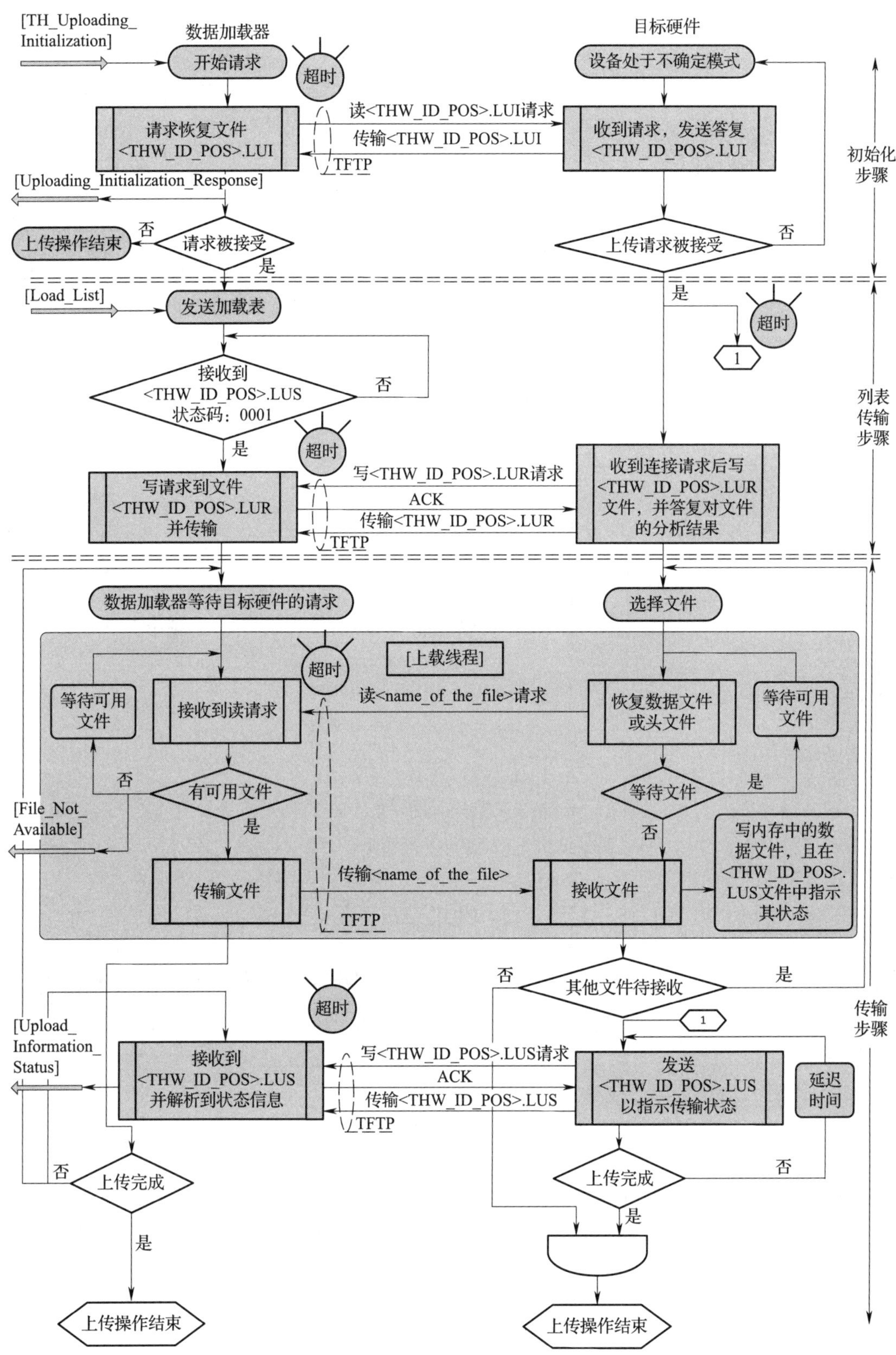

图 5-20 上传操作消息流程图

（7）当目标硬件需要重新启动以从操作模式切换到数据加载模式时，可以使用 WAIT 消息。运行数据加载操作需要这种模式。在模式切换阶段，目标硬件可能无法与数据加载器通信。使用 WAIT 消息将导致数据加载器中止对“信息 / 上传 / 下载操作初始化”文件的 TFTP 读请求，并等待指定的时间再重发“信息 / 上传 / 下载操作初始化”文件的 TFTP 读请求。这段等待时间允许目标硬件从操作模式切换到数据加载模式，而不必在切换过程中与数据加载器保持通信。

（8）状态文件中的 Exception Timer 字段用于当目标需要延迟发送下一个状态文件到数据加载器时使用。Exception Timer 字段允许目标硬件重新调度下一个状态文件，而不会因为数据加载协议超时而导致操作失败。使用此字段，目标硬件通知数据加载器，在“异常计时器”等待期间，目标硬件将保持静默（不发送状态文件），但信息 / 上传 / 下载操作仍在进行中。如果目标硬件响应更快，数据加载器应继续正常操作，而不等待“异常计时器”结束。目标硬件供应商应最小化“异常定时器”值以最小化静默阶段。数据加载器应在这个延迟到期之前收到一个新的状态文件，否则信息 / 上传 / 下载操作将被中止。

（9）在校验计算（如 CRC，Checksum 等）期间状态文件仍应被传输，即使所有数据文件已经被传输。

（10）只有在使用适当的算法（如 CRC、校验和等）擦除、编程和正确性检查后，才能实现上传操作（状态字段中的指示器为 100%）。

（11）只有在传输一个全局状态码为“Operation completed”0x0003 或出现致命错误的状态文件后，传输才会完成。此状态文件是最后发送的文件。

5.3.6.3 下载操作（介质定义模式）消息流程图

下载操作（介质定义模式）所用到的文件有：<THW_ID_POS>.LND，<THW_ID_POS>.LNR，以及 <THW_ID_POS>.LNS，如图 5-21 所示。

对下载操作（介质定义模式）消息流程图的解释：

（1）图中最左边的［消息名］和［消息名］下面的黑色空心箭头表示数据加载器应用层和数据加载器协议层之间传递的消息。

（2）带有三个选项卡的粗体计时圈表示协议进程中 TFTP 超时（TFTP_TO）可能发生的位置。

（3）运营商应选择下载操作的介质类型。

（4）初始化之后的步骤持续时间是可变的。因此，为了检查并确保双方（数据加载器和目标硬件）始终处于数据加载操作模式和一致的内部状态，目标硬件经常将状态文件发送到数据加载器，允许两者相互控制。

（5）任何无效的结构都被认为是致命错误。

一旦列表传输阶段开始：

（1）状态文件应在最大延迟内发送，以符合 ARINC615A 附件 4 中定义的 DLP 超时要求。周期性传输不是强制性的，只是要求在最大延迟内。

（2）目标硬件检测到的任何致命错误都应根据超时要求生成包含状态代码和状态描述的状态文件。

（3）目标硬件可以立即发送一个状态文件，以支持 Abort 消息和中断服务。

（4）当目标硬件需要重新启动以从操作模式切换到数据加载模式时，可以使用 WAIT 消息。运行数据加载操作需要这种模式。在模式切换阶段，目标硬件可能无法与数据加载器

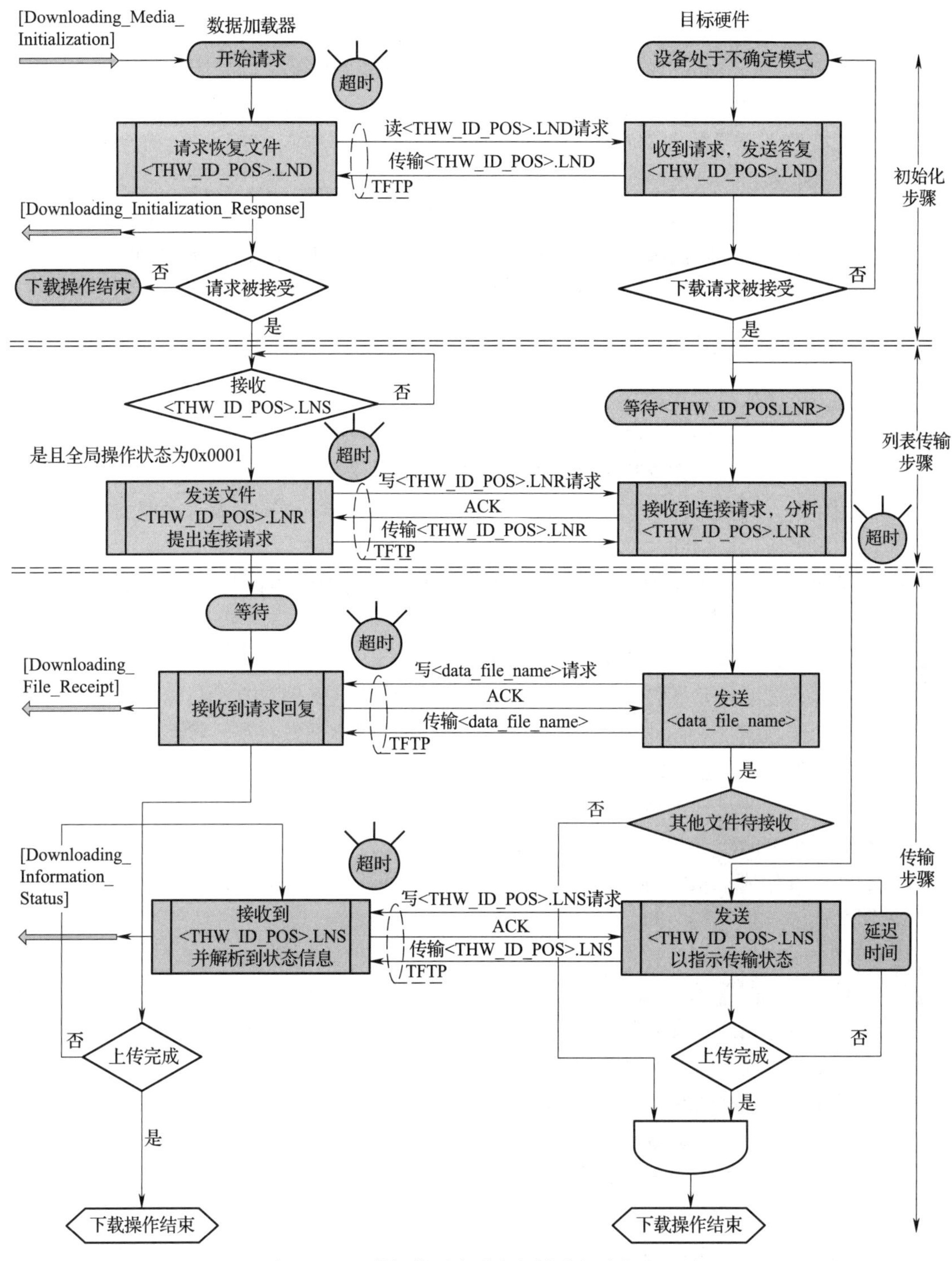

图 5-21 下载操作（介质定义模式）消息流程图

通信。使用 WAIT 消息将导致数据加载器中止对“信息 / 上传 / 下载操作初始化”文件的 TFTP 读请求，并等待指定的时间再重发“信息 / 上传 / 下载操作初始化”文件的 TFTP 读请求。这段等待时间允许目标硬件从操作模式切换到数据加载模式，而不必在切换过程中与数据加载器保持通信。

（5）状态文件中的 Exception Timer 字段用于当目标需要延迟发送下一个状态文件到数据加载器时使用。Exception Timer 字段允许目标硬件重新调度下一个状态文件，而不会因为数据加载协议超时而导致操作失败。使用此字段，目标硬件通知数据加载器，在“异常计时器”等待期间，目标硬件将保持静默（不发送状态文件），但信息 / 上传 / 下载操作仍在进行中。如果目标硬件响应更快，数据加载器应该继续正常操作，而不等待“异常计时器”结束。目标硬件供应商应该最小化“异常定时器”值以最小化静默阶段。数据加载器应该在这个延迟过期之前收到一个新的状态文件；否则信息 / 上传 / 下载操作将会中止。

（6）只有在传输带有全局状态码“操作完成”（0x0003）或致命错误的状态文件后，该操作才会完成。此状态文件是最后发送的文件。

5.3.6.4　下载操作（操作员定义模式）消息流程图

下载操作（操作员定义模式）所用到文件有：<THW_ID_POS>.LNO，<THW_ID_POS>.LNL，<THW_ID_POS>.LNA，以及 <THW_ID_POS>.LNS，如图 5-22 所示。

对下载操作（操作员定义模式）消息流程图的解释：

（1）图中最左边的［消息名］和［消息名］下面的黑色空心箭头表示数据加载器应用层和数据加载器协议层之间传递的消息。

（2）带有三个选项卡的粗体计时圈表示协议进程中 TFTP 超时（TFTP_TO）可能发生的位置。

（3）下载操作的介质类型应由操作员选择。

（4）初始化之后的步骤持续时间是可变的。为了检查并确保双方（数据加载器和目标硬件）始终处于数据加载操作模式和一致的内部状态，目标硬件经常将状态文件发送到数据加载器，允许两者相互控制。

（5）任何无效的结构都被认为是致命错误。

一旦列表传输阶段开始：

（1）状态文件应在最大延迟内发送，以符合 ARINC615A 附件 4 中定义的 DLP 超时要求。周期性传输不是强制性的，只是要求在最大延迟内。

（2）目标硬件检测到的任何致命错误都应生成一个包含足够状态代码和状态描述的状态文件，且符合超时要求。

（3）目标硬件可以立即发送一个状态文件，以 Abort 消息和中断服务。

（4）当目标需要重新启动以从操作模式切换到数据加载模式时，可使用 WAIT 消息。运行数据加载操作需要这种模式。在模式切换阶段，目标硬件可能无法与数据加载器通信。使用 WAIT 消息将导致数据加载器中止对“信息 / 上传 / 下载操作初始化”文件的 TFTP 读请求，并等待指定的时间再重发“信息 / 上传 / 下载操作初始化”文件的 TFTP 读请求。这允许目标硬件从操作模式切换到数据加载模式，而不必在切换过程中与数据加载器保持通信。

（5）状态文件中的 Exception Timer 字段在目标需要延迟发送下一个状态文件到数据加载器时使用。Exception Timer 字段允许目标硬件重新调度下一个状态文件，而不会因为数据加载协议超时而导致操作失败。使用此字段，目标硬件通知数据加载器，在“异常计时器”等待期间，目标硬件将保持静默（不发送状态文件），但信息 / 上传 / 下载操作仍在进行中。如果目标硬件响应更快，数据加载器应继续正常操作，而不等待“异常计时器”

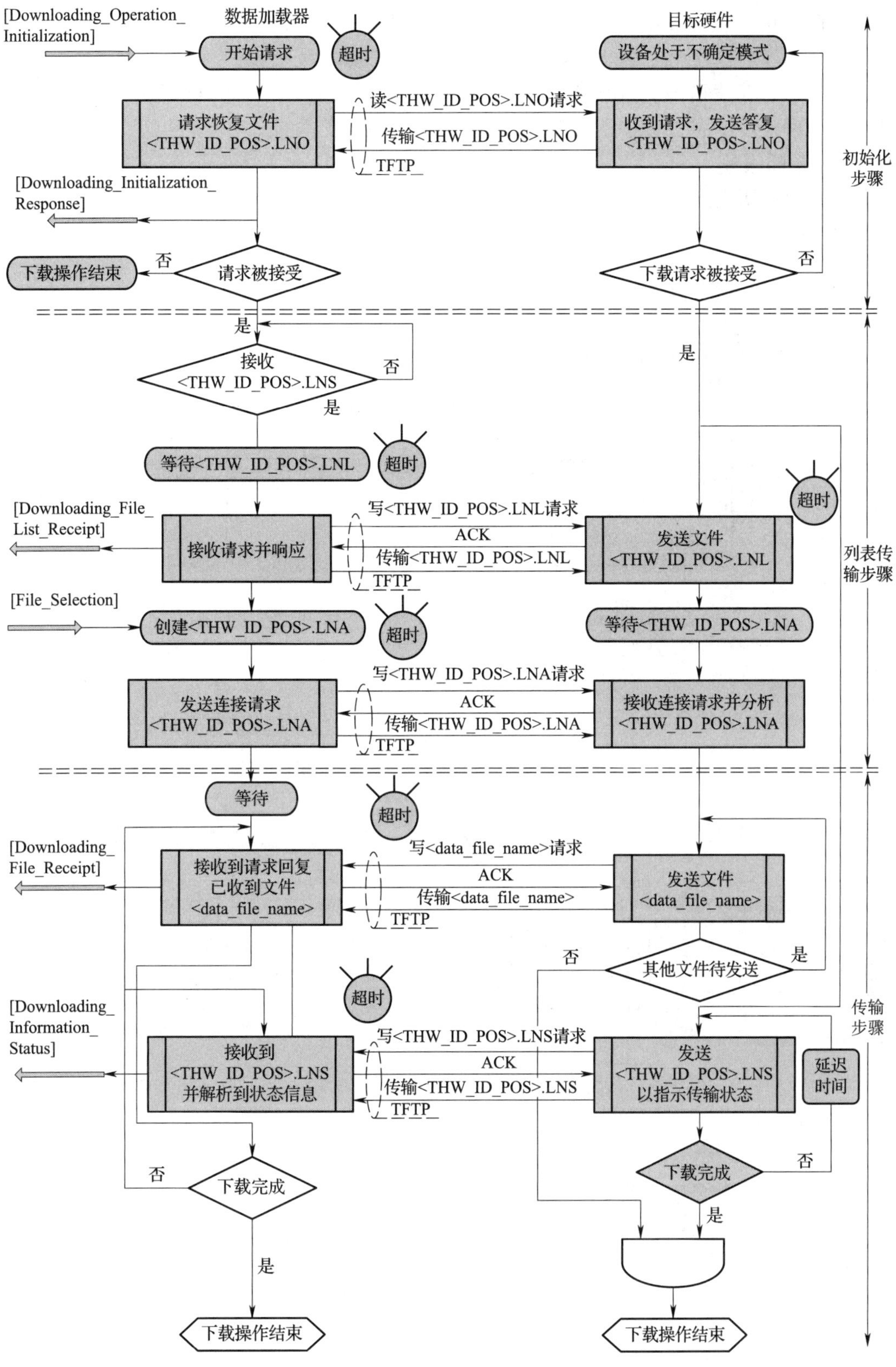

图 5-22 下载操作（操作员定义模式）消息流程图

结束。目标硬件供应商应最小化“异常定时器”值以最小化静默阶段。数据加载器应在这个延迟过期之前收到一个新的状态文件；否则将中止信息 / 上传 / 下载操作。

（6）只有在传输一个带有全局状态码“Operation completed”（0x0003）或致命错误的状态文件后，该传输活动才会完成。此状态文件是最后发送的文件。

5.3.6.5 中断服务

中断服务所用到文件有：<THW_ID_POS>.LCS，<THW_ID_POS>.LUS，以及 <THW_ID_POS>.LNS，如图 5-23 所示。

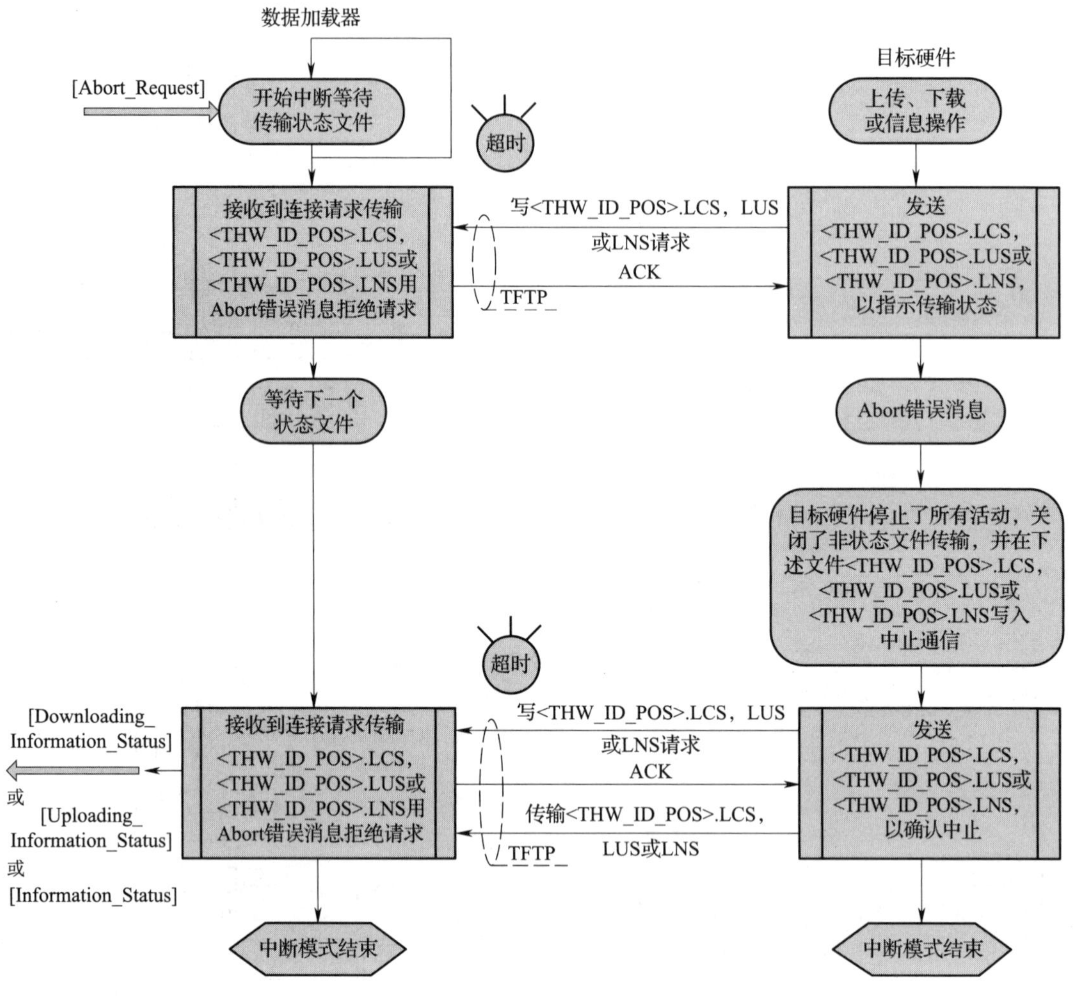

图 5-23 中断服务消息流程图

对中断服务消息流程图中断服务的说明：

（1）图中最左边的［消息名］和［消息名］下面的黑色空心箭头表示数据加载器应用层和数据加载器协议层之间传递的消息。

（2）带有三个选项卡的粗体计时圈表示协议进程中 TFTP 超时（TFTP_TO）可能发生的位置。

中断服务由状态文件支持，状态文件传输由目标硬件发起：

（1）如果目标硬件请求中止，目标硬件可能会发送一个状态文件指示中止请求。这个状态文件的完整传输表示数据加载器对中断请求的确认。

（2）状态文件中的状态码应为 0x1003（操作被目标硬件中止）。

（3）任何其他 TFTP 传输都应使用带有状态码 0x1003 的 Abort 消息中止（操作被目标硬件中止）。

（4）如果数据加载器请求 Abort（代码为 0x1004 或 0x1005），数据加载器应等待来自目标硬件的下一个状态文件写请求，用 Abort 错误消息响应此请求，然后等待下一个状态文件传输。来自目标硬件的最后一个状态文件支持目标硬件对来自数据加载器的中止请求的确认。

（5）在数据加载器中止请求的情况下，任何其他 TFTP 传输都应该使用带有状态码 0x1004（数据加载器中止操作）或 0x1005（操作员中止操作）的 Abort 消息来中止。

5.3.6.6 协议文件

本节描述数据加载协议使用的数据文件的格式，所用到的协议文件汇总于表 5-21 中。所有协议文件都使用“大端序”字节顺序定义，即每个 16 位字的最高 8 位（MSB 字节）先传输，然后传输下一个 8 位字节（n+1）的最低位（LSB 字节）。

表 5-21 协议文件汇总

文件名	操作	文件内容	创建于	文件类型
<THW_ID_POS>.LCI	信息	仅用于初始化信息操作（加载配置初始化）	目标硬件	协议
<THW_ID_POS>.LCL	信息	目标硬件配置，它给出了目标硬件的 P/N 列表（加载配置列表）	目标硬件	协议
<THW_ID_POS>.LCS	信息	信息过程的进度和状态（加载配置状态）	目标硬件	协议
<THW_ID_POS>.LUI	上传	仅用于初始化上传操作（上传初始化）	目标硬件	协议
<THW_ID_POS>.LUR	上传	请求上传加载列表	数据加载器	协议
<HEADER_FILE>.LUH*	上传	包含的信息允许目标硬件接收加载数据（加载上传头文件）	供应商	文件
<Data_File_Name>*	上传	已上传或下载的文件名	供应商或目标硬件	文件
<THW_ID_POS>.LUS	上传	上传过程的进度和状态（加载上传状态）	目标硬件	协议
<THW_ID_POS>.LND	介质模式下载	仅用于初始化介质模式下载操作	目标硬件	协议
<THW_ID_POS>.LNR	介质模式下载	用于给出待恢复文件列表	数据加载器	协议
<THW_ID_POS>.LNS	操作员或介质模式下载	下载过程的进度	目标硬件	协议
<THW_ID_POS>.LNO	操作员模式下载	仅用于初始化操作员模式下载	目标硬件	协议

表 5-21（续）

文件名	操作	文件内容	创建于	文件类型
<THW_ID_POS>.LNL	操作员模式下载	用于给出潜在待恢复的文件列表	目标硬件	协议
<THW_ID_POS>.LNA	操作员模式下载	用于给出操作员选择的待下载文件列表	数据加载器	协议
注：* 这几个文件在 ARINC665 协议中规定。				

协议文件中的字段信息都使用相同的字节顺序，只有数据文件和支持文件的字节排序由供应商决定。

由于第一个文件是由目标硬件产生的，因此目标硬件提供 ARINC615A 使用的协议版本。根据这些信息，数据加载器负责调整其功能以适应此请求（具体而言，如果没有实现该版本则拒绝，如果实现了多个版本则选择此版本）。在目标硬件端，所有操作应采用相同的协议版本。

协议文件结构的版本在“协议版本”字段中体现，此协议版本参数支持目标硬件和数据加载器使用正确的结构来访问数据。对于 ARINC615A 修订版中定义的所有协议文件，其协议版本的值应相同。

如果协议文件或 TFTP 适配数据加载协议的结构发生变化，则 ARINC615A 修订版的协议版本值应进行修改，所有其他受协议版本变化影响的文件也要修改，以反映所实现的协议版本。

协议版本由目标硬件在初始化中发送。数据加载器应匹配此协议版本，如果没有实现此协议版本，则应中止加载。

在协议版本不兼容的情况下，数据加载器应通过向第一个状态文件写请求发送一个中止消息来中止操作。

协议版本不应从协议文件的第二个字段移除，协议版本为 ARINC615A 附录 3 所规定的 ASCII 码。

所有文本字段中的文本字符串，如描述字段、部件号名称字段等，都应该以 0x00 结尾，以表示文本的结束。

表 5-22 中的文本字段长度表示文本字段的大小，而不是其相关文本字符串加上终止符的大小。文本以字符串结束符 0x00 结束，并且不能填充整个文本字段。为了提高处理效率，实现者可能希望固定文本字段的大小（以及文本字段长度的相关值），然后根据需要更改消息文本。其他人则希望限制传输的数据量，并将文本字段长度设置为文本字符串加上终止符的长度，或者在不需要文本时设置为零。

协议文件 <THW_ID_POS>.LCI、<THW_ID_POS>.LUI、<THW_ID_POS>.LND，以及 <THW_ID_POS>.LNO 文件的字段描述见表 5-22。类似地，ARINC615A 还定义了 <THW_ID_POS>.LCL，<THW_ID_POS>.LCS，<THW_ID_POS>.LUR，<THW_ID_POS>.LUS，<THW_ID_POS>.LNR，<THW_ID_POS>.LNS，<THW_ID_POS>.LNL，以及 <THW_ID_POS>.LNA 文件中各个域，并给出了相应的描述。本书不在这里逐一描述。

表 5-22 协议文件 <THW_ID_POS >.LCI，<THW_ID_POS >.LUI，<THW_ID_POS >.LND，及 <THW_ID_POS >.LNO 文件中的字段

域名称	域长度 /bit	备注
文件长度	32	以 8bit 字长表示的文件长度，包括域名称
协议版本	16	用 2B（ASCII 码）表示的协议版本
操作接受状态编码	16	用 16bit 无符号数 0x0000 表示的状态编码，用于答复信息操作初始化请求
状态描述长度	8	编码含义： 0x0001：操作被接受； 0x1000：操作被否定，原因写在“状态描述”域里； 0x0002：操作不被目标硬件支持； 其余见表 5-23
状态描述		文本字符以 0x00 结束，最长 255 字符，它提供了状态编码的附加信息

5.3.6.7 数据加载状态编码

在从目标硬件接收到对应文件的状态码时，数据加载器应显示如表 5-23 所示的文本。数据加载器不用解释每个 TFTP 传输的状态（例如，用于上传的单个数据或支持文件），而是等待目标硬件层管理的上传 / 下载 / 信息状态码。这些状态代码会用这些文件（.LUS，.LNS 或 .LCS）周期性地传送给数据加载器。

表 5-23 数据加载状态编码表

状态编码	含义	显示文本	操作中用到的文件		
			信息	上传	下载
0x0001	目标硬件接受该操作，操作还未开始	无显示备注：对于加载状态，已接受，但未开始	.LCI .LCS	.LUI .LUS	.LND .LNO .LNS
0x1000	目标硬件未接受该操作	“* 操作被否决”，需要提供目标硬件文本	.LCI	.LUI	.LND .LNO
0x1002	该操作不被目标硬件支持	“* 操作不被目标硬件支持”，没有目标硬件文本需要显示	.LCI	.LUI	.LND .LNO
0x0002	操作正在进行	无显示	.LCS	.LUS	.LNS
0x0003	操作完成无错误	“* 操作完成”，没有需要显示的目标硬件文本	.LCS	.LUS	.LNS
0x0004	操作正在进行，目标硬件提供额外文本	需要目标硬件文本	.LCS	.LUS	.LNS
0x1003	操作被目标硬件中止	“* 操作被目标硬件中止”，需要目标硬件文本，如果因为传输失败而中止，需要注明原因	.LCS	.LUS	.LNS
0x1004	操作被数据加载器中止	“* 操作被数据加载器中止”，无须显示目标硬件文本	.LCS	.LUS	.LNS

表 5-23（续）

状态编码	含义	显示文本	操作中用到的文件		
			信息	上传	下载
0x1005	操作被操作员中止	“操作员取消了操作 *”，没有目标硬件文本需要显示	.LCS	.LUS	.LNS
0x1007	加载件号失败	“< 加载件号 > 失败”，需要目标硬件文本		.LUS	
	下载文件失败	“< 文件名 > 失败”，需要目标硬件文本			.LNS
注：* 在显示时，这里的“操作”应被具体的操作内容替代，比如信息操作、上传操作或下载操作。					

5.4 满足 ARINC665 的数据加载文件格式

ARINC665 定义了可加载软件部件（LSP）和软件传输介质部件的航空标准。它描述了适用于数据加载系统任何部分的通用原则和规则，以确保兼容性和互操作性。它包括 LSP 的部分编号、内容、标签和格式，以及包含 LSP 的介质集。可加载软件飞机部件（LSAP）是 LSP 类部件的一个子集。

使用统一的软件 LSP 和介质集格式使供应商能够使用通用的（标准化的）可加载软件过程、规程和支持工具。

软件加载器、工具、过程和飞机系统在定义可加载软件部件和软件传输介质内容和格式时可参考本标准。它应独立于任何特定的数据加载系统、生产过程或使用 LSP 的飞机系统。

ARINC665 定义了标准文件格式，使软件加载器、验证器、电子路由器和自动化流程能够在可加载软件部件（LSP）上完成其任务。它与零部件供应商、附属系统或飞机型号的具体情况无关。标准化的主要优势之一是使用稳定、寿命长的工具来管理“标准化”部件以节省成本。

指定的文件格式可以提供：

（1）支持所有预期需求的必要信息。

（2）供应商最大限度地自由控制自己的文件内容和格式。

（3）版本升级以满足非预期需求的能力，同时保持最大的向后兼容性潜力，兼容现有可加载软件格式、装载机、工具和飞机系统（例如，ARINC615、ARINC629、航空公司和供应商流程等）。

每个文件格式定义都包含一个文件格式版本号字段，该字段指示了文件的特定版本。ARINC665 定义了三类文件，它们之间有足够的独立性以允许独立地演化。这三类文件为：

（1）加载文件。

（2）批处理文件。

（3）介质文件。

与每个类相关联的特定文件格式版本号如下所示：

（1）加载文件格式版本：0x8004。

（2）批处理文件格式版本：0x9004。

（3）介质文件格式版本：0xA004。

为了允许加载文件格式版本 0x8004 与基于 0x8003 的加载器保持兼容，加载检查值字段位于头文件 CRC 和加载 CRC 之前。如果没有特定的指针，CRC 位于文件的最后 48bit。在这种设计中，加载检查值字段被附加到用户定义的数据后，并被基于 0x8003 的加载器识别。

扩展点是文件中预定义的位置，可以在文件格式的未来版本中添加新字段。

LSP 和 / 或介质集的创建者不应在文件的任何位置插入他们自己定义的字段，除非在 ARINC665 中有定义。

如果在设计接口工具和 LSP 时考虑到未来的文件扩展，则可以使用已定义的“字段指针”来避免“遍历”展开点，将允许工具处理较新的文件格式版本，就像处理较早的版本一样。例如，一个理解版本 1 文件的工具应能读取版本 4 文件，就像它是版本 1 文件一样。

当工具被更新以访问后期文件版本添加的字段时，它们应保留检测和适当处理早期文件版本的能力，这个属性称为向后兼容性。

5.4.1 指针字段的定义

ARINC665 文件列表（如头文件）中用指针可以精确计算和放置列表中的所有数据组件。在读取、确认或传输部件的任何给定点，系统都可以定义当前参考点。指针的使用使得 ARINC665 早期版本定义的部件可以被后续开发的系统读取，从而实现向后兼容。ARINC665-3 改进了绝对指针名称，以明确指出它们所指向的字段。但它们的用法并没有改变，都指向同一个字段的最高有效位。

如图 5-24 所示，有两种类型的指针：

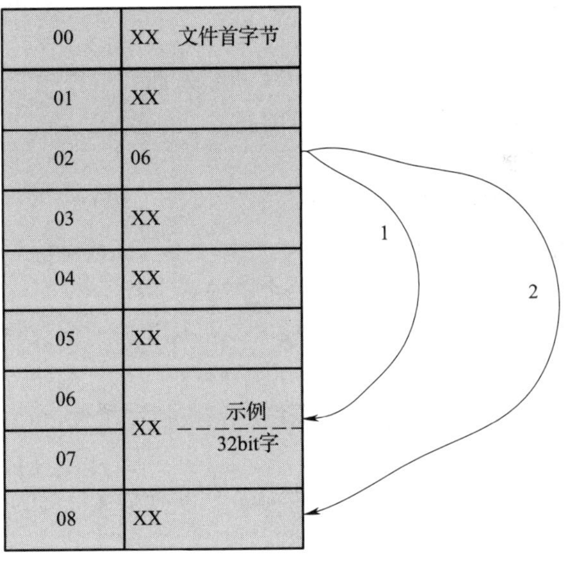

图 5-24 绝对指针与相对指针

（1）绝对指针：从文件开始到所指向字段的16bit字的个数（不包括所指向字段的第一个16bit字）。例如，对于头文件字段格式，用指针指向PN长度字段时，指针的值应为无符号整型值20（0x0014）。

（2）相对指针：相对指针与指向字段的第一个16bit字之间的16bit字的个数。相对指针包含在计数中，而指向字段的第一个字不包含在计数中。

此例中，若第2个字的指针是绝对指针（指针1），则它指向第6个字（示例32bit字）；如果第2个字的指针是相对指针（指针2），则它指向第8个字。

5.4.2 目标硬件ID

目标硬件（HW）ID可以分为两类：

（1）ARINC429类：目标HW ID是ARINC429中定义的设备代码，并表示为4个十六进制字符，左侧填充ASCII“0”。

（2）制造商自定义类别：具体的目标硬件ID可以使用4~15个字符，前3个字符反映制造商的代码，剩余的字符由制造商自定义。

符合ARINC615的目标HW应使用ARINC429设备识别码进行标识，目标硬件ID用三位制造商代码（MMM）进行标识。

加载器将部件用目标HW ID链接到选定的加载目的地，反之亦然。目标硬件可以使用目标HW ID来确保加载进来的数据是兼容的。

随着商用货架产品（COTS）软件和集成模块化航电（IMA）设备的使用日益广泛，需要能在多个LRU间通用的软件。这时，应为软件部件选择一个通用的目标HW ID，以免在使用该软件部件的新硬件出现时，需要更改软件件号。

供应商最好不要为一个LRU指定多个目标HW ID，因为这会增加所需的加载活动。具有多个内部通道的系统应自己管理对所有通道的重复加载，而不需要操作员对每个LSP执行多次加载。

5.4.3 软件加载PN

每个LSP有唯一的PN（Part Number），飞机制造商和软件供应商双方应就PN达成一致。每当LSP发生变化时，都要为该部件分配新的唯一的PN。

5.4.3.1 软件加载PN格式

可加载软件PN的建议格式为MMMCC-SSSS-SSSS，其中：

（1）MMM是分配给每个软件供应商的唯一大写字母、数字标识符。

（2）CC是由PN中的其他字符生成的两个“检查字符”。

（3）SSSS-SSSS是由软件供应商定义的唯一产品标识符，由大写字母、数字字符组成，但不能使用字母字符“I”，“O”，“Q”和“Z”。PN不应嵌入空格。

（4）“-”连字符（ASCII 0x2D）是分隔符，它包括在软件PN中。分隔符不会增加数字的唯一性。

ARINC615A加载器不执行PN格式规则检查，以实现最大程度的向后兼容性和灵活性。

5.4.3.2 制造商编码分配

制造商代码（MMM）是分配给每个飞机软件供应商的识别代码。代码由三个大写字母、数字字符组成。已分配的 MMM 代码列表发布在 ARINC 网站上，网址为：www.arinc.com/aeec。ARINC-AEEC 是这些代码的管理员，供应商可以向其提出申请。

5.4.3.3　PN 中的检查字符

检查字符（CC）的目的是增加飞机配置报告的完整性。CC 要解决的审定问题是，错误的 PN 可能会被低完整性显示系统显示为正确的，因此需要增加检查字符。计算方法见 ARINC665 附录 E。

5.4.3.4　商用软件

飞机系统可能会采用那些不是专门为飞机设计的商业软件，商业软件也应符合 PN 的编码规则，供应商需要在 PN 中包含自己的 MMM 代码。商业软件的补丁升级也需要发布新的 PN。

5.4.4　软件加载内容与格式

5.4.4.1　软件加载结构

加载由一个头文件和一个或多个数据文件组成，根据需要还可以有支持文件。加载文件结构参见图 5-25。加载中的文件名应是唯一的。ARINC665 头文件中的文件名是区分大小写的。

头文件和每个数据文件由整数个 16bit 字组成，建议（但不强制）所有支持文件也由整数个 16bit 字组成，但至少应为整数个 8bit 字节。

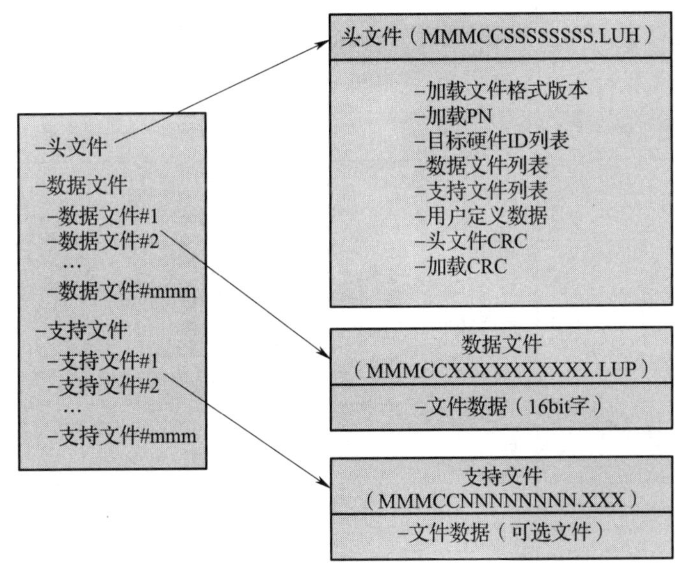

图 5-25　加载文件结构

5.4.4.2　软件加载文件命名

加载的头文件、数据文件和支持文件的文件名最长为 255 个字符，包括分隔符“.”和扩展名。

头文件名的前三个字符是创建文件的制造商代码，在分配文件名的其余部分时，要保证与制造商代码相关联的每个加载都是唯一的。

头文件、数据文件和支持文件以及目录名称中的字符有限制，以避免文件名中有不可打印的字符，或者文件名不能跨平台使用。数据文件和支持文件名只能由可打印字符组成，不包括“~”“/”“:”“\”“I”“O”“Q”和空格。“.”和“…”是不允许用作文件名的。

ARINC665 格式文件中的文件引用应与所引用文件的大小匹配。

LSP 头文件扩展名为“.LUH”。

数据文件扩展名通常是用户定义的，但不能使用保留扩展名，强烈建议数据文件扩展名用“.LUP”。

支持文件扩展名也是用户定义的，也不能用保留扩展名列表中的扩展名。

5.4.4.3　文件内容与格式

每个 LSP 的头文件必须包含表 5-24 头文件内容定义的信息，LSP 所包含的信息如表 5-25 所示。字段的位置，关于字节的大小端和 NUL 值在加载头文件中的使用条件，在表格的备注栏中有说明。除注明的 ASCII 字符字段外，所有值都应表示为二进制数。

表 5-24　头文件所包含的内容

字段名称	字段长度 /bit	备注
头文件长度	32	以 16bit 字表示的头文件长度
加载文件格式版本	16	加载文件格式版本信息
部件标志	16	用 16bit 表示的对加载部件的补充信息： - 下载标志：最低位，0 表示上传，1 表示下载； - 备用标志，其余 15bit，未来扩展用
指向加载 PN 长度的指针	32	指向加载 PN 长度字段的绝对指针
指向目标硬件 ID 数量的指针	32	指向目标硬件 ID 数量字段的绝对指针
指向数据文件数量的指针	32	指向数据文件数量字段的绝对指针
指向支持文件数量的指针	32	指向支持文件数量字段的绝对指针，如果没有支持文件，则将该值设置为 0x0000
指向用户定义数据的指针	32	指向用户定义文件数量字段的绝对指针，如果没有支持文件，则将该值设置为 0x0000
指向加载类型描述长度的指针	32	指向加载类型描述长度字段第一个字的绝对指针。如果没有加载类型描述字段，则将其设置为 0x0000
指向带位置信息的目标硬件 ID 数量的指针	32	指向带位置信息的目标硬件 ID 数量字段的绝对指针，若没有，则将其设置为 0x0000
指向加载校验值长度的指针	32	指向加载校验值长度字段的绝对指针
扩展点 1	0	扩展预留，将来在这里可能会有新的字段定义
加载 PN 长度	16	加载 PN 中的 ASCII 字符数量，包括分隔符，但不包括 NUL 填充
加载 PN	16	1 个或多个 16bit 字，用 ASCII 字符表示的加载 PN，数值总为偶数，为奇数时在尾部填充 NUL
扩展点 2	0	扩展预留，将来在这里可能会有新的字段定义
加载类型描述长度	16	加载类型描述字段的 8bitASCII 字符数，不包括 NUL 填充。如果对应的指针为 0x0000，则该字段被省略

表 5-24（续）

字段名称	字段长度 /bit	备注
加载类型描述	16	1 个或多个 16bit 字，用 8bitASCII 字符标识的字符串，若字符串数量为奇数，则在尾部填充 NUL。它描述了加载部件的功能，如“EEC 工作软件”“FMS 导航数据库”等
加载类型 ID	16	由制造商或系统集成商设置的 16bit 加载类型 ID，它与加载类型描述相对应，如果对应的指针为 0x0000，则该字段被省略
扩展点 3	0	扩展预留，将来在这里可能会有新的字段定义
目标硬件 ID 数量	16	目标硬件 ID 列表中的条目数量
* 目标硬件 ID 长度	16	目标硬件 ID 字符数量，不包含尾部的 NUL 填充
* 目标硬件 ID	16	1 个或多个 16bit 字，它由 8bitASCII 字符串组成，当字符个数不为偶数时，需要在尾部填充 NUL
扩展点 4	0	扩展预留，将来在这里可能会有新的字段定义
带位置信息的目标硬件 ID 数量	16	带位置信息的目标硬件 ID 仅用于限制 LSP 只上传到目标硬件的特定位置（例如，仅上传到左侧位置或右侧位置）。若对应的指针值为 0x0000，则后续的相关字段会被忽略
% 带位置信息的目标硬件 ID 长度	16	它是带位置信息的目标硬件 ID 中所包含的 8bitASCII 字符数量，如果字符数量为奇数，则会在尾部填充 NUL。若对应的指针值为 0x0000，则后续的相关字段会被忽略
% 带位置信息的目标硬件 ID	16	它是带位置信息的目标硬件 ID 中所包含的 8bitASCII 字符，如果字符数量为奇数，则会在尾部填充 NUL。若对应的指针值为 0x0000，则后续的相关字段会被忽略
% 目标硬件 ID 位置数量	16	1 个或多个 16bit 字，它是目标硬件 ID 的位置数量
%& 位置长度	16	它是位置字段的字符数量
%& 位置	16	1 个或多个 16bit 字，用 8bitASCII 字符表示的目标硬件位置，如果字符数量不为奇数，则在尾部填充 NUL
扩展点 5	0	扩展预留，将来在这里可能会有新的字段定义
数据文件数量	16	软件加载中用到的数据文件数量，其值必须大于等于 0
+ 数据文件指针	16	它是距离下一个数据文件指针的 16bit 字的数量
+ 数据文件名长度	16	数据文件名中的 ASCII 字符数量，不包含尾部填充的 NUL
+ 数据文件名	16	1 个或多个 16bit 字，用 8bitASCII 字符表示的字符串，若数量为奇数，则需要在尾部填充 NUL

注：* 字段为每个目标硬件 ID 重复一组；
% 字段为每个带位置信息的目标硬件 ID 重复一组；
& 字段为每个带位置组信息的目标硬件 ID 重复一组；
+ 字段为每个数据文件重复一组。

表 5–25 LSP 所包含的信息

字段名称	字段长度 /bit	备注
+ 数据文件 PN 长度	16	数据文件 PN 的字符数量，不包括尾部填充的 NUL
+ 数据文件 PN	16	1 个或多个 16bit 字，它是用 8bitASCII 字符表示的字符串，若数量为奇数，则在尾部填充 NUL
+ 数据文件长度	32	数据文件中 16bit 字的数量，文件结尾的半个字应当作一个完整的字来计数
+ 数据文件 CRC	16	覆盖整个数据文件的 16bitCRC
+ 用字节表示的数据文件长度	64	数据文件中 8bit 字节的数量
+ 数据文件校验值长度	16	它是数据文件校验值的字节数量，包括这个字段，以及数据文件校验值类型字段。如果不用的话，将该字段设置为 0x0000
+ 数据文件校验值	16	1 个或多个 16bit 字，包含了数据文件的校验值
+ 扩展点 6	0	扩展预留，将来在这里可能会有新的字段定义
支持文件数量	16	软件加载中所用到的支持文件的数量
# 支持文件指针	16	到下一个支持文件指针的相对的 16bit 字数量
# 支持文件名长度	16	支持文件的字符数量，不包含结尾附加的 NUL
# 支持文件名	16	0 或多个 16bit 字，以 8bitASCII 字符表示的字符串，若字符数量为奇数，则在尾部附加 NUL
# 支持文件 PN 长度	16	支持文件 PN 的长度，不包括 NUL
# 支持文件 PN	16	0 或多个 16bit 字，以 8bitASCII 字符表示的字符串，若字符数量为奇数，则在尾部附加 NUL
# 支持文件长度	32	支持文件的字节数量
# 支持文件 CRC	16	覆盖整个支持文件的 16bitCRC
# 支持文件检查值长度	16	支持文件校验值的字符数量
# 支持文件检查值类型	16	支持文件校验值类型
# 支持文件检查值	16	1 个或多个 16bit 字，支持文件的检查值
# 扩展点 7	0	扩展预留，将来在这里可能会有新的字段定义
扩展点 8	0	扩展预留，将来在这里可能会有新的字段定义
用户定义数据	16 的倍数	0 或多个 16bit 字，用以包含用户定义数据
扩展点 9	0	扩展预留，将来在这里可能会有新的字段定义
加载检查值长度	16	加载检查值所包含的字节数量
加载检查值类型	16	加载检查值的类型
加载检查值	16	1 个或多个 16bit 字表示的加载检查值
头文件 CRC	16	覆盖整个头文件的 16bitCRC
加载 CRC	32	覆盖整个软件加载的 32bitCRC
注：# 字段为每个支持文件重复一组，如果加载中没有支持文件，则这些字段被省略。		

5.4.4.4 数据和支持文件选项

数据文件的内容和格式完全取决于软件加载的供应商，唯一需要遵守的是每个数据文件的长度必须是 16bit 字的整数倍。

支持文件的内容和格式完全取决于软件加载的创建者，唯一需要遵守的是每个支持文件的长度必须是 8bit 字节的整数倍。

通常，在 ARINC Report 615-3 中定义的 CONFIG.LDR 文件应作为 ARINC615A 支持文件使用。

在头文件的用户定义数据字段中，可以包括其他用于管理数据传输操作的信息。

数据或支持文件可以压缩，以节省介质空间和加载时的传输时间。头文件不能被压缩，因为加载器和其他工具需要访问这些信息。如果使用数据压缩，应在压缩文件之前将未压缩文件的 CRC 嵌入到文件中。

数据或支持文件可以有选择地加密。头文件不能加密，因为加载器和其他工具需要访问此信息。如果使用数据加密，应考虑在加密之前在文件中嵌入未加密文件的 CRC。

5.4.4.5 批处理文件

航空公司比较喜欢“批处理”类型的文件，这样维护人员只需要选择一个文件，就能加载一个或多个目标硬件。

批处理文件采用了加载列表块的概念，即一个加载列表块定义了同一个目标硬件 ID 位置的所有加载。批处理文件中可以包含多个加载列表块。

批处理文件的标识为：<Batch File>.LUB，该标识在 FILES.LUM 文件中定义。

由于批处理文件是为了代替维护人员在数据加载中选择目的地和源，因此位置信息必须包含在目标硬件 ID 中（ARINC615A 中定义了 THW_ID_POS）。批处理文件应包含的信息如表 5-26 所示。

表 5-26 批处理文件内容

字段名称	字段长度 /bit	备注
批处理文件长度	32	批处理文件中 16bit 字的数量
批处理文件格式版本	16	定义了批处理文件的格式版本
备用	16	备用字段用以将指针以 4B 对齐
指向批处理文件 PN 长度的指针	32	指向批处理文件 PN 长度字段的绝对指针
指向目标硬件 ID 加载列表块数量的指针	32	指向目标硬件 ID 加载列表块字段数量的绝对指针
扩展点 1	0	为未来增长预留的字段
批处理文件 PN 长度	16	PN 的字符数量，不包括在长度为奇数时在尾部填充的 NUL
批处理文件 PN	16	1 个或多个 16bit 字，8bitASCII 字符串，字符数量为奇数时，需要在尾部填充 NUL
备注长度	16	备注字段的字符数量，不包括尾部填充的 NUL。如果没有备注，则该字段填 0x0000

表 5–26（续）

字段名称	字段长度 /bit	备注
备注	16	1 个或多个 16B 字，用 8bitASCII 字符组成的串，若字符数量为奇数，则需要在尾部填充 NUL。如果备注长度字段设置为 0x0000，则该字段省略
扩展点 2	0	为未来增长预留的字段
目标硬件 ID 加载列表块的数量	16	列表块的数量
+ 指向下一个目标硬件 ID 加载列表块的指针	16	指向下一个加载列表块的指针，每个加载列表块都会重复该字段。最后一个块用 0 表示
+ 目标硬件 IDPOS 长度	16	目标硬件 IDPOS 的字符数量，不包括尾部填充的 NUL
+ 目标硬件 IDPOS	16	1 个或多个 16bit 字，该字段用 8bitASCII 字符表示目标硬件 ID POS，长度由目标硬件 ID POS 长度字段定义。字段应为偶数个字节。如果字段字符数为奇数，则要在字符串后附加一个 NUL。应确保目标硬件 ID POS 与该目标硬件 ID POS 下所列的加载头文件中的目标硬件 ID 一致
+ 该目标硬件 IDPOS 加载数量	16	一个目标硬件 IDPOS 的加载数量
+ 头文件名称长度	16	头文件名称的字符数量，应不包含尾部填充的 NUL
+ 头文件名称	16	1 个或多个 16bit 字，该字段包含表示头文件名的 8bit ASCII 字符串，包括分隔符。其长度由头文件名长度字段定义。该字段由偶数个字节组成。如果字段的字符数为奇数，则在字符串后附加一个 NUL
+ 加载 PN 长度	16	加载 PN 的字符数量，不包括在 PN 尾部填充的 NUL
+ 加载 PN	16	1 个或多个 16bit 字，用 8bitASCII 字符表示的 PN，如果字符数量为奇数，则需要在尾部填充 NUL
批处理文件 CRC	16	覆盖整个批处理文件（不包括批处理文件 CRC 字段）的 16bitCRC
注：+ 表示该字段会为每个目标硬件 ID 加载列表块重复一次。		

5.4.5 可加载软件传输介质

5.4.5.1 传输介质 PN 分配

每个传输介质集都有一个由飞机制造商和软件创建者协商好的唯一部件编号（PN）。传输介质集的每个成员都由介质集 PN 和成员序列号唯一标识。介质集 PN 不应超过 15 个字符（包括分隔符），它唯一地标识了物理介质、标签和介质集软件内容的特定配置。建议介质集 PN 符合 ATA 2000 的部件号规则，不要使用字母“I”“O”“Q”和“Z”，因为会与其他字符混淆。介质集 PN 没有空格，最后一个字符不能用连字符（“–”）。

5.4.5.2 传输介质集的格式、内容及组织

本节定义了介质集传输介质的格式、内容和组织。一个介质集由 1 ~ 255 个介质项（集合的成员）组成。每个介质集由相同类型的成员组成（如 3.5in 磁盘、PC 卡等）。

每个介质集成员都有一个加载列表（LOADS.LUM 文件），一个文件列表（FILES.LUM

文件），以及批处理文件的列表（BATCHES.LUM 文件）。加载的文件（头文件、数据文件和支持文件）不必全部包含在同一个介质集成员中，但一个给定的文件只能在一个介质成员中（即文件不能跨越多个介质成员）。

名为 LOADS.LUM 的加载列表文件，名为 FILES.LUM 的文件列表，以及名为 BATCHS.LUM 的批处理文件列表，均应位于介质集成员的根目录中。所有文件都应在介质成员的前四个目录级别中。

介质集上除了 FILES.LUM 文件（LOADS.LUM 应列在 FILES.LUM 中，如果有 BATCHES.LUM，则也要列进来）本身的所有文件都应列在 FILES.LUM 中。介质集可以是非加载文件，但也要列在 FILES.LUM 中。

5.4.5.3 文件扩展名

表 5-27 中的文件扩展名保留用于特定用户，不要作为他用。

表 5-27 保留文件扩展名

扩展名	含　义
.CRC	用于原波音标准 NON_LOAD.CRC 文件
.DIR	用于原波音标准介质目录文件
.HDR	用于原波音标准加载头文件
.LDR	用于 ARINC615 CONFIG.LDR 文件
.LCI	加载配置初始化：由 ARINC615A 定义
.LCL	加载配置列表：由 ARINC615A 定义
.LCS	加载配置状态：由 ARINC615A 定义
.LNA	下载回复
.LND	已定义的下载磁盘：由 ARINC615A 定义
.LNL	下载列表：由 ARINC615A 定义
.LNO	已定义的下载操作员：由 ARINC615A 定义
.LNR	下载请求：由 ARINC615A 定义
.LNS	下载状态：由 ARINC615A 定义
.LUB	批处理上传：由 ARINC665 定义
.LUH	上传头文件：由 ARINC665 定义
.LUI	上传初始化：由 ARINC615A 定义
.LUM	上传介质：由 ARINC665 定义
.LUP	上传部件（数据文件）：由 ARINC665
.LUR	上传请求：由 ARINC615A 定义
.LUS	上传状态：由 ARINC615A 定义

5.4.5.4 文件内容与组织

LOADS.LUM 文件的目的是有效访问介质集中每个加载的基本信息，LOADS.LUM 文件中应包含表 5-28 中定义的信息，介质集上的每个加载应逐一列出。未使用的字段（如备用字段）应设置为零。

除了介质序列号和 CRC 之外，每个介质成员上的 LOADS.LUM 文件应是相同的。

表 5-28 LOADS.LUM 文件内容

字段名称	字段长度 /bit	备注
LOADS.LUM 文件长度	32	LOADS.LUM 文件中包括的 16bit 字，包括本字段
介质文件格式版本	16	用 16bit 定义的介质文件格式版本
备用	16	用于将指针进行 4B 对齐
指向介质集 PN 长度的指针	32	指向介质集 PN 长度字段的绝对指针
指向加载数量的指针	32	指向加载数量字段的绝对指针
扩展点 1	0	未来扩展预留
介质集 PN 长度	16	介质集 PN 的字符数量，不包括尾部附加的 NUL
介质集 PN	16	1 个或多个 16bit 字，包括标识符的 8bit 字符串，如果字符数量为奇数，则需要在尾部附加 NUL
介质顺序编号（X）	8	介质集中特定成员的数量，用 1～255 进行编号
介质集成员数量（Y）	8	介质集中介质成员的数量，在只有一个成员的情况下，X=1，Y=1
加载数量	16	加载列表中的软件加载数量
+ 加载指针	16	指向下一个加载指针的相对指针
+ 加载 PN 长度	16	加载 PN 的字符数量，不包括尾部附加的 NUL
+ 加载 PN	16	1 个或多个 16bit 字，用 8bitASCII 字符表示的加载 PN，若字符数量为奇数，则在尾部附加 NUL
+ 头文件名称长度	16	头文件名称字段的字符数量，不包括在尾部附加的 NUL
+ 头文件名称	16	用 8bitASCII 字符表示头文件名称，若字符数量为奇数，则在尾部填充 NUL
+ 成员序列编号	16	本次加载的头文件在介质成员中的序列号
+ 目标硬件 ID 数量	16	列表中目标硬件 ID 的数量
+* 目标硬件 ID 长度	16	目标硬件 ID 的字符数量，不包括尾部附加的 NUL
+* 目标硬件 ID	16	1 个或多个 16bit 字，用 8bitASCII 字符表示的目标硬件 ID，若字符数量为奇数，则在尾部填充 NUL

表 5–28（续）

字段名称	字段长度 /bit	备注
+ 扩展点 2	0	未来扩展预留
扩展点 3	0	未来扩展预留
用户定义数据	16 的倍数	0 或多个 16bit 字，用户定义的数据，若对应指针为 0x0000，则该字段被省略
LOADS.LUM 文件 CRC	16	覆盖整个 LOADS.LUM 文件的 CRC
注：+ 表示该字段要为每个加载重复一次； +* 表示该字段要为每个目标硬件 ID 重复一次。		

FILES.LUM 文件用于确定介质集中包含了哪些文件，以及这些文件位于介质集的哪个成员上。该文件还指定了介质成员中文件的路径，从而加载定义可以独立于介质类型。

FILES.LUM 文件应包含表 5–29 定义的信息，任何未使用的字段（如备用字段）都应设置为全零位。除了介质序列号和 CRC 外，介质集中所有成员的 FILES.LUM 文件都是相同的。

表 5–29　FILES.LUM 文件内容

字段名称	字段长度 /bit	备注
FILES.LUM 文件长度	32	包括本字段在内的 16bit 字的数量
介质文件格式版本	16	用 16bit 定义的介质文件格式版本
备用	16	预留用于将指针 4B 对齐
指向介质集 PN 长度的指针	32	指向介质集 PN 长度字段的绝对指针
指向介质集文件数量的指针	32	指向介质集文件数量的绝对指针
指向用户定义数据的指针	32	指向用户定义数据字段的绝对指针
指向 FILES.LUM 文件检查值长度的指针	32	指向 FILES.LUM 检查值长度字段的绝对指针
扩展点 1	0	未来扩展预留
介质集 PN 长度	16	介质集 PN 的字符数量，不包括尾部附加的 NUL
介质集 PN	16	1 个或多个 16bit 字，包括分隔符在内的介质集 PN 字符串，如果字符数量为奇数，则在尾部附加 NUL
介质序列编号（X）	8	介质序列编号，数值范围为 0 ~ 255
介质集成员编号（Y）	8	介质集的介质成员编号，对于只有一个成员的集合，X=1，且 Y=1
介质集文件数量	16	文件列表中的文件数量，所有文件都应包含进来，FILES.LUM 除外
# 文件指针	16	指向下一个文件指针的相对指针，最后一个文件的指针值应设置为 0x0000

表 5-29（续）

字段名称	字段长度 /bit	备注
# 文件名长度	16	文件名长度字段的字符数量，不包括在尾部附加的 NUL
# 文件名	16	1 个或多个 16bit 字，由 8bit ASCII 字符组成的串，如果字符数量为奇数，则在尾部附加 NUL
# 文件路径名长度	16	文件路径字段的字符数量，不包括在尾部填充的 NUL
# 文件路径名	16	1 个或多个 16bit 字，由 8bit ASCII 字符串组成，如果字符数量为奇数，则需要在尾部填充 NUL。它是文件的完整路径，但不包括文件名
# 文件成员序列编号	16	介质集成员所包含文件的编号
# 文件 CRC	16	覆盖整个文件的 16bit CRC
# 文件检查值长度	16	包括本字段及文件检查类型字段的字节数量
# 文件检查值类型	16	文件检查值的类型（类型 1 ~ 5 分别对应 8bit CRC，16bit CRC，32bit CRC，MD5 和 SHA-1），如果不用的话将该值设置为 0
# 文件检查值	16	1 个或多个 16bit 字，对应 5 种检查类型的值
# 扩展点 2	0	未来扩展预留
扩展点 3	0	未来扩展预留
用户定义数据	16 的倍数	0 或多个 16bit 字，如果对应的指针设置为 0x0000，则该字段被省略
FILES.LUM 文件检查值长度	16	FILES.LUM 的文件检查值长度
FILES.LUM 文件检查值类型	16	FILES.LUM 的文件检查值类型
FILES.LUM 文件检查值	16	FILES.LUM 的文件检查值
FILES.LUM 文件 CRC	16	覆盖整个 FILES.LUM 文件的 CRC
注：# 表示该字段会为每个文件重复一次。在列表信息中，# 后面列出了文件检查值相关的字段，这里的文件是不包括 FILES.LUM 的。所以，在列表最后，又单独列出了 FILES.LUM 的检查值信息。		

BATCHES.LUM 文件的目的是更快捷地获取介质集上批处理文件的基本信息，如果介质集上有批处理文件，则一定要有 BATCHES.LUM，该文件要列出介质集上的所有批处理文件。

BATCHES.LUM 应包含表 5-30 中的信息，如果有些字段不用，则应设置为 0。除介质序列编号和 BATCHES.LUM 的 CRC 外，介质集上每个成员中的 BATCHES.LUM 文件应相同。

表 5-30 BATCHES.LUM 文件内容

字段名称	字段长度 /bit	备注
BATCHES.LUM 文件长度	32	BATCHES.LUM 文件中 16bit 字的数量
介质文件格式版本	16	用 16bit 表示的介质文件格式版本
备用	16	为了 4B 对齐而预留的字段
指向介质集 PN 长度的指针	32	指向介质集 PN 长度字段的指针
指向批处理数量的指针	32	指向批处理数量的绝对指针
指向用户定义数据的指针	32	指向用户定义数据的指针
扩展点 1	0	未来扩展预留
介质集 PN 长度	16	介质集 PN 的字符数量
介质集 PN	16	1 个或多个 16bit 字，用 8bit ASCII 码表示的介质集 PN，如果字符数量为奇数，则在尾部填充 NUL
介质系列编号（X）	8	介质集特定成员的编号，数值范围为 1 ~ 255，0 不能用作编号
介质集成员数量（Y）	8	它是介质集中介质成员的数量，如果只有一个介质成员，则 X 和 Y 都应设置为 1
批处理数量	16	批处理文件列表中的批处理文件数量
+ 批处理指针	16	指向下一个批处理指针的相对指针，最后一个批处理文件的指针应设置为 0x0000
+ 批处理 PN 长度	16	批处理 PN 的字符数量，不包括尾部附加的 NUL
+ 批处理 PN	16	1 个或多个 16bit 字，用 8bit ASCII 字符表示的批处理 PN，包括分隔符。如果字符数量为奇数，则需要在尾部附加 NUL
+ 批处理文件名称长度	16	批处理文件名称字符数量，不包括尾部附加的 NUL
+ 批处理文件名	16	1 个或多个 16bit 字，用 8bit ASCII 字符表示的文件名，如果字符数量为奇数，则需要在尾部附加 NUL
+ 成员序列编号	16	介质集成员的序列编号
+ 扩展点 2	0	未来扩展预留
扩展点 3	0	未来扩展预留
用户定义数据	16 的倍数	0 或多个 16bit 字，如果不需要可以省略，此时对应的指针应设置为 0
BATCHES.LUM 文件 CRC	16	覆盖整个 BATCHES.LUM 文件的 16bit CRC
注：+ 后面的字段表示需要为介质集中的每个批处理文件重复一次。所有文件都以二进制数表示，除非已明确标识为 ASCII 字符。		

5.4.5.5 介质文件组织

介质文件组织的目的是能在介质集的部件之间和部件内部使用重复的文件名，它支持单盘和多盘 ARINC615 部件、D6-55562-6 介质上的波音 D6-55562-5 部件以及文件名不完全符合本书 5.4.4.2 章节定义的部件。

如果同一个 PN 的两个或多个文件具有重复的文件名和重复的 CRC 值，介质集创建者应确保它们也有相同的内容，并且可以互换使用。

所有文件，包括头文件和加载 PN 的子目录都应放在部件根目录中。头文件只引用“部件根目录”或“部件根目录”子目录中的文件。

对于介质集中的每个加载 PN，“部件根目录”名称应是唯一的，最好为 PN 本身。如果一个加载 PN 的文件存储在介质集的多个介质成员上，则应在包含加载 PN 文件的介质集中的每个成员上使用相同的目录名。

具有相同文件名的文件可能在“部件根目录”的子目录中出现多次，支持 ARINC615 和波音 D6-55562-5 标准的文件存在这种情况。

对于每个软件加载，头文件名必须是唯一的，如前面 5.4.4.2 节软件加载文件命名中所讨论的那样。为此，可以在头文件名中嵌入加载 PN。建议使用头文件的 PN 作为“部件根目录”的名称，不要包含“-”分隔符。

对于驻留在物理传输介质上的给定软件加载，“部件根目录”可以这样确定：先搜索 LOADS.LUM 以获取加载 PN 对应的头文件名，再搜索 LOADS.LUM 以获取该头文件的路径名，此文件路径名即是“部件根目录”。

将适当的文件添加到介质集中每个软盘的根目录下，ARINC615 软盘介质集就可以用 ARINC665 信息进行编码。

如果需要将来自多个 ARINC615 部件的软盘数据放在同一个 ARINC665 介质集成员上，则应遵循以下存储规则：来自第一张软盘的文件放在名为 disk001 的目录下，来自第二张软盘的文件放在名为 disk002 的目录下，来自第 *NNN* 张软盘的文件放在 disk*NNN* 目录下。disk*NNN* 目录存储在“部件根目录”中。disk*NNN* 目录中的文件组织应符合 ARINC 615 标准。部件头文件应放在部件根目录中。

包含多个 ARINC615 部件的 ARINC665 介质集本身不一定符合 ARINC615 标准，它仅提供了一种将多个软盘部件压缩到同一介质上的方法。

介质集解析规则允许所有系统以相同的方式解析 PN 内和 PN 之间的重复文件名。

如果头文件中的文件名与 FILES.LUM 中的多个文件匹配，则应将搜索范围限制在“部件根目录”下。

如果搜索结果返回多个文件名，则使用 FILES.LUM 中的头文件和 CRC 值来区分文件。

如果搜索结果返回多个匹配文件，则使用 FILES.LUM 中的第一个文件。

在为软件加载建立目录结构用于电子分发时，根据加载文件是否有重复的名称，可以分为下述两种情况：

（1）如果可加载软件部件（LSP）是按照 ARINC665 标准开发的，则所有的文件名将是唯一的，包括软件加载文件名、数据文件名和支持文件名。在这种情况下，“部件根目录”下的任何目录结构对打包都没有意义，可以省略。实际上，在为电子分发而打包时，可以认为要加载的所有文件都已在“部件根目录”中了。

（2）如果 LSP 为了支持 ARINC615 和波音历史格式而有重复的文件名，那么（a）如果这些文件的内容彼此不同，则必须通过文件的 CRC 来区分。（b）计算机文件系统通常要求具有重复名称的文件驻留在根目录的单独子目录中，这时，用于电子分发的打包方法应保留名称重复的文件所需的子目录结构。在“部件根目录”下的所有其他目录结构对打包没有意义，可以省略。要解析重复的文件名，需要计算数据文件的 CRC，并将文件名和 CRC 与加载头文件的内容匹配。

5.4.5.6 介质集标签

软件传输介质标签应包含表 5–31 中定义的推荐的标签内容。标签中可能还包含如表 5–32 中可选的标签内容。任何附加信息或图形不得与所需信息的可读性相冲突。

标签上的信息应明确标识。例如，介质集 PN 应标识为："Set PN：XXXXXXXXXXX"，推荐的标签信息 ID 如表 5–33 所示。

除介质序列号外，介质标签内容和布局对于标签集的所有成员都应相同。

表 5–31 推荐的标签内容

条目	描　述
1. 介质集命名法	介质集标题。介质集命名中应包括软件的目标 HW/LRU/ 系统及类型，如运行程序软件（OPS）、运行程序配置（OPC）、可选软件（OSS）、数据库（DB），还可能包含美国航空运输协会（ATA）章节号
2. 介质集 PN	介质集的产品序列号
3. 介质序列编号	有两个数字 X 和 Y，分别表示序号和成员数量
4. 内容描述	介质集上的软件加载列表，如果介质标签列容纳不了所有的软件加载项，则应引用 LOADS.LUM 文件以获取媒体内容的信息
5. 供应商标识	可用于备件采购的公司名称和商务 / 政务编码
6. 介质集序列编号	用于标识特定介质集的唯一序列号，同一集合内的所有成员均有相同的序列号
7. 产品接受 / 发布印章	供应商质量保障或构型管理小组的印章，上面应明确标识印章的所有者，且供应商的质保或构型管理小组已批准该 LSP 传输介质

表 5–32 可选的标签内容

条目	描　述
1. 生效日期	开始使用日期，有些数据仅在特定的时间段内有效（比如，飞行管理计算机导航数据库），这时，标签上应定义生效的起止日期
2. 条形码	条形码的具体规定待定，工业界想用一个条码标准适应所有的部件（如 LRU、软件传输介质等）
3. 版权通知	表明标签上的信息是有版权的
4. 完整性检查值	供应商规定的介质完整性检查类型和数值
5. 标签格式编号	预定义的标签格式编号
6. 专有权通知	对介质上的信息进行专有权说明
7. 备件标识	替代件或修改件标识，依据 FAR 45.15
8. 介质创建日期	介质集创建的日期，日期的格式应为"DDXXXYY"，比如：14 APR 98
9. FIN	功能单元编码（定义了该条目的功能和逻辑位置）
10. CMS	国内代码

表 5-33　推荐的标签信息 ID

条目	推荐的 ID
1. 介质集命名法	不需要 ID
2. 介质集 PN	“Set PN：”
3. 介质集系列号	“Set SN：”
4. 内容描述	“Software PNs：”
5. 介质顺序编号	“Disk x of y”
6. 介质创建日期	“Mfg.Date：”

介质集的所有成员应有相同的介质标签格式、颜色和布局。标签信息应按照其相对重要程度进行摆放（如表 5-31 和表 5-32）。重要的信息应该放在标签的顶部（当介质集被张贴时），并使用比不太重要的信息更大、更粗的字体。

例如：介质集命名法和 PN 可以用粗体 10 点文本放置在标签顶部，而供应商标识可以用非粗体 6 点文本放置在标签底部。

介质集命名法、介质集 PN 和介质集序列号应以粗体显示。标签上的所有其他信息应以非粗体字体显示。

介质集名称，介质集 PN 和介质集序列号的字体至少应为 10 点，软件 PN 的字体可与介质集 PN 相同或更小，其他信息比介质集 PN 字体小 2 点以上。

所有标签条目应清晰可辨，用不褪色墨水打印。介质标签不能降低介质寿命。介质标签要能防篡改（即一旦标签贴到介质上，历次标签信息更改都应清晰显著）。

供应商应根据阅读器的可用性和其他标准选择要使用的特定类型的介质，例如，ARINC615 加载器可支持 3.5in 磁盘、PC 卡和光盘。

如果使用特定类型的介质，供应商应采取措施确保与现有和未来阅读器的最大兼容性。

处理多个字节的字长时，应以最高有效字节在前、最低有效字节在后的方式写入介质。例如：每个 16bit 字的最高有效的 8bit（MSByte）在第一个 8bit 字节（n）中写入介质，然后在下一个 8bit 字节（n+1）中写入最低有效的 8bit（LSByte）。介质集上所有派生字段都使用相同的字节顺序写入。

每个磁盘都应按照以下 Microsoft 文档中定义的规范进行格式化：

（1）PSS ID 编号：Q140418，文件配置表（FAT）引导扇区的详细说明，文本最后修订于 1996 年 10 月 9 日。

（2）ISBN 1-57231-344-7，文件系统，发布于 1996 年 10 月。此格式规范用于 Windows 95 和 NT，允许用长文件名，并完全向下兼容 MS-DOS 3.1 文件名。

（3）所有文件都放在介质成员的根目录中。

不建议使用软盘介质执行并行加载。

PC 卡集的每个成员应符合 1997 年 3 月的“PC 卡标准”所定义的第 1、第 2 或第 3 类格式，该标准有以下章节：

卷 1：概述和术语表

卷 2：电气规范

卷 3：物理规格

卷 4：元格式规范

卷 5：卡服务规范

卷 6：套接字服务规范

卷 7：介质存储规范，仅限于支持长文件名的 MS-DOS FAT 格式（参考 ISBN 1-57231-344-7，文件系统，发布于 1996 年 10 月）

卷 8：PC 卡 ATA 规范

卷 10：指南

墨盒应与“PC 卡 ATA 接口标准”兼容。

注意：这里 ATA 不是指美国航空运输协会，而是指 PC 卡环境中用于磁盘驱动器的 ANSI AT 附件（ATA）接口，ANSI 是美国国家标准学会。

CD 集的每个成员都应按照 ISO 9660 进行格式化。所有文件都包含在介质成员的前四个目录级别下。每个 16bit 字中最高有效的 8bit（MSByte）写入 CD 的第一个 8bit 字节（n）中，紧随其后的是下一个 8bit 字节（n+1）中的最低有效位（LSByte）。介质集中所有文件的派生字段信息都使用相同的字节顺序。

数据加载器可以用硬盘也可以用太网访问。硬盘应支持长文件名功能，允许完全向后兼容 MS-DOS 3.3 文件名（8.3 表示法）。

5.4.5.7 CRC

循环冗余校验（CRC）用于检测二进制数据是否损坏，复制或传输数据时都会重新计算 CRC 值。

如果初始和后续的 CRC 值不一致，则数据已损坏。相反，如果两个 CRC 值一致，则数据应该没有损坏。CRC 算法使未检测到损坏数据的概率变得非常小。

不同位数的 CRC 参数之间存在一些差异，为了保持与现有 CRC 生成和检查工具的兼容性，已经考虑了这些差异。数据完整性检查性能不会因保留这些差异而降低。

循环冗余码是用二元代数多项式来描述的，每个数据位表示一个被除数多项式的系数。n 位 CRC 生成器有一个精心选择的 n 次多项式，CRC 值是生成器对二进制数据进行模 2 除后得到的余数。

长度为 L 位的二进制数据块的每 bit 可以用给定变量 X 的多项式系数表示

$$B(X) = b_{L-1}X^{L-1} + b_{L-2}X^{L-2} + \cdots + b_1X^1 + b_0X^0 \quad (5\text{-}1)$$

那么该数据块的 n 位 CRC 值是由多项式 $B(X)$ 进行 n 次生成多项式的二进制除法得到的余数

$$G(X) = g_nX^n + g_{n-1}X^{n-1} + \cdots + g_1X^1 + g_0X^0 \quad (5\text{-}2)$$

这里，虚拟变量 X 从未真正进入 CRC 的计算，只有系数被使用。引入多项式术语只是为了表述方便和确定位排序。

5.5 本章小结

本章先介绍了波音 787 飞机的 CBIC 功能和数据加载功能，接着分别讲述了如何用

ARINC661 实现驾驶舱的状态显示与监控功能，如何用 ARINC615A 和 ARINC665 实现数据加载。

ARINC661 提出的目的是将图形的显示功能与应用程序对图形的操作进行解耦，简单来说，就是让 UA 负责管理 Widget，而让 CDS 负责图形“外观与感觉”。为此，需要定义窗口与图层之间的关系、光标管理和控件管理，还有最核心的是需要定义 UA 与 CDS 之间的通信协议。为便于读者理解，本书的附录 D 还给出了 UA 的运行时代码和 DF 示例。

数据加载遵循的是 ARINC615A 标准，该标准不仅定义了数据加载器的硬件规范，还定义了软件加载协议、4 种加载操作（信息操作、上传操作、下载操作和公共服务）和加载的消息。

ARINC665 是对 ARINC615A 的补充，它定义了数据加载的文件格式，包括软件加载的结构、加载文件的命名、文件的内容与格式，以及加载的传输介质等。这两者的应用结合起来，就能从工程上实现数据加载的功能。

附录A 缩 略 语

AC　Alternating Current 交流电

　Acknowledge Counter 确认计数器

ACE　Actuator Control Electronics 作动器控制电子单元

ACK　Acknowledge 应答

ACM　Actuator Control Electronics 作动器控制电子单元

ADL　Airborne Data Loader 机载数据加载器

ADN　Aircraft Data Network 飞机数据网络

ADPCT　APU Differential Protection Current Transformer APU 差动保护 CT

AEA　All Electric Aircraft 全电飞机

AFCB　ARC Fault Circuit Breaker 电弧故障断路器

AFD　Arc Fault Detection 电弧检测

AFDX　Avionics Full Duplex Switched Ethernet 航电全双工交换式以太网络

AFT　After 后

AGC　APU Generator Contactor 辅助动力装置发电机接触器

AGCU　APU Generator Control Unit APU 发电机控制单元

AGS　ARINC Graphic Server ARINC 图形服务器

AIM　Avionics Interface Module 航电接口模块

AMS　APU Main Engine Start 通过 APU 启动大发

ANSI　American National Standards Institute 美国国家标准学会

APEX　APplication/EXecutive 应用程序接口

APU　Auxiliary Power Unit 辅助动力装置

ARINC　Aeronautical Radio, Incorporated 航空无线电有限公司

ASCII　American Standard Code for Information Interchange 美国信息交换用标准代码

ASIC　Application Specific Integrated Circuit 专用集成电路

ASG　APU Starter Generator APU 启动发电机

AT　Action Time 动作时间

ATA　Air Transport Association of America 美国航空运输协会

ATC　AC Tie Contactor 交流联结接触器

ATRU　Auto Transformer Rectifier Unit 自耦变压整流器

ATU　Autotransformer Unit 自耦变压器

AVAIL　Available 可用

AWG　American Wire Gauge 美国线规

BAG　Bandwidth Allocation Gap 带宽分配间隔

BER	Bit Error Rate 位错误率
BIT	Built-In Test 自检测
BLC	Battery Line Contactor 蓄电池出口接触器
BME	Battery Memory Effect 电池记忆效应
BMS	Battery Management System 电池管理系统
BPCU	Bus Power Control Unit 汇流条功率控制器
BRP	Baud Rate Pre-scale 波特率预定标
BSB	Bus Source Breaker 汇流条源断路器
BSC	Battery Start Contactor 蓄电池启动接触器
BTB	Bus Tie Breaker 汇流条联结断路器
BTC	Bus Tie Contactor 汇流条联结接触器
BTR	Bus Timing Register 总线定时器
BUG	Backup Generator 备份发电机
CA	Clique Avoidance 结团避免
CAN	Controller Area Network 控制器局域网络
CB	Circuit Breaker 断路器
CBIC	Circuit Breaker Indication and Control 断路器状态指示与控制系统
CC	Check Character 检查字符
CCD	Cursor Control Device 光标控制设备
CCM	Continuous Current Mode 电流连续模式
CCR	Common Computing Resource 公共计算资源
CDN	Common Data Network 公共数据网络
CDS	Cockpit Display System 驾驶舱显示系统
CF	Constant Frequency 恒频
CIS	Crew Information System 机组信息系统
CMD	Command 控制指令
CMS	Central Maintenance System 中央维护系统
CSMA/CA	Carrier Sense Multiple Access with Collision Avoid 带有冲突避免的载波侦听多路访问
CMSC	Common Motor Start Controller 共用发动机起动控制器
CNI	Communication Network Interface 通信网络接口
COM	Communication 通信
CONV	Converter 频率变换器
COTS	Commercial Off The Shelf 商用货架产品
CPU	Central Processor Unit 中央处理单元
CRC	Cyclic Redundancy Check 循环冗余校验
CSCT	Clock State Correction Term 时钟状态校正项
CSD	Constant Speed Drive 恒速传动装置
CT	Current Transformer 电流互感器
CTS	Clear To Send 清除发送

DB Database 数据库
DC Direct Current 直流
DCC DC Content 直流分量
DCD Data Carrier Detection 数据载波检测
DCE Data Communication Equipment 数据通信设备
DF Definition File 定义文件
DISC Disconnect 脱机
DLA Data Load Application 数据加载应用程序
DLC Data Length Code 数据长度编码
DLF Data Load Function 数据加载功能
DLP Data Load Protocol 数据加载协议
DMC Deferred Pending Mode Change 延后挂起模式变更
DSP Digital Signal Processor 数字信号处理器
Display Select Panel 显示器选择面板
DSR Data Set Ready 数据准备就绪
DTC DC Tie Contactor 直流联结接触器
DTE Data Terminal Equipment 数据终端设备
DTR Data Terminal Ready 数据终端就绪
DU Display Unit 显示设备
DUT Device Under Test 被测设备
DVD Digital Video Disk 数字多功能光盘
ECB Electronic Circuit Breaker 电子断路器
EDP Essential Distribution Panel 应急配电盘箱
EE Electronic Equipment 电子设备
EEC Electronic Engine Control 电子发动机控制
EFB Electronic Flight Bag 电子飞行包
EIA Electronic Industry Association 美国电子工业协会
EICAS Engine Indication and Crew Alerting System 发动机指示与机组告警系统
ELCC Electrical Load Control Contactor 电气负载控制接触器
EMI Electro Magnetic Interference 电磁干扰
EMPC Emergency Power Controller 应急电源控制器
EOF End of Frame 帧结束
EP External Power 地面电源
EPCT Essential Panel Current Transformer 应急盘箱电流互感器
ES End System 端系统
ESD Electro-Static Discharge 静电放电
ETC Essential Tie Contactor 重要联结接触器
ETRU Essential Transformer Rectifier Unit 重要变压整流器
ETRUC Essential Transformer Rectifier Unit Contactor 重要变压整流单元接触器

ESS	Essential 重要
FBLC	Flight Control Battery Line Contactor 飞控蓄电池出口接触器
FAT	File Allocation Table 文件配置表
FC	Flight Controls 飞行控制
	Fail Counter 失败计数器
FC ECB	Flight Control Electronic Circuit Breaker 飞控电子断路器
FC PCM	Flight Control Power Control Modules 飞控电源模块
FCM	Flight Control Module 飞控模块
FDAL	Functional Development Assurance Level 功能研制保障等级
FIFO	First In First Out 先进先出
FIN	Functional Item Number 功能单元编码
FIND	Find Identification of Network Device 查找网络设备标识
FMS	Flight Management System 飞行管理系统
FOC	Field Oriented Control 磁场导向控制
FPGA	Field Programmable Gate Array 现场可编程门阵列
FTA	Fault Tolerant Average 容错平均
FTC	Fail To Close 接通故障
FTO	Fail To Open 断开故障
FTU	Fault Tolerant Unit 故障容错单元
FWD	Forward 前
GCB	Generator Control Breaker 发电机控制断路器
GCU	Generator Control Unit 发电机控制器
GEN CT	Generator Current Transformer 发电机电流互感器
GFI	Ground Fault Interrupt 接地故障断路器
GH	Ground Handling 地面处理
GMP	Group Member Protocol 组成员协议
GND	Ground 地
GPU	Ground Power Unit 地面电源单元
GSTC	Ground Service Tie Contactor 地面服务联结接触器
GUI	Graphical User Interface 图形用户接口
HMI	Human Machine Interface 人机接口
HS FET	High Side MOSFET 高端功率管
HVDC	High Voltage Direct Current 高压直流
HW	Hardware 硬件
IA	Implicit Acknowledgement 隐含确认
IAB	Internet Architecture Board 互联网架构委员会
IANA	Internet Assigned Numbers Authority 互联网数字分配机构
IBM	International Business Machine 国际商用机器公司
ICANN	The Internet Corporation for Assigned Names and Numbers 互联网名称与数字地址

分配机构

ID Identification 标识符

IDE Identifier Extension 标识符扩展

IDG Integrated Drive Generator 整体驱动发电机

IFG Inter-Frame Gap 帧间隔

IFS Inter Frame Space 帧间隔

IMA Integrated Modular Avionics 集成模块化航电

I/O Input / Output 输入 / 输出

IP Internet Protocol 互联网协议

IPT Information Process Time 信息处理时间

ISO International Standard Organization 国际标准化组织

LACETR Left AC ESS Tie Relay 左交流重要联结继电器

LACTR Left AC Tie Relay 左交流联结继电器

L AFT Left After 左后

LAN Local Area Network 局域网

LBLC Left Battery Line Contactor 左蓄电池出口接触器

LDP Left Distribution Panel 左配电盘箱

LDPCT Left Differential Protection Current Transformer 左差动电流互感器

LDTC Left DC Tie Contactor 左直流联结接触器

LED Light Emitting Diode 发光二极管

LETR Left ESS Tie Relay 左重要联结继电器

LEPR Left External Power Relay 左外部电源继电器

L FWD Left Forward 左前

LGCU Left GCU 左 GCU

LGC Left Generator Contactor 左发电机接触器

LMS Load Management Software 负载管理软件

LRU Line Replaceable Unit 现场可更换单元

LSB Least Significant Bit 最低有效位

LSP Loadable Software Part 可加载软件部件

LSAP Loadable Software Aircraft Part 可加载软件飞机部件

LS FET Low Side MOSFET 低端 MOSFET

LTCT Left Tie Current Transformer 左联结电流互感器

LTRU Left Transformer Rectifier Unit 左变压整流器

LTRUC Left Transformer Rectifier Unit Contactor 左变压整流单元接触器

LVFG Left Variable Frequency Generator 左变频发电机

MAC Media Access Control 介质访问控制

MAN Manual 手动

Max Maximum 最大

MCDF Maintenance Control Display Function 维护控制显示功能

MEA　More Electric Aircraft 多电飞机
MEDL　Message Description List 消息描述表
MES　Main Engine Start 主发动机起动
MFD　Multi-Functional Display 多功能显示器
MFK　Multi-Function Keypad 多功能键盘
Min　Minimum 最小
ML　Maintenance Laptop 维护笔记本
MLS　Mechanical Load Shed 机械负载卸载
MODEM　Modulator and Demodulator 调制解调器
MOS　MOSFET 的简称
MOSFET　Metal Oxide Semiconductor Field Effect Transistor 金属氧化物半导体场效应晶体管
MOV　Metal Oxide Varistor 金属氧化物可变电阻
MSB　Most Significant Bit 最高有效位
NBT　Nominal Bit Time 标称位时间
NF　Narrow Frequency 窄变频
NRZ　Non-Return Zero 非归零
NVM　Non-Volatile Memory 非易失性存储器
OC　Overcurrent 过载
OEM　Original Equipment Manufacture 原始制造商
OF　Over Frequency 过频
OP　Open Phase 缺相
OPC　Operational Program Configuration 运行程序配置
OPS　Operational Program Software 运行程序软件
OPU　Overvoltage Protection Unit 过压保护单元
OSI　Open System Interconnection Reference Model 开放式系统互联参考模型
OSS　Option Selectable Software 可选软件
OV　Over Voltage 过压
PBA　Push Button Annunciator 带灯按压开关
PC　Personal Computer 个人电脑
PC/AT　Personal Computer/Advanced Technology 个人电脑 / 先进技术
PC/XT　Personal Computer/eXtended Technology 个人电脑 / 扩展技术
PCB　Print Circuit Board 印制电路板
PCM　Power Control Module 电源控制模块
PCMCIA　Personal Computer Memory Card International Association 个人电脑存储卡国际协会
PD　Proportion，Differentiation 比例、微分调节器
PDHF　Power Distribution Hosted Function 配电驻留程序
PDL　Portable Data Loader 便携式数据加载器
PEPDC　Primary Electric Power Distribution Center 一次配电中心
PF　Parallel Feeder 并联馈线

PI　Proportion，Integration 比例、积分调节器
PID　Proportion，Integration，Differentiation 比例、积分、微分调节器
PMG　Permanent Magnet Generator 永磁发电机
POR　Point Of Regulation 调节点
POS　Position 位置
PRP　Post-Receive Phase 后接收阶段
PS　Phase Sequence 相序
PS&Com　Power Supply &Communication 供电与通信
PSN　Previous Sequence Number 前序列号
PSP　Pre-Send Phase 前发送阶段
PWM　Pulse Width Modulated 脉宽调制
PWR　Power 电源
QoS　Quality of Service 服务质量
RACETR　Right AC ESS Tie Relay 右交流重要联结继电器
RACTR　Right AC Tie Relay 右交流联结继电器
RAM　Random-Access Memory 随机访问存储器
RAT　Ram-Air Turbine 冲压空气涡轮
RBLC　Right Battery Line Contactor 右蓄电池出口接触器
RCCB　Remote Controlled Circuit Breaker 遥控断路器
RDC　Remote Data Concentrator 远程数据集中器
RDP　Right Distribution Panel 右配电盘箱
RDPCT　Right Differential Protection Current Transformer 右差动 CT
RDTC　Right DC Tie Contactor 右 DC 联结接触器
RETR　Right ESS Tie Relay 右重要联结继电器
R FWD　Right Forward 右前
RFC　Request For Comments 置评请求
RGC　Right Generator Contactor 右发电机接触器
RGCU　Right GCU 右 GCU
RGLC　RAT Generator Line Contactor 冲压空气涡轮发电机出口接触器
RJW　Resynchronization Jump Width 重同步跳转宽度
RLSD　Received Line Signal Detection 接收线信号检出
RM　Redundancy Management 冗余管理
RMA　Redundancy Management Algorithm 冗余管理算法
ROM　Read-only Memory 只读存储器
RPDU　Remote Power Distribution Units 远程配电单元
RSN　Received Sequence Number 接收序列号
RTCA　Radio Technical Commission of America 美国无线电技术委员会
RTCT　Right Tie Current Transformer 右联结电流互感器
RTP　Reverse Time Protection 反时限保护

RTR　Remote Transmission Request 远程发送请求
RTRU　Right Transformer Rectifier Unit 右变压整流单元
RTRUC　Right Transformer Rectifier Unit Contactor 右变压整流单元接触器
RTS　Require To Send 请求发送
RVFG　Right Variable Frequency Generator 右变频发电机
RxD　Receive Data 接收数据
SAM　Sampling 采样
SAP　Service Access Point 服务访问点
SEE　Single Event Effect 单粒子效应
SEU　Single Event Upset 单粒子翻转
SEPDC　Secondary Electric Power Distribution Center 二次配电中心
SFD　Start of Frame Delimiter 起始界定符
SGCU　Starter Generator Control Unit 启动发电机控制单元
SJW　Synchronous Jump Width 同步跳转宽度
SN　Sequence Number 序列号
SNMP　Simple Network Management Protocol 简单网络管理协议
SOA　Safety Operation Area 安全工作区
SOF　Start Of Frame 帧起始
SPDB　Secondary Power Distribution Box 二次配电盒
SPDU　Secondary Power Distribution Unit 二次配电单元
SPST　Single Pole Single Throw 单刀单掷
SPU　Start Power Unit 启动功率单元
SRD　Shorted Rotated Diode 旋转整流器短路
SRR　Substitute Remote Request 替代远程请求
SSPC　Solid State Power Controller 固态功率控制器
SSR　Solid State Relay 固态继电器
SW　Software 软件
SYNC_SEG　Synchronous Segment 同步段
SYS　System 系统
TCAS　Traffic Collision Avoidance System 空中防撞系统
TCB　Thermal Circuit Breaker 热断路器
TCP　Transmission Control Protocol 传输控制协议
TDMA　Time Division Multiple Access 时分多路访问
TFTP　Trivial File Transfer Protocol 简单文件传输协议
THA　Target Hardware Application 目标硬件应用程序
THD　Total Harmonic Distortion 总谐波畸变
THP　Target Hardware Protocol 目标硬件协议
TIA　Telecommunications Industries Association 美国通信委员会
TQ　Time Quantum 时间份额

TRU　Transformer Rectifier Unit 变压整流器
TRUC　Transformer Rectifier Unit Contactor 变压整流单元接触器
TSC　TRU Start Contactor 经 TRU 启动的接触器
TTA　Time Triggered Architecture 时间触发架构
TTE　Timer Triggered Ethernet 时间触发以太网
TTL　Transistor-Transistor Logic 晶体管逻辑
TTP/C　Time-Triggered Protocol / Class C 时间触发协议 / 类别 C
TVS　Transient Voltage Suppressor 瞬态电压抑制器
TxD　Transmit Data 发送数据
UA　User Applications 用户应用系统
UALD　User Application Layer Definition 用户应用图层接口
UDP　User Datagram Protocol 用户数据报协议
UF　Under Frequency 欠频
μP　micro processor 微处理器
US　Under Speed 欠速
USB　Universal Serial Bus 通用串行总线
UV　Under Voltage 欠压
VAC　Volts Alternating Current 交流电
VCC　Volt Current Condense 供电电压
VDC　Volts Direct Current 直流电
VF　Variable Frequency (AC) Power 变频
VFG　Variable Frequency Generator 变频发电机
VFSG　Variable Frequency Starter Generator 变频启动发电机
VL　Virtual Link 虚拟链路
VR　Voltage Regulation 电压调节
VRLA　Valve Regulated Lead Acid 阀控式铅酸
VSCF　Variable Speed Constant Frequency 变速恒频
WF　Wide Frequency 宽变频
WIP　Wire Integration Panel 线束集成板
WOW　Weight of Wheel 轮载信号

附录 B　民用飞机配电系统常见负载列表

本附录提供了常见的民用飞机配电系统的负载，包括交直流一次配电负载、交流常规负载、直流常规负载和直流重要负载。

这里列出的负载并未与具体的飞机机型挂钩，而仅仅是给读者提供一个示例，了解常见飞机负载的电压和功率等级、所属飞机系统等内容。

B.1　一次配电负载

表 B-1　交流一次配电负载表

序号	相数	系统	ATA	设备名称	断路器名称	设备额定值
1	三相	电源	24	RPDU 交流功率输入 1	RPDU AC FEED1	7kVA
2	三相	电源	24	RPDU 交流功率输入 2	RPDU AC FEED2	7kVA
3	三相	电源	24	RPDU 交流功率输入 3	RPDU AC FEED3	7kVA
4	三相	电源	24	RPDU 交流功率输入 4	RPDU AC FEED4	7kVA
5	三相	电源	24	RPDU 交流功率输入 5	RPDU AC FEED5	7kVA
6	三相	电源	24	RPDU 交流功率输入 6	RPDU AC FEED6	7kVA
7	三相	电源	24	RPDU 交流功率输入 7	RPDU AC FEED7	7kVA
8	三相	电源	24	RPDU 交流功率输入 8	RPDU AC FEED8	7kVA
9	三相	电源	24	变压整流器 1	TRU 1	10.63kVA
10	三相	电源	24	变压整流器 2	TRU 2	10.63kVA
11	三相	电源	24	变压整流器 3	TRU 3	10.63kVA
12	三相	内饰 / 设备	25	厨房负载 1	GALLEY 1	12.7kVA
13	三相	内饰 / 设备	25	厨房负载 2	GALLEY 2	8.5kVA
14	三相	液压	29	ACMP 频率变换器 1	ACMP 1	8.625kVA
15	三相	液压	29	ACMP 频率变换器 2/ 发动机起动控制器	ACMP 2/ENGINE START	10kVA
16	三相	液压	29	ACMP 频率变换器 3	ACMP 3	8.625kVA

表 B–1（续）

序号	相数	系统	ATA	设备名称	断路器名称	设备额定值
17	三相	防 / 除冰和防 / 除雨	30	螺旋桨加温 1	PROP HTR 1	7.596kVA
18	三相	防 / 除冰和防 / 除雨	30	螺旋桨加温 2	PROP HTR 2	7.596kVA
19	单相	导航	34	右备用空速管加温	SPSP2 HTR	820W

表 B–2 直流一次配电负载表

序号	系统	ATA	设备名称	断路器名称	设备额定值
1	电源	24	DC RPDU 功率输入 1	RPDU DC FEED1	40A
2	电源	24	DC RPDU 功率输入 2	RPDU DC FEED2	40A
3	电源	24	DC RPDU 功率输入 3	RPDU DC FEED3	40A
4	电源	24	DC RPDU 功率输入 4	RPDU DC FEED4	40A
5	电源	24	DC RPDU 功率输入 5	RPDU DC FEED5	40A
6	电源	24	DC RPDU 功率输入 6	RPDU DC FEED6	40A
7	电源	24	DC RPDU 功率输入 7	RPDU DC FEED7	40A
8	电源	24	DC RPDU 功率输入 8	RPDU DC FEED8	40A
9	电源	24	DC RPDU 功率输入 9	RPDU DC FEED9	40A
10	电源	24	DC RPDU 功率输入 10	RPDU DC FEED10	40A
11	电源	24	DC RPDU 功率输入 11	RPDU DC FEED11	40A
12	电源	24	DC RPDU 功率输入 12	RPDU DC FEED12	40A
13	电源	24	DC RPDU 功率输入 13	RPDU DC FEED13	40A
14	电源	24	DC RPDU 功率输入 14	RPDU DC FEED14	40A
15	电源	24	DC RPDU 功率输入 15	RPDU DC FEED15	40A
16	电源	24	DC RPDU 功率输入 16	RPDU DC FEED16	40A
17	电源	24	直流断路器板 1 功率输入	CBP DC1	65A
18	电源	24	直流断路器板 2 功率输入	CBP DC2	65A
19	螺旋桨	61	顺桨泵 1	FEATHER PUMP1	30A
20	螺旋桨	61	顺桨泵 2	FEATHER PUMP2	30A

B.2 二次配电负载

二次配电负载的功率输入来自一次配电汇流条，根据电压等级，可以分为115V交流负载和28V直流负载。而根据重要性，又可以分为常规负载和重要负载。常规负载交直流都有，而重要负载，也就是那些有关飞行安全的电子类负载，通常由直流负载充当。在配电方式上，这类重要直流负载通常由断路器（CB）配电。

B.2.1 交流常规负载

表 B–3 交流常规负载表（二次配电）

序号	相数	系统	ATA	名称	SSPC 名称	额定负载功率
1	三相	空调	21	再循环风扇 1A 相	RECIRC FAN 1A	545VA
2	三相	空调	21	再循环风扇 2A 相	RECIRC FAN 2A	545VA
3	单相	电源	24	吸尘器插座	VACUUM	1500VA
4	单相	电源	24	蓄电池 1 加温	BATT1 HTR	540VA
5	单相	电源	24	蓄电池 2 加温	BATT2 HTR	540VA
6	单相	电源	24	RAT 加温	RAT HTR	360VA
7	三相	飞行控制	27	襟翼马达控制模块 1A	FLAP MOTOR AC 1A	620VA
8	三相	飞行控制	27	襟翼马达控制模块 2A	FLAP MOTOR AC 2A	620VA
9	三相	防 / 除冰和防 / 除雨	30	左风挡加温系统 A 相	WSHLD HTR 1A	1216VA
10	三相	防 / 除冰和防 / 除雨	30	右风挡加温系统 A 相	WSHLD HTR 2A	1216VA
11	单相	防 / 除冰和防 / 除雨	30	通风窗 1 加温	LAT SLIDING WINDOW 1	575VA
12	单相	防 / 除冰和防 / 除雨	30	侧风挡 1 加温	LAT FIXED WSHLD 1	368VA
13	单相	防 / 除冰和防 / 除雨	30	雨刷控制器 1	WECU 1	175VA
14	单相	防 / 除冰和防 / 除雨	30	通风窗加温 2	LAT SLIDING WINDOW 2	575VA
15	单相	防 / 除冰和防 / 除雨	30	侧风挡加温 2	LAT FIXED WSHLD 2	368VA
16	单相	防 / 除冰和防 / 除雨	30	雨刷控制器 2	WECU 1	175VA

表 B–3（续）

序号	相数	系统	ATA	名称	SSPC 名称	额定负载功率
17	单相	防 / 除冰和防 / 除雨	30	发动机进气道除冰 1	L ENG DEICD	500VA
18	单相	防 / 除冰和防 / 除雨	30	发动机进气道除冰 2	R ENG DEICD	500VA
19	单相	导航	34	左空速管加温	PSP1 HTR	820VA
20	单相	导航	34	右空速管加温	PSP2 HTR	820VA
21	单相	导航	34	迎角传感器 1 加温	AOA1 HTR	500VA
22	单相	导航	34	大气总温传感器加温	TAT HTR	300VA
23	单相	导航	34	迎角传感器 2 加温	AOA2 HTR	500VA
24	三相	水 / 污水	38	变频马达驱动器 A 相	WWS VFMD	575VA
25	单相	水 / 污水	38	水 / 污水加热器 1	WWS HTR 8	825VA
26	单相	水 / 污水	38	水 / 污水加热器 2	WWS HTR 3	523VA
27	单相	水 / 污水	38	水 / 污水加热器 3	WWS HTR 7	150VA
28	单相	水 / 污水	38	水 / 污水加热器 4	WWS HTR 6	284VA
29	单相	水 / 污水	38	水 / 污水加热器 5	WWS HTR 9f	18VA
30	单相	水 / 污水	38	水 / 污水加热器 6	WWS HTR 2	230VA
31	单相	水 / 污水	38	水 / 污水加热器 7	WWS HTR 4	72VA
32	单相	水 / 污水	38	水 / 污水加热器 8	WWS HTR 5	80VA
33	单相	水 / 污水	38	水 / 污水加热器 9	WWS HTR 1	57VA

B.2.2　直流常规负载

表 B–4　直流常规负载表（二次配电）

序号	系统	ATA	名称	SSPC 名称	额定负载电流
1	空调	21	再循环烟雾探测器 1	RSMKD 1	0.5A
2	空调	21	制冷效果探测器 1	CSD 1	0.5A
3	空调	21	再循环风扇 1 控制	RFAN1 CTRL	1A
4	空调	21	再循环风扇 2 控制	RECIRC FAN2 CTRL	1A
5	空调	21	后货仓通风风扇控制继电器	AGRGO FAN RLY	0.5A
6	空调	21	电子设备通风风扇 1	EE SHELF FAN1	9.4A

表 B–4（续）

序号	系统	ATA	名称	SSPC 名称	额定负载电流
7	空调	21	电子设备通风风扇 2	EE SHELF FAN2	9.4A
8	空调	21	电子设备通风风扇 3	EE SHELF FAN3	9.4A
9	空调	21	电子设备通风风扇 4	EE SHELF FAN4	9.4A
10	空调	21	加热阀 1	AHV1	2.5A/30s
11	空调	21	加热阀 2	AHV 2	2.5A/30s
12	空调	21	后货仓通风风扇	AFT GRGO FAN	0.5A
13	空调	21	隔离阀 1 打开	ISV1 OPEN	2.5A/30s
14	空调	21	隔离阀 1 关闭	ISV1 CLOSE	2.5A/30s
15	空调	21	隔离阀 2 打开	ISV2 OPEN	2.5A/30s
16	空调	21	隔离阀 2 关闭	ISV2 CLOSE	2.5A/30s
17	空调	21	隔离阀 3 打开	ISV3 OPEN	2.5A/30s
18	空调	21	隔离阀 3 关闭	ISV3 CLOSE	2.5A/30s
19	空调	21	隔离阀 4 打开	ISV4 OPEN	2.5A/30s
20	空调	21	隔离阀 4 关闭	ISV4 CLOSE	2.5A/30s
21	空调	21	制冷效果探测器 2	CSD 2	0.5A
22	空调	21	再循环烟雾探测器 2	RSMKD 2	0.5A
23	空调	21	压调系统控制器电源 A	CPCS PWRA	3.5A
24	空调	21	低温限制旁通阀 1	LTLV 1	2.5A
25	空调	21	低温限制阀门 2	LTLV 2	2.5A/30s
26	空调	21	空气管理系统控制器 2	AMSC 2	TBD
27	自动飞行	22	飞行控制板 A	AFCS PANEL PWRA	1A
28	自动飞行	22	俯仰自动驾驶仪作动器	PITCH SVO	1A
29	自动飞行	22	滚转自动驾驶仪作动器	ROLL SVO	1A
30	通信	23	甚高频收发信机 2	VHF 2	5A/min 0.6A/C
31	通信	23	甚高频收发信机 3（选装）	VHF 3	5A/min 0.6A/C
32	通信	23	高频天线耦合器	HF COUP	0.45A
33	通信	23	无线电接口单元 2 电源 A	RIU2 PWRB	0.714A

表 B-4（续）

序号	系统	ATA	名称	SSPC 名称	额定负载电流
34	通信	23	无线电接口单元 2 电源 B	RIU2 PWRA	0.714A
35	通信	23	无线电接口单元 1 电源 A	RIU1 PWRA	0.714A
36	通信	23	声频控制板 3	ACP 3	0.714A
37	通信	23	视频转换单元	VSU	1A
38	通信	23	摄像头 1	CAM 1	0.143A
39	通信	23	摄像头 2	CAM 2	0.143A
40	通信	23	铱星收发信机	SATCOM	2.039A/min
41	电源	24	BPCU1 电源 A	BPCU1 PWRA	2.5A
42	电源	24	BPCU2 电源 A	BPCU2 PWRA	2.5A
43	电源	24	USB 充电器	USB CHARGER	1A
44	内饰 / 设备	25	左侧智能视频显示单元	SVDU 1	0.7A
45	内饰 / 设备	25	右侧智能视频显示单元	SVDU 2	0.7A
46	内饰 / 设备	25	左侧 PSU	LPSU	7.5A
47	内饰 / 设备	25	右侧 PSU	RPSU	7.5A
48	内饰 / 设备	25	厨房接触器 1/2	Galley Contactor	8A/8ms 0.26A/C
49	内饰 / 设备	25	厨房照明灯	Galley LT	0.068A
50	飞行控制	27	俯仰配平作动器	PITCH TRIM ACTR	2A/ 卡滞 1A
51	飞行控制	27	滚转配平作动器	ROLL TRIM ACTR	1A/2A（卡滞）
52	飞行控制	27	翼尖刹车装置 2 电源 B	WING TIP BRK2 PWRB	3.5A/2min
53	飞行控制	27	作动器控制器 1 电源 A	ACTR CTRL1 PWRA	3.8A
54	飞行控制	27	作动器控制器 2 电源 A	ACTR CTRL2 PWRA	3.8A
55	飞行控制	27	偏航配平作动器（YTA）	YAW TRIM ACTR	2A/ 卡滞 1A
56	飞行控制	27	襟翼马达控制模块 1	FLAP MOTOR1 DC	1A
57	飞行控制	27	襟翼马达控制模块 2	FLAP MOTOR2 DC	1A
58	飞行控制	27	襟翼电子控制装置 2	FLAP CTRL 2	1.07A
59	飞行控制	27	飞控计算机 1 电源 A	FLT CMPTR1 PWRA	4A
60	飞行控制	27	飞控计算机 2 电源 A	FLT CMPTR2 PWRA	4A

表 B-4（续）

序号	系统	ATA	名称	SSPC 名称	额定负载电流
61	飞行控制	27	翼尖刹车装置 1 电源 B	WING TIP BRK1 PWRB	3.5A
62	飞行控制	27	翼尖刹车装置 1 电源 A	WING TIP BRK1 PWRA	3.5A/2min
63	飞行控制	27	翼尖刹车装置 2 电源 A	WING TIP BRK2 PWRA	3.5A/2min
64	燃油	28	加油控制板电源 A	REFUEL CTRL PANEL PWRA	4A
65	燃油	28	左发动机动流控制阀	MFCV 1	0.3A/10s
66	燃油	28	右发动机动流控制阀	MFCV 2	0.3A/10s
67	燃油	28	燃油测量计算机通道 1	FUEL CMPTR CH1	0.3A
68	燃油	28	燃油测量计算机通道 2	FUEL CMPTR CH2	0.3A
69	燃油	28	燃油交叉供油阀打开	FUEL X FEED VALVE OPEN	1.8A
70	燃油	28	燃油交叉供油阀关闭	FUEL X FEED VALVE CLOSE	1.8A
71	燃油	28	燃油泵 1 继电器	FUEL PUMP1 RLY	0.5A
72	液压	29	1 号系统自动排气阀	ABV 1	0.5A/60s
73	液压	29	2 号系统自动排气阀	ABV 2	0.5A/60s
74	液压	29	3 号系统自动排气阀	ABV 3	0.5A/60s
75	防 / 除冰和防 / 除雨	30	螺旋桨除冰控制器 1	TMCU 1	0.5A
76	防 / 除冰和防 / 除雨	30	螺旋桨除冰控制器 2	TMCU 2	0.5A
77	指示 / 记录系统	31	AFD3700 显示器 1 电源 A	DU1 PWRA	3.571A
78	指示 / 记录系统	31	AFD3700 显示器 2 电源 A	DU2 PWRA	3.571A
79	指示 / 记录系统	31	AFD3700 显示器 3 电源 A	DU3 PWRA	3.571A
80	指示 / 记录系统	31	AFD3700 显示器 3 电源 B	DU3 PWRB	3.571A
81	指示 / 记录系统	31	AFD3700 显示器 4 电源 A	DU4 PWRA	3.571A
82	指示 / 记录系统	31	AFD3700 显示器 4 电源 B	DU4 PWRB	3.571A

表 B-4（续）

序号	系统	ATA	名称	SSPC 名称	额定负载电流
83	指示 / 记录系统	31	航空时钟 1	CLOCK 1	0.1A
84	指示 / 记录系统	31	航空时钟 2	CLOCK 2	0.1A
85	指示 / 记录系统	31	显示控制板 2	DCP 2	0.268A
86	指示 / 记录系统	31	光标控制板 2	CCP 2	0.214A
87	指示 / 记录系统	31	多功能键盘 2	MKP 2	0.643A
88	起落架	32	转弯控制单元电源 A	SCU PWRA	0.91A
89	起落架	32	转弯控制单元电源 B	SCU PWRB	0.9A/0.6A
90	起落架	32	起落架收放控制及位置告警单元 1 电源 A	LGCIU1 PWRA	1.5A/C 2.8/30s
91	起落架	32	起落架收放控制及位置告警单元 2 电源 A	LGCIU2 PWRA	1.5A/C 2.8/30s
92	照明	33	机翼发动机观察灯	INSP LT	1.3A
93	照明	33	前盥洗室标牌（已占用）	FWD LAV OCCUPIED	0.844 A
94	照明	33	调光控制器通道 1	DCB CH1	3.57A
95	照明	33	前盥洗室标牌（未占用）	FWD LAV UNOCCUPIED	0.844 A
96	照明	33	APU 舱照明	APU CMPT LT	6A
97	照明	33	上防撞灯 1	BEACON LT UPR1	2.54A
98	照明	33	上防撞灯 2	BEACON LT UPR2	2.54A
99	照明	33	下防撞灯	BEACON LT LWR	5.08A
100	照明	33	航徽灯	LOGO LT	2.5A
101	照明	33	主驾驶员阅读灯照明	PF READING LT	0.15A
102	照明	33	副驾驶员阅读灯照明	PM READING LT	0.3A
103	照明	33	客舱一般照明 1	CABIN LTS 1	5.564A
104	照明	33	客舱一般照明 2	CABIN LTS 2	5.252A
105	照明	33	客舱一般照明 3	CABIN LTS 3	5.72A
106	照明	33	客舱一般照明 4	CABIN LTS 4	5.616A
107	照明	33	客舱一般照明 5	CABIN LTS 5	4.784A

表 B–4（续）

序号	系统	ATA	名称	SSPC 名称	额定负载电流
108	照明	33	客舱一般照明 6	CABIN LTS 6	4.784A
109	照明	33	客舱一般照明 7	CABIN LTS 7	3.9A
110	照明	33	客舱一般照明 8	CABIN LTS 8	3.9A
111	照明	33	起落架舱和液压舱灯	LG/HYD CMPT LT	1A
112	照明	33	前盥洗室顶灯	FWD LAV LT	0.46A
113	照明	33	后盥洗室顶灯（扩展）	AFT LAV LT	0.46A
114	照明	33	后盥洗室标牌（未占用）	AFT LAV UNOCCUPIED	0.844A
115	照明	33	后盥洗室标牌（扩展）	AFT LAV OCCUPIED	0.844A
116	照明	33	登机梯灯	AIRSTAIRS LT	0.25A
117	照明	33	航行灯	NAV LT	0.55A
118	照明	33	左滑行灯	TAXI LT L	2.8A
119	照明	33	右滑行灯	TAXI LT R	2.8A
120	照明	33	前货舱照明	FWD CRGO LT	0.95A
121	照明	33	后货舱照明	AFT CRGO LT	1.3A
122	照明	33	后频闪灯	STROBE LT AFT	1.85A
123	照明	33	左频闪灯	STROBE LT L	2.24A
124	照明	33	右频闪灯	STROBE LT R	2.24 A
125	照明	33	左侧一般照明调光控制盒	L DIMMER	0.25A
126	照明	33	右侧一般照明调光控制盒	R DIMMER	0.25A
127	照明	33	禁止吸烟	NO SMKG	0.18A
128	照明	33	前服务员工作灯	FWD ATTD LT	0.18A
129	照明	33	后服务员工作灯	AFT ATTD LT	0.18A
130	照明	33	系好安全带	SEAT BELTS	0.18A
131	照明	33	台阶灯	STEP LT	0.05A
132	照明	33	前入口通道照明	FWD ENTR LT	0.27A
133	照明	33	后入口通道照明	AFT ENTR LT	0.54A
134	照明	33	衣帽间灯	STOWAGE ROOM LT	0.43A
135	照明	33	左着陆灯 1	LAND LT L1	1.9A
136	照明	33	左着陆灯 2	LAND LT L2	1.9A

表 B-4（续）

序号	系统	ATA	名称	SSPC 名称	额定负载电流
137	照明	33	右着陆灯 1	LAND LT R1	1.9A
138	照明	33	右着陆灯 2	LAND LT R2	1.9A
139	导航	34	气象雷达	WXR	2.857A
140	导航	34	平视导引系统供电模块（选装）	HGS	3.036A
141	导航	34	大气数据计算机 1 电源 A	ADC1 PWRA	0.358A
142	导航	34	姿态航向计算机 2 电源 A	AHC2 PWRA	0.571A
143	导航	34	大气数据计算机 2 电源 A	ADC2 PWRA	0.358A
144	导航	34	大气数据计算机 2 电源 B	ADC2 PWRB	0.358A
145	导航	34	增强型姿态航向计算机（选装）电源 A	EAHC PWRA	1.071A
146	导航	34	传感器加温监控器 2	HEAT MON2	1A
147	导航	34	空中交通警报与防撞系统处理机	TCAS	4.286A/ 间隔 1s
148	导航	34	加温继电器 5	HEAT RLY 5	0.3A
149	导航	34	加温继电器 6	HEAT RLY 6	0.03A
150	导航	34	加温继电器 7	HEAT RLY 7	0.3A
151	导航	34	无线电高度表收发机 2(选装)	ALT 2	1.071A
152	导航	34	姿态航向计算机 1 电源 A	AHC1 PWRA	0.571A
153	导航	34	增强型姿态航向计算机（选装）电源 B	EAHC PWRB	1.071A
154	导航	34	多模式导航接收机 2	NAV 2	0.629A
155	导航	34	测距器 2	DME 2	0.411A
156	导航	34	全球卫星导航系统接收机 2	GNSS 2	0.643A
157	氧气	35	左侧氧气面罩抛放装置电源 A	PASS OXY1 PWRA	4.8A/5s
158	氧气	35	右侧氧气面罩抛放装置电源 A	PASS OXY 2 PWRA	4.8A/5s
159	气源（引气）	36	引射器阀门 1	EBV1	2.5A/30s
160	气源（引气）	36	引射器阀门 2	EBV 2	2.5A/30s
161	气源（引气）	36	超压开关 1	OVER PRESS1	0.5A
162	气源（引气）	36	超压开关 2	OVER PRESS2	0.5A
163	气源（引气）	36	引气泄漏探测控制器通道	LDCU CH2	0.25A
164	水 / 污水	38	水 / 污水控制 1	WWS CTRL 1	4.1A

表 B-4（续）

序号	系统	ATA	名称	SSPC 名称	额定负载电流
165	水 / 污水	38	水 / 污水控制 2	WWS CTRL 2	2.2A
166	水 / 污水	38	前厕所组件	WWS FWD LAV	3A/15s
167	水 / 污水	38	后厕所组件（扩展型）	WWS AFT LAV	3A/10s
168	客舱	44	左吊挂式显示器（7 个选装）	RDM 1	7.5A/5s 3.5A/C
169	客舱	44	右吊挂式显示器（选装）	RDM 2	6.432A/5s 收放 3A/C
170	客舱	44	客舱管理计算机	CMC	3.036A
171	客舱	44	客舱管理终端	CMT	0.893A
172	客舱	44	壁挂式显示器（选装）	BHM	0.893A
173	客舱	44	客舱开关面板	CSP	0.036A
174	信息	46	维护接口板	MIP	0.286A
175	信息系统	46	电子飞行包显示器 1	EFB 1	2.5A
176	信息系统	46	电子飞行包显示器 2	EFB 2	2.5A
177	信息	46	信息管理计算机	IMC	4.643A
178	燃油箱惰化	47	燃油箱惰化系统控制器	FTIS CONTROLLER	5.1A
179	舱门	52	登机门 / 左服务飞行锁	PAX DOOR/L SERV DOOR FLT LOCK	5.6A/300ms
180	舱门	52	应急门 / 右服务飞行锁	EMER EXIT DOOR/R SERV DOOR FLT LOCK	5.6A/300ms
181	螺旋桨	61	螺旋桨超速测试 1	PROP OSG TEST1	1A/10s
182	发动机控制	76	螺旋桨超速测试 2	PROP OSG Test2	0.5A/1min
183	发动机控制	76	左油门台伺服电机	TCQ1 AT SERVO	0.2A/1A
184	发动机控制	76	右油门台伺服电机	TCQ2 AT SERVO	0.2A
185	机电	86	顶部控制板通道 1 电源 A	OCP CH1 PWRA	3.57A
186	机电	86	顶部控制板	OCP CH2 PWRA	3.75A
187	机电	86	ESC1 电源 A	ESC1 PWRA	2.85A
188	机电	86	ESC2 电源 A	ESC2 PWRA	2.85A

B.2.3 直流重要负载

表 B–5 直流重要负载表（二次配电）

序号	系统	ATA	名称	断路器名称	额定负载电流
1	空调	21	远程传感器单元	RSU	0.0275A
2	空调	21	隔离阀 1/2 关闭	ISV 1/2 CLOSE	5A/30s
3	空调	21	隔离阀 3/4 关闭	ISV 3/4 CLOSE	5A/30s
4	空调	21	压调系统控制器电源 B	CPCS PWRB	3.5A
5	空调	21	应急通风阀	EMER VENT VLV	2.5A/30s
6	空调	21	空气管理系统控制器 1	AMSC 1	3A
7	自动飞行	22	飞行控制板电源 B	AFCS PANEL PWRB	1A
8	通信	23	高频收发信机	HF	23A
9	通信	23	甚高频收发信机 1	VHF 1	5A/min 0.6A/C
10	通信	23	无线电接口单元 1 电源 B	RIU1 PWRB	0.714A
11	通信	23	声频控制板 1	ACP 1	0.714A
12	通信	23	声频控制板 2	ACP 2	0.714A
13	电源	24	BPCU1 电源 B	BPCU1 PWRB	2.5A
14	电源	24	BPCU2 电源 B	BPCU2 PWRB	2.5A
15	电源	24	GCU1	GCU1	3.64A
16	电源	24	RPDU 控制电源 1	RPDU CTRL1	1.5A
17	电源	24	RPDU 控制电源 2	RPDU CTRL2	1.5A
18	电源	24	RPDU 控制电源 3	RPDU CTRL3	1.5A
19	电源	24	RPDU 控制电源 4	RPDU CTRL4	1.5A
20	电源	24	RAT 释放 1	RAT DPL1	5A/3s
21	电源	24	RAT 释放 2	RAT DPL 2	5A/3s
22	电源	24	发电机控制器 2	GCU 2	3.64A
23	电源	24	辅助发电机 GCU	AGCU	3.64A
24	内饰 / 设备	25	应急定位发射机	ELT	0.18A
25	防火	26	防火控制盒通道 1	FPSC CH1	0.4A

表 B–5（续）

序号	系统	ATA	名称	断路器名称	额定负载电流
26	防火	26	货舱烟雾探测通道 1	CARGO SD CH1	0.15A
27	防火	26	防火控制盒通道 2	FPSC CH2	0.4A
28	防火	26	货舱烟雾探测通道 2	CARGO SD CH2	0.15A
29	防火	26	货舱低速灭火瓶	CARGO LRD FIREX	7A/50ms
30	防火	26	APU 舱灭火瓶	APU FIREX	3.5A/50ms
31	防火	26	货舱高速灭火瓶	CARGO HRD FIREX	7A/50ms
32	防火	26	左发动机舱灭火瓶 1	LENG FIREX 1	3.5A/50ms
33	防火	26	右发动机舱灭火瓶 1	RENG FIREX 1	3.5A/50ms
34	防火	26	左发动机舱灭火瓶 2	LENG FIREX 2	3.5A/50ms
35	防火	26	右发动机舱灭火瓶 2	RENG FIREX 2	3.5A/50ms
36	防火	26	前 / 后盥洗室烟雾探测	LAV SD	0.1A
37	飞行控制	27	飞控计算机 1 电源 B	FLT CMPTR1 PWRB	4A
38	飞行控制	27	飞控计算机 1 电源 C	FLT CMPTR1 PWRC	4A
39	飞行控制	27	飞控计算机 2 电源 B	FLT CMPTR2 PWRB	4A
40	飞行控制	27	飞控计算机 2 电源 C	FLT CMPTR2 PWRC	4A
41	飞行控制	27	襟翼电子控制装置 1	FLAP CTRL 1	1.5A
42	飞行控制	27	作动器控制器 1 电源 B	ACTR CTRL1 PWRB	3.8A
43	飞行控制	27	作动器控制器 2 电源 B	ACTR CTRL2 PWRB	3.8A
44	燃油	28	燃油左供油切断阀	FUEL FEED SOV 1	1.8A/10s
45	燃油	28	燃油 APU 供油切断阀	APU FUEL FEED SOV	1.8A/10s
46	燃油	28	燃油泵 2 继电器	FUEL PUMP2 RLY	0.5A
47	燃油	28	燃油右供油切断阀	FUEL FEED SOV 2	1.8A/10s
48	燃油	28	燃油泵 1	FUEL PUMP1	16.5A
49	燃油	28	燃油泵 2	FUEL PUMP2	16.5A
50	燃油	28	加油控制板电源 B	REFUEL CTRL PANEL PWRB	4A
51	液压	29	PTU 选择阀	PTU	1.5A
52	液压	29	1 号系统压力传感器	HYD PRE 1	0.03A
53	液压	29	2 号系统压力传感器	HYD PRE 2	0.03A

表 B-5（续）

序号	系统	ATA	名称	断路器名称	额定负载电流
54	液压	29	3 号系统压力传感器	HYD PRE 3	0.03A
55	液压	29	4 号系统气压传感器	HYD ACC	0.03A
56	液压	29	液压控制器通道 1	HSC CH1	0.75A
57	液压	29	液压控制器通道 2	HSC CH2	0.75A
58	液压	29	通用电机控制器直流	COM MOTOR CTLR DC	2.5A
59	液压	29	ACMP 频率变换器 1 直流	ACMP1 CONV DC	2.5A
60	液压	29	ACMP 频率变换器 3 直流	ACMP3 CONV DC	2.5A
61	液压	29	发动机驱动泵防火阀 1	FW SOV1	2A
62	液压	29	发动机驱动泵防火阀 2	FW SOV2	2A
63	防 / 除冰和防 / 除雨	30	可视结冰探测棒 1	VIDT 1	0.003A
64	防 / 除冰和防 / 除雨	30	可视结冰探测棒 2	VIDT 2	0.003A
65	防 / 除冰和防 / 除雨	30	除冰控制器通道 1 电源 B	PDSC CH1 PWRB	6A（正常） 2.25A（应急）
66	防 / 除冰和防 / 除雨	30	除冰控制器通道 2 电源 B	PDSC CH2 PWRB	6.1A（正常） 2.25A（应急）
67	防 / 除冰和防 / 除雨	30	结冰探测器 1	ICE DET 1	10.7A/10s
68	防 / 除冰和防 / 除雨	30	结冰探测器 2	ICE DET 2	10.7A/10s
69	防 / 除冰和防 / 除雨	30	除冰控制器通道 1 电源 A	PDSC CH1 PWRA	6.5A
70	防 / 除冰和防 / 除雨	30	除冰控制器通道 2 电源 A	PDSC CH2 PWRA	6.1A
71	指示 / 记录	31	AFD3700 显示器 1 电源 B	DU1 PWRB	3.571A
72	指示 / 记录	31	AFD3700 显示器 2 电源 B	DU2 PWRB	3.571A
73	指示 / 记录	31	数据采集器通道 A 电源 B	DMC CHA PWRB	4.84A
74	指示 / 记录	31	数据采集器通道 B 电源 B	DMC CHB PWRB	4.84A
75	指示 / 记录	31	显示控制板 1	DCP 1	0.268A
76	指示 / 记录	31	光标控制板 1	CCP 1	0.214A
77	指示 / 记录	31	多功能键盘 1	MKP 1	0.643A

表 B–5（续）

序号	系统	ATA	名称	断路器名称	额定负载电流
78	指示 / 记录	31	数据 / 语音记录系统后冲击开关	IMPACT SW	0.57A
79	指示 / 记录	31	数据 / 语音记录系统独立电源	RIPS	2.82A
80	指示 / 记录	31	数据 / 语音记录系统三轴加速度计	FDR ACC	0.18A
81	指示 / 记录系统	31	数据采集器通道 A 电源 A	DMC CHA PWRA	4.84A
82	指示 / 记录系统	31	数据采集器通道 B 电源 A	DMC CHB PWRA	4.84A
83	起落架	32	起落架收放控制及位置告警单元 1 电源 B	LGCIU1 PWRB	1.5A/C 2.8A/20s
84	起落架	32	起落架收放控制及位置告警单元 2 电源 B	LGCIU2 PWRB	1.5A/C 2.8A/20s
85	起落架	32	刹车控制单元内轮板卡	BCU IB	1.75A
86	起落架	32	外轮刹车蓄压器压力传感器	OB APT	0.06A
87	起落架	32	起落架应急放电源 A	LGER PWRA	0.1A/C 15A/50ms
88	起落架	32	起落架应急放电源 B	LGER PWRB	0.1A/C 15A/50ms
89	起落架	32	刹车控制单元外轮板卡	BCU OB	1.75A
90	起落架	32	内轮刹车蓄压器压力传感器	IB APT	0.06A
91	照明	33	值班灯电源 B	DUTY LT PWRB	0.56A
92	照明	33	应急电源组件 1	EPSU 1	3.5A/Charge
93	照明	33	应急电源组件 2	EPSU 2	3.5A/Charge
94	照明	33	应急电源组件 3	EPSU 3	3.5A/Charge
95	照明	33	应急电源组件 4	EPSU 4	3.5A/Charge
96	照明	33	主驾驶员应急照明	PF EMER LT	0.68A
97	照明	33	副驾驶员应急照明	PM EMER LT	0.68A
98	照明	33	值班灯电源 A	DUTY LT PWR A	0.56A
99	照明	33	调光控制器通道 2	DCB CH2	3.57A
100	导航	34	左备用空速管加温 1	SPSP1 HTR1	15.71A
101	导航	34	左备用空速管加温 2	SPSP1 HTR2	13.57A
102	导航	34	大气数据计算机 1 电源 B	ADC1 PWRB	0.358A

表 B–5（续）

序号	系统	ATA	名称	断路器名称	额定负载电流
103	导航	34	姿态航向计算机 1 电源 B	AHC1 PWRB	0.571A
104	导航	34	多模式导航接收机 1	NAV 1	0.629A
105	导航	34	测距器 1	DME 1	0.411A
106	导航	34	全球卫星导航系统接收机 1	GNSS 1	0.643A
107	导航	34	无线电高度表收发机 1	ALT 1	1.071A
108	导航	34	综合电子备用仪表	IESI	1.286A
109	导航	34	传感器加温监控器 1	HEAT MON 1	1A
110	导航	34	加温继电器 1	HEAT RLY 1	0.3A
111	导航	34	加温继电器 2	HEAT RLY 2	0.03A
112	导航	34	加温继电器 3	HEAT RLY 3	0.3A
113	导航	34	加温继电器 4	HEAT RLY 4	0.03A
114	导航	34	姿态航向计算机 2 电源 B	AHC2 PWRB	0.571A
115	导航	34	S 模式应答机	TDR	5A/1.4ms
116	氧气	35	温压传感器	OXY PT	0.035A
117	氧气	35	左侧氧气面罩抛放装置电源 B	PASS OXY1 PWRB	4.8A/5s
118	氧气	35	右侧氧气面罩抛放装置电源 B	PASS OXY2 PWRB	4.65A/5s
119	客舱	44	区域声频单元 / 乘务员手持电话 1	AAU/FAH1	2.165A
120	客舱	44	区域声频单元 / 乘务员手持电话 2	AAU/FAH 2	2.165A
121	客舱	44	旅客广播及客舱内话控制器	PACIC	1.786A/min
122	燃油箱惰化	47	油箱惰化系统风扇	FTIS FAN	12.5A
123	APU	49	APU 电子控制单元电源 A	ECU PWRA	2.3A/6.3A
124	APU	49	APU 电子控制单元电源 B	ECU PWRB	2.3A/6.3A
125	APU	49	APU 进气风门电动机构	APU ACTUATOR	4A/30s
126	APU	49	APU 紧急停车开关	APU EMRG STOP	10mA
127	机头	52	驾驶舱安全门	FDD RAS	0.3A/0.8A
128	螺旋桨	61	左螺旋桨控制器电源 A	PEC1 PWRA	1.43A
129	螺旋桨	61	右螺旋桨控制器电源 A	PEC2 PWRA	1.43A
130	螺旋桨	61	左辅助顺桨控制	AUX FEATHER1 CTRL	0.8A/35s

表 B–5（续）

序号	系统	ATA	名称	断路器名称	额定负载电流
131	螺旋桨	61	右辅助顺桨控制	AUX FEATHER2 CTRL	0.8A/30s
132	螺旋桨	61	左螺旋桨控制器电源 B	PEC1 PWRB	1.43A
133	螺旋桨	61	右螺旋桨控制器电源 B	PEC2 PWRB	1.43A
134	发动机点火	74	左点火嘴电源 A	ENG1 IGN PWRA	1.5A/90s
135	发动机点火	74	右点火嘴电源 A	ENG2 IGN PWRA	1.5A/90s
136	发动机点火	74	左点火嘴电源 B	ENG1 IGN PWRB	1.5A/90s
137	发动机点火	74	右点火嘴电源 B	ENG2 IGN PWRB	1.5A/90s
138	发动机控制	76	右燃油防火切断阀	ENG2 FMU	1A/10s 0.5A/C
139	发动机控制	76	L FADEC CH1 电源 A	FADEC1 CH1 PWRA	1.13A
140	发动机控制	76	R FADEC CH1 电源 A	FADEC2 CH1 PWRA	1.13A
141	发动机控制	76	螺旋桨 1 使能电磁铁	GBE1 SOLENOID/RLY	0.5A
142	发动机控制	76	左油门台电磁锁	TCQ1 SOLNIOD	1.5A/25s 0.5A/C
143	发动机控制	76	发动机控制单元电源 A	EICU PWRA	2.8A
144	发动机控制	76	发动机监视单元	EMU	0.94A（地面）/ 0.43A（空中）
145	发动机控制	76	左燃油防火切断阀	ENG1 FMU	1A/10s 0.5A/C
146	发动机控制	76	螺旋桨 2 使能电磁铁	GBE2 SOLENOID/RLY	0.5A
147	发动机控制	76	L FADEC CH2 电源 B	FADEC1 CH2 PWRB	1.13A
148	发动机控制	76	R FADEC CH2 电源 B	FADEC2 CH2 PWRB	1.13A
149	发动机控制	76	右油门台电磁锁	TCQ2 SOLNIOD	1.5A/25s 0.5A/C
150	发动机控制	76	发动机控制单元电源 B	EICU PWRB	2.8A
151	滑油	79	发动机冷却风门电机 1	ENG1 ACOC DOOR	7.3A/50s
152	滑油	79	发动机冷却风门电机 2	ENG2 ACOC DOOR	7.3A/50s
153	机电	86	ESC1 电源 B	ESC1 PWRB	2.85A
154	机电	86	ESC2 电源 B	ESC2 PWRB	2.85A
155	机电	86	顶部控制板通道 1 电源 B	OCP CH1 PWRB	3.75A
156	机电	86	顶部控制板通道 2 电源 B	OCP CH2 PWRB	3.57A

附录 C　Widget 列表

表 C-1　Widget 列表汇总

Widget 类型	描　述
ActiveArea	ActiveArea 是一个透明的矩形可交互区域，选择这一区域会给 UA 发送一个事件
BasicContainer	BasicContainer 处理一组 Widget 的可见性和可交互性
BlinkingContainer	BlinkingContainer 可为一组 Widget 制造闪烁效果
BufferFormat	这个控件可以将同一层的多个 Widget 数据压缩到一个缓冲里，使用的场合包括页面初始化、刷新大控件等。BufferFormat 在定义阶段进行定义，在运行时由 UA 发送给 CDS
CheckButton	CheckButton 又称为 Radio/Toggle 框，飞行机组可以选择或取消选择某个选项
ComboBox	ComboBox 是一个下拉列表，它有一个静止的部分，列出了当前所选的项目，还有一个可弹出的滚动列表，里面包含了所有可选项
Connector	这个控件将一个图层连接到另一个图层的容器，通过这种方法，当前 UA 可以与另一个 UA 的 Widget 进行交互。典型的应用场景是 TabbedPanelGroup 和 MapHorz，这里需要将多个其他应用的数据综合
CursorPosOverlay	它是显示器上一块矩形的透明区域，其独特之处是可上报的事件是当前光标相对于 CursorPosOverlay 的位置
EditBoxMasked	它是 TextEdit 框的功能扩展，其不同之处是，EditBoxMasked 中的有些字符飞行机组是不可修改的，这些不可修改的特性可以通过将“alpha mask”和“numeric mask”参数设置为 0 而实现
EditBoxNumeric	它可以编辑数值，飞行机组可以用输入设备来改变数值。CDS 也可以增加这个数值，控件收到的是这个数值的增量或一个键盘输入数值
EditBoxText	它可以显示字符，并由飞行机组修改（别名：Text Field，Text Entry box）
GpArcEllipse	它可以画一个弧形（椭圆或圆形的一部分）
GpArcCircle	它可以用来画圆弧
GpCrown	它可以用来画圆形的填充区域
GpLine	它可以用来定义一条直线
GpLinePolar	它可以用极坐标来定义一条直线
GpRectangle	它可以用来定义一个矩形
GpTriangle	它可用来定义一个三角形

表 C-1（续）

Widget 类型	描　述
Picture	它是 CDS 中可用图片的索引。UA 可以修改图片索引，图片可以有不同的不可修改的颜色（与字符不同），图片不能旋转
Label	Label 包含了一个不可修改的字符域
LabelComplex	LabelComplex 包含了一个不可修改的字符域，它的图形表征为一个转义字符系列
MapHorz_ItemList	MapHorz_ItemList 代表了一组相关图形，使用的例子包括创建飞行计划、地图背景符号和空中防撞系统（TCAS）入侵者
MapLegacy	MapLegacy 提供了与传统数据格式相兼容的方法，如用于 FMS 的 ARINC702 格式，用于气象雷达的 AEEC 453 格式
MapHorz_Source	MapHorz_Source 是一个特定的容器，它包含的 Widget 是用相同的坐标系表述的
MapHorz	MapHorz 由显示器上的一个矩形区域组成，其中包含索引信息，以允许在驾驶舱内显示地图特征。它允许不同坐标系的多个信息源融合到一个复合地图图像中
MaskContainer	MaskContainer 用于屏蔽一组 Widget
Panel	Panel 将多个 Widget 组合到一个矩形区域，它有裁剪功能
PicturePushButton	它是一个带图像的瞬动按钮，它允许飞行机组开启一个行动（向按钮的 UA 发送一个事件）
PictureToggleButton	带图片的、有两个稳定状态的按钮
PopUpPanel	PopUpPanel 是位于其他图层顶部的容器，CDS 可以根据 OEM 预定的逻辑操作 PopUpPanel 的可见性，由于 PopUpPanel 在顶部显示，它可以作为一个常规容器
PopUpMenu	PopUpMenu 是一个可选择项的集合，这个菜单显示在其他图层上方，但会被其父空间的区域裁剪。PopUpMenu 的可见性由 CDS 管理
PopUpMenuButton	PopUpMenuButton 是可以弹出 PopUpMenu 的按钮，这是 CDS 的内部机制
PushButton	它是一个瞬动切换开关，可以让飞行机组开启一个行动（向按钮的 UA 发送一个事件）
RadioBox	它负责管理 CheckButton 或 ToggleButton 的可见性和可交互性，CheckButton 或 ToggleButton 的选择是互斥的
RotationContainer	它具备 BasicContainer 的能力，它还可以对容器内的子项进行旋转变换
ScrollPanel	ScrollPanel 是页面容器控件，其中只有一个被称为“Frame”的部分是可见的。通过滚动控制可以将页面内的所有部分都变成可见的
ScrollList	它是一个项目列表，只有一部分是可见的，通过操作滚动条可以使列表内的所有项目都可见
Symbol	Symbol 可以着色、可以旋转
TabbedPanel	它是一个带选择按钮的面板，它只能在 TabbedPanelGroup 控件内使用

表 C-1（续）

Widget 类型	描　述
TabbedPanelGroup	TabbedPanelGroup 有多个 TabbedPanel 控件。 TabbedPanelGroup 允许 UA 或飞行机组用一个选择按钮来显示 TabbedPanel 控件。面板内的所有控件所占据的区域相同。每次只能显示一个控件
ToggleButton	有两个稳定状态带字符的按钮
TranslationContainer	它与 BasicContainer 类似，允许对容器的子项进行翻译转换
ComboBoxEdit	与 ComboBox 类似，但它提供了对选项的编辑功能
EditBoxMultiLine	它是一个文本编辑框，可在一个滚动区域编辑多行文字
ExternalSource	这个控件的作用是告诉 CDS 有个外部输入可能出现在屏幕上，这个外部输入可以是一个视频信号，抑或是个位图
MapGrid	MapGrid 提供了一种将数据数组传输到 CDS 的方法，CDS 的图像是通过区域填充来实现的。该控件的预期用途是填充导航窗口图层的背景区域，填充内容为颜色和/或显示地形的图案、降水强度或其他不规则的动态数据
MapVert	MapVert 是与 MapHorz 控件相对应的垂直切片显示。它基于笛卡儿坐标系统
MapVert_ItemList	它是与 MapHorz_ItemList 对应的垂直显示，它包含了需要绘制的项目列表
MapVert_Source	它是与 MapHorz_Source 对应的垂直显示，该控件是一个专用的容器，它包含了一些 MapVert_ItemList 控件，要在通用坐标系统中显示相应项目
MenuBar	这个控件包含了 PushButton、PicturePushButton 和 PopUpMenuButton，它实现了从一个按钮到另一个按钮移动的特定行为
Mutually Exclusive Container	它将多个 Widget 成组，确保在任意时间只有一个 Widget 是可见的。Mutually Exclusive Container 没有对应的图形表示
ProxyButton	ProxyButton 将 CDS 的物理键盘事件导入任一有选择事件的 Widget
WatchdogContainer	这个控件用于确保特定的参数集必须在规定的周期内刷新，如果定时器没有在规定的周期内刷新，CDS 会向 UA 发送一个事件，并在屏幕上自动显示预定的控件
Slider	Slider 允许飞行机组选择一个位于 MIN_VALUE 和 MAX_VALUE 之间的值。Slider 可以横向显示，也可以纵向显示
PictureAnimated	PictureAnimated 是 CDS 中存储的图片集的索引，UA 不能对其进行修改。CDS 通过将这些图片以特定频率顺序播放来实现动画的效果
SymbolAnimated	它由一系列的符号索引、外加方位和相对移动来决定，从而实现周期性的动画展示
SelectionListButton	SelectionListButton 允许飞行机组在一个列表中选择一个入口，它包含一个固定的标签，还有一个弹出框，用滚动条来显示列表
EditBoxNumericBCD	它与 EditBoxNumeric 很类似，但它还可以允许输入非十进制数，比如纬度和时间
CursorRef	它用于定义一个屏幕或地图位置，以便可以使用 A661_REQ_CURSOR_ON_WIDGET 命令

表 C-1（续）

Widget 类型	描　述
CursorOver	它与 ActiveArea 控件类似，但它会在光标一进入活动区域就生成一个事件
FocusLink	该控件定义了在不同层之间切换的 NextFocusedWidget 系列
FocusIn	它和 FocusOut 一起定义了在不同层之间切换的 NextFocusedWidget 系列
FocusOut	它和 FocusIn 一起定义了在不同层之间切换的 NextFocusedWidget 系列
SizeToFitContainer	该控件用于动态调整其子控件的尺寸，将子控件的尺寸设置成相同的。该功能可应用于垂直坐标和水平坐标
ShuffleToFitContainer	该控件用于调整子控件的位置以便彼此之间没有空隙。如果一个子控件不可见，则其余子控件会重新移动，以填补这个空隙

讲解：转义字符（Escape Character），所有的 ASCII 码都可以用“\”加数字（一般是 8 进制数字）来表示。而附录 C 中定义了一些字母前加“\”来表示常见的那些不能显示的 ASCII 字符，如 \0，\t，\n 等，就称为转义字符，因为后面的字符，都不是它本来的 ASCII 字符意思了。

附录 D　定义文件（DF）示例

附录 D.1　待显示图形概览

以下 UA 示例通过两个接口控制座舱温度：

（1）UA 通过以下方式连接到飞机环境：

①一个输入：舱室温度传感器。

②一个输出：加热器系统和冷却器系统的执行器。

（2）UA 通过 ARINC661 接口连接 CDS，DU 窗口显示格式如附图 D-1 所示。

按钮增加或减少舱内选定的温度，由箭头的小指针指示。当前舱室温度由表盘箭头和数字读数指示。

该格式由 8 个 ARINC661 Widget 组成，即

➢ 刻度是一张 ARINC661 图片（A661_PICTURE：有几种颜色，不旋转）。

➢ 指针（选择温度和真实温度）是 ARINC661 符号（A661_SYMBOL：可以旋转，有一个选好的颜色）。

➢ 数字指示器及其单位字符串为 ARINC661 标签（A661_LABEL）。

➢ 按钮是引用符号（A661_PICTURE_PUSH_BUTTON）的 ARINC661 按钮。

➢ 所有图形都被裁剪在一个 ARINC661 面板容器（A661_PANEL）内。

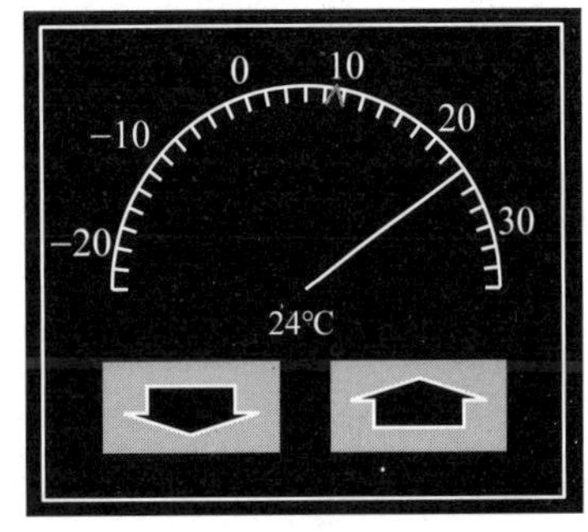

附图 D-1　在显示器上待显示的图形

每个 Widget 都是 DF 中定义的层次结构中的一个节点，控件的垂直树状关系如附图 D-2 所示。

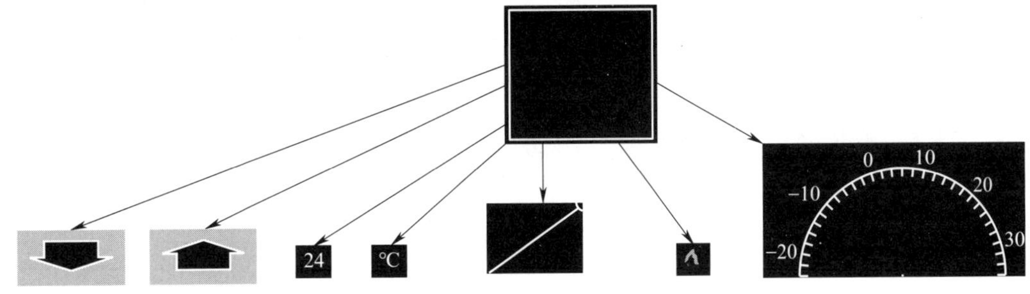

附图 D-2　控件的垂直树状关系

附录 D.2　运行时 UA 代码示例

运行时的 UA 代码示例如下：

```
if((selectedCabinTemp<maxValue)and(BUTTON_PRESSED.id=
        IncreaseSelectTemp))then increment(selectedCabinTemp);
end if

if((selectedCabinTemp>minValue)and(BUTTON_PRESSED.id=
          DecreaseSelectTemp))then decrease(selectedCabinTemp);
end if
Actuator.heaterCommand=PIDcontroller(selectedCabinTemp);
angleValue=selectedCabinTemp*scaleFactor + offset;
setParameter(TemperatureSelectedPointer,RotationAngle,angleValue);
       cockpitTemp=Sensor.cabinTemp
if IsValid(cockpitTemp)=True then
           angleValue=cockpitTemp*scaleFactor + offset;
           setParameter(IndicatedTempDRO,LabelString,toString
           (cockpitTemp));
           setParameter(TemperatureIndicatedPointer,RotationAngle,
           angleValue);
           if(cockpitTemp>ThresholdValue)then
                 setParameter(IndicatedTempDRO,StyleSet,A661_STYLE_
                 SET_WARNING);
                 setParameter(TemperatureIndicatedPointer,StyleSet,
                 A661_STYLE_SET_WARNING);
           else
                 setParameter(IndicatedTempDRO,StyleSet,A661_
                 STYLE_SET_NOMINAL);
                 setParameter(TemperatureIndicatedPointer,StyleSet,
                 A661_STYLE_SET_NOMINAL);
           end if
           setParameter(TemperatureIndicatedPointer,Visible,A661_
           TRUE);
           setParameter(IncreaseSelectTemp,Enable,A661_TRUE);
           setParameter(DecreaseSelectTemp,Enable,A661_TRUE);
   else
```

```
            setParameter(IndicatedTempDRO,LabelString,"---");
            setParameter(IndicatedTempDRO,StyleSet,A661_STYLE_
            SET_WARNING);
            setParameter(TemperatureIndicatedPointer,Visible,
            A661_FALSE);
            beginBlock();
                setParameter(IncreaseSelectTemp,Enable,A661_
                FALSE);
                setParameter(DecreaseSelectTemp,Enable,A661_
                FALSE);
            endBlock();
   end if
```

Begin-Block 和 End-Block 命令限制了可以作为连贯信息处理的数据量。在下面的例子中，UA 会为这个块发送相应的字节流，假设网络允许传输这样大小的块。在其他情况下，可能会使用子块。

每个段落均以 32bit 字长对齐：.

```
              # Word 1
B0            # A661_BEGIN_BLOCK
42            # LAYER ID
1230          # CONTEXT NUMBER

              # Word 2
00000024      # BLOCK SIZE(=36 bytes,words 1-9)

              # Word 3
CA02          # A661_CMD_SET_PARAMETER
000C          # COMMAND SIZE(=12 bytes,words 3-5)

              # Word 4
0000          # UNUSED PAD
4566          # WIDGET ID(IncreaseSelectTemp)

              # Word 5
B180          # PARAMETER ID(A661_ENABLE)
0000          # VALUE(A661_FALSE)
```

```
                # Word 6
CA02            # A661_CMD_SET_PARAMETER
000C            # COMMAND SIZE(=12 bytes, words 6-8)

                # Word 7
0000            # UNUSED PAD
4567            # WIDGET ID(DecreaseSelectTemp)

                # Word 8
B180            # PARAMETER ID(A661_ENABLE)
0000            # VALUE(A66_FALSE)

                # Word 9
D0              # A661_END_BLOCK
000000          # UNUSED PAD
```

当 CCD 点击事件发生在其中的某个按钮上时，下述消息会从 CDS 发送到 UA：

```
                # Word 1
B0              # A661_BEGIN_BLOCK
42              # LAYER ID
1230            # CONTEXT NUMBER

                # Word 2
00000018        # BLOCK SIZE(=24 bytes, words 1-6)

                # Word 3
CC01            # A661_NOTIFY_WIDGET_EVENT
000C            # COMMAND SIZE(=12 bytes, words 3-5)

                # Word 4
4566            # WIDGET ID(IncreaseSelectTemp)
CCD1            # EVENT ORIGIN

                # Word 5
E060            # EVENT ID(A661_SELECTION)
0000            # UNUSED PAD
```

```
                   # Word 6
D0                 # A661_END_BLOCK
000000             # UNUSED PAD
```

UA 紧接着会向 CDS 发送确认回复以确认该事件。

附录 D.3　定义文件

本节给出了客舱温度调节 UA 的用户定义文件（User Application Definition File），它只包含一个图层（Layer）。注意，这里的长度单位是 10^{-2}mm。

```
# START DF
# Input file:
cabin_temperature.xml

# Hexadecimal         # Comment

                      # Word 1
A661                  # A661_DF_MAGIC_NUMBER
00                    # A661 LIBRARY VERSION
02                    # A661 SUPP VERSION

                      # Word 2
6788                  # DF ID
0000                  # SIZE OF OEM FREE DATA

                      # Word 3
A0                    # A661_BEGIN_LAYER_BLOCK
42                    # LAYER ID

1230                  # CONTEXT NUMBER

                      # Word 4
0000013C              # BLOCK SIZE(=316 bytes, words 3-81)

                      # Widget instance number: 1
                      # Word 5
CA01                  # A661_CMD_CREATE
```

```
0020                  # COMMAND SIZE(=32 bytes,words 5-12)
A1F0                  # WIDGET TYPE(A661_PANEL)
1221                  # WIDGET ID(CabinTempPanel)
0000                  # PARENT ID(zero indicates layer is parent)
01                    # Enable,value: A661_TRUE
01                    # Visible,value: A661_TRUE
00002AF8              # PosX,value:11000=110 mm,4.33 in
0000319C              # PosY,value:12700=127 mm,5 in
00001DC4              # SizeX,value:7620=76.2 mm,3 in
0000175A              # SizeY,value:5978=59.78 mm,2.44 in
0000                  # StyleSet,value: A661_STYLE_SET_DEFAULT
00                    # MotionAllowed,value:A661_FALSE
00                    # UNUSED PAD

                      # Widget instance number: 2
                      # Word 13
CA01                  # A661_CMD_CREATE
0020                  # COMMAND SIZE(=32 bytes,words 13-20)
A200                  # WIDGET TYPE(A661_PICTURE)
1222                  # WIDGET ID(TemperatureCelciusScale)
1221                  # PARENT ID(CabinTempPanel)
00                    # Anonymous,value: A661_FALSE
01                    # Visible,value: A661_TRUE
000002EE              # PosX,value:750,7.5 mm,0.31 in
00000956              # PosY,value:2390,23.9 mm,0.98 in
000017EE              # SizeX,value:6126,61.26 mm,2.41 in
000009BA              # SizeY,value:2490,24.9 mm,1.02 in
0000                  # StyleSet,value:A661_STYLE_SET_DEFAULT
9870                  # PictureRef

                      # Widget instance number: 3
                      # Word 21
CA01                  # A661_CMD_CREATE
0020                  # COMMAND SIZE(=32 bytes,words 21-28)
A310                  # WIDGET TYPE(A661_SYMBOL)
1223                  # WIDGET ID(TemperatureIndicatedPointer)
1221                  # PARENT ID(CabinTempPanel)
00                    # MotionAllowed,value:A661_FALSE
```

```
01                  # Visible,value:A661_TRUE
00000EE2            # PosX,value:3810,38.1 mm,1.56 in
00000956            # PosY,value:2390,23.9 mm,0.98 in
0000238C            # RotationAngle,value:9100=50 deg[fr(180)
                     LSB=0.0005439]
0001                # StyleSet,value:OEM_STYLESET_FREE_COLOR
9874                # PictureReference,value:SymbolTemperat
                     ureIndicatedPointer
0F                  # ColorIndex,value:OEM_WHITE
000000              # UNUSED PAD

                    # Widget instance number:4
                    # Word 29
CA01                # A661_CMD_CREATE
0020                # COMMAND SIZE(=32 bytes,words 29-36)
A310                # WIDGET TYPE(A661_SYMBOL)
1224                # WIDGET ID(TemperatureSelectedPointer)
1221                # PARENT ID(CabinTempPanel)
00                  # MotionAllowed,value:A661_FALSE
01                  # Visible,value:A661_TRUE
00000EE2            # PosX,value:3810,38.1 mm,1.56 in
00000956            # PosY,value:2390,23.9 mm,0.98 in
0000071C            # RotationAngle,value:1820=10 deg[fr(180)
                     LSB=0.0005439]
0001                # StyleSet,value:OEM_STYLESET_FREE_COLOR
0003                # SymbolReference,value:SymbolTemperatu
                     reSelectedPointer
01                  # ColorIndex,value:OEM_GREEN4
000000              # UNUSED PAD

                    # Widget instance number:5
                    # Word 37
CA01                # A661_CMD_CREATE
2C                  # COMMAND SIZE(=44 bytes,words 37-47)
A160                # WIDGET TYPE(A661_LABEL)

1225                # WIDGET ID(IndicatedTempDRO)
1221                # PARENT ID(CabinTempPanel)
```

```
00              # Anonymous,value:A661_FALSE
01              # Visible,value:A661_TRUE
00000B30        # PosX,value:2864,28.64 mm,1.13 in
000006E8        # PosY,value:1768,17.68 mm,0.72 in
000003B6        # SizeX,value:950,9.5 mm,0.39 in
0000026E        # SizeY,value:622,6.22 mm,0.25 in
00000000        # RotationAngle,value:0 deg[fr(180)LSB=0.0005439]
0801            # StyleSet,value:OEM_STYLESET_NORMAL_READOUT
0004            # MaxStringLength,value:4
00              # MotionAllowed,value:A661_FALSE
00              # Font,value:OEM_STYLESET_DEFAULT_FONT
00              # UNUSED PAD
14              # Alignment,value:A661_RIGHT
32340000        # LabelString,value:"24"

                # Widget instance number:6
                # Word 48
CA01            # A661_CMD_CREATE
2C              # COMMAND SIZE(=44 bytes,words 48-58)
A160            # WIDGET TYPE(A661_LABEL)
1226            # WIDGET ID(IndicatedUnitLabel)
1221            # PARENT ID(CabinTempPanel)
00              # Anonymous,value:A661_FALSE
01              # Visible,value:A661_TRUE
00000B30        # PosX,value:3984,39.84 mm,1.63 in
000006E8        # PosY,value:1768,17.68 mm,0.72 in
000001D9        # SizeX,value:473,4.73 mm,0.19 in
0000026E        # SizeY,value:622,6.22 mm,0.25 in
00000000        # RotationAngle,value:0 deg[fr(180)LSB=0.0005439]
0801            # StyleSet,value:OEM_STYLESET_NORMAL_READOUT
0002            # MaxStringLength,value:2
00              # MotionAllowed,value:A661_FALSE
00              # Font,value:OEM_STYLESET_DEFAULT_FONT
00              # UNUSED PAD
13              # Alignment,value:A661_LEFT
81430000        # LabelString,value:"℃"

                # Widget instance number:7
```

```
                # Word 59

CA01            # A661_CMD_CREATE
0020            # COMMAND SIZE(=32 bytes,words 62-69)
A240            # WIDGET TYPE(A661_PICTURE_PUSH_BUTTON)
1227            # WIDGET ID(IncreaseSelectTemp)
1221            # PARENT ID(CabinTempPanel)
01              # Enable,value:A661_TRUE
01              # Visible,value:A661_TRUE
000001D9        # PosX,value:473,4.73 mm,0.19 in
000001D9        # PosY,value:473,4.73 mm,0.19 in
00000B30        # SizeX,value:2864,28.64 mm,1.13 in
000003B6        # SizeY,value:950,9.5 mm,0.39 in
0000            # StyleSet,value:A661_STYLE_SET_DEFAULT
0000            # NextFocusedWidget,value:0
9878            # PictureReference,value:SymbolArrowUp
0000            # MaxStringLength,value:0
15              # PicturePosition,value:A661_CENTER
00              # AutomaticFocusMotion,value:A661_FALSE
00              # Alignment,value:A661_CENTER
00              # UNUSED PAD
00000000        # LabelString,value:""

                # Widget instance number:8
                # Word 70
CA01            # A661_CMD_CREATE
002C            # COMMAND SIZE(=44 bytes,words 70-80)
A240            # WIDGET TYPE(A661_PICTURE_PUSH_BUTTON)
1228            # WIDGET ID(DecreaseSelectTemp)
1221            # PARENT ID(CabinTempPanel)
01              # Enable,value:A661_TRUE
01              # Visible,value:A661_TRUE
00000B30        # PosX,value:3984,39.84 mm,1.63 in
000001D9        # PosY,value:473,4.73 mm,0.19 in
00000B30        # SizeX,value:2864,28.64 mm,1.13 in
000003B6        # SizeY,value:950,9.5 mm,0.39 in
0000            # StyleSet,value:A661_STYLE_SET_DEFAULT
```

```
0000            # NextFocusedWidget,value:0
987C            # PictureReference,value:SymbolArrowDown
0000            # MaxStringLength,value:0
15              # PicturePosition,value:A661_CENTER
00              # AutomaticFocusMotion,value:A661_FALSE
00              # Alignment,value:A661_CENTER
00              # UNUSED PAD
00000000        # LabelString,value:""
                # Word 81
C0              # A661_END_LAYER_BLOCK
000000          # UNUSED PAD
E0              # A661_DF_FOOTER
000000          # UNUSED PAD
                # END DF
```

附录 E　ARINC665 文件格式

附录 E.1　头文件格式

MSB							头文件——MMMSSSSSSSS.LUH								LSB
15	14	13	12	11	10	9	8	7	6	5	4	3	2	1	0
头文件长度（最高有效字）															
头文件长度（最低有效字）															
加载文件格式版本															
部件标志															
指向加载 PN 的指针（最高有效字）															
指向加载 PN 的指针（最低有效字）															
指向目标硬件 ID 数量的指针（最高有效字）															
指向目标硬件 ID 数量的指针（最低有效字）															
指向数据文件数量的指针（最高有效字）															
指向数据文件数量的指针（最低有效字）															
指向支持文件数量的指针（最高有效字）															
指向支持文件数量的指针（最低有效字）															
指向用户定义数据的指针（最高有效字）															
指向用户定义数据的指针（最低有效字）															
指向加载类型描述的指针（最高有效字）															
指向加载类型描述的指针（最低有效字）															
指向带位置目标硬件 ID 数量的指针（最高有效字）															
指向带位置目标硬件 ID 数量的指针（最低有效字）															
指向加载校验值长度的指针（最高有效字）															
指向加载校验值长度的指针（最低有效字）															

表（续）

<table>
<tr><td>MSB</td><td colspan="14">头文件——MMMSSSSSSSS.LUH</td><td>LSB</td></tr>
<tr><td>15</td><td>14</td><td>13</td><td>12</td><td>11</td><td>10</td><td>9</td><td>8</td><td>7</td><td>6</td><td>5</td><td>4</td><td>3</td><td>2</td><td>1</td><td>0</td></tr>
<tr><td colspan="16">加载 PN 长度</td></tr>
<tr><td colspan="8">加载 PN（MSByte）</td><td colspan="8">加载 PN（MSByte-1）</td></tr>
<tr><td colspan="8">…</td><td colspan="8">…</td></tr>
<tr><td colspan="8">如果加载 PN 长度为奇数则为 LSByte;
如果加载 PN 长度为偶数则为 LSByte+1</td><td colspan="8">如果加载 PN 长度为奇数则为 NUL;
如果加载 PN 长度为偶数则为 LSByte</td></tr>
<tr><td colspan="16">加载类型描述长度</td></tr>
<tr><td colspan="8">加载类型描述（MSByte）</td><td colspan="8">加载类型描述（MSByte-1）</td></tr>
<tr><td colspan="8">…</td><td colspan="8">…</td></tr>
<tr><td colspan="8">如果加载类型描述长度为奇数则为 LSByte;
如果加载类型描述长度为偶数则为 LSByte+1</td><td colspan="8">如果加载类型描述长度为奇数则为 NUL;
如果加载类型描述长度为偶数则为 LSByte</td></tr>
<tr><td colspan="16">加载类型 ID</td></tr>
<tr><td colspan="16">目标硬件 ID 数量</td></tr>
<tr><td colspan="16">目标硬件 ID 长度</td></tr>
<tr><td colspan="8">目标硬件 ID（MSByte）</td><td colspan="8">目标硬件 ID（MSByte-1）</td></tr>
<tr><td colspan="8">…</td><td colspan="8">…</td></tr>
<tr><td colspan="8">如果目标硬件 ID 长度为奇数则为 LSByte;
如果目标硬件 ID 长度为偶数则为 LSByte+1</td><td colspan="8">如果目标硬件 ID 长度为奇数则为 NUL;
如果目标硬件 ID 长度为偶数则为 LSByte</td></tr>
<tr><td colspan="16">带位置目标硬件 ID 数量</td></tr>
<tr><td colspan="16">目标硬件 ID 长度</td></tr>
<tr><td colspan="8">目标硬件 ID（MSByte）</td><td colspan="8">目标硬件 ID（MSByte-1）</td></tr>
<tr><td colspan="8">…</td><td colspan="8">…</td></tr>
<tr><td colspan="8">如果目标硬件 ID 长度为奇数则为 LSByte;
如果目标硬件 ID 长度为偶数则为 LSByte+1</td><td colspan="8">如果目标硬件 ID 长度为奇数则为 NUL;
如果目标硬件 ID 长度为偶数则为 LSByte</td></tr>
<tr><td colspan="16">位置数量</td></tr>
<tr><td colspan="16">位置长度</td></tr>
<tr><td colspan="8">位置（MSByte）</td><td colspan="8">位置（MSByte-1）</td></tr>
<tr><td colspan="8">…</td><td colspan="8">…</td></tr>
<tr><td colspan="8">如果位置长度为奇数则为 LSByte;
如果位置长度为偶数则为 LSByte+1</td><td colspan="8">如果位置长度为奇数则为 NUL;
如果位置长度为偶数则为 LSByte</td></tr>
<tr><td colspan="16">数据文件数量</td></tr>
<tr><td colspan="16">数据文件指针</td></tr>
<tr><td colspan="16">数据文件名长度</td></tr>
</table>

表（续）

<table>
<tr><td>MSB</td><td colspan="14">头文件——MMMSSSSSSSS.LUH</td><td>LSB</td></tr>
<tr><td>15</td><td>14</td><td>13</td><td>12</td><td>11</td><td>10</td><td>9</td><td>8</td><td>7</td><td>6</td><td>5</td><td>4</td><td>3</td><td>2</td><td>1</td><td>0</td></tr>
<tr><td colspan="8">数据文件名称（MSByte）；</td><td colspan="8">数据文件名称（MSByte-1）；</td></tr>
<tr><td colspan="8">…</td><td colspan="8">…</td></tr>
<tr><td colspan="8">如果数据文件名长度为奇数则为 LSByte；
如果数据文件名长度为偶数则为 LSByte+1</td><td colspan="8">如果数据文件名称长度为奇数则为 NUL；
如果数据文件名称长度为偶数则为 LSByte</td></tr>
<tr><td colspan="16">数据文件 PN 长度</td></tr>
<tr><td colspan="8">数据文件 PN（MSByte）</td><td colspan="8">数据文件 PN 字节（MSByte-1）</td></tr>
<tr><td colspan="8">…</td><td colspan="8">…</td></tr>
<tr><td colspan="8">如果数据文件 PN 长度为奇数则为 LSByte；
如果数据文件 PN 长度为偶数则为 LSByte+1</td><td colspan="8">如果数据文件 PN 长度为奇数则为 NUL；
如果数据文件 PN 长度为偶数则为 LSByte</td></tr>
<tr><td colspan="16">数据文件长度（最高有效字）</td></tr>
<tr><td colspan="16">数据文件长度（最低有效字）</td></tr>
<tr><td colspan="16">数据文件 CRC</td></tr>
<tr><td colspan="16">以字节表示的数据文件长度（最高有效字）</td></tr>
<tr><td colspan="16">以字节表示的数据文件长度（最高有效字 -1）</td></tr>
<tr><td colspan="16">以字节表示的数据文件长度（最低有效字 +1）</td></tr>
<tr><td colspan="16">以字节表示的数据文件长度（最低有效字）</td></tr>
<tr><td colspan="16">数据文件检查值长度</td></tr>
<tr><td colspan="16">数据文件检查值类型</td></tr>
<tr><td colspan="8">数据文件检查值（MSByte）</td><td colspan="8">数据文件检查值（MSByte-1）</td></tr>
<tr><td colspan="8">…</td><td colspan="8">…</td></tr>
<tr><td colspan="8">数据文件检查值（LSByte+1）</td><td colspan="8">数据文件检查值（LSByte）</td></tr>
<tr><td colspan="16">支持文件数量</td></tr>
<tr><td colspan="16">支持文件指针</td></tr>
<tr><td colspan="16">支持文件名称长度</td></tr>
<tr><td colspan="8">支持文件名称（MSByte）</td><td colspan="8">支持文件名称（MSByte-1）</td></tr>
<tr><td colspan="8">…</td><td colspan="8">…</td></tr>
<tr><td colspan="8">如果支持文件名称长度为奇数则为 LSByte；
如果支持文件名称长度为偶数则为 LSByte+1</td><td colspan="8">如果支持文件名称长度为奇数则为 NUL；
如果支持文件名称长度为偶数则为 LSByte</td></tr>
<tr><td colspan="16">支持文件 PN 长度</td></tr>
<tr><td colspan="8">支持文件 PN（MSByte）</td><td colspan="8">支持文件 PN 字节（MSByte-1）</td></tr>
<tr><td colspan="8">…</td><td colspan="8">…</td></tr>
</table>

表（续）

<table>
<tr><td>MSB</td><td colspan="14">头文件——MMMSSSSSSSS.LUH</td><td>LSB</td></tr>
<tr><td>15</td><td>14</td><td>13</td><td>12</td><td>11</td><td>10</td><td>9</td><td>8</td><td>7</td><td>6</td><td>5</td><td>4</td><td>3</td><td>2</td><td>1</td><td>0</td></tr>
<tr><td colspan="8">如果支持文件 PN 长度为奇数则为 LSByte；
如果支持文件 PN 长度为偶数则为 LSByte+1</td><td colspan="8">如果支持文件 PN 长度为奇数则为 NUL；
如果支持文件 PN 长度为偶数则为 LSByte</td></tr>
<tr><td colspan="16">支持文件长度（最高有效字）</td></tr>
<tr><td colspan="16">支持文件长度（最低有效字）</td></tr>
<tr><td colspan="16">支持文件 CRC</td></tr>
<tr><td colspan="16">用字节表示的支持文件长度（最高有效字）</td></tr>
<tr><td colspan="16">用字节表示的支持文件长度（最高有效字 -1）</td></tr>
<tr><td colspan="16">用字节表示的支持文件长度（最低有效字 +1）</td></tr>
<tr><td colspan="16">用字节表示的支持文件长度（最低有效字）</td></tr>
<tr><td colspan="16">支持文件检查值长度</td></tr>
<tr><td colspan="16">支持文件检查值类型</td></tr>
<tr><td colspan="8">支持文件检查值（MSByte）</td><td colspan="8">支持文件检查值（MSByte-1）</td></tr>
<tr><td colspan="8">…</td><td colspan="8">…</td></tr>
<tr><td colspan="8">支持文件检查值（LSByte+1）</td><td colspan="8">支持文件检查值（LSByte）</td></tr>
<tr><td colspan="16">用户定义数据</td></tr>
<tr><td colspan="16">…</td></tr>
<tr><td colspan="16">用户定义数据</td></tr>
<tr><td colspan="16">加载检查值长度</td></tr>
<tr><td colspan="16">加载检查值类型</td></tr>
<tr><td colspan="8">加载检查值（MSByte）</td><td colspan="8">加载检查值（MSByte-1）</td></tr>
<tr><td colspan="8">…</td><td colspan="8">…</td></tr>
<tr><td colspan="8">加载检查值（LSByte+1）</td><td colspan="8">加载检查值（LSByte）</td></tr>
<tr><td colspan="16">头文件 CRC</td></tr>
<tr><td colspan="16">加载 CRC（最高有效字）</td></tr>
<tr><td colspan="16">加载 CRC（最低有效字）</td></tr>
</table>

附录 E.2　数据文件格式

数据文件内容的格式取决于软件加载的供应商，唯一的例外是每个数据文件应该包含一个 16bit 字的整数，除非使用 data file Length in Bytes 字段。

附录 E.3　支持文件格式

支持文件内容的格式取决于软件加载的供应商，唯一的例外是每个支持文件应包含一个 8bit 字的整数。注意：如果用 ARINC615 协议加载，则 ARINC 615-2/3 或更高版本定义的 CONFIG.LDR 文件应该作为加载的支持文件被包含。

附录 E.4　LOADS.LUM 文件格式

<table>
<tr><td>MSB</td><td colspan="14">加载文件列表——LOADS.LUM</td><td>LSB</td></tr>
<tr><td>15</td><td>14</td><td>13</td><td>12</td><td>11</td><td>10</td><td>9</td><td>8</td><td>7</td><td>6</td><td>5</td><td>4</td><td>3</td><td>2</td><td>1</td><td>0</td></tr>
<tr><td colspan="16">LOADS.LUM 文件长度（最高有效字）</td></tr>
<tr><td colspan="16">LOADS.LUM 文件长度（最低有效字）</td></tr>
<tr><td colspan="16">介质文件格式版本</td></tr>
<tr><td colspan="16">预留</td></tr>
<tr><td colspan="16">指向介质信息的指针（最高有效字）</td></tr>
<tr><td colspan="16">指向介质信息的指针（最低有效字）</td></tr>
<tr><td colspan="16">指向加载列表的指针（最高有效字）</td></tr>
<tr><td colspan="16">指向加载列表的指针（最低有效字）</td></tr>
<tr><td colspan="16">指向用户定义数据的指针（最高有效字）</td></tr>
<tr><td colspan="16">指向用户定义数据的指针（最低有效字）</td></tr>
<tr><td colspan="16">介质集 PN 长度</td></tr>
<tr><td colspan="8">介质集 PN（MSByte）</td><td colspan="8">介质集 PN（MSByte-1）</td></tr>
<tr><td colspan="8">…</td><td colspan="8">…</td></tr>
<tr><td colspan="8">如果介质集 PN 长度为奇数则为 LSByte;
如果介质集 PN 长度为偶数则为 LSByte+1</td><td colspan="8">如果介质集 PN 长度为奇数则为 NUL;
如果介质集 PN 长度为偶数则为 LSByte</td></tr>
<tr><td colspan="8">介质序列编号（X）</td><td colspan="8">介质集成员编号（Y）</td></tr>
<tr><td colspan="16">加载数量</td></tr>
<tr><td colspan="16">加载指针</td></tr>
<tr><td colspan="16">加载 PN 长度</td></tr>
<tr><td colspan="8">加载 PN（MSByte）</td><td colspan="8">加载 PN（MSByte-1）</td></tr>
<tr><td colspan="8">…</td><td colspan="8">…</td></tr>
<tr><td colspan="8">加载 PN 长度为奇数则为 LSByte;
加载 PN 长度为偶数则为 LSByte+1</td><td colspan="8">加载 PN 长度为奇数则为 NUL;
加载 PN 长度为偶数则为 LSByte</td></tr>
</table>

表（续）

<table>
<tr><td>MSB</td><td colspan="14">加载文件列表——LOADS.LUM</td><td>LSB</td></tr>
<tr><td>15</td><td>14</td><td>13</td><td>12</td><td>11</td><td>10</td><td>9</td><td>8</td><td>7</td><td>6</td><td>5</td><td>4</td><td>3</td><td>2</td><td>1</td><td>0</td></tr>
<tr><td colspan="16">成员系列数量</td></tr>
<tr><td colspan="16">目标硬件 ID 的数量</td></tr>
<tr><td colspan="16">目标硬件 ID 长度</td></tr>
<tr><td colspan="8">目标硬件 ID（MSByte）</td><td colspan="8">目标硬件 ID（MSByte-1）</td></tr>
<tr><td colspan="8">…</td><td colspan="8">…</td></tr>
<tr><td colspan="8">如果目标硬件 ID 长度为奇数则为 LSByte；
如果目标硬件 ID 长度为偶数则为 LSByte+1</td><td colspan="8">如果目标硬件 ID 长度为奇数则为 NUL；
如果目标硬件 ID 长度为偶数则为 LSByte</td></tr>
<tr><td colspan="16">用户定义数据</td></tr>
<tr><td colspan="16">…</td></tr>
<tr><td colspan="16">用户定义数据</td></tr>
<tr><td colspan="16">LOADS.LUM 文件 CRC</td></tr>
</table>

附录 E.5　FILES.LUM 文件格式

<table>
<tr><td>MSB</td><td colspan="14">文件列表——FILES.LUM</td><td>LSB</td></tr>
<tr><td>15</td><td>14</td><td>13</td><td>12</td><td>11</td><td>10</td><td>9</td><td>8</td><td>7</td><td>6</td><td>5</td><td>4</td><td>3</td><td>2</td><td>1</td><td>0</td></tr>
<tr><td colspan="16">FILES.LUM 文件长度（最高有效字）</td></tr>
<tr><td colspan="16">FILES.LUM 文件长度（最低有效字）</td></tr>
<tr><td colspan="16">介质文件格式版本</td></tr>
<tr><td colspan="16">预留</td></tr>
<tr><td colspan="16">指向介质信息的指针（最高有效字）</td></tr>
<tr><td colspan="16">指向介质信息的指针（最低有效字）</td></tr>
<tr><td colspan="16">指向文件列表的指针（最高有效字）</td></tr>
<tr><td colspan="16">指向文件列表的指针（最低有效字）</td></tr>
<tr><td colspan="16">指向用户定义数据的指针（最高有效字）</td></tr>
<tr><td colspan="16">指向用户定义数据的指针（最低有效字）</td></tr>
<tr><td colspan="16">指向 FILES.LUM 文件检查值长度的指针（最高有效字）</td></tr>
<tr><td colspan="16">指向 FILES.LUM 文件检查值长度的指针（最低有效字）</td></tr>
<tr><td colspan="16">介质集 PN 长度</td></tr>
</table>

表（续）

<table>
<tr><td>MSB</td><td colspan="14">文件列表——FILES.LUM</td><td>LSB</td></tr>
<tr><td>15</td><td>14</td><td>13</td><td>12</td><td>11</td><td>10</td><td>9</td><td>8</td><td>7</td><td>6</td><td>5</td><td>4</td><td>3</td><td>2</td><td>1</td><td>0</td></tr>
<tr><td colspan="8">介质集 PN（MSByte）</td><td colspan="8">介质集 PN（MSByte-1）</td></tr>
<tr><td colspan="8">…</td><td colspan="8">…</td></tr>
<tr><td colspan="8">如果介质集 PN 长度为奇数则为 LSByte;
如果介质集 PN 长度为偶数则为 LSByte+1</td><td colspan="8">如果介质集 PN 长度为奇数则为 NUL;
如果介质集 PN 长度为偶数则为 LSByte</td></tr>
<tr><td colspan="8">介质序列编号（X）</td><td colspan="8">介质集成员编号（Y）</td></tr>
<tr><td colspan="16">介质集数量</td></tr>
<tr><td colspan="16">文件指针</td></tr>
<tr><td colspan="16">文件路径名长度</td></tr>
<tr><td colspan="8">文件路径名（MSByte）</td><td colspan="8">文件路径名（MSByte-1）</td></tr>
<tr><td colspan="8">…</td><td colspan="8">…</td></tr>
<tr><td colspan="8">文件路径名长度为奇数则为 LSByte;
文件路径名长度为偶数则为 LSByte+1</td><td colspan="8">文件路径名长度为奇数则为 NUL;
文件路径名长度为偶数则为 LSByte</td></tr>
<tr><td colspan="16">文件成员系列编号</td></tr>
<tr><td colspan="16">文件 CRC</td></tr>
<tr><td colspan="16">文件检查值长度</td></tr>
<tr><td colspan="16">文件检查值类型</td></tr>
<tr><td colspan="8">文件检查值（MSByte）</td><td colspan="8">文件检查值（MSByte-1）</td></tr>
<tr><td colspan="8">…</td><td colspan="8">…</td></tr>
<tr><td colspan="8">文件检查值 LSByte+1</td><td colspan="8">文件检查值 LSByte</td></tr>
<tr><td colspan="16">用户定义数据</td></tr>
<tr><td colspan="16">…</td></tr>
<tr><td colspan="16">用户定义数据</td></tr>
<tr><td colspan="16">FILES.LUM 文件检查值长度</td></tr>
<tr><td colspan="16">FILES.LUM 文件检查值类型</td></tr>
<tr><td colspan="8">FILES.LUM 文件检查值（MSByte）</td><td colspan="8">FILES.LUM 文件检查值（MSByte-1）</td></tr>
<tr><td colspan="8">…</td><td colspan="8">…</td></tr>
<tr><td colspan="8">FILES.LUM 文件检查值（LSByte+1）</td><td colspan="8">FILES.LUM 文件检查值（LSByte）</td></tr>
<tr><td colspan="16">FILES.LUM 文件 CRC</td></tr>
</table>

参 考 文 献

［1］万波 . 航空变频启动发电机的控制器（GCU）设计［M］. 北京：航空工业出版社，2022.

［2］刘迪吉 . 航空电机学［M］. 北京：航空工业出版社，1992.

［3］ARINC Specification 825–4，General Standardization of CAN（Controller Area Network）Bus Protocol for Airborne Use［S］. 2018–09–25.

［4］ARINC Specification 664P7，Aircraft Data Network Part7：Avionics Full Duplex Switched Ethernet（AFDX）Network［S］. 2005–06–27.

［5］谢松，巩译泽，李明浩 . 锂离子电池在民用航空领域中应用的进展［J］. 电池，2020，50（4）：388–392.

［6］肖岚，严仰光 . 航空二次电源的研究现状和发展趋势［C］// 中国航空学会航空电器工程第六届学术年会论文集 . 兰州：中国航空协会，2005.

［7］任志新 . 多脉冲自耦变压整流器（ATRU）的研究［D］. 南京：南京航空航天大学，2008.

［8］陈思 .C919 试飞设备供电及应急切换系统［D］. 南京：南京航空航天大学，2016.

［9］RTCA DO–160G，Environmental Conditions and Test Procedures for Airborne Equipment［S］. 2010–12– 8.

［10］许克路，谢宁，王承民 . 多电飞机变速变频电力系统建模与仿真［J］. 电光与控制，2014，23（11）：1–8.

［11］刘建英，任仁良 . 飞机电源系统［M］. 北京：中国民航出版社，2012.

［12］严仰光 . 多电飞机与电力电子［J］. 南京航空航天大学学报，2014，46（1）.

［13］黄茜汀 . 飞机电源系统的建模与仿真研究［D］. 西安：西北工业大学，2007.

［14］王薛洲，张晓斌，潘荻 . 飞机三级发电机的建模与仿真［J］. 计算机仿真，2013，30（4）：59–62.

［15］薛梦娇，李玉忍，梁波 . 飞机交流励磁变速恒频发电系统的建模与仿真［J］. 计算机仿真，2013，30（7）：49–54.

［16］唐虹，黄茜汀，唐万忠，等 . 基于 Simulink 的飞机电源系统建模与仿真［J］. 电网技术，2007，31（19）：87–90.

［17］陈坚 . 电力电子学：电力电子变换和控制技术［M］. 北京：高等教育出版社，2004.

［18］徐德鸿，马皓，汪槱生 . 电力电子技术［M］. 北京：科学出版社，2006

［19］ARINC Report 615A–3，Software Data Loader Using Ethernet Interface［S］. 2007–06– 30.

［20］ARINC Report 665–3，Loadable Software Standards［S］. 2005–08–12.

［21］ARINC Specification 661–3，Cockpit Display System Interfacesto User Systems［S］. 2007 –11–15.

［22］秦海鸥，严仰光．多电飞机的电气系统［M］．北京：北京航空航天大学出版社，2015.

［23］Derek Paice. Power Electronic Converter Harmonics：Multipulse Methods for Clean Power［M］. IEEE Press，1996.

［24］谢小威．飞机变压整流器的研究［D］．南京：南京航空航天大学，2012.

［25］Xia X. Dynamic Power Distribution Management for All Electric Aircraft［J］.Cranfield University，2011.

［26］闫晓娟．A320 飞机 GCU BIT 功能的研究［D］．西安：西北工业大学，2006.

［27］刘广荣．数字式汇流条功率控制器的研究与设计［D］．西安：西北工业大学，2000.

［28］郭宝玥．新型同步发电机 PWM 励磁调节器的研究［D］．天津：天津大学，2004.

［29］杨冠城．电力系统自动装置原理（第四版）［M］．北京：中国电力出版社，2007.

［30］王日俊．交流同步发电机数字式调节装置的研究［D］．重庆：西南大学，2008.

［31］张卫平．开关变换器的建模与控制［M］．北京：中国电力出版社，2005.

［32］Myroth D J. Method of Detecting a Sustained Parallel Source Condition：US ，8120206 B2［P］.2012-02-21.

［33］张卓然，杨善水，陈志辉．交流发电机电压调节器负载电流限值电路的研究［J］．南京航空航天大学学报，2003，35（2）.

［34］陈珩．电力系统稳态分析［M］．北京：中国电力出版社，2007.

［35］Krause C P. Analysis of Electric Machinery and Drive Systems［M］. IEEE Press，2002.

［36］李光琦．电力系统暂态分析［M］．北京：中国电力出版社，2012.

［37］尤尔甘诺夫 A A，科日夫尼科夫 B A. 同步发电机的励磁调节［M］．北京：中国电力出版社，2000.

［38］王兆安．电力电子技术［M］．北京：机械工业出版社，2017.

［39］徐琼．改善永磁同步电机驱动系统弱磁控制性能的方法研究［D］．长沙：湖南大学，2013.

［40］刘军．基于滑膜观测器的 PMSM 无位置传感器矢量控制的研究［D］．杭州：浙江大学，2014.

［41］刘颖．永磁同步电机脉振高频信号注入无位置传感器技术研究［D］．南京：南京航空航天大学，2012.

［42］魏然．开关磁阻发电机发电系统设计研究［D］．哈尔滨：哈尔滨工程大学，2012.

［43］刘闯．开关磁阻电机起动 / 发电系统理论研究与工程实践［D］．南京：南京航空航天大学，2000.

后　记

本书共 5 章分别讲述了民用飞机电源系统、一次配电系统、二次配电系统、通信总线，以及配电系统的状态显示与数据加载，涵盖了现代民用飞机配电系统工程应用所涉及的各个知识点。

然而，书本知识终究无法代替工程实践，产品开发过程中会遇到层出不穷的技术问题。所谓“纸上得来终觉浅，绝知此事要躬行”，将理论与实践相结合，不断在设计实践中完善迭代，方能设计出优秀的产品。

配电系统因为融入了强大的数字功能，从而成为天然的计算与数据处理中心。为此，本书还提出了一个值得业界同仁共同探讨的课题，即是否可以用 RPDU 取代 IMA，为民用飞机提供公共计算资源。本书以燃油系统为例，指出了这种架构所带来的益处。在传统架构下，燃油计算机（或者驻留在 IMA 中的燃油系统应用软件）通过总线接收传感器（剩余燃油量等）的信息，根据预设的逻辑决定是否要开启某个特定的燃油泵。开启的指令通过航电总线发送给 RPDU，再由 RPDU 执行开启燃油泵的动作。在新的架构下，燃油系统的应用软件直接驻留在 RPDU 中，借助 RPDU 的总线数据获取剩余燃油量信息，再根据预设的逻辑决定是否要开启燃油泵。开启指令无须通过航电总线转发，而是直接通过 RPDU 在本地执行。从数据采集到指令执行的路径更短，实时性更高。由于复用了 RPDU 的硬件资源，还节省了 IMA 的重量和成本开销。加之 RPDU 的分布式特性，从全机安全性的角度考虑，也更可取。

与 CAN 总线和座舱的图形化显控类似，IMA 也有相应的行业标准，即 ARINC651 “Design Guidance For Integrated Modular Avionics”（IMA 设计指南）。在这个标准提出的年代，RPDU 还没有广泛的应用。RPDU 的处理器资源主要用于通信的处理和 I^2t 计算，计算资源有较大富余。可以考虑在计算平台上运行嵌入式操作系统，为其他应用预留应用程序接口，使之成为民用飞机的分布式公共计算资源。工程师们持续不断地在每个微观层面所做的技术革新，日积月累，会给整个行业带来颠覆性的变化。